本书由以下项目资助

国家自然科学基金重大研究计划"黑河流域生态–水文过程集成研究"集成项目
"黑河流域绿洲农业水转化多过程耦合与高效用水调控"（91425302）
和培育项目"变化环境下黑河流域绿洲农业水效率演变研究"（91625102）

"十三五"国家重点出版物出版规划项目

国家出版基金项目
NATIONAL PUBLICATION FOUNDATION

黑河流域生态-水文过程集成研究

西北旱区绿洲农业水转化多过程耦合与高效用水调控

——以甘肃河西走廊黑河流域为例

康绍忠 等 著

科学出版社 龙门书局

北京

内 容 简 介

　　本书以国家自然科学基金重大研究计划成果为基础，围绕我国西北内陆黑河中游绿洲农业用水与调控决策所涉及的水需求、水转化、水效率、水调控四个环节，系统阐述绿洲需水对变化环境的响应与时空格局优化、绿洲灌溉水转化多过程耦合与定量表征、绿洲多尺度农业水效率协同提升机制与模式、基于节水高效与绿洲健康的水资源调配策略等方面的相关方法和应用成果。全书内容共分 14 章，是 20 多位专家学者研究成果的系统总结和凝练。

　　本书可供水文学、农田水利、水资源管理等学科的科学技术人员、教师和管理人员参考，也可作为相关专业研究生的学习参考书。

审图号：GS（2019）5275 号

图书在版编目（CIP）数据

西北旱区绿洲农业水转化多过程耦合与高效用水调控：以甘肃河西走廊黑河流域为例 / 康绍忠等著. —北京：龙门书局，2020. 1

（黑河流域生态–水文过程集成研究）

"十三五"国家重点出版物出版规划项目　国家出版基金项目

ISBN 978-7-5088-5678-0

Ⅰ. ①西…　Ⅱ. ①康…　Ⅲ. ①黑河–流域–水资源管理–农田水利–水利工程–研究　Ⅳ. ①S27

中国版本图书馆 CIP 数据核字（2019）第 242541 号

责任编辑：李晓娟　王　倩／责任校对：何艳萍
责任印制：肖　兴／封面设计：黄华斌

科 学 出 版 社　龍 門 書 局　出版

北京东黄城根北街 16 号
邮政编码：100717
http://www.sciencep.com

中国科学院印刷厂 印刷

科学出版社发行　各地新华书店经销

*

2020 年 1 月第 一 版　开本：787×1092　1/16
2020 年 1 月第一次印刷　印张：38　插页：2
字数：930 000

定价：498.00 元

（如有印装质量问题，我社负责调换）

《黑河流域生态–水文过程集成研究》编委会

《西北旱区绿洲农业水转化多过程耦合与高效用水调控
——以甘肃河西走廊黑河流域为例》
撰写委员会

主　笔　　康绍忠

副主笔　　赵文智　黄冠华　杜太生　粟晓玲　牛　俊

成　员　（按姓氏笔画顺序）

王素芬　毛晓敏　刘　冰　刘　浏

刘　钰　刘明欢　杨　薇　李栋浩

李晓琳　何柳月　邹民忠　沈彦俊

张成龙　张更喜　张宝忠　陆红娜

陈石磊　郝丽娜　郝新梅　钟　锋

段　萌　夏　爽　徐　旭　郭　英

郭　萍　常学向　韩聪颖　雷　波

霍再林　魏　征

总　序

　　20 世纪后半叶以来，陆地表层系统研究成为地球系统中重要的研究领域。流域是自然界的基本单元，又具有陆地表层系统所有的复杂性，是适合开展陆地表层地球系统科学实践的绝佳单元，流域科学是流域尺度上的地球系统科学。流域内，水是主线。水资源短缺所引发的生产、生活和生态等问题引起国际社会的高度重视；与此同时，以流域为研究对象的流域科学也日益受到关注，研究的重点逐渐转向以流域为单元的生态−水文过程集成研究。

　　我国的内陆河流域占全国陆地面积 1/3，集中分布在西北干旱区。水资源短缺、生态环境恶化问题日益严峻，引起政府和学术界的极大关注。十几年来，国家先后投入巨资进行生态环境治理，缓解经济社会发展的水资源需求与生态环境保护间日益激化的矛盾。水资源是联系经济发展和生态环境建设的纽带，理解水资源问题是解决水与生态之间矛盾的核心。面对区域发展对科学的需求和学科自身发展的需要，开展内陆河流域生态−水文过程集成研究，旨在从水−生态−经济的角度为管好水、用好水提供科学依据。

　　国家自然科学基金重大研究计划，是为了利于集成不同学科背景、不同学术思想和不同层次的项目，形成具有统一目标的项目群，给予相对长期的资助；重大研究计划坚持在顶层设计下自由申请，针对核心科学问题，以提高我国基础研究在具有重要科学意义的研究方向上的自主创新、源头创新能力。流域生态−水文过程集成研究面临认识复杂系统、实现尺度转换和模拟人−自然系统协同演进等困难，这些困难的核心是方法论的困难。为了解决这些困难，更好地理解和预测流域复杂系统的行为，同时服务于流域可持续发展，国家自然科学基金 2010 年度重大研究计划"黑河流域生态−水文过程集成研究"（以下简称黑河计划）启动，执行期为 2011~2018 年。

　　该重大研究计划以我国黑河流域为典型研究区，从系统论思维角度出发，探讨我国干旱区内陆河流域生态−水−经济的相互联系。通过黑河计划集成研究，建立我国内陆河流域科学观测−试验、数据−模拟研究平台，认识内陆河流域生态系统与水文系统相互作用的过程和机理，提高内陆河流域水−生态−经济系统演变的综合分析与预测预报能力，为国家内陆河流域水安全、生态安全以及经济的可持续发展提供基础理论和科技支撑，形成干旱区内陆河流域研究的方法、技术体系，使我国流域生态水文研究进入国际先进行列。

为实现上述科学目标，黑河计划集中多学科的队伍和研究手段，建立了联结观测、试验、模拟、情景分析以及决策支持等科学研究各个环节的"以水为中心的过程模拟集成研究平台"。该平台以流域为单元，以生态-水文过程的分布式模拟为核心，重视生态、大气、水文及人文等过程特征尺度的数据转换和同化以及不确定性问题的处理。按模型驱动数据集、参数数据集及验证数据集建设的要求，布设野外地面观测和遥感观测，开展典型流域的地空同步实验。依托该平台，围绕以下四个方面的核心科学问题开展交叉研究：①干旱环境下植物水分利用效率及其对水分胁迫的适应机制；②地表-地下水相互作用机理及其生态水文效应；③不同尺度生态-水文过程机理与尺度转换方法；④气候变化和人类活动影响下流域生态-水文过程的响应机制。

黑河计划强化顶层设计，突出集成特点；在充分发挥指导专家组作用的基础上特邀项目跟踪专家，实施过程管理；建立数据平台，推动数据共享；对有创新苗头的项目和关键项目给予延续资助，培养新的生长点；重视学术交流，开展"国际集成"。完成的项目，涵盖了地球科学的地理学、地质学、地球化学、大气科学以及生命科学的植物学、生态学、微生物学、分子生物学等学科与研究领域，充分体现了重大研究计划多学科、交叉与融合的协同攻关特色。

经过连续八年的攻关，黑河计划在生态水文观测科学数据、流域生态-水文过程耦合机理、地表水-地下水耦合模型、植物对水分胁迫的适应机制、绿洲系统的水资源利用效率、荒漠植被的生态需水及气候变化和人类活动对水资源演变的影响机制等方面，都取得了突破性的进展，正在搭起整体和还原方法之间的桥梁，构建起一个兼顾硬集成和软集成，既考虑自然系统又考虑人文系统，并在实践上可操作的研究方法体系，同时产出了一批国际瞩目的研究成果，在国际同行中产生了较大的影响。

该系列丛书就是在这些成果的基础上，进一步集成、凝练、提升形成的。

作为地学领域中第一个内陆河方面的国家自然科学基金重大研究计划，黑河计划不仅培育了一支致力于中国内陆河流域环境和生态科学研究队伍，取得了丰硕的科研成果，也探索出了与这一新型科研组织形式相适应的管理模式。这要感谢黑河计划各项目组、科学指导与评估专家组及为此付出辛勤劳动的管理团队。在此，谨向他们表示诚挚的谢意！

2018 年 9 月

前　言

　　黑河流域是我国典型干旱内陆河流域，中游绿洲以流域 18.2% 的土地面积消耗着流域 60.9% 的水资源，其中农业用水占总用水量的 92%。在整个内陆河流域水循环中，由于灌溉水转化频繁，绿洲区农业水转化是黑河流域生态–水文过程的关键环节。认识黑河流域绿洲农业水转化多过程耦合机理是 "黑河流域生态–水文过程集成研究" 重大研究计划科学目标 "刻画生态–水文过程" 的重要前提，农业水转化多过程耦合与决策模型是耦合生态、水文和社会经济的流域集成模型的重要组成部分。涵盖农区的流域生态–水文过程是一个复杂系统，开展黑河流域绿洲农业水转化多过程耦合与高效用水调控集成研究是提升内陆河流域水资源形成及其转化机制的认知水平和可持续性的调控能力，实现 "黑河流域生态–水文过程集成研究" 重大研究计划拟定的核心科学目标的必然要求。

　　本书以国家自然科学基金重大研究计划研究成果为基础，开展大量相关研究工作，围绕构建 "农业水转化多过程耦合模拟与决策综合模型系统" 的总体目标，开展绿洲需水对变化环境的响应与时空格局优化、绿洲灌溉水转化多过程耦合与定量表征、绿洲多尺度农业水效率协同提升机制与模式、基于节水高效与绿洲健康的水资源调配策略四个方面的研究，取得的主要创新成果如下。

　　1) 提出绿洲农田灌溉需水量指标方法及生态需水量确定方法，确定黑河中游绿洲农田的最大耗水量、实际耗水量、最低耗水量及生态需水量；建立绿洲分布式需水模型，重构了绿洲过去 30 年及未来气候变化及不同土地利用模式下需水演变过程。明确人类农业活动对绿洲需水量的增加贡献率约为 93%。其中，绿洲规模扩张贡献率为 58%，种植结构改变贡献率为 25%，绿洲规模与种植结构间的相互作用贡献率为 10%，而气候变化为绿洲需水量的增加仅贡献了约 7%。

　　2) 建立渠系输配水及渗漏损失过程–农田水循环及生产力–地下水运动过程耦合的绿洲水转化及水效率模型，模型突出绿洲农业区农业种植与土壤质地影响的灌溉水时间差异及渠系输配水与渗漏损失过程，获得现状、未来气候变化及不同农业用水等情景下绿洲水转化参量及农业生产力的时空分布。现状条件下绿洲地下水负均衡为 5.91 亿 m^3，在 3 种温室气体排放气候背景下，地下水负均衡约为 4 亿 m^3，调整作物种植结构及采用节水灌溉是实现绿洲农业可持续发展的必要措施。

3）明确灌水量对灌溉水生产力的贡献最大，达到了 11.9%，其次种植密度和土壤全氮含量对灌溉水生产力的贡献分别为 9.4% 和 9.0%；获得绿洲最优水肥管理模式，即在现状的基础上减少 30% 的灌水量和 30% 的施氮量以及增加 20% 的种植密度；获得现状种植模式下资源节水潜力为 1.16 亿 m^3，优化种植结构下资源节水潜力为 1.67 亿 m^3，同时获得绿洲节水潜力空间分布规律。

4）基于水热平衡原理、风沙动力学理论及绿洲生态健康评价提出一种确定绿洲适度规模和农业规模的方法，获得现状给定农业用水条件下不同水文年适度农业规模及未来不同气候情景、生态情景、来水情景等变化环境下的适度农业规模；获得给定农业用水条件下种植结构调整方案，实现绿洲农业规模的空间优化布局。发展灌区不确定条件下优化配水方法，获得考虑来水随机性和气候变化情景下黑河中游灌区间优化配水方案。

农业水转化过程的相关研究，是基于黑河计划多个项目组研究成果的系统集成之上，进一步开展观测、模拟、情景分析和决策支持等研究攻关，在此对前期其他项目组的辛勤劳动和付出表示诚挚感谢！全书共分 14 章，由参加黑河计划的科研人员分工合作撰写，撰写者来自中国农业大学、中国科学院寒区旱区环境与工程研究所、西北农林科技大学、中国水利水电科学研究院、中国科学院遗传与发育生物学研究所农业资源研究中心，其中，第 1 章由康绍忠撰写；第 2 章由霍再林、杨薇、陈石磊撰写；第 3 章由牛俊、刘浏撰写；第 4 章由康绍忠、邹民忠撰写；第 5 章由赵文智、沈彦俊、常学向、郭英、刘冰撰写；第 6 章由毛晓敏、段萌撰写；第 7 章和第 8 章由黄冠华、徐旭、霍再林、刘明欢撰写；第 9 章由康绍忠、李晓琳撰写；第 10 章由杜太生、李栋浩撰写；第 11 章由粟晓玲、郝丽娜、张更喜撰写；第 12 章由王素芬、粟晓玲、何柳月、郝丽娜撰写；第 13 章由郭萍、粟晓玲、郝新梅、张成龙、夏爽、钟锋撰写；第 14 章由张宝忠、魏征、雷波、刘钰、韩聪颖撰写。全书由牛俊、刘琦统稿。

由于研究水平和时间有限，存在区域观测数据的部分缺失或不足，理论分析还不够全面，分析方法和模型构建存在一定的局限性，相关问题的解析和认识有待更进一步深化。书中难免存在不妥之处，恳请读者批评指正。

作 者

2019 年 10 月于北京

目　　录

总序

前言

第1章　概论 ··· 1

1.1　研究目的与意义 ·· 1

1.2　研究目标与总体思路 ·· 1

1.3　具体研究内容与技术路线 ···································· 3

1.4　国内外研究状况 ·· 8

1.5　取得的主要进展 ··· 14

第2章　黑河绿洲灌溉农业发展与农业用水情况 ················· 25

2.1　黑河流域农业发展概况 ······································ 25

2.2　农业气候与土壤条件 ··· 33

2.3　作物系统 ·· 36

2.4　灌区分布与农业用水变化状况 ······························ 38

第3章　气候变化对黑河绿洲来水变化的影响 ····················· 40

3.1　多模式多情景气候变化预估模型 ··························· 40

3.2　黑河绿洲来水变化影响的模拟模型构建 ·················· 47

3.3　模型参数率定与模型检验 ···································· 49

3.4　气候变化情景分析 ·· 52

3.5　未来黑河绿洲来水变化的预测与分析 ···················· 53

3.6　小结 ··· 59

第4章　黑河绿洲农作物耗水对变化环境的响应 ·················· 61

4.1　区域农作物耗水模拟及对变化环境响应研究背景 ······· 61

4.2　黑河绿洲农作物耗水模拟模型与检验 ···················· 63

4.3　黑河绿洲农作物耗水变化的驱动因子及其贡献率 ······· 69

4.4　黑河绿洲农作物耗水对未来变化环境响应的预测与分析 ·· 75

4.5　讨论与小结 ·· 81

第 5 章　黑河绿洲多情景的农业与生态需水指标 ･･････････････････････ 85

5.1　黑河绿洲农业与生态耗水及其影响因素分析 ･･･････････････････ 85

5.2　黑河绿洲农业需水指标确定及其尺度提升方法 ･･･････････････ 118

5.3　黑河绿洲生态需水指标确定及其尺度提升方法 ･･･････････････ 123

5.4　多情景的黑河绿洲需水分布图集生成 ･･･････････････････････ 125

5.5　黑河绿洲需水对未来变化环境响应的预测与分析 ･･･････････ 133

第 6 章　西北旱区绿洲田间尺度水碳耦合模拟模型与应用 ･････････ 140

6.1　田间尺度水碳热耦合观测试验 ･･･････････････････････････････ 140

6.2　CropSPAC 水热传输模拟模型 ･･･････････････････････････････ 175

6.3　作物生长与产量模拟模型的改进 ･･･････････････････････････ 183

6.4　覆膜条件下的田间尺度水碳耦合模拟模型 ･･･････････････････ 200

6.5　覆膜条件下的 CropSPAC 模型的率定与验证 ･･･････････････ 207

第 7 章　黑河中游绿洲水转化多过程耦合模拟模型构建与检验 ･･･ 218

7.1　黑河中游绿洲简介 ･･･ 219

7.2　黑河中游绿洲水转化多过程耦合概念模型构建 ･･･････････････ 221

7.3　绿洲水转化多过程耦合模型数值求解 ･･･････････････････････ 224

7.4　绿洲水转化多过程耦合模型率定和验证 ･･･････････････････ 225

第 8 章　黑河绿洲水循环与水平衡要素时空演变规律分析 ･･･････ 235

8.1　1991～2010 年黑河中游绿洲地下水位反演 ･･･････････････ 235

8.2　过去 20 年黑河中游绿洲地下水埋深反演 ･･･････････････････ 238

8.3　过去 20 年黑河中游绿洲水均衡要素时空变化规律分析 ･･･････ 239

8.4　黑河中游绿洲生态恢复情景设计和分析 ･･･････････････････ 242

第 9 章　黑河绿洲区域尺度灌溉水生产力时空演变 ･････････････ 249

9.1　黑河绿洲区域尺度灌溉水生产力时空分异规律 ･･･････････････ 249

9.2　黑河绿洲区域尺度灌溉水生产力的驱动因素分析 ･･･････････ 254

9.3　黑河绿洲区域尺度灌溉水生产力驱动因素的贡献率 ･･･････ 258

第 10 章　黑河绿洲田间尺度灌溉水生产力限制因素与提升途径 ･･･ 263

10.1　灌溉水生产力影响因素观测试验 ･･･････････････････････ 263

10.2　灌溉水生产力及其影响因素本底值的空间分布现状 ･･･････ 267

10.3　灌溉水生产力的限制因素及其贡献率分析 ･･･････････････ 273

10.4　多情景下灌溉水生产力的空间分布 ･･･････････････････････ 278

10.5　灌溉水生产力的提升途径 ･････････････････････････････ 289

第 11 章　黑河绿洲适度农业发展规模研究 ………………………………………………… 296

　11.1　黑河绿洲农业可利用水资源量 …………………………………………………… 296

　11.2　黑河绿洲农业生产–水资源–生态系统的关系 ………………………………… 302

　11.3　基于绿洲植被圈层理论的黑河绿洲适度农业规模确定方法 ………………… 318

　11.4　基于生态健康的黑河绿洲适度农业规模确定方法 …………………………… 328

　11.5　变化环境下的黑河绿洲适度农业规模优化情景 ……………………………… 337

第 12 章　黑河绿洲作物最优布局与耗水时空格局优化 ……………………………… 344

　12.1　黑河绿洲作物生产相对优势区 …………………………………………………… 344

　12.2　不同来水情景的黑河绿洲作物种植结构优化 ………………………………… 358

　12.3　黑河绿洲作物种植结构空间优化模型 ………………………………………… 366

　12.4　黑河绿洲耗水时空格局优化设计 ……………………………………………… 375

　12.5　控制不同耗水总量的黑河绿洲耗水时空格局优化图集 ……………………… 387

第 13 章　基于节水高效与生态健康的黑河绿洲水资源优化调控策略 ……………… 401

　13.1　黑河中游绿洲农业与生态用水优化配置 ……………………………………… 401

　13.2　考虑渠系条件的黑河中游灌区间用水的优化调配 …………………………… 434

　13.3　典型灌区灌溉用水的优化调配 …………………………………………………… 446

　13.4　不确定性下灌区时空优化配水及风险评估 …………………………………… 487

　13.5　灌区优化配水效应评估 …………………………………………………………… 502

第 14 章　黑河绿洲农业节水潜力分析与实现途径 …………………………………… 510

　14.1　黑河绿洲农业节水效应与潜力评价方法 ……………………………………… 510

　14.2　黑河绿洲不同措施的节水效应分析 …………………………………………… 523

　14.3　基于水转化的黑河绿洲农业节水理论潜力 …………………………………… 542

　14.4　实现黑河绿洲节水理论潜力的经济成本分析 ………………………………… 548

　14.5　考虑经济社会发展阶段和投入可行性的黑河绿洲节水潜力可实现值 …… 559

参考文献 ………………………………………………………………………………………… 563

索引 ……………………………………………………………………………………………… 595

第1章 | 概　　论

1.1　研究目的与意义

我国干旱内陆河流域水资源极度短缺，在面积占比不及 4% 的绿洲上集中了区域 90% 以上的人口，绿洲农业灌溉用水占总用水量 90% 以上。因此，干旱内陆河流域水资源可持续利用的关键在于绿洲农业灌溉水高效利用。绿洲农业用水涉及水源−渠道−农田的灌溉水输配过程、田间土壤−植物−大气连续体（SPAC）水分传输过程、作物耗水−光合作用−经济产量转化等多种物理学与生物学过程，且各过程相互耦合，形成了农业用水复杂系统。同时，受气候变化、土地利用及水资源条件的影响，农业水转化过程具有时空动态特征。在深入了解绿洲农业水转化多过程耦合机制的基础上，如何提高灌溉用水效率是绿洲农业水效率提升的关键科学问题。因此，亟待深入理解农业水转化多过程耦合机制，发展农业水转化多过程耦合与决策综合模拟系统，准确量化变化环境下的农业水转化过程及水效率，实现农业用水的高效调控。

黑河流域是我国典型干旱内陆河流域，中游绿洲以流域 18.2% 的土地面积消耗着流域 60.9% 的水资源，其中农业用水占总用水量的 92%。由于灌溉水转化频繁，绿洲区农业水转化是黑河流域生态−水文过程的关键环节。因此，认识黑河流域绿洲农业水转化多过程耦合机理是黑河流域生态−水文集成重大计划科学目标"刻画生态−水文过程"的重要前提，农业水转化多过程耦合与决策模型是黑河重大计划"耦合生态、水文和社会经济的流域集成模型"的重要组成部分。开展黑河流域绿洲农业水转化多过程耦合与高效用水调控集成研究是提升内陆河流域水资源形成及其转化机制的认知水平和可持续性的调控能力的必然要求。

1.2　研究目标与总体思路

本书以深入认识黑河流域中游绿洲农业水转化多过程耦合机理及定量关系为主线，揭示绿洲多尺度农业水转化对变化环境的响应机制，明确制约农业水效率的关键过程与因素，阐明多因素协同作用的农业水效率提升机制；发展绿洲基于植物对气候因子与大气 CO_2 浓度综合响应的分布式需水模型及基于多过程耦合的农业水转化与水效率模型；建立基于节水高效和绿洲健康的水资源科学调配理论与方法。本书为黑河流域生态−水文集成研究重大计划的整体集成提供绿洲农业水转化的基本过程、量化方法、优化情景及农业水转化多过程耦合模拟与决策子模型，为黑河流域水资源调控提供优化配水方案和高效用水模式，提升对绿洲农业区水资源转化过程的认知水平和量化精度，以及绿洲水资源可持续利用的调控能力。

本书以黑河流域中游绿洲为研究区域，在国家自然科学基金重大研究计划"黑河流域生态-水文过程集成研究"已有研究资料及成果的基础上，补充田间灌溉试验及监测、灌区农业用水、水文过程（渠道水渗漏、土壤水、地下水）、作物生长监测及区域遥感监测，针对农业用水所涉及水消耗、水转化、水效率、水调配等环节，开展中游绿洲农业水转化多过程耦合及高效用水调控研究；在研究植物生理过程对气候因子（气温、湿度、CO_2浓度）等的综合响应基础上，根据土地利用情景、地形及土壤条件，发展绿洲分布式需水模型，确定绿洲需水对气候变化、土地利用格局变化等变化环境的响应结果，对绿洲需水时空格局进行优化；揭示农田、渠系和绿洲灌溉水转化多过程的耦合机理，发展农业水转化及水效率多过程耦合模型；在此基础上，探索绿洲农业水效率多要素协同提升机制与模式，研究基于水转化过程的绿洲水资源配置理论与模型，发展复杂灌区系统灌溉水调配方法。为黑河重大研究计划整体集成提供参数指标、量化方法、优化方案及情景，为黑河流域水资源可持续利用提供理论基础及农业节水技术模式。本书总体思路见图1-1。

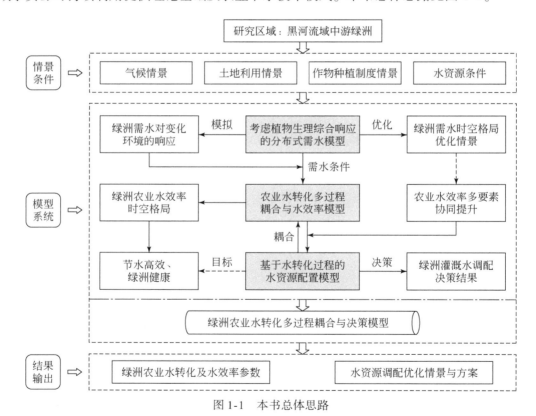

图 1-1 本书总体思路

1.3　具体研究内容与技术路线

围绕构建"农业水转化多过程耦合模拟与决策模型"的总体目标，依据农业用水与调控决策所涉及的水需求、水转化、水效率、水调控四个环节，开展绿洲需水对变化环境的响应与时空格局优化、绿洲灌溉水转化多过程耦合与定量表征、绿洲多尺度农业水效率协同提升机制与模式、基于节水高效与绿洲健康的水资源调配策略等四个方面的研究。

1.3.1　绿洲需水对变化环境的响应与时空格局优化

在集成黑河重大研究计划已启动项目"黑河流域历史时期水土资源开发利用的空间格局演变""干旱区陆表蒸散遥感估算的参数化方法研究"和"黑河流域生态–水文过程综合遥感观测实验：综合集成与航空微波遥感"等研究项目成果基础上，通过整合甘肃河西走廊相关作物需水及生态需水试验资料，补充主要农作物灌溉试验及生态植被耗水监测试验，研究主要作物及生态植被需水规律、估算模型与需水指标，发展绿洲基于植物生理生态过程的分布式需水模型，预测气候变化、土地利用及作物种植结构改变条件下绿洲需水的时空演变。在此基础上，发展绿洲需水时空格局优化方法，获得变化环境下绿洲需水时空优化格局情景，为绿洲水转化多过程耦合与决策综合模型提供需水条件。具体研究内容如下：

1）主要作物耗水规律、估算模型与经济需水指标。研究作物需水对 CO_2 浓度和气温升高等变化的响应特征和机理，建立适合不同变化环境条件的作物需水估算模型，提出主要农作物适宜水肥条件下的最优需水指标及水资源限制下的经济需水指标。

2）生态植被耗水规律、估算模型与需水阈值。研究主要生态植被的需水时空变化特征；考虑干旱、盐渍化等因素对植被生长的影响，建立环境胁迫条件下的生态植被需水模型；分析生态植被需水与地下水之间的关系，基于不同的生态安全水平，提出合理的生态地下水位控制指标和生态植被需水阈值。

3）绿洲需水对变化环境的响应与预测。筛选与优化区域尺度绿洲需水估算方法；考虑绿洲内部农作物、人工防护林、湿地和绿洲边缘荒漠植被等生态类型，发展基于栅格数据库和气孔模型的绿洲分布式需水模型，分析不同情景下绿洲需水的时空变化规律，预测 CO_2 浓度和气温升高等变化，以及不同景观格局和农业结构对绿洲需水的影响。

具体技术路线见图 1-2。

1.3.2　绿洲灌溉水转化多过程耦合与定量表征

在梳理整合前期相关项目基础上，补充开展典型农田水循环和作物生长监测、渠系渗漏试验等现场原位试验，以及绿洲尺度土壤剖面物理及水力特性分析、农业水文过程、农

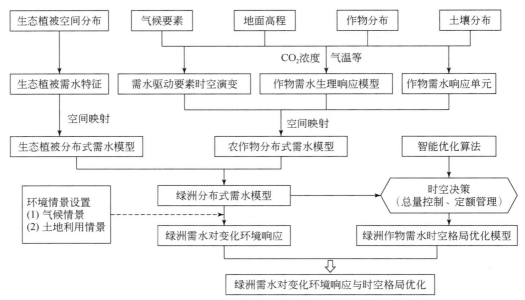

图 1-2 绿洲需水对变化环境响应与时空格局优化研究技术路线

作物生长监测，集成黑河重大研究计划已启动项目"黑河中游绿洲生态系统不同景观单元 SPAC 水过程研究""黑河流域地表水与地下水相互转化的观测与机制研究""耦合作物生长–水文模型研究黑河中游灌溉绿洲的生态–水文过程""黑河流域中游地区生态–水文过程演变规律及其耦合机理研究" 和 "黑河流域农业节水的生态水文效应及多尺度用水效率评估" 等最新研究成果，深入研究变化环境下农田灌溉、渠道渗漏等对区域水循环的影响规律。发展农田水循环和作物生长模型、渠系时空动态入渗的定量化表征方法，以及耦合农田、渠系水转化过程的灌区水转化多过程耦合模型，获得绿洲灌溉水转化与水效率参量时空变化特征。具体研究内容如下：

1）农田水循环–作物生产过程的耦合与定量表征。建立反映光合作用、呼吸作用、干物质积累和产量形成的作物生长模型；结合土壤水分胁迫条件下的土壤水热传输模型，建立能够模拟作物动态生长和土壤水热传输互馈作用的耦合模型，定量表征变化环境下的农田水循环–作物生产过程。

2）渠系输配水效率的驱动因素与过程量化。建立基于混合 Richards 方程的二维饱和–非饱和渠系输配水条件下水分运动模型；对绿洲渠系典型渠道断面类型、防渗形式、行水特性（水位变化、历时等）、地下水埋深、渠床土壤特性等条件下的渗漏过程及其对地下水补给规律进行模拟，量化渠系渗漏补给地下水的时空分布。

3）灌区水转化多过程与作物生产力耦合模拟模型构建。建立土地利用、土壤水力特性参数、灌溉渠道、地下水开采井等数据库；将农田水循环–作物生产过程模型与渠系渗漏时空分布相融合，形成区域非饱和带水文过程模型；将其与地下水流运动模型进行时空耦合，建立灌溉水转化多过程与水效率耦合模型，模拟变化环境下灌溉水转化与水效率过程。

4）变化环境下的绿洲灌溉水转化与水效率参量时空特征。应用上述灌区水转化模型对绿洲灌溉水转化及水效率参量量化，通过情景设置和模拟分析，揭示变化环境下灌溉水转化及农业水效率参量（如渠道渗漏无效损失和补给地下水量、农田有效消耗和无效消耗量、灌溉回归量、地下水补给根区水量等）的时空变化特征。

具体技术路线见图1-3。

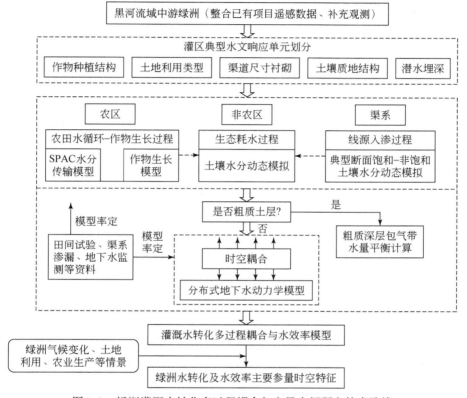

图1-3　绿洲灌溉水转化多过程耦合与定量表征研究技术路线

1.3.3　绿洲多尺度农业水效率协同提升机制与模式

在黑河重大研究计划已启动项目"黑河流域农业节水的生态水文效应及多尺度用水效率评估""黑河中游绿洲生态系统不同景观单元SPAC水过程研究""黑河中游边缘绿洲新垦农田灌溉需水评估及水土环境效应观测研究""耦合作物生长–水文模型研究黑河中游灌溉绿洲的生态–水文过程"和"黑河流域水–生态–经济模型综合研究"等研究成果基础上，以野外考察和资料收集与分析为基础，补充必要的定位观测试验，采用流域参数取样分析、田间小区定位试验和理论分析，以及与计算机模拟相结合的研究方法，围绕绿洲农业水效率的限制因素、关键过程、量化表征、提升机理、技术模式、潜力评估等内容开展系统的机理探索、模式集成和情景分析。具体研究内容如下：

1）绿洲农业水效率空间分异规律。研究绿洲区域尺度农业水效率的时空分布规律和驱动机制，探索农业水生产力与气候因素、农业生产等各要素的关系，量化绿洲农业水效率的驱动因素贡献率，获得绿洲农业水效率分布情况。

2）绿洲农业水效率多要素协同提升机理与模式。研究绿洲农业水生产力与灌水技术参数、农艺节水技术参数的量化关系，构建绿洲灌区农艺节水技术参数优化方案，提出绿洲农田水效率多要素协同提升方案集，为绿洲农业节水潜力提升提供空间分布式技术参数和综合决策方案。

3）绿洲多尺度农业水效率潜力评估与情景分析。研究气候变化、灌区可供水量、种植结构调整和规模化高效节水灌溉等不同情景下的农业水效率提升潜力的合理调控指标范围及水效率形成多过程耦合关系，建立绿洲灌区多尺度农业水效率潜力评估指标体系与情景分析方法，为绿洲灌区水资源优化配置和绿洲适度农业规模确定提供评估指标和优化情景。

具体技术路线见图1-4。

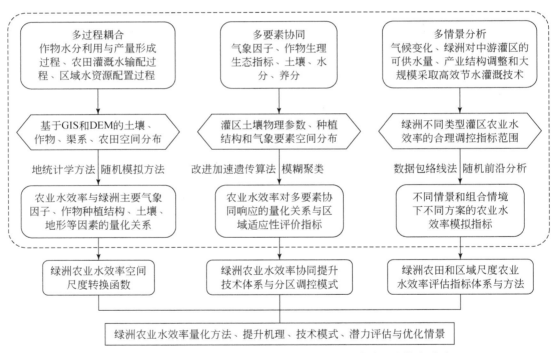

图1-4 绿洲多尺度农业水效率协同提升机制与模式研究技术路线

1.3.4 基于节水高效与绿洲健康的水资源调配策略

在黑河重大研究计划前期项目"不同时期植被盖度和植被面积等绿洲空间过程动态变化特征""黑河流域历史时期水土资源开发利用的空间格局演变"和"基于水库群多目标

调度的黑河流域复杂水资源系统配置研究"等基础上,以深入认识作物耗水和生态植被耗水规律,以及农业用水的水循环和生态系统相互作用机理为基础,以节水高效和生态健康为约束的水资源调配为目的,针对黑河中游绿洲水资源开发现状,通过采用多学科交叉、多技术联合应用,研究农业用水与生态用水的相互作用,建立绿洲适度农业规模的确定方法,发展和完善基于节水高效与绿洲健康的水资源调配理论与方法,提出不同情景下灌溉水优化调配方案。

1)基于节水高效与生态健康的绿洲适度农业规模。研究给定农业供水条件下,考虑不同来水情景的黑河中游种植结构优化情景;提出基于节水高效与生态健康的绿洲适度农业规模,并获得其空间分布。

2)总量控制和定额管理下黑河中游作物耗水的时空格局优化。建立黑河中游主要作物及生态植被分布式需水模型及绿洲需水时空格局优化模型;提出总量控制、定额管理下的作物需水时空格局动态优化方案。

3)考虑渠道工程布局及运行条件的灌区时空优化配水。考虑灌区渠道等工程布局和运行条件,研究基于气候及来水不确定性的时空配水及其风险评估;提出不同情景下灌区时空优化配水方案;获得现状及未来配水变化的空间分布。

具体技术路线见图 1-5。

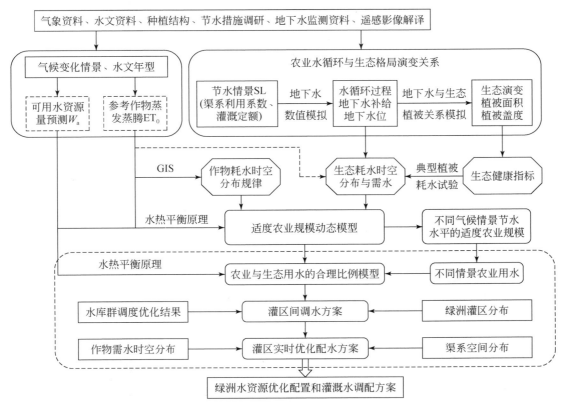

图 1-5　基于节水高效与绿洲健康的水资源调配策略研究技术路线

1.4 国内外研究状况

近年来随着农业水资源短缺，农业用水在社会经济–水资源–生态环境复合系统中的地位日趋凸显，农业水转化多过程耦合机制与高效用水调控已成为国内外研究的热点，相关研究已成为有关国家和国际组织重大研究计划的主题。国际水管理研究所启动了为期 12 年的农业水土与生态系统重大研究计划，旨在基于水转化过程研究农业用水与生态系统之间的关系；农业用水与国际农业研究咨询联盟（CGIAR）在世界七大典型流域组织实施了提高农业水转化效率的"挑战计划"（CP）；德国联邦食品、农业和消费者保护部牵头启动了"农业水转化与用水效率提升"相关研究计划，以提高农业用水与粮食产出多环节的水资源利用效率。具体来说，农业水转化多过程耦合及高效用水调控研究所关注的尺度已由农田扩展到区域乃至流域，采用的方法已由试验统计分析转变为试验分析、数学模型与区域遥感相结合，研究重点已由农业耗用水规律上升为变化环境下水转化及农业用水效率驱动机制等方面。绿洲需水时空格局对变化环境响应、灌溉水转化多过程的定量表征、农业水效率提升机制与方法，以及考虑绿洲健康的水资源调配已成为农业水转化及高效用水调控研究的主要方向。

1.4.1 绿洲需水时空格局及对变化环境的响应

绿洲需水估算是干旱区水资源可持续利用及绿洲健康发展的前提（Jasechko et al.，2013）。在气候变化、种植结构调整等变化环境下，绿洲需水势必会发生改变。与之密切相关的作物需水与生态植被需水对气候变化及水资源条件的响应已成为研究的热点（Piao et al.，2010）。与此同时，绿洲需水的时空格局也成为国内外关注的重点。作物需水受外在环境因素和内在生理因素协同调控。以 CO_2 浓度和气温升高为主要特征的气候变化对作物需水已产生重要影响。研究发现，温度升高可以显著增加作物蒸腾，而大气 CO_2 浓度的升高抑制作物叶片气孔开度，降低叶片蒸腾速率（Kang et al.，2002；Leakey et al.，2006）。然而，CO_2 浓度的升高促进植株高度和叶面积增长，可能会增强冠层蒸腾（David，2006）。由此可见，气候变化对作物需水的影响具有双向性。目前的研究主要针对 CO_2 浓度倍增、温度升高等单因子进行，并未考虑 CO_2、温度等环境因子同时发生变化产生的协同效应。此外，随着农业节水措施的实施，使作物需水过程发生了显著改变。如何综合考虑环境因子的协同效应及节水措施的影响，建立变化环境下的作物需水模型，还有待深入研究。类似于农作物，生态植被需水对气候变化也有明显响应。Keenan 等（2013）研究表明，北半球森林耗水呈下降趋势可能与 CO_2 浓度升高有密切关系。一些研究还表明，干旱对植被水分耗散和空间格局将产生重要影响，干旱会使生态植被耗水锐减，甚至威胁植被的健康（Reichstein et al.，2002）。除此之外，由于旱区地下水是维持生态植被健康的重要条件，旱区生态植被需水与地下水埋深存在密切关系。然而，考虑气候、土壤、地下水对植被的综合作用，深刻揭示生态植被需水的调控机制，尚需深入研究。

近年来，气候变化对绿洲需水的影响已成为相关研究的焦点（Tilman et al., 2001），Jung 等（2010）研究表明，由于长期干旱，南半球大部绿洲蒸发呈显著下降趋势。同时，节水措施的大面积推广及种植结构的改变，也会对区域需水产生重要影响（任庆福等，2013）。此外，生态植被和农作物需水具有一定的时空分异性（Kiptala et al., 2013），区域不同景观单元需水时空格局对区域水土资源高效利用具有重要意义。气象、土地利用、地形、土壤状况和水文等环境因素对区域景观空间格局与水分消耗有着重要的影响（Chen et al., 2012）。近年来，尽管生态植被和作物需水规律研究取得了较大的进展，但相关研究大多只基于单一类型对变化环境的响应（Zhao et al., 2012），未能综合考虑不同经济与生态环境效益下，多种作物组合及绿洲多种景观单元组合的不同尺度需水规律及交互作用，缺乏协同优化生态植被和作物时空格局的方法，未实现绿洲需水的时空格局优化。

综上所述，目前对变化环境下农作物、生态植被需水响应研究关注的焦点是气候因子对植物需水影响机制，研究尺度多集中于农田等小尺度。由于气候因子对植物需水影响复杂，缺乏深入研究气候变化多因子对植物需水的协同作用，尚未对区域尺度农业及生态植被需水对变化环境的响应时空分异进行定量评价和分布式模拟。从区域水资源管理角度讲，目前还缺乏面向区域水资源高效利用的绿洲需水时空格局优化方法。

1.4.2　绿洲灌溉水转化多过程的定量表征

绿洲灌溉水转化涉及农田水循环、渠道渗漏及绿洲地表水-地下水转化等环节，其物理过程的定量表征已成为近年来研究的热点。Philip（1966）提出的 SPAC 概念奠定了灌溉水转化研究的理论基础。康绍忠等（1992）基于 SPAC 水分传输机理，提出包括根区土壤水分动态模拟、作物根系吸水模拟和蒸发蒸腾三个子系统的 SPAC 水分传输动态模拟模型；随着研究的深入，耦合水量平衡与能量平衡动态过程的农田 SPAC 模型已成为研究的热点（毛晓敏，1999）。与此同时，相关数值模拟软件也得到迅速发展和应用，如 ISAREG、SWAP、HYDRUS 等。目前针对农田水循环的研究重点在 SPAC 系统的土壤水热传输，较少考虑其与作物生长过程的耦合作用，无法准确定量表征农业水分效率。如何在考虑作物生长过程和 SPAC 系统水分运移相互作用的基础上，发展农田水循环和作物生长动态耦合模型将是未来研究的重点。渠系输配水及水分渗漏是灌溉水转化的重要环节。相关研究多集中在渠道渗漏的量化及影响因素方面。渠道渗漏损失的影响因素包括渠床和下部土壤的渗透性能、渠道衬砌形式、渠内水深、渠道断面形式等。动水法、静水法及测渗仪法等现场试验为研究渠道渗漏规律提供了可行的方法。在生产实践中，渠道的渗漏损失量通常采用经验公式法、解析法及数值模拟法得到。尽管经验公式在实践中得到了广泛应用，但解析法不仅可以计算渠道渗漏损失量，还可以在一定程度上获得渠道渗漏的时空分布。Choudhary 和 Chahar（2007）对于矩形渠道的渗漏量或补给量的定量表征给出了一个精确的解析解。相对于解析解，数值模拟法更适用于求解复杂情况下渠道的渗漏过程。Phogat 等（2009）和 Yao 等（2012）采用数值法模拟了渠道渗漏过程对地下水的响应。目前对渠道渗漏的数值模拟仍以垂向二维断面模拟为主。然而受渠道尺寸、衬砌方式、潜水埋深、渠床土壤质地结构、行水时间和深度等的影响，渠道渗漏具有明显空间变异性，如何通过典型断面处渠道渗漏的研究结果扩展得到区域渠道渗漏空间分布，目前仍少有研究。

目前绿洲灌溉水转化过程模拟多以区域水文模型为基础，进行灌溉水转化各环节的模拟。例如，PRMS、TOPMODEL、SHE 等一些基于物理概念的中小尺度区域水文模型已应用于绿洲灌溉水转化模拟。这些模型主要面向地表水文及非饱和带水，较少涉及地下水部分。

Arnold 等（2000）考虑地下水对地表水文的影响，在生态水文模型中融入简单的地下水模型，随后提出了耦合地表水与地下水的 SWAT 模型。为了更好地将 SWAT 模型适用于中大尺度，Krysanova 等（1998）在该模型基础上开发了 SWIM 模型，此模型包括土壤水深层渗漏、作物根系吸水、壤中流、地下水补给、土面蒸发等多个水文过程模块，成功应用于绿洲灌溉水转化模拟。针对干旱区绿洲灌溉水转化以消耗为主的特点，胡和平等（2004）开发了散耗型水文模型，该模型基于水量平衡原理将河道来水、用水及输水，渠系的引水和输水，水库及地下水对水量的人工和自然的调蓄，灌溉地与各类非灌溉地的耗水及其相互的水量转化综合成为一个有机的系统，一定程度上刻画了干旱区绿洲灌溉水转化过程。然而，该模型属于概念型模型，缺乏对区域尺度水转化过程的动态分析。随着GIS 技术的发展，近年来基于 GIS 的分布式农田水循环模型成为绿洲灌溉水转化模拟的有效方法（Schoups et al.，2005）。Singh 等（2006）基于 GIS 平台采用分布式农田水循环SWAP 模型进行了绿洲灌溉水转化参量的时空分布模拟。然而，目前的绿洲灌溉水转化过程模型中未考虑抽水井及灌溉渠系时空分布对灌溉水转化过程的影响。

综上所述，尽管目前国内外对于农田水循环、渠系输配水过程的定量表征、绿洲灌溉水水文过程等方面开展了较广泛的研究，然而为进一步量化变化环境下灌区主要参量时空分布及农业水效率的响应，有关农田水循环与作物生长产量的耦合模拟、基于渠系渗漏线源分布的绿洲灌溉水转化模拟尚待深入研究。

1.4.3 农业水效率表征及协同提升机制与方法

农业水效率表征与提升已成为近年来国内外研究热点之一。提高农业水效率的关键是要提高区域水资源配置效率、灌区输配水效率、农田灌水效率、土壤储水保水效率和作物水分利用效率。农业水效率的多尺度特点为植物生理学家、农田水利学家和水资源管理者提供了较为灵活的概念框架，但也给农业水效率的量化表征及时空分异规律研究带来了更大的挑战。

目前，农业水效率的量化指标主要有用水量比例指标和水生产力指标两大类。用水量比例指标主要包括灌溉水利用系数、渠系水利用系数和田间水利用系数等。传统用水量比例指标多从农作物角度出发，缺少考虑输配水和灌溉过程中的损失水量可能被再次重复利用，导致在供水效益内涵上过于单一。由于尺度扩大后回归水再利用与供水效益的多样化，很多传统指标中的损失需要重新理解（Burt et al.，1997），并需要在水平衡系统理论框架中充分考虑不同尺度下水的重复利用及供水多目标问题。水生产力指标主要包括作物水分利用效率（WUE）、灌溉水分利用效率（IWUE）及农田总供水利用效率、田间水分利用效率和腾发量水分生产率等指标（Igbadun et al., 2008）。农业水效率的尺度效应主要由灌区土壤、作物、气候、灌溉工程、灌溉水量等多种因素的空间变异性和灌溉水重复利用导致，涉及作物、田间、灌区和区域（流域）秒、时、天、年、多年等不同时空尺度（许迪，2006）。灌溉水的重复利用及灌区各种要素的时空异质性导致灌溉系统的非线性特征，使得不同尺度农业水效率具有复杂的耦合关系，需要系统分析灌溉用水效率尺度效应产生的原因。Hsiao 等（2007）将农业水效率形成过程划分为多环节，总效率等于各个环节效率的乘积，为提高农业水分利用效率提供了定量方法。因此，在完善农业用水效率量化表征和评价指标体系的基础上，需要综合考虑作物耗水过程、产量形成过程与水资源配置和灌溉水输配过程的耦合与有效链接，构建农业水效率与尺度因子的转换模型，建立不同时空尺度间农业水效率的定量转换关系。

作物用水效率受水、肥、气、热、光、土和生物等多因素影响。凡是能够提高光合速率、降低蒸腾速率，提高产量、降低耗水量的措施均可以提高作物水分利用效率（Blum，2009）。作物用水效率提升的技术途径主要有遗传改良、减少呼吸消耗、调节根冠比、化控调节和叶面积指数调控。在农田尺度上，利用耕作覆盖措施调控农田水分状况、蓄水保墒和减少土壤蒸发、减少深层渗漏损失，提高灌水均匀度和适时适量灌溉，以及水资源有限条件下的时空亏缺灌溉是作物用水效率提升的重要途径（Frank and Manuel，2008；Caemmerer et al., 2012）。除土壤水分外，肥料、盐分等也是影响作物水效率的重要因子，它们相互影响，并存在复杂的协同效应。近年来，国内外对作物水肥耦合高效利用及作物水盐联合调控研究取得了进展，但是如何综合考虑作物生长发育、水分亏缺、养分供给等过程对作物耗水及产量形成的影响，提出大田作物水转化效率定量表征方法和阐明多因素协同提升机制等尚待深入。从绿洲水资源管理而言，农业用水效率提升潜力评估显得尤为重要。传统评估区域农业用水效率提升潜力是基本静态的水资源利用，未考虑灌溉水的重复利用。近年来，有学者从灌溉水重复利用的角度对农业用水效率潜力的计算方法进行了探讨，提出了相应的用水效率评价指标，分析了用水效率提升潜力的尺度效应（李远华和崔远来，2009）；也有学者从农业耗水角度进行研究，提出了农业用水效率提升潜力的概念及其计算方法（Keller et al., 1996）。然而，如何针对研究对象选择适当的计算方法还需要进一步探讨和研究。

综上所述，目前对农业用水效率表征主要集中在对农业用水单一过程解析，对农业用水效率提升主要围绕单一因素进行。在农业用水效率多过程统一表征的基础上，多因素协同作用对农业用水效率影响机制，挖掘农业用水效率提升潜力的研究有待深入。

1.4.4　旱区绿洲水资源优化配置与灌溉水调配

绿洲水资源优化配置与灌溉水调配是实现绿洲水资源可持续利用的必要措施。国内外相关研究已由传统的仅考虑经济用水扩展到考虑生态用水，由静态水资源配置上升到考虑水转化过程的水资源配置，环境因素由仅考虑确定性条件发展到考虑不确定性条件。在干旱区水资源优化配置方面，目前更加重视生态环境与经济社会的协调发展。同时，采用多目标方法研究区域水资源在经济、生态环境之间的配置已成为近年来水资源开发利用研究领域的热点方向。常以生态需水作为约束条件考虑，或以生态环境缺水量最小为生态目标函数，或建立考虑生态、经济及社会效益的多目标配置模型，以此来探讨基于生态效益和经济效益统一度量的水资源合理配置模型（粟晓玲等，2008）。例如，在墨累-达令河流域有关研究中，应用多准则决策分析（MCDA），把生态系统服务及利益相关者对生态服务的偏爱引入水资源综合管理中（Liu et al.，2013）。此外，适宜绿洲农业规模的确定已成为干旱区水资源优化配置的前提。王忠静等（2002）针对西北干旱内陆河流域缺水与生态恶化问题，基于绿度概念和水热平衡原理，提出了适宜绿洲规模的计算公式。在此基础上，一些学者先后对石羊河流域（粟晓玲等，2008）、渭干河平原绿洲（Hu et al.，2007）、玛纳斯河流域（Ling et al.，2013）等流域在不同水文年下的适宜农业规模进行了探讨。值得注意的是，目前研究没有考虑农业节水措施对人工绿洲规模的影响，以及区域水转化对生态植被的影响，而且研究结果也仅是一个规模的总值或范围，不能反映绿洲农业空间分布格局的动态变化。同时，当前研究对气候变化引起的绿洲可供水条件变化等不确定性也考虑不足。

灌溉水调配涉及灌溉来水的动态、灌溉水转化、复杂灌溉系统利益平衡等。由于水库入流的随机性，决策运行过程的动态性，水库群决策已成为区域水资源配置研究的热点（郭生练等，2009），其模型框架也从仅考虑降水、蒸发及水库入流为确定性的输入（Mujumdar and Ramesh，1997）发展到考虑入流为随机参数的不确定性输入（Seifi and Hipel，2001）。随着灌溉供水不足及气候变化下来水的不确定性，考虑亏缺灌溉下作物水分生产函数、来水的不确定性及生态健康的需水，集成灌溉计划与水库群多阶段优化运行模型，发展数学规划与智能算法相结合的优化算法是研究趋势。灌溉水调配过程中存在诸多不确定性因素，如水循环过程时空变化的随机性，灌溉目标、灌溉定额、目标函数和约束条件中存在的灰色性、模糊性等（Li et al.，2006）。近年来，国内外关于灌溉水调配过程中不确定性的研究日趋增加，区间线性规划，机会约束规划，两阶段、多阶段随机规划等不确定性优化方法已被广泛应用于灌溉水调配研究中（Li et al.，2010）。此外，针对单一不确定方法无法表征多重不确定性的缺陷，部分表征多重不确定性的优化方法也开始在该领域进行应用（Lu et al.，2009）。然而，基于多重不确定性灌溉水调配模型较为简单，不能充分反映实际情况，且多数模型相关研究停留在理论与方法研究阶段，其实际应用还有待加强。

综上所述，尽管目前对绿洲水资源优化配置和灌溉水调配研究在理论及方法上取得了进展，但对于我国西北旱区绿洲而言，如何在协调农业用水与生态用水的基础上确定适宜农业规模，如何在水资源配置及灌溉水调配过程中考虑水转化过程及不确定性，仍有待深入研究。

1.4.5　黑河流域相关工作研究进展

随着近年来国家自然科学基金重大研究计划"中国西部环境和生态科学研究计划"和
"黑河流域生态–水文过程研究"集成重大研究计划的开展，黑河流域在绿洲需水、地表
水–地下水转化、水资源配置等方面开展了大量研究工作。在绿洲需水方面，通过对主要
作物及生态植被需水规律开展试验研究，获得了人工和天然绿洲不同生育期的生态用水量
（程国栋和赵传燕，2006）。此外，采用遥感解译及模型模拟等方法对中游绿洲耗水估算进
行了大量研究，金晓媚等（2008）将水文数据与遥感数据相结合对张掖盆地 1990~2004
年的区域耗水进行了估算；高艳红等（2004）运用耦合土壤–植被–水文参数化陆面过程
的非静力平衡中尺度大气模式对黑河绿洲的水热过程进行了模拟研究，提出了绿洲适宜的
灌溉量。在绿洲水转化方面，围绕地表水与地下水转化关系、地下水的补给来源及地下含
水层之间的水力联系等开展了大量研究工作（陈仁升等，2003a；仵彦卿等，2010），为揭
示山前平原地表水和地下水的转化途径及定量关系做了许多开拓性的工作。另外，贾仰文
等（2006）开发了黑河流域分布式水文模型（WEP-HeiHe），并对变化环境下流域水循环
要素的时空变化进行了预测研究。长期以来，基于生态的黑河流域水资源优化配置一直是
该流域研究的热点。在研究水资源管理对绿洲生态植被覆盖、地下水位动态影响的基础
上，开展了水资源优化配置模型与管理模式（Chen et al.，2005）和决策支持系统（盖迎
春和李新，2011）等研究。

综上所述，尽管黑河流域绿洲农业用水在绿洲需水、水转化、水资源配置等方面取得
了较大的进展，但对农业水转化多过程的内在联系及对变化环境响应的系统探索还不够，
缺乏对绿洲农业水转化多过程耦合模拟的定量模型，以及基于水转化多过程量化关系的绿
洲水资源科学调配和绿洲农业水效率多因素协同提升的方法。

1.4.6　存在问题与发展趋势

尽管国内外在农业水转化多过程耦合及高效用水调控研究方面取得了重要的进展，并
且有关黑河流域绿洲水转化及水资源配置研究方面也进行了大量的前期工作，但在绿洲需
水时空格局及对变化环境的响应、绿洲农业水转化多过程耦合模拟、农业用水效率多因素
协同提升和考虑不确定性的水资源调配等基础理论与方法等方面存在以下亟待解决的科学
问题。

1）如何在明晰温度等气候因子及大气 CO_2 浓度对植物蒸发过程及光合作用影响的基
础上，通过发展考虑植物对气候因子与大气 CO_2 浓度综合响应的农作物和生态植被需水模
型，构建绿洲需水对变化环境响应的分布式模型。在此基础上，如何优化绿洲需水时空格
局，以期为深入认识绿洲尺度水转化过程提供耗水边界，为绿洲水资源时空配置提供
依据。

2）如何在耦合作物生长模型与农田 SPAC 系统水循环模型的基础上，结合对渠系渗

漏时空过程的定量表征，建立绿洲灌溉水转化及水效率多过程耦合模拟模型，辨识变化环境下绿洲水转化及水效率时空分异规律。

3）如何在揭示水、肥、气、热等多要素对农业水效率协同效应的基础上，挖掘绿洲农业水效率提升的潜力，为绿洲灌溉水调配提供理论基础及实现途径。

4）如何在研究农业用水与生态用水相互关系的基础上，确定绿洲适宜的农业规模。在考虑水资源供需条件不确定性的基础上，如何发展考虑水转化过程的绿洲水资源配置与灌溉水调配方法，实现绿洲高效用水。

此外，以黑河流域为代表的干旱内陆河流域农业用水涉及水源-渠道-农田的灌溉水输配、田间土壤-植物-大气连续体水分传输、作物耗水-光合作用-经济产量转化等多过程，且各过程相互耦合作用。目前研究多针对单一过程进行，无法追溯灌溉水由水源到作物产量形成的转化过程，一定程度上制约了对农业水转化机制的认识及水效率的提升。同时，目前在绿洲水资源调配研究与实践中，缺乏与水转化过程的有机联系，影响了绿洲水资源科学管理。因此，急需对绿洲农业用水多过程进行集成研究，在对绿洲需水分布式模拟、水转化多过程耦合模拟、水资源优化配置模拟、水效率多过程定量表征及多要素协同提升集成研究的基础上，发展农业水转化多过程耦合模拟与决策模型，以实现变化环境下黑河流域农业水转化过程多情景分析、农业用水不确定性分析及风险决策。

1.5 取得的主要进展

1.5.1 气候变化对黑河绿洲来水的影响与模拟

应用统计降尺度模型 SDSM 生成黑河流域未来气候变化情景，优选出的 5 种大气环流模式（GCM）输出和 3 种温室气体排放模式情景（RCP2.6、RCP4.5、RCP8.5）共 15 种气候情景，基于水文变量渗透能力（VIC）模型构建黑河绿洲上游来水变化模型，经过模型参数优化与模型检验后，根据设计气候变化情景预测未来黑河绿洲来水变化，并分析气候变化和人类活动对黑河绿洲来水变化的影响。结果表明：未来 2021～2050 年降水总体小幅度减少和温度增高的情势下，区域多年平均各水文变量（包括蒸散量、径流量、雪水当量、土壤含水量）都出现了略微减少，但单独年份最大值在蒸散量上出现增加。年径流量的年际变化差异比较显著，变幅为减少 4.4 亿 m³ 到增加 5.8 亿 m³ 之间。年平均径流量相较于基准期减少的年份相对较多。RCP2.6、RCP4.5、RCP8.5 3 种情景下平均减少率为 2.33%，即平均减少量为 0.34 亿 m³。从年代划分来看，在 21 世纪 20 年代的平均年径流量较基准期的变化为减少 0.08 亿 m³；在 30 年代的变化为增加 1.38 亿 m³；在 40 年代的变化为减少 2.30 亿 m³，随年代的推移年径流存在着减少的趋势。从黑河上游 2021～2050 年各变量年内分配相较于基准期的变化过程可以看出，未来模拟的蒸散量在 3～5 月、10 月相较于基准期有所增加，其他月份都有不同程度的减少。4 个增加月份的平均增加量分别为 4.14%、8.10%、8.84%、23.35%，最小减少量为 3.94%，出现在 2 月，最大减少量为 13.41%，出现在 12 月。不同月份径流量均有不同程度的减少，减少量大的月份对应于蒸散量大的月份。径流量在 3～5 月、10 月相较于基准期分别减少了 3.88%、4.72%、12.62%、3.37%。雪水当量在干季（1～4 月、10～12 月）均有所下降，下降幅度为0.75%～2.44%。其他月变化不大，其中 7 月雪水最少，相应基本无变化。土壤含水量在各个月份未来阶段都呈现出下降的趋势，减少幅度是 0.43%（8 月）～1.32%（5 月）。黑河上游地区 2021～2050 年年均降水量相较于基准期的减少主要出现在西北部地区，而增加区域多在东南部地区。年平均降水量减少多出现在春季和夏季，增多的情况多出现在冬季。区域年均径流量的减少地区多与年均降水减少地区相对应，同样在春季和夏季有较大量的减少，冬季增加的区域较多。年平均蒸散量未来的变化与径流变化的趋势有一定的一致性，减少量多出现在春夏阶段。整个上游的大部分地区蒸散量有所增加，但增加幅度不大。年均土壤含水量在整个地区均有不同程度的减少，春季和夏季尤为明显。

1.5.2　黑河绿洲农作物耗水对变化环境的响应

基于 SWAT 分布式水文模型，通过 2000～2013 年遥感蒸散量数据对模型参数率定修正，得到黑河流域农区近 31 年蒸散量变化序列的模拟值，并采用因子分析法来确定人类活动与气候变化对蒸散量变化的贡献率。因子分析结果表明，在影响农区单位面积蒸散量长期演变的驱动因子中，以粮食作物与经济作物种植面积之比、灌溉占耕地面积之比、单位面积化肥使用量、单位面积农膜使用量和灌溉定额为代表的农艺灌溉因子是主要的驱动因子，对农区单位面积蒸散量变化的构成起到主导作用。虽然以降水、相对湿度为代表的气候变化因子对蒸散量演变也有较大的贡献作用，但整体上由人类活动引起单位面积蒸散量演变的贡献率大于气候变化的影响。对于总蒸散量变化，农艺灌溉因子同样是人类活动中的主导驱动因子，这与影响单位面积蒸散量变化的主导贡献因子一致，但因子贡献率比例增加 9.098%。这说明人类活动对总蒸散量变化所能解释的方差贡献得到一定程度提升，而以相对湿度、风速为代表的气候变化因子对总蒸散量演变的贡献率相对于单位面积蒸散量变化不大。总体来看人类活动对总蒸散量演变的贡献影响还是占据主要的地位，这与各驱动因子影响单位面积蒸散量贡献率的结论一致。

耦合 CMIP5 中 5 个 GCM 模式下 3 种 RCP 统计降尺度气候情景和基于生态健康农业规模、节水灌溉的人类活动情景，设置 12 种数值模拟案例，系统开展了未来 2021～2050 年黑河农区总蒸散量模拟试验。统计降尺度结果表明，5 个 GCM 模式下 3 种气候情景的最高、最低气温在未来 30 年都呈现上升趋势，最高温度在 RCP2.6、RCP4.5、RCP8.5 情景下分别平均增加 1.30℃、1.46℃、1.86℃，最低气温在 3 种情景下分别增加 1.27℃、1.42℃、1.68℃，两者增幅均呈现 RCP8.5>RCP4.5>RCP2.6 规律；而对于降水，研究区平均变幅在 3 种情景下分别为 2.48%、2.82%、3.92%，与最高、最低气温呈现相同的变化态势，表明黑河农区在未来 30 年将出现暖湿变化趋势。未来 30 年，农区总蒸散量在RCP2.6、RCP4.5、RCP8.5 情景下相对历史时期分别平均增加 0.37 亿 m^3、0.44 亿 m^3、0.49 亿 m^3，增幅均值呈现 RCP8.5>RCP4.5>RCP2.6 规律；在气候变化-适宜农业规模上限情景下总蒸散量分别减少 1.23 亿 m³、1.16 亿 m³、1.13 亿 m³，而对于气候变化-适宜农业规模下限情景下的总蒸散量则分别减少 1.84 亿 m³、1.78 亿 m³、1.75 亿 m³；在气候变化-适宜农业规模上限-节水灌溉情景下总蒸散量分别减少 1.32 亿 m³、1.25 亿 m³、1.22 亿 m³，而气候变化-适宜农业规模下限-节水灌溉情景下总蒸散量分别减少 1.92 亿 m³、1.86 亿 m³、1.83 亿 m³。以上结果表明在未来气候变化带来黑河农区耗水增加的不利背景下，通过考虑生态健康压缩农业耕地规模，同时大力发展节水农业是该地区实现减少耗水、缓和农业用水矛盾、保障绿洲农业和生态可持续发展的可行方案。

1.5.3 流域绿洲多情景的农业与生态需水指标

根据历史资料分析过去近 30 年黑河中游张掖绿洲需水量时空变化规律。绿洲需水量年际变化呈现显著增加趋势，从 1986 年的 10.80 亿 m³ 增长至 2013 年的 18.97 亿 m³，从线性变化趋势来看，增长速率约为 0.35 亿 m³/a。月需水量基本呈显著增加趋势，第三季度的月需水量最高且增长速率最快，其中以 8 月最为显著，从 1986 年的 1.80 亿 m³ 增至 2013 年的 4.45 亿 m³，从线性变化趋势来看，每年约增长 0.122 亿 m³；7 月与 9 月的增长速率次之，分别每年增长约 0.085 亿 m³ 与 0.062 亿 m³。黑河中游张掖绿洲主要沿黑河干流分布，1986 年大部分区域需水强度都在 500mm/km² 以下，河流经过区域的需水强度可达 600mm/km² 以上，乃至 1000mm/km²。农业是张掖绿洲耗水大户，农业需水量占据绿洲需水量的 90% 以上。

不考虑黑河中游张掖绿洲规模及种植结构变化，随着气候的变化，绿洲需水量呈现出显著的增加趋势，从 1986 年的 10.80 亿 m³ 增至 2013 年的 10.93 亿 m³，增加幅度约为 0.02 亿 m³/a。绿洲中耕地需水量在气候变化下也显著增加，从 1986 年的 8.38 亿 m³ 增至 2013 年的 8.46 亿 m³，增加幅度约为 0.02 亿 m³/a，与现实气候变化及人类活动共同作用下的需水相比，增长速度十分缓慢。不考虑气候及种植结构的变化，在绿洲规模扩张的影响下，黑河中游张掖绿洲需水量及其耕地需水量均呈现显著增长趋势，绿洲需水量从 1986 年的 10.80 亿 m³ 增长至 2013 年的 15.60 亿 m³，近 30 年增长了 4.80 亿 m³，线性趋势表明绿洲规模扩张情景下的需水增长速率约为 0.20 亿 m³/a，是气候变化情景下增长速率的 8.4 倍。不考虑气候变化及绿洲规模的影响，在种植结构的影响下，黑河中游张掖绿洲需水呈显著增加趋势，从 1986 年的 10.80 亿 m³ 增长至 2013 年的 12.76 亿 m³，线性增长速率为 0.09 亿 m³/a，约为气候情景下增长速率的 3.64 倍。在绿洲规模及种植结构变化的双重影响下，绿洲需水量发生了巨大变化，从 1986 年的 10.80 亿 m³ 增长至 2013 年的 18.39 亿 m³，增长速率达 0.32 亿 m³/a。

在典型浓度路径 RCP2.6、RCP4.5 和 RCP8.5 低中高 3 种温室气体排放情景下，保持现状的种植结构和种植规模，模拟了仅在未来气候变化条件下的黑河中游绿洲区的农田需水量和绿洲需水量。与 1986～2013 年相比，未来气候变化条件下作物需水量呈增加趋势。2033～2047 年比 2018～2032 年增温更为显著，农田和绿洲需水量的增加也呈现明显增加。在低中高 3 种温室气体排放情景下，2018～2032 年，平均气温增加 0.94～1.30℃，农田需水增加量可达 0.48 亿~0.64 亿 m³，绿洲需水增加量可达 0.34 亿~0.53 亿 m³；2033~2047 年，平均气温增加 1.72~2.07℃，农田需水增加量可达 0.68 亿~0.83 亿 m³，绿洲需水增加量可达 0.59 亿~0.79 亿 m³。通过对 3 种未来气候情景下，3 种种植规模和 5 种种植结构组合下的绿洲需水量的模拟发现，在未来气候变化条件下，保持种植规模在 2013 年的水平（2354km²），5 种种植结构调整方案下，未来时段农田需水量与 1986~2013 年相比，均呈现增加趋势，增加量在 1.54 亿~5.22 亿 m³。调整种植规模在 2000 年的水平（1835km²，比 2013 年减少 22%），保持 2013 年种植结构，农田需水量可减少 0.23 亿~0.46 亿 m³。调整种植规模在 1986 年的水平（1610km²，比 2013 年减少 32%），保持 2013 年种植结构，农田需水量就可以减少 1.93 亿~2.13 亿 m³，并且当高耗水的玉米和蔬菜比例较高时，农田需水量增加明显。来气候变化情景下，种植规模的缩小可明显减少黑河中游绿洲区的绿洲需水量，当种植规模减小 30% 时，作物需水量可减少 1.93 亿~2.13 亿 m³，种植结构调整也可有效减少绿洲需水量，尤其是减少高耗水的玉米和蔬菜比例。因此，控制规模、合理调整种植结构是实现绿洲水资源可持续利用和绿洲健康发展的有效途径。

1.5.4　黑河绿洲水转化多过程耦合模型与应用

将河流水运动模型、地下水运动模型、渠系输配水转化模型和农区非饱和带水分运动模型和生态植被耗水过程模型耦合，建立基于物理机制的黑河水转化多过程耦合模型，并对该模型的各个模块进行率定和验证，该耦合模型可以很好地模拟黑河中游绿洲的核心水文过程，为该地区灌区管理措施的制订提供了很好的工具。

模拟过去 20 年（1991~2010 年）黑河中游绿洲地下水位和水均衡要素。结果表明黑河中游的地下水位主要趋势是下降，并在局部有着不同的变化；整个区域的地下水平衡的多年平均值是-2.7 亿 m³，变化范围主要在-4.5 亿~-0.6 亿 m³。地下水均衡只有在极个别湿润年是正值（0.11 亿 m³）。灌溉水的补给和河流的渗漏补给是地下水补给的两个主要来源，分别占了总补给量的 64.3% 和 31.7%。灌溉补给变化范围是 7.2 亿~8.0 亿 m³，而河水的渗漏补给的变化范围则是 1.5 亿~4.5 亿 m³。河水的渗漏补给与从莺落峡进入盆地的径流量和当年的地表引水量密切相关。来自降水的补给每年只有 0.5 亿 m³，占到了总补给量的 3%。

利用率定验证后的耦合模型，进行黑河中游绿洲生态恢复情景设计和分析。情景设计考虑了农业面积的变化、地下水开采的变化和灌水量的变化。目的是探寻适合的种植面积、地下水开采量和灌溉措施，在满足黑河分水的要求下，逐步恢复黑河中游绿洲的地下水位。对于情景 A0G0R（现状的种植面积、地下水开采和灌溉制度），正义峡的地表径流难以满足黑河中游分水曲线的要求，在平水年有 3.5 亿 m³ 的差值。优化的灌溉制度相比现状的灌溉制度情景中的正义峡的流量有了明显的增加。随着种植面积的削减，正义峡的流量逐渐逼近甚至超过黑河中游分水曲线。然而，随着来自河流引水灌溉的补给的降低，地下水位下降幅度都要超过情景 A0G0，而且种植面积削减的幅度越大，地下水位下降的幅度也越大。情景 A3G2（灌溉面积削减 450km²，农田灌溉地下水开采强度削减 100%）

的地下水埋深的空间模拟结果表明，地下水开采不剧烈地区的地下水埋深可以恢复到一个合理的水平。依据情景 A3G2 的模拟结果，在春灌和冬灌的基础上，额外增加人工补给灌溉才是该地区的生态恢复较为合适的做法，A3G2 情景下的正义峡径流量超过分水曲线要求的流量，因此，在满足正义峡下泄径流量的同时，基于情景 A3G2，可增加河流引水量用于人工灌溉补给地下水。

基于最优情景 A3G2，进一步发展得到了两种生态恢复情景 A3G2-I1 和 A3G2-I2。A3G2-I1 是在 A3G2 的基础上增加春灌的灌水量，枯水年、平水年和丰水年增加的灌水量分别是 50mm、100mm 和 150mm；A3G2-I2 是在 A3G2 的基础上增加春灌和冬灌的灌水量，增加的灌水量与 A3G2-I1 相同。额外增加的春灌和冬灌只用于灌溉地下水位持续下降的区域。模拟结果表明，对地下水开采不那么强烈的地区，可以通过增加春灌和冬灌的方法将这些地区的地下水位维持到一个相对安全的水平；对于地下水开采特别强烈的地区，采用人工补给可以逐步恢复这些地区的地下水位；整个区域的地下水位可以逐步恢复，但是其实现仍需要一个较长的周期。

1.5.5 绿洲田间尺度水碳耦合模拟模型与应用

耦合 SPAC 水热传输模型及作物生长模型建立改进后 CropSPAC 模型，并利用田间尺度 C_3、C_4 作物水碳观测试验进行模型的率定和验证。基于 2016 年春小麦大田试验采集得到的数据进行模型的率定与验证。首先根据实测资料和模型需要确定输入的参数，对改进模型进行参数的优化率定，并利用原模型和改进后模型模拟 3 种不同水分处理下春小麦地上生物量、株高、叶面积指数、1m 土层储水量等一系列指标与过程，并比较改进前后模型的模拟效果。结果表明，改进后模型的模拟效果较原模型有所提升，能够较准确地模拟春小麦的地上干物质量、株高、叶面积指数等生长指标及春小麦全生育期内的土壤水分变化过程。在分析气孔导度与多环境因子之间关系的基础上，建立 Jarvis 及人工神经网络（ANN）气孔导度模型。结果表明所建立的气孔导度模型在一定程度上具有准确性，可用于石羊河流域春小麦气孔导度的模拟。Jarvis 气孔导度形式简单灵活，具有模拟的可调节弹性，但是其机理意义并不是十分的明显，且模拟结果相对于 ANN 模型是较差的。模型中环境因子变量的增多，使得模型参数率定起来烦琐且波动大，在一定程度上影响了模型模拟的效果。本书使用人工神经网络模型对气孔导度进行了模拟，结果表明 ANN 模型相较于 Jarvis 模型，模拟精度大大提高，说明利用神经网络技术对气孔导度与多环境变量之间关系的模拟有着较强的可行性。

1.5.6 黑河流域区域尺度灌溉水生产力时空演变规律

基于历史统计资料对区域尺度灌溉生产力进行估算评价，并研究分析灌溉水生产力的影响因素。结果表明：1981~2015 年河西走廊地区的主要粮食作物灌溉水生产力随着时间而增大，由 0.51kg/m³ 增长到 1.34kg/m³，35 年增长了 0.83kg/m³，年均增长率为 2.89%。

黑河中游区域不同典型水文年的灌溉水生产力空间分布规律基本相似，总体上表现为西北部较高、东部相对较低。空间上多年平均灌溉水生产力变化范围为 0.93 ~ 1.08kg/m³，2004 年灌溉水生产力值变化范围为 1.02 ~ 1.27kg/m³，2008 年和 2011 年灌溉水生产力值变化范围分别为 1.05 ~ 1.26kg/m³、1.04 ~ 1.37kg/m³。总体上灌溉水生产力的值干旱年（2004 年）比偏湿年（2011 年）小，该地区年降水量仅 50 ~ 200mm，作物生长对灌溉的依赖性大，干旱年作物可分配的水量降低，导致产量受到影响，从而使得灌溉水生产力（IWP）降低。

灌溉水生产力和主要驱动因素的相关分析结果显示：灌溉水量、化肥、农膜及农药用量与灌溉水生产力显著正相关，气象因素中气温和辐射也与其显著正相关。因此，选择农艺措施因素包括单位灌水量所支撑面积，单位面积化肥、农膜、农药用量，以及气象因素包括生育期的日平均气温及日太阳辐射，为主要驱动因素来进行因素分析。采用偏最小二乘-CD 生产函数组合模型的方法对各影响因素的贡献率进行量化。基于构建的 PLS-CD 模型，各驱动因素对灌溉水生产力贡献率的计算结果显示：各因素对灌溉水生产力变化的贡献率在不同阶段有所改变，总体上来看可控的农艺投入因素贡献较大。在整个研究阶段（1981 ~ 2015 年），农艺措施中灌溉、化肥、农膜和农药的贡献率分别为 21.1%、30.5%、40.1% 和 11.6%，气象因素中气温和太阳辐射的贡献率分别为 0.7% 和 0.6%。各因素在不同时期的贡献率有所不同，单位面积农膜用量在第一阶段贡献率为 40.1%，第二阶段为 27.8%，第三阶段为 26.1%；单位面积化肥用量在不同阶段的贡献率有所下降，分别为 32.0%、22.5% 和 22.3%；灌溉的贡献率明显增加从第二阶段 21.4% 增加到第三阶段的 25.1%；单位面积农药用量贡献率在第一阶段很小（10%），第二阶段显著增加到 21.7%，第三阶段达到 23.9%。研究初期阶段农膜和化肥的使用，几乎可以认为是从无到有的过程，这对产量起到了很显著的影响，然而随着农膜使用率接近饱和及化肥使用量过剩，产量水平的增加变缓，导致其对灌溉水生产力的影响逐渐趋于稳定。农药在第一阶段的增加并不明显，因此该阶段农药贡献率较小。研究结果表明现阶段在河西走廊地区农艺投入因素对灌溉水生产力贡献大于气象因素的影响。

1.5.7 黑河绿洲田间尺度灌溉水生产力限制因素与提升途径

采用农户调研以及流域取样的方法获取绿洲农田的土壤理化特性、农艺管理措施以及作物产量等信息，得到黑河绿洲农田的产量平均值为 764.3kg/亩[①]，变异系数为 27%，属于中等程度的差异；灌溉水生产力的平均值为 1.67kg/m³，变异系数为 39%，表明灌溉水生产力在空间上存在着中等的差异。产量和灌溉水生产力在空间上的分布规律一致，均为甘州区最高，临泽县次之，高台县最低，表明高台县和临泽县的农业生产还有较大的提升空间。

通过偏最小二乘回归分析，利用变量投影重要性指标 VIP 值来定量分析灌溉水生产力

① 1 亩 ≈ 666.7m²

各影响因素的重要性，结果表明灌溉水生产力的主要影响因素（VIP>0.8）为灌水量、种植密度、全氮、速效磷、砂粒含量和有机质，表明灌溉水生产力的大小由土壤因素和管理措施共同影响。在明确灌溉水生产力限制因素的基础上，采用模糊 c-均值算法实现黑河绿洲灌溉水生产力的模糊聚类。分析后发现：分区Ⅰ内制种玉米灌溉水生产力的提升潜力为 $0.51kg/m^3$；分区Ⅱ内的制种玉米灌溉水生产力提升潜力为 $0.26kg/m^3$，普通玉米灌溉水生产力提升潜力为 $0.52kg/m^3$；分区Ⅲ内的制种玉米和普通玉米灌溉水生产力的提升潜力分别为 $0.60kg/m^3$ 和 $0.74kg/m^3$；分区Ⅳ内的制种玉米灌溉水生产力提升潜力为 $0.34kg/m^3$，普通玉米灌溉水生产力提升潜力为 $0.52kg/m^3$；分区Ⅴ内的制种玉米灌溉水生产力提升潜力为 $0.75kg/m^3$，普通玉米灌溉水生产力提升潜力为 $0.86kg/m^3$。

以黑河中游绿洲农田农艺管理措施的现状为基础，设置三因素四水平共 16 个情景处理。在设置的情景下黑河绿洲农田产量的提高范围为 $-2.8\% \sim 3.3\%$，灌溉水生产力的提高范围为 $-12.9\% \sim 31.6\%$，其中对产量提升最大的处理为情景 2 和情景 5，对灌溉水生产力提升最大的处理为情景 15。综合考虑灌溉水生产力和产量的提升大小后，可以得到情景 15 为最佳的情景设置，即在农艺管理措施的现状基础上减少 30% 的灌水量、减少 30% 的施氮量以及增加 20% 的种植密度，可以使黑河绿洲农田的灌溉水生产力和产量分别提高 31.6% 和 3.2%。

1.5.8 黑河绿洲适度农业发展规模

分析了黑河中游地区近 30 年的农业规模变化、绿洲生态系统变化和水资源动态变化，并分析了归一化植被指数（NDVI）与水资源的关系，以及生态系统服务价值与农业规模、水资源之间的相互联系。研究结果表明 1980～2010 年研究区耕地面积增加了 $343km^2$，耕地总面积接近 $2000km^2$。与此同时，林地、草地面积共减少了 $214km^2$，耕地面积的扩张挤占了生态用地，1980～2010 年土地利用类型转移最剧烈的就是林地、草地及未利用地向耕地的转移。中游地区地表水用水量自 20 世纪 60 年代至 2000 年呈持续增加趋势，2000 年之后趋渐平稳。地下水灌溉引水量由 1986 年的 0.24 亿 m^3 增加到了 2004 年的 3.87 亿 m^3，之后，随着灌溉面积的扩展减缓，开采量略有降低，但地下水仍处于负均衡状态。采用 MODIS 数据的归一化植被指数数据集，将 2001～2011 年各年数据集进行年内最大值合成，得到年最大植被指数 $NDVI_{max}$，据统计，植被盖度在 $0\sim20\%$ 的面积占整个区域面积的 37.3%，植被盖度大于 60% 的面积占整个区域面积的 34.1%。不同年份生态服务价值的计算结果显示，1980～2010 年，黑河中游生态服务价值总量减少了 3.83 亿元，下降最明显的时期为 1990～2000 年，主要是由于耕地面积的扩张以牺牲生态用地为代价，且灌溉用水量增大，地下水位下降，导致生态恶化。

基于绿洲植被圈层结构构建适度农业规模模型，根据上游来水设置 5 个情景，即丰水年、偏丰水年、平水年、偏枯水年和枯水年。结果表明：考虑绿洲生态稳定性和生态实际，黑河干流中游丰水年、偏丰水年、平水年、偏枯水年和枯水年适宜绿洲规模分别为 $2501\sim3751km^2$、$2281\sim3421km^2$、$2212\sim3318km^2$、$2143\sim3214km^2$ 和 $1989\sim2984km^2$；适宜农业规模分别为 2018km²、1831km²、1772km²、1713km²、1583km²。现状年 2013 年绿洲规模为 2022km²，农业规模为 1929km²；绿洲规模没有超过适宜绿洲面积，但是农业规模超出了适宜承载的耕地面积，应该缩减农业规模。

通过水热平衡理论和风沙动力学理论与生态健康评估相结合的方法，提出了一种确定适度绿洲规模和农业规模的方法（WHBEHA）。首先根据风沙动力学理论确定绿洲有效植被覆盖度；然后建立以黑河流域中游地下水埋深，农田防护林比例，植被覆盖状况和大风发生频次为指标的生态健康评价指标体系，采用层次分析法（AHP）进行绿洲生态健康评价，确定生态健康指数；结合水热平衡原理建立适宜绿洲规模模型，计算绿洲规模和农业规模。在临界生态需水状态下的生态规模和农业规模均超过饱和生态需水状态下的面积。两种状态下不同水文年的生态规模分别为 394～540km² 和 337～426km²，农业规模分别为 1575～2015km 和 1350～1705km²，绿洲规模分别为 1968～2518km² 和 1687～2131km²。最适生态需水情景不同水文年适宜的生态规模和农业规模分别为 374～477km² 和 1497～1907km²，适宜绿洲规模为 1871～2384km²。

通过设置不同生态情景，未来 RCP2.6、RCP4.5 和 RCP8.5 3 种气候情景，以及不同来水水平情景，研究变化情景下黑河中游的动态农业规模。黑河中游现状生态用水占整个中游用水的 18%，未来 RCP2.6 气候情景下，在不同水文年农业规模可以保持在 1558～1905km²，而绿洲规模可以保持在 2830～3527km²；在 RCP4.5 气候情景下，黑河中游农业规模可以保持在 1526～1872km²，绿洲规模维持在 2784～3480km²，相较 RCP2.6 情景面积都有所减小；同样在 RCP8.5 气候情景下，农业规模和绿洲规模分别为 1543～1888km² 和 2812～3508km²。当生态用水比例分别增加 3%、5% 和 8% 时，未来 RCP2.6 气候情景下，农业规模分别缩减为 1496～1830km²、1454～1780km² 和 1391～1705km²，绿洲规模则可以扩增为 3022～3774km²、3150～3939km² 和 3342～4187km²；在 RCP4.5 气候情景下，农业规模分别为 1465～1798km²、1424～1749km²、1362～1675km²，绿洲规模分别为 2974～3726km²、3101～3890km²、3291～4135km²；在 RCP8.5 气候情景下，农业规模分别为 1481～1814km²、1439～1764km²、1377～1690km²，绿洲规模分别为 3004～3755km²、3132～3920km²、3324～4167km²。

1.5.9　黑河绿洲最优作物布局与耗水时空格局优化

根据作物各适宜性等级的栅格位置提取相应的评价指标数据进行频率分析。对于积温、容重、高程、坡度这类连续的数据，确定每个等级的最大值和最小值，其他数据分析每个指标分级的频率，取单个分级频率大于 10%，频率总和在 80% 以上的分级为各适宜性等级的最佳范围。小麦适宜值为 0.26～0.89；制种玉米适宜值为 0.36～0.91；洋葱适宜值为 0.38～0.89；甜菜适宜值为 0.37～0.93。小麦 1～5 级耕地区面积分别为 1.47 亿 m²、10.41 亿 m²、2.44 亿 m²、6.47 亿 m² 和 0.71 亿 m²；制种玉米 1～5 级耕地区面积分别为 6.26 亿 m²、5.01 亿 m²、4.96 亿 m²、4.38 亿 m² 和 0.89 亿 m²；洋葱 1～5 级耕地区面积分别为 5.93 亿 m²、5.49 亿 m²、4.67 亿 m²、4.53 亿 m² 和 0.88 亿 m²；甜菜 1～5 级耕地区面积分别为 4.13 亿 m^2、6.4 亿 m^2、3.11 亿 m^2、7.17 亿 m^2 和 0.69 亿 m^2。

根据由气象、地形和土壤等因素确定的作物生长适宜性评价空间分布，结合黑河干流中游土地覆盖数据、农业土地利用数据、地区人口分布，构建基于最小交叉信息熵原理的作物种植结构空间优化模型 CECSOM，该模型基于多源数据融合，可综合遥感和统计数据，获取作物的空间详细信息。研究结果表明：玉米适宜耕种区与现状玉米面积分布总体一致，适宜面积主要集中在友联灌区的东部和梨园河的北部、西浚灌区大部分地区，以及盈科灌区的中部、南部和大满灌区的西部等灌区，而花寨、红崖子、蓼泉和安阳灌区适宜种植玉米的面积很少。小麦适宜耕种区主要集中在盈科灌区的中部、东南部和大满灌区的西南部，以及梨园河灌区的北部、西浚灌区、友联灌区、平川等灌区的边缘地区。相较玉米适宜空间分布，小麦的适宜分布面积明显小一些。在花寨和安阳灌区，适宜种植小麦的区域要多于种植玉米的区域。

基于作物耕种适宜面积空间分布，计算每个单元网格中玉米和小麦适宜分配概率，以作物种植结构优化模型确定的玉米和小麦需要分配的作物面积作为空间优化模型的输入，通过求解潜在分配概率和未知概率的最小交叉信息熵，确定玉米和小麦的空间优化分布。优化后玉米和小麦的空间分布较优化前的空间分布更加集中。

以灌区单方水净效益最大和单位面积净效益最大为目标建立种植结构优化模型，得到考虑不同来水情景的种植结构优化方案。研究结果表明，通过种植结构调整，且当节水灌溉面积比率增加 10% 时，黑河中游绿洲农业可节水 1.50 亿～1.58 亿 m^3；当节水灌溉面积比率增加 20% 时，黑河中游绿洲农业可节水 1.92 亿～2.01 亿 m^3。种植结构优化后灌区单方水净效益和农业总净效益可分别达到 2.18～2.24 元/m^3 和 31.38 亿～32.92 亿元。不同来水水平优化后灌区单方水产值和农业总产值各不相同，基本随着农业可用水量的增加而增加。

建立基于 GIS 和自动元胞机（CA）的作物耗水空间格局优化模型（GCA-WCSO），以单方水经济效益最大为目标，考虑作物生长环境、水资源供给量、邻居个数、经济效益四个因素，通过适宜性筛选、邻居约束、总耗水量约束等条件，调整作物的种植面积及空间位置，合理分配水资源，最大限度地利用可用耕地面积。设置 3 种搜索路径及 2 种搜索方向，得到未来规划年下的作物耗水及种植结构的空间分布。结果表明，当未来可用水量减少的情况下，应大量减少玉米种植范围以应对干旱的发生。设置两种优化方案对现状年作物耗水进行优化。结果表明：方案一，保持现状年各作物种植面积不变，调整作物空间分布，通过优化后，小麦、甜菜及洋葱的种植区域相对集中，小麦和甜菜主要集中在南部海拔较高，降水较多的地区，临泽区部分地区适宜种植洋葱。相比较于现状年，净收益、单位面积净收益和单方水净收益分别增加 8.26%、8.26% 和 8.32%，耗水量减少 0.06%。方案二，保持现状年总种植面积不变，调整作物种植结构和空间分布，玉米种植面积稍有减少，甜菜面积减少幅度较大，小麦和洋葱种植面积稍微增加。优化后，净收益、单位面积净收益和单方水净收益分别增加 8.87%、8.87% 和 9.50%；耗水量减少 0.56%。

1.5.10　基于节水高效与生态健康的黑河绿洲水资源优化调控策略

综合考虑了灌区气候、作物、土壤水分对作物耗水的影响，构建了单纯以作物产量最大（M1-$Y_{\max}$）和兼顾作物产量最大和灌水量最少（M2-$Y_{\max}$，$I_{\min}$）这两种目标，以渠系运行与作物根系层土壤含水量为约束的渠系优化配水模型，运用遗传算法求解，供灌水决策者选用。模型可用于在"变流量，变历时"情形下三级渠道优化配水，具有一定的通用性。并且结合了土壤墒情模型与亏缺灌溉下作物产量模型，使制订的灌水方案能按作物需求给定。实例验证表明模型求解稳定，求解出的渠系灌水方案相比灌区现行的灌水方案，有节水增产的优势。考虑灌区来水量减少的情形，模型仍然适用，与灌区经验配水相比有节水增产的效果；与水量充足的情形相比，产量下降幅度远小于灌水量下降幅度，可为灌区来水量减少情形下渠系水量时空分配提供参考。但模型制订的灌水方案其灌水次数相比灌区灌水方式较多，增加了灌区操作的复杂程度。基于此，本书将优化模型进行了改进。增加了上级渠道流量波动评价项，同时增加了轮期约束、闸门一次性开启的约束、灌水量约束，将灌水量和产量通过满足土壤需水约束实现。优化结果与灌区经验配水相比，有节水增产的效果；与改进前的模型相比，减少了灌水次数，使得上级渠道运行水流平稳，同时也减少了闸门的开关次数，既保证了渠道运行的安全，又满足了作物实时需水的要求。

构建综合考虑社会–经济–资源多维要素的黑河中游灌区间水资源优化调配的随机多目标规划模型（SMONLP）。其中社会维度的目标为灌溉水生产力最大及各灌区间的公平性最优，经济维度的目标为黑河中游净效益最大及效益损失风险最小，资源维度的目标为蓝水利用率最小及配水渗漏损失最小。上述目标函数受供水约束、配水连续性约束、输水约束、需水约束、地表水与地下水转化约束、粮食安全约束、风险约束等的制约。考虑来水随机性和气候变化情景，分析变化环境下黑河中游灌区间用水优化调配方案的变化。在此基础上，采用协同理论对优化配水方案进行评估。优化后的水量比实际水量要节约 2 亿 m^3，黑河 17 个灌区大部分优化后的结果比优化前 2010～2015 年的现状水平要好，但由于 SMONLP 模型在建立过程中考虑的 6 个目标函数——最大化灌溉水生产力、最小化基尼系数、最大化净效益、最小化经济损失风险、最小化蓝水利用率及最小化灌溉损失，针对的对象都是整个黑河中游地区，即 17 个灌区整体，考虑黑河中游整体节水效果最优，因此评价结果会有个别灌区优化后结果不理想。这是因为考虑了各个灌区间的基尼系数，尽量使各个灌区平衡发展，有的灌区重点发展经济作物，因此效益更高，如果盲目追求效益，会使得各个灌区水量不平衡，贫富差距越来越大。因此，引入基尼系数后会使个别原先发展较好的灌区效益减少，因此灌水效应指数也会相应降低，使优化后低于优化前。

1.5.11　黑河绿洲农业节水潜力分析与实现途径

结合已有 SWAT 模型的水文循环过程模拟和模型修改等工作，模拟分析不同措施的节水效应，主要包括地面灌亏缺灌溉、高效节水灌溉（主要指滴灌）、渠道防渗、种植结构调整等。在地面灌调亏灌溉情景下，黑河中游 24 个灌区灌溉水生产率（WUE_I）范围为 1.21～1.68kg/m^3，资源耗水生产率（WUE_{ET}）范围为 1.49～1.83kg/m^3；在节水潜力方面，黑河中游节水潜力范围为 11.18%～44.51%，其中渠首引水量节水潜力为 8.36%～43.47%，地下水节水潜力为 10.88%～44.31%，资源节水潜力为 0～5.06%。在滴灌情景下，实施不同比例的滴灌灌溉面积，24 个灌区工程节水量范围为 1.15 亿 ~3.22 亿 m³，资源节水量范围为 0.10 亿 ~0.25 亿 m³，WUE_I 范围在 0.87 ~1.31kg/m³，WUE_{ET} 为 1.83 ~1.99kg/m³，在节水潜力方面，黑河中游绿洲节水潜力范围在 11.47% ~31.97%，其中渠首引水量节水潜力为 28.83% ~76.93%，资源节水潜力为 2.15% ~5.18%。实施不同比例的滴灌亏缺程度，24 个灌区工程节水量范围为 0 ~0.56 亿 m³，资源节水量范围为 0 ~0.14 亿 m³，WUE_I 范围为 2.6 ~4.2kg/m³，WUE_{ET} 为 1.98 ~2.37kg/m³，其中工程节水量范围为 3.9 亿 ~5.2 亿 m³，资源节水量范围为 0 ~0.73 亿 m³。在渠道防渗节水情景下，黑河中游节水潜力范围为 5.13% ~13.87%，其中渠首引水量节水潜力为 7.13% ~20.75%，ET 节水潜力为0，从空间分布来看，仅改变输配水环节的输送效率，黑河中游各灌区工程节水潜力一致。在种植结构调整情景下，24 个灌区灌溉水效益范围为 8.53 ~12.05 元/m³，随实施情形的增加而增加；在节水潜力方面，黑河中游节水潜力范围为 23.39% ~46.85%，其中渠首引水量节水潜力为 16.63% ~33.35%。

对实现黑河绿洲节水理论潜力的经济成本进行了分析。以单位节水改造投入、单位作物产量、单位工程节水量和单位资源节水量为主要构成因素建立农业节水经济投入–产出评价模型。根据 SWAT 模型对节水情景的模拟按固定面积比例来设置的特点，评价模型基于两个假设：除节水改造投入外，其他生产要素投入对作物产量和用水效率的影响不变；单因素的投入产出效益系数不随情景设置的变化而改变。利用 LINDO 工具对不同情景的节水产出效益与投入水平进行线型规划运算，得出实现单方工程性节水潜力年均节水改造投入水平约为 0.42 元/m³，实现单方资源性节水潜力年均节水改造投入水平约为 1.25 元/m³。评价得出单方节水量成本投入指标后，可根据各模式情景模拟结果计算出实现模拟节水潜力下的节水改造总投入。根据节水方案，黑河中游绿洲节水潜力分为理论节水潜力和节水潜力可实现值。理论节水潜力可实现值：现状种植结构条件下，工程节水量可达到 5.25 亿 m³，资源节水量可达到 1.16 亿 m³，年节水投入 36 600 万元；优化种植结构条件下，工程节水量可达到 5.5 亿 m³，资源节水量可达到 1.67 亿 m³，年节水投入 28 366 万元。节水潜力可实现值：现状种植结构条件下，工程节水量可实现 2.95 亿 m³，资源节水量可实现 0.87 亿 m³，年节水投入 23 241 万元；优化种植结构条件下，工程节水量可实现 3.74 亿 m³，资源节水量可实现 1.4 亿 m³，年节水投入 17 619 万元。

第2章 | 黑河绿洲灌溉农业发展与农业用水情况

2.1 黑河流域农业发展概况

黑河是我国第二大内陆河，干流长约821km，流域总面积为14.29万 km²。黑河中游平原区系指干流出山口莺落峡至正义峡之间的区域，在行政上属于甘肃省张掖市（97°20′~102°12′E，38°08′~39°57′N），包括甘州区、临泽县、高台县、山丹县、民乐县、肃南裕固族自治县（简称肃南县），本区约占黑河流域总面积的15.9%。地处中纬度地带，光热资源丰富，多年平均气温为2.8~7.6℃，日照时间长达3000~4000h，年均降水量为140mm，年蒸发能力大于1000mm，是黑河流域的主要耗水区和径流利用区（徐中民等，1999；尹海霞等，2012）。黑河中游地区农牧业发展历史悠久，是我国西部重要的商品粮、蔬菜和制种基地，绿洲人工绿洲面积较大，主要以农田灌区为主，农业以灌溉农业为主，农作物主要是玉米和春小麦，灌溉用水主要来自黑河引水和地下水抽取。黑河中游灌溉耕地面积23.88亿 m²，有较发达的灌溉系统，渠道超过893条，总长度超过4415km，抽水井超过10 000个。自2000年实行分水方案以来，中游地区的地表引水量明显减少，人均水资源量减至1190m³，每公顷耕地水资源量减少到7500m³左右，分别占全国平均水平的57%和29%。

本章选取张掖市的甘州区、临泽县及高台县3个行政区作为研究区，研究区内耕地面积陆续扩大，灌溉需水量较大，地表水在时空分布上不足以满足作物生长的需求，地下水被大量开采，2012年的开采量达到5.36亿 m³。

作为我国西北干旱地区较大的内陆河流之一，黑河流域位于祁连山和河西走廊的中段，东、西分别以山丹县境内的大黄山和嘉峪关境内的黑山为界，与疏勒河流域、石羊河流域接壤，南起祁连山分水岭，北至终端居延海。地理坐标为96°05′~102°12′E，37°45′~42°40′N。该流域行政区分属甘肃省张掖市、酒泉市和嘉峪关市，青海省海北藏族自治州（简称海北州），以及内蒙古自治区额济纳旗，包括3省（自治区）的5地（州、市、盟）、11县（区、市、旗）和东风场区（酒泉卫星发射中心）。

黑河发源于祁连山脉中段，流经青海、甘肃、内蒙古3省（自治区），干流莺落峡以上为上游区，河道长303km；莺落峡至正义峡河段为中游区，河道长185km；正义峡以下为下游区，至东、西居延海的河道长度分别为333km、339km。黑河干流从源头到东、西居延海河道总长度分别为821km和827km。

张掖盆地所处的黑河干流中游平原区系指其干流出山口莺落峡至正义峡之间的区域，东起民乐总寨-山丹祁家店水库，西至酒泉清水-高台双井子，夹峙于祁连山与龙首山、合黎山之间的走廊平原，面积约8200km²。在行政上属于甘肃省张掖市，主要包括山丹、临泽、民乐、甘州、高台县 5 个县（区）。本次研究区为甘州、临泽和高台 3 县（区）主要的 17 个灌区，研究区面积约 5000km²（图 2-1）。

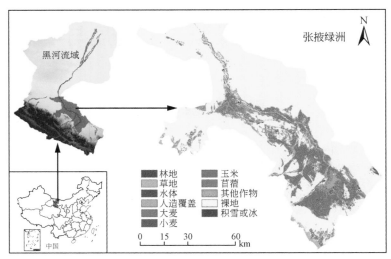

图 2-1　研究区地理位置示意图

黑河流域中游盆地开阔平缓，地势南高北低，东部略高于西部，在南部祁连山麓，盆地边缘海拔为 1800～2000m，北部黑河沿岸海拔为 1400～1500m。黑河流域中游盆地处于青藏高原与甘肃北山的交接带，南北两侧为地势复杂多变的山地、平原相间排列，形成独特的自然地理景观。

黑河中游水系由黑河干流和梨园河，以及其他 20 条小河组成。除梨园河外，其余河流流量都很小，出山后即入渗地下水消失于山前冲积扇或者被引水灌溉，无地表水注入黑河。黑河干流约占黑河流域多年平均流量的 42.8%，是张掖盆地最大的一条河流。

黑河发源于青海省祁连县，其上游分东、西两支，在黄藏寺汇合后折向北流，并在莺落峡流出山口向北东径流而进入河西走廊。进入张掖盆地后，大部分水量被引用于农田灌溉。莺落峡出山口多年平均径流量为 15.5 亿 m³，最大年径流量为 23.1 亿 m³（1989 年），最小年径流量为 10.22 亿 m³（1973 年）。黑河出山口（莺落峡）多年平均流量为 49.3 m³/s（图 2-2），受上游山区气候降水和冰雪融水量的控制，年内分布不均匀，其中 6～8 月为洪水期，径流量占全年的 70%～80%，12 月至次年 3 月为枯水期，其余月份为平水期（蓝永超等，1999）（图 2-3）。黑河流至张掖城西北 10km 处与山丹河汇合折向北西方向径流，在临泽县境内纳入梨园河。梨园河是张掖盆地的第二大河流，流域面积为 2240km²，梨园堡出山口多年平均年径流量为 2.502 亿 m³，大约占黑河流域总径流量的 6.7%，占张掖盆地径流量的 10.25%，在临泽县鸭暖镇汇入黑河，经临泽县、高台县，于正义峡穿越北山，流经金塔、鼎新，进入额济纳旗后称弱水，又名额济纳河。在下游狼心山处分为东、西两河，分别注入东、西居延海。

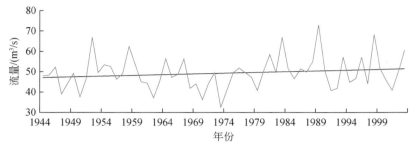

图 2-2　莺落峡出山年均流量

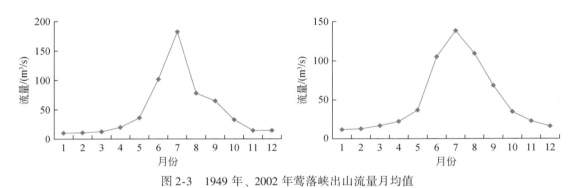

图 2-3　1949 年、2002 年莺落峡出山流量月均值

2.1.1　水资源开发利用

　　黑河中游地区地处丝绸之路和欧亚大陆桥之要地，历朝历代在此屯垦戍边，农牧业发展历史悠久，是我国西部重要的商品粮、蔬菜和制种基地，人口数量占黑河流域人口的89.2%；粮食产量110.7 万 t，占中下游粮食总产量的91.3%；国内生产总值43.7 亿元，占全区总量的90.1%；耕地面积和灌溉面积分别占整个流域的92.2% 和90.9%，是整个黑河流域人类活动最强烈的地区，也是水资源主要的开发、消耗区。位于黑河干流中游的张掖盆地，历来以发展农业为主，耕地面积占整个中游地区的81.5%，粮食产量占75.5%，农业总产值占75.8%，灌溉面积占77.0%，是中游地区的主要耗水区（丁宏伟等，2012）。

　　根据 2011 年资料，研究区现有大小水库 29 座，其中甘州区有 3 座，临泽县有 7 座，高台县有 19 座，总兴利库容8229 万 m³。在盆地绿洲农业区，布满了引水渠系及机井，现有干渠、支渠、斗渠共 3400 多条，总长 5900 多千米，其中高标准衬砌渠道可达 2100 多条，平均衬砌率达66%；现有抽水井共 7800 余眼，开井 5300 余眼，灌溉面积约 310 万亩次，其中纯井灌面积约 28 万亩次。研究区总灌溉面积为 234 万亩，节水灌溉面积达173.15 万亩，其中通过渠道防渗节水灌溉面积最大，约为 113.57 万亩，占到总节水灌溉面积的65.6%，管道灌溉次之，约占28%，此外研究区还通过喷灌、滴灌等措施进行节水灌溉。

　　研究区用水以引用地表水为主，2011 年研究区河源来水量达 21.28 亿 m³，其中 13.72

亿 m³ 被引用，地表引水量占总引水量的 77.3%。地下水开采主要在每年河水流量不足的农业灌溉期，约占总引水量的 20%。各城镇工业用水和生活用水，也以开采地下水为主。

由图 2-4 看出，在研究范围内，甘州区灌溉面积最大，临泽县次之，高台县最小。随着农业与经济的不断发展，自 20 世纪 80 年代以来，3 县（区）灌溉面积呈现平稳增加的趋势，至 1998 年后甘州区灌溉面积已突破百万亩。与此同时，农业节水的理念也逐步深入人心，由图 2-5 看出，研究区 3 县（区）自 1998 年开始增加高标准衬砌渠系的改造，尤其 2004 年之后，高标准衬砌渠系长度可达 20 世纪 80 年代的 2 倍之多。

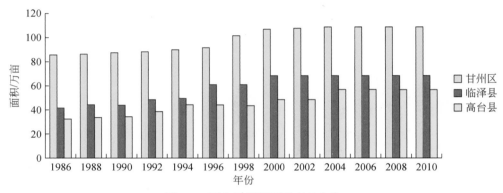

图 2-4　研究区灌溉面积多年变化

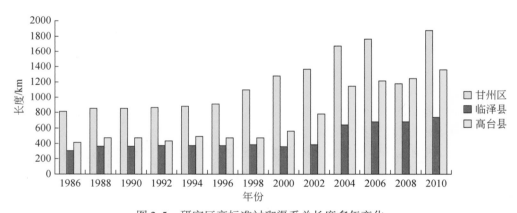

图 2-5　研究区高标准衬砌渠系总长度多年变化

由图 2-6、图 2-7 看出，研究区在黑河分水计划前，农业灌溉大部分依靠地表水，地下水开采主要在河水流量不足的农业灌溉期，地下水抽水量所占总灌水量比例很小。随着农业发展，从 20 世纪 90 年代开始对灌溉供水的需求增加，抽水量有所增大，到 90 年代中期研究区平均抽水量占总灌水量比例可达 10% 左右，其中甘州区、临泽县由于近河上游，地表水资源充沛，地下水抽水量仅占总灌水量的不足 5%；而高台县位于研究区下游，地表水资源不足，故抽水比例相对较大，可达 15% 左右。中游地区对地表水的过度开发直接导致下游严重的生态问题，随着 2000 年黑河分水计划的实施，黑河中游地区地表水开发量受到控制，因此从图中看出，2000 年之后地下水抽水量及其在总灌水量中所占的比例开始大幅增加，尤其是在甘州区及临泽县。由于渠系衬砌的大量增加，尽管 2004 年后灌溉面积达到最大，地下水的抽水量较 2004 年之前、2000 年之后不升反降（Zhu et al.，2004；杨玲媛和王根绪，2005）。

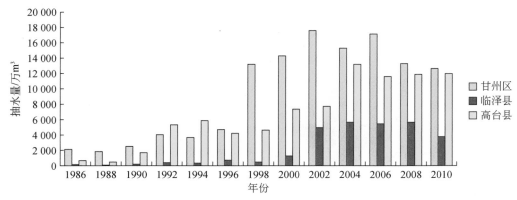

图 2-6　研究区地下水抽水量多年变化

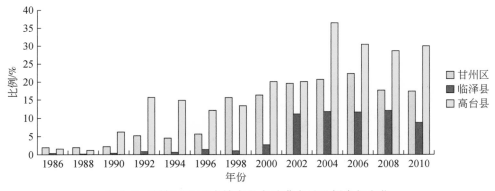

图 2-7　研究区地下水抽水量占总灌水量比例多年变化

2.1.2　地下水位动态变化

由于受到河流入渗、灌区农田灌溉及抽水与潜水蒸发等因素的影响，研究区地下水位年内、年际均呈现有规律的变化。由研究区地貌及水文地质条件知，在山前洪积扇带，影响地下水位的主要因素是出山河流的入渗；盆地中北部细土平原分布广大农田灌溉带，人类活动中农业灌溉是地下水位变化的主导因素，此外在地下水浅埋带潜水蒸发也会影响到地下水位变化。下面将从年际、年内两个方面就研究区地下水位变化规律展开讨论。

1. 地下水位年际变化

多年来研究区地下水位年际变化整体呈现下降趋势，在区域不同位置地下水位下降幅度存在明显差异, 整体趋势为自东南向西北沿着地下水运动方向降幅逐渐减小 (图 2-8 ~ 图 2-10)。

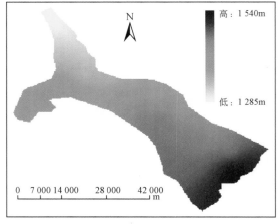 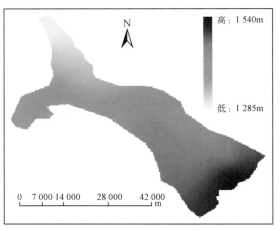

图 2-8　1985 年研究区地下水位流场　　　　　图 2-9　1994 年研究区地下水位流场

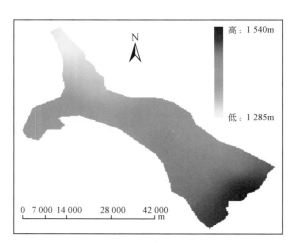

图 2-10　2004 年研究区地下水位流场

在研究区地下水位降幅最大的东南段附近, 如位于民乐县三堡乡徐家寨的 65 号观测孔, 根据现有资料, 自 1985 ~ 2010 年, 25 年间地下水年平均水位由 1814m 降至 1792m, 平均每年下降 0.88m, 总降幅达 22m [图 2-11 (a)]; 而位于洪积扇缘处如张掖乌江的 81 号观测孔, 25 年间水位基本无变化, 最大年均水位差仅 0.69m [图 2-11 (b)] (聂振龙, 2004)。研究区地下水位下降幅度整体反映出越靠近山前地下水水位降幅越大, 向细土平原过渡水位降幅逐步减小的特征。造成这种水位变化特征的原因在于, 随着黑河中游地区农业的不断发展, 河流出山后即被大量引灌, 造成山前河流对地下水的入渗补给量大幅减少, 因此多年来山前地下水位下降剧烈; 而对于细土平原带, 尽管自河源上游来水量减少, 但由于农业灌溉补给地下水量增加, 故整体地下水水位下降幅度相对山前不明显。

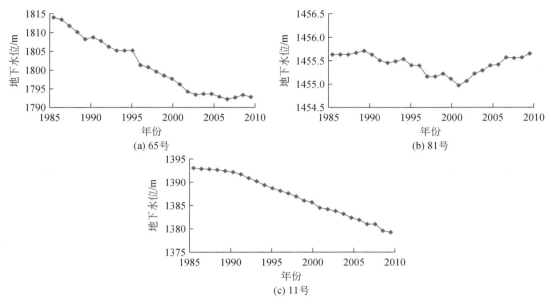

图 2-11　65 号、81 号、11 号观测孔多年平均地下水位

地处高台友联的骆驼城灌区，由于采取的是纯井灌灌溉方式，地下水位的变化直接受到抽水的影响，故多年来地下水位下降趋势比较显著。由图 2-11（c）看出，位于高台县骆驼城的 11 号观测孔，自 1985～2010 年 25 年间年均水位下降幅度达 14m，平均每年下降 0.56m。

2. 地下水位年内变化

根据不同地带影响地下水位动态变化的原因不同，将研究区地下水位年内变化按其主导因素分为河流入渗型、农业灌溉型、纯井灌抽水型及潜水蒸发型四种类型（陈仁升等，2003b）。以下内容就不同地带的地下水位年内变化展开介绍。

（1）位于山前洪积扇地带的河流入渗型

由图 2-1 看出，研究区东南部山前分布着广泛的冲洪积扇，在这些区域含水层岩性主要为卵砾石，透水性极强，水交替强烈。河流出山后流经这一区域，通过河床大量入渗补给地下水，地下水位的变化基本上承继了地表水的动态特征，且略滞后于地表水 1～2 月。河流 1～5 月流量较小，尤其 3 月进入春灌，河水被大量引至灌区，使得这一地区地下水补给量减少，水位于 5 月大幅度降低，至 7 月降至最低点。6～8 月黑河进入雨洪期，地表径流出山流量增加，对地下水的补给也大大增强，使得山前洪积扇地带地下水位于 7～9 月大幅度抬升，10 月达到全年水位最高值。之后随着地表径流的减小，地下水位稳步下降。图 2-12 为张掖沿河滩中水位观测井 3 在 1 年内地下水位变化，典型地揭示了这一地区地下水位年内动态特征，整体年内水位变化较大（Ma et al.，2005；徐大陆等，2009）。

（2）位于细土平原带的农业灌溉型

研究区细土平原分布着广大农业灌区，地下水位埋深相对较浅，含水层岩性以砂砾石为主，透水性较好。这一地带地下水位动态变化的典型特征是随着农业灌溉，地表水通过渠系及农田大量补给地下水，使得地下水位抬升，灌水停止后地下水位逐步回落。每年3~7月的春夏灌与10~11月的秋冬灌时期，地下水位相对非灌溉期水位较高。另外，灌溉期内地下水位的变化受灌溉与地下水抽取的综合影响，灌区地下水开采会在一定程度上减小地下水位上升幅度，或造成地下水位一段时间内的下降。图2-13为位于细土平原盈科灌区的观测井2在3年内地下水位变化情况，表明了这一地带地下水位变化与农业灌溉的密切联系，年内变幅在2m以内（仵彦卿等，2010）。

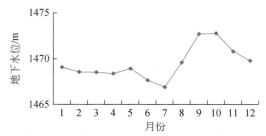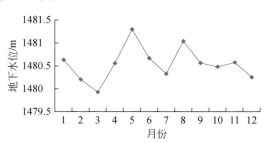

图2-12　观测井3在1年内地下水位变化图　　　　图2-13　观测井2在3年内地下水位变化图

（3）位于细土平原带的纯井灌抽水型

细土平原带灌区一般都采用河井混灌的方式，但也有个别区域采用纯井灌，如位于高台县的骆驼城灌区。纯井灌区地下水位变化直接受抽水影响，变幅随抽水强度变化，水位升降与抽水时间同步。图2-14为高台骆驼城观测井1年内地下水位变化过程，由图看出，灌区地下水自5月进入春灌以来，随着开采强度变化水位急剧下降，至8月水位降至年内最低后停止抽水，地下水位开始回升；11月进入冬灌，水位再次出现小幅度下降，于12月结束灌溉后水位回升，至次年4月、5月水位达最高值，年内变幅4m以内。

（4）位于非灌区地下水浅埋带的潜水蒸发型

在非灌区的地下水浅埋带，由于地下水埋深较浅，影响地下水位的主要因素是潜水蒸发（Feng et al.，2004；Ji et al.，2006）。研究区每年5月气温升高，蒸发强度随之增大，地下水位开始小幅度下降，至8月降至最低，随着9月气温降低，蒸发开始减少，地下水位缓慢回升，至次年4月回升至最高水位。由于潜水蒸发是长时间的过程，蒸发强度相对入渗、开采等对地下水位变化的影响较小，因此这一带地下水位全年变化幅度较小，一般小于0.5m，且水位变化曲线比较平稳，呈现宽缓形态，如图2-15所示。

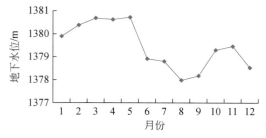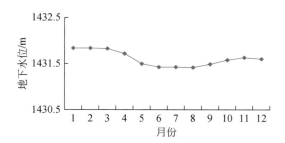

图2-14　观测井1年内地下水位变化图　　　　图2-15　观测井3在3年内地下水位变化图

2.2 农业气候与土壤条件

2.2.1 农业气象条件

研究区包括甘州区、临泽县和高台县，3个县（区）内均设有国家级气象站：张掖站、临泽站和高台站，具体位置情况见表2-1。高台站和张掖（甘州）站气象数据来源于中国气象科学数据共享服务网，临泽站气象数据则申请自国家生态系统观测研究网络（CNERN）科技资源服务系统。本章所需各台站数据包括2012年日降水量、平均相对湿度、最低相对湿度、平均风速、平均水汽压、日照时数、日最高气温、日最低气温、日平均气温等。其中，降水量作为水量平衡模型的输入项，日最高气温、日最低气温作为作物模型的输入项，平均风速和最低相对湿度作为作物参数调整的因子，其余数据（包括平均风速、日最高气温、最低气温）用以参考作物蒸散量 ET_0 的计算。

表 2-1　各气象站基本情况

站名	编号	经度	纬度	海拔/m
张掖	52652	100.43°E	38.93°N	1482.7
临泽	52557	100.17°E	39.15°N	1453.7
高台	52546	99.83°E	39.37°N	1332.2

张掖站2012年日降水量、日平均相对湿度、日最高气温和最低气温、日参考作物蒸散量的变化情况如图2-16所示。2012年总降水量为123.7mm，6月27日降水量最大，为40.8mm；总参考作物蒸散量为1271mm，5月27日参考作物蒸散量最大，为8.2mm；日平均相对湿度为47.56%；日最高气温平均为15.80℃，日最低气温平均为0.74℃。日最高气温的变化几乎与最低气温的变化同步，7月1日最低气温达到全年最高的20.6℃，最高气温则于8月3日达到全年最高，为36.3℃。降水主要发生在5~9月，在这个时段内，光热充足，气温和参考作物腾发量均达到全年最高水平，是作物主要的生育期。由图2-16可知，降水情况下空气的相对湿度较大、气温较低，到达地表的能量较少，从而减少作物的水分消耗。

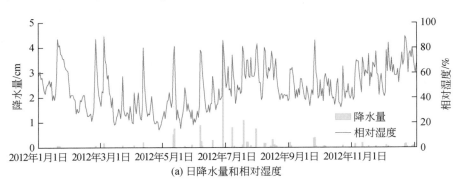

(a) 日降水量和相对湿度

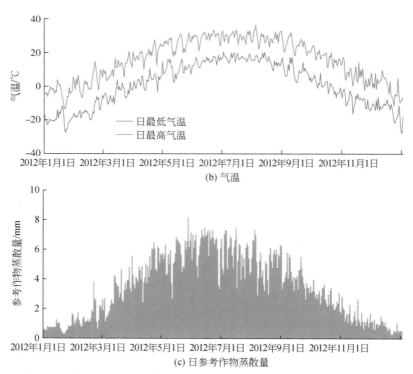

(b) 气温

(c) 日参考作物蒸散量

图 2-16　2012 年张掖站日降水量、日平均相对湿度、日最高气温和最低气温及日参考作物蒸散量变化图

2.2.2　土壤资料

　　土壤资料包括区域资料和田间采样点资料。区域数据来源于黑河计划数据管理中心的黑河流域土壤质地数据（2011），该数据是刘超等（2011）利用 SOLIM 模型，基于著名的土壤学 Jenny 方程，根据气候、生物、地形、母质等环境因子等，在黑河流域已有土壤质地图、土壤剖面的基础上，利用知识挖掘和模糊逻辑相结合的方法产生的，并融合了冰川、湖泊等专题图内容。制图方法根据黑河流域 6 个生态分区的不同特点，上中下游分别采用不同的制图方法。该数据采用 1km 空间分辨率和 WGS-84 投影方式，数据格式为 grid 格式。土壤质地属性和类别均表示表层 0～30cm 土壤质地属性，通过深度加权平均而来。研究区的土壤质地如图 2-17 所示。

　　另外，为得到更为详细的土壤参数，研究组于 2014 年 6 月对绿洲区进行了调研采样。在绿洲区，利用 5km ×5km 的网格，共布置了 149 个采样点，其中甘州区 59 个、临泽县 51 个、高台县 39 个，具体的采样点的布置情况如图 2-18 所示。每个采样点测土壤颗粒粒径分布数据的土壤取 3 个重复，每个重复取 7 层，20cm 为一层，土壤总深度为 140cm；测容重数据土壤取两层，每层 50cm，土壤总深度为 100cm，不重复取样。采回的样本使用马尔文激光粒度仪对其进行颗粒分析，得到样本中黏粒、粉粒、砂粒 3 种粒径的颗粒在土壤组成中所占的比例。

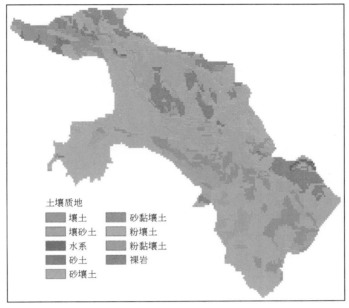

图 2-17 研究区土壤质地图

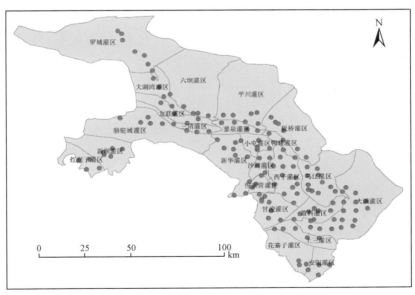

图 2-18 研究区采样点分布图

对 0～20cm 和 20～40cm 的土壤颗粒粒径分布数据进行平均，得到相应的土壤质地，发现绝大部分采样点的土壤质地同黑河计划数据管理中心的黑河流域土壤质地一致。本书在划分土壤单元时依据黑河计划数据管理中心的土壤质地（0～30cm 土壤质地），农业区的土壤质地包括 4 种土壤质地：粉壤土、砂壤土、壤土和少量壤砂土。在此分析的基础上，将表层土相同的土壤归为一类土壤，对同类土壤的颗分和干容重数据进行平均和汇总，汇总结果如表 2-2 所示。

表 2-2　研究区土壤干容重和土壤颗粒粒径分布数据统计表

	壤土（土质1）				壤砂土（土质2）		
	容重 /(g/cm³)	黏粒/%	粉粒/%	砂粒/%	容重 /(g/cm³)	黏粒/%	粉粒/%	砂粒/%
第一层		10.02	43.63	46.35		5.26	22.12	72.62
第二层	1.61	9.96	43.59	46.45	1.54	2.70	11.18	86.12
第三层		9.90	42.43	47.67		5.48	26.03	68.49
第四层		10.41	49.72	39.87		7.58	38.50	53.92
第五层	1.59	8.58	38.49	52.93	1.60	8.88	48.27	42.85
第六层		9.81	44.24	45.94		9.81	44.24	45.94
第七层		9.44	41.49	49.07		9.44	41.49	49.07
	砂壤土（土质3）				粉壤土（土质4）		
	容重 /(g/cm³)	黏粒/%	粉粒/%	砂粒/%	容重 /(g/cm³)	黏粒/%	粉粒/%	砂粒/%
第一层		7.65	33.75	58.61		12.12	59.81	28.08
第二层	1.62	6.99	30.59	62.42	1.52	12.33	61.15	26.52
第三层		6.64	29.01	64.34		12.39	61.19	26.41
第四层		7.59	32.45	59.96		12.07	60.49	27.43
第五层	1.55	7.07	29.99	62.95	1.51	11.73	59.24	29.03
第六层		7.51	33.49	59.01		11.70	58.91	29.38
第七层		8.40	37.09	54.51		11.49	58.92	29.59

2.3　作物系统

2.3.1　作物种植结构分布资料

黑河中游的作物类型主要为玉米、小麦和一些经济作物。本章所采用的黑河中游种植结构空间分布图（图 2-19）来源于寒区旱区科学数据中心（http://westdc.westgis.ac.cn），为中国的资源卫星（HJ-1/CCD）解译，分辨率为 30m。该数据将农作物划分为 5 类，包括玉米、大麦、小麦、苜蓿和其他作物（Wu et al., 2015）。

2.3.2　作物物候资料

在种植结构空间分布图的基础上，初步确定了研究区模拟作物的类型。由于种植结构

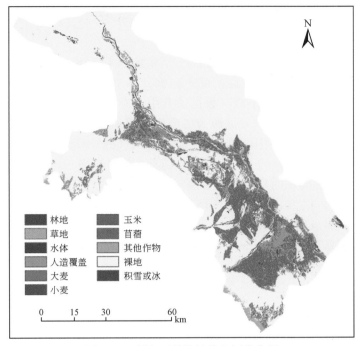

图 2-19　研究区种植结构空间分布图

分布图的分类中其他作物类无法确定其具体的作物类型，且其统计面积很大，故参考 2011 年张掖市作物种植面积统计数据，以其他作物类中种植面积最大的作物代替种植结构分布图中的其他作物类，对各灌区逐个赋值，直至赋值完毕。最终，间作（玉米和小麦）、蔬菜和棉花替代了分布图中的其他作物类。对于各种作物的物候数据，通过查阅大量文献资料经整理汇总得到，汇总结果如表 2-3 所示。其中，大麦的相关数据参照黑河流域附近的石羊河流域的大麦种植日期。另外，蔬菜一年两季种植，种植日期分别在 3 月和 6 月。

表 2-3　研究区各作物物候数据统计表

作物	种植	发芽	收获
小麦	4 月 1 日	4 月 20 日	7 月 20 日
玉米	4 月 20 日	5 月 7 日	9 月 22 日
蔬菜	3 月 20 日 6 月 20 日		5 月 30 日 8 月 30 日
棉花	4 月 26 日		9 月 15 日
苜蓿	3 月 26 日		10 月 5 日
大麦	3 月 18 日		7 月 22 日
间作	4 月 1 日	4 月 20 日	9 月 22 日
草地	3 月 6 日		11 月 4 日

2.4　灌区分布与农业用水变化状况

　　研究区共有灌区 24 个，其中小屯灌区、新华灌区和倪家营灌区同属大灌区梨园河灌区，灌溉资料中缺少这 3 个小灌区的灌溉数据，本书将此 3 个灌区统一为其上级灌区梨园河灌区考虑，最终获得 22 个灌区数据。其中，有 18 个灌区的灌溉数据（引水量和抽取地下水量）来源于文献，其数据源为各灌区水管所灌溉期间的渠系测流数据经整理达到，抽取地下水量由抽水井用电量换算得到，两个数据均是灌区收取水费的依据，所以精度较高。其余 4 个灌区（花寨子、安阳、红崖子和新坝）的灌溉数据在 2012 年甘水年表统计的作物种植面积的基础上，对灌溉定额按照张掖市 2010 年水利管理年报统计数据设定得到。而且，据 2010 年水利管理年报统计，这 4 个灌区均无地下水的抽取，故本书认为在 2012 年灌溉用水全部来自于地表引水。经数据汇总分析，研究区地下抽水量5.25 亿 m³，地表引水量 12.17 亿 m³，净灌溉水量 12.12 亿 m³，详细的分灌区引、用水量见表 2-4。

表 2-4　2012 年研究区分灌区引、用水量统计表　　　（单位：亿 m³）

灌区名称	抽地下水量	地表引水量	净灌溉水量	灌区名称	抽地下水量	地表引水量	净灌溉水量
上三	0.01	0.92	0.70	廖泉	0.06	0.34	0.25
盈科	0.66	0.81	1.05	板桥	0.02	0.66	0.41
大满	1.04	1.23	1.72	平川	0.15	0.31	0.30
乌江	0.49	0.46	0.50	六坝	0.08	0.11	0.14
甘浚	0.01	0.84	0.57	骆驼城	0.84	0	0.65
西干	0.98	0.83	1.31	三清	0.05	0.5	0.38
沙河	0.2	0.23	0.34	友联	0.25	0.58	0.59
鸭暖	0.11	0.36	0.30	大湖湾	0.06	0.32	0.26
梨园河	0.14	1.66	1.27	罗成	0.1	0.34	0.28
安阳	0	0.32	0.21	新坝	0	0.68	0.46
花寨子	0	0.22	0.12	红崖子	0	0.45	0.31

　　2012 年农作物灌溉仍然采用轮次灌溉方式，梨园河灌区夏禾作物按三轮配水，秋禾作物按四轮配水，经济作物按六轮配水，带田按六轮配水，林草地春秋灌两次水。参照文献资料，确定了各种作物具体的灌溉制度，统计结果如表 2-5 所示。在计算各灌溉单元的单次灌溉量时，设定林草灌溉定额（参照张掖市 2010 年水利管理年报），根据林草种植面积和各灌区的净灌水量得到分灌区的农作物净灌水量，将之平均到农作物的总灌溉次数得到。

表 2-5　研究区作物灌溉情况表

作物种类	次数	灌溉日期			
小麦	3	4 月 22 日	5 月 24 日	6 月 23 日	
玉米	4	5 月 26 日	6 月 23 日	7 月 20 日	8 月 18 日
蔬菜	6	3 月 22 日	4 月 22 日	5 月 15 日	
		6 月 23 日	7 月 12 日	8 月 18 日	
棉花	4	5 月 12 日	6 月 14 日	7 月 24 日	9 月 6 日
苜蓿	4	4 月 18 日	5 月 20 日	6 月 17 日	7 月 23 日
大麦	3	4 月 23 日	5 月 21 日	7 月 1 日	
间作	5	4 月 22 日	5 月 24 日	6 月 23 日	7 月 20 日
林草	2	5 月 20 日		8 月 20 日	

第3章 气候变化对黑河绿洲来水变化的影响

本章从多模式多情景气候变化预估模型、黑河绿洲上游来水变化模拟模型构建、模型参数优化与模型检验、气候变化情景设计、未来黑河绿洲来水变化的预测与分析5个方面来研究气候变化和人类活动对黑河绿洲来水变化的影响。

3.1 多模式多情景气候变化预估模型

大气环流模式（general circulation model，GCM）为气候变化研究提供了全球大尺度的信息，但其输出尺度大、分辨率较低，现多采用动力学或统计学的降尺度方法将大尺度低分辨率的 GCM 输出结果转化为区域尺度的气候变量（Foley and Kelman，2018；Khalili and Van Thanh，2017；Tang et al.，2016；徐宗学和刘浏，2012）。本书采用的统计降尺度模型（statistical downscaling model，SDSM）（Wilby et al.，2002）在气候变化的研究中已得到广泛的应用（Foley and Kelman，2018；Khalili and Van Thanh，2017；Tang et al.，2016）。但以往的研究中所选取的 GCM 模式并未在其特定研究区内做适应性评估，而有研究表明（Kudo et al.，2017；Vetter et al.，2017；Jie et al.，2011），不同 GCM 模式的模拟结果存在较大的差异，其准确性与所模拟的区域及所模拟的气候变量关系紧密。因此本书采用秩评分（Fu et al.，2013）方法，并基于气候要素敏感性分析，优选出降水秩评分最好的 5 个 GCM，并使其驱动 SDSM 生成黑河流域未来气候变化情景。解决了不同 GCM 区域适应性问题，同时提供了多模式多情景下不同气候要素的变化区间，有效降低了基于单一 GCM 预估未来气候变化情景的不确定性。

3.1.1 构建模型的数据来源与方法

1. 数据来源

（1）气象站点实测数据

本书实测气象数据来自黑河流域及其周边 17 个国家基本气象站 1961～2000 年的日尺度降水、平均气温，最高气温、最低气温数据（http：//data.cma.cn）。整理生成 1961～2000 年月数据用于 GCM 秩评分；1961～1990 年日数据用于 SDSM 模型率定；1991～2000 年日数据用于模型验证，如图 3-1 所示，气象站点分布比较均匀且覆盖全流域。

（2）ERA-40 再分析资料

随着欧洲天气预报中心（European Centre for Medium-Range Weather Forecasts，

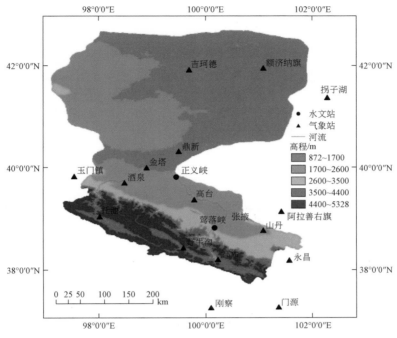

图 3-1　研究区域和站点分布

ECMWF）第二代 40 年再分析资料（ERA-40）的完成，已有研究表明（成晓裕等，2013；苟学义等，2011；赵天保，2006），ERA-40 运用于中国大部分地区描述地表降水、气温和气压等气象要素的时空演变规律时，较其他再分析资料要更为适用，特别是中国西部地区。为此，本章自 ECMWF（http：//apps. ecmwf. int/datasets/data/era40 ~ daily/levtype = sfc）下载整理了 1961 ~ 2000 年的日尺度 ERA-40 再分析资料，空间分辨率为 2°×2°，用于模型率定及验证。

（3）GCM 模式资料

本章从 CEDA（Centre for Environmental Data Analysis）选取了 CMIP5（coupled model intercomparison project phase 5）中 23 种 GCM 模式的气象数据资料，数据包括月尺度数据和日尺度数据。月尺度数据用于 GCM 模式适应性评估，其时间跨度为 1961 ~ 2000 年。日尺度数据用于统计降尺度生成基准期及未来气候情景数据，其中基准期对应的时段为1976 ~ 2005年，未来气候情景包括 RCP2. 6、RCP4. 5、RCP8. 5 3 种典型浓度目标情景，其对应的时段为2021 ~ 2050 年。其大气环流因子的选取与 ERA-40 的预报因子相同，所选取 GCM 模式及其来源信息如表 3-1 所示，由于 GCM 的分辨率各不相同，本章统一插值成 2°×2°。

表 3-1　23 种 GCM 模式基本资料

序号	气候模式	研究机构及所属国家	分辨率
1	BCC-CSM1-1	中国气象局北京气候中心（BCC），中国	2. 7906°× 2. 8125°
2	BCC-CSM1-1-M	中国气象局北京气候中心（BCC），中国	1. 125°× 1. 125°

序号	气候模式	研究机构及所属国家	分辨率
3	BNU-ESM	北京师范大学全球变化与地球系统科学研究院（GCESS），中国	2.7906°×2.8125°
4	CanESM2	加拿大气候模拟与分析中心（CCCMA），加拿大	2.7906°×2.8125°
5	CCSM4	国家大气研究中心（NCAR），美国	0.9424°×1.25°
6	CNRM-CM5	国家气象研究中心（CNRM-CERFACS），法国	1.4005°×1.4065°
7	CSIRO-Mk3-6-0	澳大利亚联邦科学与工业研究组织大气研究所（CSIRO），澳大利亚	1.8653°×1.875°
8	FGOALS-g2	大气科学和地球流体力学数值模拟国家重点实验室–清华大学地球系统科学中心（LASG-CESS），中国	2.7906°×2.8125°
9	FIO-ESM	国家海洋局第一海洋研究所（FIO），中国	2.7906°×2.8125°
10	GFDL-CM3	国家海洋大气管理局地球物理流体动力学实验室（NOAA-GFDL），美国	2°×2.5°
11	GFDL-ESM2G	国家海洋大气管理局地球物理流体动力学实验室（NOAA-GFDL），美国	2°×2.5°
12	GISS-E2-H	美国国家航空航天局戈达德空间研究所（NASA-GISS），美国	2°×2.5°
13	GISS-E2-R	美国国家航空航天局戈达德空间研究所（NASA-GISS），美国	2°×2.5°
14	HadGEM2-ES	英国气象局哈德莱中心（MOHC），英国	1.25°×1.875°
15	IPSL-CM5A-LR	皮埃尔–西蒙拉普拉斯研究所（IPSL），法国	1.8947°×3.75°
16	IPSL-CM5A-MR	皮埃尔–西蒙拉普拉斯研究所（IPSL），法国	1.2676°×2.5°
17	MIROC5	东京大学，国家环境研究所，日本海洋–地球科技管理局（MIROC），日本	1.4005°×1.4065°
18	MIROC-ESM	东京大学，国家环境研究所，日本海洋–地球科技管理局（MIROC），日本	2.7906°×2.8125°
19	MIROC-ESM-CHEM	东京大学，国家环境研究所，日本海洋–地球科技管理局（MIROC），日本	2.7906°×2.8125°
20	MPI-ESM-LR	德国马克斯普朗克气象研究所（MPI-M），德国	1.8653°×1.875°
21	MPI-ESM-MR	德国马克斯普朗克气象研究所（MPI-M），德国	1.8653°×1.875°
22	MRI-CGCM3	日本气象研究所（MRI），日本	2.2145°×1.125°
23	NorESM1-M	挪威气候中心（NCC），挪威	1.8947°×2.5°

2. 多模式适应性评估

秩评分方法利用多个统计特征值来评估实测序列与模拟序列的拟合程度，已被用于多个区域的 GCM 适应性评估研究，优势明显（刘文丰等，2013，2011；蒋昕昊等，2011）。

本章采用秩评分作为评价方法，选取黑河流域 17 个气象站点的月尺度降水、平均气温、最高气温及最低气温的实测数据，分别与 23 种 GCM 模式输出的对应气候因子进行对比分析，评估不同 GCM 模式模拟黑河流域不同气候变量的能力，秩评分 RS 计算公式为

$$\text{RS}_i = \frac{X_{\max} - X_i}{X_{\max} - X_{\min}} \times 10 \tag{3-1}$$

式中，i 为模式序号；X_i 为模拟值与实测值统计特征值的相对误差；$X_{\min}$、$X_{\max}$ 分别为相对误差的最小值和最大值。

在秩评分的过程中，气候变量及统计特征值的选取会对最终的 RS 得分产生一定的影响。气候变量可直接影响综合秩评分的结果，而统计特征值影响综合秩评分结果则要通过影响单一气候要素的评分结果来间接产生效果。因此，为更好地选择适宜黑河流域的 GCM 模式，本章定量分析了 RS 对气候变量的敏感性，以此提升 GCM 模式适应性评估的可信度。

3. 统计降尺度模型

SDSM 是一种基于天气发生器与多元回归原理的统计降尺度模型，操作简便，被广泛应用于区域气候变化的降尺度研究（范丽军等，2007）。SDSM 模型主要内容包括两方面（殷志远等，2010）：一是构建预报量（站点气象要素）与预报因子（大气环流因子）之间的统计关系，进而确定模型；二是根据确定好的模型，构建生成站点气候要素的未来情景数据。本书基于实测站点日观测资料及 ERA-40 再分析资料分别对黑河流域 17 个站点不同的预报量进行预报因子的筛选。

预报量与预报因子之间的关系式可以表示为

$$R = F(L) \tag{3-2}$$

式中，R 为预报量；L 为预报因子；F 为确定性或随机性函数。

本章采用决定系数（R^2）、均方根误差（RMSE）、纳什效率系数（NSE）评价模型率定、验证的效果。最终输出站点气候要素的未来情景数据，并利用泰森多边形法得全流域不同时间尺度未来气候要素的变化，以及黑河上中下游未来气候要素的变化情景。

3.1.2 GCM 适应性评估

1. 气候要素秩评分

23 种 GCM 模式对降水、平均气温、最高气温、最低气温模拟的评分结果如图 3-2 所示，模拟效果最优的 GCM 模式分别为 CNRM-CM5（7.15）、CCSM4（8.55）、MPI-ESM-LR（6.94）、BCC-CSM1-1-M（8.75）。23 种 GCM 模式对降水的模拟结果存在较大的差异，而在气温模拟上，RS 分值基本在 5.0 以上，模拟效果较好。

2. 敏感性分析

如图 3-3 所示，当去除某一气候变量时，综合秩评分的结果有所差异，气候变量的选

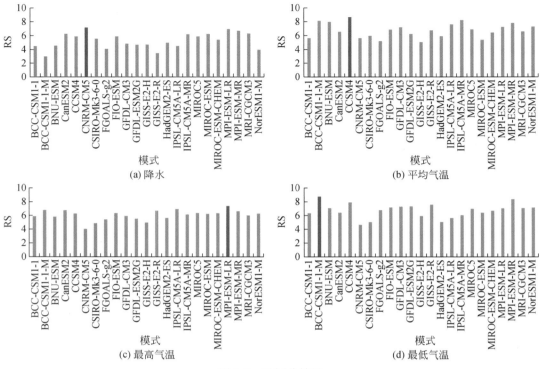

图 3-2　秩评分结果

择对评分结果的影响较为显著，如当考虑降水时，BCC-CSM1-1-M 的评分是 6.66，而不考虑降水时是 7.89，相差 1.22，排名由第 4 上升到第 1。因此必须根据流域实际情况及研究的侧重点选择适合该流域的评价要素，使模拟结果更精确，可信度更高。从图 3-3 中可以看出，在黑河流域 RS 对降水最为敏感，因此选择降水评估结果最好的 5 个模式：CNRM-CM5、MPI-ESM-LR、MPI-ESM-MR、MRI-CGCM3、CANESM2，作为未来气候变化情景构建的驱动数据集。

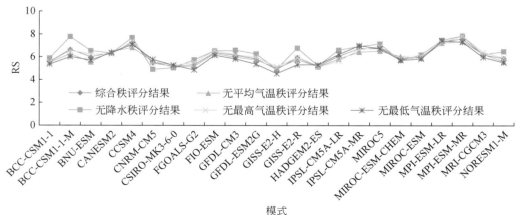

图 3-3　气候要素敏感性分析

3.1.3 降尺度模型率定与验证

选取 1961～1990 年作为率定期，1991～2000 年作为验证期，分别采用评价指标（R^2、RMSE、NSE）检验模型在率定期和验证期的模拟效果。

由表 3-2～表 3-4 可知，黑河流域 17 个气象站点的最高气温、最低气温在率定期及验证期中，R^2 大部分在 0.9 以上；最高气温大部分站点的 RMSE 在 2℃ 以内，而最低气温大部分在 3℃ 以内；二者 NSE 均超过 0.9。表明 SDSM 模型对黑河流域最高气温、最低气温模拟效果较好，而降水在率定期和验证期中的 R^2 较气温要低，但大部分站点 R^2 也已达到 0.5 以上，仅黑河流域下游沙漠地区的额济纳旗、吉珂德、拐子湖地区的率定期 R^2 略低，但由于该地区本身降水极少，故对流域整体降水影响较小。而中游绿洲区高台和张掖的 R^2 在率定期和验证期均超过 0.6，模拟效果较好。各站的 RMSE 均控制在实测降水的 20% 内。各站点率定期及验证期的 NSE 分别为 0.333～0.838 和 0.450～0.873，同样除下游沙漠地区个别模拟效果略差外，其他站点 NSE 均在 0.55 以上，较该模型对气温模拟效果，其模拟降水效果一般，但整体效果可以接受，可以用于下一步气候情景构建。

表 3-2 模型率定与验证——R^2

站点	最高气温		最低气温		降水	
	率定期	验证期	率定期	验证期	率定期	验证期
额济纳旗	0.985	0.989	0.952	0.959	0.379	0.626
吉珂德	0.981	0.987	0.938	0.953	0.355	0.535
拐子湖	0.972	0.984	0.933	0.939	0.449	0.510
玉门镇	0.977	0.978	0.949	0.942	0.593	0.492
鼎新	0.980	0.983	0.953	0.956	0.559	0.629
金塔	0.978	0.978	0.960	0.950	0.637	0.711
酒泉	0.975	0.976	0.956	0.953	0.649	0.571
高台	0.974	0.976	0.942	0.942	0.602	0.689
阿拉善右旗	0.972	0.975	0.944	0.950	0.595	0.708
托勒	0.959	0.966	0.940	0.945	0.791	0.798
野牛沟	0.948	0.953	0.928	0.937	0.837	0.840
张掖	0.940	0.937	0.941	0.942	0.607	0.617
祁连	0.956	0.958	0.878	0.884	0.811	0.812
山丹	0.959	0.960	0.948	0.956	0.633	0.775
永昌	0.961	0.965	0.931	0.924	0.684	0.744
刚察	0.944	0.949	0.938	0.944	0.840	0.874
门源	0.921	0.927	0.906	0.916	0.806	0.796

表 3-3　模型率定与验证——RMSE

站点	最高气温		最低气温		降水	
	率定期	验证期	率定期	验证期	率定期	验证期
额济纳旗	1.755	1.474	3.013	2.764	4.807	4.053
吉珂德	1.953	1.557	3.402	2.946	4.891	2.535
拐子湖	2.388	1.797	3.540	3.504	5.473	5.509
玉门镇	1.829	1.818	2.492	2.614	5.579	5.294
鼎新	1.802	1.587	2.566	2.435	5.113	4.984
金塔	1.884	1.862	2.268	2.487	4.755	5.029
酒泉	1.882	1.820	2.296	2.357	7.083	7.087
高台	1.933	1.816	2.637	2.561	8.483	6.811
阿拉善右旗	2.061	1.891	2.874	2.752	9.348	7.674
托勒	1.903	1.790	2.760	2.662	14.057	14.814
野牛沟	1.987	1.921	2.975	2.789	16.776	16.742
张掖	2.820	2.908	2.722	2.689	9.161	8.380
祁连	1.938	1.900	2.866	2.566	16.701	18.339
山丹	2.275	2.221	2.590	2.425	12.581	9.468
永昌	2.039	1.945	2.638	2.764	11.571	11.940
刚察	1.947	1.873	2.368	2.311	14.761	13.258
门源	2.393	2.401	3.138	3.031	19.728	19.627

表 3-4　模型率定与验证——NSE

站点	最高气温		最低气温		降水	
	率定期	验证期	率定期	验证期	率定期	验证期
额济纳旗	0.985	0.988	0.952	0.955	0.333	0.623
吉珂德	0.981	0.987	0.938	0.948	0.354	0.538
拐子湖	0.972	0.983	0.933	0.932	0.411	0.450
玉门镇	0.977	0.977	0.949	0.942	0.592	0.487
鼎新	0.980	0.983	0.953	0.955	0.555	0.628
金塔	0.978	0.977	0.960	0.950	0.611	0.709
酒泉	0.975	0.975	0.956	0.953	0.647	0.521
高台	0.974	0.975	0.942	0.942	0.584	0.676
阿拉善右旗	0.972	0.975	0.944	0.946	0.593	0.707
托勒	0.959	0.963	0.940	0.945	0.780	0.788
野牛沟	0.948	0.951	0.928	0.936	0.824	0.825
张掖	0.940	0.933	0.941	0.941	0.572	0.614

站点	最高气温		最低气温		降水	
	率定期	验证期	率定期	验证期	率定期	验证期
祁连	0.956	0.957	0.954	0.984	0.809	0.794
山丹	0.959	0.958	0.948	0.949	0.622	0.766
永昌	0.961	0.963	0.931	0.923	0.674	0.740
刚察	0.944	0.949	0.938	0.942	0.838	0.873
门源	0.921	0.925	0.906	0.910	0.799	0.779

3.2 黑河绿洲来水变化影响的模拟模型构建

3.2.1 水文模型的选择

陆面产汇流过程模拟是水文学科中的关键性问题之一。由华盛顿大学和普林斯顿大学共同发展的可变下渗容量（variable infiltration capacity，VIC）大尺度水文模型（Liang et al.，1994）在着重表达大尺度产汇流过程的基础上，进一步考虑了土壤–植被–大气之间的物理过程，实现了对三者水热状态变化和水热传输的综合描述。VIC 模型自 1994 年建立以来，广泛应用在大尺度水文过程的模拟中。Eum 等（2014）用 VIC 模型分析了加拿大阿萨巴斯卡河流域的水文不确定性；Grimson 等（2013）以南美洲伊贝拉湿地为研究区域，分析了人类活动导致的温室气体增加使得温度和降水变化从而对水文水资源造成的影响；Liu 等（2014）研究了在中国水资源对地表风速下降的响应；Liu 等（2013）和黄国如等（2015）用 VIC 模型分别对气候变化下太湖流域和北江飞来峡水库未来的洪水发生情况进行了分析；Niu 等（2015，2013）用 VIC 模型系统研究了气候变化和人类活动对珠江流域降水、径流、土壤含水量等的影响，分析了未来极端水文事件的发生情况并考虑 CO_2 浓度影响的变化对模型进行了提升；袁飞等（2005）研究了气候变化对海河流域水文特性的影响。

近些年来，VIC 模型也被逐渐应用于黑河流域。赵登忠等（2012）验证了在高海拔山区 VIC-3L 模型在干旱区较细网格尺度上的适用性；金君良等（2010）分别用 VIC 模型能量平衡模式和水量平衡模式对莺落峡流域的出口径流过程进行了模拟，得出了在干旱半干旱地区，能量平衡模式比水量平衡模式模拟效果更好、对实际蒸发的计算精度更高的结论；吴志勇等（2010）在 SRES 情境下研究了黑河流域极端水文事件的响应，得出莺落峡断面洪水和枯水的发生频率将增加的结论；Qin 等（2013）利用冻土模块和冰川融化模块来提高 VIC 模型在黑河上游模拟的精确性；陈亮（2011）、李菲菲（2007）检验了 VIC 模型在黑河上游地区的适用性，并在不同未来气候情景模式下模拟了未来近百年间黑河上游地区的蒸发量及径流的变化过程。

3.2.2 模型构建

VIC 模型是一种大尺度陆面水文模型，具有很多区别于其他水文模型的特点：模型可同时进行水量平衡和能量平衡的模拟，弥补了传统水文模型中对热量过程描述的不足；为避免产流类型确定的不全面性，同时考虑了蓄满产流和超渗产流两种产流机制；在产流计算过程中，同时考虑了基流和地表径流两种径流成分的参数化过程，基流计算时考虑了基流退水的非线性过程，且考虑了次网格内地面植被类型、土壤蓄水能力及降水等要素的空间分布不均匀性对产流的影响；在蒸散发计算过程中，考虑了三种蒸散发形式，即冠层截留蒸发、植被蒸腾和裸土蒸发；考虑了积雪融雪和土壤冻融过程，使得模型在高寒纬度也具有一定的适应性（Xie et al., 2003；Cherkauer and Lettenmaier, 1999）。

1. 气象数据

本章选取的历史模拟时段为 1980～2010 年，气象数据采用 6 小时 0.125°×0.125°网格分辨率的降水、最高气温和最低气温，降水数据为寒区旱区科学数据中心提供的黑河流域1980～2010 年 3km 6 小时模拟气象强迫数据（熊喆，2014）空间插值后得到。将黑河流域 1980～2010 年 3km 6 小时模拟气象强迫数据库的日最高、最低气温数据空间插值后，通过正弦分段模拟法（姜会飞等，2010）处理得到每日 4 个 6 小时时段的最高、最低气温。模型所需辐射、水汽压、湿度数据，通过模型中的 MTCLIM 算法（Bohn et al., 2013）估计，当模型处于能量平衡模式而气象输入数据时间步长为 24 小时，MTCLIM 算法可将日数据分解为多时段数据。

2. 植被数据

VIC 模型中的植被参数分为两部分，即网格植被类型和植被参数库。其中，网格植被类型包括植被类型总数、植被分类号、面积比例、根系分布及逐月叶面积指数。根据马里兰大学发展的全球 1km×1km 土地覆盖数据（Liang et al., 1996），共分为 14 种地面覆盖类型，包含水体、城市建筑、裸土及不同植被覆盖类型。植被参数库包括的植被参数为结构阻抗、最小气孔阻抗、叶面积指数、短波反照率、植被粗糙长度、零平面位移、最高风速、最小入射短波辐射等。根据 Xie 等（2004）的研究成果，这些参数的标定主要依据陆面数据同化系统（land data assimilation system, LDAS）确定，同时 LDAS 的结果则参考了模型 BATS、IGBP、LSM、Mosaic、NCAR、SiB 和 SiB2 中的参数（Hansen et al., 2000）。

每个网格内存在的植被类型及其对应的参数生成该网格的植被参数文件。黑河流域存在 6 种植被类型，分别是林地、林地草原、密灌丛、灌丛、草原和耕地；黑河流域植被覆盖类型比较单一，只有不到 1/4 的地区植被覆盖类型超过 3 种且集中在上游，流域中下游大部分地区有且仅有灌丛一种植被覆盖类型。

3. 土壤数据

根据美国国家海洋和大气管理局（National Oceanic and Atmospheric Administration, NOAA）水文办公室提供的全球 5min 土壤数据库，分为 12 种土壤类型。土壤参数与土壤特性密切相关，在 VIC 模型中，土壤饱和体积含水量（孔隙度）$\theta_s(m^3/m^3)$、土壤饱和水势 $\psi_s(m)$、土壤饱和水力传导度 $K_s(mm/d)$ 等参数的确定参考了 Cosby（1984）、Rawls（1993）等的工作；土壤类型、土壤黏土含量和土壤含砂量等基于 Reynolds（2000）等发展的 10km×10km 土壤数据库。选取每个网格内面积所占比例最大的一种土壤类型及其对应的参数生成该网格的土壤参数文件。黑河流域土壤类型主要有 4 种，即沙土、壤土、黏壤土和黏土；黏壤土和黏土所占面积比例较小，两者之和不足 5%，分散于流域中部。

3.3　模型参数率定与模型检验

VIC 模型中对径流影响较大的土壤参数主要包括 7 个（表 3-5），即可变下渗能力曲线指数 b，最大基流量的比例系数 D_s，最大基流量 D_{smax}，下层土壤最大含水量比例系数 W_s，三层土壤的厚度 d_1、d_2 和 d_3。对于大区域而言，参数无法通过直接测量获取为经验性参数，需通过调试拟合模拟流量过程和实际流量过程确定，因此对模型参数进行敏感性分析及率定是有必要的。率定前对模型土壤参数中 7 个对产流影响较大的参数进行了参数敏感性分析（何思为等，2015；Troy et al.，2008），根据各参数的合理范围改变单个参数值进行模拟，使用目标函数 Nash-Sutcliffe（NS）coefficient 评估参数的敏感性，结果如图 3-4 所示：显然，可变下渗能力曲线形态参数 b 敏感性最强并随 b 值变大流量过程的吻合程度越高，其次为上层土壤厚度参数 d_2 具有较强敏感性，其余 5 个参数敏感性较弱。

表 3-5　主要模型参数范围与取用值

参数	合理范围	单位	物理意义	取用值
b	0.001~1.000	—	可变下渗能力曲线形态参数	0.002~0.399
D_s	0.001~1.000	—	非线性基流发生时占 D_{smax} 的比重系数	0.002~0.500
D_{smax}	0.100~50.000	mm/d	基流的最大流速	5.001~19.999
d_1	0.100~0.400	m	顶薄层土壤厚度	0.101~0.300
d_2	0.100~3.000	m	上层土壤厚度	0.301~0.999
d_3	0.100~3.000	m	下层土壤厚度	0.501~1.500
W_s	0.100~1.000	—	非线性基流发生时占最大土壤含水量 W_c 的比重系数	0.101~0.999

为了实现模型参数的率定和验证，需要将模拟径流量与水文站实测径流量进行对比，而 VIC 模型是分别模拟每个网格单元产生的流量，这就需要对流域出口断面进行汇流。本书采用 Lohmann 汇流模型（Madsen，2000；Lohmann et al.，1998）需要的文件包括：流向、流域网格比例、网格距离、水文站点位置、流域网格汇流单位线、水文站点汇流单位

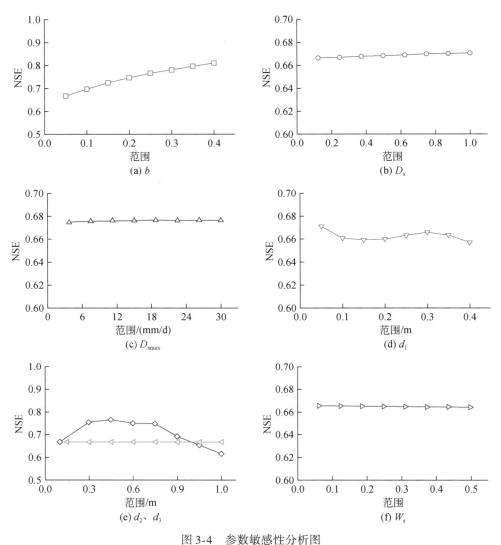

图 3-4　参数敏感性分析图

线，以及汇流控制文件。图 3-5 为 VIC 汇流模型结构示意图。基于 VIC 模型对黑河流域上游径流量模拟值与莺落峡水文站实测径流数据的对比，通过粒子群算法（Dickinson，1984）进行模型参数率定，采用如下目标函数作为模型评价指标：

1）纳什效率系数（Nash-Suttcliffe）（E_{ns}），反映流量过程吻合程度的评价指标。

$$E_{ns} = 1 - \frac{\sum (Q_o - Q_m)^2}{\sum (Q_o - \overline{Q_o})^2} \tag{3-3}$$

其中，Q_o 为实测径流值；Q_m 为模拟径流值；$\overline{Q_o}$ 为实测径流序列的平均值。单位均为 m^3/s。

2）确定性系数（R^2），反映模拟值与实测值接近程度的评价指标。

$$R^2 = \frac{\left[\sum (Q_o - \overline{Q_o})(Q_m - \overline{Q_m})\right]^2}{\sum (Q_o - \overline{Q_o})^2 \cdot \sum (Q_m - \overline{Q_m})^2} \tag{3-4}$$

式中，$\overline{Q_m}$ 为模拟径流序列的平均值，单位为 m^3/s。

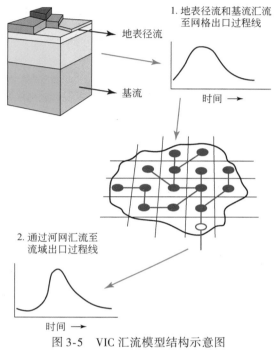

图 3-5　VIC 汇流模型结构示意图

资料来源：Lohmann et al. , 1998

使用莺落峡站的月径流过程数据对 VIC 模型黑河上游的径流模拟进行率定和验证，模型率定期和验证期的径流模拟结果如图 3-6 所示，可知模型对流量过程及峰值时间模拟与实测值较吻合，但峰值略偏小，模拟率定期 E_{ns} 和 R^2 在月尺度上分别达到 0.74 和 0.85，验证期 E_{ns} 和 R^2 分别达到 0.72 和 0.79，整体来说能够较好地模拟莺落峡水文站的实测径流过程。根据 Moriasi 等（2007）的模型评价指南，流域水文模拟的 NSE 在月尺度上达到

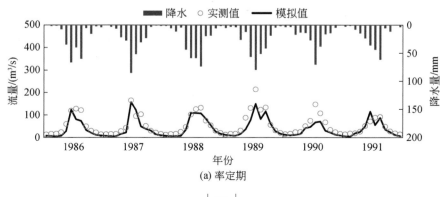

(a) 率定期

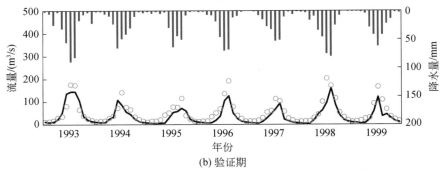

(b) 验证期

图 3-6　率定期、验证期的实际月径流量与模拟月径流量变化过程

0.65～0.75 可归类为比较好的结果。综合以上，经 VIC 模型模拟的黑河流域莺落峡水文站的径流过程与实测径流过程较为一致，基本可以再现莺落峡水文站处的月径流过程。因此，VIC 模型在黑河流域具有一定的适用性，可以用该模型对黑河流域进行后续的研究。

3.4　气候变化情景分析

黑河上游来水源区未来气候变化情景产生于最终选出的 5 种 GCM 输出和 3 种排放模式情景（RCP2.6、RCP4.5、RCP8.5）组成 15 种气候情景。图 3-7 展示了未来阶段（2021～2050 年）相对于基准期（1981～2010 年）降水量、最高气温、最低气温季节平均值的可能变化。

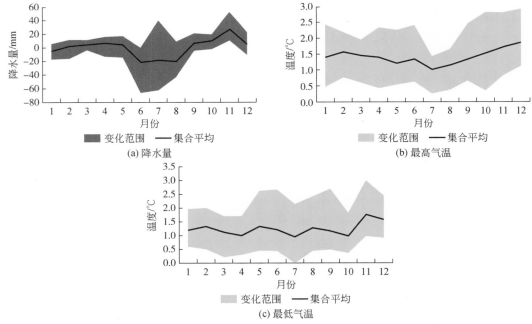

图 3-7　未来阶段（2021～2050 年）相对于基准期（1981～2010 年）降水量、最高气温、最低气温季节性预测的变化范围和 15 种模式的变化集合平均

可以看出气候模式结果中季节降水变化量最大出现在 6 月、8 月、11 月。未来 30 年相对于历史 30 年降水的变化呈现增大和减少的两相性。同时 15 种模式给出的预测不确定性最大的为 6 月、7 月、8 月、11 月。气温变化（最高气温和最低气温）呈现出一致的增加。季节性最高气温的增加在 1~2℃，最高增幅出现在 2 月、11 月、12 月。季节性最低气温的增加在 1~1.5℃，最高增幅出现在 2 月、5 月、8 月、11 月。气温预测的不确定性大约在 ±1℃。气温预测的不确定性在月份之间的变幅差异小于降水的月份之间的变幅差异。图 3-8 展示了 RCP2.6、RCP4.5、RCP8.5 3 种排放模式下最佳模式所得到的 96 个空间网格降水和平均气温未来阶段相对于基准期的变化幅度。对于黑河上游涵盖的 96 个空间网格，气温增加幅度在 0.5~2.5℃，降水的两相性体现在降水变化为 −15%~10%。

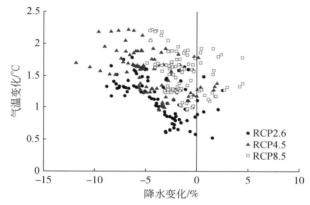

图 3-8　RCP2.6、RCP4.5、RCP8.5 3 种排放模式下最佳模式所得到的 96 个空间网格降水和平均气温未来阶段相对于基准期的变化幅度

3.5　未来黑河绿洲来水变化的预测与分析

3.5.1　未来变化趋势

表 3-6 为黑河上游来水源区最佳模式与 VIC 模型能量平衡模拟预测下，未来阶段 2021~2050 年相对历史基准期 1981~2010 年各水文变量和状态量的变化结果。其中，未来 2021~2050 年的变量结果是将 3 种 RCP 气候情景最佳模式平均经参数率定验证后的 VIC 模型模拟而得到。可以看出在未来降水总体小幅度减少和气温升高的情势下，区域多年平均各水文变量（包括蒸散量、径流量、雪水当量、土壤含水量）都出现了略微减少，但单独年份最大值在蒸散量上出现增加。

表 3-6　30 年阶段的未来最佳模式预测和历史平均的水量平衡比较

变量	年份	均值	最大值	最小值
降水量/mm	1981～2010	322.5	426.2	239.0
	2021～2050	315.7	480.5	236.3
气温/℃	1981～2010	11.2	16.1	-12.0
	2021～2050	12.2	17.6	-11.1
蒸散量/mm	1981～2010	175.5	192.1	151.6
	2021～2050	172.3	326.9	111.6
径流量/mm	1981～2010	146.8	248.2	79.6
	2021～2050	143.4	245.2	75.7
雪水当量/mm	1981～2010	133.1	200.7	38.2
	2021～2050	131.8	199.5	13.4
土壤含水量/mm	1981～2010	307.4	319.7	296.2
	2021～2050	304.9	319.4	293.8

1. 年际变化

图 3-9 为黑河上游 3 种不同排放情景下最佳模式平均与 VIC 模型对上游来水模拟的年际变化结果。该变化为未来 2021～2050 年各年份相对于基准期 1981～2010 年 30 年平均的年际变化图，从图中可以看出：①年径流量的年际变化差异比较显著，变幅在减少 4.4 亿 m³ 到增加 5.8 亿 m³ 之间；②年平均径流量相较于基准期减少的年份相对较多，RCP2.6、RCP4.5、RCP8.5 3 种情景下平均减少率为 2.33%，即平均减少量为 0.34 亿 m³；③从年代划分来看，在 21 世纪 20 年代的平均年径流量较基准期的变化减少 0.08 亿 m³；在 30 年代的变化为增加 1.38 亿 m³；在 40 年代的变化为减少 2.30 亿 m³，随时间的推移年径流量存在着减少的趋势。

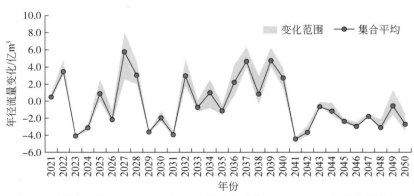

图 3-9　黑河上游 2021～2050 年径流量较基准期 1981～2010 年的年际变化

2. 年内变化

图3-10为黑河上游2021～2050年各变量年内分配相较于基准期的变化过程图。从图中可以看出：①未来模拟的蒸散量相较于历史过程在3～5月、10月有所增加，其他月份都有不同程度的减少；4个增加月份的平均增加量分别为4.14%、8.10%、8.84%、23.35%，减少量最小3.94%出现在2月，减少量最大13.41%出现在12月；②不同月份径流量均有不同程度的减少，减少量大的月份对应于蒸散量大的月份，径流量在3～5月、10月相较于基准期减少了3.88%、4.72%、12.62%、3.37%；③雪水当量在干季（1～4月、10～12月）均有所下降，下降幅度为0.75%～2.44%，其他月份变化不大，其中7月雪水最少，相应基本无变化；④土壤含水量在各个月份未来阶段都呈现出下降的趋势，减少幅度在0.43%（8月）～1.32%（5月）。

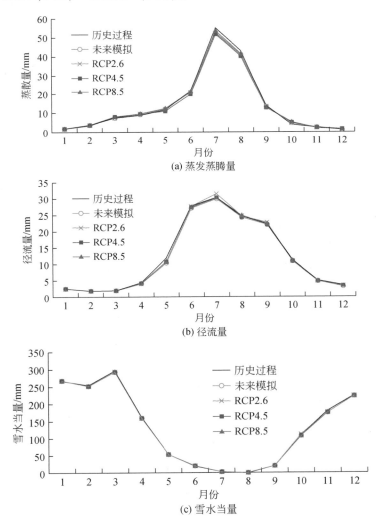

(a) 蒸发蒸腾量

(b) 径流量

(c) 雪水当量

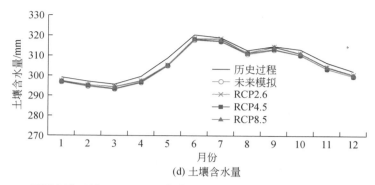

(d) 土壤含水量

图 3-10　黑河上游区域 2021～2050 年各变量较基准期 1981～2010 年的年内变化

3. 空间变化

黑河上游地区 2021～2050 年平均降水量相较于基准期的空间变化如图 3-11 所示，可以看出降水的减少主要出现在西北部地区，而增加区域多在东南部地区。年平均降水量减少多出现在春季和夏季，增多的情况多出现在冬季。区域年平均径流量（图 3-12）的减少地区多与降水减少地区相对应，同样在春季和夏季有较大量的减少，冬季增加的区域较多。年平均蒸散量（图 3-13）未来的变化与径流变化的趋势有一定的一致性，减少量多出现在春夏阶段。整个上游的大部分地区蒸散量有所增加，但增加幅度不大。年平均土壤含水量（图 3-14）在整个地区均有不同程度的减少，春季和夏季尤为明显。

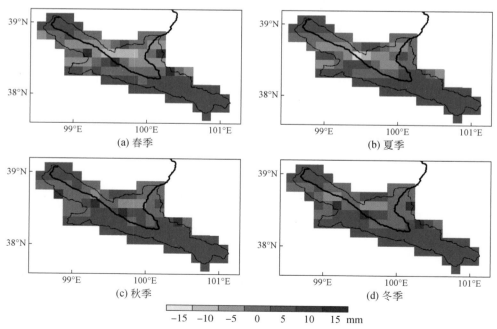

图 3-11　黑河上游区域 2021～2050 年降水量较基准期 1981～2010 年的空间变化

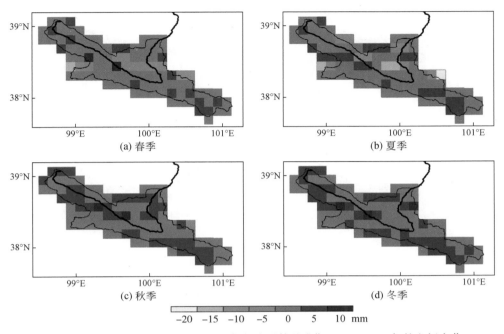

图 3-12　黑河上游区域 2021～2050 年径流量较基准期 1981～2010 年的空间变化

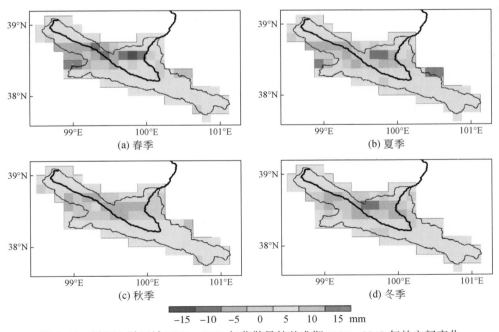

图 3-13　黑河上游区域 2021～2050 年蒸散量较基准期 1981～2010 年的空间变化

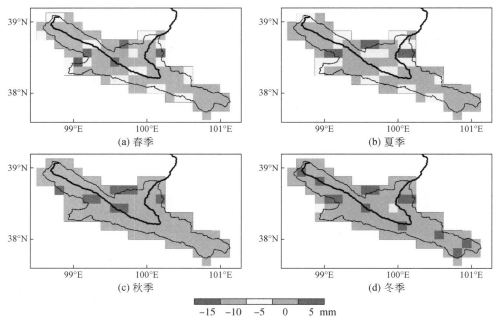

(a) 春季　　　　　　　　　　　　　　(b) 夏季

(c) 秋季　　　　　　　　　　　　　　(d) 冬季

−15　−10　−5　0　5 mm

图 3-14　黑河上游区域 2021～2050 年土壤含水量较基准期 1981～2010 年的空间变化

3.5.2　峰现点和雪水变化趋势

图 3-15 展示了历史基准期 1981～2010 年和未来阶段 2021～2050 年黑河上游流域出口来水全年最大径流峰值出现日（峰现日）的变化过程。历史基准期平均峰现日为第 175.34 天，未来阶段 3 种 RCP 情景下最佳模式结果显示的峰现点分别为 185.41 天、176.55 天和 178.72 天，集合平均为 176.41 天。因此未来黑河绿洲上游来水最大峰值出现日有可能有推后的趋势。

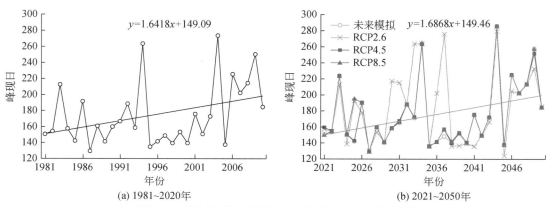

(a) 1981～2020年　　　　　　　　　　(b) 2021～2050年

图 3-15　黑河上游区域历史来水峰点和未来可能变化

同时，在未来气候变化条件下，黑河上游雪水当量显示出减少趋势。图 3-16 和图 3-17分别展示了历史基准期 1981~2010 年和未来阶段 2021~2050 年黑河上游流域海拔最高的两个格点（格点中心坐标分别为 38.3125°N、98.9375°E 和 38.4325°N、98.9375°E）雪水当量与降水量（SWE/P）之比的变化过程。可以看出海拔最高点雪水当量相对于降水的比例在历史阶段相对平稳，但在未来阶段显示出有下降趋势，表明在未来温度升高的趋势下该格点区域单位降水中雪水当量将有所减少。对于流域上游次高的海拔格点在历史和未来阶段都有着递减的趋势。

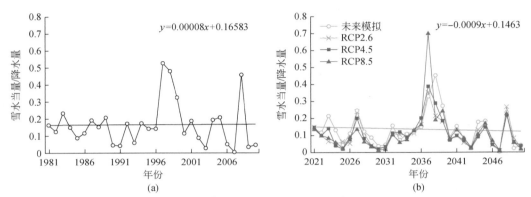

图 3-16　黑河上游区域海拔最高格点雪水当量与降水量之比（SWE/P）
历史变化趋势和未来可能变化趋势

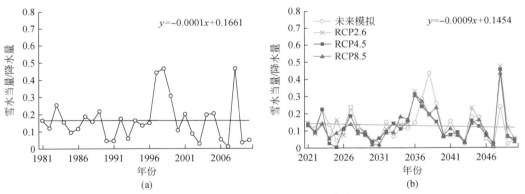

图 3-17　黑河上游区域海拔次高格点雪水当量与降水量之比（SWE/P）
历史变化趋势和未来可能变化趋势

3.6　小　　结

基于较为精细尺度（空间尺度：0.125°×0.125°；时间尺度：6 小时）在能量平衡模式上构建的黑河上游区域 VIC 模型能够较好地再现黑河流域上游的径流过程，具有一定的适用性。未来阶段（2021~2050 年）较基准期（1981~2010 年）阶段，在 RCP2.6、

RCP4.5、RCP8.5 3 种情景下，上游来水平均减少率约为2.33%，即平均减少量为0.34亿 m³。集合平均的区域蒸散量相较于基准期在 3~5 月、10 月有所增加，不同月份径流量均有不同程度的减少，减少量大的月份对应于蒸散量大的月份。未来流域上游来水的径流最大出现日有推后的趋势。雪水当量在干季均有所下降，高海拔区域单位降水中雪水当量有减少趋势。土壤含水量在各个月份未来阶段都呈现出下降的趋势。未来区域水文循环在春季和夏季变化较为明显，表现在蒸散量的增加和土壤含水量的减少，这在春夏阶段体现在更大的区域范围上。

第4章 | 黑河绿洲农作物耗水对变化环境的响应

黑河农区在整个流域水循环演化和经济活动中扮演着关键作用，蒸散（ET）是农区水资源的主要消耗分量。伴随气候变化和人类活动的加剧，揭示农区蒸散与主要驱动因子之间的关系，准确剖分人类活动和气候变化对蒸散量变化的贡献大小，同时预测农区未来气候变化与人类活动对蒸散的定量响应关系，对该地区合理分配流域水资源、指导农业灌溉、制定有效水资源及生态管理的适应性战略和科学应对气候变化具有重要的现实意义。

4.1 区域农作物耗水模拟及对变化环境响应研究背景

蒸散是自然条件下的水面蒸发、土壤蒸发及植物蒸腾的总称（Allen et al., 1998），是气候水文系统的一个核心过程，也是水文循环、能量收支及碳循环等环节的纽带。蒸散将大约60%的陆面降水量返回大气中，在干旱区甚至可高达90%（Martin et al., 2010）。作为土壤−植被−大气系统中一个重要的子过程，它决定了从土壤和植被进入大气中水分的数量，同时也伴随着潜热和显热的变化，对于下垫面的气候和环境具有显著的影响。蒸散过程是区域生态过程中的活跃因素，并且是水循环中最难估算的一个分量（Shuttleworth, 2007）。在全球变化的认识和研究中，蒸散信息的重要性越来越得到重视，蒸散研究对区域的可持续发展、农业灌溉、流域的生态平衡等各方面具有重要的意义（Li et al., 2017; Sellers et al., 1996; Wegehenkel et al., 2005; Zou et al., 2017）。同时，蒸散量作为农业水资源高效利用的核心与基础分量，在当前和未来变化环境下，其研究是解决当前水危机，确保可持续的农业生产和粮食安全的关键所在（Du et al., 2015; Kang et al., 2017）。

不同地表下垫面蒸散量的精确估算在许多领域一直很受重视，如农学、气象学、水文学、土壤学及自然地理等多个学科领域（Shuttleworth, 2007）。然而环境因子的空间变异所造成的蒸散空间分布高度不均匀性，用传统方法定量模拟和预测区域蒸散很难实现（Su et al., 2003）。遥感方法具有覆盖范围大、更新速度快的特点，逐渐成为区域蒸散估算及其时空分布规律研究的一种有力工具。Muthuwatta 等（2010）利用 SEBS 模型与 19 个时相的无云 MODIS 数据来估算灌区蒸散的时空分布，并基于水量平衡模型得到灌溉需水总量。Alexandridis 等（2014）利用 SEBAL 模型，基于 NOAA/AVHRR 及 Landsat TM/ETM+遥感影像得到作物生育期内特定时期的日蒸散空间分布，进而利用 Λ 法来估算出季节蒸散的空间分布。Yang 等（2014）耦合了灌溉应用模型与蒸散量计算模型 ETWatch，并用其来模拟海河平原蒸散量的空间分布情况。近年来，随着遥感技术的不断进步，将分布式水文模型与遥感技术相结合估计蒸散成为可能。SWAT（Arnold et al., 1998）模型作为众多分布式水文模型之一，已广泛应用于世界各地的水文循环模拟研究。这为利用遥感技术结合分布式水文模型估算长时间序列蒸散提供了技术手段。

针对蒸散量对变化环境响应的归因分析方面，主要集中在气候变化与人类活动各自对蒸散的影响。Cohen 等（2002）研究发现以色列 1964~1998 年的实际蒸散量呈增加趋势，这主要是饱和水汽压差和风速增大引起。Qian 等（2006）利用陆面模式 CLM3.0，结合降水、温度、太阳辐射等观测数据，发现全球陆地蒸散和降水量的变化有很大相关性。Martin 等（2010）研究了全球蒸散量的变化趋势和空间分布，发现 1998 年以来全球蒸散量降低主要可能是大气相对湿度减小造成的。Liu 等（2015）结合 SWAT 模型，研究了种植结构优化情景对我国西北清源灌区蒸散量变化的影响，发现粮食作物的种植比例减小后，灌区蒸散量也相应地减少。从前人研究可以发现，由于实测数据的获取及模型构建的困难，在区域长系列蒸散量的变化趋势中定量计算人类活动与气候变化对其演变贡献率的研究还鲜有报道。

持续的温室气体排放将进一步导致气候变暖并影响气候系统的所有组成部分（IPCC，2013），其中温度和降水等气候变量将会发生显著变化（Amorim Borges et al.，2014；Okkan，2015；Terink et al.，2013；Wang and Chen，2014）。在大多数气候变化情景下，21世纪末全球地表温度变化有望超过 1.5℃（IPCC，2013），而与全球变暖相对应的降水在不同地区变化却并不统一（IPCC，2014）。农业作为气候变化最敏感的用水部门之一，正经受着显著影响（Piao et al.，2010；Tao and Zhang，2013；Zou et al.，2018）。其中，蒸散作为影响农业用水最为关键的因素，近年来其对气候变化的响应研究已经受到很大关注。例如，丛振涛等（2011）采用单作物系数法并结合 A1B 未来气候情景估算我国农业区未来 50 年主要作物蒸散量，结果发现相比于 1961~1990 年，玉米和小麦在未来 2046~2065 年的蒸散量将分别增加 5.30% 和 2.60%。Zhou 等（2017）同样采用单作物系数法并结合 A2 和 B2 未来情景估算了我国内蒙古河套灌区主要作物蒸散量，表明 2041~2070 年 6 种作物的蒸散量在 B2 情景下将增加 3.4%~7.3%，而 2071~2099 年蒸散量在 A2 情景下将增加 10.5%~15.2%。Xu 等（2019）利用农业生态区域模型（AEZ）估算了 4 种 RCP 气候情景下我国东北农业区玉米的蒸散量，发现相比于 1981~2010 年，未来 2050~2060 年该地区玉米蒸散量将显著增加，其中辽宁省中部和吉林省西部地区增幅最大。虽然已有一些学者研究了未来气候变化对相关区域蒸散时空变化的影响，然而有关未来气候情景下我国西北黑河干旱农区蒸散的预测研究还较少，同时鉴于该地区农业水资源管理政策通常是根据蒸散信息进行制定的，研究未来蒸散演变规律自始至终都十分迫切与需要。另外，黑河农区对蒸散的长期观测资料十分匮乏，导致蒸散对气候变化响应的潜在机制缺乏探讨，因此有必要整合水文与气候模型，对未来长时间系列蒸散演变格局进行预测。

除了气候变化，蒸散很大程度还受土地利用/覆盖特性的影响。土地利用主要通过植被变化（如森林砍伐和造林或草地开垦）、农业开发活动（如农田开垦、作物种植和农业管理）、城市化等来影响区域尺度蒸散量大小。例如，Olchev 等（2008）采用 SVAT-Regio 模型研究了减少 15% 热带雨林并增加农业、草地、城市化面积情景对印度尼西亚罗瑞林都（Lore-Lindu）国家公园热带雨林区蒸散量的影响，发现月蒸散量减少约 2%，蒸腾减少约 6%，冠层截留蒸发减小约 5%，土壤蒸发增加约 21%。Dias 等（2015）利用 INLAND 和

AgroBIS 模型模拟了亚马孙东南部 Xingu 流域上游土地利用变化对蒸散的影响,表明农业生态系统的年平均蒸散量比自然生态系统小 39%。Li 等(2009)采用 SWAT 模型评估了 1981~2000 年土地利用变化对我国黄土高原农业区蒸散的影响,得出土地利用面积改变使得蒸散量增加 8%。Li 等(2017)利用 MODIS 数据产品分析了 2001~2013 年土地利用变化对我国蒸散的影响,发现蒸散对于森林减少的响应远远大于其他土地覆盖类型的变化。通过前人研究发现,以往有关土地利用变化对蒸散的响应研究集中在通过分析历史已发生土地利用变化和人为假定不同土地利用变化对其影响上,在土地利用变化情景设置上很少有研究从水资源角度同时考虑生态规模与农业规模大小对绿洲可持续发展的影响,尤其是在干旱绿洲区。随着社会经济发展和人口增长,农业生产正在消耗更多的水资源,这将造成天然绿洲生态系统可能无法获得所需水资源(Cheng et al., 2014),使得生态规模不足以支持绿洲的稳定发展。因此,在绿洲土地利用规划时必须从水资源角度考虑生态健康,兼顾生态与农业规模之间的平衡,确定适宜的生态植被面积和农业种植面积,在此基础上,揭示蒸散对干旱绿洲区农业规模变化的响应将更能为保证绿洲生态健康和可持续发展提供理论支撑。

在我国西北干旱内陆区,绿洲农业是当地社会经济发展的支柱产业,农业用水占总用水 85% 以上,然而该地区水资源极度短缺,水资源仅为全国的 5%,因此发展节水农业,提高水资源利用效率是解决农业用水矛盾的唯一途径(Kang et al., 2017)。近年来黑河农区通过大面积实施节水灌溉工程,进行渠系及田间工程改造,改善灌溉方式等,农业用水效率已经得到很大提升(Zou et al., 2018),但同时这也将在很大程度上改变区域内部的水文循环以及不同土地利用类型上的水分分配与消耗。以往有关节水灌溉对蒸散影响的研究主要集中在田间尺度(Bai et al., 2015;Li et al., 2018;Qin et al., 2016),有关区域尺度上的研究还十分缺少,因此有必要全面量化黑河农区蒸散对节水灌溉的响应。

基于上述研究背景,本章以深入认识受气候变化和人类活动影响强烈的蒸散响应机理和建立定量模型为主线,在黑河中游农区构建 SWAT 分布式水文模型,结合遥感数据系统开展了长时间序列的蒸散模拟试验,推算了气候、灌溉与农艺因子对蒸散演变的贡献率大小,在此基础上,耦合 CMIP5 中 5 个 GCM 模式下 3 种 RCP 统计降尺度气候情景和基于生态健康的适宜农业规模、节水灌溉情景,预测了未来 2021~2050 年农区蒸散对变化环境的响应关系,提出了未来农业水资源管理应对措施。

4.2 黑河绿洲农作物耗水模拟模型与检验

4.2.1 长系列 ET 数据生成

本章利用美国农业部农业发展中心(USDA-ARS)开发的 SWAT 模型,通过 2000~2013 年遥感蒸散量数据对模型进行参数率定修正,从而得到黑河流域农区近 31 年蒸散量变化系列的模拟值。

1. SWAT 模型介绍

有关 SWAT 模型原理的详细介绍参见 Arnold 等（1998）、Neitsch 等（2002，2005，2011）和 Gassman 等（2007）。SWAT 模型首先利用 DEM 和河网数据，将流域划分为子流域，并结合土地利用类型和土壤类型，进一步将子流域划分为水文响应单元（HRU）。水文响应单元是模型计算的基本单元，其应用水量平衡原理描述陆面水文循环过程，模拟单元内的水流、泥沙和营养物质运移等过程，并在子流域内累加，最后根据河道汇流计算，依次演算到流域支流和流域出口，同时在模型计算过程中还可以得到水文响应单元和子流域的潜在蒸散发、实际蒸散发等其他水文变量。

在 SWAT 模型中，蒸散发的计算包括植被冠层截留、土壤蒸发和作物蒸腾量三部分。各部分都需要根据潜在蒸散发与实际环境因素计算得到，因此模型运算顺序依次为潜在蒸散发、冠层截留蒸发、潜在土壤蒸发和作物蒸腾，再将潜在土壤蒸发和作物蒸腾分配至各个土层，根据各层土壤含水率情况计算实际土壤蒸发和作物蒸腾。本章选择彭曼–蒙蒂斯方法（Monteith，1965a）计算作物的潜在蒸散发，该方法所需的气象数据包括气温、太阳辐射、相对湿度和风速，空气阻力和冠层阻力根据作物的高度和叶面积指数（LAI）进行估算。土壤的潜在蒸发根据作物潜在蒸散发和土壤覆盖度确定，当土壤含水量低于田间持水量时，土壤的实际蒸发将受到土壤含水量限制，并与土层厚度呈指数关系。作物的实际蒸腾计算原理与土壤蒸发相似，并与作物的根深呈指数关系。

2. 模型输入与构建

SWAT 模型通过输入农区 DEM、灌溉渠系图件得到 31 个子流域（图 4-1），然后结合 27 种土壤和 23 种土地利用类型，最后获得了 327 个水文响应计算单元。模型中所使用的气象数据包括气象站 1982~2014 年日尺度降水量、最高气温、最低气温、风速、相对湿度、太阳辐射。

该农区种植结构以玉米为主，故在各子流域中，若其水文响应单元的土地利用类型为耕地，则概化为玉米用地，并且考虑玉米的农业管理措施，即播种和收获日期、灌溉制度及施肥制度等。根据子流域中心位置确定出该子流域所属的灌溉分区，然后将其所在分区的灌溉制度和氮肥施用量输入模型。对于施磷制度的输入，在本章中均使用模型的自动施磷功能，以保证作物在生长过程中不受到磷肥的胁迫。

3. 参数敏感性分析与率定

本章以子流域为基本单元进行参数的敏感性分析与率定。在黑河农区，由于河道受到人类取用水活动的很大影响，并且水资源量主要用于作物消耗，故以蒸散量为目标变量进行参数的估计。采用 Wu 等（2016）通过 ETWatch 模型得到的空间分辨率为 1km×1km 的月蒸散量作为模型率定与验证的观测数据，该数据经过与黑河流域两个地面涡度通量观测站的实测蒸散量对比，发现位于黑河绿洲农区的盈科站（下垫面为玉米，图 4-1），R^2 为 0.9249，RMSE 为 0.5288mm/d，RMSE 与平均绝对误差（MAE）之差小于 MAE 的 40%，

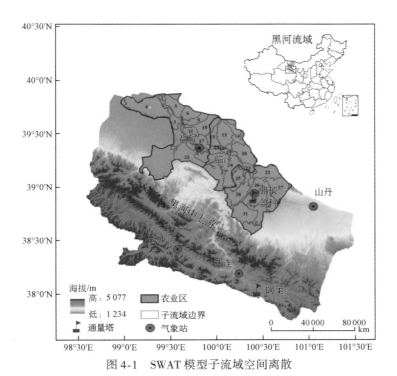

图 4-1 SWAT 模型子流域空间离散

一致性指数 d 为 0.978（Wu et al., 2016），这表明 ETWatch 模拟值和观测值之间匹配较好，该数据集作为 SWAT 模型参数率定与验证是可行的。首先使用 ArcGIS 中 Zonal 功能模块分别统计出 31 个子流域的月遥感蒸散量值，然后依次对各子流域模型参数进行率定。本章在空间上选择部分子流域进行率定，其余子流域用于验证。选择率定的子流域时，尽可能地覆盖农区所有的土地利用和土壤类型。在上述涉及的参数敏感性分析、率定和验证中，均提前 2 年进行模型预热。

参数敏感性分析采用 latin-hypercube one-factor-at-a-time（LH-OAT）方法（van Griensven et al., 2006）。参考已有的 SWAT 模型参数敏感性分析研究（Kannan et al., 2008；van Griensven et al., 2006；Zhang X et al., 2010），并结合黑河农区的实际情况，选取 15 个参数进行敏感性分析。选用 sequential uncertainty fitting algorithm（SUFI-2）算法进行参数的率定与验证（Abbaspour et al., 2007）。SUFI-2 通过拉丁采样生成不同的参数组合并依次进行模拟，最后将模拟结果进行灵敏性矩阵、等效黑塞矩阵、协方差矩阵、相关矩阵和 95% 预测不确定性（95PPU）的计算，得到衡量率定结果优劣的指标（P-factor 和 R-factor）和下一次运算的参数取值范围。参照 Abbaspour 等（2007）的研究建议，本章给定的拉丁采样次数为 500 次。参数输入的不确定性会导致结果输出的不确定性，95PPU 为累积概率为 2.5% ~ 97.5% 的模拟结果范围。实测值落在 95PPU 范围内的比例为指标 P-factor，95PPU 的平均厚度与实测值的标准差之比为指标 R-factor，这两个指标代表了对所有不确定性考虑的程度，最理想的结果是 P-factor 为 1，R-factor 为 0。为了比较模拟值与观测值，采用稍作修改的效率标准 ϕ 来评定（Krause et al., 2005）。

$$\phi = \begin{cases} |b| R^2 & |b| \leq 1 \\ |b|^{-1} R^2 & |b| > 1 \end{cases} \tag{4-1}$$

式中，R^2 为观测值与模拟值的决定系数；b 为回归线的斜率。

此外，本章还采取以下常用评价指标来判定模型的表现。评价指标分别为：纳西效率系数（NS）、确定性系数（R^2）、相对偏差（RB）、相对均方根误差（RMSE），以及其余 3 个能够较为全面度量误差大小的指标（E、E_1、d_r）（Willmott et al.，2015）。

$$NS = 1 - \frac{\sum_{i=1}^{n} (ET_{o,i} - ET_{s,i})^2}{\sum_{i=1}^{n} (ET_{o,i} - \overline{ET_o})^2} \tag{4-2}$$

$$R^2 = \frac{\left[\sum_{i=1}^{n} (ET_{o,i} - \overline{ET_o})(ET_{s,i} - \overline{ET_s}) \right]^2}{\sum_{i=1}^{n} (ET_{o,i} - \overline{ET_o})^2 \cdot \sum_{i=1}^{n} (ET_{s,i} - \overline{ET_s})^2} \tag{4-3}$$

$$RB = \frac{\sum_{i=1}^{n} (ET_{s,i} - ET_{o,i})}{\sum_{i=1}^{n} ET_{o,i}} \tag{4-4}$$

$$RMSE = \sqrt{\frac{1}{n} \sum_{i=1}^{n} (ET_{s,i} - ET_{o,i})^2} \tag{4-5}$$

$$E = 1 - \frac{\frac{1}{n} \sum_{i=1}^{n} (ET_{s,i} - ET_{o,i})^2}{S_{o,i}^2} \tag{4-6}$$

$$E_1 = 1 - \frac{\frac{1}{n} \sum_{i=1}^{n} |ET_{s,i} - ET_{o,i}|}{\frac{1}{n} \sum_{i=1}^{n} |ET_{o,i} - \overline{ET_o}|} \tag{4-7}$$

$$d_r = \begin{cases} 1 - \dfrac{\frac{1}{n} \sum_{i=1}^{n} |ET_{s,i} - ET_{o,i}|}{2 \cdot \frac{1}{n} \sum_{i=1}^{n} |ET_{o,i} - \overline{ET_o}|} & \frac{1}{n} \sum_{i=1}^{n} |ET_{s,i} - ET_{o,i}| \leq 2 \cdot \frac{1}{n} \sum_{i=1}^{n} |ET_{o,i} - \overline{ET_o}| \\[4mm] \dfrac{2 \cdot \frac{1}{n} \sum_{i=1}^{n} |ET_{o,i} - \overline{ET_o}|}{\frac{1}{n} \sum_{i=1}^{n} |ET_{s,i} - ET_{o,i}|} - 1 & \frac{1}{n} \sum_{i=1}^{n} |ET_{s,i} - ET_{o,i}| > 2 \cdot \frac{1}{n} \sum_{i=1}^{n} |ET_{o,i} - \overline{ET_o}| \end{cases}$$

$$\tag{4-8}$$

式中，$\mathrm{ET}_{o,i}$ 为实测蒸散量序列值；$\mathrm{ET}_{s,i}$ 为模拟蒸散量序列值；$\overline{\mathrm{ET}_o}$ 为实测蒸散量序列平均值；$\overline{\mathrm{ET}_s}$ 为模拟蒸散量序列平均值；$S^2_{o,i}$ 为实测蒸散量序列方差；n 为时间序列长度。

4. 模型模拟表现

根据敏感性分析结果及 SWAT 模型中影响水文过程的计算模块，本章挑选排序在前 10 位的以下参数进行率定：ESCO、CANMX、SOL_AWC、SOL_BD、EPCO、HVSTI、GW_REVAP、CN2、GSI 和 GWQMN。模型率定期为 2000~2009 年，验证期为 2010~2013 年。通过反复调整各参数取值范围，使各评价指标达到最优，从而得到最终参数值，表 4-1 列举了各参数的定义、最小值、最大值和率定值。土壤蒸发补偿系数（ESCO）越小，模型越能够从下层土壤中吸取更多的水分供土壤蒸发，Arnold 等（2000）认为该参数值应该在 0.75~1.0，本章取值为 0.94，表明土壤蒸发在整个蒸散发过程中贡献较小，这可能是由于黑河农区较高的作物覆盖、面积较广的覆膜及较低的年均气温引起的。最大冠层截留量（CANMX）对于干旱地区的水文过程特别是蒸散具有比较大的影响，不同土地利用和植被类型应该赋予不同的值，本章对于农作耕地取值为 16.25mm。另外一个对蒸散模拟影响比较大的参数为植物蒸腾补偿系数（EPCO），当 EPCO 越接近于 1 时作物能够从下层土壤吸取更多的水分，越接近于 0 时从土壤吸收水分越受到限制，本章取值为 0.1，这主要与当地土壤偏沙性，土壤孔隙大，水的毛细管运动距离短有关。此外与土壤相关的敏感参数（SOL_AWC、SOL_BD）分别在初始值大小的基础上减少 0.05 倍和增加 0.24 倍，而与地下水密切相关的浅层地下水再蒸发系数（GW_REVAP）和基流产生阈值（GWQMN）分别取值为 0.05 和 800mm。

表 4-1　SWAT 模型率定结果

参数	定义	最小值	最大值	率定值
$v\_\_$ ESCO. hru	土壤蒸发补偿系数	0	1	0.94
$v\_\_$ CANMX. hru	最大冠层截留量（mm）	0	100	16.25
$r\_\_$ SOL_AWC. sol	土壤有效含水量（mm/mm）	-0.3	0.3	-0.05
$r\_\_$ SOL_BD. sol	土壤湿密度（g/cm³）	-0.3	0.3	0.24
$v\_\_$ EPCO. hru	植被吸水补偿系数	0	1	0.10
$v\_\_$ GW_REVAP. gw	地下水再蒸发系数	0.02	0.2	0.05
$r\_\_$ CN2. mgt	SCS 径流曲线数	-0.3	0.3	-0.21
$v\_\_$ GSI. crop. dat	最大气孔导度（m/s）	0	5	1.77
$v\_\_$ GWQMN. gw	基流产生阈值（mm）	0	5000	800

注：$v\_\_$ 表示参数直接赋值，$r\_\_$ 表示参数乘以某值

本章选取 14 个子流域对模型进行率定，这些子流域包括了黑河农区所有的土壤类型和土地利用类型，并用剩余的 17 个子流域进行验证。图 4-2 结果显示，50% 的率定子流域 P-factor 大于 0.5，41.2% 的验证子流域 P-factor 大于 0.5。率定和验证过程中的 R-factor 总体都很小，基本都在 1 以下，其中 42.9% 的率定子流域 R-factor 小于 0.4，47.1% 的验

证子流域 *R*-factor 小于 0.4。此外，78.6% 的率定子流域 NS 大于 0.6，58.8% 的验证子流域 NS 大于 0.6，同时 71.4% 的率定子流域 ϕ 值大于 0.7，52.9% 的验证子流域 ϕ 大于 0.7。以上结果表明 SWAT 模型对黑河农区蒸散模拟取得了良好的效果。

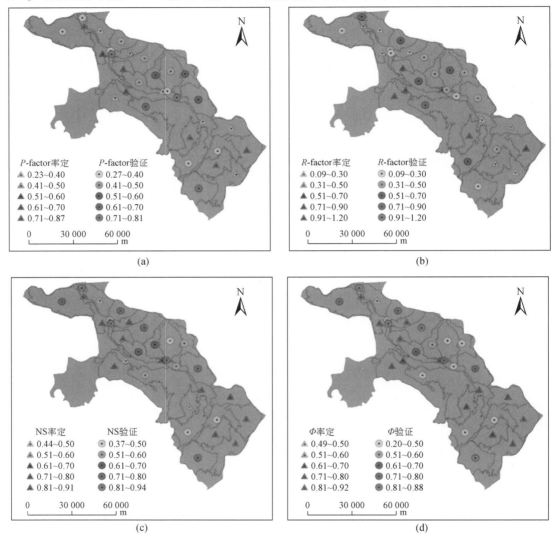

图 4-2　31 个子流域模型率定评价指标空间分布

为了进一步评价 SWAT 模型在同一空间尺度上的模拟效果，选取研究区主要植被类型为裸地和耕地的两个典型子流域的模拟结果列于图 4-3，其中 3 号子流域代表裸地，31 号子流域代表耕地。由图 4-3 与表 4-2 可以发现，两个典型子流域在率定与验证期的模拟值与观测值的趋势均较为一致，模拟结果的各项指标总体上表现良好，NS 和 ϕ 值几乎都在 0.7 以上，RMSE 在 1.72 ~ 4.95，RB 在 -0.08 ~ 0.02，E、E_1、d_r 各项指标都接近于 1，进一步反映了率定好的 SWAT 模型能够较好地模拟农区蒸散量变化过程，可为后续分析计算蒸散驱动因子贡献率和预测未来蒸散量变化提供可靠的数据支撑。

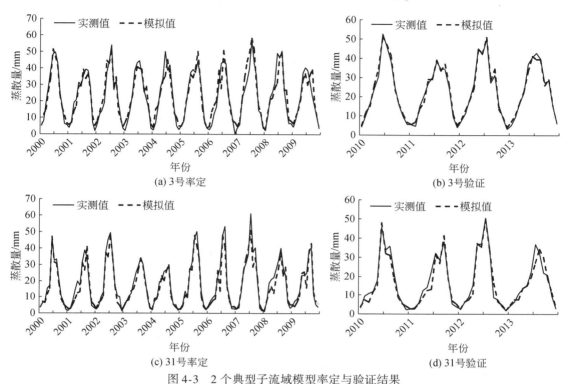

图 4-3 2 个典型子流域模型率定与验证结果

表 4-2 两个典型子流域蒸散量模拟结果评价

子流域	率定期（2000～2009 年）							验证期（2010～2013 年）						
	NS	ϕ	RB	RMSE	E	E_1	d_r	NS	ϕ	RB	RMSE	E	E_1	d_r
3 号	0.71	0.79	0.02	4.95	0.89	0.73	0.87	0.70	0.80	0.02	1.72	0.98	0.89	0.94
31 号	0.72	0.78	-0.08	3.95	0.92	0.77	0.89	0.69	0.71	-0.04	3.19	0.94	0.81	0.91

4.3 黑河绿洲农作物耗水变化的驱动因子及其贡献率

4.3.1 因子分析法确定蒸散量变化贡献率

本章采用因子分析法来确定人类活动与气候变化对蒸散量变化的贡献率。因子分析的目的是将具有错综复杂关系的变量综合为较少的几个因子，以再现原始变量与因子之间的相互关系，同时根据不同的因子还可以对变量进行分类。因子分析属于多元分析中"降维"的一种统计方法。因子分析法的数学模型用矩阵表示为（张菊芳，2004）：

$$x_{p \times l} = a_{p \times k} F_{k \times l} + \varepsilon_{p \times l} \tag{4-9}$$

式中，$x = (X_1, X_2, \cdots, X_p)$ 为可观测的 P 个指标所构成的 P 维随机向量；$f = (F_1, F_2, \cdots, F_k)$，$(k < p)$ 是不可观测的向量，称 f 为 x 的公共因子。另外 $X_i(i = 1, 2, \cdots, p)$ 中不能被公共因子解释的部分，即其特有的因子称作特殊因子，记为 $\varepsilon_i(i = 1, 2, \cdots, p)$，它只对 X_i 起作用。

由于 x 的波动与 $x + b$（b 为常向量）的波动是相同的，所以不妨假定 $E(x) = 0$。该模型中含有大量不可观测的量，无法直接确定该因子模型。为了考察其协方差关系，假定各分量之间不相关且方差皆为 1，f 与 ε 相互独立。因子分析的结果是由公共因子 F_j、各变量的因子荷载 a_{ij}、变量共同度 h_i^2 和因子贡献率来表示。a_{ij} 统计意义为第 i 个变量与降维所得的第 j 个公共因子的相关系数，即表示第 i 个变量在第 j 个公共因子上的负荷。h_i^2 刻画了全部公共因子对变量 X_i 的总方差所作的贡献，其值越接近 1，表明该变量的几乎全部原始信息都被选取的公共因子说明了。

计算因子相对贡献率时，首先计算前 k 个因子荷载矩阵 $\boldsymbol{A}_{p \times k}$：

$$\boldsymbol{A}_{p \times k} = \begin{bmatrix} a_{11}, & a_{12}, & \cdots, & a_{1k} \\ a_{21}, & a_{22}, & \cdots, & a_{2k} \\ a_{p1}, & a_{p2}, & \cdots, & a_{pk} \end{bmatrix} = \begin{bmatrix} u_{11}\sqrt{\lambda_1}, & u_{12}\sqrt{\lambda_2}, & \cdots, & u_{1k}\sqrt{\lambda_k} \\ u_{21}\sqrt{\lambda_1}, & u_{22}\sqrt{\lambda_2}, & \cdots, & u_{2k}\sqrt{\lambda_k} \\ u_{p1}\sqrt{\lambda_1}, & u_{p2}\sqrt{\lambda_2}, & \cdots, & u_{pk}\sqrt{\lambda_k} \end{bmatrix} \tag{4-10}$$

式中，$\lambda_1 \geqslant \lambda_2 \geqslant \lambda_3 \geqslant \cdots \geqslant \lambda_k$ 为 $\boldsymbol{X}_{p \times l}$ 的协方差矩阵 $\boldsymbol{R}$ 的前 k 个特征值；$u_1, u_2, \cdots, u_k$ 为对应的特征向量，它们标准正交。确定 k 的大小根据两种方法：①根据特征值的大小，一般取大于 1 的特征值；②根据因子的累积方差贡献率来确定，一般应在 80% 以上。然后通过计算出因子荷载矩阵 $\boldsymbol{A}_{p \times k}$ 中的第 j 列各元素的平方和就能求出公共因子 $F_{k \times l}$ 的方差贡献：

$$S_j = \sum_{i=1}^{p} a_{ij}^2, j = 1, 2, \cdots, \quad p \tag{4-11}$$

即为因子载荷阵中各列元素的平方和，它表示同一公共因子对诸变量所提供的方差贡献总和，它是衡量公共因子相对重要性的指标。此外还能计算出前 k 个公共因子的累积方差贡献率：

$$Q = \frac{\sum\limits_{i=1}^{k} \lambda_i}{\sum\limits_{i=1}^{l} \lambda_i} \tag{4-12}$$

黑河农区蒸散的长期演变是人类农业生产及自然环境因素等共同作用的结果，具有复杂的变化过程及发生机制。基于此，本章选取降水量、平均气温、辐射、平均风速、相对湿度 5 项气象因素代表气候变化因子，选取粮食作物与经济作物种植面积之比、灌溉面积与耕地面积之比、灌溉定额、单位面积农膜使用量、单位面积化肥使用量代表影响单位面积 ET 变化的人类活动因子，选取农区粮食作物与经济作物种植面积之比、耕地面积、灌溉面积、灌溉定额、总农膜使用量、总化肥使用量代表影响农区总蒸散变化的人类活动因子。其中各气象要素来源于中国气象数据网（http://data.cma.cn），其余数据来源于中国经济社会发展统计数据库（http://tongji.cnki.net/kns55/index.aspx）、《甘肃发展年鉴》和《甘肃农村年鉴》。首先进行相关分析来确定影响蒸散量变化的主要驱动因子，然后采用正态标准化法将各主要驱动因子进行标准化处理，最后在 SPSS 环境下进行因子分析，因子分析的同时进行 KMO 值及 Bartlett's 球形检验。标准化处理公式如下：

$$X'_j = (X_j - \overline{X_j})/\mathrm{SD}_j \qquad (4\text{-}13)$$

式中，X_j 为第 j 个因素指标值；$\overline{X_j}$ 为第 j 个指标样本区间的平均值；SD_j 为第 j 个指标所有样本数据的标准差。

4.3.2 黑河绿洲农作物耗水序列演变规律

根据图 4-4，1984～2014 年黑河农区平均单位面积蒸散量为 442.1mm，蒸散量年际极值比为 1.29，变差系数为 0.06，年际波动相对比较稳定。由线性倾向估计得到过去 31 年间单位面积蒸散量呈增加趋势，但趋势系数 $|r| = 0.1834 < r_{0.05}$，增加趋势不显著。黑河农区平均总蒸散量为 8.37 亿 m³，由线性倾向估计得到过去 31 年间总蒸散量呈增加趋势，趋势系数 $|r| = 0.9120 > r_{0.05}$，增加趋势显著，这主要是因为 2000 年以来农区耕地面积迅速扩大造成（Zhang L et al., 2016）。

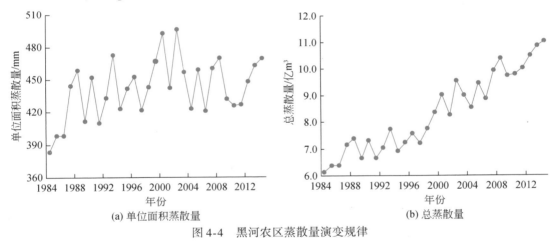

(a) 单位面积蒸散量   (b) 总蒸散量

图 4-4 黑河农区蒸散量演变规律

4.3.3 农区总蒸散量和单位面积蒸散量变化的驱动因子筛选与分析

农区单位面积蒸散量、总蒸散量与各驱动因子之间的相关系数见表 4-3。结果显示，单位面积蒸散量与粮食作物与经济作物种植面积之比、灌溉面积与耕地面积之比、单位面积化肥使用量、单位面积农膜使用量、降水量呈正相关关系，与灌溉定额、相对湿度呈负相关关系，与太阳辐射、平均气温、风速没有显著的相关关系；总蒸散量与粮食作物与经济作物种植面积之比、耕地面积、灌溉面积、总化肥使用量、总农膜使用量、风速呈正相关关系，与灌溉定额、相对湿度呈负相关关系，与平均气温、降水量、太阳辐射没有显著相关关系。随着农区耕地面积和灌溉面积的不断扩大以及种植结构的调整（粮食作物与经济作物种植面积之比增大），粮食作物种植面积逐渐增大，进而导致蒸散量增加。农区滴灌等节水措施的不断推广，导致灌溉定额不断减少，并且节水措施可以一定程度上提高肥料的有效利用率，从而促进作物的生长（Lamm and Trooien，2003；Singh et al.，2012），导致蒸散量增加。同时化肥的投入使用也大大促进了作物的生长，使得蒸散量增加（Ali and Talukder，2008；Molden，1997；Molden et al.，2010）。另外根据 Ding 等（2013）在西北旱区石羊河流域的研究发现，覆膜促使前期土壤蒸发减少，但作物生育期蒸散量呈增加趋势，这与本章中蒸散量与农膜使用量呈正相关的结果相一致。降水使得土壤水分增大，蒸发能力加大。相对湿度高能够减小叶面与大气之间的水汽梯度，水汽扩散率低，使得蒸发量变小，因而蒸散量减少。风速越大，水汽扩散阻力越小，蒸散发过程越强，蒸散量越大，这与 Goyal（2004）研究印度拉贾斯坦邦干旱区蒸散量对全球气候变化的敏感性结论一致，即风速增大 20%，蒸散量增加 7%；湿度增加 20%，蒸散量减少 4.3%。另外，数据资料显示黑河农区近 30 年平均温度与太阳辐射年际波动相对比较稳定，因而对蒸散量变化影响较小。根据以上分析，选取与单位面积蒸散量和总蒸散量呈显著相关关系的因子来进行贡献率计算。

表 4-3　农区单位面积蒸散量及总蒸散量与各驱动因子之间相关系数

单位面积蒸散量		总蒸散量	
因子	r	因子	r
粮食作物与经济作物种植面积之比	0.693 **	灌溉面积	0.950 **
相对湿度	-0.622 **	耕地面积	0.946 **
灌溉面积与耕地面积之比	0.586 **	总化肥使用量	0.903 **
降水量	0.538 **	总农膜使用量	0.918 **
单位面积农膜使用量	0.526 *	灌溉定额	-0.904 **
灌溉定额	-0.519 *	风速	0.601 **
单位面积化肥使用量	0.511 *	粮食作物与经济作物种植面积之比	0.531 *
风速	0.109	相对湿度	-0.506 *
太阳辐射	0.076	降水	0.309
平均温度	0.056	太阳辐射	0.283
		平均温度	0.078

* 表示在 $P<0.05$ 水平下显著；** 表示在 $P<0.01$ 水平下显著

4.3.4　单位面积蒸散量变化驱动因子贡献率分析

为了说明影响单位面积蒸散量变化的驱动因子是适合进行因子分析的，首先进行 KMO 值及 Bartlett's 球形检验。检验变量间偏相关性的 KMO 统计量来表明各变量间的相关程度无太大差异，该组数据的 KMO 值为 0.671，满足大于 0.5 的要求。同时 Bartlett's 球形检验是用于检验相关阵是否是单位阵，即各变量是否各自独立。计算结果显示 Bartlett's 球形假设检验值为 192.336，自由度为 21，P 值为 0，满足 P<0.001 的要求，单位矩阵的假设不成立，符合提取共同因子的前提条件。综合两种检验结果，可以对各分类项的数据进行因子分析。

根据表 4-4 及表 4-6 因子分析结果，粮食作物与经济作物种植面积之比、灌溉与耕地面积之比、单位面积化肥使用量、单位面积农膜使用量、灌溉定额组成第一公共因子。根据各分类项对公共因子 1 的因子荷载大小计算，将公共因子 1 定义为农艺灌溉因子，其因子贡献率为 54.529%，由此可得以农艺灌溉因子为主的人类活动对单位面积蒸散量的贡献率；公共因子 2 的因子贡献率占到 25.103%，其中降水、相对湿度的因子荷载分别为 0.804 和 0.857，将公共因子 2 定义为气候因子，由此得到了以降水和相对湿度为代表的气候变化对单位面积 ET 的贡献率大小。

表 4-4　单位面积蒸散量驱动因子分析旋转负荷矩阵

项目	人类活动（农艺灌溉因子）	气候变化（气候因子）
粮食作物与经济作物种植面积之比	−0.622	−0.471
灌溉面积与耕地面积之比	0.952	−0.078
单位面积化肥使用量	0.792	0.344
单位面积农膜使用量	0.953	0.013
灌溉定额	−0.924	0.170
降水量	0.216	0.804
相对湿度	−0.296	0.857

因子分析结果表明，在影响黑河农区单位面积蒸散量长期演变的驱动因子中，以粮食作物与经济作物种植面积之比、灌溉面积与耕地面积之比、单位面积化肥使用量、单位面积农膜使用量、灌溉定额为代表的农艺灌溉因子是主要的驱动因子，对农区单位面积蒸散量的变化起到主导作用。以降水量、相对湿度为代表的气候变化因子同样对蒸散量的演变有一定的贡献影响，但整体上由人类活动引起单位面积蒸散量演变的贡献率大于气候变化的影响。这主要是因为实际蒸散发的大小主要取决于能量供给和水分传输条件，黑河农区受人类活动影响较大，近年来耕地面积和灌溉面积不断扩大以及粮食作物种植面积比例的抬升，加之化肥、农膜、节水灌溉等农艺措施的实施，显著促进了农作物的生长（Ali and Talukder, 2008；Ding et al., 2013；Molden, 1997；Molden et al., 2010；Singh et al., 2012），另外由于该地区为典型的灌溉农业，农区干旱少雨，农业灌水量主要以蒸散形式消耗，而农区近 30 年气象要素中的平均温度与太阳辐射年际波动相对比较稳定，因此蒸散演变中主要人类活动因子所能解释的方差贡献比气候环境因子所能解释的大，人类活动要素成为影响单位面积蒸散量变化的主要控制因素。

4.3.5　农区总蒸散量变化驱动因子贡献率分析

影响农区总蒸散量变化驱动因子的 KMO 值为 0.687，满足大于 0.5 的要求，同时 Bartlett's 球形假设检验值为 516.411，自由度为 28，P 值为 0，满足 P<0.001 的要求，符合提取共同因子的前提条件。由表 4-5 及表 4-6 因子分析结果可以看出，粮食作物与经济

作物种植面积之比、耕地面积、总化肥使用量、总农膜使用量、灌溉定额和灌溉面积组成第一公共因子，因子荷载大小分别为–0.623、0.904、0.912、–0.932、0.972 和 0.962，将它定义为农艺灌溉因子，贡献率为 63.627%；公共因子 2 的因子贡献率占到 22.348%，其中相对湿度、风速的因子荷载分别为–0.736 和 0.708，将公共因子 2 定义为气候因子。

表 4-5　总蒸散量驱动因子分析旋转负荷矩阵

项目	人类活动（农艺灌溉因子）	气候变化（气候因子）
粮食作物与经济作物种植面积之比	–0.623	0.617
耕地面积	0.904	0.371
总化肥使用量	0.912	0.360
总农膜使用量	–0.932	–0.216
灌溉定额	0.972	0.067
灌溉面积	0.962	0.182
相对湿度	–0.230	–0.736
风速	0.512	0.708

表 4-6　单位面积蒸散量及总蒸散量的驱动因子贡献率

项目	成分	矩阵旋转累计结果		
		特征值	方差贡献率/%	累计方差贡献率/%
单位面积蒸散量	农艺灌溉因子	3.817	54.529	54.529
	气候因子	1.757	25.103	79.632
总蒸散量	农艺灌溉因子	5.090	63.627	63.627
	气候因子	1.788	22.348	85.975

　　从以上结果可以发现，农艺灌溉因子是人类活动中影响总蒸散量变化的主导驱动因子，这与影响单位面积蒸散量变化的主导贡献因子一致，但因子贡献率比例有所增加，增加 9.098%，这说明人类活动对总蒸散量变化所能解释的方差贡献得到一定程度提升。以相对湿度、风速为代表的气候变化因子对总蒸散量演变的贡献率相对于单位面积蒸散量变化不大。总体来看人类活动对总蒸散量演变的贡献影响还是占据主要的地位，这与各驱动因子影响单位面积蒸散量贡献率的结论一致。因为农区耕地面积一直呈增大趋势，尤其自2000 年后耕地面积更是显著增大，另外农区降水少，农作物基本靠灌溉维持水分的供给，所以灌溉面积也呈不断增大的趋势，再加之农区化肥、农膜的投入使用量逐年增加，促进农作物长势，因此这几个人类活动因子成为影响总蒸散量演变驱动因子里的主要成分，所占权重大，构成解释影响总蒸散量变化的主要方差贡献比率，而各气象要素中除了风速、相对湿度、降水量有比较明显的年际变化，平均温度、太阳辐射这两项能显著为蒸散量提供能量来源的要素年际变化稳定，没有显著的突变，因而人类活动对农区近 30 年总蒸散量演变的贡献率大于气候变化影响。

4.4　黑河绿洲农作物耗水对未来变化环境响应的预测与分析

4.4.1　未来变化环境情景设置

1. 气候情景

未来气候情景采用第 3 章基于敏感性分析优选出的降水秩评分最好的 5 个 GCM 模式（即 CNRM-CM5、MPI-ESM-LR、MPI-ESM-MR、MRI-CGCM3、CanESM2），驱动统计降尺度模型 SDSM 生成的 2021～2050 年最高、最低气温和降水数据。未来气候数据包括 RCP2.6、RCP4.5 和 RCP8.5 3 个排放情景，详细的 GCM 模式来源信息、秩评分步骤、敏感性分析以及统计降尺度过程见郭泽忠（2017）。本章在该数据的基础上，利用历史观测数据对未来气候情景数据进行修正，然后驱动 4.2 节率定好的 SWAT 模型进行蒸散量预测分析。

2. 人类活动情景

（1）适宜农业规模情景

采用基于生态健康确定的黑河农区适宜农业规模数据作为农业规模情景，详细的绿洲有效植被盖度计算、生态健康评价指标体系构建及适宜绿洲规模模型等信息见 Hao 等（2019）。

（2）节水灌溉情景

黑河农区灌溉系统复杂，近年来各灌区进行了大范围的渠系衬砌和水利工程建设，并且大力发展喷灌、微灌和非充分灌溉等节水灌溉技术（Wu et al.，2015），农业用水效率得到显著提升。为了预测农区未来灌溉定额，本章首先搜集 1985～2014 年黑河农区各灌区粮食作物的产量、灌溉定额数据，然后分别计算各灌区的灌溉水生产力，并拟合出随时间变化的定量关系式，整个黑河农区灌溉水生产力随时间的变化关系如图 4-5 所示。在各灌区水生产力随时间变化关系的基础上，预测出未来 2021～2050 年各灌区的灌溉水生产力，然后假定未来各灌区维持当前产量水平，由此即可推算出各灌区未来 30 年的灌溉定额，详细结果见图 4-6，发现未来 30 年灌溉定额相比历史时期大幅度减小，节水效果显著。

3. 模拟情景设置

为了进一步区分未来气候变化与人类活动对黑河农区总蒸散量的影响，本章在 SWAT 模型模拟单位面积蒸散量的基础上，设置以下 8 种模拟情景（12 种数值模拟案例），其中，HC 代表历史气候；CC 代表未来气候变化；HAS 代表历史农业规模；ULAAS 代表适宜农业规模上限；LLAAS 代表适宜农业规模下限；HI 代表历史灌溉定额；WSI 代表节水灌溉定额。

1）现状（HC+HAS+HI）：气候、农业规模、灌溉定额情景按 2014 年设置。

2）气候变化情景（CC+HAS+HI）：农业规模、灌溉定额按 2014 年设置，气候按 RCP 情景设置。

3）农业规模情景（ULAAS+HC+HI，LLAAS+HC+HI）：气候、灌溉定额按 2014 年设

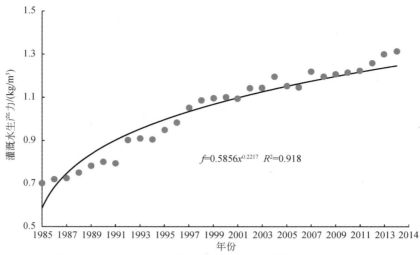

图 4-5　1985 ~ 2014 年黑河农区粮食作物灌溉水生产力变化

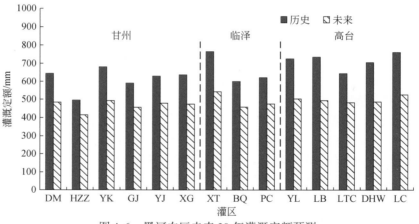

图 4-6　黑河农区未来 30 年灌溉定额预测

置，农业规模按适宜农业规模上、下限情景设置。

4）灌溉情景（WSI+HC+HAS）：气候、农业规模按 2014 年设置，灌溉按节水灌溉定额设置。

5）气候+农业规模情景（CC+ULAAS+HI，CC+LLAAS+HI）：灌溉定额按 2014 年设置，气候按 RCP 情景设置，农业规模按适宜农业规模上、下限情景设置。

6）气候+灌溉情景（CC+WSI+HAS）：农业规模按 2014 年设置，气候按 RCP 情景设置，灌溉按节水灌溉定额设置。

7）灌溉+农业规模情景（WSI+ULAAS+HC，WSI+LLAAS+HC）：气候情景按 2014 年设置，农业规模按适宜农业规模上、下限情景设置，灌溉按节水灌溉定额设置。

8）气候+农业规模+灌溉情景（CC+ULAAS+WSI，CC+LLAAS+WSI）：气候按 RCP 情景设置，农业规模按适宜农业规模上、下限情景设置，灌溉按节水灌溉定额设置。

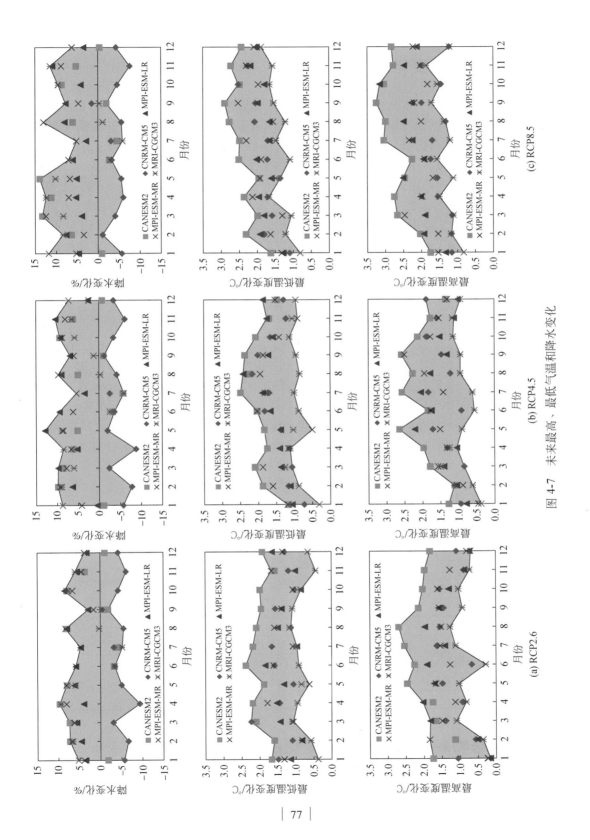

图 4-7　未来最高、最低气温和降水变化

4.4.2 未来气候变化规律

图 4-7 为未来 2021～2050 年最高气温、最低气温及降水在 3 种 RCP 情景下的月均变化区间图。从中可以明显看出，虽然各模式间存在不确定性，但最高气温、最低气温在不同模式不同情景不同月份都呈现增温趋势，且大多数月份和季节增幅为 1.0～2.0℃。5 个 GCM 模式下最高气温在 RCP2.6、RCP4.5、RCP8.5 情景下分别平均增加 0.69～1.81℃、0.77～1.89℃、1.32～2.23℃，最低气温在 3 种情景下分别平均增加 0.98～1.67℃、0.89～1.93℃、1.23～2.21℃，两者月均增幅整体呈现 RCP8.5>RCP4.5>RCP2.6 规律。此外，最高、最低气温在 RCP2.6 与 RCP4.5 情景下夏季（6～8 月）增幅最大，而 RCP8.5 情景下秋季（9～11 月）增幅最大。从图 4-7 也可以得出，大多数 GCM 模式在各气候情景下月降水量呈现增加趋势，RCP2.6、RCP4.5 与 RCP8.5 情景下降水量平均变幅分别为 -0.61%～5.32%、-1.03%～6.68%、-1.04%～6.78%，月均变幅整体同样呈现 RCP8.5>RCP4.5>RCP2.6 规律，并且降水在 3 种情景下春季（3～5 月）变幅最大，分别为 4.51%、5.41% 和 6.28%。

根据表 4-7，所有 GCM 模式 3 种 RCP 情景下最高、最低气温的变化在未来 30 年都呈现上升趋势，最高温度在 RCP2.6、RCP4.5、RCP8.5 情景下分别平均增加 1.30℃、1.46℃、1.86℃，最低气温在 3 种情景下分别平均增加 1.27℃、1.42℃、1.68℃，两者增幅均呈现 RCP8.5>RCP4.5>RCP2.6 规律。降水评估中表现最好的模式（CNRM-CM5）下的降水在不同情景下均呈现减少趋势，而其余模式呈现增多的趋势。但无论减少还是增加，变化幅度都小于 10%，5 个 GCM 模式降水平均变幅在 3 种情景下分别为 2.48%、2.82%、3.92%，与最高、最低气温呈现相同的变化态势。降尺度气候情景表明黑河农区在未来 2021～2050 年将出现暖湿变化趋势。

表 4-7   未来 30 年（2021～2050 年）最高、最低气温和降水相对基准期变化量

情景	项目	CANESM2	CNRM-CM5	MRI-ESM-LR	MRI-ESM-MR	MRI-CGCM3	均值
RCP2.6	T_{max}/℃	1.98	1.18	1.36	1.23	0.76	1.30
	T_{min}/℃	1.86	1.35	1.18	1.07	0.88	1.27
	P/%	3.31	-4.74	5.04	5.62	3.15	2.48
RCP4.5	T_{max}/℃	1.89	1.35	1.57	1.50	0.97	1.46
	T_{min}/℃	1.93	1.44	1.31	1.38	1.05	1.42
	P/%	3.18	-4.11	4.15	6.78	4.12	2.82
RCP8.5	T_{max}/℃	2.55	1.48	2.05	1.88	1.32	1.86
	T_{min}/℃	2.36	1.72	1.62	1.60	1.08	1.68
	P/%	4.62	-3.95	5.92	7.33	5.69	3.92

4.4.3 农作物耗水对未来气候变化的响应

在保持历史种植规模与灌溉定额条件下，未来 2021～2050 年，除了 CNRM-CM5 模式

在 3 种 RCP 情景下总蒸散量呈现减小趋势，其余 4 个 GCM 模式在 3 种排放情景下总蒸散量均呈增加趋势（图 4-8），未来 30 年黑河农区总蒸散量在 RCP2.6、RCP4.5 与 RCP8.5情景下分别平均增加 0.37 亿 m^3、0.44 亿 m^3 与 0.49 亿 m^3，增幅均值呈现 RCP8.5＞RCP4.5＞RCP2.6 规律（图 4-8、图 4-9、表 4-8），这与农区气温、降水的整体增幅形势相一致，表明未来气候变化对黑河农区蒸散起正效应作用。

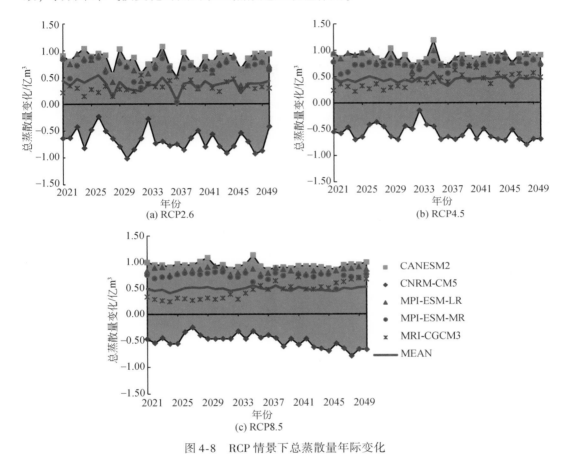

图 4-8　RCP 情景下总蒸散量年际变化

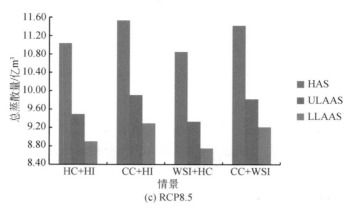

图 4-9　未来气候变化与人类活动对总蒸散量影响

表 4-8　黑河农区未来不同情景下总蒸散量变化　　　　　　　　　　　　　（单位：亿 m³）

情景		HC+HI	CC+HI	WSI+HC	CC+WSI
RCP2.6	HAS	—	0.37	−0.19	0.26
	ULAAS	−1.55	−1.23	−1.71	−1.32
	LLAAS	−2.14	−1.84	−2.29	−1.92
RCP4.5	HAS	—	0.44	−0.19	0.34
	ULAAS	−1.55	−1.16	−1.71	−1.25
	LLAAS	−2.14	−1.78	−2.29	−1.86
RCP8.5	HAS	—	0.49	−0.19	0.38
	ULAAS	−1.55	−1.13	−1.71	−1.22
	LLAAS	−2.14	−1.75	−2.29	−1.83

4.4.4　农作物耗水对人类活动的响应

黑河农区生态系统消耗的水量涉及整个流域的生态安全，为了促进流域健康和谐发展，必须控制农业用水量，而农业面积扩张是绿洲需水量增加的主要原因，因此本章从水资源利用的角度出发，着眼于耕地与生态用地的平衡，基于生态健康原理计算出的适宜农业规模上下限值，研究农业种植规模变化对总蒸散量的影响。根据表 4-8 与图 4-9，当适宜农业规模为上限值时，总蒸散量相对历史时期减少 1.55 亿 m³，当适宜农业规模为下限值时，总蒸散量减少 2.14 亿 m³，这主要是由于优化的适宜农业耕地规模考虑了生态用地的发展，农业规模相对历史时期呈现缩减态势，从而引起农业耗水减少。

同时，本章利用图 4-6 的节水灌溉定额数据，设置 SWAT 模型灌溉管理情景，评估节水灌溉条件下总蒸散量的响应关系。结果表明黑河农区总蒸散量在节水情景下减少 0.19 亿 m³，节水效果较为显著。另外，在适宜农业规模上下限与节水灌溉情景下，黑河农区总蒸散量相对历史时期分别减少1.71亿 m³ 和2.29亿 m³（表4-8、图4-9），可以发现节水灌溉增加了农业规模情景下总蒸散量的减小量，这也表明节水灌溉对蒸散量变化成负效应影响。

4.4.5　农作物耗水对未来气候变化与人类活动的响应

根据图4-9和表4-8结果，在未来 RCP2.6、RCP4.5、RCP8.5 情景下，基于适宜农业规模上限值下的黑河农区未来 30 年总蒸散量相比历史时期分别减少 1.23 亿 m³、1.16 亿 m³、1.13 亿 m³，而基于适宜农业规模下限值下的总蒸散量分别增减少 1.84 亿 m³、1.78 亿 m³、1.75 亿 m³，减少趋势均呈 RCP2.6>RCP4.5>RCP8.5 规律，这主要是因为单一气候使得总蒸散量呈增加趋势，并且增幅呈现 RCP8.5>RCP4.5>RCP2.6，气候变化引起的总蒸散量增加量抵消了一部分耕地规模缩小造成的总蒸散量减小量，变幅减小。

为了进一步评价农业规模变化、节水灌溉与气候变化三者对总蒸散量的影响，本章设定了另外 2 种综合模拟情景。根据图4-9和表4-8表明，在适宜农业规模上限–节水灌溉–气候变化情景下，黑河农区未来 30 年总蒸散量相比历史时期在 3 种 RCP 情景下分别减少 1.32 亿 m³、1.25 亿 m³、1.22 亿 m³，在适宜农业规模下限–节水灌溉–气候变化情景下，总蒸散量分别减少 1.92 亿 m³、1.86 亿 m³、1.83 亿 m³。以上研究结果相比气候–农业规模变化情景，总蒸散量的减幅增大，节水灌溉减少耗水的作用进一步得到体现。这也表明在未来气候变化带来黑河农区耗水增加的不利背景下，通过考虑生态健康压缩农业耕地规模，同时大力发展节水农业是黑河农区实现减少耗水、缓和农业用水矛盾、保障绿洲农业和生态可持续发展的可行方案。

4.5　讨论与小结

4.5.1　讨论

1. 模型模拟

由于土地利用类型资料有限，SWAT 模型在模拟蒸散过程中未考虑土地利用变化的影响，只采用了一期的土地利用图，然而根据 Zhang L 等（2016）研究表明，自 2000 年后黑河农区耕地面积不断增加。另外，由于统计年鉴里灌溉制度数据的误差，以及有些子流域种植的蔬菜、棉花等作物因为灌溉资料缺乏未输入相应的灌溉制度，从而导致灌溉量偏低，同时 SWAT 模型对于农业区在灌溉模块、渠道渗漏等方面考虑不够充分，这都可能造成黑河农区模拟的蒸散量可能存在低估现象，需要进一步对 SWAT 模型进行改进提升。

2. 归因分析

驱动因子变量的准确性可能会影响因子分析估算的结果。例如，黑河农区气象站点较少，有可能造成获取的各气象因子系列值不能充分代表当地气候，从而在进行蒸散与气象因子相关分析以及贡献率计算时出现误差。另外各农艺与灌溉因子数据是从统计年鉴中获取的，然而统计年鉴数据有时存在一定的误差，这也可能导致最后筛选的主要驱动因子出现与实际情况不符现象，从而影响贡献率计算结果的准确性。同时，因子分析法中各驱动因子之间是互相作用的，一个因子的改变可能引起其他因子的相应变化，但是目前我们还不能排除这种因子之间的交互作用，这可能导致了影响单位面积蒸散量与总蒸散量变化的贡献因子不一致，这也是该方法的局限性。实际上，引起蒸散演变的驱动机制是一个十分复杂的过程，但本研究仅考虑了驱动蒸散演变的人类活动中农艺灌溉因子和气候变化因子中的主要要素，这是因为作物品种变化、地下水开采、土壤等要素不好量化，所以本章未予计算，这也需要以后进行更为全面的衡量。

3. 未来气候趋势

本章根据统计降尺度结果表明黑河农区未来 30 年将出现暖湿变化趋势，这与其他学者的研究结论相似（Sun et al., 2015；Wang and Chen, 2014；Zhang A et al., 2016）。同时，未来气温和降水的变化趋势与黑河流域及中国西北旱区过去半个世纪的气候变化相一致（Wang et al., 2013；Zhang A J et al., 2015）。根据 Shi 等（2007）在中国西北地区研究气候变化的结论，造成这种现象的原因可能是大气中水汽的增加以及全球变暖引起水循环加强。

4. 未来气候变化和人类活动影响

基本上气候变化对蒸散的影响是复杂与非线性的，其中一点为气候变暖将导致更高的饱和水汽压差，从而引起大气蒸发需求和蒸散速率加剧，这已在 Walter（2004）研究中得到证实。本章利用 5 个 GCM 模式预测 3 种 RCP 情景下的温度相比历史时期均呈增温态势，这将会引起蒸散量的增加，同时温度增幅越大，整体上蒸散量增幅也越大，这与 Zhang A 等（2016）在西北旱区的研究结论相一致。但蒸散量还受土壤水分的影响，降水能够直接改善地表土壤的水分条件，CNRM-CM5 模式下的降水在不同情景下均呈减少趋势，造成蒸散量受水分约束作用较大，从而对温度变化的响应关系相对减弱，这也是 CNRM-CM5 模式预测的总蒸散量呈现减少的原因所在。

以往有关绿洲规模最常见的方法是利用水平衡或者水热平衡计算（Guo et al., 2016；Lei et al., 2014；Ling et al., 2013），没有考虑干旱区绿洲生态健康这个因素。此外，许多先前绿洲规模的研究都集中在根据天然绿洲规模和人工绿洲规模其中之一保持稳定的假设来计算，很少有研究从水资源利用角度聚焦农业用地与生态用地的平衡。本章通过利用基于从水资源视角定义的生态健康指数确定的适宜绿洲和农业规模情景数据，发现目前黑河农区的生态规模不符合当地生态保护的需求，农业耕地规模偏大，因此当未来耕地规模基于生态健康规划时，农业耕地规模相对历史时期显著减小，总蒸散量也将显著减少。

目前在 SWAT 模型中评估灌溉制度对水文分量（如蒸散量）影响的研究主要采用的都是通过各种手段优化后的灌溉制度或者人为假定灌溉量按百分比变化（Panagopoulos et al.,

2014；Sun and Ren，2014），很少有研究结合农业区灌溉水生产力变化趋势来预测灌溉制度。本章通过在未来粮食生产维持稳定水平前提下，建立未来灌溉水生产力模型来预测未来节水灌溉定额，在很大程度上符合当地生产实际，对未来农业水资源管理利用具有很强的借鉴意义。黑河农区预测的节水灌溉定额相比历史降低 177mm，这将在很大程度上降低土壤的无效蒸发，使得单位面积蒸散量减少（Wei et al.，2018），从而总蒸散量减小。

5. 其他不确定性分析

模型未来预测中的不确定性来源包括排放情景、气候模型、降尺度方法及水文模型结构与参数等（Wilby and Harris，2006）。首先，未来气候变化的演变趋势存在较大的不确定性。根据 IPCC 第五次报告，在不同的碳排放情景下，未来的大气 CO_2 浓度、辐射、气温和降水等气候要素的变化趋势存在明显的差异。其次，气候模式的不完善也是引起气候预测不确定性的主要原因之一。尽管当前的气候模式对于未来的某些气候要素的变化趋势具有较好的一致性，但不同的气候模式的输出结果之间也存在一定的差异（Fu et al.，2013）。本章利用秩评分优选后的 GCM 模式，并给出了未来气候变化的区间，这有效降低了部分不确定性，但仍然存在一定的误差。此外，不同的降尺度方法可能会产生不同的未来气候预测数据（Chiew et al.，2010）。在本章中，SDSM 模型应用于温度和降水降尺度，而对于未来的研究，推荐使用更复杂的降尺度方法。最后，水文模型的模拟精度也是造成研究结果不确定性的主要原因之一，但相对于气候模式的不确定性，陆面过程的不确定性相对较低。受模型结构、参数、模拟过程以及输入数据降尺度的影响，模型在模拟过程中不可避免地会造成误差，增加模拟结果的不确定性。

尽管本章关注蒸散对气候变化的响应，但只评估了温度和降水对其的影响，其余要素比如 CO_2 浓度未予考虑，但未来 CO_2 浓度的升高势必会对植被的气孔导度及叶面积指数等产生影响，从而对蒸散量产生影响（Niu et al.，2013；Wang et al.，2016；Wu et al.，2012）。下一步将完善气候变化情景设置，改进 SWAT 模型中 CO_2 浓度影响气孔导度方程，同时增加叶面积指数、株高对 CO_2 的响应模块，从而定量评估 CO_2 浓度对蒸散的影响。本章针对人类活动情景仅考虑了农业规模以及节水灌溉，且在农业规模确定的时候没有考虑水资源空间分布等指标，未来应该通过整合生态影响因子的空间分布（如河流距离），开发分布式绿洲尺度模型来提升适宜农业规模数据精度。

尽管研究结果存在一定的不确定性，但随着全球气候变暖和农区人类活动的加剧，摸清变化环境下农区总蒸散量的变化趋势就显得尤为迫切与必要，本章结果能为农业高效用水管理和应对气候变化提供有意义的应对策略，也有助于更好地理解黑河农区水循环、水消耗，实现生态环境的良性发展，同时为缓解该地区农业用水和生态用水、农业供需水日益尖锐的矛盾局面提供科学指导。

6. 未来应对措施

本章定量表征了黑河农区未来 30 年气候变化、基于生态健康农业耕地规模变化、节水灌溉对总蒸散量的影响，研究发现未来气候变化将对黑河农区总蒸散量产生正效应，对黑河绿洲灌溉农业产生不利的影响，可能促进荒漠绿洲过渡带的退化，这提醒决策者需要采取积极措施来应对气候变化。在气候变化带来耗水增加的不利背景下，通过考虑绿洲生态健康压缩现有农业耕地规模以及大力发展节水农业能够显著降低总蒸散量，因此，决策者不能以经济利益为目的盲目扩大耕地规模，在规划农业用地时需要考虑生态健康因素，适度压缩现有农业耕地规模，降低农业耗水，同时需要进一步对各灌区进行了渠系衬砌升级改造，推广喷灌、微灌和非充分灌溉等节水灌溉技术的应用，提升农业用水效率，降低农业水消耗。

4.5.2 小结

由于气候变化、人类活动与水循环之间的相互作用，给水循环中蒸散分量的变化趋势和归因分析带来复杂性与困难。本章利用 SWAT 模型和蒸散遥感数据产品，首先分析了1984~2014 年黑河流域农区蒸散的演变规律，采用相关分析揭示了影响农区单位面积蒸散量与总蒸散量演变的主导因子，最后利用因子分析法计算各主导因子对单位面积蒸散量和总蒸散量变化的贡献率大小。研究表明过去 31 年间，黑河农区单位面积蒸散量、总蒸散量演变中贡献率以农艺灌溉因子为主的人类活动显著大于气候变化。在此基础上，结合CMIP5 中 5 个 GCM 模式 3 种 RCP 统计降尺度气候情景和基于生态健康农业规模、节水灌溉的人类活动情景，设置 12 种数值模拟案例，系统开展了未来 2021~2050 年总蒸散量模拟试验，揭示了变化环境下黑河农区总蒸散量响应关系，辨识了总蒸散量变化的主控过程。研究发现，黑河农区在未来 30 年气候呈暖湿变化趋势增加总蒸散量的不利背景下，通过考虑生态健康压缩现有农业耕地规模，同时大力发展节水灌溉将显著降低总蒸散量1.22 亿 m³ 以上，是缓和农业用水矛盾、保障绿洲农业和生态可持续发展的可行方案。

第5章 | 黑河绿洲多情景的农业与生态需水指标

5.1 黑河绿洲农业与生态耗水及其影响因素分析

5.1.1 黑河绿洲农业耗水及其影响因素分析

1. 绿洲农业耗水的内涵

绿洲农业耗水是指为了保障获得稳定的绿洲农业种植作物产量而消耗的水分。因绿洲大多都处在大尺度荒漠基质背景及干旱少雨的气候条件下，要保证绿洲农业种植的农作物获得稳定的产量，必须依赖充足的水利灌溉。因此，绿洲农业耗水就是指保证绿洲农作物产量的灌溉水量。广义上，绿洲农业耗水的灌溉水量应包括河川径流的灌溉量与生长季节的降水量。灌溉水在分子力、毛管力和重力作用下，进入土壤孔隙，被土壤吸收，补充土层缺乏的水分至土壤最大持水量，多余的水在重力作用下沿着土壤孔隙向下运动，最后到达潜水面，补给地下水，而存储在土层中的水分，可满足农作物生长所需要的蒸散耗水量，保障农作物产量。所以绿洲农业耗水量（W）由蒸散量与渗漏量组成：

$$W = ET + I \tag{5-1}$$

式中，ET 为农作物的蒸散量；I 为相应农作物种植农田的渗漏量。

2. 绿洲农业耗水的估算方法

确定绿洲农业耗水量对于评价绿洲的生态功能与水资源消耗的均衡关系，制定流域生态系统管理政策和确定内陆河流域绿洲生态系统建设规模至关重要；而且耗水分析也是干旱区绿洲水资源配置的基础，但对绿洲耗水量的估算仍然存在方法上的挑战。因此有关绿洲耗水量测定的方法和手段一直是生态水文研究较为活跃的领域（赵文智等，2010）。至于采用哪种技术和方法，则取决于测定对象的时间和空间尺度（Baird and Wilby，2002）。绿洲农作物的蒸散和其农田的渗漏是绿洲农业耗水的主要途径。目前，对于绿洲农业蒸散量的研究总体上可分为两个尺度，即点（田块）和流域（区域）尺度。

（1）点（田块）尺度

对于田块尺度的蒸散量估算方法，一是基于质量守恒的农田水量平衡法；二是基于水动力学原理的微气象法，如涡度相关法（Baldocchi and Meyers，1988；Aubinet et al.，1999）、波文比法（Verma，1990；German，2000）、气体动力学法（Penman，1948；

Monteith，1965b）、作物系数法（Allen et al.，1988）和最大熵产生理论蒸散模型法（maximum entropy production，MEP）（Wang and Bras，2011）。

A. 农田水量平衡法

根据水量平衡原理，场地水分输出量与水分输入量的差就是该场地土壤水分的变化量（ΔW），即有如下公式成立：

$$\Delta W = (P + R_{in} + W + W_{up}) - (ET + R_{out} + I) \qquad (5-2)$$

式中，P 为降水量（mm）；R_{in} 为输入的径流量（mm）；W 为灌溉量（mm）；W_{up} 为地下水对土壤水的补给量（mm）；ET 为地表蒸散量（mm）；R_{out} 为输出的径流量（mm）；I 为土壤水向下的渗漏量（mm）；式中的所有量均表示从时间 t_1 到时间 t_2 这个时段内的量。

一般情况下，由于观测场地的设置特征（多为封闭式），R_{in} 与 R_{out} 是一个可以忽略掉的量。当地下水位很深时，W_{up} 和 W_{down} 也可以忽略，而且由于这两项不好观测，在计算时，多不考虑这两个分量，结果有：

$$\Delta W = (ET + I) - (P + W) \qquad (5-3)$$

将上述公式变化，得到如下公式：

$$ET = P + W + \Delta W - I \qquad (5-4)$$

但要确定 I 难度较大，对于特定的土壤来说，每层土壤的饱和持水量是一定的。而对于农业生态系统综合观测场，存在不定期的灌溉，无论灌溉量多大，存留在土壤中的水分只能达到饱和持水量的水平，因此，对于农业生态系统综合观测场水量平衡来说，$W - I$ 可用饱和持水量时的储水量来替代。场地土壤水分的含量是用该场地所有观测中子管测定的土壤含水量的平均值。

B. 涡度相关法

澳大利亚著名微气象学家 Swinbank 于 1951 年首先提出利用涡度相关法测定近地层（surface layer）大气中热量和水汽的垂直输送通量。近地面气层处于大气边界层（atmospheric boundary layer）底层大约 10% 的高度范围，在该气层内空气运动符合湍流交换规律，当下垫面均匀一致时，潜热、感热和动量通量可由下式表示：

$$\lambda E = \lambda \overline{W' \rho'_v} \qquad (5-5)$$

$$H = \rho_a C_\rho \overline{W' T'} \qquad (5-6)$$

$$\tau = -\rho_a \overline{W' U'} \qquad (5-7)$$

式中，λE 为潜热通量密度（W/m²）；H 为感热通量密度（W/m²）；τ 为动量通量密度（W/m²）；T'（℃）、ρ'_v（g/m³）、W'（m/s）和 U'（m/s）分别为近地面大气湍流运动引起的温度、湿度、垂直风速和水平风速的脉动量；ρ_a 为空气密度（g/m³）；C_ρ 为空气定压比热 [J/(kg·K)]；λ 为水的汽化潜热（J/g）。

C. 波文比法

波文（Bowen）在 1926 年提出通过地表能量平衡方程和显热及潜热通量的垂直输送方程计算显热和潜热通量的波文比–能量平衡法，计算潜热通量和感热通量的公式为

$$\lambda E = \frac{R_n - G}{1 + \beta} \qquad (5-8)$$

$$H = \frac{\beta(R_n - G)}{(1 + \beta)} \tag{5-9}$$

$$\beta = \frac{H}{\lambda E} = \gamma \frac{\Delta T}{\Delta e} \tag{5-10}$$

式中，β 为波文比；ΔT 和 Δe 分别为两个高度的温度和水汽压差；γ 为干湿表常数。根据 R_n 为净辐射和 G 为土壤热通量，即可由式（5-8）和式（5-9）求得相应的 λE 和 H。

D. 气体动力学方法

彭曼（Penman）方程可表示为（Penman，1948）：

$$ET_0 = \left[\frac{\Delta}{\Delta + \gamma} R_n + \frac{\gamma}{\Delta + \gamma} E_a \right] 0.8 \tag{5-11}$$

式中，ET_0 为参考作物蒸散量；Δ 为饱和水汽压与温度曲线的斜率；R_n 为净辐射；E_a 为空气动力学参量，可用下式计算：

$$E_a = 0.35(1 + 0.0098u_2)(e_a - e_s) \tag{5-12}$$

式中，u_2 为 2m 高风速；e_s 为饱和水汽压；e_a 为实际水汽压。

后来蒙蒂斯（Monteith，1965b）又提出了著名的彭曼–蒙蒂斯（Penman-Monteith）方程：

$$ET_0 = \frac{1}{\lambda} \frac{\varepsilon A + \left(\frac{\rho c_p}{\gamma} \right) D_a G_a}{\varepsilon + 1 + \frac{G_a}{G_s}} \tag{5-13}$$

$$\varepsilon = \frac{\Delta}{\gamma} \tag{5-14}$$

式中，A 为可利用能量（$R_n - G$）；ρ 为大气密度；c_p 为常压下的大气比热；D_a 为饱和水汽压差；G_a 为大气动力导度；G_s 为表面导度（surface conductance）。

E. 作物系数法

不同植被类型应具有不同的蒸散发潜力，因此需要对不同农作物类型的蒸散量进行修正，即

$$ET_c = K_c \times ET_0 \tag{5-15}$$

式中，ET_c 为作物蒸散量；K_c 为作物系数；ET_0 为参考作物蒸散量。

对计算参考作物蒸散量 ET_0，常用的模型有 Penman-Monteith 模型（Allen et al.，1998）、哈格里夫斯（Hargreaves）模型（Hargreaves and Samani，1985；Allen et al.，1998）、普里斯特利–泰勒（Priestley-Taylor）模型（Priestley and Taylor，1972；Sumner and Jacobs，2005）等，其计算公式如下：

1）Penman-Monteith 模型：

$$ET_0 = \frac{0.408\Delta(R_n - G) + \gamma \frac{900}{T + 273} u_2(e_s - e_a)}{\Delta + \gamma(1 + 0.34u_2)} \tag{5-16}$$

式中，ET_0 为参考作物蒸散量（mm/d）；R_n 为地表净辐射通量 [MJ/(m² · d)]；G 为土壤热通量 [MJ/(m² · d)]；T 为日平均温度（℃）；e_s 和 e_a 为饱和水汽压和实际水汽压

（kPa）；μ_2 为 2m 高处的风速（m/s）。

2）哈格里夫斯模型：

$$ET_0 = 0.0023(T + 17.8)(T_{max} - T_{min})^{0.5} R_a \tag{5-17}$$

式中，ET_0 为参考蒸散量；T 为每天的平均气温（℃）；T_{max} 为每天最高气温（℃）；T_{min} 为每天最低气温（℃）；R_a 为地外辐射（mm/d）。

3）普里斯特利-泰勒模型：

$$ET_0 = \alpha \frac{\Delta}{\Delta + \gamma}(R_n - G_n) \tag{5-18}$$

式中，α 为经验确定的无量纲校正系数。

F. 最大熵产生理论蒸散模型法

在干旱区土壤能量平衡理论研究的基础上，Wang 和 Bras（2011）提出了基于最大熵产生理论（maximum entropy production，MEP）的蒸散模型。MEP 模型建立了地面温度、地面湿度和净辐射的函数关系，通过求解蒸散速率（潜热）、感热和地面热通量以获得蒸散量，且这个模型利用裸地和冠层的田块尺度的观测数据的验证，可很好的获得蒸散量。MEP 模型如下：

$$D(E, H, G) \equiv \frac{2 G^2}{I_s} + \frac{2 H^2}{I_a} + \frac{2 E^2}{I_e} \tag{5-19}$$

式中，I_s、I_a 和 I_e 为相应通量的热惯性参数 [W/(m^2·K)·s$^{1/2}$]，可分别用下列函数获得。

$$I_s = I_{ds} + \sqrt{\theta} \sqrt{\rho_w C_w K_w} \tag{5-20}$$

$$I_a \equiv \rho c_p \sqrt{K_h} \tag{5-21}$$

$$I_e \equiv \frac{\Delta}{\gamma} I_a \tag{5-22}$$

式中，ρ 为空气密度；c_p 为常压下的大气比热；K_h 为涡流扩散率；ρ_w 为水的密度；C_w 为水的比热，约为 4.18×10^3 J/（kg·K）；K_w 为土壤热导率，约为 0.58×10^{-3} W/（m^2·K）；I_{ds} 为干土热惯量（thermal inertia of dry soil），近似等于 0.8×10^3 W/（m^2·K）s$^{1/2}$；E 为潜热；H 为感热；G 为土壤热通量。

（2）流域（区域）尺度

因能提供较大的空间尺度上归一化植被指数和土地利用的时空变化信息，遥感技术已经被认为是确定蒸散量时空变化最好的工具。Penman-Monteith、Priestly-Taylor、能量平衡法、植物指数-蒸散经验关系模型、水平衡方法-经验关系模型和降尺度方法陆面模型与卫星遥感数据相结合已经很好的估计了流域和区域尺度的蒸散量时空变化（Cleugh et al., 2007；Fisher et al., 2008；Tang et al., 2009；Wang and Bras, 2011；Velpuri et al., 2013；Wan et al., 2015）。

但以上方法需要大量的气象数据，而多数情况下由于气象观测站稀少，可利用的气象数据受到很大的限制，特别是在中国西北干旱、半干旱区。并且，这些方法仅考虑了气象因素对蒸散量的影响，没有考虑作物类型、灌溉方式和土壤性质对时空蒸散量的影响。其估算结果虽然对于规划研究和回溯估计是有用的，但却缺乏应用于近实时水管理决策的潜力（Tang et al., 2009）。因此，需要更可靠的方法为实现实时的水资源管理决策服务。

在黑河流域，因气象站点少，可利用的气象数据受到很大限制。因此，应积极探索尽可能不利用气象数据而获得准确的区域尺度的耗水量方法。目前，已报道的这类方法有 2 种，它们分别是单位净生产力耗水量–净生产量–NDVI 方法与 Meta 分析–土地利用与土壤性质–NDVI 方法。

A. 单位净生产力耗水量–净生产量–NDVI 法

该方法由赵文智等（2010）提出，首先将植物每生产 1g 干物质所需要消耗的水量定义为蒸腾系数。其次，通过 NDVI 与 NPP 的统计学关系反演地表不同植被类型的 NPP，利用遥感数据获得区域尺度上不同植被类型 NDVI 时空变化，得到区域尺度上不同植被类型的生物量的时空变化数据。最后，考虑不同植被类型的反演模型和植物水分利用效率，进而估算植被的耗水量。其模型如下：

$$W = K_i \sum_{i=1}^{n} B_{im} \times W_{ue} \times A \tag{5-23}$$

$$B_{im} = f(\text{NDVI}) \tag{5-24}$$

式中，K_i 为 i 像元植物总生物量与地上生物量的比例系数，经测定玉米、小麦和草本植物的平均 K_i 为 1.6933 : 1；W_{ue} 为植物蒸腾系数；A 为像元面积；n 为研究区遥感影像的总像元数；B_{im} 为 i 像元植物地上部分生物量。

该方法的特点是在空间精度上与遥感影像保持一致，在植被类型上强调同一植被类型植被净初级生产力（NPP）在空间分布上的异质性（即 NPP 分布格局），从而提高不同植被类型的耗水估算精度。另外，因为其信息来源固定，计算过程可以重复，而且估算结果也可以检验其他物理模型的模拟结果。而且，该方法通过估算净初级生产力而确定耗水，可以克服由于水资源重复利用带来的不确定性，是一种较可靠地估算方法。

B. Meta 分析–土地利用–土壤性质–NDVI 法

Zhao 等（2018）修改了 Brolsma 和 Bierkens（2007）蒸散模型，建立了估算绿洲尺度农业生态系统耗水模型，利用 Meta 分析（Meta-analysis）、土地利用、土壤性质、MODIS 数据较可靠的估算了绿洲尺度耗水量，其方程如下：

$$\text{ET} = \frac{\text{NDVI}}{\text{NDVI}_m} f(x) \, \text{ET}_m \tag{5-25}$$

式中，ET_m 为标准蒸散量（mm），用 Meta 分析模型模拟获得；$f(x)$ 为根系吸水限制函数（无量纲）；NDVI 为某斑块上某种作物生长期的归一化植被指数值；NDVI_m 为该作物生长期所有斑块上的平均归一化植被指数值。

在黑河流域张掖绿洲，农民仅从经济角度考虑，使农作物产量最大化。因此，总是充足灌溉，以满足农作物的水分需求。这样，农作物根部的土壤水分总是维持在饱和状态。在该区域，苏培玺等（2002）研究发现，当土壤水分维持在 70% 的田间持水量时，土壤水分并没有限制作物的正常生长，而对作物产量影响较小。因此根系吸水限制函数 $f(x)$（无量纲）被采用了与 Laio 等（2001）相似的模式定义：

$$f(x) = \begin{cases} 0.70 & \text{当土壤水分} = 70\% \text{ 田间持水量时} \\ 1 & \text{当土壤水分} = \text{田间持水量时} \\ \dfrac{s_s}{s_f} & \text{当土壤水分} > \text{田间持水量时} \end{cases} \tag{5-26}$$

式中，s_s 和 s_f 分别为饱和持水量与田间持水量。

考虑到反映植物生长和植物生长期蒸散量的 MODIS 数据在植物生长阶段有很多期，完全能反映植物生长的空间异质性；另外，ET_m 是基于田块尺度的数据，所有试验均是在"典型"或者"代表性"的样地上完成的，因此式（5-26）被修改为

$$ET = \frac{\sum_{i=1}^{n} NDVI_i}{\dfrac{1}{n+m} \sum_{i=1}^{n} \sum_{j=1}^{m} NDVI_{ij}} f(x) ET_m \tag{5-27}$$

式中，NDVI 为某种作物生长期间某个斑块上的归一化植被指数值；i 为该生长期的 MODIS 影像期数，$i = 1，2，3，\cdots，n$；j 为某作物在绿洲内的所有斑块数，$j = 1，2，3，\cdots，m$。

因对科学引文索引数据库检索文献后发现，在张掖绿洲除了关于玉米蒸散量的研究文献外，其他作物的很少，甚至没有。由于缺少很多作物的蒸散量研究文献，ET_m 不能直接被分派至式（5-27），所以在式（5-27）中引入了基于 NDVI 的调整系数：

$$ET_{kj} = \frac{\sum_{i=1}^{n} \sum_{j=1}^{m} NDVI_{kij}}{\sum_{i=1}^{n} \sum_{j=1}^{m} NDVI_{mij}} \frac{\sum_{i=1}^{n} NDVI_{kij}}{\dfrac{1}{n+m} \sum_{i=1}^{n} \sum_{j=1}^{m} NDVI_{kij}} f(x) ET_{mm} \tag{5-28}$$

式中，ET_{kj} 为在 j 斑块上的蒸散量（mm）；k 为绿洲里种植的作物种类数；因绿洲内气象站点很少，ET_{mm} 为基于 Meta-analysis 模拟的绿洲标准蒸散量（mm）；NDVI 为某作物在生长期里某斑块的归一化植被指数值。

I 被定义为

$$I = I_c \times \left(1 + \frac{S_{cj} - S_{cm}}{S_{cmax} - S_{cmin}}\right) \tag{5-29}$$

式中，I_c 为灌溉常数；S_{cj}、S_{cm}、S_{cmax} 和 S_{cmin} 分别为 j 斑块的容重、绿洲所有斑块上平均容重、最大容重和最小容重。

同作物蒸散研究一样，在科学引文索引数据库检索相关灌溉渗漏量的研究文献时发现，关于该绿洲灌溉后农田的渗漏量的研究报道也很少，仅发现玉米的 1 篇相关文献。同时对张掖绿洲区调查发现，农作物不同，其生长期的灌水频率也不同，从而导致其渗漏量差异很大。为了获得不同作物类型土地的渗漏量，在式（5-29）中引入了基于蒸散量的调节系数：

$$I_{kj} = \frac{ET_{kj}}{ET_{mw}} \times I_{cm} \times \left(1 + \frac{S_{cj} - S_{cm}}{S_{cmax} - S_{cmin}}\right) \tag{5-30}$$

式中，I_{kj} 为 j 斑块上种植 k 作物时的渗漏量（mm）；I_{cm} 为种植玉米时的灌溉入渗量常数；ET_{mw} 为距离 j 斑块最近的 w 斑块上玉米的蒸散量（mm）。

对乔木林（也就是农田防护林）而言，它的灌水频率与玉米地的灌水频率是一样的，在计算渗漏量时没有做调整。对灌木林（也就是防风固沙林），主要依赖降水、地下水生存，因此其渗漏量为 "0"。

根据根系吸水限制函数 $f(x)$，定义了绿洲最小耗水量、最适耗水量和最大耗水量。

当 $f(x) = 0.70$ 时，土壤水分没有限制作物的生长，对其产量的影响也非常小，定义该土壤水分条件下的绿洲耗水量为绿洲最小耗水量（W_{min}）。当 $f(x) = 1.00$ 时，土壤水分能够完全保证作物生长，并获得理想的产量，定义该土壤水分条件下的绿洲耗水量为绿洲最适耗水量（W_{opt}）。当 $f(x) = \dfrac{s_s}{s_f}$ 时，土壤水分已经超过了作物的需要，定义该土壤水分条件下的绿洲耗水量为绿洲最大耗水量（W_{max}）。黑河绿洲最小耗水量、最适耗水量和最大耗水量的定义，将更利于黑河绿洲水资源的有效管理与可持续利用。

3. 绿洲农业耗水量影响因素

式（5-1）将绿洲农业与生态耗水量分割为植被蒸散量（ET）与土壤渗漏量（I），因此影响植被蒸散量与土壤渗漏量的所有因素均可对绿洲农业与生态耗水产生影响。而对处于干旱区的黑河流域，绿洲农业耗水主要受气温、作物（植被）类型、土壤性质、绿洲面积和管理方法等因素的影响。

（1）气温

已有的研究表明，气温，特别是高温天气事件对蒸散发过程影响很大，且存在显著的区域差异（Goyal，2004；曾丽红等，2010）。Ciais 等（2005）对 2003 年发生在欧洲的高温天气事件进行了研究，发现在高温天气下，气温升高，降水量会明显减少，水面蒸发量也会明显降低。Serrat-Capdevila 等（2011）对高温天气情况下的美国亚利桑那州南部半干旱地区参考作物蒸散量变化的研究发现气温升高理论上可以提高这一地区参考作物蒸散量，但在供水充足的水滨，参考作物蒸散量实际上并没有显著变化。斐超重等（2010）研究后发现，气温增高，蒸散发量增加。范伶俐等（2010）的研究表明，1961～2008 年广东年平均气温以 0.2℃增长，但蒸发皿蒸发量却以 54.7mm/10a 的速度减少。

由于黑河绿洲持续的高温天气，大气异常干燥，能迅速蒸散农作物和土壤水分。2005～2009 年的 7 月，2005 年高温天气天数和连续高温天数都为最多，高温天气天数为 11 天，连续高温天气天数为 5 天，2006 年和 2007 年的最少，高温天气天数都仅为 4 天，连续高温天气天数都仅为 2 天。与 2005 年 7 月相比较，2010 年 7 月高温天数 17 天，增长明显，增长率为 47.1%，连续高温天数为 11 天，增长率为 27.3%，从高温天数和连续高温天数来看，2010 年高温天气特征明显（图 5-1）。

在 2010 年夏季连续极端高温天气期间（7 月 20～30 日），日最高气温平均值、日平均气温平均值和日最低气温平均值分别为 38.6℃、29.3℃和 20.5℃，与 2005～2009 年同期日平均值 32.2℃、24.1℃、16.9℃相比，分别增长了 19.8%、21.6%、21.3%；同时，2010 年连续高温天气期间，日平均降水量为 0.4mm，比较于 2005～2009 年同期降水量平均值 1.0mm，降水量减少了 60%；相对湿度平均值为 40.9%，较 2005～2009 年同期平均

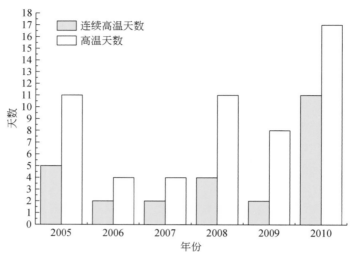

图 5-1　2005~2010 年的 7 月高温天气出现的天数

值 46.6%，降低了 12.2%；平均风速在 2010 年连续高温天气期间为 1.8m/s，较 2005~2009 年同期平均风速 1.7m/s，增长了 5.8%，而净辐射 91.0W/m²，比较于 2005~2009 年同期的 90.0W/m²，没有较大的变化，净辐射增幅仅为 1.1%（表 5-1）。

表 5-1　2005~2010 年的 7 月 20~30 日各气象因子平均值

年份	日最高气温/℃	日平均气温/℃	日最低气温/℃	相对湿度/%	风速/(m/s)	净辐射/(W/m²)	降水量/mm
2005	34.0	25.5	17.0	41.8	1.9	96.7	0.2
2006	30.3	23.3	17.1	51.9	1.8	86.6	1.7
2007	30.4	22.5	14.8	53.0	1.8	118.7	0.9
2008	31.6	24.0	17.5	51.6	1.6	67.8	2.1
2009	34.5	25.9	18.1	34.3	1.6	83.1	0
2005~2009	32.2	24.1	16.9	46.6	1.7	90.0	1.0
2010	38.6	29.3	20.5	40.9	1.8	91.0	0.4
变化率/%	19.8	21.6	21.3	-12.2	5.8	1.1	-60

王国华等（2013）对 2010 年 7 月 20~30 日河西走廊临泽县出现的持续高温天气期间该地区水面蒸发、参考作物蒸散量和植物蒸腾的变化规律的研究发现，由于平均气温和最高气温增加致使高温期间水面蒸发量比多年同期平均值增加 42%，参考作物蒸散量比多年同期平均值增加 19%；平均气温距平值每升高 1℃ 时，水面蒸发距平值增加 0.58mm，最高气温距平值每升高 1℃ 时，水面蒸发距平值增加 0.39mm；而对参考作物蒸散量，平均气温距平值每升高 1℃，参考作物蒸散量的距平值增加 0.11mm，最高气温距平值每升高 1℃，参考作物蒸散量的距平值增加 0.06mm；荒漠灌木沙拐枣蒸腾速率在 2010 年高温期

比 2008～2009 年同期平均值增加 373%；在 2008～2009 年 7 月 20～30 日，相对湿度距平值每增加 1%，蒸腾速率减少 0.39g/(cm² · d)。

（2）土壤

土壤水分入渗是自然界水循环中的一个重要环节，是降水、灌溉水转化为可被植物吸收利用的土壤水的唯一途径。土壤的质地、土壤水分物理性质等因素决定雨水与灌溉水入渗量的大小，从而决定了农业耗水量的大小。研究发现土壤质地越粗，透水性能越强；土壤稳渗速率随着大于 0.25mm 的水稳性团粒含量的增加而增加（田积莹，1987）。土壤容重减小，其入渗速率增大；土壤容重增大，土壤入渗率减小（蒋定生等，1984）。黑河流域张掖绿洲土壤有壤土（包括潜育土、灌淤土、龟裂土和盐土）、沙壤土（包括栗钙土、灰钙土、灰褐土和灰漠土）和沙土（灰棕漠土和风沙土）等类型，Zhao 等（2018）研究发现其性质在空间上异质性较大（图 5-2），从而影响绿洲农业耗水量在空间上的分布格局。图 5-2 显示，张掖绿洲的土壤饱和含水量主要分布区间为 21.00%～33.00%，田间持水量主要分布区间为 21.0%～31.50%，土壤容重主要分布区间为 1.36～1.58g/cm³。张掖绿洲的饱和含水量的空间分布主要集中在饱和含水量 24.0%～30.0% 的区间 [图 5-2（a）]。其中，饱和含水量在 24.0%～25.5% 的面积有 737.94km²，占绿洲总面积的 33.57%；饱和含水量在 25.5%～27.0% 的面积有 499.50km²，占绿洲总面积的 22.72%；饱和含水量空间分布在 27.0%～28.5% 的面积有 283.50km²，占绿洲总面积的 12.90%；饱和含水量空间分布在 28.5%～30.0% 的面积有 373.56km²，占绿洲总面积的 16.98%（表 5-2）。张掖绿洲的田间持水量主要集中在 24.0%～30.0% 的区间 [图 5-2（b）]。其

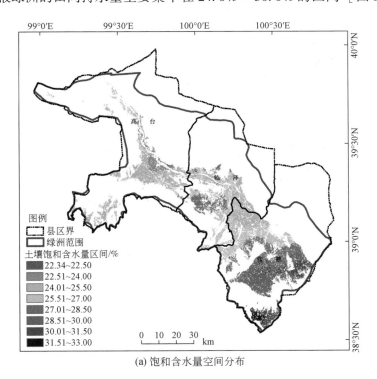

（a）饱和含水量空间分布

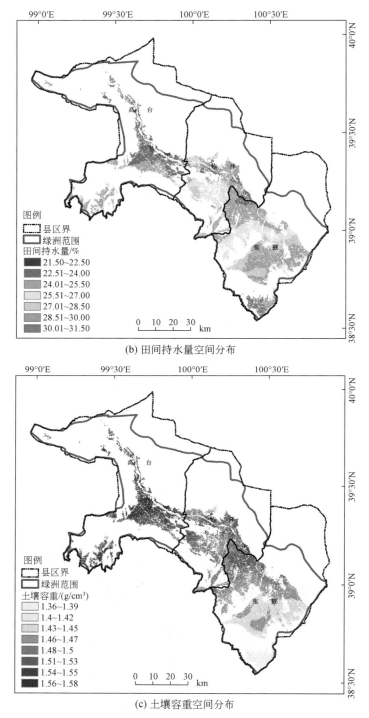

(b) 田间持水量空间分布

(c) 土壤容重空间分布

图 5-2　张掖绿洲土壤水分物理性质空间分布

中，田间持水量在区间 24.0% ~ 25.5% 的田间持水量空间分布面积有 728.81km²，占绿洲总面积的 33.15%；在区间 25.5% ~ 27.0% 的面积有 417.75km²，占绿洲总面积的 19.01%；田间持水量在 27.0% ~ 28.5% 的面积有 234.38km²，占绿洲总面积的 10.66%；田间持水量在 28.50% ~ 30.00% 的面积有 355.38km²，占绿洲总面积的 16.16%（表 5-2）。张掖绿洲的土壤容重主要集中在 1.41 ~ 1.52g/cm³ 区间 ［图 5-2（c）］。其中，土壤容重在 1.41 ~ 1.44g/cm³ 的面积有 417.94km²，占绿洲总面积的 19.01%；土壤容重在 1.44 ~ 1.47g/cm³ 的面积有 433.13km²，占绿洲总面积的 19.70%；土壤容重在 1.47 ~ 1.50g/cm³ 的面积有 490.56km²，占绿洲总面积的 22.31%；土壤容重在 1.50 ~ 1.52g/cm³ 的空间分布面积有 423.25km²，占绿洲总面积的 19.25%（表 5-2）。

表 5-2　张掖绿洲土壤水分物理性质空间分布

饱和含水量			田间持水量			容重		
区间/%	面积/km²	占总面积的比例/%	区间/%	面积/km²	占总面积的比例/%	区间/(g/cm³)	面积/km²	占总面积的比例/%
21.0 ~ 22.5	1.44	0.07	21.0 ~ 22.5	25.50	1.16	1.36 ~ 1.39	79.69	3.62
22.5 ~ 24.0	99.38	4.52	22.5 ~ 24.0	374.50	17.03	1.39 ~ 1.41	28.13	1.28
24.0 ~ 25.5	737.94	33.57	24.0 ~ 25.5	728.81	33.15	1.41 ~ 1.44	417.94	19.01
25.5 ~ 27.0	499.50	22.72	25.5 ~ 27.0	417.75	19.01	1.44 ~ 1.47	433.13	19.71
27.0 ~ 28.5	283.50	12.90	27.0 ~ 28.5	234.38	10.66	1.47 ~ 1.50	490.56	22.31
28.5 ~ 30.0	373.56	16.98	28.5 ~ 30.0	355.38	16.16	1.50 ~ 1.52	423.25	19.25
30.0 ~ 31.5	170.00	7.73	30.0 ~ 31.5	62.13	2.83	1.52 ~ 1.55	284.69	12.95
31.5 ~ 33.0	33.13	1.51	31.5 ~ 33.0			1.55 ~ 1.58	41.06	1.87
总面积	2198.44	100.00		2198.44	100.00		2198.44	100.00

（3）农作物类型

黑河张掖绿洲种植的农作物主要有玉米和小麦。但玉米和小麦在不同田块尺度、种植年度及利用不同的估算方法获得的蒸散量差异很大。Chang 等（2015）基于临泽内陆河流域综合研究站 2005 ~ 2009 年 5 年生长季的气象、水分监测资料，利用彭曼－蒙蒂斯模型、Hargreaves 模型和土壤水量平衡法研究了完全灌溉条件下玉米的蒸散量分别为 682.50 ~ 723.00mm、689.10 ~ 748.70mm 和 754.30 ~ 787.10mm。Zhang Y 等（2016）利用涡度相关方法研究了张掖绿洲玉米的蒸散耗水量：处于绿洲核心的大满灌区，2009 年生长季玉米的蒸散量为 467.00mm，而处于绿洲边缘区临泽平川的生长季玉米蒸散量则为 545.00mm。苏培玺等（2002）基于土工膜建立 2m×2m×2m 的防渗池与中子仪监测土壤水分动态，利用水量平衡法研究发现春小麦全生育期需水量为 435.0mm、玉米需水量为 651.6mm、春小麦+玉米带田需水量为 754.6mm。

（4）绿洲面积

在张掖绿洲，农田占很大比例。因此绿洲面积的大小，对绿洲农业的耗水量影响很大。绿洲面积大，意味着绿洲内的农田的面积很大，就需要消耗更多的水资源。赵文智和常学礼（2014）对黑河流域中游的平川灌区绿洲的研究发现，平川绿洲面积的扩展趋势并未停止。2001 年，平川绿洲的面积为 5459hm²（占平川灌区总面积的5.6%），而 2010 年，却达到 7216 hm²（占平川灌区总面积的 7.4%）（图 5-3）。2001～2010 年，平川绿洲的河水灌溉量的年变化为 0.362 亿～1.555 亿 m³，同时每年地下水灌溉量达到 0.146 亿 m³（赵文智和常学礼，2014）。随着绿洲面积的扩大，绿洲耗水量增加了。

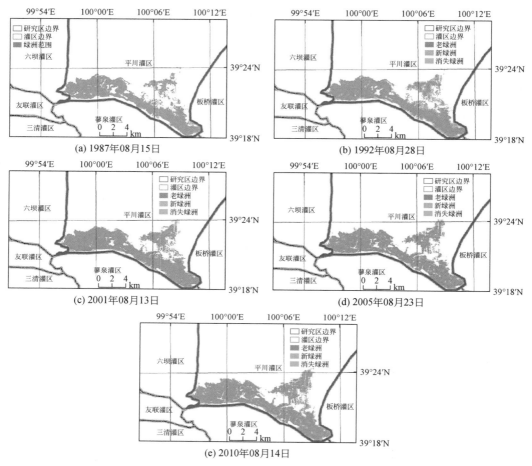

图 5-3 黑河中游平川绿洲不同时期面积变化

资料来源：赵文智和常学礼，2014

（5）管理措施

苏培玺等（2002）对生长季农作物灌溉管理的研究发现，如果分别对春小麦、玉米、春小麦+玉米带田、棉花和花生灌溉 4 次、6 次、7 次、6 次和 4 次水可以大大减小春小麦、玉米、春小麦+玉米带田、棉花和花生的需水量；如果每次灌溉水量只维持田间持水量的 70% 左右，土壤水分不会成为作物生长发育的限制因子并可获得稳定的作物产量，如果春小麦在萌芽水、分蘖拔节水、孕穗水和灌浆水等关键的物候期，玉米在拔节初期、玉米幼穗发育期、抽穗期、灌浆期等关键的物候期充足灌水，而在其他物候期差额灌溉，可使作物的需水量减少很多，产量却影响不大。康绍忠等（2001）采用控制性根系分区交替灌溉，可以达到以不牺牲作物光合产物积累、减少棵间蒸发和作物蒸腾耗水而节水的目的，灌溉水利用效率和植物水分利用效率明显提高。

4. 绿洲农业耗水量时空变化

（1）绿洲农业耗水量来源的变化

在干旱区，农业是绿洲社会经济的主体。维持绿洲农业的水源是降水、河川径流和地下水。但在干旱区，只有≥8mm的降水才能对植被的生长产生作用（黄子琛和沈渭寿，2000）。在绿洲区的临泽县气象局观测的1990~2017年的生长季节（4~9月）≥8mm的降水天数最多的2017年仅有6次，降水量仅有68.4mm，占全年降水量的43.8%；但多数年份，生长季≥8mm的降水天数均低于4天，而占全年降水量的比率也低于20.0%（图5-4）。因此，维护张掖绿洲农业生态系统主要依靠河川径流和地下水的灌溉。

黑河是张掖绿洲灌溉来源的唯一河川径流。由于受黑河上游径流形成区气候、下垫面等因素的影响，黑河的径流量变化很大（图5-5）：1944~2012年的近70年中，黑河干流莺落峡观测的年径流量最小时只有11.04亿m³（1973年），最大时却达到23.09亿m³（1989年），平均年径流量为15.97亿m³；同样，生长季节黑河干流莺落峡的径流量最小时只有8.19亿m³（1973年），而最大时却达到19.02亿m³（1989年），平均生长季径流量为12.71亿m³。依据《水文情报预报规范》（GB/T 22482—2008）中的距平百分率P作为划分径流丰、平、枯水年的标准［距平百分率P=（某年年径流量-多年平均径流量）/多年平均径流量×100%］，分析黑河干流的年径流量与生长季节的径流量枯、平、丰水年变化（表5-3）。从表5-3发现黑河干流的年径流量平水年出现的频率达到了49.28%，丰水年出现的频率只有24.63%，而枯水年出现的频率却达到了26.09%；生长季节的径流量平水年出现的频率达到了47.83%，丰水年出现的频率仅有21.73%，而枯水年出现的频率却达到了30.43%，无论是年径流量还是生长季节的径流量，均呈明显的枯水年、平水年和丰水年交替出现的变化规律。而河川径流量的枯水年、平水年、丰水年的变化，必然对绿洲农业灌溉量的年际变化产生重大影响。

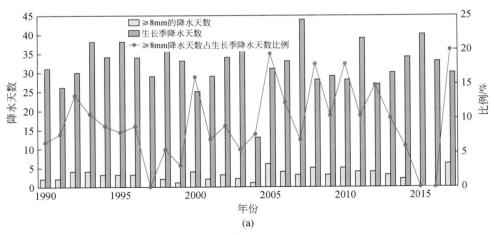

(a)

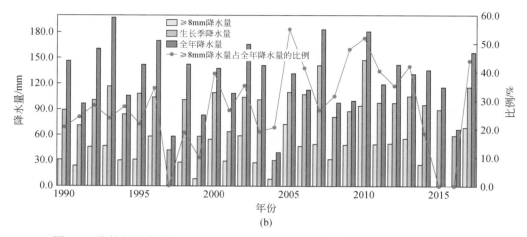

图 5-4　张掖绿洲临泽县 1990~2017 年生长季降水、≥8mm 的降水与年降水变化

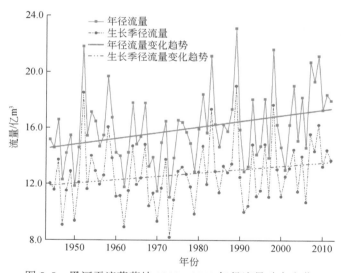

图 5-5　黑河干流莺落峡 1944~2012 年径流量动态变化

表 5-3　划分径流丰、平、枯水年的标准及黑河干流莺峡径流量丰平枯水年统计

级别	划分标准	年		生长季	
		数量	频率/%	数量	频率/%
特丰水年	$P>20\%$	8	11.59	7	10.14
偏丰水年	$10\%<P\leqslant20\%$	9	13.04	8	11.59
平水年	$-10\%<P\leqslant10\%$	34	49.28	33	47.83
偏枯水年	$-20<P\leqslant-10\%$	13	18.84	14	20.29
特枯水年	$P<-20\%$	5	7.25	7	10.14
合计		69	100.00	69	100.00

由于黑河中游张掖绿洲引水灌溉的黑河径流量偏大，致使下游地区水分补给逐年减少，造成下游绿洲植被退化，下游绿洲面积已由 20 世纪 30～40 年代的 6 万 hm² 减少到 90 年代末的 1.5 万 hm²（丁宏伟等，2000）。为合理利用黑河水资源和协调用水矛盾，2000 年 6 月 19 日黄河水利委员会黑河流域管理局进驻张掖调度现场，正式启动黑河干流水量调度工作，流域水资源统一管理拉开序幕。

张掖绿洲在分水前几乎很少有井水灌溉，而 2000 年黑河干流分水计划实施后由于河水的限制使用，地下水逐渐成为重要的灌溉水来源。赵文智和常学礼（2014）研究发现位于黑河中游的平川灌区分水前河水灌溉量变化较大，年变化量为 0.452 亿～2.099 亿 m³，平均值为 0.747 亿 m³；分水后河水灌溉量变化较小，在 0.362 亿～1.555 亿 m³ 变化，平均值为 0.597 亿 m³。而该灌区分水前几乎很少有地下水（井水）灌溉，从 2000 年后地下水（井水）灌溉成为常态，地下水（井水）灌溉量平均每年增加了 0.146 亿 m³，且各年变化较小。由于地下水开采利用量增加，引起区域地下水位埋深呈波动增加的趋势，平均每年下降约 9.6cm，且影响范围不断扩大。

（2）张掖绿洲面积及其种植结构

黑河是张掖绿洲灌溉的主要水源来源，而黑河在河川径流量上存在时间上的枯水年、平水年、丰水年的变化，必然对绿洲农业的可灌溉面积产生重大影响，而市场经济的调节，又会促使农作物种植结构的年际变化。1986～2016 年，张掖绿洲面积从 17.62 万 hm² 扩展到 22.35 万 hm²，面积扩大了 4.73 万 hm²（图 5-6）。自 2000 年以来，张掖绿洲的防护林面积较稳定，小麦、经济作物、乔木林的面积、空间分布变化较大（图 5-7、图 5-8、表 5-4）。2000～2016 年，张掖绿洲玉米的种植面积在 13.19 万～19.62 万 hm²，平均为（17.05±2.17）万 hm²，变异系数为 12.70；小麦的种植面积在 0.55 万～3.72 万 hm²，平均为（1.53±0.93）万 hm²，变异系数为 60.74；经济作物的种植面积在 1.27 万～5.09 万 hm²，平均为（2.55±1.18）万 hm²，变异系数为 46.14；乔木林面积在 0.09 万～0.14 万 hm²，平均为（0.12±0.02）万 hm²，变异系数为 19.74；灌木林面积在 0.12 万～0.14 万 hm²，平均为（0.13±0.01）万 hm²，变异系数为 5.90（表 5-4）。种植面积的变异系数从大到小依次为小麦、经济作物、乔木林、玉米和灌木林。

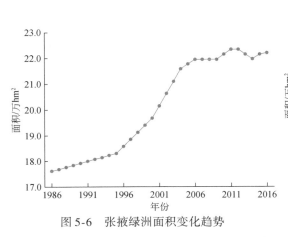

图 5-6　张掖绿洲面积变化趋势

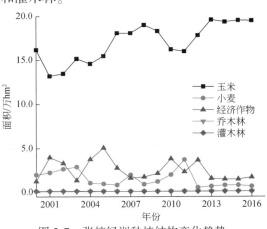

图 5-7　张掖绿洲种植结构变化趋势

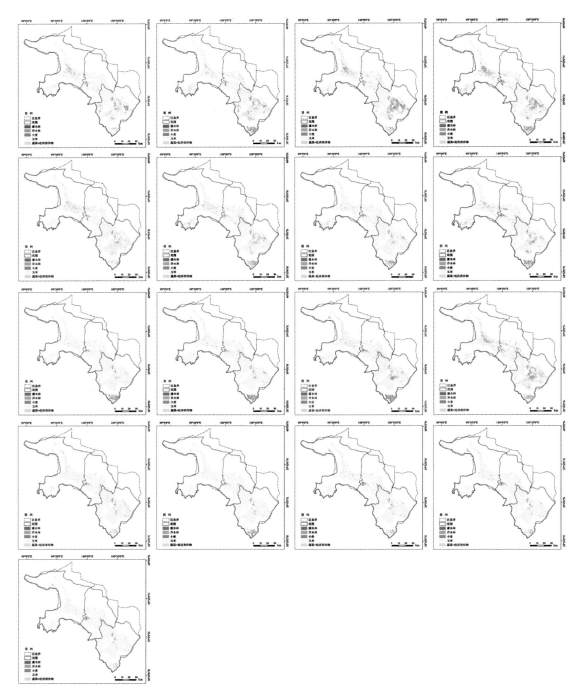

图 5-8　张掖绿洲 2000～2016 年种植结构图空间分布

表 5-4 2000~2016 年张掖绿洲种植结构统计表

种植类型	最大值 /万 hm²	最小值 /万 hm²	平均 /万 hm²	标准偏差 /万 hm²	变异系数
玉米	19.62	13.19	17.05	2.17	12.70
小麦	3.72	0.55	1.53	0.93	60.74
经济作物	5.09	1.27	2.55	1.18	46.14
乔木林	0.14	0.09	0.12	0.02	19.74
灌木林	0.14	0.12	0.13	0.01	5.90

（3）基于 Meta 分析的张掖绿洲玉米蒸散量

在科学引文索引数据库对 2000~2016 年张掖绿洲有关农作物蒸散的研究文献检索时，仅找到相关文献 6 篇（表 5-5）。这些文献主要报道了完全灌溉条件下玉米蒸散的研究结果，而其他作物蒸散研究报道的文献没有检索到，这可能是因为玉米是种植面积最大的农作物的缘故。从这些文献中获得 23 个对完全灌溉条件下玉米田块尺度蒸散的研究数据，采用多种研究方法，如 Penman、Penman-Monteith、土壤水量平衡法、Priestley-Taylor、Hargreaves 和 Eddy covariance 法，获得的 2000~2016 年生长季节玉米蒸散量为 467.00~787mm（表 5-5）。

表 5-5 科学引文索引数据库检索张掖绿洲蒸散发研究文献（2005~2016 年）

序号	蒸散量/mm	研究方法	研究年份	文献来源
1	777.75	Bowen 比率方法		
2	693.13	Penman 方法		
3	618.34	Penman-Monteith 方法	2007	Zhao et al., 2010
4	615.67	土壤水量平衡方法		
5	560.31	Priestley-Taylor 方法		
6	552.07	Hargreaves 方法		
7	607.00	Penman-Monteith 方法	2010	Yang, 2012
8	515.30		2009	
9	570.20	Penman-Monteith 方法	2010	Zhao and Zhao, 2014
10	548.40		2011	
11	723.00		2005	
12	707.90	Penman-Monteith 方法	2007	
13	682.50		2009	
14	787.10		2005	
15	754.30	土壤水量平衡方法	2007	Chang et al., 2015
16	765.50		2009	
17	748.70		2005	
18	689.10	Hargreaves methods 方法	2007	
19	740.60		2009	

序号	蒸散量/mm	研究方法	研究年份	文献来源
20	672.10	FAO-56-Penman-Monteith 24h	2009	Zhao and Ji, 2010
21	766.20	ASCE-Penman-Monteith 24h	2009	
22	467.00	涡度相关法	2009	Zhang Y et al., 2016
23	545.00		2009	

从这些文献的研究结果可知，通过 Meta 分析模型获得绿洲尺度蒸散的"效应量"数据。我们用自然对数变换响应比定义"效应量"（RR），用玉米蒸散量均值的效应比去模拟绿洲尺度的玉米蒸散量（Hedges et al.，1999）。对 RR，其值是蒸散量的观察组（ET_t）和对照组（ET_{con}）的比值。在 Meta 分析中，RR 的对数函数提高了它的统计表现（Hedges et al.，1999）：

$$\ln(RR) = \ln\left(\frac{\overline{X_t}}{\overline{X_c}}\right) = \ln(\overline{X_t}) - \ln(\overline{X_c}) \tag{5-31}$$

式中，$\overline{X_t}$ 为观察组蒸发量平均值；$\overline{X_c}$ 为对照组蒸散量平均值。

对数效应量的变化（v）由下式计算：

$$v = \frac{S_t^2}{n_t \overline{X_t^2}} + \frac{S_c^2}{n_c \overline{X_c^2}} \tag{5-32}$$

式中，S_t 和 S_c 分别为观察组与对照组蒸散量的标准偏差（$SD = SE\sqrt{n}$）；n_t 和 n_c 分别为蒸散观察组与对照组样本数量。

每个观察组的权重因子（w）是 v 的倒数：

$$w = \frac{1}{v} \tag{5-33}$$

为了计算张掖绿洲蒸散量总平均效应的大小和 95% 纠正偏差置信区间（CI），用 Meta Win software（2.1）（Rosenberg et al.，2000）去确定模拟的蒸散量对每个变量的影响是否显著，而用 9999 的迭代次数的引导指令产生效应量的置信区间（CIs）。因为当观察组的数量少于 20 时，基于引导测试的置信区间比标准的置信区间宽（Adams et al.，1997；Hedges et al.，1999）。当平均效应值的 95% 置信区间不等于零时，我们认为平均效应值是显著的。经过张掖绿洲蒸散量模拟的平均效应量和 95% 置信区间的误差线见图 5-9，模拟的玉米蒸散量是 655.91±20.53mm，其显著性远远超过 0（$n = 23$，$t = 1.71$，$\alpha = 0.05$），也就是 ET_m = 655.91mm。

（4）张掖绿洲农业耗水量时空变化

受土壤性质、黑河来水量的枯、平、丰的年际变化及种植结构变化的影响，张掖绿洲农业最小耗水量、最适耗水量和最大耗水量呈明显的时空变化。

2000~2016 年，张掖绿洲农业最小耗水量在空间上主要在 218~820mm 分布，呈现

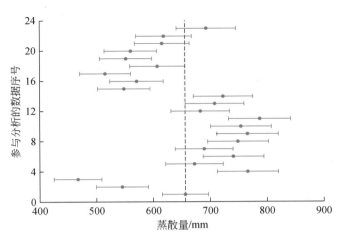

图 5-9　Meta 分析模拟的张掖绿洲蒸散量平均效应量

误差棒代表95%置信区间（CIs）

明显的时空分布。其中绿洲最小耗水量<218mm 的面积占绿洲总面积的比例为3.61% ~ 7.84%，绿洲最小耗水量在 219 ~ 358mm 的面积占绿洲总面积的比例为6.70% ~ 14.75%，绿洲最小耗水量在 359 ~ 471mm 的面积占绿洲总面积的比例为11.87% ~ 21.13%，绿洲最小耗水量在 472 ~ 569mm 的面积占绿洲总面积的比例为17.10% ~ 25.39%，绿洲最小耗水量在 570 ~ 655mm 的面积占绿洲总面积的比例为16.57% ~ 29.97%，绿洲最小耗水量在 656 ~ 734mm 的面积占绿洲总面积的比例为11.25% ~ 21.96%，绿洲最小耗水量在 735 ~ 820mm 的面积占绿洲总面积的比例为2.27% ~ 15.55%，绿洲最小耗水量>821mm 的面积占绿洲总面积的比例为0.49% ~ 3.13%（表5-6）；而在时间上，年际农业最小耗水量为 10.24 亿 ~ 12.37 亿 m³，平均为（11.62 ± 0.53）亿 m³（图 5-10、表 5-6、表 5-7）。

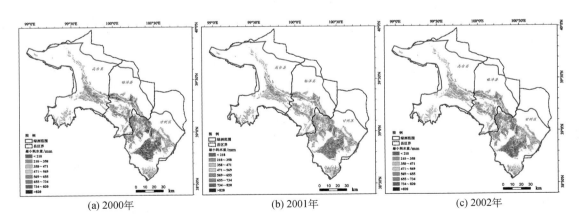

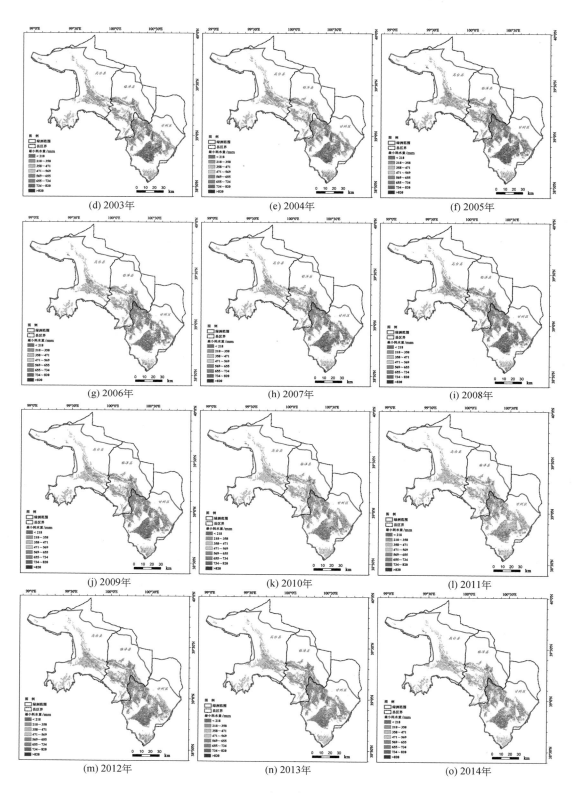

(d) 2003年

(e) 2004年

(f) 2005年

(g) 2006年

(h) 2007年

(i) 2008年

(j) 2009年

(k) 2010年

(l) 2011年

(m) 2012年

(n) 2013年

(o) 2014年

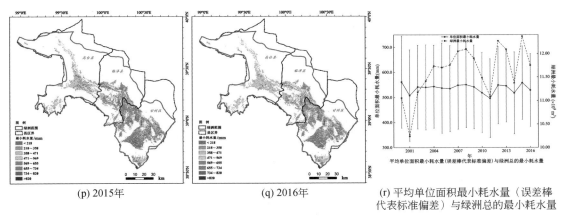

(p) 2015年　　　　　　　　(q) 2016年　　　　(r) 平均单位面积最小耗水量（误差棒代表标准偏差）与绿洲总的最小耗水量

图 5-10　2000～2016 年张掖绿洲农业最小耗水量的时空分布

2000～2016 年，张掖绿洲最适耗水量主要在 218～820mm 分布，呈现明显的时空分布。其中绿洲最适耗水量<218mm 的面积占绿洲总面积的比例为 3.27%～7.04%，绿洲最适耗水量在 219～358mm 的面积占绿洲总面积的比例为 5.77%～12.54%，绿洲最适耗水量在 359～471mm 的面积占绿洲总面积的比例为 9.49%～19.62%，绿洲最适耗水量在 472～569mm 的面积占绿洲总面积的比例为 14.41%～21.31%，绿洲最适耗水量在 570～655mm 的面积占绿洲总面积的比例为 14.41%～26.91%，绿洲最适耗水量在 656～734mm 的面积占绿洲总面积的比例为 16.83%～27.64%，绿洲最适耗水量在 735～820mm 的面积占绿洲总面积的比例为 4.95%～19.50%，绿洲最适耗水量而>821mm 的面积占绿洲总面积的比例为 0.98%～8.37%（表 5-6）；在时间上，张掖绿洲年际最适耗水量在 10.81 亿～13.07 亿 m^3，平均值为（12.27±0.57）亿 m^3（图 5-11、表 5-6、表 5-7）。

2000～2016 年，张掖绿洲最大耗水量主要在 218～820mm 分布，其中绿洲最大耗水量<218mm 的面积占绿洲总面积的比例为 3.01%～6.29%，绿洲最大耗水量在 219～358mm 的面积占绿洲总面积的比例为 5.04%～11.52%，绿洲最大耗水量在 359～471mm 的面积占绿洲总面积的比例为 8.10%～18.28%，绿洲最大耗水量在 472～569mm 的面积占绿洲总面积的比例为 12.25%～17.70%，绿洲最大耗水量在 570～655mm 的面积占绿洲总面积的比例为 13.39%～23.11%，绿洲最大耗水量在 656～734mm 的面积占绿洲总面积的比例为 14.63%～26.94%，绿洲最大耗水量在 735～820mm 的面积占绿洲总面积的比例为 9.86%～19.87%，而绿洲最大耗水量>821mm 的面积占绿洲总面积的比例为 2.12%～16.72%（表 5-6）；张掖绿洲年际最大耗水量为 11.35 亿～13.73 亿 m^3，平均为（12.89±0.60）亿 m^3（图 5-12、表 5-6、表 5-7）。

通过对黑河莺落峡来水量与张掖绿洲耗水量的比较发现，2000 年前张掖绿洲的耗水量与莺落峡的来水量变化趋势基本一致，但 2000 年以后，其变化趋势则明显不同（图 5-13）。这种变化趋势的差异，可能与 2000 年分水计划落实后地下水的开采利用程度增强有关。赵文智和常学礼（2014）对位于黑河中游的平川灌区分水前后灌溉水来源的研

表5-6 2000~2016年张掖绿洲耗水量占绿洲总面积的比例

(单位:%)

类型	水平年	2000	2001	2002	2003	2004	2005	2006	2007	2008	2009	2010	2011	2012	2013	2014	2015	2016
最小耗水量/mm	<218	5.47	7.84	4.72	4.73	4.74	6.66	5.99	5.52	5.37	5.30	5.41	5.08	4.14	3.74	5.81	3.61	4.05
	219~358	10.04	13.94	10.20	10.71	9.78	10.33	9.96	9.06	9.24	9.27	10.53	14.75	7.90	7.29	10.58	6.70	8.35
	359~471	13.32	16.58	14.81	15.61	14.45	14.18	14.31	14.27	12.83	14.23	17.81	21.13	13.59	13.31	17.39	11.87	16.83
	472~569	17.10	19.13	20.97	19.47	20.25	18.89	20.18	19.93	18.70	20.22	23.08	21.72	21.98	24.04	22.61	22.02	25.39
	570~655	16.57	18.15	21.15	21.27	22.97	19.83	22.70	21.29	23.83	24.11	23.13	22.72	25.87	29.97	23.35	28.86	27.21
	656~734	18.82	15.47	17.87	16.97	18.26	18.46	18.30	17.89	19.24	17.92	15.29	11.25	20.70	17.77	15.43	21.96	15.35
	735~820	15.55	7.99	9.08	9.65	8.16	10.27	7.63	9.53	9.04	7.89	4.08	2.42	4.94	3.39	4.10	4.26	2.27
	>821	3.13	0.90	1.21	1.57	1.37	1.38	0.92	2.51	1.74	1.08	0.68	0.92	0.87	0.49	0.73	0.72	0.54
	219~820	91.41	91.26	94.07	93.69	93.89	91.96	93.08	91.97	92.88	93.63	93.90	94.00	94.99	95.77	93.46	95.66	95.41
最适耗水量/mm	<218	4.78	7.04	4.18	4.18	4.20	5.98	5.33	4.91	4.83	4.78	4.84	4.45	3.71	3.39	5.17	3.27	3.67
	219~358	9.10	12.54	9.01	9.45	8.51	9.27	8.79	7.95	8.17	8.12	9.01	11.94	6.86	6.25	9.07	5.77	7.03
	359~471	11.25	14.32	12.46	13.34	12.15	12.14	12.14	11.90	10.95	11.58	14.61	19.62	10.86	10.75	14.54	9.49	13.08
	472~569	15.17	16.77	17.60	16.51	16.65	15.45	16.38	16.51	14.41	16.58	20.07	18.35	17.59	18.04	19.33	16.35	21.31
	570~655	14.41	17.09	19.07	18.60	20.69	17.64	20.29	18.88	20.43	21.36	21.67	22.62	22.97	26.91	21.89	25.44	26.12
	656~734	17.42	17.28	20.10	19.78	21.74	20.00	21.52	20.41	22.78	21.99	20.46	16.83	25.23	25.38	20.57	27.64	21.48
	735~820	19.50	12.18	14.18	14.12	12.82	15.55	13.27	14.44	15.04	13.29	8.14	4.95	11.37	8.26	8.18	10.43	6.33
	>821	8.37	2.78	3.39	4.02	3.25	3.96	2.27	5.01	3.39	2.29	1.19	1.24	1.41	1.03	1.23	1.61	0.98
	359~820	77.75	77.64	83.41	82.35	84.05	80.79	83.61	82.14	83.61	84.82	84.95	82.37	88.02	89.33	84.52	89.35	88.32
最大耗水量 mm	<218	4.32	6.29	3.80	3.81	3.82	5.58	4.95	4.50	4.39	4.35	4.45	4.00	3.40	3.13	4.83	3.01	3.37
	219~358	8.11	11.52	7.92	8.30	7.44	8.22	7.83	7.04	7.32	7.28	7.83	9.84	6.05	5.38	7.85	5.04	6.10
	359~471	10.04	12.75	10.88	11.70	10.76	10.82	10.58	10.20	9.75	10.01	12.69	18.28	9.22	9.05	12.52	8.10	10.89
	472~569	13.22	15.24	15.45	14.82	14.26	13.55	13.85	14.17	12.25	14.04	17.70	16.70	14.54	14.56	17.13	12.94	17.70
	570~655	13.39	15.65	16.85	15.92	17.84	15.34	17.56	16.94	16.29	18.09	18.95	19.50	19.34	21.91	18.87	20.77	23.11
	656~734	14.63	16.12	18.80	19.20	20.99	18.45	20.71	19.06	21.93	21.38	21.09	19.70	23.94	26.94	21.44	26.85	23.80
	735~820	19.57	15.42	18.15	17.33	17.48	18.46	18.33	18.01	19.87	18.64	14.37	9.86	19.60	16.45	14.33	18.94	12.77
	>821	16.72	7.03	8.15	8.93	7.40	9.59	6.21	10.07	8.19	6.20	2.92	2.12	3.90	2.58	3.02	4.35	2.27
	359~820	70.85	75.17	80.13	78.97	81.34	76.62	81.01	78.39	80.10	82.17	84.79	84.04	86.64	88.91	84.30	87.60	88.26

表 5-7　2000～2016 年张掖绿洲耗水量统计　　　（单位：亿 m³）

类型	平均	SD	最大值	最小值
最小耗水量	11.62	0.53	12.37	10.24
最适耗水量	12.27	0.57	13.07	10.81
最大耗水量	12.89	0.60	13.73	11.35

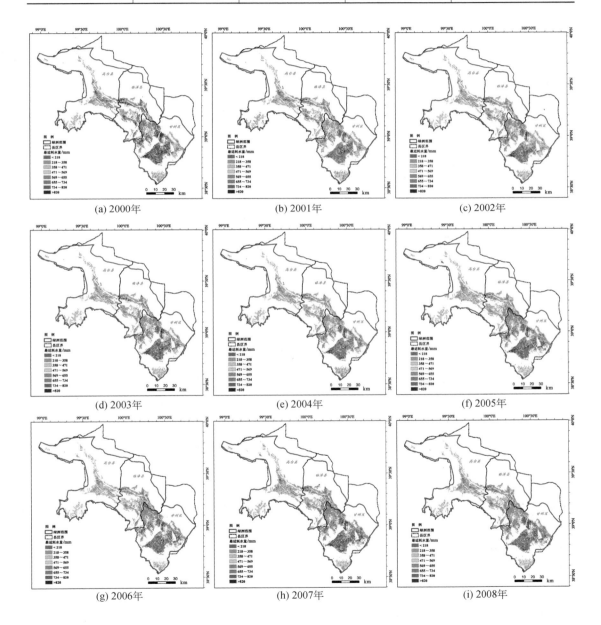

(a) 2000年　　　　　　(b) 2001年　　　　　　(c) 2002年

(d) 2003年　　　　　　(e) 2004年　　　　　　(f) 2005年

(g) 2006年　　　　　　(h) 2007年　　　　　　(i) 2008年

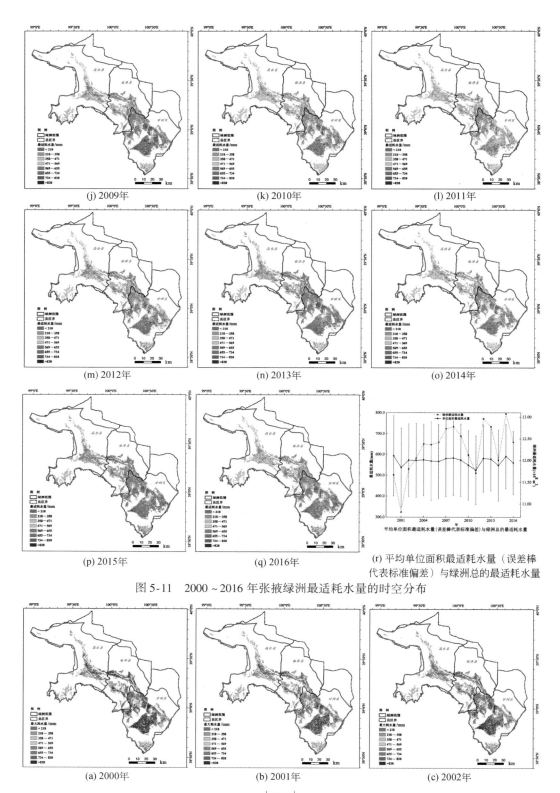

(j) 2009年　　(k) 2010年　　(l) 2011年

(m) 2012年　　(n) 2013年　　(o) 2014年

(p) 2015年　　(q) 2016年　　(r) 平均单位面积最适耗水量（误差棒代表标准偏差）与绿洲总的最适耗水量

图 5-11　2000～2016 年张掖绿洲最适耗水量的时空分布

(a) 2000年　　(b) 2001年　　(c) 2002年

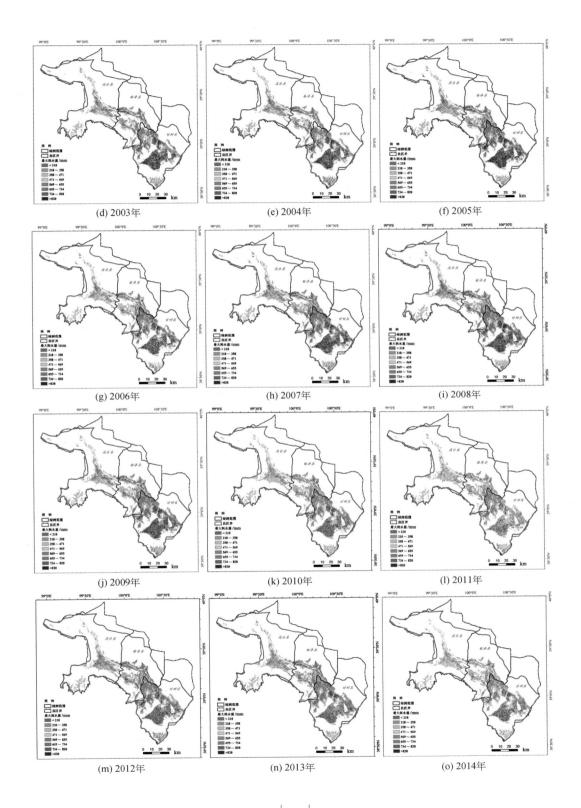

(d) 2003年　　　　　　　　　(e) 2004年　　　　　　　　　(f) 2005年

(g) 2006年　　　　　　　　　(h) 2007年　　　　　　　　　(i) 2008年

(j) 2009年　　　　　　　　　(k) 2010年　　　　　　　　　(l) 2011年

(m) 2012年　　　　　　　　　(n) 2013年　　　　　　　　　(o) 2014年

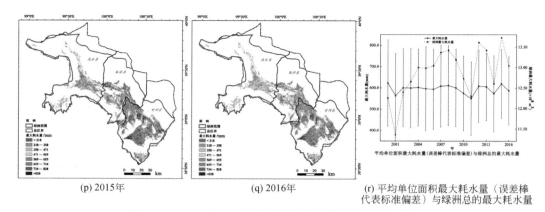

(p) 2015年　　　　　　(q) 2016年　　　　(r) 平均单位面积最大耗水量（误差棒代表标准偏差）与绿洲总的最大耗水量

图 5-12　2000~2016 年张掖绿洲最大耗水量的时空分布

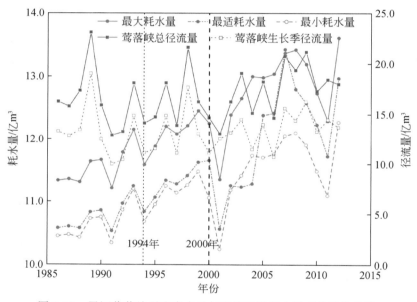

图 5-13　黑河莺落峡干流来水量与张掖绿洲耗水量变化趋势比较

究发现，在分水前几乎很少有地下水（井水）灌溉，从 2000 年后地下水（井水）灌溉成为常态，地下水（井水）灌溉量平均每年增加了 0.146 亿 m³，且各年变化较小。自 2000年 8 月起启动实施黑河水量"全线闭口、集中下泄"，统一调度，截至 2015 年，黑河调度累计向下游输水 170 亿 m³，占莺落峡来水总量 292 亿 m³ 的 58.2%，并实现了东居延海自2004 年 8 月以来连续不干涸，水域面积保持在 45km² 以上。而位于黑河中游的张掖绿洲则必须落实各种节水措施，尽最大能力压缩黑河干流的引水量。由于压缩了张掖绿洲各灌区的地表水利用量，而农民为了维护自己的收益，势必增加对地下水开采利用量。

　　总之，对 2000~2016 年张掖绿洲耗水量的分析发现，要保障农业产量和绿洲的稳定，最小要耗费 11.62 亿 m³ 的水量；要获得较好的产量和绿洲稳定性，要耗费 12.27 亿 m³ 的水量；而要获得最大的产量和绿洲稳定性，则要耗费 12.89 亿 m³ 的水量。

5.1.2 黑河绿洲生态耗水及其影响因素分析

1. 绿洲生态耗水的内涵、估算方法与影响因素

绿洲生态耗水是维持和保障绿洲稳定和健康发展的生态系统所消耗的水量。维持绿洲稳定和健康发展的生态系统主要有农田防护林网、防风固沙林带和绿洲外围的荒漠绿洲过渡带。除了农田防护林网的树木存在灌溉现象外，防风固沙林带和绿洲外围的荒漠-绿洲过渡带的植被依赖降水和地下水维持生存。因此，除农田防护林网的耗水量应该包括农田林网的蒸散量与灌溉渗漏外，防风固沙林带和绿洲外围的荒漠-绿洲过渡带的植被的耗水量就是其蒸散量。

对绿洲生态系统的耗水量的计算方法与影响因素，应与绿洲农业耗水量计算就去和影响因素相同，这里不再重复。

2. 绿洲生态耗水量时空变化

（1）绿洲生态耗水量来源的时空变化

在黑河中游张掖绿洲，在行政区划上由甘州区、临泽县和高台县组成。降水是绿洲生态系统的耗水来源，1951～2016 年甘州区、临泽县和高台县年降水量分别为 129.4 ± 33.1mm、113.7±30.1mm 和 108.4 ±31.4mm，降水呈增加趋势（图 5-14）。降水主要集中在 0～5mm 的范围内，年际变化相对较小。其中≤5mm、5.1～10mm、10.1～15mm、15.1～20mm、20.1～25mm 和 >25mm 的降水量分别占年降水量的 44.57%、27.68%、13.03%、4.76%、2.78% 和 4.96%，降水事件占年降水事件的 72.97%、18.02%、3.60%、2.70%、0.90% 和 18.74%。≥10mm 的降水事件出现的频率很低，且随降水量级的增大，所占比例呈减小趋势，年际变化幅度都很大。降水主要集中每年的 5～9 月，占全年降水量的 63.64%。月降水量及其年际变化表现了正态分布，且以小降水事件为主（≤5mm），大降水事件（≥10mm）频率较低，但大降水事件对年降水量的贡献较大，属于典型的干旱区降水脉动事件（刘冰等，2010）。

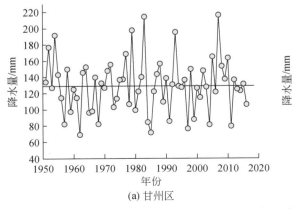

(a) 甘州区

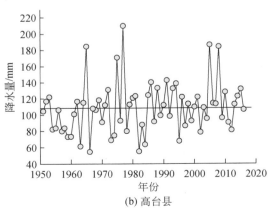

(b) 高台县

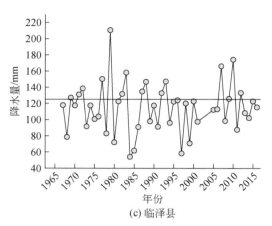

(c) 临泽县

图 5-14　黑河中游张掖绿洲 1951～2016 年降水动态变化

（2）绿洲防护体系的空间分布

针对植被生长期旺季农作物与防护林具有相似光谱信息难以分辨的特点，选取 4 月播种期和 9 月收割期的遥感数据，结合无人机航拍技术，提取并分析黑河中游张掖绿洲的防护林及农田的空间分布格局。4 月播种期选取的是 2018 年 4 月哨兵 2A 数据，空间分辨率为 10m，采用面向对象法和人机交互法对哨兵数据进行解译和编辑。同时，通过均匀选点的方法在研究区内于 2017 年 9 月和 2018 年 4 月进行无人机航拍调查（图5-15），地面分辨率约为 0.2m，作为卫星遥感解译的补充与结果验证，其整体精度达到 95% 以上。2018 年的解译结果显示，张掖绿洲总面积为 2823.36km²，其中农田面积 2296.36km²，水域面积 103.80km²，绿洲生态防护系统植被面积 487.10km²。绿洲生态防护系统包括林地、草地和湿地，面积分别为 256.70km²、155.70km² 和 74.70km²；而林地又包括农田防护林地、灌木林地和疏林地，其面积分别为 64.00km²、88.20km² 和 104.50km²；草地包括高覆被草地、中覆被草地和低覆被草地，面积分别为 23.10km²、86.20km² 和 46.40km²。张掖绿洲所属的甘州区、临泽县和高台县的农田面积分别为 534.25km²、556.42km² 和 1205.69km²，农田防护林面积分别为 17.72km²、17.00km² 和 29.28km²，防护林占农田面积比例分别为 3.32%、3.06% 和 2.43%，总体上黑河中游张掖绿洲农田防护林占农田面积的 2.79 %（图5-16）。绿洲生态防护系统植被主要分布在临泽县、高台县沿河及农田边缘地区，主要以中、低覆被灌木和草地为主。农田呈大面积连续分布，居民点及工矿用地镶嵌其中。在甘州区多以农田及湿地防护林形式存在，临泽及高台的绿洲生态防护系统植被多沿河道分布，板块破碎不连续。荒漠植被广泛分布于平原及其南北的山地上，主要有梭梭（*Haloxylon ammodendron*）、膜果麻黄（*Ephedra przewalskii* Stapf）、霸王（*Sarcozygium xanthoxylon* Bunge）、泡泡刺（*Nitraria sphaerocarpa* Maxim）、红砂（*Reaumuria songarica*）、珍珠（*Salsola passerina* Bunge）、猪毛菜（*Salsola*）、木本猪毛菜（*S. arbuscula* Pall.）、尖叶盐爪爪（*Kalidium cuspidatum*）、灌木亚菊（*Ajania fruticulosa*）、油蒿（*Asterales ordosica*）和沙蒿（*Artemisia desertorum*）荒漠。沼泽植被主要分布于积水沼泽和土壤过湿环境，主要有芦苇（*Phragmites communis*）、香蒲（*Typha orientalis* Presl）、莎草（*Cyperus rotundus* L.）等类型。

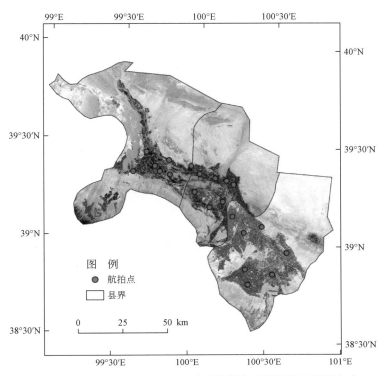

图 5-15　张掖绿洲 2018 年 4 月哨兵数据合成图及无人机调查点

（3）蒸散量分布格局与时空变化

基于 MODIS、Landsat-TM 和气象站数据，使用 ETWatch 方法计算了 2000～2013 年黑河中游张掖绿洲植被蒸散量，空间分辨率为 1km。结果显示，2000～2013 年张掖绿洲生态系统的植被蒸散量分别为 335.4mm、283.2mm、312.0mm、301.1mm、282.6mm、276.1mm、285.6mm、293.7mm、300.2mm、278.8mm、278.0mm、269.0mm、290.6mm和 296.8mm（图 5-17），其中湿地、水体、草地、灌木林地和裸地的蒸散量分别为472.7mm、751.6mm、366.6mm、337.3mm 和 162.0mm。蒸散量＜100mm、100～200mm、200～300mm、300～400mm、400～500mm 和＞500mm 的面积约占总面积的 5.48%、52.86%、25.95%、3.78%、6.63%和 5.36%（图 5-18）。

利用中游张掖气象站建站以来近 50 年的降水资料，选取保证率 50%的平水年、95%的干旱枯水年和 20%的丰水年。基于不同典型年份，分别选择 2004 年降水为干旱枯水年、2013 年为平水年和 2009 年为丰水年，对应年降水量分别为 81.4mm、125.1mm 和137.3mm，有效降水量为 75.2mm、106.6mm 和 115.8mm，生态防护系统植被的蒸散量分别为 282.6mm、296.8mm 和 312.0mm（图 5-19）。不同典型年，由于气候条件不同，各生态系统具有明显不同的蒸散发量，且年内分布以 5～8 月最高，11 月至次年 1 月最低，各月间蒸散量差异较大。在平水年，5～8 月蒸散量为 179.20mm，以 6 月最大为 48.50mm；在干旱枯水年，5～8 月蒸散量为 161.17mm，以 7 月最大；在丰水年份，5～8 月蒸散量为

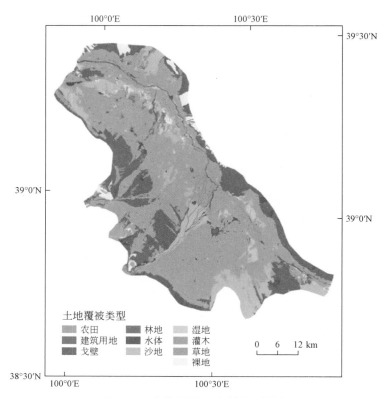

图 5-16 张掖绿洲土地利用现状图

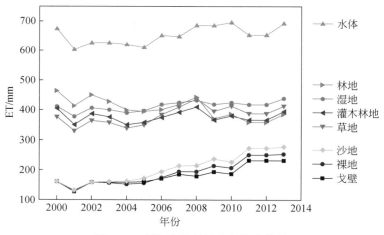

图 5-17 黑河中游植被生长期蒸散量

183.91mm，以 7 月最大；以 12 月和 1 月为全年最低值（图 5-19）。

在黑河中游张掖绿洲，生态防护系统植被的蒸散量季节分异特征明显（图 5-19）。4～8 月是黑河中游张掖绿洲生态耗水量较大的时段，日均蒸散量大于 2mm，5～7 月日均

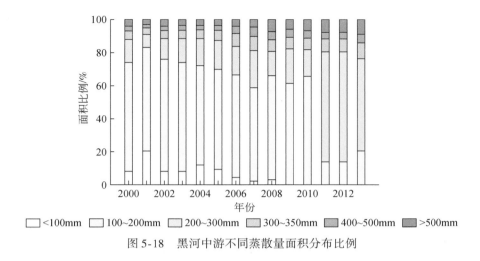

图 5-18　黑河中游不同蒸散量面积分布比例

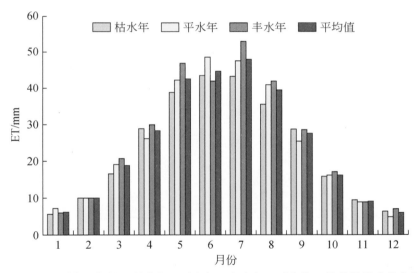

图 5-19　不同典型年份（枯水年、平水年、丰水年和平均值）的蒸散量季节变化

蒸散量大于 4mm，该时段也是农业生产的关键时期，是作物需水量的高峰期，成为绿洲农业用水供需矛盾最突出的时间段。黑河中游绿洲生态防护系统植被蒸散量的空间分异显著，蒸散量的空间分布大致呈现东南低、西北高的趋势。黑河中游绿洲生态防护系统蒸散量的时间序列分布趋势与潜在蒸散大致相同。从各灌区多年植被蒸散量均值分布可以看出，位于黑河干流的灌区生态耗水量较大，如盈科、鸭暖、板桥、蓼泉等灌区，生态耗水量亦较大。临近黑河干流的灌区农业发达，气温相对较高，地表灌溉渠系完整，机井密度较大，区内作物需水补给能力较强，蒸散量偏大；大满、西浚、沙河、平川等灌区用水主要依赖机井及黑河干流补给，但因植被状况相对较差，加之受灌渠和机井等基础设施影响，导致植被蒸散量较小（图 5-20）。可以看出，黑河中游生态缺水量不仅存在空间差异

性，时间异质性也较为显著。

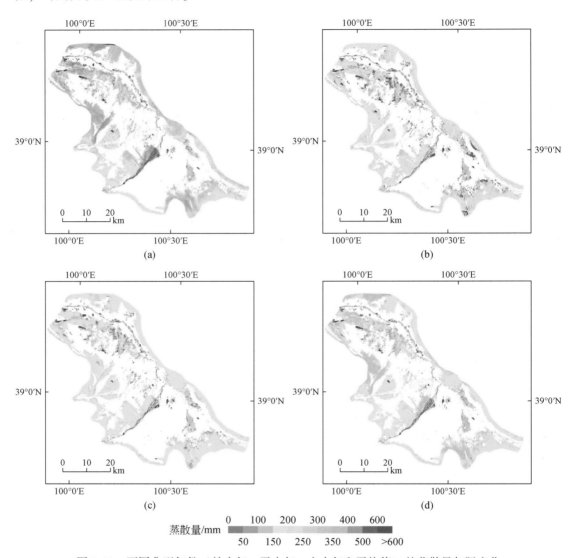

图 5-20　不同典型年份（枯水年、平水年、丰水年和平均值）的蒸散量年际变化

基于土壤的水量平衡原理，在 2009 年丰水年，黑河中游张掖绿洲植被生态耗水量为 1.68 亿 m³，包括林地生态耗水量 0.710 亿 m³，其中农田防护林地、灌木林地和疏林地生态耗水量分别为 0.336 亿 m³、0.233 亿 m³ 和 0.141 亿 m³；草地生态耗水量 0.587 亿 m³，高、中和低覆被草地生态耗水量分别为 0.096 亿 m³、0.340 亿 m³ 和 0.151 亿 m³；湿地生态耗水量 0.383 亿 m³（表 5-8）。

表 5-8　黑河中游张掖绿洲丰水年植被生态耗水量

土地类型	分类	面积 /km²	蒸散量 /mm	土壤水分变化量/mm	下渗量 /mm	生态耗水量 /亿 m³
林地	农田防护林地	64.00	480	8.04	45	0.336
	灌木林地	88.20	264	0.56		0.233
	疏林地	104.50	135	0.89		0.141
草地	高覆被草地	23.10	416.9	7.57		0.096
	中覆被草地	86.20	394.9	6.46		0.340
	低覆被草地	46.40	325	5.74		0.151
湿地		74.70	512	7.44		0.383
合计		487.10	—	—	—	1.680

在 2013 年平水年，黑河中游植被生态耗水量为 1.492 亿 m³，包括林地生态耗水量 0.584 亿 m³，其中农田防护林地、灌木林地和疏林地生态耗水量分别为 0.273 亿 m³、0.185 亿 m³ 和 0.126 亿 m³；草地生态耗水量 0.554 亿 m³，高、中和低覆被草地生态耗水量分别为 0.089 亿 m³、0.315 亿 m³ 和 0.151 亿 m³；湿地生态耗水量 0.353 亿 m³（表 5-9）。

表 5-9　黑河中游张临高地区平水年植被生态耗水量

土地类型	分类	面积 /km²	蒸散量 /mm	土壤水分变化量/mm	下渗量 /mm	生态耗水量 /亿 m³
林地	农田防护林地	64.00	391.75	11.26	35.00	0.273
	灌木林地	88.20	210.19	1.20		0.185
	疏林地	104.50	120.18	1.24		0.126
草地	高覆被草地	23.10	383.50	7.08		0.089
	中覆被草地	86.20	365.20	9.04		0.315
	低覆被草地	46.40	325.30	7.08		0.151
湿地		74.70	472.00	7.04		0.353
合计		487.10	—	—	—	1.492

在 2004 年干旱枯水年，黑河中游植被生态耗水量为 1.128 亿 m³，包括林地生态耗水量 0.480 亿 m³，其中农田防护林地、灌木林地和疏林地生态耗水量分别为 0.230 亿 m³、0.156 亿 m³ 和 0.094 亿 m³；草地生态耗水量 0.392 亿 m³，高、中和低覆被草地生态耗水量分别为 0.064 亿 m³、0.227 亿 m³ 和 0.101 亿 m³；湿地生态耗水量 0.256 亿 m³（表 5-10）。

表 5-10   黑河中游张临高地区干旱枯水年植被生态耗水量

土地类型	分类	面积 /km²	蒸散量 /mm	土壤水分 变化量/mm	下渗量 /mm	生态耗水 量/亿 m³
林地	农田防护林地	64.00	320	18.77	40	0.230
	灌木林地	88.20	176	1.3		0.156
	疏林地	104.50	90	2.07		0.094
草地	高覆被草地	23.10	277.93	17.67		0.064
	中覆被草地	86.20	263.27	15.07		0.227
	低覆被草地	46.40	216.67	13.4		0.101
湿地		74.70	341.33	17.37		0.256
合计		487.10	—	—	—	1.128

5.2   黑河绿洲农业需水指标确定及其尺度提升方法

5.2.1   农业需水的内涵

受自然条件及人类活动的影响，河西走廊黑河绿洲的区域景观破碎，异质性高，以灌溉栽培农作物及种植林木为主，绿洲边缘荒漠带主要分布灌木林、荒漠草甸等植被类型。其中，人工植被占黑河绿洲植被总量的80%以上。黑河张掖绿洲需水由农业需水与生态需水共同组成。农作物需水量是作物在水分条件和肥力条件适宜情况下，经过正常生长发育，获得最大产量时的植株蒸腾、棵间蒸发及构成植株体的水量之和（段爱旺等，2004）。但构成植株体的水量很小，一般不足农业总需水量的1%，所以通常可忽略不计，在计算作物需水量时只考虑植株蒸腾与棵间蒸发量。作物需水量与作物耗水量是关系密切但又极易混淆的两个概念，研究时需要区分清楚。作物需水量是作物在最佳环境中最大限度地发挥产量潜力时的需水量，而作物耗水量是作物在任意环境下的实际蒸散量，作物可能生长良好，也可能因水分、肥力不足或病虫害等生长不良。所以，作物需水量可以看作是作物的潜在蒸散量。

影响作物蒸腾与棵间蒸发过程的因素都会对农业需水量产生影响。作物蒸腾受外界物理环境与植株内部生理过程共同控制，而棵间蒸发过程主要受外界环境影响，与植株内部生理过程没有直接联系，但受植被生长状况的影响较大。影响需水的外界物理环境主要包含太阳辐射、温度、空气湿度与风速，以及土壤水分状况、耕作栽培措施等。影响植被内部生理过程的因素主要源于植被本身的生理特性及生长发育状况。不同种类植被的植株大小、株型、生育期长短、叶片蒸腾速率等均存在差异，因此其需水量也会有所不同。同种植被在不同生育期的需水量也有很大差异，随着植株的生长，其叶面积指数增大，棵间蒸发所占比例下降，需水量增大，达到最大值时植被群体叶面积指数通常在一段时间内维持高水平，之后开始衰落，叶面积指数减小，需水量降低。

5.2.2 黑河绿洲农业需水量的确定及尺度提升方法

1. 数据来源与处理方法

黑河中游张掖绿洲需水量的估算，所用到的数据主要包括气象数据、土地利用数据及农作物生长发育数据。气象数据及农作物数据来自中国气象数据网（http://data.cma.cn），气象要素包括 1986~2013 年每日最高气温、最低气温、相对湿度、平均风速与日照时数。涉及站点共计 10 个，包含绿洲内甘州与高台 2 个站点，以及研究区周围鼎新、金塔、酒泉、托勒、野牛沟、祁连、山丹、阿拉善右旗 8 个站点。各气象要素在研究区内的空间分布通过空间插值精度较高的 GIDS（gradient-plus-inverse distance squared）方法（Nalder and Wein，1998）得到。

土地利用数据来源包括中国科学院基于 Landsat MSS、TM 和 ETM 遥感数据建立的中国 1∶10 万土地利用影像和矢量数据库，以及中国科学院寒区旱区环境与工程研所遥感研究室基于 2011 年 Landsat TM 和 ETM 遥感数据，结合 GIS 手段和野外考察验证，建立的黑河流域 1∶10 万土地利用/土地覆被影像和矢量数据库，共涵盖 1986 年、1995 年、2000 年、2011 年 4 期土地利用数据，且皆由黑河计划数据管理中心（http://westdc.westgis.ac.cn）提供，数据分辨率近似 30m。该土地利用数据采用一个分层的土地覆盖分类系统，分为 6 个一级类（耕地、林地、草地、水域、城乡工矿居民用地和未利用土地）和 25 个二级类，耕地分为水田、旱地；林地分为有林地、灌木林、疏林地、其他林地；草地分为高覆盖度草地、中覆盖度草地、低覆盖度草地；水域分为河渠、湖泊、水库坑塘、永久性冰川雪地、滩涂、滩地；城乡工矿居民用地分为城镇用地、农村居民点及其他建设用地；未利用土地分为沙地、戈壁、盐碱地、沼泽地、裸土地、裸岩石砾地及其他未利用土地。

黑河中游张掖绿洲涵盖的土地利用类型包括耕地、林地、草地、城乡工矿居民用地，水域中的河渠、湖泊、水库坑塘、滩地，以及未利用土地中的沙地、戈壁、盐碱地、沼泽地、裸土地、裸岩石砾地。黑河中游张掖绿洲农作物种植种类多样，依据《甘肃农村年鉴》（1990~2014 年）、《甘肃发展年鉴》（1987~2014 年）中县级行政单元各农作物的种植面积，将农作物分为 7 类：玉米（*Zea mays* L.）、春小麦（*Triticum* spp）、棉花（*Gossypium* spp）、油料作物、甜菜（*Beta vulgaris* L.）、薯类和蔬菜。依据各县各农作物种植比例分布于土地利用中耕地上，即可得到黑河中游张掖绿洲区各农作物的空间分布图。

农作物生长发育数据主要来自于甘州及高台农业气象站的观测记录数据，但只包含了春玉米（1993~2013 年）与春小麦（1992~2013 年）两种农作物的长期观测数据，其他农作物生长发育数据则通过实际调查与参考他人文献获得（周林飞等，2015；刘娇，2014；李金华等，2009；蒲金涌等，2004；Allen et al.，1998）。因缺乏 1993 年之前的玉米生长发育数据及 1992 年之前的春小麦生长发育数据，故玉米 1993 年前的生长发育数据设置同 1993 年，春小麦 1992 年前的生长发育数据设置同 1992 年。

对于农业需水量的空间尺度提升，研究中采用梯度反距离平方法（gradient-plus-inverse distance squared，GIDS）对气象数据进行空间插值，空间分辨率为 1km。同时，利用 1∶10 万土地利用和作物类型数据（相当于 30m 空间分辨率）计算了 1km 像元尺度的各类地物的面积比例，利用面积比例线性加权的方法估算了异质网格的需水量，提高了 1km 网格尺度需水量的计算精度。

2. 农业需水量的估算方法

依据土地利用数据，黑河中游绿洲主要作物类型包括玉米、小麦、蔬菜、棉花、油料作物、薯类和甜菜。作物需水量可由作物系数法求得，公式如下：

$$ET_c = K_c \times ET_0 \tag{5-34}$$

式中，ET_c 为农作物或草地需水（mm）；K_c 为作物系数；ET_0 为参考作物蒸散量（mm）。

不同植被类型的作物系数不同，不同生育期作物系数也有差异。植被的生育期可划分为 4 个阶段：生长初期、快速生长期、生长中期和生长后期。各生育期 K_c 值参考《北方地区主要农作物灌溉用水定额》中甘肃张掖地区的推荐值（段爱旺等，2004），草地的 K_c 值参考刘娇（2014）在黑河流域的研究结果确定。黑河中游绿洲区各地类 K_c 值见表 5-11 所示，其中快速生长期与生长后期每日 K_c 值通过线性插值得到。

表 5-11　黑河中游绿洲区不同植被在不同生育期阶段的作物系数（K_c）

植被类型	生育期			
	生长初期	快速生长期	生长中期	生长后期
春玉米	0.23	0.23 ~ 1.20	1.20	1.20 ~ 0.35
春小麦	0.23	0.23 ~ 1.16	1.16	1.16 ~ 0.40
棉花	0.27	0.27 ~ 1.20	1.20	1.20 ~ 0.70
油料	0.29	0.29 ~ 1.10	1.10	1.10 ~ 0.25
甜菜	0.34	0.34 ~ 1.21	1.21	1.21 ~ 0.70
薯类	0.27	0.27 ~ 1.15	1.15	1.15 ~ 0.75
蔬菜	0.60	0.60 ~ 1.10	1.10	1.10 ~ 0.90
果园	0.33	0.33 ~ 0.95	0.95	0.95 ~ 0.71
沼泽	1.00	1.00 ~ 1.20	1.20	1.20 ~ 1.00
高覆盖度草地	0.20	0.20 ~ 1.04	1.04	1.04 ~ 0.44
低覆盖度草地	0.35	0.35 ~ 0.47	0.47	0.47 ~ 0.32

ET_0 采用 FAO 推荐的 Penman-Monteith 方法计算，此方法定义了参考作物（植株高度为 0.12m，表面阻抗为 70s/m，反射率为 0.23）在水分充足条件下的蒸散量，即为参考作物蒸散量。此方法主要与气候因子相关，能够被用于各种不同区域及气候条件下，计算公

式如下：

$$\mathrm{ET}_0 = \frac{0.408\Delta(R_n - G) + \gamma\left[900/(T + 273)\right]u_2(e_s - e_a)}{\Delta + \gamma(1 + 0.34\,u_2)} \tag{5-35}$$

式中，Δ 为温度饱和水汽压曲线斜率（kPa/℃）；R_n 为地表净辐射 $[\mathrm{MJ}/(\mathrm{m}^2 \cdot \mathrm{d})]$；$G$ 为土壤热通量 $[\mathrm{MJ}/(\mathrm{m}^2 \cdot \mathrm{d})]$，日土壤热通量近似为 0；$\gamma$ 为湿度计常数（kPa/℃）；T 为 2m 高度处的日平均温度（℃），等于最高气温和最低气温的平均值；u_2 为 2m 高度处的风速（m/s）；e_s 为饱和水汽压（kPa）；e_a 为实际水汽压（kPa）。各参数具体算法如下：

$$\gamma = \frac{c_p P}{\varepsilon\lambda} = 0.665 \times 10^{-3} P \tag{5-36}$$

$$P = 101.3\left(\frac{293 - 0.0065z}{293}\right)^{5.26} \tag{5-37}$$

$$\Delta = \frac{4098\left[0.6108\exp\left(\dfrac{17.27T}{T + 237.3}\right)\right]}{(T + 237.3)^2} \tag{5-38}$$

式中，c_p 为定压比热 $[\mathrm{MJ}/(\mathrm{kg} \cdot \text{℃})]$，取值 1.013×10^{-3}；P 为大气压（kPa）；ε 为水蒸气分子量与干燥空气分子量的比，其值为 0.662；λ 为汽化潜热（MJ/kg），取值 2.45；z 为海拔（m）。

饱和水汽压差计算过程如下：

$$e^\circ(T_{\max}) = 0.6108\exp\left(\frac{17.27\,T_{\max}}{T_{\max} + 237.3}\right) \tag{5-39}$$

$$e^\circ(T_{\min}) = 0.6108\exp\left(\frac{17.27\,T_{\min}}{T_{\min} + 237.3}\right) \tag{5-40}$$

$$e_s = \frac{e^\circ(T_{\max}) + e^\circ(T_{\min})}{2} \tag{5-41}$$

$$e_a = 0.01 \times \mathrm{RH} \times e_s \tag{5-42}$$

式中，$e^\circ(T_{\max})$ 为最高气温时的饱和水汽压（kPa）；$e^\circ(T_{\min})$ 为最低气温时的饱和水汽压（kPa）；$T_{\max}$ 为最高气温（℃）；$T_{\min}$ 为最低气温（℃）；RH 为相对湿度（%）。

地表净辐射为地表短波和长波辐射出射与入射的净收支，即

$$R_n = R_{ns} - R_{nl} \tag{5-43}$$

式中，R_{ns} 为日净短波辐射 $[\mathrm{MJ}/(\mathrm{m}^2 \cdot \mathrm{d})]$；$R_{nl}$ 为日净长波辐射 $[\mathrm{MJ}/(\mathrm{m}^2 \cdot \mathrm{d})]$。式中参数计算如下：

$$R_{ns} = (1 - \alpha) \times R_s \tag{5-44}$$

$$R_{nl} = \sigma\left[\frac{T_{\max}^4 + T_{\min}^4}{2}\right](0.34 - 0.14\sqrt{e_a})\left(1.35\frac{R_s}{R_{s0}} - 0.35\right) \tag{5-45}$$

式中，σ 为 Stefan-Boltzmann 常数 $[4.903 \times 10^{-9}\,\mathrm{MJ}/(\mathrm{K}^4 \cdot \mathrm{m}^2 \cdot \mathrm{d})]$；$\alpha$ 为反照率，取值 0.23；R_s 为日太阳入射辐射 $[\mathrm{MJ}/(\mathrm{m}^2 \cdot \mathrm{d})]$；$T_{\max}$、$T_{\min}$ 分别为空气最高温度、最低温度（K）；R_{s0} 为晴天太阳辐射 $[\mathrm{MJ}/(\mathrm{m}^2 \cdot \mathrm{d})]$；$R_s$ 为入射太阳辐射 $[\mathrm{MJ}/(\mathrm{m}^2 \cdot \mathrm{d})]$，$R_{s0}$ 与 R_s

计算方式如下：

$$R_s = \left(a_s + b_s \frac{n}{N} \right) R_a \tag{5-46}$$

$$R_{s0} = (0.75 + 2 \times 10^{-5} z) R_a \tag{5-47}$$

式中，a_s 与 b_s 为回归系数，分别取值 0.25 与 0.50；n 为实际日照时数；N 为最大可能的日照时数；z 为海拔（m）；R_a 为地球外辐射 ［MJ/（m^2·d）］，计算如下：

$$R_a = \frac{24(60)}{\pi} G_{sc} d_r \left[\omega_s \sin\varphi\sin\delta + \cos\varphi\cos\delta\sin \omega_s \right] \tag{5-48}$$

$$\omega_s = \arccos \left[- \tan\varphi\tan\delta \right] \tag{5-49}$$

$$d_r = 1 + 0.033\cos\left(\frac{2\pi}{365} \times \text{DOY} \right) \tag{5-50}$$

$$\delta = 0.409\sin\left(\frac{2\pi}{365} \times \text{DOY} - 1.39 \right) \tag{5-51}$$

式中，G_{sc} 为太阳常数 ［0.082 MJ/（m^2·min）］；d_r 为日地相对距离的倒数；ω_s 为日落时角（rad）；φ 为地理纬度（rad）；δ 为太阳赤纬（rad）；DOY 为年积日。

5.2.3 黑河中游绿洲区需水量验证

黑河中游绿洲区的主要组成部分是耕地，而农作物需水是一个理论值，相当于水分、肥料适宜状态下作物的潜在蒸散，而在实际生产生活中，水分亏缺情况时有发生，现有田间观测数据，如涡度相关数据，是对作物实际蒸散的观测，使得没有理想的潜在蒸散观测试验及研究数据对需水量进行验证。实际蒸散可以从一定程度上反映需水量，在研究区甘州区内有 18 个田间观测站从 2012 年 6 月左右开始进行气象与通量数据的观测，由于数据不完整及时间序列太短，本章采用了区域蒸散数据对区域需水结果进行验证。现可获取的黑河绿洲的区域蒸散数据仅包括基于 ETWatch 与 ETMonitor 的数据，其中基于 ETWatch 的蒸散数据时间段较长，包括 2000～2013 年，基于 ETMonitor 的蒸散数据时间段较短，只包括 2009～2011 年。

与基于 ETWatch 的 2000～2013 年蒸散量（Wu et al.，2012；Liu et al.，2011）相比，本章模拟的绿洲及耕地需水量，其 RMSE 分别为 0.69 亿 m^3 及 0.65 亿 m^3，误差较小，但由于基于 ETWatch 的蒸散量为全年时段，不仅包括植被生长发育期，也包括农作物收获后的裸地蒸发，而本章需水只包括植被生育期内的需水，导致本章绿洲及耕地大多年份需水量低于基于 ETWatch 的年蒸散量。为了移除裸地蒸发的影响，本章选取了所有植被均在生长发育期的 5～7 月作为验证需水量的时间段来对结果进行验证，与基于 ETWatch 的月蒸散数据相比，绿洲及耕地需水量 RMSE 均降至 0.36 亿 m^3，且月需水量稍高于月实际蒸散量，结果准确度提高（图 5-21）。

基于 ETMonitor 的蒸散量空间分辨率较低，为 1km，混合像元问题严重，所以本章中需水量在与基于 ETMonitor 的蒸散结果比较时，只比较绿洲的总需水量。2009～2011 年本章绿洲年尺度、月尺度需水量皆高于基于 ETMonitor 的蒸散量，5～7 月需水量 RMSE 达 1.27 亿 m³。ETWatch 数据空间分辨率较高为 30m，与本章所用土地利用数据空间分辨率一致，混合像元的问题致使基于 ETMonitor 的蒸散结果精确度低于基于 ETWatch 的蒸散结果。本章模拟 2009～2011 年的绿洲年需水量低于 ETWatch 的蒸散量，却高于 ETMonitor 的年蒸散量（图 5-21），可见两种蒸散数据源之间的差异性。

总的来说，本章绿洲及其耕地年尺度、月尺度需水结果与基于 ETWatch 与 ETMonitor 的蒸散量间相关性较好，数据基本在 1∶1 线两侧，决定系数 R^2 达 0.91，拟合的线性回归趋势线的斜率为 1.05，RMSE 为 1.19 亿 m³，需水量作为潜在蒸散稍高于实际蒸散，结果在可接受范围内。与他人研究结果相比，本章玉米年平均需水量为 571.5mm，与 Liu 等（2010）结果相似。除此之外，本章耕地与小麦多年平均需水量分别为 544.6 与 413.7mm，与 Liu 等（2017）中的结果相一致。

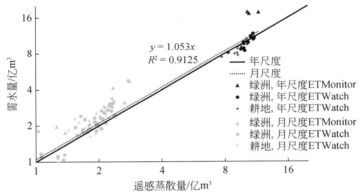

图 5-21　黑河中游绿洲区绿洲、耕地需水量与基于 ETWatch 与 ETMonitor 的年
（2000～2013 年）、月（5～7 月）尺度蒸散量

5.3　黑河绿洲生态需水指标确定及其尺度提升方法

5.3.1　生态需水内涵

生态需水发展至今，并没有一个统一的被学术界认可的概念。Gleick（1998）最先提出了基本生态需水量的概念，即给自然生态环境提供一定质量与数量的水，从而最大化地恢复天然生态系统的过程，并保护物种多样性与生态完整性。我国生态需水最初的概念是汤奇成（1989）提出的，指出为保证绿洲的存在和发展，保护生态环境所需要的水可称为生态用水《中国可持续发展水资源战略研究综合报告》指出：从广义上讲，维持全球生物地理生态系统水分平衡所需用的水都是生态需水，涉及水热平衡、生物平衡、水沙平衡、水盐平衡等所需用的水；从狭义上讲，生态需水指为维护生态环境不再恶化并逐渐改善所

需要消耗的水资源总量（张光斗和钱正英，2000）。

5.3.2 黑河绿洲生态需水量的确定及尺度提升方法

黑河中游张掖绿洲自然地类主要包括林地、中高覆盖度草地，水域中的河渠、湖泊、水库坑塘，以及未利用土地中的沼泽地。低覆盖度草地一般为雨养草地，其与滩地、城乡工矿居民用地及沙地、戈壁、盐碱地、裸土地、裸岩石砾的需水忽略不计。其中，生态植被主要包括林地与草地，其中林地分为有林地、疏林地、灌木林与其他林地。其他林地大部分为果园，其与草地的需水量均可按照作物系数法［式（5-34）~式（5-51）］来进行计算，并采用《北方地区主要农作物灌溉用水定额》（段爱旺等，2004）中甘肃张掖地区 K_c 的推荐值（表5-11）。

有林地、疏林地与灌木林的需水则由阿维里扬诺夫公式潜水蒸发模型求得，公式如下：

$$W_{gi} = a\,(1 - h_i / h_{max})^b\,E_0 \tag{5-52}$$

式中，W_{gi} 为某特定地下水埋深时植被类型 i 的潜水蒸发能力（mm/d）；a 和 b 为经验系数；h_{max} 为潜水蒸发极限埋深（m）；h_i 为植被类型 i 的地下水位（m）。根据王根绪和程国栋（2002）在黑河流域河西走廊的研究结果，a 和 b 分别取值0.856和3.674；h_{max} 为5m，有林地、疏林地、灌木林对应 h_i 分别为1.5m、2m和2.5m；E_0 为水面蒸发（mm/d）。

在潜水蒸发能力的基础上，结合植被面积及植被系数，可以得到植被 i 的生态需水量，公式如下：

$$W_i = S_i \times W_{gi} \times k_p \times 10^{-3} \tag{5-53}$$

式中，W_i 为植被 i 的生态需水量（m³）；S_i 为植被 i 的面积（m²）；k_p 为植被系数，是植被地段潜水蒸发量与无植被地段潜水蒸发量的比值，常由试验确定，不同地下水埋深条件下植被系数取值如表5-12所示（宋郁东等，2000）。

表5-12 不同地下水埋深条件下的植被系数

项目	地下水埋深/m						
	1	1.5	2	2.5	3	3.5	4
植被系数	1.98	1.63	1.56	1.45	1.38	1.29	1.00

黑河中游绿洲区水域需水量（ET_w）采用水面蒸发量表示，不考虑地下渗漏及水中生物对需水量的影响，计算如下（Shuttleworth，1993）：

$$ET_w = \frac{\Delta R_n + 6.43\gamma(1 + 0.536\,u_2)(e_s - e_a)}{\lambda(\Delta + \gamma)} \tag{5-54}$$

沼泽地表发育着水生、湿生植物群落，主要有芦苇、菖蒲、香蒲和千屈菜等（李群等，2017）。芦苇是黑河中游绿洲沼泽生态系统中的优势植物，所以沼泽需水按芦苇的需水量处理，并依据作物系数法进行计算（表5-11）。

生态需水量的尺度提升方法和估算的验证与5.2节相同，这里不再重复。

5.4 多情景的黑河绿洲需水分布图集生成

5.4.1 绿洲需水量时间变化特征图集

1. 需水量年际变化特征

过去近 30 年，黑河中游张掖绿洲需水量呈现显著增加趋势。从 1986 年的 10.80 亿 m³ 增长至 2013 年的 18.97 亿 m³，从线性变化趋势来看，绿洲需水增长速率约为 0.35 亿 m³/ a（图 5-22）。其中耕地占据绿洲总面积的 80% 左右，需水量占据了绿洲需水量的 76% ~ 82%，从 1986 年的 8.38 亿 m³ 增长至 2013 年的 14.71 亿 m³，增长速率约为 0.28 亿 m³/a。其他地类需水量较小，1986 年时均不足 1 亿 m³。随着气候与土地利用的变化，水域、沼泽的需水量显著增加，但增长速率缓慢（<0.05 亿 m³/a），至 2013 年时需水量均不足 1.7 亿 m³。林地需水量显著减小，但由于林地面积先增多后减少，导致 1986~2013 年林地需水量只减小了 0.05 亿 m³，需水量最大时仅为 0.69 亿 m³。从多年平均需水量来看，张掖绿洲需水为 13.35 亿 m³，其中耕地需水量最大，多年平均需水量达 10.46 亿 m³，其次为水域，多年平均需水量为 1.20 亿 m³，其他地类需水量较小，按从大到小的顺序，依次为草地、沼泽、林地，多年平均需水量分别为 0.66 亿 m³、0.58 亿 m³、0.45 亿 m³。

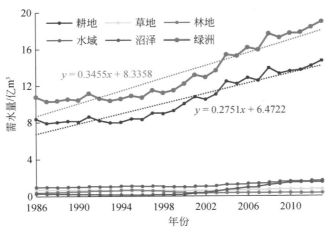

图 5-22 1986~2013 年黑河中游绿洲区各地类需水量

不考虑面积变化的影响，张掖绿洲单位面积需水量在气候变化与种植结构调整的影响下依然呈现显著增加趋势（图 5-23），从 1986 年的 527.14mm 增长至 2013 年的 641.99mm，从线性变化趋势来看，增长速率达 5.34mm/a。其中耕地的单位面积需水量增加最为明显，1986~2013 年从 519.15mm/a 增至 624.94mm/a，增长速率达 5.11mm/a。黑河中游张掖绿洲主要农作物为春玉米、蔬菜与春小麦，20 世纪 80~90 年代这 3 种作物占

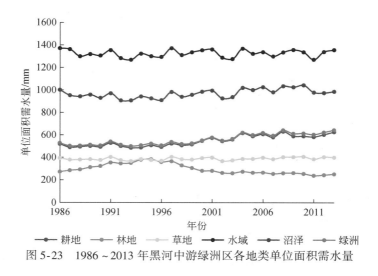

图 5-23　1986~2013 年黑河中游绿洲区各地类单位面积需水量

据了耕地面积的 83%，进入 21 世纪后其比例超过了 90%。而玉米、蔬菜生育期内单位面积需水量较大，多年平均需水量分别为 571.47mm 与 728.85mm；春小麦需水量次之，多年平均需水量为 413.75mm。特别是近 30 年农作物种植结构的调整，玉米、蔬菜种植比例增加，小麦种植比例减小，导致耕地单位面积需水量显著增加。棉花、薯类、油料和甜菜多年平均单位面积需水量分别为 707.84mm、584.22mm、482.77mm 与 715.69mm，其占耕地面积比例很小，面积变化对耕地单位面积需水量的影响不大。水域与沼泽的单位面积需水量最高，多年平均需水量分别为 1323.89mm 与 968.56mm。草地与林地的单位面积需水量较低，单位面积需水量分别为 387.14mm 与 295.71mm。植被对气候变化的响应比水体敏感。除水域外，各二级地类单位面积需水量在气候变化影响下皆呈现显著增长趋势，但林地由于二级地类结构的变化，单位面积需水量呈现明显的先增加后减小的趋势。

2. 需水量年内变化特征

在近 30 年，黑河中游张掖绿洲月需水量基本呈显著增加趋势（图 5-24），从线性变化趋势来看，第三季度的月需水量最高且增长速率最快，其中以 8 月最为显著，从 1986 年的 1.80 亿 m^3 增至 2013 年的 4.45 亿 m^3，约每年增长 0.122 亿 m^3；7 月与 9 月的增长速率次之，分别为 0.085 亿与 0.062 亿 m^3/a。第二季度月需水量及增长速率低于第三季度，其中 6 月需水量较高且增长较快，从 1986 年的 2.63 亿 m^3 增至 2013 年的 3.52 亿 m^3，约每年增长 0.035 亿 m^3；4 月与 5 月次之，增长速率约为 0.013 亿 m^3/a 与 0.022 亿 m^3/a。第四季度与第一季度月需水量及增长速率最低，10 月增长速率约为 0.003 亿 m^3/a，从 1986 年的 0.16 亿 m^3 增长至 2013 年的 0.27 亿 m^3，至 11 月、12 月与 1 月增长速率已不足 0.001 亿 m^3/a；2 月需水量较小，从 1986 年的 0.05 亿 m^3 增至 2013 年的 0.07 亿 m^3，增长速率为 0.001 亿 m^3/a；虽然 3 月需水量在 2013 年为 0.20 亿 m^3，高于 1986 年的 0.17 亿 m^3，但近 30 年 3 月需水量整体呈不显著下降趋势。

从多年平均月需水量（图 5-25）来看，在绿洲需水量的年内分布中，主要集中在 6~

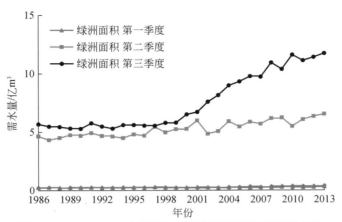

图 5-24　1986～2013 年黑河中游绿洲区绿洲各季度需水量

8 月, 这 3 个月的需水量占据了全年需水量的 67%。其中, 7 月的需水量最大, 多年平均值为 3.38 亿 m³, 占全年需水量的 25%; 其次为 6 月, 多年平均值为 2.93 亿 m³, 占全年需水量的 22%; 8 月需水量仅次于 6 月, 多年平均值为 2.68 亿 m³, 占全年需水量的 20%。5 月与 9 月需水量较少, 多年平均需水量分别为 1.64 亿与 1.50 亿 m³, 分别占据全年需水量的 12% 与 11%; 其他月份多年平均需水量已不足 1.0 亿 m³, 4 月多年平均需水量为 0.71 亿 m³, 占全年需水量的 5%; 3 月与 10 月多年平均需水量仅为 0.16 亿 m³ 与 0.18 亿 m³, 分别占全年需水量的 1%; 11～12 月、1～2 月需水量均不足 0.06 亿 m³, 2 月与 11 月多年平均需水量在 0.05 亿 m³ 左右, 1 月与 12 月多年平均需水量约为 0.03 亿 m³, 这四个月总需水量仅占全年需水量的 1%。

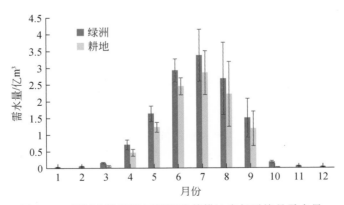

图 5-25　黑河中游绿洲区绿洲及其耕地多年平均月需水量

5.4.2　需水量空间变化特征图集

黑河中游张掖绿洲主要沿黑河干流分布, 1986 年大部分区域需水强度在 500mm/km²

以下，河流经过区域的需水强度可达 600mm/km² 以上，乃至 1000mm/km²。农业是张掖绿洲耗水大户，农业需水量占据绿洲需水量的 90% 以上。随着耕地面积的扩大，需水范围扩大，需水强度也明显增多。至 2011 年农田所占比例较高的区域的需水强度基本都在 500mm/km² 以上，沼泽地的增加使得高台县北部需水升高，沼泽地集中的区域需水强度可达 900mm/km² 以上（图 5-26）。

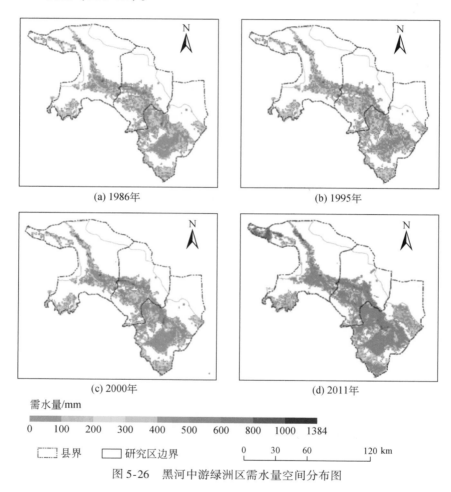

图 5-26　黑河中游绿洲区需水量空间分布图

黑河中游张掖绿洲需水强度基本呈现显著增加趋势，因为甘州区人口较多，城镇的发展，使得市区绿洲需水强度呈现显著下降趋势，市区周边的增长率也较慢，每平方千米不足 5mm/a。林地与高覆盖度草地的减少也使得甘州区东北部天然植被区需水量显著下降，因植被减少量不同，每平方千米下降速率在 3 ~ 13mm/a。耕地周围零星地块受耕地扩大的影响，天然植被退化，使得需水强度显著减小（图 5-27）。需水强度显著增加的区域主要集中在耕地。受耕地面积、农作物种植结构的影响，耕地的需水强度呈现显著增加趋势。高台县北部沼泽地的扩大使得需水强度也呈现显著增加趋势，每平方千米的增加速率可达 20mm/a 以上。

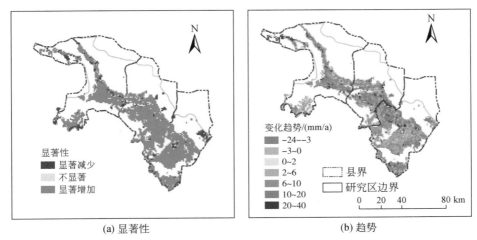

(a) 显著性   (b) 趋势

图 5-27 2000~2013 年黑河中游绿洲区需水量变化显著性及趋势空间分布图 （1km×1km）

5.4.3 需水变化驱动因子及其贡献率

1. 气候变化对需水的影响

如果不考虑黑河中游张掖绿洲规模及种植结构变化，随着气候的变化，绿洲需水量呈现出显著的增加趋势，从 1986 年的 10.80 亿 m³ 增至 2013 年的 10.93 亿 m³，增加幅度约为 0.02 亿 m³/a。绿洲中耕地需水量在气候变化下也显著增加，从 1986 年的 8.38 亿 m³ 增至 2013 年的 8.46 亿 m³，增加幅度约为 0.02 亿 m³/a，与现实气候变化及人类活动共同作用下的需水相比，增长速度十分缓慢（图 5-28）。至 2013 年，耕地为主的区域每平方千米需水量基本均在 500mm 以下（图 5-29），增长量明显低于现实需水的增长量。因此，气候对绿洲需水变化的贡献较小，只有 6.95%（Liu and Shen, 2018）。

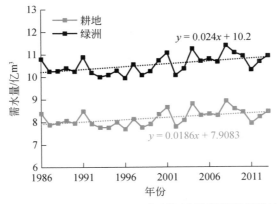

图 5-28 气候变化情景下 1986~2013 年黑河中游绿洲及其耕地需水变化

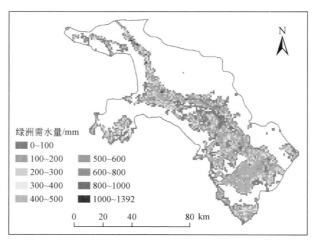

图 5-29　气候变化情景下 2013 年黑河中游绿洲需水量空间分布图 （1km×1km）

　　因黑河中游张掖绿洲位于河西走廊平原区，近 30 年沿走廊气候变化程度较为均匀，参考作物蒸散量每年增加 2～3mm，研究区内绿洲需水皆呈现增加趋势，但绿洲需水变化趋势的分布并不均匀，在绿洲需水量较大的地方增长速率也快，说明不同地类需水对气候变化的响应不同。水体为主的区域受气候变化的影响较大，年增长率在 1.2mm 以上；耕地为主的区域受气候变化的影响次之，年增长率在 0.9mm 以上（图 5-30）。不考虑绿洲规模及种植结构时，在气候变化情景下 2013 年的绿洲需水量比实际状况下的需水整体偏小，高台县西北及流域中部包括临泽县及甘州区北部需水减小程度较明显，高台县内沿河一带、甘州区城镇用地及其东部草地为主区域需水明显增多，说明这些区域的需水量变化主要受绿洲规模及种植结构影响。

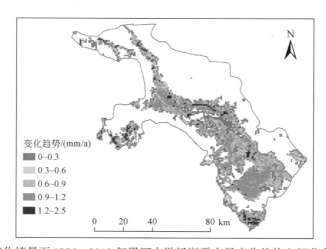

图 5-30　气候变化情景下 1986～2013 年黑河中游绿洲需水量变化趋势空间分布图 （1km×1km）

2. 人类活动对需水的影响

近 30 年，黑河中游张掖绿洲规模急速扩张，面积增加了 44.2%。不考虑气候及种植结构的变化，在绿洲规模扩张的影响下，黑河中游张掖绿洲需水量及其耕地需水量均呈现显著增长趋势（图 5-31），绿洲需水量从 1986 年的 10.80 亿 m³ 增长至 2013 年的 15.60 亿 m³，近 30 年增长了 4.80 亿 m³，线性趋势表明绿洲规模扩张情景下的需水增长速率约为 0.20 亿 m³/a，是气候变化情景下增长速率的 8.4 倍。耕地在规模扩张情景下，需水量也呈现显著增长趋势，但增长速率较绿洲略低，每年约增长 0.17 亿 m³，从 1986 年的 8.38 亿 m³ 增至 12.26 亿 m³，其线性增长速度是气候变化情景下增长速率的 9.0 倍。

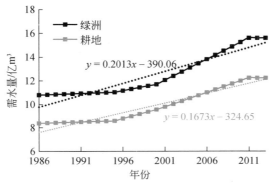

图 5-31　绿洲规模扩张情景下 1986～2013 年黑河中游绿洲及其耕地需水变化

如果不考虑气候变化及绿洲规模的影响，在种植结构的影响下，黑河中游张掖绿洲需水呈显著增加趋势：从 1986 年的 10.80 亿 m³ 增长至 2013 年的 12.76 亿 m³，线性增长速率为 0.09 亿 m³/a（图 5-32），约为气候情景下增长速率的 3.64 倍。绿洲中耕地在气候与耕地规模不变时，种植结构的变化使得耕地需水量也呈现显著的增加趋势，从 1986 年的 8.38 亿 m³ 增长至 2013 年的 9.71 亿 m³，线性增长速率为 0.06 亿 m³/a（图 5-32），约为气候情景下增长速率的 3.47 倍。

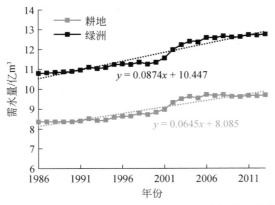

图 5-32　种植结构变化情景下 1986～2013 年黑河中游绿洲及其耕地需水变化

　　绿洲规模扩张及种植结构的变化基本反映了人类活动对绿洲的整体影响。在绿洲规模及种植结构变化的双重影响下，绿洲需水量发生了巨大变化，从 1986 年的 10.80 亿 m³ 增长至 2013 年的 18.39 亿 m³，线性增长速率达 0.32 亿 m³/a。绿洲中的耕地需水量也从 1986 年的 8.38 亿 m³ 增长至 2013 年的 14.20 亿 m³，线性增长速率达 0.26 亿 m³/a（图 5-33）。绿洲规模及种植结构变化对绿洲需水的综合影响高于单一要素对绿洲需水的影响。在绿洲规模扩张及种植结构调整双重影响下，2013 年绿洲区域需水量明显高于单要素影响下的需水量，耕地为主的区域每平方千米需水量均在 500mm 以上，甘州区北部及临泽县耕地为主的区域每平方千米需水量可达 600mm 以上，高台县沼泽地需水量最多，高值可达 1000mm，与现状情景下的绿洲需水分布相似（图 5-34）。

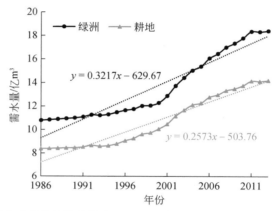

图 5-33　绿洲规模扩张及种植结构变化影响下 1986～2013 年黑河中游绿洲及其耕地需水变化

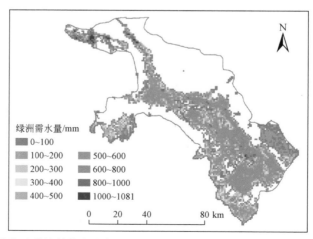

图 5-34　绿洲规模扩张及种植结构变化情景下 2013 年黑河中游绿洲需水量空间分布图（1km×1km）

　　绿洲规模扩张及种植结构调整的共同作用导致绿洲需水在区域上的增加速率并不均匀（图 5-35）。在耕地面积减小的区域，如甘州区城镇周围的中部绿洲区域及高台县沿河一带的部分区域，人类活动对需水量的增长起负作用，需水强度呈下降趋势。但是近 30 年在人类活动影响下，黑河中游区域需水量以增加为主，尤其是临泽县及甘州区北部部分区域，人类活动导致的需水量增加速率超过了10mm/a。

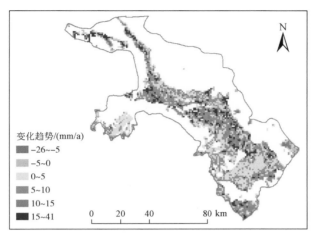

图5-35　黑河中游绿洲　规模扩张与种植结构变化共同作用引起的绿洲需水变化趋势空间分布图（1km×1km）

可以看出，绿洲规模及种植结构对绿洲需水变化的贡献较大，经计算可达93.11%，其中9.55%的变化由绿洲规模及种植结构的相互作用引起，单纯绿洲规模对绿洲需水变化的贡献率达58.26%，而种植结构对绿洲需水变化的贡献率达25.30%（Liu and Shen，2018）。

5.5　黑河绿洲需水对未来变化环境响应的预测与分析

5.5.1　未来变化环境下的绿洲需水预测方法

变化环境主要包括气候变化和人类活动两个方面，而对绿洲需水影响最大的人类活动主要是种植规模和种植结构的变化。因此，这里主要针对未来气候变化、可能的种植规模和种植结构的调整对绿洲需水的影响开展预测和分析。由于未来气候变化情景数据仅包括气温和降水数据，这里采用 Hargreaves 模型（Hargreaves and Allen，2003；Hargreaves and Samani，1985）估算未来气候情景下的参考作物蒸散量（ET_0），公式如下：

$$ET_0 = 0.0023R_a(T_{ave} + 17.8) \cdot (T_{max} - T_{min})^{0.5} \tag{5-55}$$

式中，R_a 为天文辐射［MJ/（$m^2 \cdot d$）］；T_{max} 和 T_{min} 分别为月平均的日最高气温和日最低气温（℃）；T_{ave} 为 T_{max} 和 T_{min} 的平均值。

作物需水的估算方法同式（5-34），自然植被覆盖地表的生态需水和水域需水量的估算模型同式（5-52）～式（5-54）。未来气候情景数据采用 Liu 等（2018）提供的典型浓度路径（RCP）情景数据，包括 RCP2.6、RCP4.5 和 RCP8.5 中低高3种温室气体排放情景的最高气温、最低气温和平均气温数据。在该数据的基础上，利用历史观测数据对未来气候情景数据进行修正，修正方法（Hempel et al., 2013）如下：

$$X = X_{\text{obs}} + \left(\frac{X_{\text{rcp}} - X_{\text{base}}}{X_{\text{base}}}\right)X_{\text{obs}} \qquad (5\text{-}56)$$

式中，X 为修正后的未来气候情景下的气温；X_{obs} 为 CRU 观测的基准时段气温；X_{rcp} 为气候模式模拟的 RCP2.6、RCP4.5 和 RCP8.5 3 种气候情景下的未来时段气温；X_{base} 为气候模式模拟的基准时段的气温。本章中基准时段为 1986~2013 年。

未来种植规模设置了 3 种情景，包括以 2013 年作为现状年，种植面积为 2354km² ，以及种植规模退回到 2000 年的 1831km² 和 1986 年的 1610km² ，种植面积比现状年分别减少 22% 和 32% 。

黑河中游张掖绿洲作物主要包括小麦、玉米、棉花、油料作物、蔬菜、薯类和甜菜 7 类，因此种植结构情景主要按照这 7 类作物的种植比例来设定。在现状年（2013 年）的基础上，根据历史年份不同作物的种植比例，以及近些年种植结构的变化特征，设定了未来可能的五种种植情景，见表 5-13。其中，情景 1 近似 1986 年的种植结构，小麦的种植比例最高，达 50% ，玉米为 30% ；情景 2 近似 2002 年的种植结构，玉米种植比例增加到 50% ，小麦减少到 20% ，蔬菜为 20% ，其他作物比例均不到 5% ；情景 3 近似现状年 2013 年的种植结构，玉米增加到 60% ，蔬菜比例增加到 30% ；情景 4 是在情景 3 的种植结构基础上，保持玉米的种植比例不变，减少耗水高的蔬菜种植比例到 10% ，适当增加小麦的种植比例，增加到 30% ；情景 5 是根据当地制种玉米产业的发展趋势，将玉米种植比例增加到 75% ，蔬菜种植比例调整为 25% ，其他作物种植比例设为 0。

表 5-13　未来种植结构情景不同作物的种植面积比例　　　　（单位：%）

情景	玉米	小麦	薯类	棉花	油料	蔬菜	甜菜
情景 1	30	50	0	0	10	10	0
情景 2	50	20	2	1	5	20	2
情景 3	60	10	0	0	0	30	0
情景 4	60	30	0	0	0	10	0
情景 5	75	0	0.	0	0	25	0

5.5.2　未来气候情景下气温的时空变化特征

在典型浓度路径 RCP2.6、RCP4.5 和 RCP8.5 低中高 3 种温室气体排放情景下，黑河中游张掖绿洲的日最高气温、日最低气温和日均气温均呈现显著增加的趋势（T 检验，显著性水平 = 1%）。1986~2013 年，日最高气温均值为 15.16℃ ，在 RCP2.6、RCP4.5 和 RCP8.5 3 种情景下，到 2018~2047 年，日最高气温均值可升高 0.67~0.97℃ ；日最低气温在 1986~2013 年 0.99℃ 的基础上，可升高 1.10~1.51℃ ；日均气温在 1986~2013 年 7.63℃ 的基础上，可升高 1.33~1.69℃ （图 5-36）。从升温的幅度来看，RCP8.5>RCP4.5>RCP2.6。

从气温的季节分布和变化来（图 5-37）看，日最高气温在 1 月、2 月、8 月和 12 月升温幅度较大。在生长季 8 月，未来气候情景下 2018~2047 年时段的日最高气温均值比 1986~

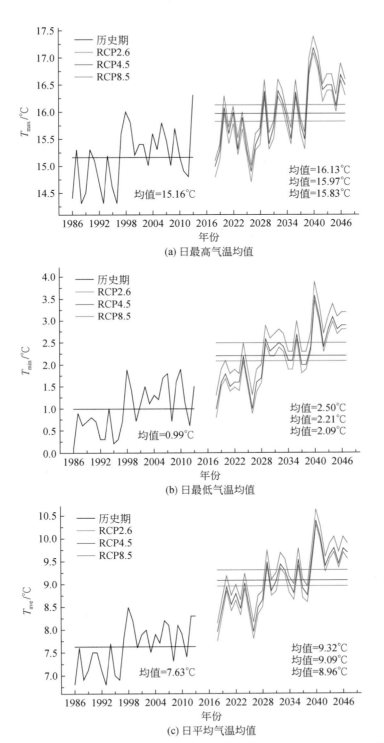

图 5-36 黑河绿洲区 1986～2013 年和 RCP2.6、RCP4.5 和 RCP8.5 未来气候情景下
2018～2047 年日气温区域均值的变化及各时段均值

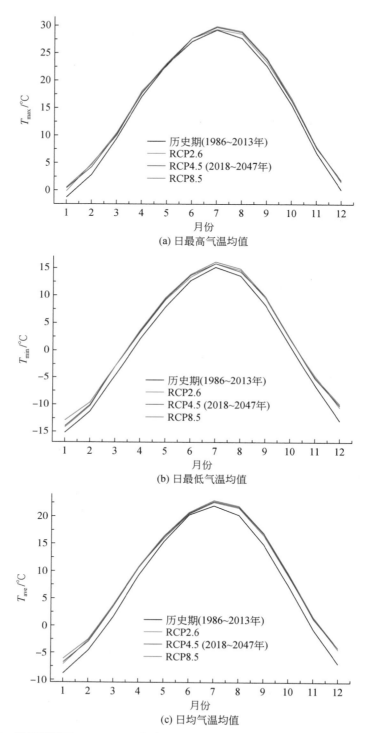

(a) 日最高气温均值

(b) 日最低气温均值

(c) 日均气温均值

图 5-37　黑河绿洲区 1986～2013 年和 RCP2.6、RCP4.5 和 RCP8.5 未来气候情景下
2018～2047 年各月的气温区域均值的变化

2013 年可升高 0.80 ~ 1.25℃。日最低气温在全年各月升高都很明显，增温达0.62 ~
3.06℃。日均气温在5 ~7 月增温幅度较小，其他月份，升温显著，增温幅度达 1.38 ~
2.93℃。增温幅度同样是高排放情景最大，低排放情景最小。

从气温的变化的空间分布（图 5-38）来看，日最高气温、日最低气温和日均气温整
体上呈现增加趋势，高排放情景下升温比低排放情景更为显著。日最高气温的升温幅度最
小，日最低气温和日均气温增温明显，在高台县南部和甘州区西南部及东北部增温更为
显著。

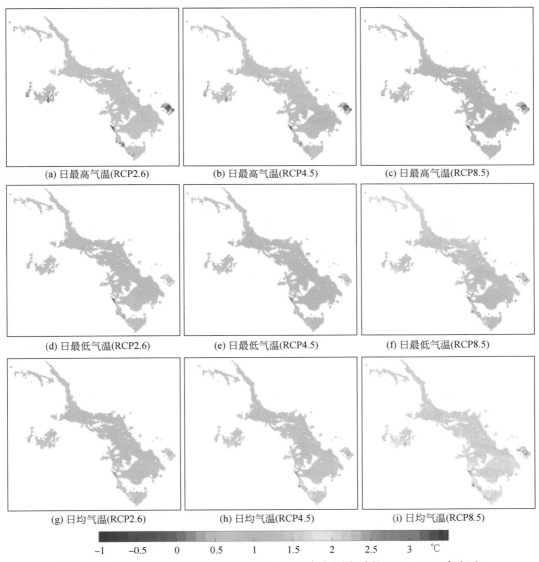

图 5-38　黑河绿洲未来气候情景下 2018 ~ 2047 年与历史时段 1986 ~ 2013 年相比
气温的变化分布图

5.5.3 未来气候情景下气温变化对绿洲需水量的影响

将 2013 年作为现状年，保持现状的种植结构和种植规模，模拟了仅在未来气候变化条件下的黑河中游绿洲区的农田需水量和绿洲需水量。与 1986 ~ 2013 年时段相比，未来气候变化条件下作物需水量呈增加趋势。2033 ~ 2047 年比 2018 ~ 2032 年增温更为显著，农田和绿洲需水量的增加也呈现明显增加趋势。在低中高 3 种温室气体排放情景下，2018 ~ 2032 年，日均气温升高 0.94 ~ 1.30℃，农田需水增加量可达 0.48 亿 ~ 0.64 亿 m³，绿洲需水增加量可达 0.34 亿 ~ 0.53 亿 m³；2033 ~ 2047 年，日均气温升高 1.72 ~ 2.07℃，农田需水增加量可达 0.68 亿 ~ 0.83 亿 m³，绿洲需水增加量可达 0.59 亿 ~ 0.79 亿 m³（表5-14）。

表 5-14　未来气候情景气温变化（与 1986 ~ 2013 年均值相比）及其影响下农田和绿洲需水的变化量

项目	情景	2018 ~ 2032 年			2033 ~ 2047 年		
		RCP2.6	RCP4.5	RCP8.5	RCP2.6	RCP4.5	RCP8.5
气温变化/℃	日最高气温	0.31	0.46	0.61	1.03	1.17	1.33
	日最低气温	0.68	0.81	1.10	1.51	1.63	1.92
	日均气温	0.94	1.08	1.30	1.72	1.84	2.07
需水量变化/亿 m³	农田	0.48	0.62	0.64	0.68	0.82	0.83
	绿洲	0.34	0.50	0.53	0.59	0.76	0.79

5.5.4 未来变化环境对绿洲需水的影响规律

通过对 3 种未来气候情景下，3 种种植规模和 5 种种植结构（表5-13）组合下的绿洲需水量的模拟发现，在未来气候变化变化条件下，保持种植规模在 2013 年的水平（2354km²），5 种种植结构调整方案下，未来时段农田需水量与 1986 ~ 2013 年相比，均呈现增加趋势，增加量为 1.54 亿 ~ 5.22 亿 m³（图5-39）。调整种植规模在 2000 年的水平（1835km²，比 2013 年减少 22%），保持 2013 年种植结构，农田需水量可减少 0.23 亿 ~ 0.46 亿 m³，而在 5 种种植结构调整方案下，情景 1 可减少农田需水量 0.88 亿 ~ 1.1 亿 m³。其他 4 种情景，农田需水量仍呈现增加趋势，增加量在 0.08 亿 ~ 1.77 亿 m³。调整种植规模在 1986 年的水平（1610km²，比 2013 年减少 32%），保持 2013 年种植结构，农田需水量就可以减少 1.93 亿 ~ 2.13 亿 m³，而在 5 种种植结构调整方案下，除了情景 5 的作物需水量仍会增加 0.03 亿 ~ 0.28 亿 m³。其他 4 种情景，农田需水量均会减少，减少量可达 0.01 亿 ~ 2.24 亿 m³。从 5 种种植结构调整后的农田需水量比较来看，情景 1 的节水效果是最佳的，其次是情景 4，而情景 5 即使在种植规模减小 32% 的条件，也无法达到节水效果。可见，当高耗水的玉米和蔬菜比例较高时，农田需水量增加明显。

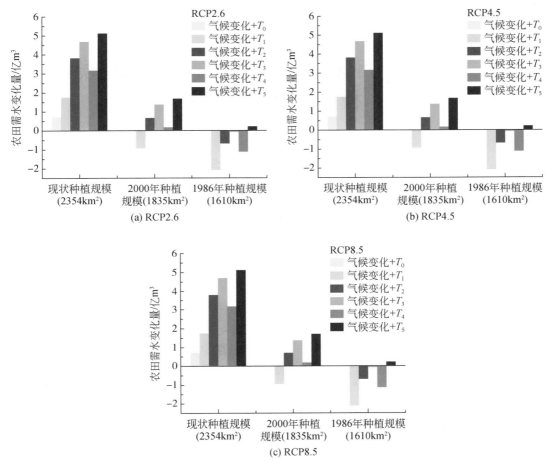

图 5-39 　3 种气候情景下不同种植规模和不同种植规模组合下的 2018～2047 年
年均农田需水量相对于 1986～2013 年时段的变化量

　　未来气候变化情景下，种植规模的缩小可明显减少黑河中游绿洲区的绿洲需水量，当
种植规模减小 30% 时，作物需水量可减少 1.93 亿～2.13 亿 m³，种植结构调整也可有效减
少绿洲需水量，尤其是减少高耗水的玉米和蔬菜比例。因此，控制规模、合理调整种植结
构是实现绿洲水资源可持续利用和绿洲健康发展的有效途径。

第6章 西北旱区绿洲田间尺度水碳耦合模拟模型与应用

6.1 田间尺度水碳热耦合观测试验

西北旱区光热资源丰富，气候干旱，年降水量不足 200mm，水资源仅占全国的 5%，水资源短缺与生态环境恶化问题是制约我国西北干旱地区经济社会发展的主要因素（康绍忠和李永杰，1997）。石羊河流域位于甘肃河西走廊东端，河流起源于南部祁连山，消失于巴丹吉林和腾格里沙漠之间的民勤盆地北部，该区域为典型的干旱大陆性气候，多年平均降水量为 150mm 左右，而年蒸发量达 2600mm，亩均水资源占有量 272m³，为全国亩均水资源量 1476m³ 的 18.43%（康绍忠等，2004）。为探究西北旱区田间尺度水碳热运移规律，以甘肃石羊河流域为例，于 2014~2018 年，分别进行了 C_3（春小麦）和 C_4（春玉米）作物的田间观测试验研究。通过 5 年的该流域长期定位观测试验和对研究成果的总结与凝练，系统探索了流域水资源合理配置与节水农业发展模式。

试验在中国农业大学石羊河流域农业与生态节水试验站进行，该试验站位于甘肃省武威市凉州区东河镇王景寨村（102°52′E，37°52′N，平均海拔为 1581m），属于典型的大陆性温带干旱荒漠气候。该地区光热资源丰富，多年平均气温为 8℃，多年平均积温为 3550℃（>0℃）。年均日照时数为 3000h 左右，无霜期为 150 天以上，多年平均降水量为 164.4mm，多年平均蒸发量为 2000.0mm，干旱指数为 15~25，地下水埋深为 40~50m。试验区土壤质地为砂壤土，1m 土层土壤平均干容重为 1.53g/cm³，平均体积饱和含水率为 0.35cm³/cm³，平均田间持水量为 0.32cm³/cm³，平均凋萎系数为 0.12cm³/cm³（段萌等，2018）。

6.1.1 C_3 作物田间水碳耦合观测试验

1. 试验材料与设计

春小麦品种为永良 4 号，播种方式为穴播，播种量 402kg/hm²，行距 15cm，穴距 12cm。入冬前对试验田进行一次冬灌，使 1m 土层内土壤含水率基本达到田持，3 月播种时底墒保持良好，能够有效保证顺利出苗和苗期作物对水分的需求。于 3 月 30 日统一播种，以含 N46% 的尿素为氮源，以含 $P_2O_5$16% 的过磷酸钙为磷源，播前普施 75kg/hm² 尿素和 120kg/hm² 的过磷酸钙为底肥，在 7 月 15 日收获。

试验设置 5 个水分处理和 3 种田间管理方式，共 15 个处理：水分处理以当地经验灌水量为对照，分别为：当地经验灌水定额的 100%（W1）、100% 且灌浆期减少一次灌水（W2）、75%（W3）、75% 且灌浆期减少一次灌水（W4）、50%（W5），灌溉方式为畦灌；为了使灌浆期少一次灌水的小区尽可能小的受到无减水的小区灌水时所产生的测渗影响，将 75% 水分处理和 75% 灌浆期少一水处理小区在试验布置上调换，W3 为 75% 且灌浆期少一次灌水处理，W4 为 75% 水分处理；田间管理设置 3 个处理分别为：不覆膜穴播（M0）、膜上穴播（M1）和膜上穴播 50 天揭膜（M2）。每个处理 3 次重复，采用随机区别排列设计（表 6-1）。

表 6-1　试验小区处理设置

水分处理	覆膜处理		
	全生育期不覆膜（M0）	全生育期覆膜（M1）	播种后 50 天揭膜（M2）
100% 水分处理（W1）	W1M0	W1M1	W1M2
100% 水分少灌浆期灌溉（W2）	W2M0	W2M1	W2M2
75% 水分少灌浆期灌溉（W3）	W3M0	W3M1	W3M2
75% 水分处理（W4）	W4M0	W4M1	W4M2
50% 水分处理（W5）	W5M0	W5M1	W5M2

每个处理 2 个重复，共 30 个试验小区（小区布置如图 6-1 所示），规格均为 5.5m×7.5m，小区面积为 41.25m²，各小区之间通过起垄设置 1m 宽保护区。图中红点表示的是土壤温度数据采集系统所埋设的位置，粉红色"十字"标记为两台 CRN4 四分量净辐射仪埋设位置，在每个小区中部埋设有 1.8m 深的 TRIME 管一根。

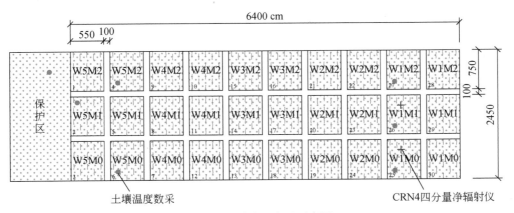

图 6-1　试验小区布置示意图

灌溉制度按当地灌溉经验设置，一共灌 4 水，前三次灌水定额为 105mm，第四次因为后期降水量大，且小麦已开始变黄，因此取消。灌溉制度如表 6-2 所示。灌溉所用淡水通过田间布设的 PVC 灌水管道按照既定顺序依次灌溉各个试验小区，通过水表严格控制每个小区的灌水量。

表 6-2　灌溉制度设置

处理	小区编号	灌水定额/mm			灌溉定额/mm
		4月29日	5月28日	6月19日	
W1M0	25、30	105.00	105.00	105.00	315.00
W1M1	26、29	105.00	105.00	105.00	315.00
W1M2	27、28	105.00	105.00	105.00	315.00
W2M0	19、24	105.00	105.00	0.00	210.00
W2M1	20、23	105.00	105.00	0.00	210.00
W2M2	21、22	105.00	105.00	0.00	210.00
W3M0	13、18	78.75	78.75	0.00	157.00
W3M1	14、17	78.75	78.75	0.00	157.00
W3M2	15、16	78.75	78.75	0.00	157.00
W4M0	7、12	78.75	78.75	78.50	235.50
W4M1	8、11	78.75	78.75	78.50	235.50
W4M2	9、10	78.75	78.75	78.50	235.50
W5M0	1、6	52.50	52.50	52.50	157.50
W5M1	2、5	52.50	52.50	52.50	157.50
W5M2	3、4	52.50	52.50	52.50	157.50

2. 观测指标及测定方法

（1）下垫面气象参数

1）利用站内微型气象站获得试验区的降水量、蒸发量、风速、空气温湿度和太阳辐射等气象资料。

2）在 W1M0 和 W1M1 处理小区（25 号和 26 号小区）安装两台 CRN4 四分量净辐射仪，用于观测冠层能量平衡（测量入射和反射的长波辐射、短波辐射），时间设定为每 5分钟采集一次数据，连续观测。

（2）土壤水热状况及土壤参数

1）采用 TRIME-PICO 管式 TDR 系统测定土壤体积含水率，每 7～10 天测定一次，灌水及降水前后加测。每个小区分别在行间各埋设一根 TRIME 管，埋深为 1.8m，每次测量时测点垂向间距为 20cm，分别测量地面以下 10cm、30cm、50cm、70cm、90cm、110cm、130cm、150cm 共 8 个深度，即分别是地面以下 0～20cm、20～40cm、40～60cm、60～80cm、80～100cm、100～120cm、120～140cm、140～160cm 深度土层的平均土壤体积含水率。

2）定期采用土钻取土，取钻的土层深分别为地面以下 0～20cm、20～40cm、40～60cm、60～80cm、80～100cm 烘干法测土壤体积含水率，并对 TDR 系统测定的土壤体积含水率进行校正。

3）埋设土壤温度传感器监测土壤温度动态变化。一共布设了 7 个温度数采点，分别位于试验田西面保护区和 2 号、4 号、6 号、25 号、26 号、27 号试验小区，均监测地面以下 10cm、20cm、40cm、80cm、120cm 和 160cm 这 6 个深度，数据采集系统自动记录数据，每 30 分钟一次，定期从设备中下载备存数据。

4）土壤干容重、饱和含水率、田间持水量等：在作物收获后，用体积为 100cm³ 的环刀法分层测定，测深为 1.6m，每层取 3 个重复。

（3）作物生理指标

1）作物发育进程：每天进入田间观察春小麦生长状况，以小区内 70% 以上的植株表现某生育时期特征作为进入该生育期的标准。

2）株高叶面积：每 10～15 天在每个小区选取长势良好、代表小区平均水平的 5 株小麦，用卷尺测定其株高，用直尺测量叶长、叶宽，用游标卡尺测量其茎粗。

3）叶面积指数：在日光条件较好的中午测量叶面积指数，在每个小区选定 3 行中等长势的 1m 长度小麦，采用 SUNSCAN 叶面积仪进行测量，每 15 天左右测定一次。

4）干物质积累：每 15 天在每个小区选取长势良好、代表小区平均水平的 5 株小麦，取回进行干物质测量，将根、茎、叶分开后分别装入信封袋，放入烘箱 105℃ 下杀青 30 分钟，然后 75℃ 下烘干至恒重，称量。

5）产量：为消除边际效应，在每个小区中间且长势均匀处随机取 2 个 1m² 作为产量观测区，测定其株数，随机选取 5 株数得穗粒数。数两个 1000 粒小麦，测得千粒重（g）。如果重量误差在 5% 以内，取两者平均，如果大于 5%，再数 1000 粒称重，直到出现 2 个误差 5% 以内的千粒重取其平均使用。成熟时，小区实收计产，按其产量换算成单位面积产量。

6）在春小麦生长旺盛季节，晴朗无云天气，采用 Li-6400 光合作用测定系统每 10～15 天测定一组数据，测定时间为 8:00～16:00，每 2 小时测定一次，测量数据包括：光合速率、蒸腾速率、胞间二氧化碳浓度、气孔导度、水汽浓度和叶表面温度等。

7）响应曲线的测定：采用 Li-6400 光合作用测定系统，安装红蓝光源和 CO_2 注入系统，在饱和光强下诱导至稳定光合速率，确定 CO_2 浓度梯度分别为 $400\mu mol/mol$、$300\mu mol/mol$、$200\mu mol/mol$、$150\mu mol/mol$、$100\mu mol/mol$、$50\mu mol/mol$、$400\mu mol/mol$、$400\mu mol/mol$、$600\mu mol/mol$、$800\mu mol/mol$、$1000\mu mol/mol$、$1200\mu mol/mol$、$1500\mu mol/mol$、$1800\mu mol/mol$，使用光合仪测定 CO_2 浓度响应曲线；设定 CO_2 浓度为 $400\mu mol/mol$，确定光辐射强度梯度分别为 $2000\mu mol/(m^2 \cdot s)$、$1800\mu mol/(m^2 \cdot s)$、$1500\mu mol/(m^2 \cdot s)$、$1200\mu mol/(m^2 \cdot s)$、$1000\mu mol/(m^2 \cdot s)$、$800\mu mol/(m^2 \cdot s)$、$600\mu mol/(m^2 \cdot s)$、$400\mu mol/(m^2 \cdot s)$、$200\mu mol/(m^2 \cdot s)$、$150\mu mol/(m^2 \cdot s)$、$100\mu mol/(m^2 \cdot s)$、$50\mu mol/(m^2 \cdot s)$、$20\mu mol/(m^2 \cdot s)$、0，使用光合仪测定光响应曲线。

8）在春小麦拔节期至灌浆期，采用 SC-1 leaf porometer 气孔导度仪，选取晴朗无云天气，在每天选取定点（上午 10:00）测定不同小区春小麦叶片气孔导度值，每个小区选取 3 个叶片作为重复，探究气孔导度与土壤含水量之间的关系，对比充分供水、水分胁迫，覆膜与不覆膜之间气孔导度的差异。

3. 结果与分析

（1）气孔导度日变化规律

在典型日，晴朗无云、光照充足的气象条件下，对气孔导度的日变化规律进行测定，选取了 100%、75%、50% 3 个水分处理，覆膜和不覆膜两个田间处理，共 6 个小区进行测定，结果如图 6-2 所示。图 6-2 是 2016 年春小麦在 5 月 16 日不同处理小区气孔导度的日变化规律。从图中可以看出，气孔导度日变化整体呈现双峰趋势。首先随着时间推移，太阳光照强度增大，气孔导度呈上升趋势，在中午 12:00 左右达到一个峰值；之后气孔导度下降，出现一个"午休"现象，之后再次上升，在 16:00 左右达到另一个峰值，随后气

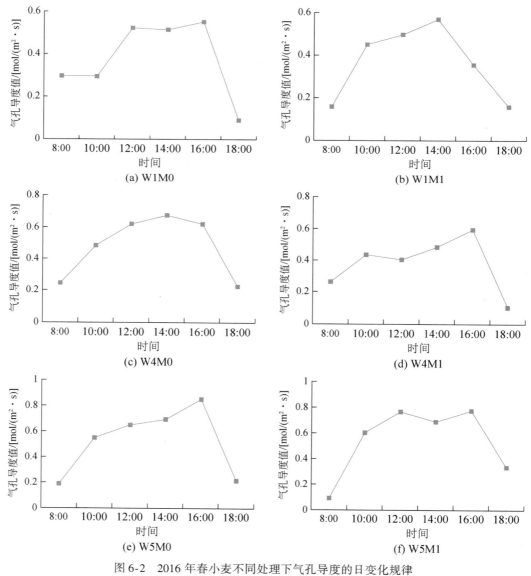

图 6-2　2016 年春小麦不同处理下气孔导度的日变化规律

孔导度随时间推移逐渐下降。在不同小区之间气孔导度值的不同主要体现在土壤含水量高的小区，气孔导度值偏高；覆膜小区整体气孔导度水平与不覆膜相比整体相同或偏小，说明覆膜并未能提高气孔导度水平，或者说覆膜对于气孔导度的影响仍然体现在土壤含水量情况上，与测量当天与土壤含水量对比，整体呈现土壤含水量高，气孔导度值高。

（2）光合速率、气孔导度对光强和 CO_2 浓度的响应

光和 CO_2 分别是植物光合作用的能量来源和物质来源，研究光合作用和气孔导度对光和 CO_2 浓度的响应特征对于探讨光合作用和气孔导度的变化规律至关重要。灌浆期是小麦产量形成的一个重要阶段，在这个时期，光合作用产生的淀粉、蛋白质和积累的有机物质通过同化作用将它们储存在籽粒里。因此在本章中我们想探讨在灌浆期水分充足和缺少水分灌溉时，光合作用和气孔导度分别对光强和 CO_2 浓度的响应关系。因此在春小麦灌浆期（6 月 23 日和 6 月 27 日）使用 Li-6400 光合仪的红蓝光源系统和 CO_2 注入系统，选取 100% 充分灌水、100% 灌浆期少一水两个水分处理，覆膜、不覆膜两个田间处理，共 4 个小区进行光响应曲线和 CO_2 响应曲线的测定。

从图 6-3 ~ 图 6-6 中得知，光合有效辐射越强，光合速率和气孔导度也越高，在一定光强范围内，光合速率、气孔导度随着光的增强而增大，当光强超过一定范围后，这种增大的趋势会逐渐减弱。在充分灌水的小区（W1M0），净光合速率最大值达到 18μmol/（m²·s）左

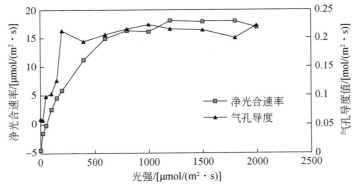

图 6-3 W1M0 小区光合速率、气孔导度对光强的响应曲线

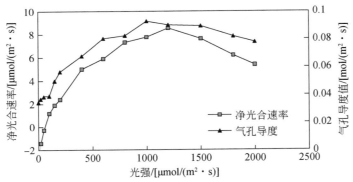

图 6-4 W1M1 小区光合速率、气孔导度对光强的响应曲线

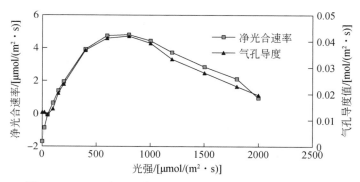

图 6-5　W2M0 小区光合速率、气孔导度对光强的响应曲线

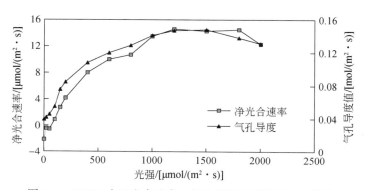

图 6-6　W2M1 小区光合速率、气孔导度对光强的响应曲线

右，气孔导度最大值在 $0.24mol/(m^2 \cdot s)$ 左右；而在缺水灌溉的小区（W2M0），净光合速率最大值仅为 $5\mu mol/(m^2 \cdot s)$ 左右，气孔导度最大值在 $0.04mol/(m^2 \cdot s)$ 左右，且当光强超过一定范围后，净光合速率、气孔导度会随着光强的增强而减小，说明土壤水分的亏缺对光合、气孔都起到了明显的限制作用。在光强特别小接近零时，净光合速率会出现负值，是因为光合有效辐射较小时，作物呼吸作用大于光合速率，导致净光合显示出负值。

从图 6-7～图 6-10 中得知，光合速率随着 CO_2 浓度的增高而增加，当 CO_2 增加到一定浓度后，这种增大的趋势会逐渐减弱；而气孔导度则随着 CO_2 浓度的升高而减小，CO_2 浓度在 $500\mu mol/mol$ 时，气孔导度值达到最大，充分灌水小区气孔导度值最大在 $0.5mol/(m^2 \cdot s)$ 左右，而在缺水灌溉小区，气孔导度值最大仅在 $0.08mol/(m^2 \cdot s)$ 左右，净光合速率同样存在缺水灌溉小区最高值偏低的情况，说明水分亏缺会对光合、气孔产生明显的限制作用。

（3）气孔导度对环境因素变化的响应

气孔的运动会受到多环境因子的综合影响，其运动机理十分复杂。在本章中，我们将探讨气孔导度对各个环境因素变化的响应机制。

A. 气孔导度与环境因子的相关性分析

为探讨气孔导度与各环境因子之间的相关性大小，首先使用 SPSS 软件对 2016 年试验数据中气孔导度与环境因子进行相关性分析，选取的环境因子包括：光合有效辐射（PAR）、饱和水汽压差（VPD）、土壤含水量（M_s）、温度（T）和大气 CO_2 浓度（C_a），得到结果见表 6-3。

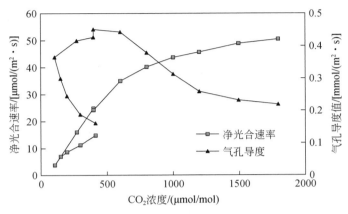

图 6-7　W1M0 小区光合速率、气孔导度对 CO_2 浓度的响应曲线

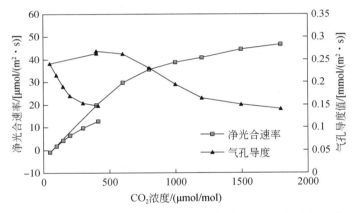

图 6-8　W1M1 小区光合速率、气孔导度对 CO_2 浓度的响应曲线

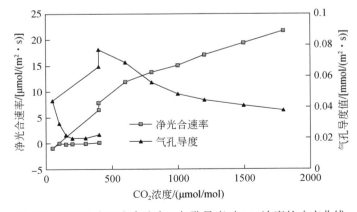

图 6-9　W2M0 小区光合速率、气孔导度对 CO_2 浓度的响应曲线

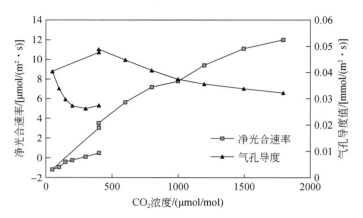

图 6-10　W2M1 小区光合速率、气孔导度对 CO_2 浓度的响应曲线

表 6-3　气孔导度与环境因子的相关系数

因子	g_s	PAR	VPD	M_s	T	C_a
g_s	1	0.222 **	-0.622 **	0.351 **	-0.519 **	-0.098 *
PAR		1	0.259 **	0.033	0.296 **	0.060
VPD			1	-0.196 **	0.898 **	0.017
M_s				1	-0.082	-0.034
T					1	0.139 **
C_a						1

注：** 表示在 0.01 水平（双侧）上显著相关；* 表示在 0.05 水平（双侧）上显著相关。$N=487$

　　由相关性分析可知，气孔导度与光合有效辐射（PAR）、饱和水汽压差（VPD）、土壤含水量（M_s）、温度（T）都具有很好的相关性，与大气 CO_2 浓度（C_a）具有较好的相关性。光是影响气孔开闭的决定性因素，是植物气孔导度最敏感的因素，因此气孔导度与PAR 呈明显相关性；大气湿度改变直接调节气孔运动，导度对饱和水汽压差反应敏感，呈明显负相关；在较小时间尺度上土壤含水量变化不大，对气孔的调节没有大气湿度敏感，在日间尺度上气孔导度与土壤含水量同样存在相关性；叶片温度对气孔也存在调节作用，呈显著相关。而 CO_2 浓度相对来说则是对春小麦气孔导度最不敏感的因素，存在一定的相关性。

　　B. 气孔导度对光环境因子的响应

　　一般认为，在无水分胁迫的自然条件下，光是影响气孔运动的主要环境因素。在供水良好、温度适宜的条件下，多数植物的气孔是在光下张开，在黑暗中关闭。由图 6-3 ~ 图 6-6 已经得知，气孔导度随光的增强而增大。光强过于强烈，会破坏植物组织从而抑制气孔的张开。图 6-11 气孔导度随光合有效辐射的变化曲线总体上也呈现一定的正相关。

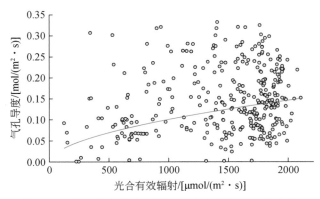

图 6-11　春小麦气孔导度随光合有效辐射的变化曲线

在表示植物的光环境时，通常使用日射（R_s）、辐射强度（I）、净辐射（R_n）、光合有效辐射通量密度（R_p）、光合有效光量子密度（Q_p）等参数表示植物的光环境。研究表明，对气孔开闭存在影响的光环境主要是 $400 \sim 700$mm 的光合有效辐射。

C. 气孔导度对大气湿度的响应

当植物处于外界大气湿度较低、饱和差大的环境时，并且植物体内水分的运输又不足以补充其蒸腾引起的水分消耗时，为了防止植物水分消耗过快，植物会自动关闭气孔，这样的气孔关闭机制称为被动脱水关闭。即使在吸收水分较好时，只要蒸腾比植物吸收水分的速率快，植物体内就会产生水分胁迫的信号，导致叶片发生萎蔫（通常为人肉眼不能察觉），而植物体内的水分亏缺会在保卫细胞和叶肉、表皮细胞之间形成水分扩散压力梯度，使得保卫细胞内的水分流出，在保卫细胞的调节下气孔逐渐减小，蒸腾因此受到抑制。

结合图 6-12 发现，随着饱和水汽压差的增大，气孔导度逐渐下降，气孔导度对水汽浓度的响应呈现双曲线的形式。双曲线有一个拐点，拐点表明了空气饱和差对气孔导度影响的特征阈值。在饱和差小于拐点，即图 6-13 中的 3.5kPa 时，饱和差的微小变化能导致

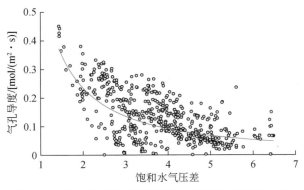

图 6-12　春小麦气孔导度随饱和水汽压差的变化曲线

气孔导度有很大的变化，大于这一拐点时，气孔导度处于一个低水平下，随饱和差的变化较小。作为表示湿度环境的参数，常用的有大气绝对湿度（C_a）、比湿（q）、水汽压（e）、相对湿度（RH）等。

D. 气孔导度对土壤水分环境的响应

当植物的整个叶片或根缺水时，保卫细胞通过其自身代谢过程减少细胞内的溶质而使其水势增高，细胞因而失水，气孔关闭，这样的气孔关闭称之为主动脱水关闭。通常，大气湿度在短时间内即可影响气孔运动，并引起蒸腾的瞬时变化，而土壤水分在一天内的变化梯度并不明显，更多的是影响蒸腾的日平均值，而后者通常比前者在影响气孔、调节蒸腾方面更为重要。从图6-2中不同水分处理下气孔导度对比已说明春小麦气孔导度会因土壤水分的亏缺而减小。

为探究气孔导度与不同土层土壤含水量之间的关系的密切程度，选取6月22日，在其他环境因素都相同的外界条件下，测定不同小区气孔导度和相应小区不同土层含水量，分别作气孔导度与不同深度土层含水量的相关关系图（图6-13），可以看出，气孔导度与0~100cm土层含水率的相关性最好。与0~80cm、0~60cm的相关性随之递减。

结合图6-14，当春小麦受到土壤水分限制时，由于根系吸水困难，气孔为了减少水分散失，气孔导度会减小；随着土壤含水量的增加，植物体水分充足，气孔打开，作物蒸腾强烈，气孔导度随着土壤水分的增加而增大，说明了气孔导度与土壤水分状况呈现明显的正相关性。

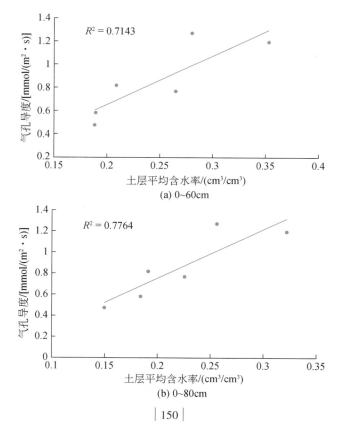

(a) 0~60cm

(b) 0~80cm

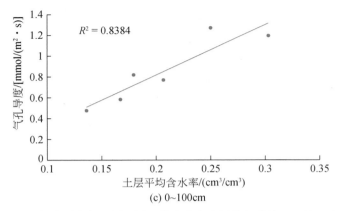

图 6-13　气孔导度与不同土层土壤含水率之间的相关性（6 月 22 日）

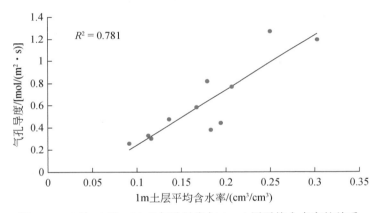

图 6-14　6 月 18 日、22 日气孔导度与 1m 土层平均含水率的关系

E. 气孔导度对温度环境的响应

气孔运动同时受到温度变化的影响。通常，气孔开度随温度升高而增大，在最适温度（T_0）下达到最大，一般植物为 20～30℃，也有植物为 30～35℃。气孔的开度在高于上限温度或低于下限温度时会受到抑制，上限温度和下限温度一般分别为 45℃ 和 5℃。但是也有一些植物在高温下，气孔开度反而增加，促使蒸腾作用加强而降低叶片温度。在低温下（一般低于 10℃）即使给予长期光照，植物的气孔也不能很好的张开。气孔的最适温度也不是一成不变的，也会随着季节和年际间温度的变化而有所差异。从图 6-15 中看到，气孔导度随叶片温度增加而降低，考虑其原因是气孔导度的调节受多因素的共同影响，而叶片温度在本次采集到的数据中不作为主要的影响因素，因此呈现出此规律。

F. 气孔导度对大气 CO_2 浓度的响应

较低浓度 CO_2 促使气孔张开，而较高浓度的则能诱导气孔关闭。即使在黑暗条件下，用无 CO_2 的空气处理叶片，也会促使气孔张开；而较高浓度的 CO_2 则能诱导气孔关闭。王

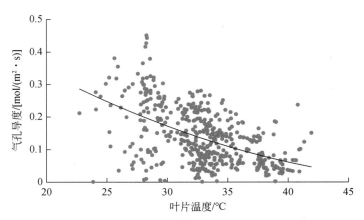

图 6-15　春小麦气孔导度随温度的变化曲线

健林对北方粳稻光合速率、气孔导度对 CO_2 浓度响应的研究发现，CO_2 浓度越高，气孔导度越小。结合气孔导度对 CO_2 浓度的响应曲线（图 6-7 ~ 图 6-10），我们也可以得到此规律。根据试验，当把空气中的 CO_2 浓度从 310mg/kg 提高到 575mg/kg 时，可使玉米的气孔关闭，从而使其蒸腾作用减少 23%，而光合作用却增加 30%。气孔对大气 CO_2 浓度（C_a）或者胞间 CO_2 浓度（C_i）反应敏感，一般来说，C_a 和 C_i 高时气孔有关闭趋势。但是气孔如果已完全关闭，用无 CO_2 的空气处理也无法使叶片气孔张开，这表明对气孔运动起作用的主要是 C_i，而不是叶面 CO_2 浓度。由于气孔导度对 CO_2 浓度变化的响应机制十分复杂，目前研究者们仍未达成共识。一般在 Jarvis 气孔导度模型中采用分段函数的形式来表示气孔导度与大气 CO_2 浓度的关系。

G. 多元逐步回归分析

通过以上的分析，在 2016 年数据的基础上分析了石羊河试验站春小麦气孔导度与各环境因子之间的响应关系，但是因为不同环境因子对气孔作用的影响程度不同，本章希望通过逐步回归的分析方法，确定不同环境因子对气孔导度的影响程度。选取的环境因子包括以上分析的光合有效辐射（PAR）、饱和水汽压差（VPD）、土壤含水量（M_s）、温度（T）、CO_2 浓度（C_a）。分析结果如表 6-4、表 6-5 所示。

在表 6-4 中，R 为复相关系数，R^2 为决定系数，$A. R^2$ 为校正决定系数，Std. EE 为随机误差的估计值。从表中可以看出，d 模型的 R、R^2、$A. R^2$ 最大，Std. EE 最小，所以，对于 2016 年的数据，当入选的变量为 VPD、PAR、M_s、C_a，并且四者共同影响时，与气孔导度的拟合关系最好。表 6-5 为方差分析表，可以检验是否所有偏回归系数全为 0，P 值小于 0.05 可以证明模型的偏回归系数至少有一个不为零。从方差分析表中可得知，4 个回归模型都是有效的。在这当中，温度（T）没有入选，这与本章气孔导度对土壤水分环境的响应小节中，图 6-15 气孔导度对温度的变化曲线并没有呈现出一般性的规律也遥相呼应。

表 6-4　逐步回归确定最佳方程模型

模型	R	R^2	$A. R^2$	Std. EE
a	0.622^a	0.387	0.386	0.068
b	0.738^b	0.544	0.542	0.058
c	0.764^c	0.584	0.582	0.056
d	0.771^d	0.595	0.592	0.055

a. 预测变量：（常量），VPD；b. 预测变量：（常量），VPD，PAR；c. 预测变量：（常量），VPD，PAR，M_s；d. 预测变量：（常量），VPD，PAR，M_s，C_a

表 6-5　方差分析表

模型		平方和	自由度	均方	F	P
a	回归	1.408	1	1.408	304.015	0.000
	残差	2.232	482	0.005		
	总计	3.641	483			
b	回归	1.981	2	0.990	286.958	0.000
	残差	1.660	481	0.003		
	总计	3.641	483			
c	回归	2.127	3	0.709	224.810	0.000
	残差	1.514	480	0.003		
	总计	3.641	483			
d	回归	2.166	4	0.542	175.972	0.000
	残差	1.474	479	0.003		
	总计	3.641	483			

a. 因变量，Cond；b. 预测变量，（常量），VPD；c. 预测变量，（常量），VPD，PAR；d. 预测变量，（常量），VPD，PAR，M_s

确定最佳模型后，由 SPSS 分析得到最佳多元线性回归模型系数见表 6-6。

表 6-6　多元线性回归模型系数

模型变量	非标准化系数		标准化系数	t	Sig
	b	标准误差	试用版		
（常量）	0.180	0.018		10.150	0.000
PAR	$6.356×10^{-5}$	0.000	0.399	13.193	0.000
VPD	−0.052	0.002	−0.685	−22.229	0.000
θ	0.004	0.001	0.201	6.762	0.000

模型变量	非标准化系数		标准化系数	t	Sig
	b	标准误差	试用版		
C_a	-4.286×10^{-5}	0.000	-0.104	-3.582	0.000

则由多元逐步回归分析后，确定的最佳多元线性回归模型的方程为

$$g_s = 0.180 + 6.356\times10^{-5}\times PAR - 0.052\times VPD + 0.004\times\theta - 4.286\times10^{-5}\times C_a \tag{6-1}$$

（4）土壤水分的变化规律

1m 土层储水量主要受降水、灌溉、棵间蒸发、作物蒸腾的影响，反映供水与耗水的时空消长过程。其基本趋势是：随蒸发和蒸腾的增加而逐渐降低；降水灌溉补给后急剧上升，随后又逐渐降低。如图 6-16 所示，相同灌水下覆膜和不覆膜处理的 1m 土层储水量的变化规律基本一致，高点是因为灌水和降水。图 6-16 （b）、（c）因为减少一次灌水，导致较大的峰值只有两次。整体来说，覆盖地膜的小区含水率高于不覆膜的小区；灌水量高，灌水次数多的小区土壤含水率更高。图 6-16 （a）~（e）为相同灌溉条件下不同覆膜处理的土壤含水率对比，可以看出覆膜小区初始含水率普遍高于不覆膜小区，这是由于 2015 年前茬作物同样是春小麦且与 2016 年有相同的覆膜与不覆膜处理，上一年闲置期覆膜小区积累的更多的水分，所以在同样的冬灌条件下产生储水量差异，导致覆膜区域有更好的初始含水率，这从侧面说明地膜覆盖条件下可以达到保墒的良性循环。同时发现 5 月中旬拔节期开始后，覆盖地膜后土壤储水量变化更大，由于地膜可以减少棵间蒸发，说明地膜覆盖后植株蒸腾增强，地膜覆盖可以更好地调动土壤水分，便于植物利用，但同时也应该考虑由于温度升高及土壤含水率过高造成的无效蒸腾增加。尤其在图 6-16 （a）中，最后一次灌水处在植株灌浆期，覆膜与不覆膜水分变化差异最为显著，那是因为充分灌水能满足作物生长的需要。而图 6-16 （d）、（e）中因为灌水量减少，作物前期发育不够充分，影响了灌浆期的小麦麦穗的形成。

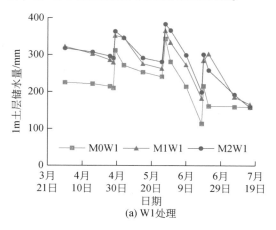

(a) W1处理

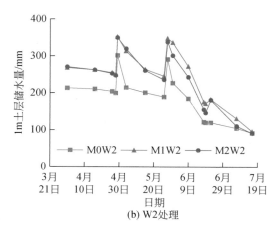

(b) W2处理

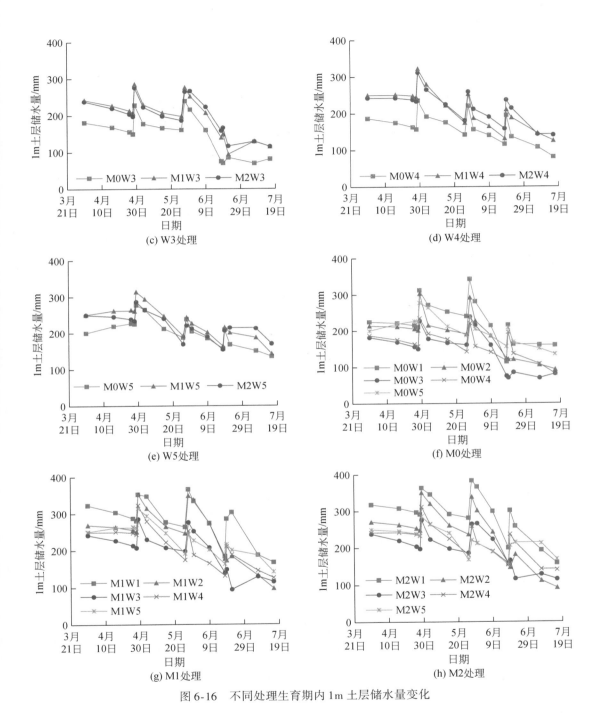

图 6-16　不同处理生育期内 1m 土层储水量变化

　　W3 和 W5 水分处理全生育期内有相同的生育期灌溉水量，但图 6-16（f）~（h）中不同的覆膜条件下，两者水分变化规律并不相同，可见农田水分变化同样受灌溉制度的影响。图 6-16（f）由于没有地膜，不同灌溉制度会对作物利用水分产生很大影响。覆盖地膜后，两者差异变小，说明地膜有利于调节农田水分，土壤含水少时可以保水，含水多时可以充分利用水分。

对于生育期 50 天揭膜的处理，可以看出揭膜（5 月 20 日）之后，大部分处理土壤含水率高于全生育期覆膜处理，这是因为揭开地膜后土壤通透性增强，减小了植株蒸腾，水分损失减小以后含水率自然提高。W2 处理规律相反，这是由于 W2 处理前期灌水多作物生长茂盛，后期没有灌溉，导致揭开地膜后水分损失反而增多。结合以上规律认为地膜覆盖条件下的作物揭膜时机要结合灌溉制度、气候条件、作物品种等因素综合考虑。

（5）土壤温度的变化规律

对 W1 和 W5 处理覆膜与不覆膜条件下的 20cm、40cm、80cm、120cm 深度处的土壤温度进行了监测，检测探头每 30 分钟取一次数据，计算各层土壤的每日平均温度，由于地膜覆盖后各层土壤温度普遍高于不覆膜土壤，故计算覆膜与不覆膜处理各层深度土壤的温度差及全生育期积温差，如图 6-17 所示。从图 6-17（a）~（d）可以看出，覆膜后表层土壤温度差随生育期向前推进呈先增大后减小的趋势，这是由于作物生长发育初期，温度较低，覆膜对热量传递的影响也相应较小，随着气温回暖，土壤与外界能量交换更为频繁，此时地膜的保温效果越来越明显；而随着作物生长发育，冠层逐渐成形，冠层覆盖度会影响土壤与大气之间的物质能量交换，冠层覆盖度越高，农田生态系统能量交换越稳定，同时由于地膜的存在膜下能量逐渐积累，覆膜土壤与不覆膜土壤温差越来越大，温差增大导致热传递的增加，所以覆膜后表层土壤温度差呈先增加后减小的趋势。对比表层土壤中相同深度不同灌水量下的温度差变化规律可以看出，覆膜的保温效果与灌溉水量相关，灌水量越少，两者温差越小，这是因为覆膜后土壤蒸发减少，潜热通量随之减少，而土壤蒸发量与土壤含水率关系密切，土壤含水率越高，蒸发越大。所以灌溉水量越多，地膜通过减少蒸发造成的潜热损失减少量越大，相应的土层温差也就越大。

图 6-17（e）、（f）为 80cm 深度土壤温差，80cm 土层规律与表层不同，覆膜后土壤温差随灌水量增加而减少，这是因为深层土壤的温度相对稳定，较大的灌溉水量会导致灌水后湿润层深度较大，由于水的比热容较大，更多的水分会带走深层土壤更多的热量，所以覆膜后 80cm 深度土层温差随灌水量增大而减小。120cm 深度土层受地膜覆盖的影响已经较小，但同样由于覆盖地膜提升了温度，可见覆膜对土壤升温的效果还是很明显的。

总体来说，覆膜对土壤温度提升效果明显，40cm 深度以上的表层土壤每日平均温度提升 1℃ 以上，全生育期累积获得积温 120℃·d，深层土壤平均温度也有一定升高，全生育期获得累积积温 30~120℃·d。表层土壤温度的上升，可以使作物提前发育，有助于作物生殖器官的发育以便积累更多的干物质，有利于作物营养器官的生长以提高作物的光合利用率；深层土壤的温度升高对农作物生长发育也有一定程度的帮助。上述结论与 6.2 节对覆膜条件下作物生育期叶面积指数、株高、生物量累积等生理数据的监测及其规律分析得到的结论一致。

本小节对覆膜情况下的土壤温度变化规律做了简单的分析和整理，然而对地膜覆盖后对土壤能量交换产生的复杂影响及其机理则缺乏深入研究，后续试验可以考虑对覆膜条件下土壤能量变化进行进一步分析。

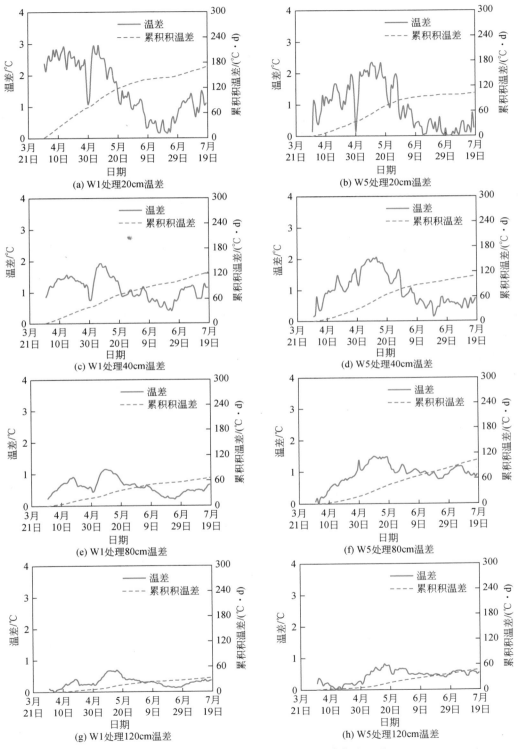

图 6-17　不同处理各土层温度差及生育期积温差

（6）叶面积指数、生物量及产量的变化规律

A. 叶面积指数

图 6-18 为不同处理下春小麦生育期内叶面积指数的变化情况。叶面积指数采用 Sunscan 在晴朗无云的下午测量，每个小区固定标记三行作物测量取平均值。如图 6-18 所示，相同灌水条件下，覆膜小麦的叶面积指数明显大于不覆膜春小麦，那是因为覆膜的保水保墒效果促进了生育期初期小麦的生长，土壤中合适的水分温度有利于作物发育。W3、W4 处理的最后一次测量值不覆膜小麦叶面积指数较大，是因为覆膜小麦生育期提前，故衰落速度大于不覆膜小麦，而不覆膜小麦生长发育滞后，叶片此时刚刚开始衰落；W1、W2 处理由于覆膜小麦前期供水充分，所以最后一次测量叶面积指数依然可以大致与不覆膜小麦持平；不覆膜处理中灌水量较少的 W4、W5 则由于灌水过少导致冠层覆盖度一直没有达到预期值，且由于干旱提早成熟，导致叶面积指数过小，可以看出图 6-18（d）、（e）中不覆膜处理叶面积指数远远低于覆膜处理，可见覆膜可以保证在较少灌水情况下的叶片生长，这样有利于作物进行光合作用。对比图 6-18（f）、（g）不覆膜处理 75% 灌水和 50% 灌水叶面积都偏低，而覆膜后只有 50% 灌水偏低，可以说明地膜存在的条件下，作物叶面积对水分的敏感程度降低。50% 灌水量 W5 处理的作物冠层覆盖度偏低，这其中也有 2016 年生育期内降水量过少的因素。同时可以看出灌浆期减少灌水会导致叶面积指数减小，水分胁迫造成作物冠层覆盖度的降低。而 M1W3 和 M2W2 两个处理下降幅度最大，这是因为两者在水分胁迫之前叶片生长良好，呼吸作用强，叶片蒸腾大，所以对水分亏缺的反映更为剧烈，由于作物生长发育快而灌浆期没有灌水，无法满足作物水分要求。

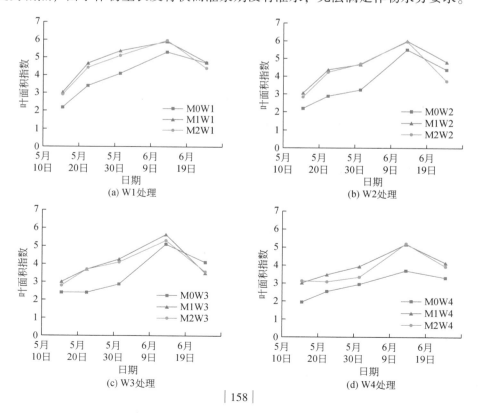

(a) W1处理

(b) W2处理

(c) W3处理

(d) W4处理

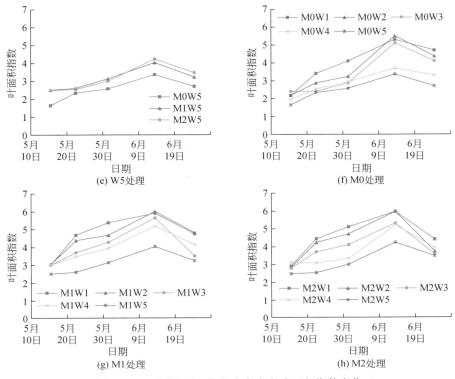

图6-18　不同处理生育期内春小麦叶面积指数变化

B. 生物量累积

自小麦分蘖之后，每10~15天取一次干物质，每次取小区内长势均等的5株小麦烘干后用分析天平称量。得到图6-19中不同处理单株春小麦地上干物质量累积量变化情况。从图6-19可以看出春小麦地上干物质累积量的变化规律基本相同，都是干物质累积量不断增加，整体趋势呈"S"形，增长速度先变快再变慢。地上干物质积累速度在扬花期前后达到最大值。图6-19（a）~（e）为同样水分处理下的变化情况。当灌水量相同时，覆膜春小麦地上干物质积累量一直大于不覆膜，二者差距在生育初期逐渐增大，之后基本稳定，这是由于地膜覆盖导致了生育期提前且保证了作物生长适宜的水分和温度。另外在图6-19（a）、（d）中可以看出，覆膜处理的春小麦中期干物质积累速度明显增快，在图中反映呈一条斜率很大的直线，在成熟期末尾，不亏水处理（W1、W4）覆膜小麦与不覆膜小麦差异逐渐缩小，而亏水处理（W2、W3、W5）在生育期末段，干物质累积量没有追上来，主要是由于水分对生物量累计产生影响。覆膜与揭膜之间的变化随机，无明显规律可循。图6-19（f）~（h）为相同地膜处理下水分对生物量的影响。减小灌水量和灌浆期减少一次灌水会导致生物量累积的减少，其中W3和W5处理生物量累积最少。覆膜条件下，W3、W4、W5在生育期末端缺乏水分作为动力，导致生物量累积速度迅速减小，而没有地膜覆盖的裸地小麦生物量累积与水量呈正相关，不同水分处理的差异较大。揭开地膜之后生物量累积的速度没有全生育期覆膜处理那样明显放缓。可以考虑在适当时机揭开地膜。总而言之，覆膜和适当的水分供应可以保证有效的地上干物质量积累。

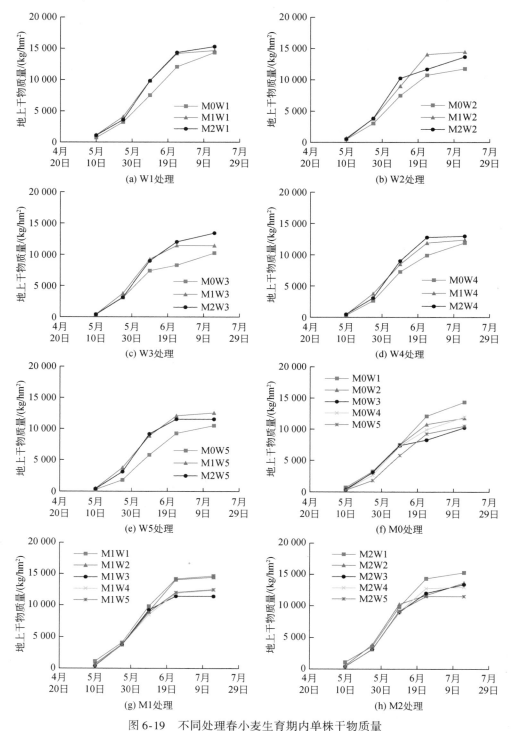

图 6-19　不同处理春小麦生育期内单株干物质量

C. 产量和水分利用效率

表 6-7 为不同处理春小麦产量及产量组成情况。可以看出覆膜小麦产量高于不覆膜小麦，计算表明覆膜之后 W1、W2、W3、W4、W5 处理产量分别增产 30.0%、7.8%、15.1%、9.8%、2.9%。揭膜后产量与覆膜处理相比有所减少，主要原因是揭膜过程中植株倒伏甚至死亡，导致亩穗数减小；但对比与不覆膜处理产量仍然增加。显著性分析表明，覆膜或揭膜情况下，W1、W4 可以保证高产，而 W3 处理产量显著降低。不同水分处理下产量大致随水分减少而减少，W2、W3 处理产量过小的原因是由于千粒重偏小，W5 处理则产量普遍偏小，由于 2016 年降水较往年少，故导致最少的水分处理产量最低。

关于产量组成，亩穗数受灌溉水量和地膜覆盖的影响，地膜影响春小麦分蘖，导致穗数降低。覆膜后穗粒数增多，说明覆膜有利于孕穗，W5 处理穗粒数显著降低，说明亏水对穗粒数影响较大。千粒重则受灌浆期水分影响较大，灌浆期没有灌水的 W2、W3 处理千粒重显著降低，说明灌浆期灌溉对植株籽粒饱满具有重要作用。W1、W4、W5 之间千粒重变化规律不显著；M0、M1、M2 之间千粒重变化规律同样不明显。

表 6-7　不同处理春小麦产量及产量组成情况

处理	平均亩穗数/(万株/hm²)	平均穗粒数	平均千粒重/g	平均亩产量/(kg/hm²)
M0W1	502a	41.4b	45.3ab	5846.4bcd
M0W2	514a	43.4b	39.1bcd	5504.7bcbd
M0W3	528a	43.1b	34.9cde	4467.9bcd
M0W4	510a	44.4b	44.6ab	5817.8abc
M0W5	415b	42.9b	46.1a	4983.6bcd
M1W1	528a	50.3ab	46.0ab	7239.6a
M1W2	510a	51.4a	36.0cde	5705.1abcd
M1W3	479a	46.8ab	30.2e	4066.4d
M1W4	488a	48.1ab	47.3ab	6596.1ab
M1W5	504a	41.2b	42.2bc	5325.0bcd
M2W1	487a	45.8ab	47.7a	6726.2ab
M2W2	484a	48.0ab	35.1cde	5719.5bcd
M2W3	500a	45.9ab	32.3de	4776.0cd
M2W4	470ab	49.3ab	45.7ab	6488.0ab
M2W5	420b	41.2b	44.1bcd	5407.6bcd

注：试验数据后的小写字母完全不同表示所对应的同列不同处理的测定结果在 0.05 水平上差异显著，试验数据后有相同小写字母则表示所对应的同列不同处理的测定结果在 0.05 水平上差异不显著

4. 结论与讨论

本节对 2016 年大田试验得到的数据进行了分析和整理。得到如下结论，覆盖地膜后作物生育初期冠层温度降低，同时地表反射率提高，获得净辐射减少。覆膜后春小麦生长

发育迅速，各生育期平均提前 2~3 天；叶片发育良好，叶面积指数、生物量等指标对比同期不覆膜小麦均有所提高。地膜覆盖后春小麦产量明显提高，各处理覆膜后产量较不覆膜小区提高 3%~30%，证明覆膜可以有效保证西北旱区畦灌小麦的节水增产。地膜覆盖条件下提升了土壤表层温度，40cm 深度以上的表层土壤每日平均温度提升 1℃ 以上，全生育期累积获得积温 120℃·d；同时覆盖地膜后土壤含水率高于不覆膜处理。

灌水量同样影响作物叶面积指数、干物质量、产量等指标。灌水量减少，叶面积指数降低，干物质累积量减少，最终导致产量降低。灌浆期灌水量对作物生长发育尤为关键，灌浆期不灌水的处理减产严重。在地膜和水分共同影响下 M1W4 处理水分利用效率最高，即覆膜 75% 灌溉水量有最好的效益。

本节主要介绍了 2016 年春小麦的实验方案设计、试验观测数据采集。分析了不同土壤含水量小区气孔导度的日变化规律，气孔导度、净光合速率对光合有效辐射、CO_2 浓度的响应。之后分析了气孔导度对多环境因子变量之间的关系，包括光合有效辐射、饱和水气压差、土壤含水量、温度、CO_2 浓度，并得到了气孔导度与各环境因子之间的相关性，进行了多元逐步回归分析，为进一步建立气孔导度模型和基于气孔导度多环境变量响应模型对现有的作物模型进行改进打下了基础。

6.1.2 C_4 作物田间水碳耦合观测试验

1. 试验材料与设计

玉米品种为制种玉米甘鑫 630，由当地种子公司提供。于 4 月 25 日播种，播种方式为点播，保苗 7.5 万株/hm^2，行距 0.4m，株距 0.25m，父母本种植比例为 1 行父本 5 行母本，母本在开花前人工去雄。以含 N 46% 的尿素为氮源，以含 P_2O_5 16% 的过磷酸钙为磷源，播前普施 225kg/hm^2 复合肥和 300kg/hm^2 的磷酸二铵为底肥。分别于拔节期追施氮肥 225kg/hm^2、大喇叭口期追施氮肥 150kg/hm^2 和灌浆初期追施氮肥 75kg/hm^2。试验设置 2 种覆膜方式包括全膜覆盖滴灌（M1）和不覆膜滴灌（M0），5 种灌水处理分别为 100% ET_0（W1）、85% ET_0（W2）、70% ET_0（W3）、55% ET_0（W4）、40% ET_0（W5），共 10 个处理，每个处理 3 次重复，共 30 个试验小区，采用随机区别排列设计。全生育期防控玉米黑粉病、红蜘蛛、玉米螟、黏虫等病虫害。

2. 观测指标及测定方法

（1）植物生理生态指标

1）光合作用日变化的测定，使用 LI-6400XT 型便携式光合作用测定系统（LI-COR Inc., Lincoln, NE, USA），在灌水后的第二天选择晴朗无云的天气从 7:00~19:00 进行测定，每 2 小时测定 1 次。每个小区选取 3 片完全展开功能叶，测定叶片中部部位，重复测定 3 次。主要记录项目有净光合速率（net photosynthetic rate） [P_n, μmol/(m^2·s)]、蒸腾速率（transpiration rate） [T_r, mmol/(m^2·s)]、气孔导度（stomatal conductance）

$[G_s，mol/(m^2 \cdot s)]$、胞间 CO_2 浓度（intercellular CO_2 concentration）$[C_i，（\mu mol/mol）]$ 等气体交换参数。气孔限制值用公式 $L_s = 1 - C_i/C_a$ 计算（C_a 为外界 CO_2 浓度），非气孔限制用公式 C_i/g_s 计算得到。叶片水分利用效率通过净光合速率 P_n 和蒸腾速率 T_r 来计算得到，其计算公式为

$$W_{UE} = P_n / T_r$$

2）叶绿素相对含量（SPAD 值）在玉米拔节期后定株用手持式 SPAD-502 型叶绿素计进行测定，每隔 7~10 天测定一次，测定玉米完全展开叶的 SPAD 值，每个处理测定 5 株，每次测量时从叶尖至叶基部均匀移动，分别测定 20 个点的 SPAD 值，然后计算平均值。

3）地上干物质累积的测定，在玉米各生育期进行田间取样分析，各处理随机选取 3 株具有代表性的植株，分别将茎、叶片、叶鞘、穗分开放入牛皮纸袋中，放入烘箱105℃杀青 30 分钟后于 85℃烘干至恒重后，待样品在干燥箱中冷却至室温后用电子天平进行称重。

4）株高和叶面积指数的测定，采用手工测量，各处理随机选取 3~5 个具有代表性的植株，分别测定株高、绿叶部分的叶长和叶宽，整个生育期每 7~10 天测定一次。同时利用 AM300 叶面积扫描仪测定实际叶片的面积，得到两种叶面积的比例系数取值为 0.7。n 为总叶片数。

$$LAI = 0.7 \sum_{i=1}^{n} (叶长 \times 叶宽)$$

5）产量及产量构成因素，收获期每小区取距离父本植株为 1 行 2 行 3 行处，连续对 10 株母本植株进行测量并取样，计算实际面积并进行测产，调查该面积内总株树、总穗数、双穗数、空杆数、倒伏数，待收获后对所取果穗进行风干后考种；分别测定玉米的穗粗、穗轴粗、穗长、秃长、穗粒数、百粒重、含水量等指标，最后计算籽粒产量。

（2）土壤水热及物理特性

A. 土壤机械组成

玉米种植前，用土钻在每个小区中间位置取土，取土深度为 0~10cm、10~20cm、20~40cm、40~60cm、60~80cm、80~100cm，装样品入自封袋带回室内进行自然风干后，磨碎过 2mm 筛。利用马尔文激光粒度仪法测量样品的颗粒组成成分。并根据美国农业部土壤质地划分标准，分别统计砂粒（2~0.05mm）、粉粒（0.05~0.002mm）、黏粒（<0.002mm）的含量并确定土壤质地。

B. 土壤干容重、田间持水量和饱和含水率

玉米种植前，在田间均匀地选择 3 个地方挖剖面，分别用环刀（直径 5cm，高 5cm，体积 100cm³）在每个剖面取 10~20cm、20~40cm、40~60cm、60~80cm、80~100cm 深度处无扰动的原状态土，每层 3 个重复。取环刀时，相应的每层取一定量的土壤风干磨碎，过 2mm 筛，装入另外一个环刀，供测量土壤田间持水量时使用。室内测量土壤饱和含水量、田间持水量和干容重的具体操作与方法如下：

将装有原状土的环刀泡入水中（水面不要没过环刀顶部）24 小时，使土壤充分吸水分饱和并称重。将饱和的环刀放在装有对应土层风干土的环刀之上，并用砖块压置 8 小

时，此时对原状土环刀进行称重。然后将环刀放入烘箱在 105℃ 下烘干至恒重并称重。根据以上 3 次称重结果，可分别计算出各层土壤的饱和含水率、田间持水率和干容重。

C. 土壤温湿度的测定

采用 TRIME-PICO 管式 TDR 系统测定土壤体积含水率（图 6-20），每个小区分别在行间各布置 1 个测点，测定深度为 1.6m，测点垂向间距为 20cm，每 6~9 天测定一次，灌水及降水前后加测。土壤温度传感器采用 HZ-TJ1（北京合众博普科技发展有限公司），测量精度为 0.1℃。土壤湿度数据每小时自动记录并储存在数据采集器中。

(a) 水分　　　　　　　　　　　　　　　(b) 温度

图 6-20　土壤水分和温度测定使用仪器及方法

D. 棵间土壤蒸发测定

棵间蒸发采用自制的微型蒸渗仪测定，微型蒸渗仪由外桶和内桶两部分组成。外桶直径 110mm，高 200mm，用于放置内桶，由 PVC 管做成；内桶也是由 PVC 做成的内径 100mm、高 200mm、壁厚 2mm 的装土壤的容器。在玉米种植后，将外桶和内桶垂直的放置入试验区中，并使其顶面与地面齐平，减少对内桶土壤的扰动，使其与田间的土壤尽量保持一致，每天晚上 19：00 用精度 0.01g 的电子天平称重，计算土壤蒸发。由于覆膜种植玉米及频繁更换蒸渗桶会破坏田间环境，因此，采用蒸渗桶底部用纱网和滤纸封底的方式，这样不会隔绝桶内土壤和其他土壤间水分传输，生育期内不更换土壤。

（3）农田微气象环境的观测

A. 净辐射

利用标准气象站（HOBO H21-001，Oneset Computer Corp.，Cape Cod MA，USA）连续检测记录试验站内气象条件，包括太阳辐射、大气温度、大气压、相对湿度、风速、降水等。气象站安装高度为距离地面 2m。2017 年在充分灌水的覆膜处理和不覆膜处理条件下各选一个小区安置 1 台四分量净辐射仪（KIipp&Zonen CNR4，CNR4）（图 6-21）采用符合 ISO 9060：1990 标准的二级短波辐射表作为短波辐射传感器，同时还配有 2 个长波辐射传感器。净辐射的测量面积跟净辐射传感器距离地面的高度有关，随着玉米冠层高度不断变大，净辐射传感器距离地面的高度也需要进行调整。因此，以玉米冠层顶部为参考每隔 3~5 天，对传感器高度进行调整，使其始终保持距离冠层顶部 80cm 高的位置。

图 6-21　KIipp&Zonen CNR4 四分量净辐射仪

B. 参考作物腾发量的计算

作物生育期内的气象数据从试验站内的自动气象站（HoBo，Campbell Scientific Inc.，USA）获得，主要包括太阳辐射、大气压、气温、风速、风向、相对湿度、降水量等，每 15 分钟自动记录数据。参考作物蒸散量（ET_0）的计算公式（门旗，2003），采用 FAO 推荐的 Penman-Monteith 公式：

$$ET_0 = \frac{0.408\Delta(R_n - G) + \gamma\dfrac{900}{T+273}u_2(e_s - e_a)}{\Delta + \gamma(1 + 0.34u_2)} \tag{6-2}$$

C. 玉米耗水测定

利用水量平衡法计算玉米生育期耗水，其计算公式如下：

$$ET_c = I + P - \Delta W - R - D \tag{6-3}$$

式中，ET_c 为玉米耗水量（mm）；I 为灌溉量（mm）；P 为降水量（mm）；ΔW 为土壤 1m 土层的储水量变化值；R 为地表径流（mm）；D 为根区（玉米为 1m）以下土壤深层渗漏量（mm）。本章中由于玉米采用的是膜上穴播，因此降水可通过膜孔进入土壤，在此忽略地膜覆盖对降水入渗的影响，即认为降水量 P 对覆膜和不覆膜处理的效果是一致的。1m 土层储水量 ΔW 则采用烘干法测得，在玉米种植前和收获后，分别在每个小区用土钻取土，取土深度为：0～20cm、20～40cm、40～60cm、60～80cm 和 80～100cm。可由下式计算：

$$\Delta W = 1000 \times Z_r [\theta(t_2) - \theta(t_1)] \tag{6-4}$$

式中，Z_r 为作物根区深度（m）；$\theta(t_1)$ 和 $\theta(t_2)$ 分别为 t_1 和 t_2 时刻的根区平均土壤体积含水率（cm³/cm³）。

该地区多年降水量非常小且灌溉方式为畦灌，因此可忽略地表径流，经计算该地区灌水量不会产生土壤深层渗透。则式（6-5）可简化为

$$ET_c = I + P - \Delta W \tag{6-5}$$

3. 结果与分析

A. 参考作物蒸散量

分析参考作物蒸散量的时间变化规律,有助于了解气象因素对作物需水量的影响及其时间变化规律(王浩,2013)。从图6-22可以看出,从4月25日~7月18日即玉米播种到抽雄吐丝期,参考作物蒸散量较玉米灌浆期和成熟期高,这可能是由于在中国西北地区从4~7月气温显著上升,日照时数增加,太阳辐射变大,因此参考作物蒸散量呈明显上升的趋势,在6月底到7月中旬达到最大值,而进入8月之后气温降低,日照时数减少,太阳辐射逐渐减弱,因此参考作物蒸散量呈下降的趋势。

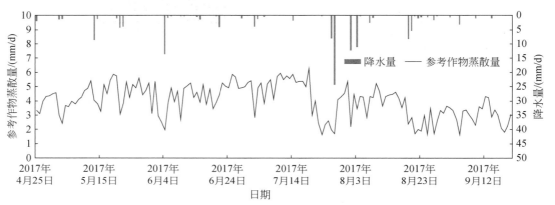

图6-22 玉米生育期内参考作物蒸散量和降水的日变化过程

B. 不同处理下玉米叶片净光合速率和气孔导度日变化

图6-23为不同覆膜与水分处理下玉米灌浆期叶片净光合速率的日变化比较。由图可知,不同处理条件下,灌浆期玉米叶片净光合速率呈单峰曲线,且峰值均出现在11:00。其中,处理M1W2的净光合速率最大,为24.48 $\mu mol/(m^2 \cdot s)$,M0W5的净光合速率最小,为15.47 $\mu mol/(m^2 \cdot s)$。在不覆膜(M0)方式下,7:00各处理的净光合速率随着水分胁迫程度增加而呈减小趋势,而从9:00开始这一规律开始变化,处理M0W2在9:00、13:00、15:00和17:00都表现出最高的光合速率,而在11:00处理M0W3的光合速率最高,为23.92 $\mu mol/(m^2 \cdot s)$,这说明适当的水分亏缺能够提高玉米的光合速率。在覆膜(M1)方式下,覆膜对于玉米叶片净光合速率的影响差异主要表现在下午13:00~19:00,处理M1W3的净光合速率明显增高,在15:00时与处理M0W3的差异具有统计学意义($P<$0.05),而其他时刻差异不具有统计学意义。其中,灌水处理W1和W2,在7:00和11:00时方式M1的玉米净光合速率较M0的高;灌水处理W3,只有7:00时方式M1的玉米净光合速率较M0的高;在灌水处理W4,除11:00和19:00外,方式M0较M1的净光合速率高,而灌水处理W5,在7:00和19:00时方式M0与M1的净光合速率接近,到11:00时方式M1的高于M0的,而此后方式M1的玉米净光合速率较M0的低。

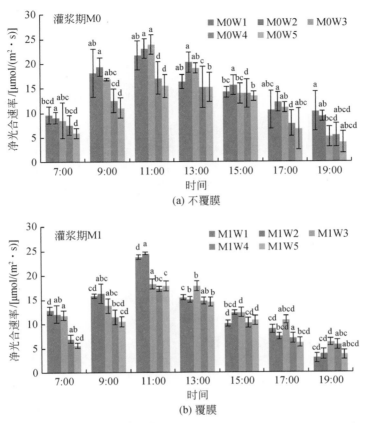

图 6-23　不同覆膜与水分处理下玉米灌浆期叶片净光合速率 P_n 的日变化比较

同一时刻，不同小写字母表示不同覆膜方式和水分亏缺共 10 个处理间差异达 5% 显著水平；
同时刻数据具有相同字母的表示处理间没有达到显著性检验（$P<0.05$），下同

　　叶片进行光合作用时，气孔的开放会引起水分的散失。在植物受到水分胁迫时，叶片通过调节气孔的开度从而降低气孔导度，这是植物对水分亏缺最早的响应。研究表明，气孔导度的变化通常在植物叶水势或叶片含水量变化之前就已经发生。由图 6-24 可知，不同覆膜与水分处理下玉米灌浆期叶片气孔导度的日变化比较（鲍巨松等，1991）。由图可知，不覆膜（M0）方式下，处理 M0W3 在 7:00 和 M0W4 在 17:00 的气孔导度表现出明显差异，呈负相关变化规律，这与叶片的气孔调节作用有关，气孔导度增大，使得进入叶片 CO_2 浓度增高，从而达到提高光合速率的目的，但此时的光合速率并没有上升，这说明在中度水分亏缺时，叶片光合速率降低还存在着非气孔因素的影响。在覆膜（M1）方式下，处理 M1W1 在 7:00、M1W3 在 9:00 和 M1W5 在 19:00，表现出与光合速率相反的变化规律。

　　由图 6-24 还可知，灌水处理 W1 条件下，方式 M0 的气孔阻力峰值提前出现在 11:00，而方式 M1 的峰值出现在 13:00；在灌水处理 W2 条件下，方式 M0 的气孔阻力峰值延后在

13:00 出现，而方式 M1 的光合峰值出现在 7:00；在灌水处理 W3，方式 M0 和 M1 的变化规律基本相同；灌水处理 W4 时，方式 M0 出现双峰曲线；灌水处理 W5 时，方式 M1 的气孔阻力峰值提前出现在 11:00。

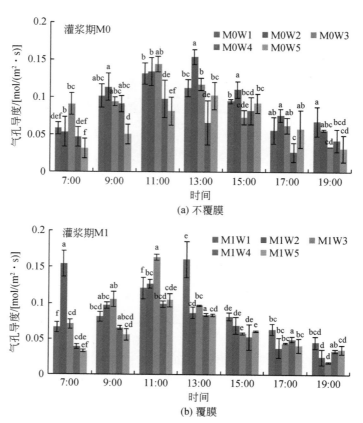

图 6-24　不同覆膜与水分处理下玉米灌浆期叶片气孔导度的日变化比较

C. 不同处理下玉米胞间 CO_2 浓度和气孔/非气孔限制日变化

胞间 CO_2 浓度直接影响光合作用中暗反应速率。通常认为 C_i 的变化主要受 4 个因素限制：叶片周围 CO_2 浓度、气孔导度、叶肉导度（g_m）和叶肉细胞的光合活性（陈根云等，2010）。叶肉阻力是指 CO_2 从气孔下腔到达 Rubisco 羧化位点过程中所受到的阻力，其倒数为叶肉导度。研究表明叶肉导度并不大，它与气孔导度一样是限制叶片光合作用的主要因素（李勇等，2013）；但由于叶肉导度测量复杂，因此在本章不进行分析。在正常供水条件下，叶片周围 CO_2 浓度基本保持稳定不变时，气孔导度下降，引起进入叶片的 CO_2 浓度降低，胞间 CO_2 浓度减小，从而导致光合速率降低。而在水分亏缺时，这一规律还受到叶肉细胞的光合活性影响。图 6-25 为不同覆膜与水分处理下玉米灌浆期叶片胞间 CO_2 浓度胞间 CO_2 浓度的日变化比较。由图 6-25 可知，在不覆膜（M0）方式下，7:00 除处理 M0W3 外，随着净光合速率下降，气孔导度下降，胞间 CO_2 浓度下降，这可能是由于植物缺水导致叶片气孔关闭，进入叶片 CO_2 浓度降低从而使光合速率降低。处理 M0W4 的胞间 CO_2 浓度在7:00、9:00、11:00 和15:00 明显高于其他处理，而胞间 CO_2 浓度并没有增大，这说明胞间 CO_2 浓度的变化与叶肉细胞的光合活性有关。而在覆膜（M1）方式下，处理 M1W2 在7:00 表现出类似的变化规律，这可能是受到覆膜因素的影响（王帘里等，2009）。而其他处理的胞间 CO_2 浓度变化规律与光合作用和气孔导度的变化规律并非呈正相关关系，为此还需进一步分析非气孔限制值的变化。

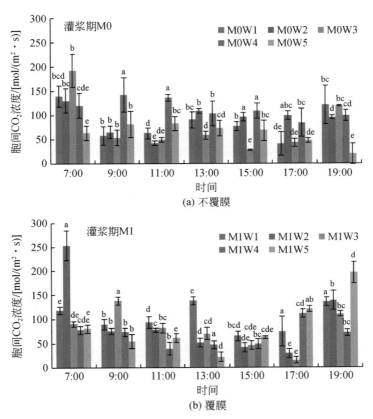

图 6-25　不同覆膜与水分处理下玉米灌浆期叶片胞间 CO_2 浓度胞间 CO_2 浓度的日变化比较

由图 6-26 可知，在 7:00 和 19:00，处理 M0W1、M0W2、M0W3 的气孔限制值较小而非气孔限制值较大，这主要是由于叶肉细胞光合活性较低，发生了非气孔限制；处理 M0W1 在9:00，气孔限制值增大而胞间 CO_2 浓度下降，这时气孔限制成为光合下降的主要原因，随后气孔限制值减小而胞间 CO_2 浓度增加，非气孔限制成为限制光合速率下降的主要原因。覆膜方式下，处理 M1W1 和 M1W2，在 9:00～17:00 气孔限制值保持上升的趋势，说明在无水分胁迫或轻度水分胁迫时，气孔限制成为光合速率下降的主要原因。而处理 M1W3，在9:00 气孔限制值减小而胞间 CO_2 浓度也开始降低，说明气孔限制和非气孔限制功能制约了光合速率增高。处理 M1W4，在 11:00 非气孔限制出现上升趋势，而到 17:00开始下降，说明在严重水分胁迫下，以非气孔限制为主。处理 M1W5，在 13:00 开始表现为非气孔限制为主。

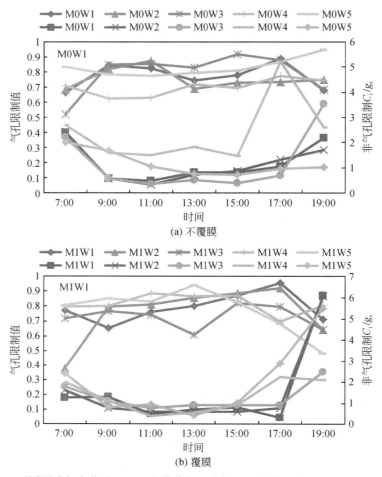

图 6-26　不同覆膜与水分处理下玉米灌浆期叶片气孔限制值/非气孔限制值日变化比较

D. 不同覆膜与水分处理下玉米叶片水分利用效率的比较

叶片水平的水分利用效率，通常是指光合器官进行光合作用时的水分利用效率，是植物消耗水分形成干物质的基本效率（王会肖和刘昌明，2000）。由图 6-27 可知，在不覆膜（M0）条件下，随着时间的变化，各处理的水分利用效率变化规律与净光合速率相反，在 7:00 和 11:00，M0W2 和 M0W3 处理与其他处理相比存在显著性差异，而 9:00 和 11:00，M0W1 处理与其他各处理相比差异显著，在 7:00、13:00 和 15:00，M0W4 处理与其他各处理相比差异显著，只有 M0W5 与各处理比较差异不显著。在覆膜（M1）条件下，在 11:00、15:00 和 17:00，M1W2 和 M1W3 处理与其他各处理相比差异显著，这种显著性差异可能存在一定的滞后性。在 17:00，M1W1 处理与其他各处理相比差异显著，在 7:00、11:00 和 13:00，M0W4 处理与其他各处理相比差异显著，在 11:00 和 17:00，与其他处理相比存在显著性差异。在不覆膜（M0）条件下，除 7:00 的 M0W4 处理、15:00 的 M0W3 处理和 17:00 的 M0W2 处理的水分利用效率明显高于其他处理，这可能是由于在水分胁迫后，叶片适应了干旱缺水，从而提高了水分利用效率，提高了玉米的抗旱能力。而在覆膜（M1）条件下，M1W3 处理在 7:00、9:00 和 19:00 都表现出了这一适应性。M1W2 处理在 11:00、M1W4 处理在 15:00 的水分利用效率最高。

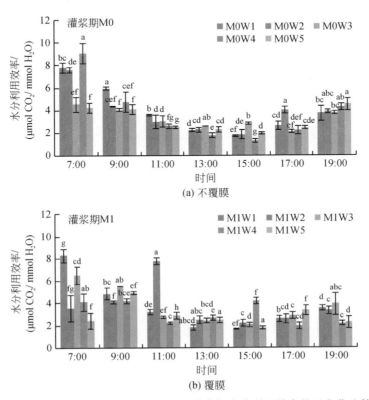

图 6-27　不同覆膜与水分处理下玉米灌浆期水分利用效率的日变化比较

E. 不同处理下玉米生物产量构成因素的变化

玉米生物产量的形成主要取决于绿叶面积指数、光合速率、呼吸速率及光合作用持续的时间，它们的状况直接影响到作物的干物质累积和最终的产量（Li et al., 2013；Flexas and Medrano，2002）。由图 6-28 可见，水分胁迫使得玉米的绿叶面积指数减少。在覆膜（M1）条件下，从出苗到大喇叭口期（7 月 1 日）叶面积指数呈指数增长，之后增长速率减缓，到抽雄期（7 月 15 日）叶面积指数开始下降。在不覆膜（M0）条件下，从出苗到小喇叭口期（6 月 23 日）叶面积指数呈指数增长，但增长速率明显低于 M1 处理，从小喇叭口期到抽雄期（7 月 20 日）叶面积指数的增长速率明显增加。从抽雄期到成熟期，各处理的叶面积指数下降明显。这说明，覆膜处理对叶面积指数的影响在营养生长期比较明显，而进入生殖生长期后差异不明显。水分对玉米叶片叶面积指数的影响主要表现在拔节期（6 月 7 日）以后，在拔节期之前各处理差异不明显，而拔节期之后随着水分胁迫程度的增加，叶面积指数的增长速率减缓，这可能是由于随着水分胁迫的加强，玉米叶片的伸展速率逐渐降低，同时加速了叶片的衰老，老叶提前枯黄。而在 M1 条件下水分差异表现出趋势的提前，这可能是覆膜使得土壤温度增加，增加了玉米生育期内的积温，使玉米生育期提前。在充分灌溉（W1）条件下，不覆膜处理叶片的叶面积指数最大值较覆膜处理高；而在水分亏缺（W2、W3、W4、W5）条件下，覆膜处理的玉米叶面积指数的最大值高于不覆膜处理。从全生育期来看，覆膜处理下，玉米叶片的叶面积指数在拔节期之前增长速率明显高于不覆膜处理，而拔节期之后覆膜处理的叶面积指数降低速率明显低于不覆膜处理，可以看出，覆膜处理能够减轻由于水分胁迫而导致的玉米叶面积指数的降低。

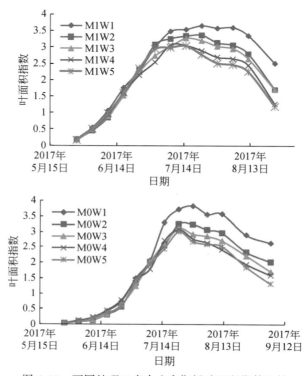

图 6-28　不同处理玉米全生育期绿叶面积指数比较

F. 不同处理下玉米地上干物质积累、产量及收获指数的变化

植物的干物质积累 90% 以上来自于光合作用同化 CO_2，干物质积累与产量的高低关系密切（王伟等，2009）。由图 6-29 可知，在覆膜（M1）条件下，玉米地上干物质积累较多的时期是从大喇叭口期（7 月 1 日）开始到吐丝期（8 月 10 日），8 月 31 日 M1W3 和 M1W4 地上干物质出现明显的下降，可能是由于干旱缺水导致的玉米出现早衰，叶片提前掉落，而在 9 月 9 日干物质的上升主要是由于玉米灌浆后干物质中果实重量所占比例的增加，表现出水分的差异。M1W4 处理在抽雄期（7 月 20 日）表现出较高的地上干物质积累量而此后到乳熟期（9 月 1 日）M1W5 处理在全生育期都表现出最低的干物质积累。在轻度的水分亏缺 M1W2 处理，干物质积累表现出稳定增长趋势，尤其在乳熟期（9 月 1 日）之后明显高于其他处理。M1W1 和 M1W3 处理表现出相同的变化趋势。在不覆膜（M0）条件下，除 M0W5 处理外，在营养生长期地上干物质积累的比较为 M0W2> M0W1>

M0W3> M0W4 处理，而进入到生殖生长期后，地上干物质积累 M0W4 处理较 M0W3 处理高。M0W3 和 M0W4 处理地上干物质积累在乳熟期出现下降的过程，这可能是由于水分亏缺玉米出现早衰现象，影响了籽粒的灌浆而导致的。M0W2 处理表现出较高的地上干物质积累，可能与轻度水分亏缺，导致叶片变厚而更利于干物质积累有关。W2 处理地上干物质累积在灌浆期依旧保持较高的增长速率，而其他处理明显降低。这可能是由于轻度的水分亏缺导致植物表现出的抗逆生理特征大于水分亏缺带来的影响。

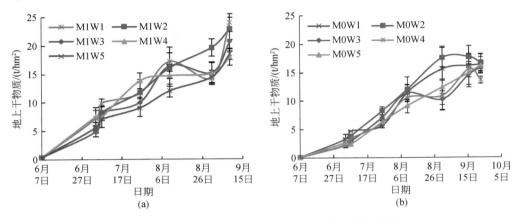

图 6-29　不同处理玉米全生育期地上干物质累积比较

作物的产量取决于光合同化产物的累积量及其向籽粒分配的比例（谭国波等，2010）。图 6-30 为不同处理玉米全生育期产量 Y 与收获指数 HI 的变化比较。由图 6-30（a）可知，覆膜方式的作物产量明显高于不覆膜的，方式 M1 和 M0 的差异具有统计学意义（$P<$0.05）。这说明在西北地区，地膜覆盖措施对于玉米产量的影响较大，覆膜对玉米产量的提高效果明显。在覆膜（M1）方式下，不同灌水处理下产量差异不显著，产量比较由大到小按灌水处理为 W1、W2、W3、W5、W4，其中处理 M1W4 的产量最低，这与地上干物质积累低有关；灌水处理 W1、W2 和 W3 的产量较 W4 和 W5 的高，说明在覆膜方式下，重度水分亏缺对产量影响较大。在不覆膜（M0）方式下，各灌水处理的差异不显著，其中产量的比较由大到小按灌水处理为 W3、W2、W1、W4、W5。

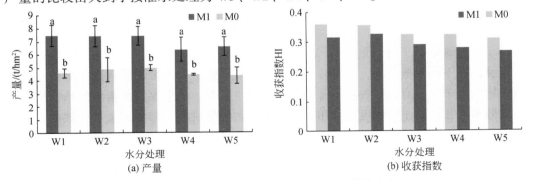

图 6-30　不同处理玉米全生育期产量与收获指数的变化比较

数据具有不同小写字母表示处理间差异达 5% 显著水平；相同字母的表示处理间没有达到显著性检验（$P<0.05$）

作物收获指数（HI）是经济产量与最终生物量的比值（谢光辉等，2011），它反映了作物光合产物转化为经济产量的能力，是评价作物品质产量水平和栽培成效的重要指标。由图 6-30（b）可知，在覆膜（M1）条件下，HI 的比较为 W1 > W2 > W3 > W4 > W5，HI 随着水分胁迫程度的增高而降低，其中 W4 的产量较 W5 低，但其 HI 较 W5 高这主要与 W4 的最终生物量较高有关。在不覆膜（M0）条件下，HI 的比较为 W2 > W1 > W3 > W4 > W5，W2 处理的 HI 提高主要是由于轻度的水分胁迫提高了玉米叶片的净光合速率，有利于植株干物质的积累，增加了籽粒的产量，提高了玉米的 HI。

4. 结论与讨论

水分是植物进行光合作用重要的原料，直接参与光合作用。研究表明，在干旱发生初期，夏玉米的净光合速率、蒸腾速率和气孔导度均出现明显下降，而随着干旱的持续，这种下降幅度减小，其值趋于稳定，对长期的干旱表现出一定的适应性。本章研究结果表明，在水分胁迫初期，轻度的水分亏缺能提高叶片的净光合速率，随着水分亏缺程度的增加，降低玉米叶片光合速率和气孔导度，呈现下降趋势；随着水分胁迫的加重和干旱持续时间的延长，水分胁迫导致的光合速率降低由气孔限制转变为非气孔限制，而在严重缺水的情况下，气孔限制和非气孔限制可能同时存在；水分利用效率随干旱程度的增加而提高，这与前人研究结果基本一致。实际上，引起叶片光合速率降低的植物因素主要是以上两种原因，前者使胞间 CO_2 浓度降低，而后者使胞间 CO_2 浓度增高。当两种因素同时存在时，胞间 CO_2 浓度的变化方向取决于占优势的那个因素。因此，界定水分胁迫对叶片产生了气孔限制或非气孔限制是胞间 CO_2 浓度和气孔限制值的变化方向，而不是气孔限制值和非气孔限制值的大小。通过试验发现，在不同的水分亏缺条件下，气孔限制与非气孔限制是交替发生或者是同时存在的，这可能与叶片气孔的主动调节作用或者叶肉细胞活性下降而产生了被动调节有关。在不同水分胁迫条件下，叶片发生了气孔限制值还是非气孔限制值，尚无规律而言，因为，这一方面与植物受到胁迫的过程有关，即包括植物生长的气象条件、植物受旱方式及胁迫持续时间；另一方面与植物品种、发育时期、叶片衰老的程度、植物抗逆的特性等有关。植物生理调节过程极其复杂，有待进一步深入研究。

覆膜对水分亏缺条件下玉米净光合速率的影响，一方面可能是由于地膜对光合有效辐射的反射作用的影响，不同干旱程度的地表反射率不同，而地膜覆盖改变了光合有效辐射的入射及反射过程；另一方面地膜覆盖影响了农田近地面的生境条件，改变了植物冠层微气象环境，从而影响了叶片的气体交换过程，并对群体长势产生影响，最终导致产量改变。可见，在不覆膜条件下，不同程度的水分亏缺导致玉米产量不同程度下降，而覆膜能够有效增加由于水分亏缺而导致下降的玉米产量。同时，蓄水保墒的覆膜栽培措施减少土壤的无效蒸发、提高土壤温度的作用，促进了植物提早成熟，降低了水分亏缺的程度，促进了水分消耗由物理过程向生理过程转化。因此，研究覆膜和水分亏缺条件下植物叶片的生理过程，并通过气体交换参数和产量进行分析，对于在干旱和半干旱地区的农业种植方式方法，具有一定的指导意义。在覆膜条件下，充分灌溉并不能提高作物产量，反而造成了水分浪费，增加了投入成本，而轻度水分亏缺，在提高叶片净光合速率的同时，对产量的影响较弱，在节约了水分的同时降低了投入成本，并且可为农业的可持续发展作出贡献。

6.2 CropSPAC 水热传输模拟模型

6.2.1 作物生长与产量模型基本原理

CropSPAC 耦合模型能够动态模拟作物的生长过程和 SPAC 系统水热迁移过程，不仅能够模拟土壤水分变化对作物生长过程的影响，还能模拟作物生长发育状况对 SPAC 水热迁移的影响，CropSPAC 主要包括作物模型、SPAC 水热传输模型以及二者的耦合。

1. 作物模型的阶段发育

对阶段发育的模拟主要包括以下部分：采用正弦指数方法计算日热效应 DTE；采用三段函数计算春化效应 VE，根据脱春化作用与 VE 和温度的关系计算脱春化效应 VED，由 VE 和 VED 计算春化天数 VD 和春化进程 VP；通过日常 DL 和光周期敏感性 PS 计算光周期效应 PE；由 PE 和 VP 计算日热敏感性 DTS；最后用 DTE 和 DTS 计算日生理效应 DPE，再由 DPE 累积得到生理发育时间 PDT，利用 PDT 恒定原理可以预判春小麦的生育期进程。

2. 作物模型的生物量形成

对生物量的模拟主要包括冠层光合作用、光合作用影响因子、呼吸作用、同化积累与生物量形成这四个方面。

冠层光合作用：依次计算大气上界光合有效辐射 PAR、冠层顶部光合有效辐射 PARCAN、作物冠层深度 L 处的光合有效辐射强度 I_L；根据单叶光合作用速率 FG 与 I_L 之间存在的负指数型关系计算得到 FG；采用高斯五点积分法将冠层分为 5 层，用 PARCAN 求得冠层第 i 层所吸收的光合有效辐射 $I_L[i, j]$，用 $I_L[i, j]$ 求得第 i 层的瞬时光合作用速率 FG $[i, j]$，将各层的 FG $[i, j]$ 加权求和计算得出整个冠层的瞬时光合作用速率 FG $[j]$，然后选取中午到日落期间的 3 个时间点，求得这 3 个时间点的 FG $[j]$ 后将其加权求和得到每日冠层总光合作用量 DTGA。

光合作用影响因子：温度、CO_2 浓度、水分和氮素对春小麦的光合作用过程都有不可忽视的影响，分别用温度影响因子 FT、CO_2 浓度影响因子 FC、水分影响因子 FH、氮素影响因子 FN 来表示其对光合作用的影响程度。FT 对叶片最大光合作用速率 $PLMX_0$ 有较大影响，用日均气温 T_{mean} 求得；FC 也对 $PLMX_0$ 有较大影响，由当地 CO_2 浓度 C_x 求得；FH 由土壤含水率数据求得；FN 由植株含氮量求得；用 FT 和 FC 校准 $PLMX_0$ 后得到实际单叶光合速率 PLMX，用 FH 和 FN 校准 DTGA 后得到每日实际总同化量 FDTGA。

呼吸作用：呼吸作用包括生长呼吸、维持呼吸和光呼吸 3 个部分，CropSPAC 对春小麦呼吸作用的模拟是通过建立这 3 个部分与光合作用的数量关系来完成的。用 T_{mean} 求得的

温度系数 Q_{10}，由经验维持呼吸系数 RM（T_0）和 Q_{10} 描述维持呼吸消耗量 RM 占 FDTGA 的比例，进而求得 RM，同样思路由生长呼吸系数 Rg 求得生长呼吸消耗量 RG，由生光呼吸系数 Rp（T_0）和 Q_{10} 求得光呼吸消耗量 RP。

同化积累与生物量形成：FDTGA 减去 RM、RG、RP 这 3 部分就得到了日净同化量 PND，然后由 PND 乘以 3 个既定转化系数得到干物质日增量 TDRW，再由 TDRW 每日累积也就是积分得到生物量 W_{DAY}。

3. 作物模型的干物质分配与产量形成

采用不连续的分段分配系数将干物质分配给各器官，分配指数是指单位时间内各器官干重增量占总增量的比例，而分配指数随 PDT 连续动态变化，据此得到春小麦各器官的分配指数公式，其中借鉴了前人作物模型的部分分配指数形式加以综合修正。由分配指数得到各器官干重日增量，日增量累积为各器官干重，据籽粒产量 YIELD 与穗重 W_{EAR} 的关系计算 YIELD，并据 LAI 与叶干物质 W_{LEAF} 的关系计算 LAI。

6.2.2 SPAC 水热传输模型的基本原理

SPAC 水热传输模型是由毛晓敏等（1997a，1997b，1998a，1998b，1999）基于土壤水动力学、微气象学、空气动力学、能量平衡原理等学科理论建立的，在建立 SPAC 水热传输模型过程中，将 SPAC 分为 3 个层次，即土壤层、作物冠层和位于一定参考高度的大气层。模型包括两部分：地表以下的土壤水热迁移和地表以上的地面–冠层–大气水热交换，并通过地表热通量、蒸发蒸腾量、土壤水分、地温、根系吸水等联系起来。作物冠层采用单层模式来描述，即假设在作物冠层中的空气温度、湿度及叶面温度都是均一的。其中，地表以下的土壤水热迁移、地表以上的地面–冠层–大气水热交换，是通过地表热通量、蒸发蒸腾量、土壤水分、土壤温度、根系吸水等联系起来。SPAC 水热传输是一个相互关联、相互作用的整体，包括土壤内的水热传输、根系吸水、土壤及植物冠层与大气间的水热交换等过程。该模型可以描述土壤水分及温度、地表蒸发及作物蒸腾、下垫面能量分配等过程。

6.2.3 作物模型与 SPAC 水热传输模型的耦合

机理方面，作物的生长过程与 SPAC 水热传输过程紧密联系：作物生长过程中的作物叶面积、根系生长变化等对 SPAC 水热传输过程中的冠层能量分配、水热传输阻力、根系吸水影响重大，SPAC 水热传输过程中的土壤水分胁迫对作物生长过程中的蒸散发、生物量形成、干物质分配等影响重大。

模型建立方面，作物模型与 SPAC 水热传输模型互为输入输出。作物模型输出的 LAI、根深、株高和叶宽是 SPAC 水热传输模型的输入数据，而 SPAC 水热传输模型输出的土壤水分状况，即根层平均含水率，这又是春小麦作物模型的输入数据。

SPAC 水热传输模型含有较多非线性方程组，直接联立求解非常困难，为便于求解并减少计算中的数值震荡，CropSPAC 模型采用总体全隐式迭代的方法求解，同时由于模型所需作物数据较少，必须在计算过程中不断给出假设值，采用的迭代方法是：首先给出一组作物数据的假设值，将其输入 SPAC 水热传输模型从而获得对应的土壤水分温度数据，然后求解作物模型，获得一组作物数据，并与最先的假设值比较，连续迭代计算直到满足误差要求为止。

6.2.4 CropSPAC 模型文件

CropSPAC 模型文件大小为 2M 左右，包括 3 个部分：模型程序文件、输入文件和输出文件，均在文件夹主目录下，如图 6-31 所示。模型运行时不需要安装，打开 CropSPAC 原文件夹，准备好输入文件，双击程序文件 CropSPAC，按照常规 C 语言文件运行即可，模型运行完毕后输出文件同时完成。输入输出文件都可以 txt 文本格式打开，具体可用记事本或写字板进行编辑操作，导入至 Microsoft Excel 2013 等软件进行数据整理分析。模型程序文件的文件名可以根据个人情况修改，输入输出文件的文件名不得随意修改，否则程序无法正常运行。

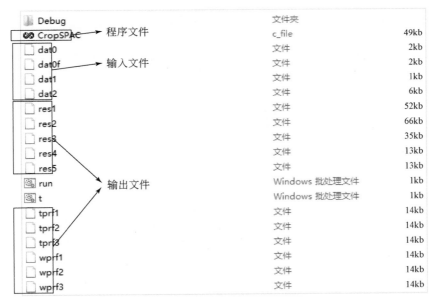

图 6-31　CropSPAC 模型文件

1. 模型输入文件解释

如图 6-31 所示，模型输入文件共有 4 个，分别为 dat0、dat0f、dat1 和 dat2。模型输入文件是模型正常运行的前提，在运行模型之前必须将 4 个输入文件全部准备妥当，模型方能正常运行。输入文件设定的准确程度直接影响模型模拟的效果，输入越准确，调试好的模型模拟效果越理想，输入不准确甚至互相矛盾，模型模拟效果大打折扣甚至无法正常运行。

（1）dat0 和 dat0f 文件

dat0 文件为土壤水分和温度初始剖面，内含有 3 行数据，第一行为各个土壤计算剖面网格节点的地面以下深度（cm），间隔为 2，无小数位，从上往下等差增大；第二行、第三行分别是和各个节点深度一一对应的土壤体积含水率（cm³/cm³）和土壤温度（℃），且都保留 4 位小数。有模拟起始日的土壤水分和温度监测数据时，初始剖面应该由实际监测的数据插值得到，若缺少实测数据，则根据经验假定初始剖面，然后模型程序根据假定值反复计算，得到一个相对稳定的初始剖面，并将该剖面输入到 dat0f 文件中，dat0f 中三行数据的意义和 dat0 中一致。

（2）dat1 文件

dat1 文件包含土壤剖面网格划分、土壤性质、作物遗传参数、部分作物数据初值等输入信息，见表 6-8。dat1 中需要解释的内容如下。

1）模型计算设定。

①计算时间，若需修改，必须和模型原程序统一修改，否则模型无法运行。

②土壤计算剖面深度，根据已有数据和模拟需要调整，同样必须和模型原程序统一。

2）土壤特性参数。

①饱和导水率、饱和含水率和残余含水率，用实测数据设定，若缺少实测数据则根据经验或参考其他文献设定。

②alfa 和 nn，van Genuchten-Mualem 模式中的经验参数，van Genuchten-Mualem 模式用来描述土壤水分运动参数，如下：

$$|\psi| = \frac{\left\{\left[(\theta-\theta_r)/(\theta_s-\theta_r)\right]^{\frac{n}{1-n}}-1\right\}^{\frac{1}{n}}}{a} \tag{6-6}$$

$$K_w = \frac{K_s\left\{1-(a|\psi|)^{n-1}\left[1+(a|\psi|)^n\right]^{\frac{1-n}{n}}\right\}^2}{\left[1+(a|\psi|)^n\right]^{\frac{n-1}{2n}}} \tag{6-7}$$

$$C_w = \frac{(n-1)(\theta-\theta_r)\left[1-\left(\frac{\theta-\theta_r}{\theta_s-\theta_r}\right)^{\frac{n}{n-1}}\right]}{|\psi|} \tag{6-8}$$

$$D_w = \frac{K_w}{C_w} \tag{6-9}$$

式中，$|\psi|$ 为土壤基质吸力；θ、θ_r 和 θ_s 分别为土壤体积含水率、残余含水率和饱和含水率；K_s 为土壤饱和导水率；C_w 为土壤比水容量；a 和 n 为经验参数，代码 alfa 为 a，nn 为 n。

③pai、proot 和 suct50：van Genuchten 提出了根系吸水模型，其中的水分胁迫响应函数为

$$\alpha(\psi, \pi) = \frac{1}{1+\left[(\psi+\pi)/\psi_{50}\right]^p} \tag{6-10}$$

式中，π 为土壤溶质势，即代码 pai，忽略土壤盐分作用时取 0；p 为经验常数，即代码

proot，大多数作物的 $p=0$；ψ_{50} 为作物最大蒸腾量减半时的土壤基质势，即代码 suct50，这与作物的生理特性相关。

表 6-8　dat1 文件内容解释

代码	含义	单位
T	计算时间	min
H	土壤计算剖面深度	cm
h	土壤计算剖面网格	cm
Ks	饱和导水率	cm/min
sitas	饱和含水率	cm^3/cm^3
sitar	残余含水率	cm^3/cm^3
alfa	van Genuchten-Mualem 模式中的经验参数	
nn	van Genuchten-Mualem 模式中的经验参数	
rcmax	最大气孔阻力	s/m
rcmin	最小气孔阻力	s/m
LAI1	初始叶面积指数	
EAI1	初始穗面积指数	
hveg	初始冠层高度	cm
wveg	初始叶宽	m
lroot	初始根长	cm
pai	土壤溶质势	
proot	经验常数	
suct50	土壤基质势特定值	
ts	温度敏感性	
PVT	生理春化时间	天
PS	光周期敏感性	
BDF	生理发育因子	
HI	收获指数	
FC	CO_2 浓度影响因子	
FN	氮素影响因子	

3）作物参数。

①rcmax 和 rcmin：吴擎龙等（1996）研究认为一日之内和连续数日间的气孔阻力 r_{vo}

变化有一定规律，气孔在白天打开，r_{vo} 基本不变并假定达最小气孔阻力 $r_{v,min}$；气孔在晚上关闭，r_{vo} 在这时候达到最大气孔阻力 $r_{v,max}$。毛晓敏等（2001）忽略冠层内部水热和辐射对 r_{vo} 的影响，用分段线性函数描述供水充足环境下作物气孔阻力的日内变化，以及日出前和日落后为均 $r_{v,max}$，日出后 2h 内线性减小至 $r_{v,min}$，并保持不变直到日落前 2 小时，再线性增加到 $r_{v,max}$，见式（6-11）。代码 rcmax 和 rcmin 分别代表最大气孔阻力 $r_{v,max}$ 和最小气孔阻力 $r_{v,min}$。

$$r_{vo} = \begin{cases} r_{v,max} & (t \leq t_r) \\ r_{v,max} - \dfrac{(r_{v,max} - r_{v,min})(t - t_r)}{2} & (t_r < t < t_r + 2) \\ r_{v,min} & (t_r + 2 \leq t \leq t_s - 2) \\ r_{v,min} + \dfrac{(r_{v,max} - r_{v,min})(t - t_s + 2)}{2} & (t_s - 2 < t < t_s) \\ r_{v,max} & (t \geq t_s) \end{cases} \quad (6\text{-}11)$$

②LAI1、EAI1、hveg、wveg 和 lroot：均根据实测数据设定，若缺少实测数据则根据经验或参考其他文献设定。

③ts、PVT、PS 和 BDF：都是由作物品种决定的遗传参数。

作物品种对温度越敏感，则温度敏感性越大，小麦温度敏感性的变化范围是 0~1，这直接影响小麦热效应 TE；对于小麦，生理春化时间 PVT 为 0~60 天。播种以后在土壤中经过若干天的低温孕育后方可出苗，低温的这若干天就是春化阶段。冬性强的品种一般要求春化时的适宜气温在 0~3℃，并且要持续 40~45 天。半冬性品种春化阶段的适宜气温要比冬性品种高一点，一般要在 3~6℃，持续 10~15 天，其实半冬性品种在 8℃ 以上也能春化，但这会导致后期抽穗较慢。春性品种春化时的适宜气温最高，一般要在 7~15℃，持续 5~8 天才能完成。PVT 会直接影响作物的春化效应 VE；光周期长短对不同类型作物的影响不同，小麦等冷季作物一般是长光周期促进生长发育，而水稻等暖季作物一般是短光周期促进生长发育，而短光周期对冷季作物生长的抑制作用就是通过光周期敏感性来描述的。小麦光周期敏感性的变化范围是 0~0.01，这直接影响小麦的光周期效应 PE；生理发育时间 PDT 是遗传属性，对于相同品种的作物，在不同光热环境下，相同生育期所耗用的 PDT 应该是相同的，这就是 PDT 恒定原理，可用来预测作物的发育进程，如 PDT 累积到抽穗期的特定值时，就判定该作物开始进入抽穗期了。但是因为，在相同的光热条件下，不同基因型但相同品种作物到达特定生育期所需的最短热时间不同，生理发育因子就是用来调节不同基因型的 PDT 累积速率，从而使得它们在相同生育期的 PDT 恒定不变。小麦生理发育因子的变化范围为 0.6~1，最早熟的基因型为 1，最晚熟的基因型为 0.6，其他基因型为 0.6~1。

④收获指数：收获指数同时受到小麦基因型和生长环境的影响，可根据实测数据计算，若缺少实测数据则根据经验或参考其他文献设定。

⑤CO_2 浓度影响因子和氮素影响因子：CO_2 浓度和氮素营养都会显著影响春小麦光合作用，分别用 CO_2 浓度影响因子 FC、氮素影响因子 FN 来表示其影响程度。由当地 CO_2 浓

度数据求得，FN 由植株含氮量数据求得，若缺少实测数据则根据经验或参考其他文献数据设定。

（3）dat2 文件

dat2 文件包括的内容主要有模拟的起止日期、部分作物数据、气象数据、灌溉情况、土壤下边界，均根据实测数据或资料设定，部分代码解释见表 6-9。最下面的 10 行数据从左往右依次是：日均气温（℃）、日最高气温（℃）、日最低气温（℃）、日均相对湿度（%）、日最高相对湿度（%）、日最低相对湿度（%）、风速（m/s）、日照时数（h）、土壤温度下边界（℃）、土壤水分下边界（cm^3/cm^3）。所有内容均根据实测数据计算设定，如果缺乏实测数据，就根据资料或者文献设定。

表 6-9 dat2 文件内容解释

代码	含义	单位
monthF	模拟起始月	月
datF	模拟起始日	日
monthE	模拟截至月	月
datE	模拟截止日	日
PDT	初始生理发育时间	天
VD	初始春化天数	天
Wday0	初始干物质总量	kg
Wleaf0	初始叶干物质量	kg
Wtop0	初始地上部分干物质量	kg
irriN	模拟时段内的降水灌水总次数	次
irmon$i$（$i=1$、2、3…）	第 i 次降水或灌水所在月份	月
irdat$i$（$i=1$、2、3…）	第 i 次降水或灌水所在日	日
irQ	降水量或灌水量	cm

2. 模型输出文件解释

如图 6-31 所示，模型输出文件共有 11 个，分别为 res1、res2、res3、res4、res5、tprf1、tprf2、tprf3、wprf1、wprf2 和 wprf3，它们所包含的内容就是模型正常运行后所得到的模拟结果，模型未正常运行无输出文件或者输出文件不完整。通过分析输出文件所载的模拟结果才能知晓模型运行的效果和存在的问题，从而进一步调试模型。

res1、res2、res3、res4 和 res5 的解释见表 6-10，其中日序数是从当年 1 月 1 日（Id = 1）到 12 月 31 日（Id = 355 或 356）结束，小时序数是从当日 1：00（Ihr = 1）到 24：00（Ihr = 24）结束。

tprf1、tprf2 和 tprf3 分别为模拟起止时段内每日 24：00、8：00 和 16：00 时各不同深度处的土壤温度，wprf1、wprf2 和 wprf3 分别为模拟起止时段内每日 24：00、8：00 和 16：00 时的 1m 土层储水量、土壤储水量、各不同深度处的土壤体积含水率。

表 6-10　res1、res2、res3、res4 和 res5 文件内容解释

文件	代码	含义	单位
res1	Id	日序数	—
	Ihr	小时序数	—
	hRn	第 Id 日的第 Ihr 小时末的净辐射	W/m²
	hLEv	第 Id 日第 Ihr 小时末用于作物叶面蒸腾的潜热消耗	W/m²
	hCvxr	第 Id 日的第 Ihr 小时末作物叶面与冠层空气之间的显热交换	W/m²
	hLEs	第 Id 日的第 Ihr 小时末土壤表面蒸发所消耗的潜热	W/m²
	hCsxr	第 Id 日的第 Ihr 小时末土壤与冠层空气之间的显热交换	W/m²
	hGstl	第 Id 日的第 Ihr 小时末土壤向下的热通量	W/m²
res2	sita（surf）	第 Id 日的第 Ihr 小时末的地表土壤体积含水率	cm³/cm³
	temp（surf）	第 Id 日的第 Ihr 小时末的地表土壤温度	℃
	Tb	第 Id 日的第 Ihr 小时末的冠层温度	℃
	Tleaf	第 Id 日的第 Ihr 小时末的叶面温度	℃
	hevpb_a	第 Id 日的第 Ihr 小时的冠层向大气蒸发量	mm
	hevps	第 Id 日的第 Ihr 小时的地表总蒸发量	mm
	hevpg	第 Id 日的第 Ihr 小时的叶面总蒸发量	mm
res3	hqsurf	第 Id 日的第 Ihr 小时的地表的潜水蒸发量	mm
	hinfilt	第 Id 日的第 Ihr 小时的 1m 深处的潜水蒸发量	mm
	hflux	第 Id 日的第 Ihr 小时的潜水面处的潜水蒸发量	mm
res4	time	日序数	—
	dRn	第 time 日的净辐射	W/m²
	dLEv	第 time 日用于作物叶面蒸腾的潜热消耗	W/m²
	dLEs	第 time 日土壤表面蒸发所消耗的潜热	W/m²
	dCvxr	第 time 日作物叶面与冠层空气之间的显热交换	W/m²
	dCsxr	第 time 日土壤与冠层空气之间的显热交换	W/m²
	dGstl	第 time 日土壤向下的热通量	mm
	devpb_a	第 time 日冠层向大气蒸发量	mm
	devpg	第 time 日的叶面总蒸发量	mm
	devps	第 time 日的地表总蒸发量	mm
res5	sita	第 time 日的 0～30cm 土层的平均土壤体积含水率	cm³/cm³
	TDRW	第 time 日的群体干物质的日增量	kg/hm²
	PDT	至第 time 日的累积生理发育时间	天
	VD	至第 time 日的累积春化天数	天
	Wday1	至第 time 日的总干物质累积量	kg/hm²
	Wtop1	至第 time 日的地上干物质累积量	kg/hm²

续表

文件	代码	含义	单位
	Wleaf1	至第 time 日的叶干物质累积量	kg/hm²
	Wear	至第 time 日的穗干物质累积量	kg/hm²
	Wroot	至第 time 日的根干物质累积量	kg/hm²
res5	LAI2	第 time 日的叶面积指数终值	—
	LAI4	第 time 日的叶面积指数预报值	—
	hveg	第 time 日的株高	cm

6.3 作物生长与产量模拟模型的改进

为了增强 CropSPAC 模型在农田生态系统中的适用性，基于植物生理学原理将作物模型中模拟作物生长与产量的过程进行了改进，分别建立 C_3 作物生长模拟模型和 C_4 作物生长模拟模型，作物生长与产量模拟模型改进的部分如下。

6.3.1 C_3 作物的生长模拟模型

气孔导度作为控制植物光合速率和蒸腾速率的生理生态指标被广泛关注，人们一直希望能够建立一种基于生理过程和生态过程的气孔导度模型，来提高对生态系统蒸腾和光合作用的定量评价精度。但时至今日，人们对气孔运动的生理生化机制，还知之不足，现今的计算机模型及模拟方法还都不能够很好地表达复杂的细胞生理生化过程。有关气孔导度的模型主要以机理性或者经验性为主，其中应用最广泛最具代表性的气孔导度模型之一是 Jarvis 多变量阶乘模型。近年来，随着计算机信息技术的发展，人工神经网络（artificial neural network，ANN）以其大规模并行处理、分布式存储、自适应性、容错性、冗余性等许多优良特性而广泛应用于水文模拟及生理参数预测等方面，它能从已知数据中自动地归纳和获得这些数据的内在规律，具有很强的非线性映射功能。因此可以尝试利用人工神经网络模型模拟气孔导度对环境因子的响应行为。在本节中将使用 Jarvis 多变量阶乘模型以及人工神经网络对气孔导度进行模拟，并比较二者的模拟效果。

1. Jarvis 多环境变量气孔导度模型

（1）Jarvis 气孔导度模型的建立

Jarvis 气孔导度模型认为各环境变量对气孔导度的作用是相互独立的，并且其对气孔导度的影响具有协同作用，根据植物叶片气孔导度对单一环境因子的响应，叠加得到多个环境因子同时变化时对叶片气孔导度的综合影响，通常可以采用如下的一般形式：

$$g_s = f(\text{PAR}) f(\text{VPD}) f(\varphi) f(T) f(C_a) \qquad (6\text{-}12)$$

式中，g_s 为气孔导度 $[\text{mol}/(\text{m}^2 \cdot \text{s})]$；$f(\text{PAR})$、$f(\text{VPD})$、$f(\varphi)$、$f(T)$、$f(C_a)$ 分别为气孔导度对光合有效辐射 $[\mu\text{mol}/(\text{m}^2 \cdot \text{s})]$、饱和水汽压差（kPa）、叶水势（kPa）、温度（℃）和 CO_2 浓度（$\mu\text{mol}/\text{mol}$）环境因子的响应函数，分别模拟了气孔导度对不同环境因子的响应特征。其中，$f(\text{VPD})$、$f(\varphi)$、$f(T)$、$f(C_a)$ 的值均为 0～1。

由于植物叶水势测量较为困难，数据不易获取，因此一些学者直接使用土壤水分状态参数来讨论气孔导度的响应函数 $f(\theta)$。基于此，本章考虑 5 种环境变量，即瞬时光合有效辐射、叶片与空气间的水汽压差亏缺、土壤水分、温度和大气 CO_2 浓度。气孔导度对这 5 种环境变量的响应函数分别用 $f(\text{PAR})$、$f(\text{VPD})$、$f(\theta)$、$f(T_a)$、$f(C_a)$ 表示。

Monteith（1965b）的研究成果表明，气孔导度（g_s）与光合有效辐射 PAR 呈双曲线关系，因此本书中气孔导度（g_s）对 PAR 的响应函数表达式采用下式（Kima and Vermaa，1991）：

$$f(\text{PAR}) = \frac{\text{PAR}}{(a_1 + \text{PAR})} \qquad (6\text{-}13)$$

气孔导度（g_s）与饱和水汽压差 VPD 呈递减曲线关系，因此气孔导度对 VPD 的响应函数表达式为（Gollan et al.，1985）：

$$f(\text{VPD}) = \frac{1}{(a_2 + \text{VPD})} \qquad (6\text{-}14)$$

根据 Ogink-Hendriks（1995）提出的模型，气孔导度与土壤水分的响应函数表达式为

$$f(\theta) = 1 - \exp\left[a_3(\theta - \theta_{\max})\right] \qquad (6\text{-}15)$$

式中，θ 为耕作层土壤水分量，mm；$\theta_{\max}$ 为耕作层田间最大持水分量（mm）。

根据 Hofstra 和 Hesketh（2011）的研究成果，气孔导度与空气温度呈二次曲线关系，因此气孔导度与空气温度的响应函数表达式为

$$f(T_a) = a_4 T_a^2 + a_5 T_a + a_6 \qquad (6\text{-}16)$$

由于气孔对 CO_2 浓度变化的响应机制非常复杂，目前学者仍未达成共识。一般采用分段函数的形式来表示气孔导度和大气 CO_2 浓度的关系：

$$g(C_a) = \begin{cases} 1 & (C_a < 100) \\ 1 - k_9 C_a & (100 \leq C_a \leq 1000) \\ k_{10} & (C_a > 1000) \end{cases} \qquad (6\text{-}17)$$

在自然环境中，大气 CO_2 浓度一般在 100～1000$\mu\text{mol}/\text{mol}$，因此气孔导度对大气 CO_2 浓度的响应函数表达式为

$$f(C_a) = 1 - a_7 C_a \qquad (6\text{-}18)$$

将以上各式带入式（6-12）中，得到：

$$g_{sw} = g_s(\text{PAR}) f(\text{VPD}) f(\theta) f(T_a) f(C_a)$$

$$g_{sw} = \text{PAR} \cdot \{1 - \exp[a_3(\theta - \theta_{\max})]\} \cdot (a_4 T_a^2 + a_5 T_a + a_6) \cdot (1 - a_7 C_a) / [(a_1 + \text{PAR}) \cdot (a_2 + \text{VPD})]$$

$$(6\text{-}19)$$

式中，a_1、a_2、a_3、a_4、a_5、a_6、a_7 均为模型参数，本章利用春小麦观测得到的数据对以

上公式进行参数拟合，得到模型参数。

（2）曲线拟合及检验方法

本章采用 1stopt 曲线拟合工具进行参数率定与验证，采用模拟值与实测值之间的决定系数（R^2）和回归估计标准误（RMSE）及模型性能指数（EF）三个指标评价模型的有效性。

其中，决定系数 R^2 用于表示估算值与实测值之间的符合度，其值在 $0 \sim 1$，R^2 越接近 1 说明模拟值的变化趋势与实测值的吻合程度越高，其表达式为

$$R^2 = \frac{[\sum\limits_{i=1}^{n}(\mathrm{OBS}_i - \overline{\mathrm{OBS}})(\mathrm{SIM}_i - \overline{\mathrm{SIM}})]^2}{\sum\limits_{i=1}^{n}(\mathrm{OBS}_i - \overline{\mathrm{OBS}})^2 \cdot (\mathrm{SIM}_i - \overline{\mathrm{SIM}})^2} \tag{6-20}$$

式中，OBS_i 为第 i 个实测值；SIM_i 为与 OBS_i 对应的模拟值；n 为实测值的个数；$\overline{\mathrm{OBS}}$ 为平均实测值；$\overline{\mathrm{SIM}}$ 为平均模拟值。

回归估计标准误（root mean squared error，RMSE）用于表示模型模拟的精度，其值越小表明精度越高，其表达式为

$$\mathrm{RMSE} = \sqrt{\frac{\sum\limits_{i=1}^{n}(\mathrm{OBS}_i - \mathrm{SIM}_i)^2}{n}} \tag{6-21}$$

模型性能指数 EF 用于表示模型拟合程度，其值 $\leqslant 1$，EF 越接近 1 说明拟合程度越高，其表达式为

$$\mathrm{EF} = 1 - \frac{\sum\limits_{i=1}^{n}(\mathrm{OBS}_i - \mathrm{SIM}_i)^2}{\sum\limits_{i=1}^{n}(\mathrm{OBS}_i - \overline{\mathrm{OBS}})^2} \tag{6-22}$$

2. 人工神经网络气孔导度模型

自从人工神经网络模型被提出后，由于人工神经网络大规模并行、分布式存储和组织、自组织、自适应、自学习和容错性等优点，在许多领域得到广泛应用，目前应用较多的是 BP（back progagation）算法网络。已证明一个三层的 BPN（back progagation network）可以以任意精度逼近任何连续函数。因此可以将人工神经网络应用于气孔导度的数值模拟中。

BP 神经网络属于多层前向神经网络，包含输入层、输出层，以及一个或多个隐含层。它的一个重要特点是信号逐层向前传递，层与层之间全连接，同一层之间的神经元没有任何耦合关系，每层的神经元状态只会影响到下一层神经元的状态；同时 BP 神经网络的另一个特点是采用误差反向传播算法进行学习，数据从输入层经隐含层逐层向后传播到输出层后，若输出层得到的结果与期望值误差较大，则沿着减小误差的方向，逐层向前根据误差调整网络权值和阈值，不断调整学习使最终的误差不断减小到允许的范围内，使网络的

输出值不断逼近目标值。网络的拓扑结构如图6-32所示。

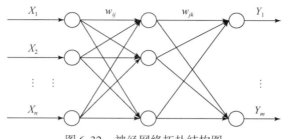

图6-32　神经网络拓扑结构图

图6-32中表示BP神经网络中从n个自变量到m个因变量的函数映射关系。X_1，X_2，$\cdots$，X_n表示网络的输入，Y_1，Y_2，$\cdots$，Y_m表示网络的输出及预测值，w_{ij}和w_{jk}为网络对应不同权值。

Maier和Dandy（2000）指出，在神经网络建立的过程中需要注意许多的问题，对数据的预处理是重要的前提：对于气孔导度的模型来说，输入数据较多，互相之间单位不统一，数量级也存在差别，因此需对输入数据进行归一化处理。另外还有网络层数选择，输入层、输出节点数的确定：对于隐含层节点数的选择太少，网络不能很好地收敛，也会影响训练的精度，节点数太多，训练时间增加，网络容易出现过度拟合的现象，因此在实际问题中，隐含层节点数的选择首先是采用经验公式得到节点数的选择范围（严鸿和管燕萍，2009），然后采用试错法确定最佳的节点数。参考公式如下：

$$l < n - 1 \tag{6-23}$$
$$l = \sqrt{(m+n)} + a \tag{6-24}$$
$$l = \log_2 n \tag{6-25}$$

式中，n为输入层节点数；l为隐含层节点数；m为输出层节点数；a为0~10常数。

输出层神经元个数同样需要根据从实际问题中得到的抽象模型来确定。隐含层单元数具体选取采取试错法：初始时选取较小的隐层单元数，若学习到一定次数后精度未达要求，增加隐层单元数，直到精度达到要求为止。

使用MATLAB 2012编写神经网络模型程序，对2016年Li-6400光合测定系统中采集到的气孔数据进行模拟，首先对输入数据进行归一化处理，最大训练次数设置为1000次，期望误差10^{-2}，用试错法最后确定节点数为8，得到的验证及测试结果如图6-33、图6-34所示。

由以上结果可知，神经网络的气孔导度模型率定的相关系数R^2达到0.943，相对于Jarvis气孔导度模型，ANN气孔导度模型能够更好地模拟气孔导度与各环境因子之间的关系，因此利用BP神经网络研究春小麦气孔导度与环境因子之间的关系，具有更高的模拟精度。

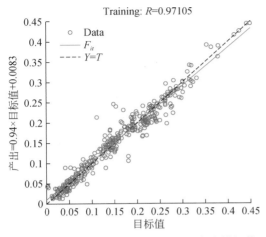

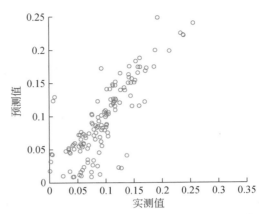

| 图 6-33 ANN 模型春小麦气孔导度率定模拟值 | 图 6-34 ANN 模型春小麦气孔导度验证模拟值 |
| 与实测值的对比 | 与实测值的对比 |

3. 小结

本小节主要对 6.2 节所建立的改进后的 CropSPAC 模型，基于 2016 年春小麦大田试验采集得到的数据进行了模型的率定与验证。首先根据实测资料和模型需要确定了输入的参数，对改进模型进行了参数的优化率定，并利用原模型和改进后模型模拟 3 种不同水分处理下春小麦地上生物量、株高、叶面积指数、1m 土层储水量等一系列指标与过程，并比较改进前后模型的模拟效果。结果表明，改进后模型的模拟效果较原模型有所提升，能够较准确地模拟春小麦的地上干物质量、株高、叶面积指数等生长指标及春小麦全生育期内的土壤水分变化过程。

在分析了气孔导度与多环境因子之间关系的基础上，建立了 Jarvis 及人工神经网络气孔导度模型。结果表明所建立的气孔导度模型在一定程度上具有准确性，可用于石羊河流域春小麦气孔导度的模拟。Jarvis 气孔导度形式简单灵活，具有模拟的可调节弹性，但是其机理意义并不是十分的明显，且模拟结果相对于 ANN 模型是较差的。模型中环境因子变量的增多，使得模型参数率定起来烦琐且波动大，在一定程度上影响了模型模拟的效果。本书使用人工神经网络模型对气孔导度进行了模拟，结果表明人工神经网络相比于 Jarvis 模型，模拟精度大大提高，表明了利用神经网络技术对气孔导度与多环境变量之间关系的模拟有着较强的可行性。

6.3.2 C_4 作物的生长模拟模型

1. C_4 作物阶段发育的模拟

作物的发育大致可以分为阶段发育和器官发育。阶段发育是以器官发育为形态特征，是受温光反应驱动的生殖发育过程，其阶段划分方法可以依据植物茎顶端所处的发育时期，常称为发育期。作物品种不同，其阶段发育的特点不同，所以其发育期的划分也不同。依据美国 CERES-Maize 模型对玉米生育期的划分方法并做适当调整，本章将制种玉米的生长发育期分为 7 段，具体见表 6-11。

表 6-11　制种玉米生育期划分

项目	阶段						
	1	2	3	4	5	6	7
生育期	播种–出苗	出苗–幼苗期结束	幼苗期结束–拔节开始	拔节开始–吐丝	吐丝–有效灌浆开始	有效灌浆	有效灌浆结束–成熟

制种玉米在其出苗之前的发育速度取决于土壤中的水热状况，出苗之后温度和光照对其发育进程的影响远大于其他环境因子，本章制种玉米生育期的确定主要考虑了温度、日长、遗传特性等因素的影响，忽略了高温、水分胁迫、氮胁迫及其他养分胁迫的制约。模拟作物阶段发育的方法主要有生长度日法、生理发育时间（PDT）法、发育指数（DVI）法、相对发育进程（RDS）法等。考虑到温度对制种玉米的生长发育影响很大，当温度处于基点温度与最适温度范围内时，制种玉米的发育速率与累积生长度日呈正相关的关系，因此本章采用累积生长度日法来模拟制种玉米的生长发育进程（Mcmaster and Wilhelm，1997）。

每天的生长度日是指当日平均气温高于农作物基点温度时，其二者的差值，生长度日又可称为有效积温。累计生长度日是指一定时期内每天生长度日的累积值，单位是℃·d。其计算方法（倪广恒等，2006）如下：

$$\mathrm{DTT} = \begin{cases} 0 & (T_{\max} < T_{\mathrm{b}}) \\ T_0 - T_{\mathrm{b}} & (T_{\mathrm{o}} < T_{\min}) \\ (T_{\max} + T_{\min})/2 - T_{\mathrm{b}} & (T_{\mathrm{b}} \leqslant T_{\min},\ T_{\max} \leqslant T_0) \end{cases} \tag{6-26}$$

式中，DTT 为每天的生长度日；$T_{\max}$ 为每日最高气温；$T_{\min}$ 为每日最低气温；T_{b} 为作物生育阶段的基点温度；T_{o} 为作物生育阶段的最适温度，制种玉米的具体取值见表 6-11。

如果当日的最高气温和最低气温满足以上条件，说明当天昼夜温差较小，用式（6-26）计算当日的生长度日是可行的，但是如果日最高气温和日最低气温不满足上述条件，则要考虑昼夜温差对作物发育的影响，此时再用上式公式计算生长度日的话，准确性会下降，因此，可将每天分成 24 个时段，利用温度变化因子、日最高气温和日最低气温来计算各个时段的温度，获得 24 个温度值，然后计算每个时段的生长度日，将各个时段累积起来可得当日生长度日，具体计算公式如下：

$$T_{\mathrm{fac}}(i) = \sin(3.14/12 \times i)/2 \tag{6-27}$$

$$T(i) = (T_{\max} + T_{\min})/2 + T_{\mathrm{fac}}(i) \times (T_{\max} - T_{\min}) \tag{6-28}$$

$$T(i) = \begin{cases} T_{\mathrm{b}} & [T(i) \leqslant T_{\mathrm{b}}, T(i) > T_{\mathrm{m}}] \\ T_0 & [T_0 \leqslant T(i) \leqslant T_{\mathrm{m}}) \\ T(i) & [T_{\mathrm{b}} \leqslant T(i) \leqslant T_0] \end{cases} \tag{6-29}$$

$$DTT = \sum \left[T(i) - T_b \right]/24 \qquad (6\text{-}30)$$

$$SUMDTT = \sum DTT \qquad (6\text{-}31)$$

式中，$T_{fac}(i)$（$i = 1，2，3，\cdots，24$）为各个时段的温度变化因子；$T(i)$ 为每个时间的温度；T_m 为作物生育阶段的最高温度，制种玉米的取值见表 6-11；SUMDTT 为每个生育阶段的累积生长度日，其他符号意义同前。

各个生育阶段的具体计算，参考美国 CERES-Maize 模型中的计算原理，并根据试验区制种玉米的品种特性进行调整，本章列出了控制各个阶段发育进程的主要尺度。播种-出苗阶段主要是累积生长度日控制，此阶段所需生长度日的计算公式如下：

$$DTT3 = 45 + DTTE \times SDEPTH \qquad (6\text{-}32)$$

式中，DTT3 为播种-出苗阶段所需累积有效积温；DTTE 为出苗时每一深度所需的生长度日，制种玉米的取值见表 6-11；SDEPTH 为制种玉米播种深度。模拟过程中当此生长阶段的 SUMDTT ≥ DTT3 时，则进入下一生长阶段。

出苗-幼苗期结束阶段所需生长度日为 P_1，具体取值见表 6-11。

幼苗期结束-拔节开始阶段的发育进程主要与日长有关，是由总的光周期诱导率决定的，具体计算公式如下：

$$RATEIN = \begin{cases} 1/\left(DJT_1 + P_2 \times \left(DLEN - P_{20} \right) \right) & DLEN > P_{20} \\ 1/DJT_1 & DLEN \leqslant P_{20} \end{cases} \qquad (6\text{-}33)$$

$$SIND = \sum RATEIN \qquad (6\text{-}34)$$

式中，DLEN 为日照时数；P_{20} 为玉米的临界昼长，具体取值见表 6-11，玉米为短日照植物，低于这个值时昼长对植物没有影响；P_2 为日照时数超出临界值 1 小时导致的所需生长天数的增加值，具体取值见表 6-11；DJT_1 为不受光周期影响时此生长阶段所需的最小生长天数，取值见表 6-11；SIND 为此阶段的累积光周期诱导率，当其值等于 1 时，此生长阶段结束。

拔节开始-吐丝阶段发育进程的计算如下：

$$TLNO = CUMDTT/\left(PHINT \times 0.5 \right) + 5 \qquad (6\text{-}35)$$

$$P_3 = \left[\left(TLNO + 0.5 \right) \times PHINT \right] - CUMDTT \qquad (6\text{-}36)$$

式中，TLNO 为总的叶子的数量；CUMDTT 为阶段 2 和阶段 3 累积生长度日；PHINT 为出叶间隔，即下一个叶片出现所需的生长度日，具体取值见表 6-11；P_3 为此阶段所需累积生长度日。

吐丝-有效灌浆开始阶段所需的累积生长度日为 DSGFT，此为作物遗传参数，制种玉米的具体取值见表 6-12。

有效灌浆阶段的控制因素为温度，其计算公式如下：

$$SUMDTT \geqslant P_5 \times 0.95 \qquad (6\text{-}37)$$

式中，SUMDTT 为此阶段的累积生长度日，当其满足上述条件时，此阶段结束；P_5 为吐丝到生理成熟所需的生长度日，具体取值见表 6-12。

当阶段 5、阶段 6、阶段 7 的累积生长度日达到 P_5 时，整个制种玉米阶段发育的模拟结束。

表 6-12　阶段发育模拟中出现的参数及其取值

符号	参数描述	取值范围	取值	单位
T_b	作物生育阶段的基点温度	—	8	℃
T_o	作物生育阶段的最适温度	—	34	℃
T_m	作物生育阶段的最高温度	—	44	℃
DTTE	出苗时每一深度所需生长度日	—	6	（℃·d）/cm
P_1	出苗-幼苗期结束所需生长度日	5~450	352	℃·d
P_{20}	临界昼长	—	12.5	h
P_2	日照时数超出临界昼长每小时增加的生长天数	0~2	0.796	d/h
DJTI	不受昼长影响时幼苗期结束-拔节开始所需生长天数	—	4	天
PHINT	出叶间隔，下一个叶片出现所需的生长度日	—	75	℃·d
DSGFT	吐丝-有效灌浆开始所需的生长度日	—	170	℃·d
P_5	吐丝-生理成熟所需的生长度日	580~999	600	℃·d

2. 光能利用与生物量积累

生物量的积累主要涉及光合作用和呼吸作用等生理生态过程。其中，本节构建的生物量积累模型中的光合作用是以单叶光合速率计算为基础，然后用高斯积分法求得整个冠层的光合总量，扣除呼吸作用的消耗量就可以得到群体净光合总量，通过转化就可以得到每日净生物量。由于制种玉米是 C_4 植物，所以本章考虑的呼吸作用主要包括两种：维持和生长呼吸。

（1）作物冠层光分布模型

A. 大气上界的光合有效辐射

太阳辐射中能被绿色植物用来进行光合作用的能量成为光合有效辐射，简称 PAR。对于植物来说，只有一部分太阳辐射对光合作用有效，这一部分的光合有效辐射约占太阳总辐射的 50% 左右，即

$$PAR = 0.5R_a \tag{6-38}$$

小时尺度的天顶辐射计算，由太阳常数、太阳偏磁角和年内日序数来估计：

$$R_a = \frac{12(60)}{\pi} G_s d_r \left[(\omega_2 - \omega_1) \sin\varphi\sin\delta + \cos\varphi\cos\delta (\sin\omega_2 - \sin\omega_1) \right] \tag{6-39}$$

$$d_r = 1 + 0.033\cos\left(\frac{2\pi}{365}J\right) \tag{6-40}$$

$$\delta = 0.409\sin\left(\frac{2\pi}{365}J - 1.39\right) \tag{6-41}$$

式中，PAR 为光合有效辐射；R_a 为每小时的天顶辐射 $[J/(m^2 \cdot h)]$；G_s 为太阳常数，取

值为 1367J/（m² · s）；d_r 为相对日地距离的倒数；δ 为太阳磁偏角；φ 为地理纬度。d_r 为日地间相对距离的倒数和 δ 为太阳磁偏角；J 为年内的日序数在 1（1 月 1 日）至 365 或 366（12 月 31 日）之间；ω 为每小时太阳时角的中点；$t_1 = 1$ 时是以 1 小时为时段。

B. 冠层的光合有效辐射

$$I_0 = \mathrm{PAR}\left(a + \frac{b \times n}{N}\right) \tag{6-42}$$

式中，I_0 为冠层顶部的光合有效辐射；n 为实际日照持续时间（h）；a、b 为经验系数。

冠层内部的光合有效辐射，由 Beer 定律可知：在假定冠层对辐射的吸收是各向同性时，在任一水平面的光照强度随着距离冠层顶部深度的增加而呈指数形式的下降：

$$I_L = (1 - \rho) I_0 e^{-k\mathrm{LAI}(L)} \tag{6-43}$$

式中，I_0 为到达冠层顶的光照强度；k 为消光系数；LAI 为在这一水平面上的叶面积指数；ρ 为冠层对光合有效辐射的反射率，透过整个冠层到达土壤表面的净辐射 R_{ns} 为到达地面的太阳辐射。

C. 直接辐射（Campbell and Norman，1977）的计算：

$$I_b = c^m I_e \sin\beta \tag{6-44}$$

式中，c 为大气透明系数；m 为大气质量数；I_e 为太阳辐射的能量分布。

D. 散射辐射的计算：

$$I_d = f_a (1 - c^m) I_e \sin\beta \tag{6-45}$$

$$f_d = \frac{1 - c^m}{1 + c^m (1/f_a - 1)} \tag{6-46}$$

$$I_{b0} = (1 - f_d) \mathrm{PAR} \tag{6-47}$$

$$I_{d0} = f_d \mathrm{PAR} \tag{6-48}$$

式中，I_{b0} 为入射的太阳直接辐射；I_{d0} 为入射的散射辐射。

E. 太阳高度角 β 的计算：

$$\sin\beta = \sin\varphi\sin\delta + \cos\varphi\cos\delta\cos\left[15(t_h - 12)\right] \tag{6-49}$$

$$\sin\delta = -\sin(23.45)\cos\left[360(J + 10)/365\right] \tag{6-50}$$

$$\cos\delta = (1 - \sin\delta^2)^{0.5} \tag{6-51}$$

冠层反射率的计算：

$$\rho = \left(\frac{1 - \sqrt{1 - \partial}}{1 + \sqrt{1 - \partial}}\right)\left(\frac{2}{1 + 1.6\sin\beta}\right) \tag{6-52}$$

式中，∂ 为单叶的散射系数（可见光部分为 0.2）。

（2）作物冠层光合作用模型

A. 叶片尺度光合作用模型

在众多的光合作用机理模型中，以 Farquhar 等的 C_3 植物光合模型和 Collatz 的 C_4 植物光合模型最具影响力和代表性。本章采用 Farquhar（1980）的光合作用生化模型，参数的计算参考 Collatz（1992）等。在生化反应的基础上，建立光合–气孔耦合模型：

$$A_n = A - R_d \tag{6-53}$$

$$A = \min(w_c, w_e, w_s) \tag{6-54}$$

$$w_c = V_m \tag{6-55}$$

$$w_e = J \tag{6-56}$$

$$w_s = 2 \times 10^4 V_m P_i / P \tag{6-57}$$

式中，$\min(w_c, w_e, w_s)$ 为括号中三项的最小值；A_n 为叶片的净同化速率 $[\mu mol/(m^2 \cdot s)]$；A 为叶片的同化速率 $[\mu mol/(m^2 \cdot s)]$；w_e 为受光照限制的同化速率 $[\mu mol/(m^2 \cdot s^2)]$，在维管束鞘中的 CO_2 分压高到足以抑制光呼吸的条件下，是由光决定的速率；w_s 为受 PEP 羧化酶 [磷酸烯醇式丙酮酸羧化酶（phosphoenol-pyruvate carboxylase，PEPCase）] 限制的光合速率 $[mol/(m^2 \cdot s)]$，在低 CO_2 浓度条件下，CO_2 限制的通量；w_c 为受 Rubisco 酶活性限制的同化速率 $[mol/(m^2 \cdot s)]$；V_m 为由温度决定的底物饱和时的 Rubisco 最大羧化速率 $[\mu mol/(m^2 \cdot s)]$；J 为电子传递的潜在速率 $[\mu mol/(m^2 \cdot s)]$；R_d 为叶片暗呼吸速率 $[\mu mol/(m^2 \cdot s)]$。

$$V_m = V_{max} f_T(T_1) f_w(\theta) \tag{6-58}$$

式中，V_{max} 为温度在 25℃、土壤饱和状态下的最大 Rubisco 最大羧化速率 $[\mu mol/(m^2 \cdot s)]$；$f(T)$ 为 V_m 的温度函数。

$$f_T(T_1) = \frac{Q_{10}^{(T_L-25)/10}}{[1+e^{0.3(s_2-T_L)}]/[1+e^{0.3(T_L-s_4)}]} \tag{6-59}$$

式中，s_2 和 s_4 分别为最高温度和最低温度的抑制函数 (K)；Q_{10} 为当叶片温度变化 10℃ 时参数值的相对变化比例。

土壤水分的计算公式：

$$f_w(\theta) = m_1 \frac{\psi_{max} - \psi_j}{\psi_{max} - \psi_{fc}} \tag{6-60}$$

式中，θ 为 0~100cm 平均土壤含水量 (m^3/m^3)；下标 j 为土层的数量；ψ_{max} 为叶片枯萎前土壤基质势的最大值 $(-1.5 \times 10^5 mm)$；ψ_{fc} 为田持时的土壤基质势；m_1 为经验常数。

$$\theta J^2 - (\alpha I + J_{max}) J + \alpha I J_{max} = 0 \tag{6-61}$$

$$J = \frac{\alpha I + J_m - \sqrt{(\alpha I + J_m)^2 - 4\theta \alpha I J_m}}{2\theta} \tag{6-62}$$

式中，θ 为光响应曲线曲角，$0 < \theta \leqslant 1$；α 为光响应曲线在 $I = 0$ 时的斜率，即光响应曲线的初始斜率，也称为表观量子效率或初始量子效率。

光合-气孔耦合模型：

$$P_i = P_a - A_n \frac{1.6}{g_s \times 10^6} P \tag{6-63}$$

$$C_i = C_a - A_n \frac{1.6}{g_s \times 10^6} P \tag{6-64}$$

式中，P 为叶片表面的大气压（Pa）；比例系数 1.6 为气孔内 CO_2 和水汽扩散率的比；P_i 是胞间 CO_2 的分压；P_a 为大气 CO_2 的分压。

方程组求解，先给定 C_i 的值，然后代入光合生化模型求 A_n；再从气孔模型求气孔导度；通过扩散方程求 C_i。重复上述步骤直到 C_i 的变化小于一个极值（10^{-5}）为止。

B. 叶片尺度气孔导度模型

1990 年 Leuning 对 BWB 模型进行修正，即为 Leuning-Ball 模型。1991 年 Aphalo 等研究表明，气孔导度对湿度的响应表现为对饱和水汽压差（VPD）而非相对湿度（RH）的响应，因此 1995 年 Leuning 采用 VPD 对 Leuning-Ball 模型再进行修改。本书采用 Leuning-Ball（BBL）气孔导度修正模型（Leuning et al., 1995）：

$$g_s = a\frac{A_n}{(C_s-\varGamma)/(1+\text{VPD}/\text{VPD}_0)}+g_0 \tag{6-65}$$

$$f(\text{VPD}) = \left(1+\frac{\text{VPD}}{\text{VPD}_0}\right)^{-1} \tag{6-66}$$

式中，气孔导度（g_s）[mol/（m² · s）]；g_0 为光补偿点处的 g_s 剩余气孔导度 [mol/（m² · s）]；A_n 为净光合速率 [μmol/（m² · s）]；C_s 为叶表面 CO_2 浓度（μmol/mol）；$\varGamma$ 为 CO_2 补偿点（μmol/mol），是品种的特定参数；VPD_0 为模型待定参数；VPD 为饱和水汽压差（kPa）。

大气饱和水汽压 e_s 的计算：

$$e_s = 0.611 \times \exp\left(\frac{17.27T}{T+237.3}\right) \tag{6-67}$$

式中，T 为气温（℃）；e_s 为饱和水汽压（kPa）。

实际水汽压 e_a 的计算：

$$\text{RH} = \frac{e_a}{e_s} \times 100\% \tag{6-68}$$

水汽压亏缺 VPD：$\text{VPD} = e_s - e_a$。

C. 叶片尺度蒸腾模型

$$T_r = \frac{W_i - W_a}{r_{bw}+r_{sw}} = \frac{e_w(T_1)-e}{P(r_{bw}+r_{sw})} = \frac{[e_w(T_1)-e]g_{tw}}{P} \tag{6-69}$$

$$\frac{1}{g_{tc}} = \frac{1}{g_{sc}} + \frac{1.37}{g_{bw}} \tag{6-70}$$

式中，$e_w(T_1)$ 为叶温下的饱和水气压（kPa）；e 为冠层内空气的水气压；r_{bw} 为边界层对水汽的阻力（m² · s/mol）；r_{sw} 为气孔对水汽的阻力（m² · s/mol）；g_{tw} 为通过气孔和边界层对水汽扩散的总气孔导度 [mol/（m² · s）]；g_{tc} 为总的气孔导度；g_{sc} 为气孔对 CO_2 的导度（气孔导度前面求得）；g_{bw} 为边界层对 CO_2 的导度。

D. 冠层尺度光合作用模型

植物冠层的光合作用模拟，通常采用将叶片尺度的光合作用模型提升到冠层尺度的方法。在建立好的叶片尺度光合作用模型中，还需要解决从叶片到冠层尺度提升尺度的问题。受到冠层内环境要素的影响，冠层内不同深度处的叶片表现出不同的光合生理特征。为此，首先解决冠层内环境要素（光合有效辐射）和生理参数（J_{max}、R_d 等）在冠层内的变化规律及其如何求解的问题。目前，植被冠层尺度的光合作用模型分为大叶模型、多层模型和二叶模型 3 种类型（Amthor，1989；Mao，2001）。本章采用二叶模型（sunlit/shaded model）。

阳生叶的最大羧化速率 V_{msun} 在冠层内的分布受辐射和叶片 N 含量的影响，可以表示为

$$\left[V_{max} \right]_{sun} = \int_0^{LAI} V_{max}(x) f_{sun}(x) \, dx = V_{cmax}(1 - e^{-(k_n + k_b)LAI})/(k_n + k_b) \tag{6-71}$$

$$\left[J_{max} \right]_{sun} = \int_0^{LAI} J_{max}(x) f_{sun}(x) \, dx = J_{cmax} \left[1 - e^{-(k'_d + k_b)LAI} \right]/(k'_d + k_b) \tag{6-72}$$

$$\left[J_{max} \right]_{sha} = \int_0^{LAI} J_{max}(x) f_{sha}(x) \, dx = J_{cmax}(1 - e^{-k'_d LAI})/k'_d - (1 - e^{-(k'_d + k_b)LAI})/(k'_d + k_b) \tag{6-73}$$

根据叶片尺度光合模型分别求出阳生叶光合速率 A_{sun} 和阴生叶光合速率 A_{sha}，二者之和为总光合速率 A_c。

$$V_c = LAI \chi_n (N_0 - N_b) \left[1 - \exp(-k_n) \right]/k_n \tag{6-74}$$

$$V_c = LAI \cdot V_{cmax} \left[1 - \exp(-k_n) \right]/k_n = 129.92 LAI \left[1 - \exp(-k_n) \right]/k_n \tag{6-75}$$

$$R_c = V_c \cdot R_1/V_1 = 0.0091 V_c \tag{6-76}$$

式中，V_{cmax} 为冠层顶部叶片的最大羧化速率；χ_n 为观测到的叶片羧化能力与叶片 N 含量的比值；N_0 为冠层顶部叶片的 N 含量；N_b 为叶片进行光合作用所需 N 含量的临界值；k_n 为冠层内叶片 N 的分配系数；k_b 表示直接辐射；k'_d 表示直接光的散射辐射。

E. 冠层尺度气孔导度模型

$$g_{sc} = a \frac{A_c}{(C_s - \Gamma)/(1 + VPD/VPD_0)} + g_{0c} \tag{6-77}$$

$$C_i = C_a - A_n \frac{1.6}{g_s \times 10^6} P \tag{6-78}$$

$$C_S = C_a - A_n \frac{1.37}{g_s \times 10^6} P \tag{6-79}$$

$$g_{sc} = \int_0^L g_s(L) \, dL \tag{6-80}$$

冠层对水汽的气孔导度：

$$g_{sw} = 1.6 g_{sc} \text{ 和 } g_{bw} = 1.4 g_{bc} \tag{6-81}$$

冠层的水汽阻力：

$$r_s^c = 1/g_{sw} \tag{6-82}$$

（3）作物生物量累积模型

A. 影响光合作用和生物量积累的环境因子

影响光合作用和生物量积累的环境因子主要有：温度、水分、氮和 CO_2 浓度，其中，温度和 CO_2 浓度主要影响单叶最大光合作用速率。水分、氮素营养则主要影响冠层日光合总量（Daamen and Simmonds，1996）。具体可描述如下：

$$PLMAX = PLMAX_o \times FT1 \times FC1 \tag{6-83}$$

$$FDTGA = DTGA \times MIN(FW1, FN1) \tag{6-84}$$

式中，$PLMAX_o$ 为单叶潜在最大光合速率，制种玉米的取值见表 6-13；FT1 为温度胁迫因子；FC1 为二氧化碳胁迫因子；FW1 为水分胁迫因子；FN1 为氮素胁迫因子；FDTGA 为

作物冠层每天的实际光合作用积累总量；其他符号意义同前。

各个影响因子的计算如下。

1）温度影响因子：

$$FT1 = 1 - T_C \times (T_{day} - T_o)^2 \tag{6-85}$$

式中，FT1 为温度胁迫因子；T_C 为经验系数，制种玉米取 0.0025；T_o 为光合作用最适温度，制种玉米的具体取值见表 6-13；T_{day} 为日平均气温。

2）水分影响因子：

$$FW1 = \left(\frac{T_{ai}}{T_{pi}}\right)^\sigma \tag{6-86}$$

式中，FW1 为水分胁迫因子；T_{ai} 为第 i 天的实际作物蒸腾量；T_{pi} 则为第 i 天的潜在作物蒸腾量；σ 为水分亏缺敏感指数，目前在计算水分胁迫影响因子的时候，通常 σ 取值为 1。

3）CO_2 浓度影响因子：

$$FC1 = 1 + \alpha \ln(C_x / C_o) \tag{6-87}$$

式中，FC1 为 CO_2 胁迫因子；α 为经验系数，制种玉米取值为 0.4；C_x 为实际 CO_2 浓度，单位为 ppm[①]；C_o 为参照 CO_2 浓度，一般为 340ppm。本章中对于 CO_2 浓度影响因子没有具体计算，而是取的经验值：FC1 = 0.90。

4）氮素影响因子：

本章对于氮素影响因子也没有进行具体计算，同样是根据经验，选取的经验值：FN1 = 0.90。

B. 呼吸作用

呼吸作用包括两类：光呼吸和暗呼吸，暗呼吸又由生长呼吸和维持呼吸组成。呼吸作用是一个复杂的过程，每一种呼吸作用都有各自的调节体质，由于玉米是 C_4 植物，所以本章只考虑了生长呼吸和维持呼吸作用（Wu et al., 2016），下面是对这两种呼吸作用的具体描述（Karandish and Shahnazari, 2016）。

①维持呼吸。维持呼吸的作用主要是提供给有机体用来进行生理生化过程的能量，其每天的消耗量与同化物总量呈正比，并且跟温度还有一定的联系，具体可描述如下：

$$RM = R_m(T_{ox}) \times FDTGA \times Q_{10}^{(T_{mean} - T_{ox})/10} \tag{6-88}$$

式中，RM 为维持呼吸消耗量 $[kgCO_2/(hm^2 \cdot d)]$；$R_m(T_{ox})$ 为温度是 T_{ox} 时的呼吸系数，具体取值见表 6-13；T_{ox} 为呼吸作用最适温度，制种玉米取值见表 6-13；Q_{10} 为呼吸作用的温度系数，一般取值为 2；T_{mean} 为日平均气温；其他符号意义同前。

②生长呼吸。在作物的有机质合成、植株体的伸长和作物新陈代谢中，生长呼吸有着不容忽视的作用（Monteith, 1972；Mermoud et al., 2005），其强度主要与光合作用速率有关，具体可描述如下：

$$RG = R_g \times (FDGA - RM) \tag{6-89}$$

式中，RG 为生长呼吸消耗量，单位为 $kgCO_2/(hm^2 \cdot d)$；R_g 为生长呼吸系数，具体取值

---

① 浓度单位，$1ppm = 1 \times 10^{-6}$

见表6-13；其他符号意义同前。

表 6-13 光能利用与生物量积累中出现的参数及其取值

符号	参数描述	取值	单位
SC	太阳常数	1395	$J/(m^2 \cdot s)$
κ	消光系数	0.6	—
∂	单叶的耗散系数	0.2	—
ε	吸收光的初始利用效率	0.4	$kgCO_2/(hm^2 \cdot h)/[J/(m^2 \cdot s)]$
$PLMAX_o$	单叶潜在最大光合作用速率	70	$kgCO_2/(hm^2 \cdot h)$
T_o	光合作用最适温度	26	℃
$R_m(T_{ox})$	温度 T_{ox} 时的维持呼吸系数	0.032	gCO_2/gCO_2
T_{ox}	呼吸作用最适温度	30	℃
R_g	生长呼吸系数	0.28	gCO_2/gCO_2

C. 群体干物质积累

①群体净光合日总量 PND $[kgCO_2/(hm^2 \cdot d)]$

$$PND = FDTGA - RM - RG \tag{6-90}$$

②群体干物质积累。由上述公式计算所得的只是玉米冠层日 CO_2 的净同化量，要将其转化为植株的干物质，有一定的转换关系式，具体可描述如下：

$$TDRW = \xi \times 0.95 \times PND/(1-0.05) \tag{6-91}$$

$$\xi = \frac{(CH_2O)分子量}{(CO_2)分子量} = \frac{30}{44} = 0.682 \tag{6-92}$$

$$W_{day,t} = W_{day,t-1} + TDRW \tag{6-93}$$

式中，TDRW 为实际作物干物质的日积累量 $[kgDM/(hm^2 \cdot d)]$；ξ 为 CO_2 与有机物之间的转换系数；0.95 为有机物 CH_2O 与植株干物质的转换系数；0.05 为干物质中所含的矿物质，应当予以去除的；$W_{day,t}$ 为第 t 天的植株干物质累积量；$W_{day,t-1}$ 为第 $t-1$ 天的植株干物质累积量；其他符号意义同前。

D. 同化物分配

同化物分配是指光合作用生产的同化物分配到根、茎、叶和果实等器官中的过程，通常这一分配过程是用分配系数来定义的。分配系数是指在单位时间内，不同器官干重增加的重量与全株干物质积累的增量比，具体表达式如下：

$$f_i(t) = \frac{W_i(t+1) - W_i(t)}{TDRW} \tag{6-94}$$

式中，$f_i(t)$ 为器官 i 的分配系数，其中，$i=1$、2、3，分别为茎秆、叶片、籽粒；$W_i(t+1)$ 为器官 i 第 $t+1$ 天的干重；$W_i(t)$ 为器官 i 第 t 天的干重；其他符号意义同前。

目前，玉米同化物分配模型大都是经验模型，而有关其机制机理模型研究较少。因此本章借鉴孙睿等（1997）提出的玉米分配系数的计算方法，具体描述如下。

$$\mathrm{DVS} = \frac{\sum_{i=1}^{n} \mathrm{DTT}_i}{\mathrm{TSDTT}} \tag{6-95}$$

$$f_{\mathrm{ds}} = \begin{cases} 0.47 & \mathrm{DVS} < 0.3 \\ 0.372 + 0.56\mathrm{DVS} & 0.3 \leqslant \mathrm{DVS} < 0.8 \\ 1 & \mathrm{DVS} \geqslant 0.8 \end{cases} \tag{6-96}$$

式中，DVS 为出苗后作物发育指数，DVS 的计算持续到制种玉米成熟；DTT_i 为出苗后第 i 天的有效积温；TSDTT 为制种玉米从出苗到吐丝所需要的累积有效积温，根据实测资料，取值为 1265.49℃·d；f_{ds} 为制种玉米地上部分干物质的分配系数。

具体各个器官的分配系数如下：

$$f_1 = \begin{cases} 0.7 & \mathrm{DVS} < 0.8 \\ \frac{8}{7}\mathrm{DVS} - \frac{1}{7} & 0.8 \leqslant \mathrm{DVS} < 1 \\ 1 - \frac{\mathrm{DVS} - 1}{1.26 - 1} & 1 \leqslant \mathrm{DVS} < 1.26 \\ 0 & \mathrm{DVS} \geqslant 1.26 \end{cases} \tag{6-97}$$

$$f_2 = \begin{cases} 0.3 & \mathrm{DVS} < 0.8 \\ -\frac{8}{7} + \frac{8}{7}\mathrm{DVS} & 0.8 \leqslant \mathrm{DVS} < 1 \\ 0 & \mathrm{DVS} \geqslant 1 \end{cases} \tag{6-98}$$

$$f_3 = \begin{cases} 0 & \mathrm{DVS} < 1 \\ \frac{\mathrm{DVS} - 1}{1.26 - 1} & 1 \leqslant \mathrm{DVS} < 1.26 \\ 1 & \mathrm{DVS} \geqslant 1.26 \end{cases} \tag{6-99}$$

$$\Delta W_i(t) = \mathrm{TDRW} \times f_i(t) \tag{6-100}$$

式中，$\Delta W_i(t)$ 为器官 i 在第 t 天所分配得到的同化物；其他符号意义同前。

因此，各个器官的生长可以描述如下：

$$W_{\mathrm{leaf},t} = W_{\mathrm{leaf},t-1} + \Delta W_i(t), \quad i = 1 \tag{6-101}$$

$$W_{\mathrm{stem},t} = W_{\mathrm{stem},t-1} + \Delta W_i(t), \quad i = 2 \tag{6-102}$$

$$W_{\mathrm{zl},t} = W_{\mathrm{zl},t-1} + \Delta W_i(t), \quad i = 3 \tag{6-103}$$

式中，$W_{\mathrm{leaf},t}$、$W_{\mathrm{stem},t}$、$W_{\mathrm{zl},t}$ 分别为叶、茎、籽粒第 t 天的干重。

E. 产量的形成

根据前人的研究成果（陆卫平，1997），吐丝前茎、叶、苞叶等器官中储存的干物质向玉米籽粒中的转移量组成了玉米籽粒干物质的 1/3，剩下的 2/3 是来自吐丝后光合作用的积累产物。基于此，本章采用李秉柏（1986）的玉米产量形成模型，具体可描述如下：

$$\mathrm{YIELD} = (\mathrm{YBS} \times \mathrm{KBS} + \mathrm{YAS} \times \mathrm{KAS}) \times (1 + \delta) \tag{6-104}$$

$$KBS = 1/3 \times HI \times (1+\alpha) \tag{6-105}$$

$$KAS = 2/3 \times HI \times \left(1+\frac{1}{\alpha}\right) \tag{6-106}$$

$$\alpha = \frac{YAS}{YBS} \tag{6-107}$$

式中，KBS 为吐丝前茎、叶、苞叶中的干物质向籽粒干物质的转移率；YAS 为吐丝后群体光合作用的净干物质重（kg/hm²）；KAS 为吐丝后群体光合同化物向籽粒干物质的转移率；δ 为玉米籽粒中的含水率，本章中取值为 4.3%；α 为吐丝后与吐丝前群体光合作用净干物质重的比值；HI 为收获指数，本章取值 0.38。

（4）作物叶面积指数的模拟

尚宗波（2000）和金之庆等（1996）认为叶面积指数与叶片的重量、比叶面积密度及叶片的枯黄率有关，尚宗波提出的叶面积指数增长模型描述如下：

$$\Delta LAI = \frac{\Delta W_2}{Z} \tag{6-108}$$

$$Z = 19.821 + 0.0786T - 0.00002T^2 \tag{6-109}$$

$$LAI_i = LAI_{i-1}(1-DR) + \Delta LAI \tag{6-110}$$

$$DR = 0.0002 e^{5.5PF} \tag{6-111}$$

$$PF = \frac{SDD}{CSDTT} \tag{6-112}$$

式中，LAI 为叶面积指数；ΔW_2 为叶片的增重；Z 为比叶面积密度，其数学表达式是根据实测值调整了系数；DR 为叶片枯黄率；SDD 为制种玉米吐丝后的有效积温；CSDTT 为制种玉米从吐丝到成熟所需要的累积有效积温，根据实测资料，取值为 609.78℃·d；其他符号意义同前。

将整个冠层内的叶片分为阳生叶和阴生叶两部分，冠层内阳生叶的叶面积指数 L_{sun} 为

$$L_{sun} = \int_0^{LAI} f_{sun}(l)\,dl = \frac{1-e^{-k_b LAI}}{k_b} \tag{6-113}$$

$$L_{sha} = LAI - L_{sun} \tag{6-114}$$

式中，k_b 为冠层直接光的消光系数；LAI 为冠层的叶面积指数；L_{sha} 为冠层阴生叶的叶面积指数；$k_b = 0.5/\sin\beta$（Stigter et al., 1977）。

（5）株高的模拟

本章对株高的处理如下：从播种到出苗前的生育阶段株高规定为 0，出苗以后，依据丛振涛（2008）建立的冬小麦株高与干物质总量之间的经验关系，并根据实测数据，建立了制种玉米株高与地上生物量的经验公式如下：

$$h = 47.273 \times \ln(W_{ds,t}) - 260.42 \tag{6-115}$$

式中，h 为株高（cm）；$W_{ds,t}$ 为第 t 天的地上生物量总值。

根据实测资料显示，当制种玉米生长到一定阶段时，株高不在变化，并稳定在 192cm 左右。

3. 模型输入

模型运行所需的基本数据集主要有以下几类：①所模拟地区的经纬度；②模拟起止时间；③气象数据；④模拟的初始条件及制种玉米的遗传参数；⑤土壤的日平均含水率；⑥影响因子 FN1 和 FC1，根据经验值，均取 0.90。

4. 模型计算流程

制种玉米生长模型的计算过程与玉米实际生长过程基本符合，具体见图 6-35。

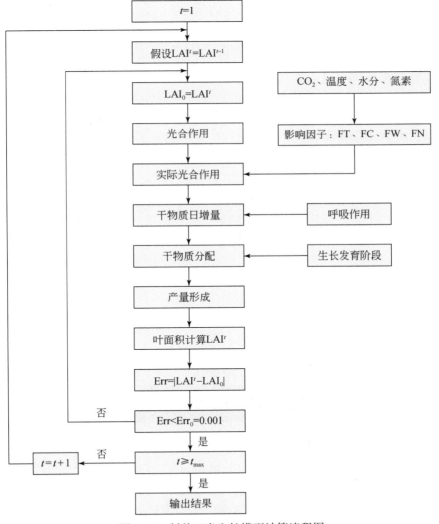

图 6-35　制种玉米生长模型计算流程图

Err_0 为迭代精度；LAI^t 是第 t 天的叶面积指数；LAI_0 是第 $t-1$ 天的叶面积指数；t 是当前的循环次数；t_{max} 是最大循环次数

6.4 覆膜条件下的田间尺度水碳耦合模拟模型

6.4.1 C₃作物田间尺度水碳耦合模拟模型

1. 能量平衡方程

地表净辐射是指一定时间内单位面积地表收入的辐射能量与所支出的辐射之差。下垫面所接收的净辐射既包括太阳的直射入射辐射、天空的散射辐射及反射辐射等短波辐射，也包括大气长波辐射、冠层长波辐射和地表长波辐射等长波辐射。覆膜春小麦田间热传输地膜层的阻隔作用使得本就复杂的大气–冠层–土壤间的热传输更加复杂化。不覆膜 SPAC 系统研究过程中将系统划分为大气层（作物参考高度）、植物冠层和土壤层 3 层（图 6-36）。地膜覆盖后，需加入对地膜层的考虑，这样将 SPAC 系统分为 4 层，辐射能量在各层之间的传输转换关系如图 6-36 所示。其中，R_{nc} 为冠层获得的净辐射；R_{nm} 为薄膜表面获得的净辐射；R_{ns} 为土壤表面获得的净辐射；G 为土壤向下的热通量。H_{ca} 为冠层与大气之间的显热交换；H_{mc} 为薄膜与冠层之间的显热交换；C_{sm} 为薄膜与土壤表面的热传导。模型中忽略土壤蒸发潜热通量 λE，因而有 $\lambda T = \lambda ET$；λT 为植物蒸腾潜热通量。r_a^a、r_a^c、r_s^c、r_a^m、r_c 分别为水热由冠层向大气传输的空气动力学阻力、由叶面向冠层传输所克服的冠层边界层阻力、冠层总气孔阻力、由薄膜处至冠层高度之间的空气动力学阻力以及薄膜与土壤之间的接触热阻。由此可得各层的能量平衡方程。

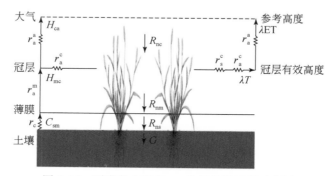

图 6-36 覆膜春小麦 SPAC 热量传输过程示意图

不覆膜时下垫面的净辐射 R_{nc} 用公式可简单表示为

$$R_{nc} = R_n(1-A) - F \tag{6-116}$$

式中，R_n 为投射到冠层顶部的太阳短波总辐射；A 为下垫面对短波的反射率；F 为有效长波辐射。

地面有地膜覆盖后，由于地膜是白色透明的，因此对短波辐射和长波辐射均会有一定的反射作用，这里用地膜透射率 τ_{sm} 来表示地膜对短波辐射的透射作用，用 τ_{lm} 来表示地膜对长波辐射的透射作用。在对复杂问题进行模拟时，常常通过一些简化达到较好的模拟效果。在此对能量传输过程做如下假设：①假设作物和薄膜本身都不储存能量；②忽略薄膜与土壤间的热对流，以及地膜表面水珠的冷凝和蒸发过程的热量变化；③由于地膜非常的薄（厚度仅为 0.008mm），且与土壤表面紧贴，因此假设地膜温度约等于土壤温度。对于透明塑料薄膜，其中 τ_{sm} 参考取值范围为 0.8～0.98，本章取 0.9；τ_{lm} 参考取值范围为 0.7～0.8，本章取 0.8。因此计算到达下垫面的净辐射为

$$R_{nc} = \tau_{sm} R_n (1-A) - \tau_{lm} F \tag{6-117}$$

2. 水热传输阻力修正

地膜覆盖只是覆盖在土壤表面，对冠层和大气以及作物本身的潜热和显热交换并无直接影响。因此只考虑，地膜覆盖对土壤的潜热显热交换过程的影响。之前的章节假设地膜的温度和土壤表面温度是相等的，因此可以认为地膜覆盖对土壤表面显热交换作用影响几乎为零，但地膜覆盖会增大土壤的蒸发阻力，进而影响蒸发潜热 LE_s，具体过程见图 6-36。假设覆膜对蒸发潜热的影响与覆膜比 f_m 呈线性关系，引入地膜的覆盖阻力 r_m，则覆膜条件下的土壤潜热蒸发 LE_s 可表示为

$$LE_s = (1-f_m) \frac{\rho C_p (e_1 - e_b)}{\gamma (r_{sb} + r_s + f_m r_m)} \tag{6-118}$$

$$r_m = \frac{z_g}{k_a N_{ud}} \tag{6-119}$$

式中，f_m 为覆膜比；r_m 为覆盖阻力（s/m）；z_g 为薄膜与土壤表面的距离，取值范围 0.001～0.01m（Chung et al.，1987）；k_a 为空气热导率，取值为 0.02517W/(m·℃)；N_{ud} 为反映热传导强烈程度的 Nusselt 值。

3. 春小麦生长模块

作物生长模块主要通过构建考虑春小麦生育期内的光敏感、热效应和水分供应条件，对春小麦生长过程的模拟主要针对阶段发育、生物量形成、干物质分配与产量形成这三个方面。作物模型计算和模型结构见图 6-37。具体的计算公式及计算方法参照王凯（2015）所建立的春小麦生长模型，在此不做赘述。原春小麦生长模块中生理发育时间是根据大气温度积温建立起的数学关系，分析试验数据发现，地膜覆盖能够增加土壤温度，并使春小麦的生育期有所提前。例如，早出苗 7 天左右等，说明地膜覆盖后春小麦的生理发育时间用气温积温来描述已经不再合适，因此，尝试用土壤温度积温来描述覆膜对春小麦生育期进程的影响。

4. 模型初始及边界条件

（1）初始条件

模拟开始时的土壤含水量和土壤温度剖面就是土壤水分运动方程、能量平衡方程的初始条件，可由实测的土壤温湿度剖面内插值获得；如果数据不足，可以利用初始气象资料

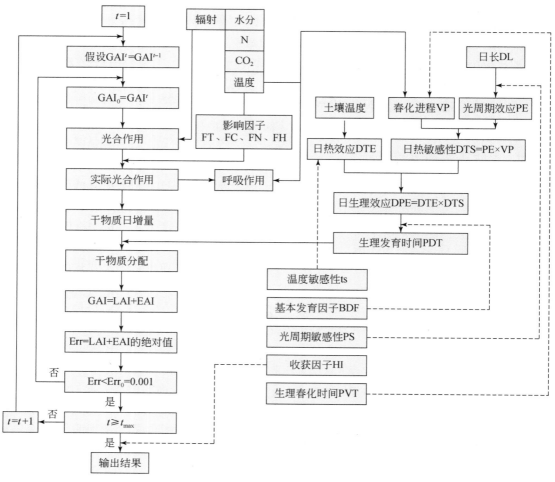

图 6-37　春小麦生长模块计算示意图

计算和输出相对稳定的剖面作为初始剖面：

$$\theta(z,t)\mid_{t=0}=\theta_0(z)，土壤水分运动方程 \qquad (6\text{-}120)$$

$$T(z,t)\mid_{t=0}=T_0(z)，土壤能量平衡方程 \qquad (6\text{-}121)$$

（2）边界条件

在没有降水和灌溉的情况下，土壤水分运动的上边界是蒸发边界，蒸发速率为 E_s。

$$\int_{i=1}^{i=1.5}\frac{\partial \theta}{\partial t}\mathrm{d}z=-q_{\mathrm{w},i=1.5}-E_s \qquad (6\text{-}122)$$

$$q_{\mathrm{w},i=1.5}=D_{\mathrm{w}}\frac{\partial \theta}{\partial z}\bigg|_{i=1.5}+K_{\mathrm{w},i=1.5} \qquad (6\text{-}123)$$

式中，i 为节点号，地表节点编号为 1。

当土壤表面饱和（灌溉或降水后），土壤水上边界条件变为第一边界条件。忽略地表积水作用，则有：

$$I = \int_{t=0}^{t=T} \left[-D_{\mathrm{w}} \left. \frac{\partial \theta}{\partial z} \right|_{i=1.5} + K_{\mathrm{w},\, i=1.5} \right] \mathrm{d}t \qquad (6\text{-}124)$$

土壤温度的上边界是通量边界，根据地表以下半节点能量平衡可得到：

$$\int_{i=1}^{i=1.5} C_{\mathrm{v}} \frac{\partial T}{\partial t} \mathrm{d}z = -q_{\mathrm{h},\, i=1.5} + G \qquad (6\text{-}125)$$

$$-q_{\mathrm{h},\, i=1.5} = K_{\mathrm{h}} \left. \frac{\partial T}{\partial z} \right|_{i=1.5} \qquad (6\text{-}126)$$

土壤水分下边界：若下边界区在地下水位处，则 $\theta_{n+1} = \theta_{\mathrm{s}}$，其中，$n+1$ 为下边界节点号，θ_{s} 为饱和导水率。若地下水位计较深，下边界取在土壤一定深度处，取 $\theta_{n+1} = \theta_{\mathrm{L}}(t)$，其中，$\theta_{\mathrm{L}}(t)$ 为下边界土壤含水率变化过程。

温度下边界：可以根据田间的实际观测资料拟合得到，取 $T_{n+1} = T_{\mathrm{L}}(t)$，其中 $T_{\mathrm{L}}(t)$ 为下边界土壤温度变化过程。

左右边界：假设左右边界为零通量边界。

6.4.2　C_4 作物田间尺度水碳耦合模拟模型

1. SPAC 水热传输模型

SPAC 系统概念的提出，很好地解决了下垫面温度、湿度变化与植物蒸腾和棵间蒸发耦合的研究难题。SPAC 系统是将连续体之间的水分运移和热量传输看作是一个连续的过程。

从提出到现在，国内外对 SPAC 模型的研究已有不少，大多将 SPAC 系统分为 3 层，由于每一层的性质不同，所以其模型的研究方法不尽相同。大气层一般采用单层处理（季劲钧和胡玉春，1999）。陆-气过程（作物冠层）有 3 种处理方法，即"大叶"模式（Noilhan and Planton，1989）、多层模式（Griend and Van Boxel，1989）和单层模式（吴擎龙等，1996）。这 3 种模式都有各自的优缺点，"大叶"模式将作物冠层和土壤的水热特性看作一样，因此无法区分植物蒸腾和棵间蒸发；多层模式是将作物冠层分成若干层，这样处理能很好地看出冠层内部温湿度的垂向分布，但是计算较复杂；而单层模式是将作物冠层看作一层，计算简单，有利于实际运用。本章中对于作物冠层的处理采用单层模式。

本章用于与制种玉米生长模型进行耦合的 SPAC 水热传输模型是毛晓敏等（2001）提出的，该模型采用单层大气、单层作物冠层、多层土壤的处理模式（De Vries，1987），是基于土壤水动力学、能量平衡原理、植物生理学等学科的理论知识，建立的水分胁迫下农田水分转换的 SPAC 水热传输模型，该模型将水热传输分为两个部分来考虑，即地面以上和地面以下，这两部分的联系接口主要有：土壤表面处的热通量 G、作物蒸发蒸腾量、土壤水热状况及作物根系吸水量。本章主要是将 SPAC 水热传输模型进行适当的修正，使之能模拟覆膜条件下的状况，并将 6.3.2 中构建的制种玉米生长模型与修正后的 SPAC 水热传输模型进行耦合，定量分析制种玉米生长发育过程和 SPAC 水热传输过程之间相互影响的关系，为制种玉米的耕作提供有利依据（图 6-38）。

图 6-38　覆膜玉米 SPAC 热量传输过程示意图

2. SPAC 水热传输模型的修正

毛晓敏等（2001）提出的 SPAC 水热传输模型只能模拟无覆膜条件下的水热状况，本次研究区对于制种玉米进行了覆膜处理，因此需要对模型进行适当的修正。具体修正方法如下：

在计算过程中，不考虑覆膜对净辐射的直接影响，以及覆膜对地表能量分配的其他直接影响，只考虑了覆膜对蒸发潜热的影响，并假设覆膜对蒸发潜热的影响与覆膜比呈线性关系。在模型的具体计算中，若覆膜比为 α，假定 e_1、e_b 不受覆膜的影响，则覆膜后的土壤蒸发潜热 LE_s' 可表示为

$$LE_s' = (1-\alpha)\frac{\rho C_p (e_1 - e_b)}{\gamma (r_{sb} + r_s)} \tag{6-127}$$

为了模型计算方便，仍然采用修正之前的形式表示 LE_s，并且引入表象土壤蒸发阻力 r_s'，则：

$$LE_s' = \frac{\rho C_p (e_1 - e_b)}{\gamma (r_{sb} + r_s')} \tag{6-128}$$

$$r_s' = \frac{\alpha r_{sb}}{1-\alpha} + \frac{r_s}{1-\alpha} \tag{6-129}$$

式中，ρ 为空气密度（kg/m³）；C_p 为定压比热容，取值为 1008.3J/（kg·K）；γ 为湿度计常数（hPa·K）；e_1 为土壤表面的水汽压（hPa）；e_b 为作物冠层大气的水汽压（hPa）；r_{sb} 为地表–作物冠层间的空气动力学阻力；r_s 为地表蒸发时所要克服的阻力；r_s' 为表象蒸发阻力，间接反映了覆膜对蒸发潜热的影响；这些阻力的单位都为（s/m）。

在模型中，利用式（6-129）计算得到表象土壤蒸发阻力 r_s' 后，替代原始模型中的土壤蒸发阻力 r_s，继续完成模型中的计算。

以上这种处理方法只是很简单地考虑了覆膜的影响，后面还要继续进行研究。

3. 模型计算流程

SPAC 水热传输模型计算流程如图 6-39 所示。

4. 制种玉米生长模型与 SPAC 水热传输模型的耦合

制种玉米生长模型和 SPAC 水热传输模型不论是在机理上还是在模型实现上都具有一定的耦合关系。

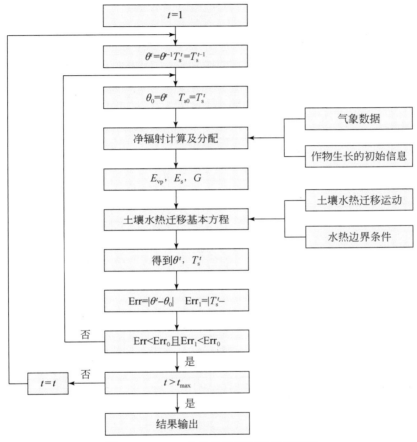

图 6-39　SPAC 水热传输模型计算流程图

θ^t 为某一时刻的土壤含水率；T_s^t 为某一时刻的土壤温度；E_{vp} 为最大可能蒸攻量；

E_s 为土壤蒸发速率；G 为土壤向下的热能量。

制种玉米生长模型与 SPAC 水热传输模型的耦合方式采用全隐式迭代求解，即先假设下一模拟时段的作物信息，代入 SPAC 水热传输模型中进行计算，将求得的土壤水热状况带入制种玉米生长模型中进行求解，获得下一时段的作物状况，对获得值与之前的假设值进行比较，如果符合误差要求，则进入下一时段继续计算，否则重新假设，重复上述步骤，直至符合模型要求（图 6-40）。

对于两个模型的耦合接口，制种玉米生长模型中，叶面积指数和株高按式（6-110）和式（6-115）确定。根据学者研究得出，叶面宽对模型的结果影响较小，所以，制种玉米的叶面宽粗略取 0.085m（Chung and Horton，1987；高阳，2009）。SPAC 水热传输模型对制种玉米生长模型主要提供土壤含水率状况，具体反映在水分影响因子 FH 上，具体计算见式（6-86）。

制种玉米生长模型与 SPAC 水热传输模型的耦合过程描述具体见图 6-41。

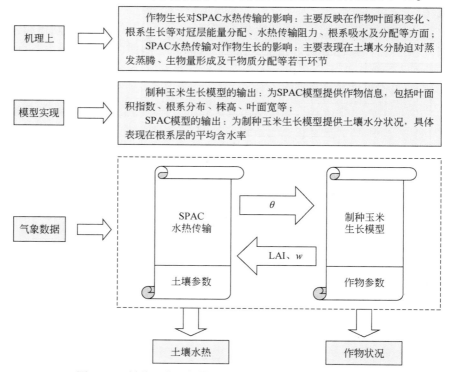

图 6-40　制种玉米生长模型与 SPAC 水热传输的耦合结构

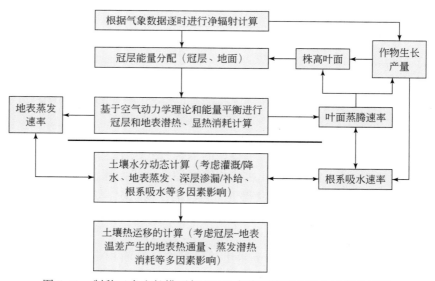

图 6-41　制种玉米生长模型与 SPAC 水热运输耦合基本过程描述图

本节主要介绍了制种玉米生长模型的基本原理，构建了制种玉米生长模型，并对已有 SPAC 水热传输模型进行了修正，使之能模拟覆膜条件下的水热状况，在此基础上，分析了两个模型之间存在的耦合关系，建立了覆膜条件下制种玉米生长与 SPAC 水热传输的耦合模型，并介绍了耦合模型确立的一些基本问题，如耦合方式的选择、耦合接口的确定。

6.5　覆膜条件下的 CropSPAC 模型的率定与验证

6.5.1　C₃ 作物（小麦）田间试验的率定与验证

1. Jarvis 模型的率定与验证

利用 2016 年 Li-6400 光合作用测定系统的数据对模型参数进行率定和验证，共采集得到数据 289 组，剔除异常数据后剩 274 组，随机分出 158 组数据作为模型率定，116 组数据作为模型验证。

Jarvis 模型的估算系数见表 6-14。

表 6-14　Jarvis 模型估算参数

参数符号	参数描述	取值
a_1	f（PAR）中的经验性参数	241.676
a_2	f（VPD）中的经验性参数	−1.744
a_3	f（θ）中的经验性参数	1.020
a_4	f（T_a）中的经验性参数	−0.0004
a_5	f（T_a）中的经验性参数	0.065
a_6	f（T_a）中的经验性参数	−1.189
a_7	f（C_a）中的经验性参数	−0.00004

Jarvis 模型率定的实测值与模拟值对比，见图 6-42。

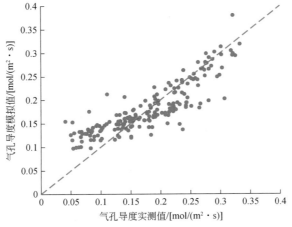

图 6-42　Jarvis 模型春小麦气孔导度率定模拟值与实测值的对比

Jarvis 模型验证的实测值与模拟值对比见图 6-43。

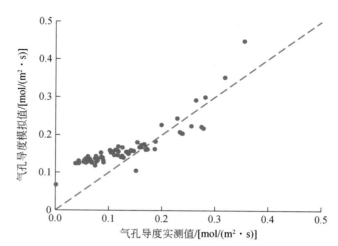

图 6-43　Jarvis 模型春小麦气孔导度验证模拟值与实测值的对比

由模拟结果可知，Jarvis 多环境变化阶乘模型在一定程度上能够反映气孔导度与环境因素的关系，但是在模拟精度上并不是十分准确，并且由于模型的参数众多，在率定过程中参数变化范围较大，容易影响模型的模拟精度。同时，由模型的参数率定值可见，与光合有效辐射相关的参数值明显大于其他参数值，说明环境因子中光合有效辐射对气孔导度影响最为强烈；而 CO_2 相关的参数值则明显偏小，可知大气 CO_2 浓度对气孔导度的影响并不显著，这与 6.1.1 节到的气孔导度与 CO_2 浓度的相关系数最小也是相对应的，这主要是因为在 2016 年采集到的数据中，环境 CO_2 浓度都在 $300 \sim 450\mu mol/mol$ 的范围内变化，这属于气孔导度的适应性范围，所以对于气孔导度的影响较小（表 6-15）。

表 6-15　叶片尺度 Jarvis 模型制种玉米气孔导度率定与验证的模拟评价指标

	R^2	RMSE	EF
Jarvis 模型率定	0.733	0.035	0.722
Jarvis 模型验证	0.652	0.037	0.525

2. CropSPAC 模型对春小麦的模拟结果与分析

选取 2016 年春小麦大田试验不覆膜的 3 种水分处理，分别利用改进前后的 CropSPAC 模型模拟其生长过程，选用的指标主要包括地上生物量积累、株高、叶面积指数和土壤水热状况的变化过程，对比改进前后模型模拟效果的差异并与实测值进行对比分析，评价和验证改进模型对本地试验区春小麦的生长过程和土壤水热迁移过程模拟的有效性和适用性。本书选取了 W1M0、W4M0、W5M0 3 种水分处理，3 种处理除了灌水量的输入数据明显不同外，其他参数均采用 W1M0 处理调试后的参数，且由于模拟起始日 3 种处理的条件完全相同，所以初始条件也都相同，这样的模拟设置可以比较准确可靠地评价 CropSPAC

模型对不同灌溉制度下春小麦生长变化过程和 SPAC 水热迁移过程的模拟效果。

（1）地上生物量积累

随着春小麦的生长，地上干物质量呈逐渐上升趋势，原模型对地上生物量的模拟值偏小，改进后的 CropSPAC 模型对不同水分处理下的生物量积累拟合较好，相关系数 R^2 均在 0.98 以上，说明改进后模型能够较好地模拟春小麦地上生物量的积累过程。改进后模型在生育期前期模拟值总体略大于实测，考虑到模型是采用气孔导度来推求光合作用的，在春小麦生长前期气孔发育较成熟期可能总体气孔导度值会偏小，而用来率定模型的气孔导度的实测值集中在春小麦生长旺盛期，所以导致了在前期模型模拟值偏大的情况。在 W5 缺水处理的小区存在后期模拟的生物量值略小于实测值的情况（图 6-44 ~ 图 6-46、表 6-16）。

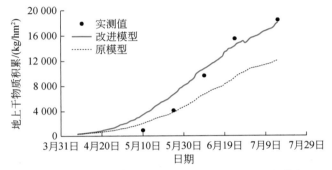

图 6-44　改进前后模型对 W1M0 处理地上干物质积累过程的模拟（2016 年）

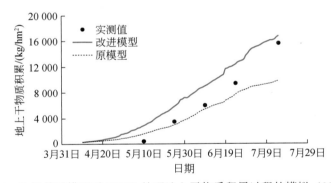

图 6-45　改进前后模型对 W4M0 处理地上干物质积累过程的模拟（2016 年）

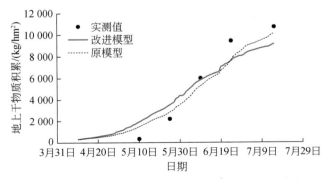

图 6-46　改进前后模型对 W5M0 处理地上干物质积累过程的模拟（2016 年）

表 6-16　改进前后模型对地上干物质积累模拟的决定系数

水分处理	W1	W4	W5
改进模型	0.991	0.987	0.989
原模型	0.958	0.967	0.973

（2）株高

两个模型对春小麦株高的动态模拟都比较贴合，相关系数 R^2 比较高，说明模型能够很好地模拟春小麦生育期内株高的变化过程。在前期也存在株高的模拟值略高于实测值的情况，考虑到这是因为株高的模拟是建立在与地上干物质积累量的一种函数关系式上，所以前期地上生物量的模拟值高，导致了株高值偏高。同时因为开展试验的试验田已经连续 3 年种植春小麦，重茬对春小麦的影响较大，会引起烂根、病虫害等，导致 2016 年实测的数据会较往常年平均水平低，而模型中未考虑实际状况中其他众多因素的影响，所以模型模拟值略高于实测值也是可以接受的，这也说明 CropSPAC 模型对于春小麦的株高的模拟是可行的（图 6-47 ～ 图 6-49、表 6-17）。

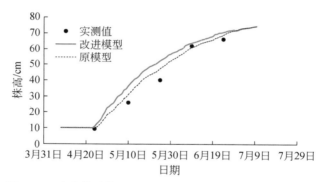

图 6-47　改进前后模型对 W1M0 处理株高的模拟（2016 年）

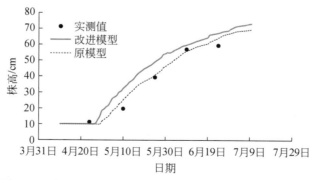

图 6-48　改进前后模型对 W4M0 处理株高的模拟（2016 年）

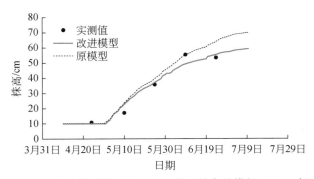

图 6-49　改进前后模型对 W5M0 处理株高的模拟（2016 年）

表 6-17　改进前后模型对株高模拟的决定系数

水分处理	W1	W4	W5
改进模型	0.958	0.941	0.957
原模型	0.961	0.978	0.957

（3）叶面积指数

　　对于叶面积指数的模拟，总体效果较好，对于 W5 水分处理，两个模型的模拟值与实测值一致，对于 W1、W3 两种水分处理，原模型前期拟合较好，后期值过于偏小，改进后模型效果有所提升，只是存在前期模拟值稍微偏大的情况，后期贴合较好，模拟值和实测值均下降的较快。分析其原因可能有如下几点：模型中的叶面积指数是通过叶面积指数与叶干物质量的关系式计算得到的，其系数是经验型的，可能跟实际有所出入；由于模型对干物质积累的模拟在前期略偏大，所以导致叶面积指数的模拟值也出现了前期偏大的情况；实际田间作物的生长受众多因素的影响，在模型的模拟过程中，主要考虑了水分、温度、碳氮对叶干物质积累的影响，可能未考虑到碳氮以外其他营养元素供应的影响，病虫害等对叶干物质累积的消耗作用，导致叶面积指数模拟值偏高；实际测量中叶面积指数数据可能存在偏差，植物冠层分析仪的灵敏度、测量时风速对春小麦吹动的影响、太阳高度角等，都会对实测值产生影响，导致偏差。但是总体来说，不同水分处理之间叶面积指数存在差异，梯度明显，模型拟合结果基本可以接受，验证了模型对春小麦生理指标生长模拟的可靠性（图 6-50 ~ 图 6-52、表 6-18）。

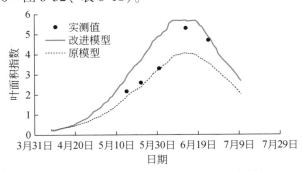

图 6-50　改进前后模型对 W1M0 处理叶面积指数的模拟（2016 年）

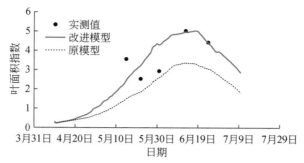

图 6-51　改进前后模型对 W4M0 处理叶面积指数的模拟（2016 年）

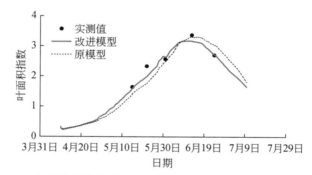

图 6-52　改进前后模型对 W5M0 处理叶面积指数的模拟（2016 年）

表 6-18　改进前后模型对叶面积指数模拟的决定系数

水分处理	W1	W4	W5
改进模型	0.829	0.346	0.928
原模型	0.832	0.530	0.862

（4）土壤水分动态变化过程

图 6-53～图 6-55 显示了春小麦 1m 土层储水量随时间的动态变化过程及模型的模拟值，模拟与实测之间变化趋势一致，拟合程度高。4 月 29 日、5 月 28 日、6 月 19 日分别灌水，也可以看出灌水或大幅降水后，土壤水分陡增，之后随着春小麦根系吸水，蒸散发消耗和深层渗漏，土壤水分呈现出先快后慢的非线性消退。在 4 月 29 日第一次灌水前，3 种水分处理变化趋势一致，此时他们的生长条件是完全相同的，且土层储水量下降趋势较为平缓，这是因为在作物生长前期，春小麦尚未成熟，根系吸水小，作物蒸腾量小，而到了生长中期和后期，春小麦叶面积指数增加，同时因为石羊河流域地区干旱少雨，大气蒸发能力增加，作物腾发量加大，导致土壤储水量消退增快。W1、W4、W5 3 种处理主要体现在灌水量上的不同，从图 6-57～图 6-59 可以体现出不同处理土壤含水量的梯度差异。W1 土层储水量变化值要大于 W5 水分处理，同时 W5 水分处理变化趋势相对平缓，说明缺水灌溉处理相对保水能力较强，而本章模拟调试所用参数是基于 W1 处理的，因此适用于 W5 时在生育期后期模拟值略偏大（表 6-19）。

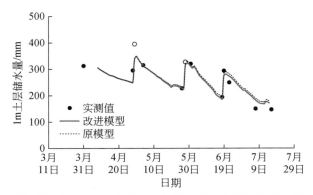

图 6-53　改 逊后模型对 W1M0 处理 1m 土层土壤水分消退曲线的模拟（2016 年）

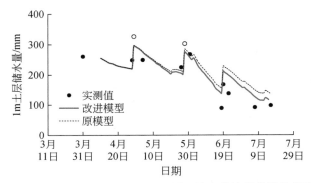

图 6-54　改 逊后模型对 W4M0 处理 1m 土层土壤水分消退曲线的模拟（2016 年）

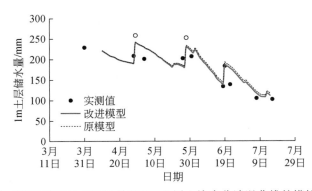

图 6-55　改 逊后模型对 W5M0 处理 1m 土层土壤水分消退曲线的模拟（2016 年）

表 6-19　改进前后模型对不同水分处理土壤水分的决定系数

水分处理	W1	W4	W5
改进模型	0.912	0.878	0.866
原模型	0.865	0.839	0.814

6.5.2 玉米的田间试验率定与验证

1. 模型评价指标

本章使用的模型评价指标包括：模拟值与实测值之间的 RMSE，平均相对误差（MRE）和决定系数 R^2，其数学公式分别为

$$\text{RMSE} = \sqrt{\frac{1}{N}\sum_{i=1}^{N}(S_i - O_i)^2} \tag{6-130}$$

$$\text{MRE} = \frac{1}{N}\sum_{i=1}^{N}\left|\frac{S_i - O_i}{O_i}\right| \tag{6-131}$$

$$R^2 = \left[\frac{\sum\limits_{i=1}^{N}(S_i - \bar{S})(O_i - \bar{O})}{\sqrt{\sum\limits_{i=1}^{N}(S_i - \bar{S})^2 \sum\limits_{i=1}^{N}(O_i - \bar{O})^2}}\right]^2 \tag{6-132}$$

式中，N 为观测点的个数；S_i 为模拟值；O_i 为实测值。

2. 土壤水分动态变化过程

从图 6-56 中是玉米 1m 土层储水量随时间的变化过程。可以看出，模型模拟值与观测值的趋势基本一致。图中土壤含水量的显著增加是灌溉和降水造成的，土壤储水量的变化随生育期推进逐渐降低，随着灌溉和降水而迅速增加。在两次灌水之间，土壤储水量的下降速率在前期较低，而后期逐渐增高，这主要是由于前期植物叶面积指数低，土壤水分的消耗以土壤蒸发为主，而后期随着玉米进入旺盛生长期后，叶面蒸腾和土壤棵间蒸发增加了土壤水分的消耗（表6-20）。

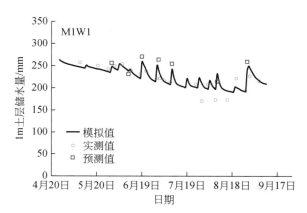

图 6-56 玉米根区 1m 土层储水量生育期动态变化（2017 年）

表 6-20　各处理 1m 土层储水量的模拟评价指标

年份	处理	R^2	RMSE	MRE/%
2017	W1M1	0.70	26.98	5.73
	W1M3	0.91	30.67	3.55
	W0M1	0.93	36.97	4.77
	W0M3	0.80	37.75	8.71

3. 不同土层深度土壤含水率变化

图 6-57 和图 6-58 为 M1W1 和 M1W3 处理模拟时段内三天的土壤水分剖面含水率的变化情况。可以看出，模拟值能够较好地反映土壤水分的变化情况，与实测变化趋势基本一致。

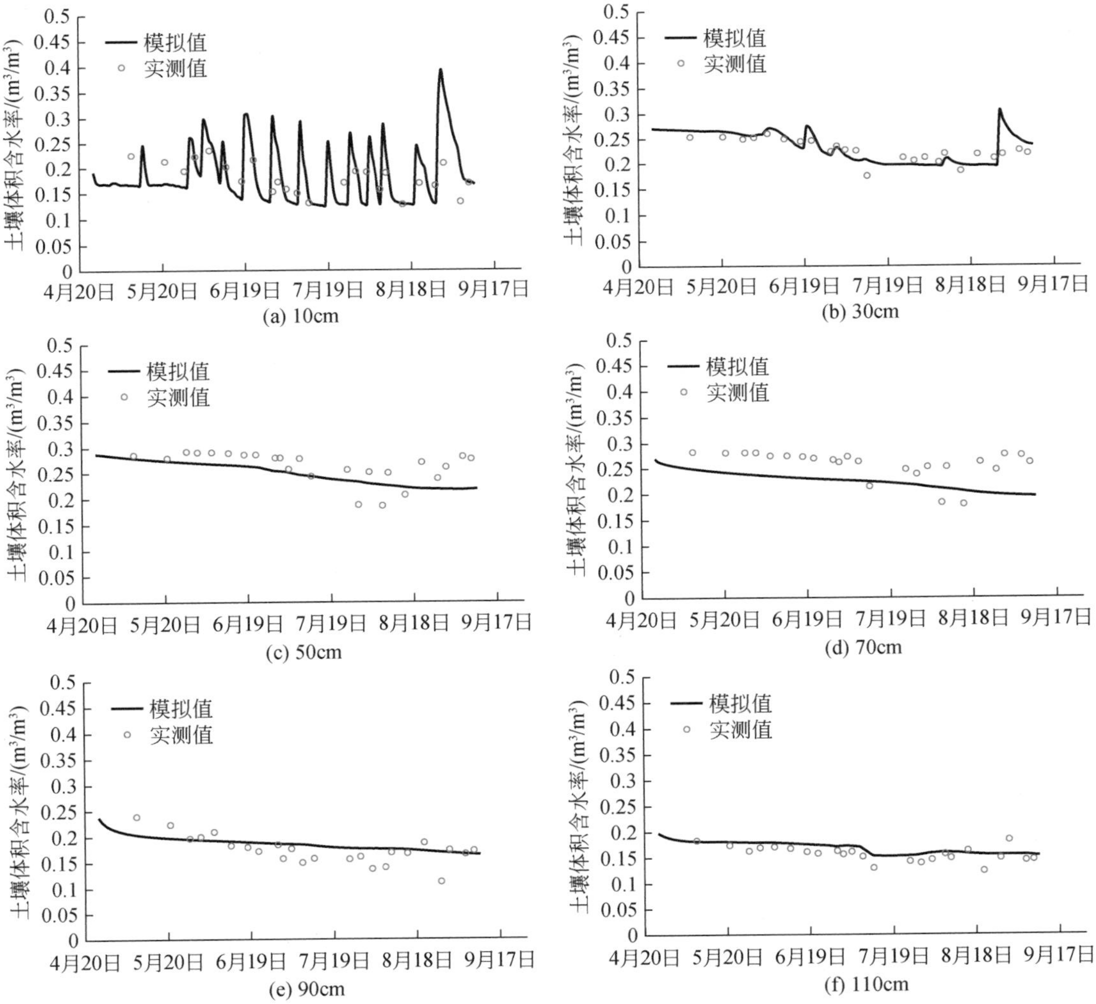

图 6-57　M1W1 处理不同土层深度模拟值与实测值的比较（2017 年）

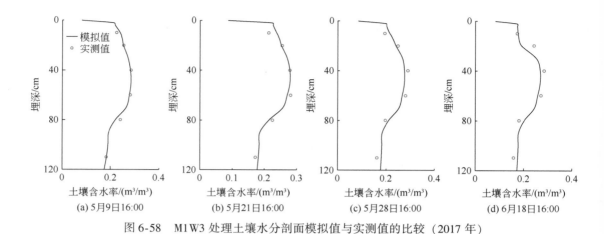

图 6-58　M1W3 处理土壤水分剖面模拟值与实测值的比较（2017 年）

其中，W1 处理在 80cm 处的模拟值与实测值有所差别，这可能是由于不同小区土壤存在一定的空间变异性，不同土层土壤性质存在差别，而本模型中并未对土壤分层进行考虑。

4. 土壤温度动态变化

地膜覆盖能够增加土壤温度，土壤温度的准确预测为作物生理发育打好基础。图 6-59 展示了 M1W1 处理的 0、10cm、20cm、40cm、80cm 和 120cm 深度处土壤温度的日变化，实测值和模拟值均为每日 8：00 点时的温度，模型在 20cm 和 40cm 深度处的土壤温度模拟值在生育前期高于实测值，而生育后期模拟值低于实测值，从整个生育期来看，各土层温度的模拟趋势与实测值基本一致。80cm 和 120cm 深度土壤温度模拟效果良好，尤其是

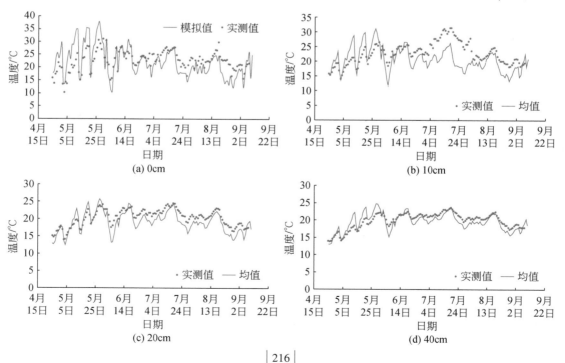

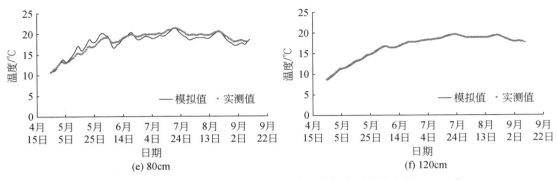

图6-59　M1W1处理不同土层土壤温度模拟值与实测值的比较（2017年）

对120cm处土壤温度的模拟效果非常好。这是因为，越接近土壤浅表层土壤温度的波动幅度就越大，且试验区所在的武威地区是典型的昼夜温差较大地区，昼夜温差最大能达20℃，而深层土壤的温度波动相对稳定，此外，10cm处测量土壤温度的传感器探头由于埋深较浅，检测准确性的影响因素较多。

5. 叶面积指数

叶面积指数是衡量作物生长状况的重要指标，在作物模型模拟中具有非常重要的作用。在实际中，最常用的就是用叶面积指数和覆盖度来衡量作物的发育情况，由于叶面积指数不仅能够反映植被的结构、分布密度和生物量等信息，且相应的地面测量设备较为方便，能够较为快速和便捷的获得数据，因此更多地是以叶面积指数作为玉米生长状况的衡量指标。

图6-60为M1W1处理玉米叶面积指数模拟值与实测值的比较，可以看出，模型能够较好地模拟叶面积指数随时间的变化情况。在整个生育期内，模型模拟的结果与实测值差异较小，只有在玉米生长中期，当玉米达到旺盛生长的顶期叶面积指数达到最大值时，模拟值略小于实测值，这可能有几点原因：首先该模型并未考虑氮对植物生长的影响，假设不同处理的氮素水平相同；其次，植物生长所处的微气象环境十分复杂，单日输入气象数据为均值，并不能反映单日气象条件变化情况对植物生长的影响。

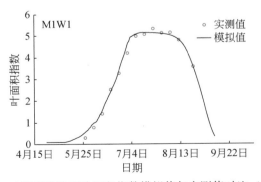

图6-60　玉米覆膜处理叶面积指数模拟值与实测值对比（2017年）

第7章 黑河中游绿洲水转化多过程耦合模拟模型构建与检验

水资源短缺和由此引发的供需矛盾已成为制约干旱−半干旱地区流域可持续发展的主要问题。黑河中游的灌溉农业消耗了流域内大部分的可用水量，加之近年来绿洲农业规模的快速增长及其他各行业的高速发展，进一步加剧了流域内水资源的供需矛盾。在黑河中游地区，过量的地表水用于农业灌溉，从而导致流向下游的地表径流急剧下降，并引起诸如河流干涸、尾闾湖消失等生态环境问题。近年来，黑河分水计划的实施，对增加流向流域下游的径流和恢复下游的生态系统起到了十分重要的作用。但与此同时，随着中游绿洲农业的不断发展，作为补充水源的地下水已被过度开采，引起中游地下水水位和储量的持续下降，进而导致水资源开发利用成本增加、地下水水质下降、自然植被退化等问题，使得中游农业可持续发展与绿洲生态环境保护的矛盾更加突出。因此，采取适宜的农业高效用水管理措施，对恢复中游绿洲农业区和下游荒漠绿洲区的生态系统与水土环境健康具有十分重要的的作用。

为保障中游绿洲灌溉农业的可持续发展和中下游绿洲的生态健康，近年来各级管理部门相继采取了多种水资源高效利用的管理措施，主要包括：限制地下水超采，人工补给地下水，调整土地利用和作种植结构，提高灌溉水利用效率，以及采取合理的水价和水权交易措施等。如何评价不同管理措施实施的效果，有赖于定量描述绿洲水转化复杂过程对不同管理措施的响应机制。因此，构建绿洲尺度水转化多过程耦合模拟模型，实现对不同管理措施下绿洲多尺度水转化过程的模拟和预测，提出面向绿洲农业的可持续发展与生态健康的水资源高效利用管理方案，对于强人类活动影响下黑河流域的水安全与生态安全均具有十分重要的意义。

流域或区域的水转化过程十分复杂，包含大气水−地表水−土壤水−地下水−植物水等多个过程和环节。然而，大部分模型只考虑或关注复杂水文过程的某一个或几个过程和环节，如 MODFLOW 和 FEFLOW 主要用于区域地下水流过程的模拟，SWAT 和 VIC 主要用于流域尺度的地表水文过程模拟，SWAP 和 HYDRUS 主要用于植被与土壤水文过程模拟。近年来，国际上开发的一些模型也可实现对复杂的水文多过程进行耦合模拟，如 ParFLOW、SWAT-MODFLOW、GSFLOW 和 MIKE SHE 等可用于大尺度地表水和地下水耦合过程的模拟，而 SWAP-MODFLOW 和 HYDRUS-MODFLOW 可以较好地模拟饱和带与非饱和带水交换过程等。

一般而言，在耦合模型中尽可能多地考虑研究问题中水转化的多个过程与环节，可以进一步提高模型的模拟能力和精度。对于干旱内陆河流域，中游绿洲水农业耗水是流域耗水的主要途径，然而在实际中有关农业水转化过程（如渠系水渗漏、田间用水转化和作物生长与耗水等过程）在现有模型中的考虑往往过于简化，导致模拟结果（尤其是农业开发强大较大的流域）与实际情况差异较大。在已有的黑河流域中游绿洲水转化过程的研究中，河流地表水与含水层地下水的交换考虑比较充分，而对农业水转化过程的考虑则过于简化。因此，建立考虑绿洲农业水转化多过程的耦合模型，可为黑河流域水管理方案的制订提供更为完善的工具。因此本章将建立进一步全面考虑农业水转化过程的中游绿洲多过程耦合模型，该模型涵盖了绿洲分布式农业水文模型、绿洲非农区水文与生态耗水过程模型、渠系输配水转化过程模型、河流水转化过程模型及地下水运动过程模型等多个子模型。

7.1　黑河中游绿洲简介

黑河中游绿洲位于我国西北地区的黑河流域中游，是我国非常重要的粮经作物种植和育种基地之一，包括张掖盆地、酒泉西盆地、酒泉东盆地和山丹盆地（图 7-1）。中游绿洲区引用了超过 90% 的黑河干流可利用地表水并贡献了黑河流域接近 90% 的农业产值，同时超过 90% 的可利用水量被农业生产消耗。黑河流域自 2000 年开始实施"黑河分水计划"，通过对中游地表水引用量进行有效削减，以保护流域下游的生态环境。作为补充，黑河分水曲线精确定义了下泄到下游的流量（正义峡径流量）和进入中游绿洲黑河干流的流量（莺落峡径流量）之间的比例关系。然而，由于中游的农田灌溉面积较大且灌溉引水量过大，每年下泄到正义峡的流量并不能满足分水计划的要求。与此同时，中游绿洲地下水则被大量开采作为灌溉补充水源，由此又导致了该地区地下水位的多年持续下降。

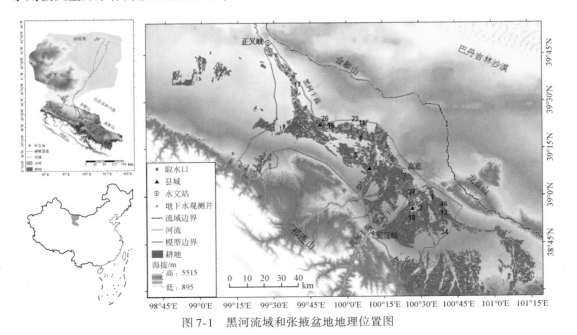

图 7-1　黑河流域和张掖盆地地理位置图

张掖盆地是黑河中游绿洲的主要农业生产区，也是黑河干流主要流经的盆地；同时张掖盆地的地下水除东南部接受相邻地区地下水的补给外，是一个相对封闭的水文盆地。因此，本章以张掖盆地为主要研究区，进行黑河中游绿洲水转化多过程的耦合模拟研究。张掖盆地，主要包括祁连山、龙首山、合黎山的山前的冲积扇和洪积扇，以及中间的细土平原。海拔从东北部的1260m 到西南山前区域的2300m。区内气候为典型的内陆干旱气候，多年平均降水量仅为 140mm，多年平均水面蒸发量（20cm 蒸发皿）则达到 2050mm。

张掖盆地主要的含水层由第四系的冲积物和洪积物组成。含水层结构主要包括全新统沉积物（Q_4）、上更新统沉积物（Q_3）和中更新统沉积物（Q_2）（图 7-2）。早更新统的沉积物（Q_1）主要由胶结的沉积物组成，为第四系含水层提供了不透水的底部边界。在冲洪积扇，全新统沉积物主要由冲积较细的土壤、砂砾石和砾石组成，厚度在 5~30m，位于该冲积物下面的上更新统冲积物和中更新统岩层主要由分选较好的卵石、砾石和砂砾石组成，厚度分别是 50~100m 和 150~200m。在细土平原，早更新统、上更新统和全新统沉积物的组成与冲洪积扇的沉积物类似，但质地较细。然而，中更新统沉积物却有着更复杂的沉积结构——在砾石和砂砾石的中间夹杂着两层厚度在 5~20m 的由黏土和亚黏土组成的弱透水层。因此，该地区的含水层结构可以概化为冲积扇和洪积扇的单一含水层和细土平原的多层含水层。

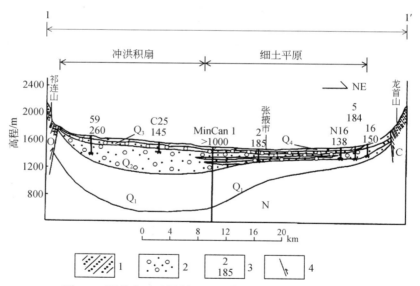

图 7-2　张掖盆地地层剖面图（修改自仵彦卿等，2010）

1. 代表这个岩层由壤黏土或者黏土组成；2. 表示该地层由砾石组成；3. 表示地质钻孔的名字和深度；4. 表示断层

流入张掖盆地的黑河共有 7 个支流，其中只有黑河干流通过正义峡流入下游，其他河流在进入中游绿洲后则均被拦截用于农业灌溉。黑河干流的多年平均径流量为 15.8 亿 m³，在黑河干流沿岸建有 23 个取水塘坝用于取水。张掖盆地的主要作物包括大田玉米、制种玉米、春小麦和经济作物（蔬菜和棉花）。张掖盆地共有 17 个灌区，其中 14 个从黑河干流引水进行灌溉。张掖盆地现状年（2012 年）的地表水引水量为 13.0 亿 m³，地下水开采量为 4.5 亿 m^3，其中 15.9 亿 m^3 用于农业灌溉，0.875 亿 m^3 用于林草灌溉，0.725 亿 m^3 用于居民生活用水和工业用水。

7.2 黑河中游绿洲水转化多过程耦合概念模型构建

通过将河流水运动模型、地下水运动模型、渠系输配水转化模型和农区非饱和带水分运动模型和生态植被耗水过程模型耦合，建立了基于物理机制的黑河水转化多过程耦合模型，其概念图如图 7-3 所示。河流水运动模型是以运动波方程来表征，主要用于描述河流径流及其与地下水的补排关系。渠系输配水转化模型用以描述渠道的输水损失及其对地下水的补给。地下水运动模型是用来描述饱和带地下水的流动。农区非饱和带水分运动模型是用来分析农田作物耗水并计算灌溉和降水对地下水的补给。考虑到天然植被对地下水的消耗主要是通过潜水蒸发，地下水埋深和潜水蒸发的经验关系可以用来描述天然植被的耗水过程。综上所述，连接其他水文过程的地下水运动模型是该耦合模型的核心，耦合模型的每一个模块将在下面详细介绍。

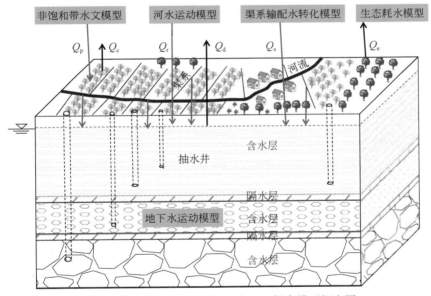

图 7-3 黑河中游绿洲水转化多过程耦合模型概念图

7.2.1 河水运动模型

河道中的水流运动采用如下一维运动波方程来描述：

$$\frac{\partial h}{\partial t} + h\frac{\partial v}{\partial s} + v\frac{\partial h}{\partial s} = q \qquad (7-1)$$

式中，h 为河流过水断面的水深（m）；t 为时间（s）；v 为过水断通流速（m/s）；s 为沿河道流向的断面间距（m）；q 为源汇项（m/s），主要包括蒸发、降水、人工引水和地下水的交换。河流水位与流量的关系可利用曼宁公式或谢才公式表示：

$$Q = \left(\frac{1}{n}\right) A R^{\frac{2}{3}} S_0^{\frac{1}{2}} \tag{7-2}$$

式中，Q 为河流断面流量（m³/s）；n 为河床的糙率系数；A 为横断面的面积（m²）；R 为水力半径（m）；S_0 为河床的坡度（m/m）。在相关变量和参数已知的情况下，求解式（7-1）便可以获得河流沿程的水位和流量。河流的汇流和人工取水等自然和人类活动的影响，可以看作是式（7-1）的源汇项。式（7-1）可采用有限差分的方式进行求解。

　　地下水除了直接与河流交换以外，也经常在河岸出露，并最终汇入黑河干流。因此，可以将泉水的出露概化成河流的支流，同样可用一维运动波方程进行刻画。刻画泉水的运动波模型与刻画河水运动的运动波模型的区别有以下两点：①泉水的上边界为零通量边界；②泉水出露形成的河流只排泄地下水而天然河道中的地下水则是既可补给也可排泄地下水。

7.2.2　非饱和带水文模型

1. 农田尺度

非饱和带中的土壤水分运动采用一维 Richards 方程表示：

$$\frac{\partial \theta}{\partial t} = C(h)\frac{\partial h}{\partial t} = \frac{\partial}{\partial z}\left[K\left(\frac{\partial h}{\partial z}+1\right)\right] - S_a(h) \tag{7-3}$$

式中，h 为压力水头（cm）；θ 为土壤体积含水率（cm³/cm³）；K 为土壤水力传导度（cm/d）；C 为容水度（$\partial\theta/\partial h$）（cm⁻¹）；$t$ 为时间（d）；z 为空间坐标，向上为正；S_a 为作物根系吸水量 [cm³/(cm³·d)]，并考虑土壤盐分和水分胁迫影响。该方程采用有限差分进行求解。上边界可以由实际的蒸散发、灌溉、降水等的通量来定义。下边界可以根据实际需要选用一类、二类或三类边界条件。

2. 区域尺度的分布式模型

　　区域分布式农业水文模型利用 GIS 二次开发功能和内嵌 VBA 程序编辑器，紧密耦合了一维农业水文模型——SWAP-EPIC 与 ArcInfo GIS，并开发了友好的图形用户界面，可高效进行模型数据的输入与输出、模型运行与模拟结果的可视化显示和空间分析（图7-4）。矢量格式的空间数据与属性数据的存储和管理通过建立 Microsoft Access 数据库实现，二维数组形式的属性数据则在 Microsoft Excel 中存储和处理。利用用户界面，可生成 ASCII 格式的输入文件用于 SWAP-EPIC 模拟，同时也可提取模型模拟结果并读入到地理数据库（geodatabase）中，便于在 ArcMap 环境下进行结果的可视化显示与空间处理分析（图7-4）。此功能高效地实现了 GIS 界面与 SWAP-EPIC 模型间的信息交互。

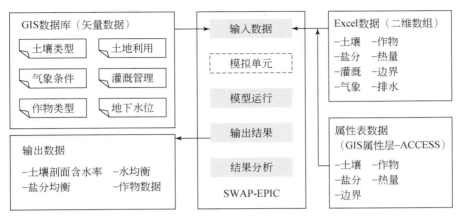

图 7-4　紧密耦合 GIS 与 SWAP-EPIC 模型的分布式农业水文模型框架

依据分布式模拟概念，空间异质的研究区域可以近似为一系列独立均匀子区域的集合。因此，研究区可划分为不同的子区域，每个子区域具有均一的土壤、作物、气象等农田环境要素，该子区域被定义为模拟单元。这一近似通常适用于无明显地表径流且地下水埋深较大的区域。模拟单元划分可通过 GIS 环境下气象–土壤–作物–灌溉等影响因子的空间叠加得到，对每个单元独立运行 SWAP-EPIC 模型，即可得到各单元内的土壤水平衡数据和作物生长及产量数据。随后，空间分布式的结果可聚合平均到指定区域为进一步的区域分析和评价。GIS 强大的空间处理能力高效地实现了 SWAP-EPIC 模型的区域分布式模拟。

7.2.3　渠系水渗漏模型

渠系输水损失（C_l）和渠系渗漏（C_s）也是农业水转化过程和效率分析的重要组成部分。C_l 通过渠系引水乘以输水损失比例（$1-e$）估算，其中 e 为渠系输水效率（即渠系出流量与入流量的比值），一般通过渠系流量测量获得。

7.2.4　地下水运动模型

地下水运动采用三维地下水运动连续性方程刻画：

$$\frac{\partial}{\partial x}\left(K_{xx}\frac{\partial H}{\partial x}\right)+\frac{\partial}{\partial y}\left(K_{yy}\frac{\partial H}{\partial y}\right)+\frac{\partial}{\partial z}\left(K_{zz}\frac{\partial H}{\partial z}\right)+W=S_s\frac{\partial H}{\partial t} \tag{7-4}$$

式中，K_{xx}、K_{yy}、K_{zz} 为沿 x、y、z 坐标轴的渗透系数，坐标轴通常假设与实际导水率的坐标轴平行（m/s）；H 为地下水总水头（m）；W 为源汇项，$W<0$ 为流出地下水系统，$W>0$ 为流出地下水系统（s^{-1}）；S_s 为含水层的储水系数（m^{-1}）；t 为时间（s）。模型可以用来描述不同应力条件下的地下水运动，如河流渗漏补给地下水、渠系渗漏补给地下水、田间的深层渗漏补给地下水、泉水对地下水的排泄、河流对地下水的排泄，以及直接从含水层抽取地下水。模型可采用有限差分进行求解。

7.2.5　天然植被的生态耗水模型

天然植被的生态耗水可以通过潜水蒸发与地下水运动模型耦合在一起。地下水埋深和潜水蒸发强度的关系采用分段线性递减的函数进行刻画，该关系假设潜水蒸发强度可以在地表达到最大值，在极限埋深递减到 0，可根据实际的实验数据设置不同的区间。

7.2.6　水转化多过程模型耦合

水转化多过程耦合模型的时间和空间离散以地下水模型的时间和空间离散为基础。详细的地下水运动模型和其他模型的耦合计算过程如下：

1）定义地下水模型的时间步长和空间网格的尺寸。

2）地下水模型的时间步长进一步划分成非饱和带水文模型的时间步长。由非饱和带水文模型计算得到田间渗漏量，并在地下水模型的时间步长内进行求和，得到该时间步长内田间渗漏对地下水的补给量；然后，田间的渗漏补给量作为面源补给地下水。在此过程中，假设田间渗漏量最终都可以补给地下水。

3）在渠系输配水转化模型中主要考虑渠系渗漏对地下水的补给，利用该模型计算可得到渠系的渗漏量（通常月尺度），然后平均到每一个地下水模型的时间步长内，也作为面源补给地下水。

4）地下水模型的时间步长进一步划分作为河流水运动模型的时间步长。首先，河流在空间上被沿其水流流向穿过的规则的地下水网格划分成若干河段，然后对每一个河段做进一步加密划分成河流网格。上一个时间步长得到的地下水位被用来驱动河流水运动模型，然后得到河流水位。之后，依据达西定律计算得到河流与地下水的交换量。该交换量返回给地下水模型作为源汇项。

5）重复步骤 2）～4），耦合模型就可模拟当前时间步长到下一时间步长的不同水文过程及其交换量。

7.3　绿洲水转化多过程耦合模型数值求解

7.3.1　绿洲水转化多过程耦合模型数值模型设置

根据该地区的地质与含水层状况，在垂直方向将该地区的含水层划分为 5 层，其中包括两个弱透水层，厚度在 40～800m，水平方向将该地区的含水层系统划分为 1000m 的规则网格，包括 160 行，155 列。为了使模型叠加相匹配，非饱和带水文模型采用 100m 的规则网格，通过将该地区的气候、土地利用、土壤类型和作物类型相叠加，得到了 519 个模拟单元。非饱和带水文模型和地下水模型有着相同的坐标原点来确保非饱和带水文模型的模拟结果嵌套进地下水模型时不产生匹配误差。河流水运动模型和泉水运动模型的网格首先被地下水网格剖分，然后在每一个地下水网格内进一步细分。地下水模型以 1 月为应力期，以 1 天为计算时间步长，该时间步长在河水模型和泉水运动模型中也进一步细分，渠系输配水模型主要用来计算干渠和支渠的渠系渗漏量对地下水的补给量。

黑河干流在张掖盆地内大约 180 km。河水运动模型采用月尺度的莺落峡的河流水位和流量进行该模型的上边界定义。河床的高程和河流的宽度参考之前地质调查的结果。根据之前的河床的渗漏实验，河床的渗透系数为 0.1~1m/d。1m/d 主要分布在冲洪积扇而 0.1m/d 主要分布在细土平原。曼宁系数的值为 0.023~0.025，与河床的性质和断面的形状密切相关。渠系引水（无坝引水）的模拟主要通过在黑河干流上添加新的河段来实现，取水的流量采用实际的渠系引水流量。为了避免重复计算渠系输水对地下水的补给，将渠系取水产生的新河段的导水系数设置为一个特别低的值（10^{-10} m/d）。其他支流对地下水的补给忽略，这主要是因为这些支流流入张掖盆地就被截流引水，引水以后的地表径流量远小于黑河干流的流量。

该地区主要有 3 个泉水出露区，沿着黑河干流设置了 18 个支流，每一个支流最终都流入黑河干流。这些支流的河水位，水力传导度和曼宁系数的值参考其邻近的黑河干流的各项参数。渠系输配水转化模型的数据输入参考统计年报数据进行设置。

7.3.2　绿洲水转化多过程耦合模型数值模型初始条件和边界条件

通过对 2005 年 1 月的地下水位进行经典克里格插值得到了地下水位的初始分布，通过对莺落峡和正义峡的河水位线性插值得到黑河干流沿程的初始河水位。初始的土壤含水率参考之前在黑河开展的田间实验。张掖盆地是一个相对封闭的水文地质盆地，它与祁连山、龙首山和合黎山的水力联系都被断层切断。物探实验表明，它与西侧的水力联系也被榆林山隆起所切断。因此，该盆地只能接受东南部的地下径流补给，将该边界定义为通量边界，每年补给的流量由达西定律计算得到。

7.4　绿洲水转化多过程耦合模型率定和验证

耦合模型选用 2005~2010 年的月径流量数据来率定和验证河水运动模型，选用 32 口地下水观测井的地下水位数据来率定和验证地下水运动模型。因为地下水模型选用非饱和带水文模型的输出结果，所以非饱和带水文模型单独率定验证，该模型选用遥感蒸散量和土壤含水率来率定和验证非饱和带水文模型，选用 2012 年和 2013 年的株高、生物量和叶面积指数来率定和验证作物生长模型。在耦合模型的率定和验证过程中，首先使用 2004 年的地下水位数据进行地下水模型的预热，然后 2005~2007 年和 2008~2010 年的地下水位数据分别用来率定和验证地下水模型。地下水模型中的渗透系数、给水度和储水系数的值参考前人的钻孔数据和抽水试验并在模型率定过程中进行调整。河水运动模型中的河床渗透系数、曼宁系数、河床的坡度等参数与地下水模型的参数在不断地试错中同时率定。

模型的评价指标主要有 RMSE、NSE 和 R^2，它们的定义如下：

$$RMSE = \sqrt{\frac{1}{N}\sum_{i=1}^{N}(P_i - O_i)^2} \tag{7-5}$$

$$NSE = 1 - \frac{\sum_{i=1}^{N}(P_i - O_i)^2}{\sum_{i=1}^{N}(O_i - \bar{O})^2} \tag{7-6}$$

$$R^2 = \left[\frac{\sum_{i=1}^{N}(O_i - \bar{O})(P_i - \bar{P})}{\left[\sum_{i=1}^{N}(O_i - \bar{O})^2\right]^{0.5}\left[\sum_{i=1}^{N}(P_i - \bar{P})^2\right]^{0.5}} \right]^2 \tag{7-7}$$

式中，N 为实测值个数；O_i 为第 i 个实测值；P_i 为相应第 i 个实测值的模拟值；$\bar{O}$ 为实测值的平均值；$\bar{P}$ 为模拟值的平均值。

7.4.1 非饱和带水文模型率定和验证结果

图 7-5 显示了 2013 年 4 个作物参数率定点处（SC2、SC5、SC10 和 SC15）作物生长指标的模拟效果。图 7-6 和图 7-7 给出了作物最终地上部分干物质量和产量的模拟值与实测值对比情况。图 7-8 显示了 2012 年和 2013 年 17 个观测点处土壤含水率和作物生长指标。

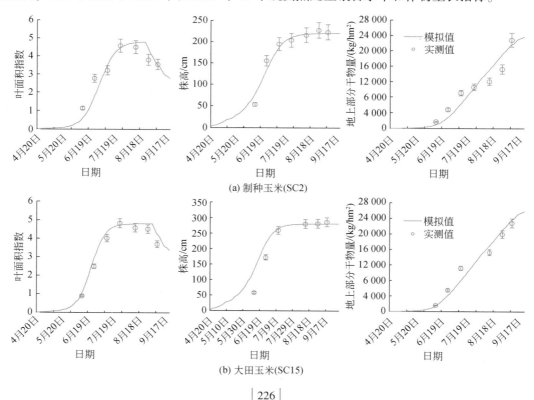

(a) 制种玉米(SC2)

(b) 大田玉米(SC15)

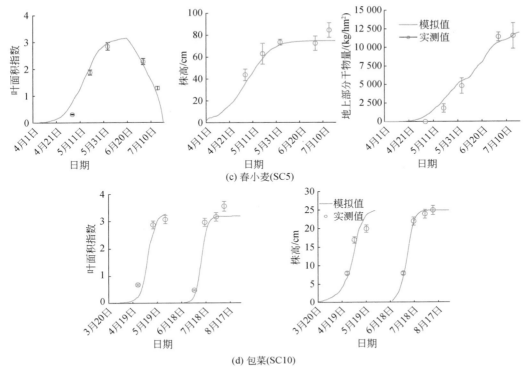

(c) 春小麦(SC5)

(d) 包菜(SC10)

图 7-5　4 个作物参数率定点处作物生长指标模拟值与观测值比较

　　模型作物参数率定和验证中，4 个率定点处作物生长指标模拟值与观测值的一致性较好
（图 7-5），对应的 RMSE、NSE 和 R^2 均在可接受范围内（表 7-1）。产量和地上部分干物质量
的模拟值与观测值较接近（图 7-6、图 7-7），各点的相对误差均小于 20%（表 7-1）。率定后
的作物生长模型 EPIC 作物模块主要参数列于表 7-2 中。进一步利用 2013 年和 2012 年其余
观测点的观测数据对率定后模型进行了验证，结果表明各作物生长指标及产量的模拟值与
观测值吻合较好（图 7-5 ～ 图 7-7）。总体上，对于叶面积指数和地上部分干物质量，在

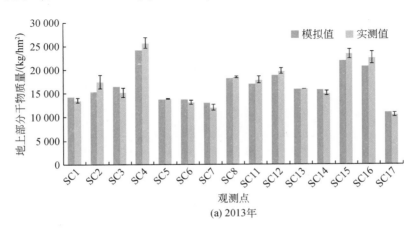

(a) 2013年

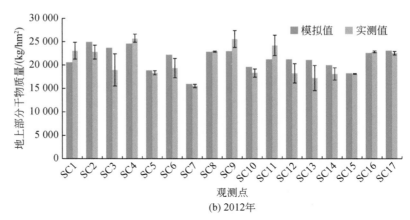

(b) 2012年

图 7-6　2012 年和 2013 年作物最终地上部分干物质量模拟值和实测值比较

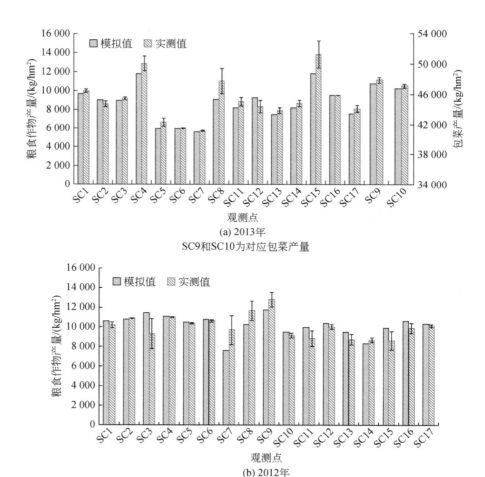

图 7-7　2012 年和 2013 年作物最终产量模拟值和实测值比较

17 个观测点处计算得到的最大 RMSE 分别是 0.69 和 3248kg/hm²，NSE 分别大于 0.45 和 0.60（表 7-1）。三种作物模拟产量对应的 RMSE，在 2013 年小麦为 231kg/hm²，制种玉米为 1115kg/hm²，大田玉米为 562kg/hm²，而在 2012 年，制种玉米为 961kg/hm²，大田玉米为 1009kg/hm²（表 7-1），精度均可接受。

表 7-1　土壤含水率和作物生长指标模拟评价指标汇总

作物（观测点数）		对比项	RMSE	NSE	R^2
2013 年	所有作物（17）	土壤含水率 /(cm³/cm³)	0.022~0.042	0.13~0.78	0.40~0.83
	制种玉米（8）	LAI	0.41~0.62	0.21~0.86	0.83~0.94
		株高/cm	15.2~28.9	0.23~0.95	0.81~0.99
		干物质量/(kg/hm²)	523~3248	0.68~0.99	0.91~0.99
		产量/(kg/hm²)	1115		
	大田玉米（4）	LAI	0.33~0.62	0.52~0.92	0.91~0.98
		株高/cm	21.8~31.9	0.72~0.92	0.81~0.99
		干物质量/(kg/hm²)	1748~2572	0.80~0.98	0.84~0.97
		产量/(kg/hm²)	562		
	春小麦（3）	LAI	0.23~0.59	0.91~0.90	0.89~0.98
		株高/cm	7.3~18.9	0.10~0.75	0.90~0.94
		干物质量/(kg/hm²)	498~1888	0.84~0.96	0.91~0.98
		产量/(kg/hm²)	231		
	包菜（2）	LAI	0.24~0.34	0.91~0.93	0.96~0.97
		株高/cm	0.65~1.78	0.82~0.99	0.99~0.99
		产量/(kg/hm²)	455		
2012 年	所有作物（17）	土壤含水率 /(cm³/cm³)	0.015~0.044	0.20~0.86	0.52~0.92
	制种玉米（8）	LAI	0.26~0.63	0.45~0.97	0.79~0.98
		株高/cm	3.6~17.9	0.89~0.99	0.96~0.99
		干物质量/(kg/hm²)	523~2389	0.60~0.97	0.81~0.99
		产量/(kg/hm²)	961		
	大田玉米（9）	LAI	0.31~0.69	0.63~0.94	0.70~0.97
		株高/cm	6.2~25.3	0.56~0.96	0.66~0.91
		干物质量/(kg/hm²)	550~2936	0.74~0.97	0.82~0.98
		产量/(kg/hm²)	1009		

表 7-2   EPIC 作物生长模块主要作物参数率定与验证值

参数	制种玉米	大田玉米	春小麦	包菜
作物生长基点温度 T_b/℃	8	8	2	0
作物生长最佳温度 T_o/℃	25	26	22	18.2
作物光能利用效率 BE/[(kg/hm²)/(MJ/m²)]	40	40	37	19
曲线形状参数 ab_1	15.03	15.03	15.01	25.23
曲线形状参数 ab_2	60.95	60.95	50.95	40.86
叶面积开始下降时的生长期比例 DLAI	0.75	0.8	0.51	1
叶面积指数下降速率 β	0.8	0.8	0.75	0.8
最大植株株高 $H_{c,mx}$/cm	200	250	85	25
最大叶面积指数 LAI_{mx}	5	5.5	4.8	3.5
最大根系深度 RD_{mx}/cm	90	100	90	70
收获指数 HI	0.52	0.50	0.45	0.8
成熟所需的最大热量单元 PHU/℃	2020	2030	1850	1800
作物干旱敏感系数 WYS	0.4	0.4	0.21	0.8

在模型土壤参数率定与验证中，17 个观测点处土壤含水率的模拟值与观测值均在 1∶1 线附近（图 7-8），表明土壤含水率的模拟值与实测值吻合度较好。率定中，对应的 RMSE 的变化范围分别为 0.022~0.042cm³/cm³，精度满足要求。R^2 为 0.40~0.75，表明模型能够较好解释观测值的变化。NSE 的变化从 0.13~0.78，表明模型模拟值与实测值的匹配度在可接受范围内。较大的 NSE 出现在灌区上游和中部的观测点处，而灌区下游观测点处的计算值较小，这主要是因为下游地区的作物多采用地下水进行补充灌溉，其实际灌溉制度与研究中根据渠系引水设置的灌溉制度有所差异，从而导致了模型模拟的误差。另外，采用地下水灌溉的准确数据缺乏，也导致了下游地区较大的模拟误差。验证中，土壤含水率对应的 RMSE、R^2 和 NSE 分别为 0.015~0.044cm³/cm³、0.52~0.92 和 0.20~0.86，均满足精度要求（表 7-1），验证结果良好。

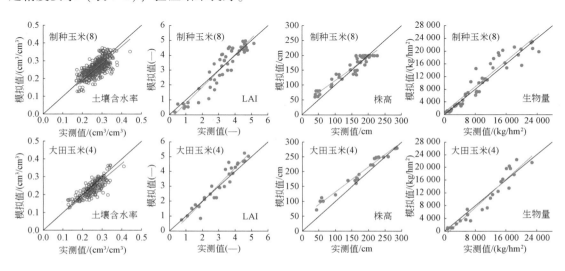

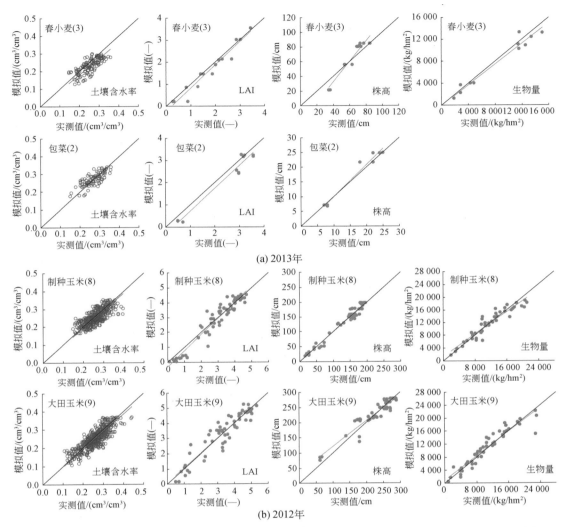

图 7-8　2012 年和 2013 年不同作物观测点处土壤含水率（0 ~ 20cm、20 ~ 40cm、40 ~ 60cm、60 ~ 80cm
和 80 ~ 100cm）和作物生长指标模拟值与实测值比较（括弧中数字代表观测点个数）

7.4.2　地下水模型率定和验证结果

图 7-9 展示了所有地下水观测井率定和验证期地下水位和地下水埋深的模拟结果。在率定和验证期，模型都可以很好地模拟地下水埋深和地下水位。率定期地下水位评价指标 RMSE = 2.33m，NSE = 0.998，R^2 = 0.997；验证期地下水位评价指标 RMSE = 2.6m，NSE = 0.98，R^2 = 0.99。率定期地下水埋深评价指标 RMSE = 2.33m，NSE = 0.76，R^2 = 0.83；验证期地下水位评价指标 RMSE = 2.6m，NSE = 0.72，R^2 = 0.87。图 7-10 展示了率定期和验证期地下水位在空间上的对比，图 7-11 展示了 8 个典型观测井的地下水位模拟值与观测值的对比结果。

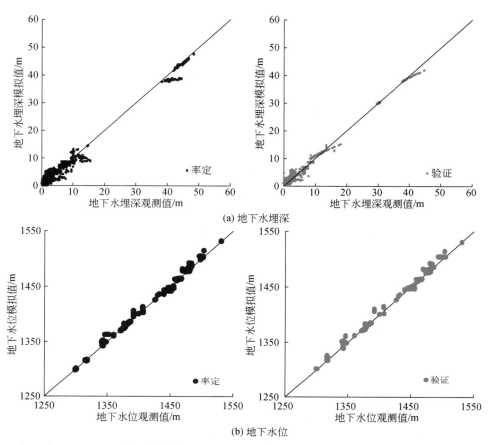

(a) 地下水埋深

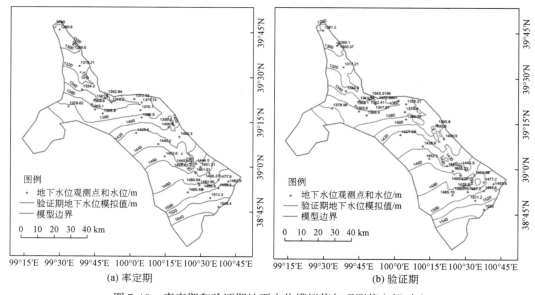

(b) 地下水位

图 7-9　率定期（2005～2007 年）和验证期（2008～2010 年）地下水位和地下水埋深模拟值与观测值对比

(a) 率定期　　　　　　　　　　　　　　(b) 验证期

图 7-10　率定期和验证期地下水位模拟值与观测值空间对比

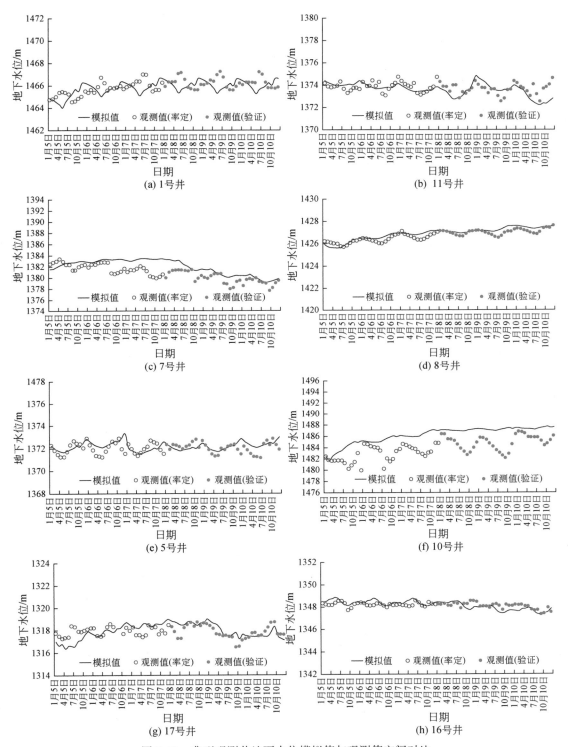

图 7-11　典型观测井地下水位模拟值与观测值空间对比

图 7-9～图 7-11 表明该耦合模型可以很好地模拟位于农业灌溉区内地下水位的波动，尤其是位于有着详细灌溉数据（一般在农区尺度）地区，如 5 号、7 号、8 号和 16 号井。率定效果相对较差的地下水观测井主要分布在缺乏详细灌溉数据的地区（收集到的灌溉数据通常为灌区尺度），如 1 号井。这主要是因为农业灌溉是影响这些地下水观测井的主要因素，这也与有关文献相吻合。把年尺度的灌溉数据进一步细分为月尺度数据时产生了很多的不确定性，因此，对详细灌溉数据缺乏的地区，模拟的地下水位波动与观测井的地下水位波动难以较好地匹配。此外，在黑河干流沿岸地区，地下水位的模拟结果也不太理想，这主要是因为该区地下水位梯度比较大，地下水位的变化受黑河补给和排泄的影响也比较大，1 km 的网格难以精准捕捉到这些变化。总的来说，地下水位的模拟结果在可接受的范围内。

7.4.3 河水运动模型率定和验证结果

图 7-12 展示了典型断面（正义峡）径流量观测值与模拟值的对比结果，率定期径流量评价指标为 RMSE = 0.48 亿 m^3，NSE = 0.38 和 R^2 = 0.69；验证期径流量评价指标为 RMSE = 0.38 亿 m^3，NSE = 0.40 和 R^2 = 0.57。耦合模型较为准确地捕捉到了率定和验证期内正义峡径流变化的波峰和波谷，正义峡的径流在 9 月达到峰值，这主要是由于 9 月的上游来水达到峰值，同时人工引水也被强烈地限制。正义峡的径流在 6 月达到谷值，这主要是由于此时引水灌溉最为频繁。

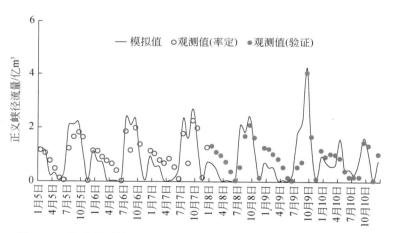

图 7-12　典型观测断面（正义峡）径流量模拟值与观测值空间对比

本章构建了耦合河水运动过程、非饱和带水文过程、渠系输配水转化过程和地下水运动过程的黑河中游绿洲水转化多过程耦合模型，并对该模型的各个模块进行了率定和验证。率定和验证的结果表明，该耦合模型可以很好地模拟黑河中游绿洲的核心水文过程，从而为该地区农业水资源高效利用管理措施的制定提供较好的定量工具。

第8章 ┃ 黑河绿洲水循环与水平衡要素时空演变规律分析

8.1 1991~2010年黑河中游绿洲地下水位反演

图 8-1 展示了 1991~2010 年黑河中游绿洲地下水位的模拟结果。在张掖盆地，地下水主要从南向北流动。地下水在黑河干流中上游接受河流补给，在黑河干流下游补给河流。盆地南部的地下水的梯度较大，而中间的细土平原处的地下水的梯度较小。模拟结果同时表明，在过去的 20 年，黑河中游的地下水位主要呈下降趋势，并在局部有着不同的变化。模型模拟得到了张掖盆地逐年的平均地下水位变化，每五年的平均下降率分别是 9.5cm/a（1991~1995 年）、8.5cm/a（1995~2000 年）、9.4cm/a（2000~2005 年）和 7.8cm/a（2005~2010 年）。与此同时，模拟结果也表明某些局部的地下水位在 2005~2010 出现了回升，这主要是因为该地区从 2005 年开始连续进入丰水年，莺落峡的来水量增加，与之密切相关的用于农业灌溉的河流引水量也相应增加。尽管如此，对那些主要的地下水开采区，地下水的下降幅度仍持续增大（图 8-2）。

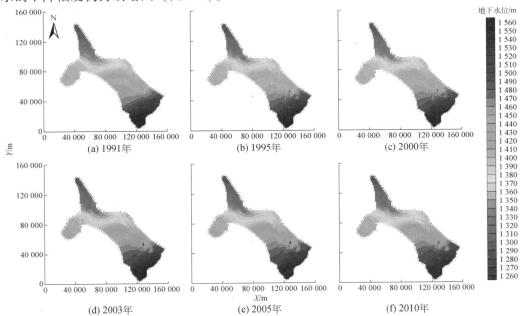

图 8-1 1991 年、1995 年、2000 年、2003 年、2005 年和 2010 年年末潜水层地下水位

X、Y 为距离建模的坐标原点的距离，下同

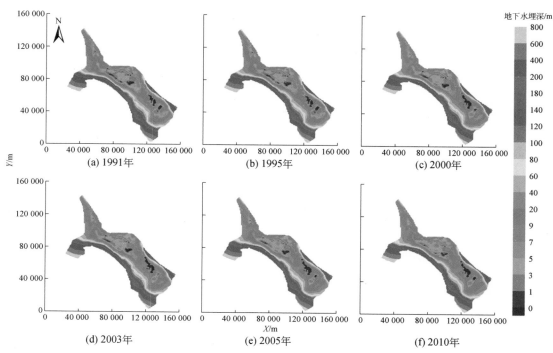

图8-2　1991年、1995年、2000年、2003年、2005年和2010年年末潜水层地下水埋深模拟值

模型反演得到的地下水位波动可以概化为3种不同的趋势。图8-3展示了6口典型观测井多年地下水位波动，从图8-1和图8-3可以看出，相对比较平稳的地下水位波动主要发生在黑河干流下游沿岸（如16号、17号和26号井），这主要是因为这些地区位于渠系的上游，有着非常便利的取水条件，该地区的地下水可以接受大量来自农业灌溉的深层渗漏补给，此外这些地区与河水的交换也非常剧烈，使该地区的地下水位可以保持在一个相对稳定的状态。先降后升的地下水位波动趋势主要发生在黑河干流和梨园河的中上游（如1号井和8号井），1991～2003年，该地区的地下水位有着一个很轻微的下降趋势，这主要是这些年的农业种植面积飞速扩张（加倍），而增加的农业种植面积的灌溉水则更加依赖于地下水开采量的增加（增加了超过3倍）。然而，从2004年开始，从莺落峡和梨园堡进入黑河中游的径流量显著增加，更多的河水被用于农业灌溉。与此同时，地下水的开采量和农业种植面积也基本不再变化。农业灌溉产生的渗漏量显著增长，进一步增加了渗漏量对地下水的补给，并最终引起了地下水位的逐步回升。然而，值得注意的是，地下水位的恢复更多的是由于连续多个湿润年引起的地表径流的增加。因此，对于该地区来说，在平水年和干旱年控制农业种植面积和地下水开采量是非常必要的。

问题较严重的地区主要在东南部和西北部的地下水开采区，由于地势的原因，这些地区的农业生产全部依赖地下水开采灌溉（如7号井）。地下水位的下降速率在部分年份甚至可以达到2m/a，同时，这些地区在2010年的农业面积和地下水开采量分别是1991年的3倍和2倍。单位面积灌水量的减少引起了深层渗漏比例的下降，并最终引起地下水总补给量的下降。最终，1991~2010 年地下水位一直在持续地下降，其下降的速率与地下水开采量密切相关，这可能会给该地区的天然植被的生长带来诸多负面影响。

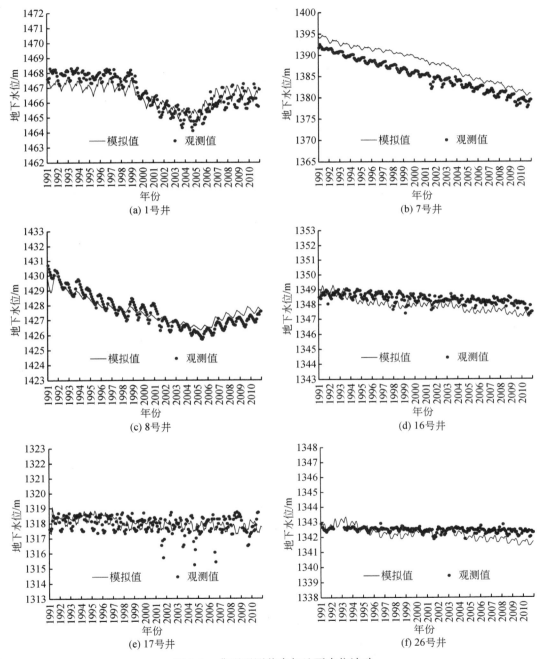

图 8-3　典型观测井多年地下水位波动

8.2 过去20年黑河中游绿洲地下水埋深反演

图 8-2 展示了过去 20 年（1991~2010 年）黑河中游绿洲地下水埋深的模拟结果。地下水埋深较大的区域主要分布在山前的冲积扇和洪积扇附近，在 40~50m 到大约 800m，过去 20 年这些地区的地下水埋深的增大相比于其本身巨大的埋深并不算明显。地下水埋深较小的区域主要分布在中间的细土平原，这些区域也是主要的农业区，地下水埋深从接近地表到 30~40m。随着过去 20 年农业种植面积的扩张和地下水开采量的增加，这些区域的地下水埋深的增大的趋势尤为明显，地下水埋深的显著增加已对该地区的植被和作物产生一定的不利影响。

模拟结果表明，地下水埋深增大的区域主要集中于张掖盆地上游的中部，黑河干流下游的西部，以及黑河大桥以下的主要的泉水溢流区。对于盆地的中部，在 20 世纪 90 年代，该地区的地下水埋深主要在 1~5m，并且逐步增大到 1~9m，尤其需要注意的是地下水埋深在 1~3m 的区域的面积显著减少。在泉水的主要溢出带，90 年代的地下水埋深从接近地表到 10~20m，经过 20 年的地下水开采和种植面积扩张，这些地区的地下水埋深小于 3m 的区域的面积显著下降，这也与前人发现的泉水流量和面积的持续下降相吻合。

地下水埋深是干旱区生态环境健康的一个重要指标。根据前人的研究结果，干旱内陆河流域的地下水埋深与生物多样性的关系可以概括如下：地下水埋深大于 5m，物种的多样性会降低；地下水埋深大于 7m，植被的覆盖度会显著降低；地下水埋深大于 9m，植被种群的多样性会变得简单。地下水埋深小于 5m、7m 和 9m 的面积的变化展示在图 8-4 中。

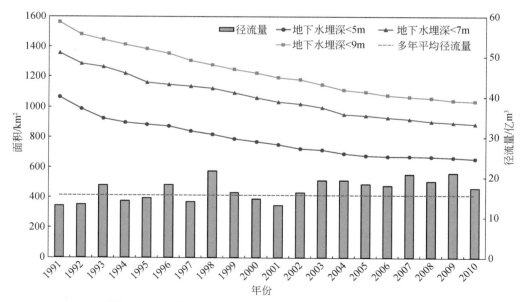

图 8-4　地下水埋深小于 5m、7m 和 9m 的面积逐年变化图

在过去的 20 年（1991~2010 年），地下水埋深小于 5m、7m 和 9m 的面积分别下降了 38.3%、34.7% 和 33.7%。这些面积的变化与农业活动和气候变化密切相关，也与地下水位和地下水埋深的变化相呼应。图 8-4 表明，1991~2003 年，由于农业面积和地下水开采快速增长，农业面积从 9.3 万 hm² 增加到 14.6 万 hm²，地下水的开采量从 1.27 亿 m³ 增加到 2.9 亿 m³，同时，河流的径流和地表引水量处于一个相对平均的水平，地下水埋深小于 5m、7m 和 9m 的面积的下降速率是较大的。2004~2010 年，面积的下降速率变得较小。在这 7 年中，一方面更多的地表水被用于农业灌溉并对地下水进行了有效补给，另一方面地下水开采的增量也小于早些年，地下水埋深的增加和天然植被及湿地的退化密切相关，因此，从生态环境保护角度的出发该地区必须采取合理的农业种植面积与地下水开采调控措施。

8.3 过去 20 年黑河中游绿洲水均衡要素时空变化规律分析

8.3.1 区域尺度水均衡要素时空演变规律分析

过去 20 年（1991~2010 年）的黑河中游绿洲水均衡要素的多年平均和年际变化展示在图 8-5 和图 8-6 中。结果表明整个区域的地下水均衡的多年平均值是 −2.7 亿 m³，变化范围主要在 −4.5 亿~−0.6 亿 m³。地下水均衡只有在极个别湿润年是正值（0.11 亿 m³）。灌溉水的补给和河流的渗漏补给是地下水补给的两个主要来源，分别占了总补给量的 64.3% 和 31.7%。灌溉补给变化范围是 7.2 亿~8.0 亿 m³，而河水的渗漏补给的变化范围则是 1.5 亿~4.5 亿 m³。河水的渗漏补给与从莺落峡进入盆地的径流量和当年的地表引水量密切相关。来自降水的补给每年只有 0.5 亿 m³，占到了总补给量的 3%。

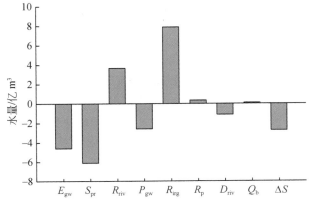

图 8-5 黑河中游绿洲水均衡要素多年平均值

E_{gw} 是潜水蒸发；S_{pr} 是泉水溢出量；R_{riv} 是河流补给量；P_{gw} 是地下水开采量；R_{irg} 是灌溉补给量；
R_p 是降水补给量；D_{riv} 是河流对地下水的排泄量；Q_b 是边界上的补给量；ΔS 是地下水系统储水量变化，下同

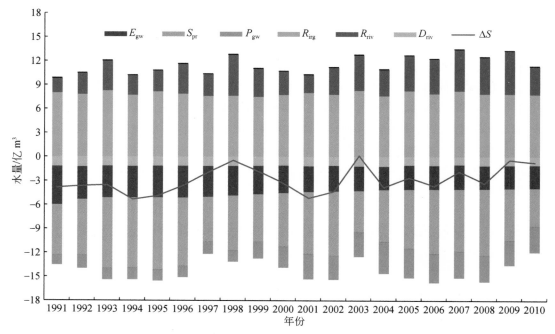

图 8-6　黑河中游绿洲水均衡要素多年变化

地下水的排泄项主要包括泉水溢出、潜水蒸发、地下水开采和河水的排泄，它们占总排泄量的比例分别是 42.3%、31.9%、17.9% 和 7.9%，泉水溢出量受地表径流量和地下水开采量的共同影响，除了特别湿润的年，泉水溢出量相比于 1990 年有了明显的下降。潜水蒸发量在过去 20 年（1991～2010 年）一直在持续地下降，这与前面提到的地下水位持续下降、地下水埋深持续增加的结果相一致，且地下水开采量一直在持续地增加。同时地下水排泄进入河流的水量一直保持在 1.0 亿 m³ 左右，这主要是因为河流对地下水的排泄主要发生在河流与地下水密切交换的地区，该地区的地下水位也保持在一个相对平稳的水平。值得注意的是，黑河中游的地下水系统在湿润年也处于负均衡状态。

8.3.2　典型子区尺度水均衡要素时空演变规律分析

根据地下水动态类型，在该地区选取了 4 个子区来代表该地区地下水位的变化趋势，其中子区 3 代表快速下降的地区，子区 1 代表缓慢下降的地区，子区 2 代表先下降后上升的地区，子区 4 代表稳定的地区。子区 1、子区 2 和子区 4 的用水来自于地表水和地下水的共同调度而子区 3 的用水则全部来源于地下水。各子区的水均衡要素分析结果展示在图 8-7 中。

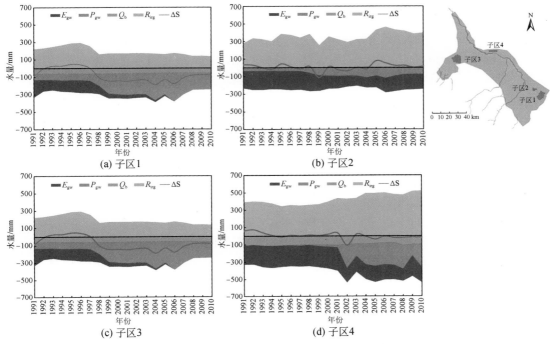

图 8-7　黑河中游绿洲典型子区水均衡要素多年变化

　　模拟结果表明子区 3 水均衡项多年平均是 -100mm，而且补给量只占到了排泄量的 1/3，从 2000 年开始，该地区就出现了地下水漏斗，地下水漏斗影响的面积也在逐年增加，这给当地的生态系统带来了很大的负面影响。子区 1 也面临着类似的问题，该地区也代表着那些离河较远或者位于渠系尾部的地区，1991～1997 年，来自灌溉的补给稍微大于该地区的排泄量。然而，1997 年以后，这些地区用于灌溉的地表水量较少，更多的地下水被开采作为补充水源来满足逐渐增加的农业用水的需要。最终，这些地区的补给量只有排泄量的一半，引起该地区地下水位的持续下降。

　　另外，也有一些区域的生态系统较为安全，如子区 2。子区 2 同时也代表了位于渠首的地区，这些区域可以获得充足的地表水用于灌溉。这些地区的地下水系统的负均衡只出现在极其干旱的年份，地下水位在干旱年暂时下降并将在接下来的平水年和湿润年中快速恢复到安全的水位，这些地区的地下水位与 1991 年的初始的地下水位相比并没有明显的变化。另一些相对安全的区域类似于子区 4，这些区域一般位于黑河干流沿岸，可以获取非常充足的地表水用于灌溉。该地区常年的充分灌溉或者过量灌溉和地下水与河水的密切交换使该区域的地下水位于一个相对安全的情境。然而，这些区域的农业灌溉规模也应该控制在一个较为合理的规模从而使其他区域也引更多的地表水进行灌溉，以免过度开采地下水。

8.4 黑河中游绿洲生态恢复情景设计和分析

情景设计与分析可为流域合理用水管理措施的制定提供重要的参考。本章中情景设计考虑了黑河中游绿洲生态和下游生态的双重需求在满足黑河分水要求的同时也可逐步恢复黑河中游绿洲的地下水位。为此分别以 5m 的地下水埋深和 9m 的地下水埋深作为衡量地下水变化的重要指标，正义峡的径流量作为衡量地表引水是否满足要求的指标。在情景设计时，考虑了农业面积、地下水开采量和灌水量的变化。情景设计完成以后，利用这些情景驱动第 7 章率定后的耦合模型，模拟时间设置为 20 年来确保地下水系统有充足的时间对不同管理措施进行响应，同时确保产生的分析结果可靠。模型的径流驱动数据是从过去 70 年的径流数据中筛选出来，包括 2 个极湿润年（$P=10\%$）、2 个极干旱年（$P=90\%$）、4 个湿润年（$P=25\%$）、4 个干旱年（$P=75\%$）和 8 个平水年（$P=50\%$）。将这些筛选出来的径流数据随机排列，作为径流模拟的驱动数据。同时，每一个年份对应的气象资料和灌溉资料被用来驱动农业水文模型，主要包括降水、大气温度、太阳辐射、相对湿度和风速。这些情景分析的目标是探寻适合的种植面积、地下水开采量和灌溉措施。所设计的模拟情景如表 8-1 所示。

表 8-1　农田灌溉面积削减方案和地下水开采方案组合下的不同模拟情景

农田灌溉面积削减方案		地下水开采方案
编号	具体方案	
A0	现状灌溉面积（1468km^2）	G0：现状地下水开采强度 G1：农田灌溉地下水开采强度削减 50% G2：农田灌溉地下水开采强度削减 100%
A1	灌溉面积削减 150km^2	
A2	灌溉面积削减 300km^2	
A3	灌溉面积削减 450km^2	
A4	灌溉面积削减 600km^2	

注：现状年采用 2012 年的灌溉面积和地下水开采量，地下水开采削减方案只削减用于农业灌溉的地下水，工业用水和居民生活用水跟参考年保持一致

选取 2012 年为现状年，其农田灌溉面积作为现状灌溉面积 A0，基于 A0，逐渐削减农田灌溉面积设置了 A1、A2、A3 和 A4 四个方案，A4 的设置参考了 20 世纪 80 年代地下水处于稳定区的种植面积和当地政府为了确保粮食安全所制定的基本耕地面积红线。削减的农田面积用于发展林草地。在地下水开采削减方案的设置时，则考虑用于工业用水和居民生活用水的地下水开采保持不变，用于农业灌溉的地下水开采逐步削减，位于地下水持续下降区域的开采井在削减地下水开采方案中优先关闭。

在情景分析中，所用到的灌溉制度是基于之前研究所获得的不同土壤-作物单元的优化灌溉制度，该优化灌溉制度是以系统的灌溉水利用效率和经济收益最大化为目标，通过渠系配水和灌溉制度调整和优化来实现的。此外，额外设置了一个参考情景 A0G0R，该情景采用现状条件下的灌溉制度、地下水开采强度（G0）和种植面积（A0）。

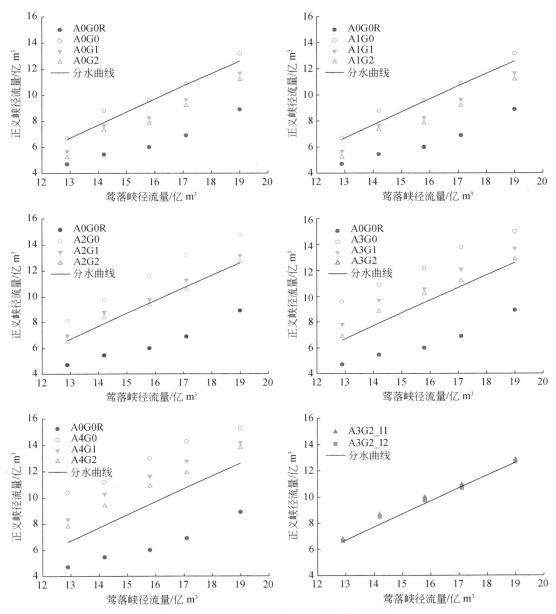

图 8-8   不同情景下正义峡径流量模拟结果

图 8-8 展示了不同情景下正义峡流量与分水曲线的对比结果，图 8-9 展示了 3 个典型地下水观测井的地下水位变化。7 号井代表了地下水位持续下降的地区，这些地区的总用水量很大程度上依赖于地下水开采，个别甚至全部依赖地下水。1 号井代表地下水轻微下降的地区，这些地区的地下水开采占到了总用水量的 1/3 左右。5 号井代表了地下水位较为稳定的地区，这些地区的总用水很少或者基本不采用地下水。模拟结果表明正义峡的流

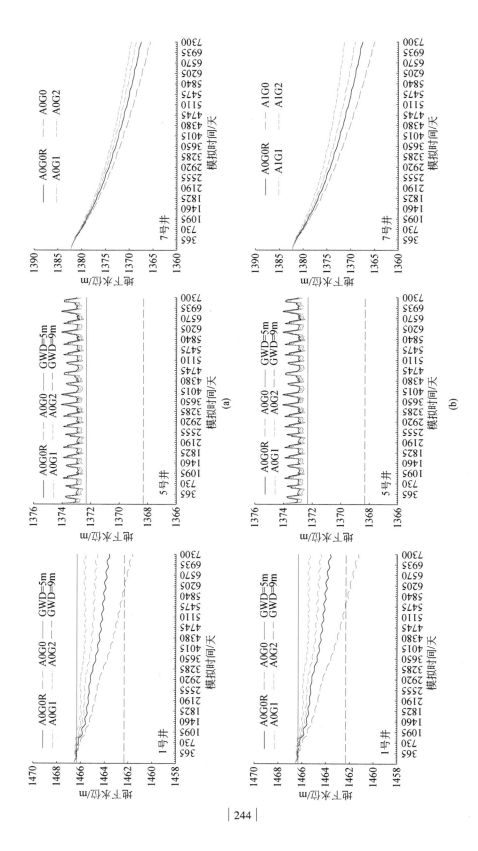

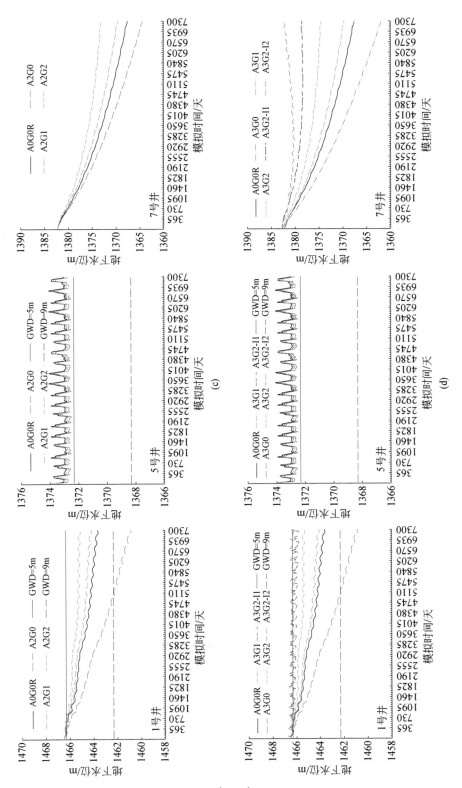

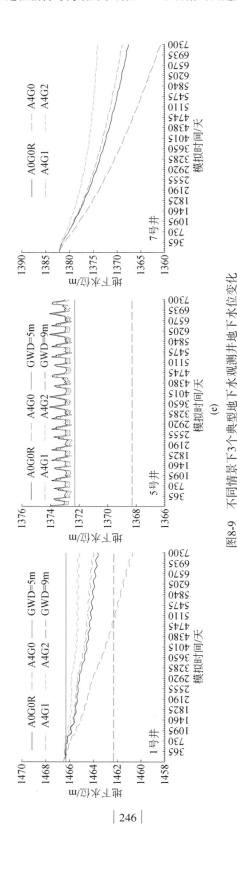

图8-9 不同情景下3个典型地下水观测井地下水位变化

量和 1 号井、7 号井的地下水位的波动受到种植面积削减和地下水开采的显著影响。种植面积的削减会导致地表引水的减少，而地下水压采会增加相同农业规模下的地表引水量。

模拟结果也表明，5 号井处的地下水位基本维持在一个相对平稳的水平，几乎不受上述管理措施的影响。这很大程度上是因为这些地区的地下水与河流密切交换，同时便利的取水条件也确保了这些地区可以被充分灌溉。这些地区的地下水埋深在 5m 左右，可以认为是一个相对安全的水位，因此，在选择最优情景时，5 号井的地下水位波动并不考虑在内。

对于情景 A0G0R，正义峡的地表径流难以满足黑河中游分水曲线的要求，在平水年正义峡的流量比分水曲线的要求低 3.5 亿 m^3。1 号井和 7 号井一直处于下降的趋势，其地下水位下降的值在模拟期结束时分别达到 2.7m 和 15m。地下水埋深相比起始值（A0G0IN）增加剧烈（图 8-10）。

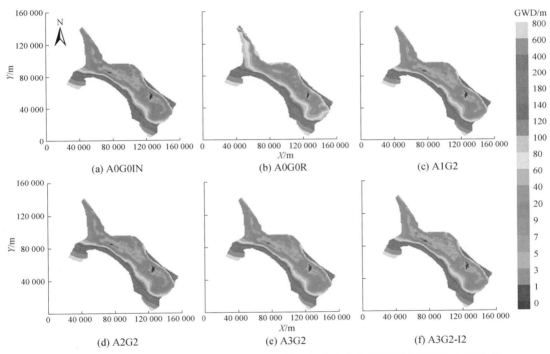

图 8-10　5 个情景模拟期结束时地下水埋深的空间分布和起始地下水埋深的空间分布

A0- A3，G0- G2 的定义见表 8-1

与情景 A0G0R 相比，情景 A0G0 正义峡的流量相比显著增加，这主要是由于情景 A0G0 采用了优化的灌溉制度。与现状的灌溉制度相比，优化灌溉制度，每次的灌溉水量很低，进一步减少了地表引水的总量。在平水年，情景 A0G0 下的正义峡流量相比黑河中游分水曲线多 0.1 亿 m^3。与此同时，该情景下的 1 号井和 7 号井的地下水位下降的幅度达到了 4.6m 和 16.6m，大于情景 A0G0R 的下降幅度。这主要是因为采用优化的灌溉制度后，由深层渗漏带来的地下水的补给减少。同时，1 号井的地下水埋深在模拟期结束超过了 9m。相比情景 A0G0，情景 A0G1 和 A0G2 有更多的地表引水，正义峡流量不能满足黑河中游分水曲线的要求，两个典型观测井的地下水位也在持续下降，因此，这 3 个情景都不作为推荐情景。

情景 A1G0、A2G0、A3G0 和 A4G0 的模拟结果表明：随着种植面积的削减，正义峡的流量逐渐逼近甚至超过黑河中游分水曲线的径流量。然而，随着来自河流引水灌溉补给的降低，1 号井和 7 号井的地下水位下降幅度都要超过 A0G0 情景的结果，而且种植面积削减的幅度越大，地下水位下降的幅度也越大。

模拟结果进一步表明，A1G1 和 A2G1 情景中的正义峡的流量可以逐渐接近分水曲线的径流量，尤其是 A2G1 情景，正义峡的流量比黑河中游分水曲线要求的平水年径流量多 0.3 亿 m^3。然而，这两个情景都会引起地下水的持续下降。对于 A3 系列情景，情景 A3G1 和 A3G2 下平水年的正义峡流量比分水曲线要求的流量分别多 0.7 亿 m^3 和 1.1 亿 m^3，而且对应丰水年的径流量显著高于分水曲线要求的径流量。在模拟期结束，A3G1 情景下的 1 号井和 7 号井的地下水位分别下降 2.3m 和 12.8m，而 A3G2 情景下的 1 号井和 7 号井的地下水位分别下降 1.2m 和 7.4m。对于 A4 系列情景，A4G1 和 A4G2 情景下的正义峡流量超过分水曲线要求的径流量更大，而地下水位下降的幅度相较 A3G1 和 A3G2 情景结果更大。同时，A3G2 情景的地下水埋深的空间模拟结果（图 8-10）表明，地下水开采不剧烈地区的地下水埋深可以恢复到一个合理的水平。因此，A3G2 情景暂时选为最优情景。情景分析表明在优化灌溉制度下的地下水系统难以较好地获得地表水灌溉的补给，这主要是因为这些地区的工业和居民生活用水量太大。因此，依据 A3G2 情景的模拟结果，在春灌和冬灌的灌水量的基础上，额外增加人工补给灌溉可能是该地区的生态恢复较为合理的做法，而 A3G2 情景下的正义峡径流量超过分水曲线提供的径流量，因此，在满足正义峡下泄径流量的同时，基于情景 A3G2，可增加河流引水量用于人工灌溉补给地下水。

基于最优情景 A3G2，本章进一步发展得到了两种生态恢复情景：A3G2-I1 和 A3G2-I2。A3G2-I1 是在 A3G2 的基础上增加春灌的灌水量，枯水年、平水年和丰水年增加的灌水量分别是 50mm、100mm 和 150mm；A3G2-I2 是在 A3G2 的基础上增加春灌和冬灌的灌水量，增加的灌水量与 A3G2-I1 相同。额外增加的春灌和冬灌的灌水量只用于灌溉地下水位持续下降的区域。

A3G2-I1 和 A3G2-I2 的模拟结果展示在图 8-8 ~ 图 8-10 中。这两个情景的模拟结果表明，虽然增加春灌和冬灌的灌水量会导致地表水的引水量增加，A3G2-I1 和 A3G2-I2 的正义峡流量仍然分别超过分水曲线要求的流量 0.5 亿 m^3 和 0.25 亿 m^3。结合地下水位的恢复结果，情景 A3G2-I2 要优于情景 A3G2-I1。人工恢复情景的模拟结果表明，对地下水开采不那么强烈的地区，可以通过增加春灌和冬灌的灌水量的方法将这些地区的地下水位维持到一个相对安全的水平；对于地下水开采特别强烈的地区，采用人工补给可以逐步恢复这些地区的地下水位，如在模拟期结束，7 号井的地下水位比开始时上升了 2m。同时采用人工补给以后，整个区域的地下水位可以逐步恢复，但其实现仍需要一个较长的周期。

|第 9 章| 黑河绿洲区域尺度灌溉水生产力 时空演变

黑河流域地处我国西北干旱区，气候干燥，降水稀少，蒸发量大，降水远远满足不了作物需水要求，该地区农业生产对灌溉有很强的依赖性，是著名的灌溉农业区。因此在水资源有限的条件下，如何在保证农业生产的前提下减少灌溉用水，即提升灌溉水生产力，显得尤为重要。为此，进行区域尺度上灌溉水生产力的分析和评价，研究粮食作物灌溉水生产力的时空分布，量化各影响因素对灌溉水生产力的贡献，对指导该地区科学合理用水，制订宏观农业节水管理策略、促进农业可持续发展有着重要的理论与现实意义。

9.1 黑河绿洲区域尺度灌溉水生产力时空分异规律

9.1.1 灌溉水生产力的计算方法

灌溉水生产力是指单位灌溉水量所能生产出的农产品数量（Molden，1997）。灌溉水生产力反映了灌溉用水投入与产出的关系，是评估农业灌溉和农作物管理水平的综合指标（Abdullaev and Molden，2004；Seckler et al.，2003；Zoebl，2006）。灌溉水生产力的提高可以反映农业生产和灌溉水利用效率的综合提高，对保证农业生产和水资源合理利用均有重要意义。区域尺度灌溉水生产力估算方法主要有利用统计数据或模型模拟获得产量和灌溉用水，进而进行灌溉水生产力评估，或者结合 RS 和 GIS 对研究区域的产量、灌溉用水和灌溉水生产力进行时空表达。本章中粮食作物灌溉水生产力是指区域内单位灌溉水量所生产的粮食作物产量，计算公式如下：

$$WP_i = Y/I \tag{9-1}$$

式中，WP_i 为灌溉水生产力，kg/m^3；Y 为粮食作物产量，kg/hm^2；I 为单位面积灌溉水量，m^3/hm^2。

9.1.2 数据收集及整理

黑河与石羊河、疏勒河三大内陆河水系构成了河西走廊的绿洲平原，是西北重要的农业生产基地。本章依据统计、水利、农业、气象等部门提供的资料和相关年鉴文献，以行政区为单位统计分析整理了河西走廊 1981～2015 年 20 个县（区）主要粮食作物的产量、有效灌溉面积、作物灌溉定额和灌溉用水量、单位面积化肥用量、单位面积农膜用量及单位面积农药用量等指标，以及气象数据，包括降水量、日平均气温及日太阳辐射等系列资料。其中，统计指标初始值来源于《甘肃发展年鉴》《甘肃水利统计年鉴》《甘肃农村年鉴》《甘肃改革开放三十年》《新中国六十年统计资料汇编》等统计年鉴，以及中国经济与社会发展统计数据库等；气象数据由国家气象数据共享中心提供的逐日气象数据计算得到。收集整理的主要变量和指标见表 9-1。

表 9-1　收集及整理的指标列表

指标	说明
产量（Y）	粮食作物单位面积产量（kg/hm^2）
灌溉用水量（I）	粮食作物单位面积灌溉用水量（m^3/hm^2）
单位灌水量所支撑面积（AI）	单位面积灌溉用水量倒数（hm^2/m^3）
单位面积化肥用量（F）	单位面积化肥折纯用量（kg/hm^2）
单位面积农膜用量（AF）	单位面积农膜用量（kg/hm^2）
单位面积农药用量（AP）	单位面积农药用量（kg/hm^2）
生长期内日平均气温（T）	生长期内（3~9 月）日平均气温（℃）
生长期内日平均太阳辐射（R_S）	生长期内（3~9 月）日平均太阳辐射 [$MJ/(m^2·d)$]
生长期内总降水量（P）	生长期内（3~9 月）降水量（mm）
参考作物蒸散发（ET_0）	参考作物蒸散发量（mm）
受灾面积（DA）	受自然灾害而减产的面积（$1000hm^2$）

9.1.3　黑河绿洲区域尺度灌溉水生产力时间规律分析

基于各县（区）灌溉水生产力计算结果，采用传统统计学对 1981~2015 年灌溉水生产力的描述性特征进行分析，包括最大值、最小值、均值、标准差等；并采用 Kolmogorov-Smirnov 检验法检验数据是否符合正态分布。灌溉水生产力的平均值从 1981~2015 年的变化范围为 0.51~1.34kg/m³，最大值和最小值的变化范围分别为 0.77~1.98kg/m³ 和 0.26~0.94kg/m³，均随着年份增大，表明了区域灌溉水生产力随年份呈增加趋势，这是由于品种改良、栽培技术进步和节水灌溉技术与管理水平提高，使作物单产增加和单位面积灌溉水量下降所致；标准差随着年份有增加趋势，表明了区域内灌溉水生产力空间上差异逐渐变大，其原因是近几十年来随着生产技术改进和节水改造力度加大，一些地区节水水平提高较快，先进农业技术应用到位，而一些偏远地区相对落后，导致了地区之间更加不平衡、差距拉大；K-S 正态检验结果（$p>0.05$）表明，各年份的灌溉水生产力空间上数据均符合正态分布。

为了进一步分析灌溉水生产力随时间变化趋势，采用 Kendall 检验和线性回归进行趋势分析，Kendall 检验和线性回归的趋势分析结果见表 9-2。Kendall 检验和线性回归趋势分析结果一致：Kendall 检验统计量值为 $7.36 > U_{1-\alpha/2}$，线性回归的 Sig. $< \alpha = 0.01$，均通过了显著性检验，换言之，灌溉水生产力在 0.01 显著水平下随年份呈显著增长趋势。其原因

可能是由于改革开放后农业生产技术不断提高，产量逐年提高，灌溉用水逐年减少，灌溉水生产力稳定增长。

表 9-2　区域平均灌溉水生产力的趋势分析

Kendall 检验	线性回归分析		
U	回归方程	R^2	Sig.
7.36	$y=0.0241x-47.09$	0.968	0

注：U 为 Kendall 检验统计量，$\alpha=0.01$，$U_{\alpha/2}=2.58$；R^2 为决定系数；Sig. 为显著水平

图 9-1 展示了 1981～2015 年区域平均的主要粮食作物单产、单位面积灌溉水量及灌溉水生产力的年际变化。1981～2015 年研究区的主要粮食作物灌溉水生产力随着时间推移而增大，单产随时间增加而单位面积灌溉水量随时间减少。灌溉水生产力由 0.51kg/m³ 增长到 1.34kg/m³，35 年增长了 0.83kg/m³，年均增长率为 2.89%。以往关于中国及中国西北灌溉水生产力的研究中，操信春等（2012）分析发现由于粮食单产提高和灌溉用水量减少，1998～2010 年中国各省（区）灌溉水生产力呈增大趋势；甘肃河西高台县各种粮食作物平均灌溉水生产力从 1992～2000 年的 1.17kg/m³ 增加到 2001～2007 年的 1.25kg/m³（武俊霞和胡广录，2009），均与本章结果相一致，显示了结果的可靠性。操信春等（2014）等研究结果显示 2010 年甘肃省平均灌溉水生产力约为 1.56kg/m³，大于本章中平均灌溉水生产力 1.34kg/m³，表明河西走廊地区灌溉水生产力仍有提升空间。

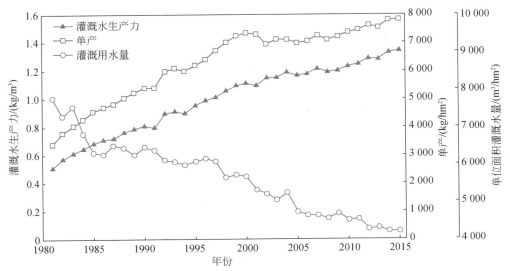

图 9-1　区域平均主要粮食作物单产、单位面积灌溉水量及灌溉水生产力年际变化

图 9-1 还显示灌溉水生产力的增加趋势随年份逐渐变缓，1981～1989 年年均增长率为 5.59%，1990～1999 年年均增长率为 3.41%，2000～2015 年年均增长率 1.24%，阶段性的年均增长率逐渐减小。由此可见，灌溉水生产力增幅随着年代增加而减少，即增长速率

变缓。2000～2015 年的年均增长率远小于前两个阶段，其原因可能是随着农业生产和节水技术的发展，产量和灌溉水利用效率提高变得困难，导致继续提升灌溉水生产力难度变大。例如，渠道的衬砌逐渐趋于稳定，以张掖地区为例，干渠、支渠高标准渠道衬砌完好率分别由 1985 年的 78%、77% 增长到 2002 年的 87%、83%，之后增长较小，到 2010 年干渠、支渠完好率分别为 90%、88%。在研究阶段前期，产量水平较低，粮食生产能力受到生产投入（化肥、农药等）的影响较大（段小红和王化俊，2011），前期生产投入显著增加和节水灌溉的发展，使得产量和灌溉水生产力的增长速率较快；然而随着产量和节水水平提高，以及生产投入的利用越来越充分，单产水平和灌溉水利用效率趋于稳定，灌溉水生产力稳定增长。

9.1.4 黑河绿洲区域尺度灌溉水生产力空间分异规律

为了分析灌溉水生产力区域尺度空间分布规律，通过交叉检验比较反距离权重法、局部多项式插值法和普通克里金法对不同典型年灌溉水生产力的插值精度，选取相对最优方法。典型年是按年降水量从小到大排序，分别选取 75% 干旱年、50% 中等年和 25% 偏湿年。本书最终选择反距离权重法进行灌溉水生产力空间插值。

通过空间插值得到河西走廊地区 3 个降水典型年及多年平均灌溉水生产力的空间分布，结果显示空间分布总体上表现为中部绿洲较高，东西部山区和荒漠区相对较低，较大值出现在临泽、甘州、高台、金昌、凉州等，较小值出现在天祝、民勤、嘉峪关、安西、玉门等地。灌溉水生产力空间上的差异可能是由于地形、土壤、农业生产水平、气象因素等条件不同造成的。临泽、甘州、高台、金昌、凉州等地处于中部平原绿洲区，农业生产水平较高（李世明，2002），耕作年限长，土壤多为壤土，相对肥沃，保水性好，灌溉定额较少，灌溉水生产力相对较高，而民勤、嘉峪关、安西、玉门等地靠近沙漠边缘，气候干旱，蒸发力大，并且沙漠边缘新开垦耕地面积大，田间土壤偏砂，如民勤地区沙漠边缘砂粒含量超过 50%，稳定入渗率超过 0.15cm/min（贾宏伟等，2006），灌溉水利用效率低，需要的灌溉量较大，相对来说灌溉水生产力较低。

将河西走廊灌溉水生产力按照数值大小分为四类，分别为 <0.5kg/m³、0.5～1.0kg/m³、1.0～1.25kg/m³、>1.25kg/m³。表 9-3 展示了不同灌溉水生产力水平的面积比例。可以看出，随着年份的增长，灌溉水生产力较低（<0.5kg/m³）的面积比例逐渐减少，灌溉水生产力较高（1.0～1.25kg/m³ 和 >1.25kg/m³）的面积明显增多，到 2012 年灌溉水生产力大于1.25kg/m³ 的比例由 0 增加到 62.1%，也印证了前述区域平均灌溉水生产力随年份提高的结论。各地区灌溉水生产力增长快慢也有差异，东部地区增长相对较快，其中东北部民勤地区由于河流域重点治理、节水灌溉等项目的推进，灌溉水生产力变化较大，逐渐从低值区变为相对高值区。到 2012 年低于 1.0kg/m³ 的比例仍然有 3.9%，表明研究区内灌溉水生产力仍然有提升空间，提高较低地区的水生产力对粮食安全的发展有重要贡献（Cai et al.，2009）。

表9-3　河西走廊地区不同灌溉水生产力水平所占面积比例　　　　（单位:%）

年份	灌溉水生产力水平			
	<0.5kg/m³	0.5~1.0kg/m³	1.0~1.25kg/m³	>1.25kg/m³
1981	58.9	41.1	0	0
1991	0.9	97.9	1.3	0
2000	0	15.2	75.1	9.8
2004	0	6.2	68.0	25.8
2008	0	6.5	61.0	32.5
2011	0	7.4	33.9	58.7
2012	0	3.9	34.0	62.1

　　黑河中游区域的灌溉水生产力空间分布规律基本相似（图9-2），总体上表现为西北部较高，东部相对较低。多年平均灌溉水生产力变化范围为0.93~1.08kg/m³，干旱年灌溉水生产力值变化范围为1.02~1.27kg/m³，中等年和偏湿年值变化范围分别为1.05~1.26kg/m³和1.04~1.37kg/m³。总体上灌溉水生产力的值干旱年比偏湿年小，干旱年产量相对较低使得灌溉水生产力较低。该地区年降水量仅50~200mm，作物生长对灌溉的依赖性大，干旱年作物可分配的水量降低，导致产量受到影响，从而使得灌溉水生产力降低。各地区灌溉水生产力增长快慢也有差异（图9-3），东部地区增长相对较慢，其中东部为市（区）所在位置，作物种植和粮食生产逐渐减少。

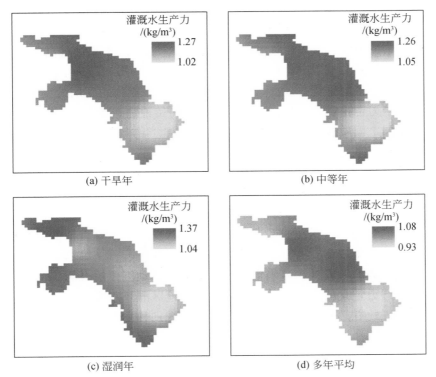

图9-2　黑河中游三个降水典型年及多年平均主要粮食作物灌溉水生产力空间分布图

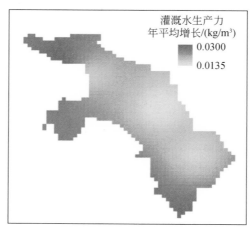

图 9-3　黑河中游灌溉水生产力年平均增长的空间分布图

9.2　黑河绿洲区域尺度灌溉水生产力的驱动因素分析

灌溉水生产力受到多种因素的综合影响，提高灌溉水生产力需要综合权衡和考虑多方面因素。识别其主要限制因素有助于寻求灌溉水生产力的提升方法。灌溉水生产力反映产量与灌溉用水量的关系，显然影响产量和灌溉用水的各种因素均对其产生一定的影响。Zwart 和 Bastiaanssen（2004）认为影响土壤–植物–水分关系的各种气象、作物、土壤及农艺管理等方面因素的不同，造成灌溉水生产力的差异。气象因素包括气温、降水和水汽压差，研究表明水汽压差与水生产力有着相反的关系。作物种类和品种很大程度上决定着水分利用和作物产量，不同种类作物，如 C_4 作物的水分、养分的利用效率明显高于 C_3 作物，对应的水生产力也相对高一些，同种类作物不同品种之间水分利用效率也差异显著。土壤本身性质，如土壤质地、土壤有机质含量等，通过影响土壤水分和作物生长对灌溉水生产力产生影响。农艺管理因素包括作物管理、灌溉管理和土壤管理等。作物管理能有效地提高灌溉利用效率，如合适的栽培方式、除草等都是获得较高水生产力的关键。灌溉管理包括灌溉技术、灌溉水量和灌溉时间等都对水生产力有重要的影响，如亏缺灌溉已被研究证明可以使玉米获得最优的作物水生产力。Hatfield 等（2001）总结了土壤管理对水生产力的影响，包括覆膜和改变土壤营养状况等。土壤表面的改良使得土壤水分条件及蒸散发等发生改变，并且对水生产力有积极的影响，土壤养分会对作物的光合效率产生直接的影响。考虑到灌溉水生产力是各方面驱动因素综合影响的结果，各驱动因素对灌溉水生产力定量的影响并不明确，且不同地区灌溉水生产力的影响因素及影响程度存在差异，因此有必要对研究区驱动因素进行识别和影响程度的量化，以达到提高灌溉水生产力的目的。

9.2.1　主要驱动因素的筛选

为筛选出研究区内灌溉水生产力的主要驱动因素，对驱动因素与灌溉水生产力进行了相关分析。灌溉水生产力和驱动因素的相关分析结果显示：灌溉水生产力与单位灌水量所支撑面积、单位面积化肥用量、单位面积农膜用量、单位面积农药用量，以及作物生长期日平均气温呈极显著的正相关关系，显著性水平为 0.01；与作物生长期内日平均太阳辐射呈显著正相关，显著水平为 0.05；灌溉水生产力与作物生长期降水量、参考作物蒸散发和受灾面积等其他因素则没有明显的相关性。

灌溉水生产力与主要驱动因素的相关关系与以往的研究结果相符合。在干旱区，灌溉是限制作物生长的主要因素（Passioura，2006），灌溉与灌溉水生产力有很强的相关性。灌溉水生产力随着灌溉水量的增加而减小（Ali and Talukder，2008），单位灌水量所支撑面积作为灌溉水量的倒数，反映灌溉的节水程度，应该与灌溉水生产力有正向相关关系。农膜作为一种改变土壤表面的方式，通过影响作物生长系统的能量平衡和水量平衡来获得较高的水生产力（Hatfield et al.，2001）。土壤养分状态已被证实对水生产力有积极影响。合理的施肥有益于作物生长和产量提高，进而获得较高的灌溉水生产力（Zwart and Bastiaanssen，2004）。此外，气象因素，如合适的气温和辐射促进作物成长影响。因此，基于相关分析结果，选择单位灌水量所支撑面积、单位面积化肥用量、单位面积农膜用量、单位面积农药用量、生育期的日平均气温及日太阳辐射，作为主要驱动因素进行进一步的分析。

9.2.2　灌溉水生产力主要驱动因素变化分析

灌溉水生产力及其主要驱动因素的区域平均时间序列如图 9-4 所示，灌溉水生产力及各主要驱动因素过去 35 年间随时间变化形式有所不同，但总体上都呈现随着年份增加的趋势，其中，灌溉水生产力、单位灌水量所支撑面积和单位面积化肥用量等指标随着年份增长持续增长，单位面积农膜和农药用量随着年份增长前期增长较小，后期增长较大，增速先平稳后快速，而年平均气温和太阳辐射则是随着年份增长波动小幅度的增长，降水则是不显著的增加趋势。

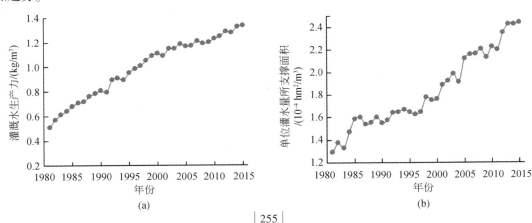

(a)　　　　　　　　　　　　　(b)

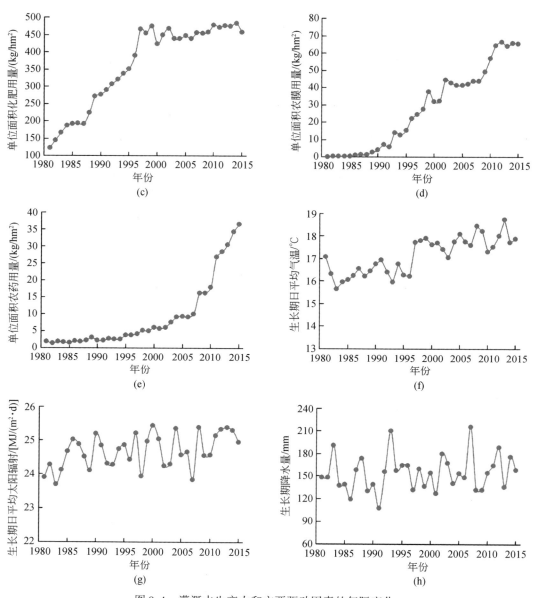

图 9-4　灌溉水生产力和主要驱动因素的年际变化

采用 Kendall 法对各指标变化趋势和显著性进行检验，并分析各驱动因素不同时段内的年均变化率，结果见表 9-4。太阳辐射随着年份增加呈 0.05 水平下显著增加的趋势，降水量的增加趋势不显著，其他各主要驱动因素均呈现在 0.01 水平下显著增加的趋势。对于各研究时段（1981～1989 年、1990～1999 年和 2000～2015 年），灌溉水生产力的年均增长率分别为 5.59%、3.41% 和 1.24%；单位灌水量所支撑面积的年均增长率分别为 2.74%、1.36% 和 2.19%；单位面积化肥用量的年均增长率分别为 10.41%、6.23% 和

0.50%，随着年代增长明显变缓；单位面积农膜用量的年均增长率分别为 67.27%、28.46% 和 4.95%，前期增长迅速，后期增速变缓；单位面积农药用量年均增长率为 5.88%、9.77% 和 12.83%。作物生长期内日平均气温、太阳辐射和降水量在不同阶段的趋势有所不同，总体来说，气象因素的年均变化率远小于其他农艺因素。

表 9-4　主要驱动因素时间序列的趋势分析及不同时期的变化规律

指标	统计量	趋势	年均增长率/%			
			1981～1989 年	1990～1999 年	2000～2015 年	1981～2015 年
灌溉水生产力（IWP）	7.751	↑**	5.59	3.41	1.24	2.89
单位灌水量支撑面积（AI）	7.103	↑**	2.74	1.36	2.19	1.89
单位面积化肥用量（F）	6.616	↑**	10.41	6.23	0.50	3.94
单位面积农膜用量（AF）	7.524	↑**	67.27	28.46	4.95	24.09
单位面积农药用量（AP）	7.297	↑**	5.88	9.77	12.83	9.05
生长期日平均气温（T）	4.378	↑**	−0.46	0.73	0.10	0.13
生长期日平均太阳辐射（R_s）	2.076	↑*	0.11	−0.09	−0.13	0.13
生长期降水量（P）	0.941	↑	−1.57	−0.16	0.17	0.19

注：↑表示增长趋势；*表示显著水平为 0.05；**表示显著水平为 0.01。

图 9-5 展示了灌溉水生产力和主要驱动因素之间的关系。灌溉水生产力随各驱动因素增加而增加，但是灌溉水生产力与不同驱动因素的关系曲线不尽相同，并且在各时间阶段随着同一驱动因素增加趋势有所不同。单位灌水量所支撑面积和单位面积化肥用量分别对灌溉水生产力有显著的影响，保持同步上升的趋势，但灌溉水生产力增加的趋势减缓；而灌溉水生产力随着单位面积农膜用量和单位面积农药用量的变化趋势发生了明显的变化，在农膜和农药投入较低阶段，灌溉水生产力随着用量的增加快速提升，到农膜、农药用量相对较高的阶段，增加逐渐趋于平稳，不再随着投入增加而增加，继续增加它们的用量对灌溉水生产力的影响作用不再明显，表明农膜、农药的投入量已经达到了相对饱和。因此，为了进一步提高灌溉水生产力，在农膜农药方面的投入是否增加应该慎重考虑。此外，灌溉水生产力与生长期日平均气温和日平均太阳辐射有正向的关系。

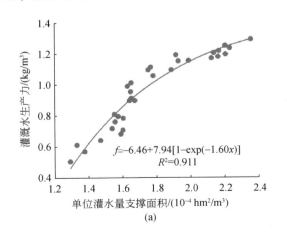

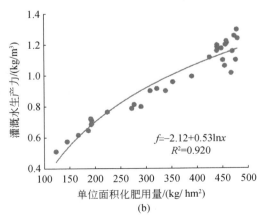

(a)　　　　　　　　　　　　　　　　(b)

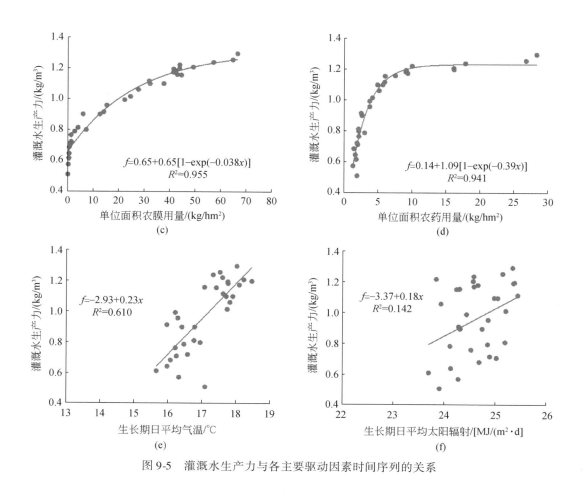

图 9-5　灌溉水生产力与各主要驱动因素时间序列的关系

9.3　黑河绿洲区域尺度灌溉水生产力驱动因素的贡献率

9.3.1　驱动因素的贡献率分析方法

已有的关于灌溉水生产力驱动因素的研究，主要集中在控制其他变量来研究某一或某些因素的影响或对不同驱动因素影响进行大小排序。目前，定量分析各驱动因素对灌溉水生产力变化贡献率的研究还鲜有报道。考虑到灌溉水生产力是各方面驱动因素综合影响的结果，各驱动因素对灌溉水生产力量化的影响并不明确，且不同地区灌溉水生产力的影响因素及各因素的影响程度存在差异，因此，有必要通过灌溉水生产力与各主要驱动因素的综合关系，对主要驱动因素进行识别和影响程度的量化，以达到提高灌溉水生产力的目的。

关于驱动因素对灌溉水生产力贡献率的评价，研究的基础就是收集整理数据资料，通过数据资料分析，在区域尺度上建立基于灌溉水生产力与主要驱动因素关系的模型，并对建立模型的模拟效果进行评价和验证。最后利用验证后的模型对区域灌溉水生产力主要驱动因素的贡献率进行评价。不少学者对贡献率的理论和测定方法进行了研究，除了常用的数理统计方法如回归分析等以外，生产函数法得以广泛应用。其中 CD 生产函数以模型简单、易于理解、计算结果较为准确的优点，在量化技术进步或者对经济增长因素的贡献率方面有很多应用。

CD 生产函数是 1928 年由美国科学家 Charles Cobb 和经济学家 Paul Douglas 提出并在实际中得到了广泛的应用（Douglas，1976），考虑到影响灌溉水生产力的显著驱动因素不止两个，并且灌溉水生产力的变化不仅受到灌溉水量的影响，还有其他农艺投入因素和气候因素的影响，因此，需要对原有模型中的因素进行补充，使其能更好地反映灌溉水生产力与主要驱动因素的关系，对模型进行因素补充和参数变形。社会经济变量通常随时间存在共同的变化趋势，考虑到各变量之间可能存在的共线性，本章利用偏最小二乘法进行模型的各参数求解，构建 PLS-CD 生产函数进行贡献率的计算。

9.3.2 PLS-CD 生产函数模型的建立

根据已有的历史数据，分时段建立了灌溉水生产力与主要驱动因素的 PLS-CD 生产函数，得到了各时段模型的参数结果。各时段分别是 1981～1989 年、1990～1999 年、2000～2015 年及 1981～2015 年。对于各时段建立的模型，采用 R^2、MAE、MRE 和 RMSE 等指标，对模型的拟合优度和模拟效果进行评价。

基于各时段 PLS-CD 模型的灌溉水生产力模拟值和实测值的对比结果及评价指标如图 9-6 所示。评价指标表明建立的模型在各时段均具有较好的模拟效果。各时段 PLS-CD 模型的 R^2 分别为 0.977、0.929、0.875 和 0.992，模型拟合程度较好。由 PLS-CD 模型得到的灌溉水生产力模拟值均与其原始值匹配良好，模拟效果非常好。

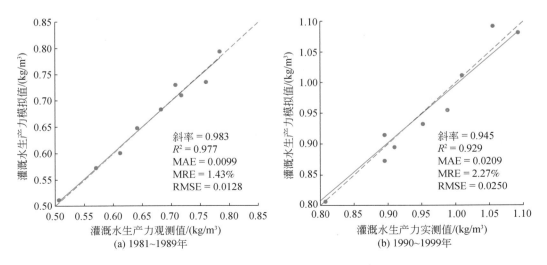

(a) 1981~1989年　　　　　(b) 1990~1999年

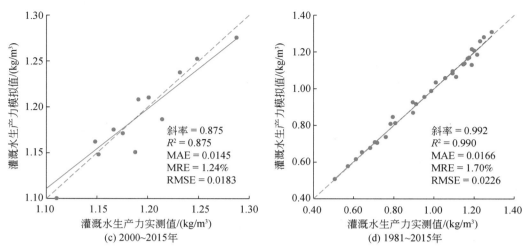

(c) 2000~2015年　　　　　　　　　　(d) 1981~2015年

图 9-6　灌溉水生产力模拟值与实测值对比

　　总之，各时段构建的 PLS-CD 模型具有较强的解释与模拟能力，基本可以反映灌溉水生产力与各驱动因素之间的关系，各驱动因素的变化可以很好地解释灌溉水生产力的变化。

9.3.3　区域尺度灌溉水生产力驱动因素的贡献率分析

　　基于各时段构建的 PLS-CD 模型，不同阶段各驱动因素对灌溉水生产力贡献率的计算结果见表 9-5。为了便于比较，将各阶段的贡献率之和设置为 1，计算各因素贡献率比例。各因素在不同阶段内贡献率的比例见图 9-7。各因素对灌溉水生产力变化的贡献率在不同阶段有所改变，总体上来看可控的投入因素贡献较大。在整个研究阶段（1981～2015年），农艺措施包括灌溉、化肥、农膜和农药的贡献率分别为 21.1%、30.5%、40.1% 和 11.6%，气象因素中气温和太阳辐射的贡献率分别为 0.7% 和 0.6%。

表 9-5　PLS-CD 生产函数和各主要驱动因素贡献率结果

因素	1981~1989 年		1990~1999 年		2000~2015 年		1981~2015 年	
	β	$E/\%$	β	$E/\%$	β	$E/\%$	β	$E/\%$
单位灌水量所支撑面积（AI）	0.444	21.8	0.538	21.4	0.139	25.1	0.322	21.1
单位面积化肥用量（F）	0.172	32.0	0.123	22.5	0.249	22.3	0.223	30.5
单位面积农膜用量（AF）	0.033	40.1	0.033	27.8	0.055	26.1	0.048	40.1
单位面积农药用量（AP）	0.095	10.0	0.076	21.7	0.022	23.9	0.037	11.6
生长期日平均气温（T）	−0.439	3.6	0.315	6.7	0.109	1.7	−0.152	0.7
生长期日平均太阳辐射（R_s）	1.185	2.3	−0.349	1.0	0.014	−0.1	0.147	0.6

注：β 为 CD 生产函数参数，弹性系数；E 为贡献率

同一驱动因素在不同时期的贡献率又有所不同，单位面积农膜用量在第一阶段贡献率最大，为40.1%，第二阶段为27.8%，第三阶段为26.1%，随着年代增加贡献率减小；单位面积化肥用量在不同阶段的贡献率也有所下降，分别为32.0%、22.5%和22.3%；灌溉水量的贡献率始终有比较主要的影响，贡献率第一阶段为21.8%，第二阶段为21.4%，第三阶段为25.1%；单位面积农药用量的贡献率在第一阶段很小（10%），并随着年代明显增加，第二阶段显著增加到21.7%，第三阶段达到23.9%；而不可控的自然因素，日平均气温和太阳辐射的贡献率在各个阶段都较小。研究初期阶段农膜和化肥的使用，几乎可以认为是从无到有的过程，这对产量起到了很显著的影响，然而随着农膜使用率接近饱和，以及化肥使用量过剩，产量提高的速度变缓，导致其对灌溉水生产力的影响逐渐趋于稳定，而农药用量在第一阶段的增加并不明显，因此该阶段农药对灌溉水生产力的贡献率较小。现阶段（2000~2015年）在河西走廊对灌溉水生产力贡献较大的因素为单位灌水量所支撑面积，单位面积化肥用量、单位面积农膜用量及单位面积农药用量。

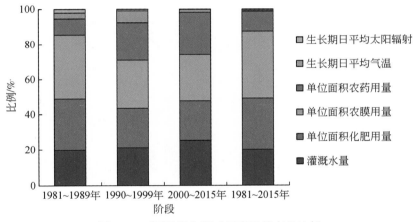

图 9-7　不同阶段各驱动因素贡献率的比例

9.3.4　黑河绿洲区域尺度灌溉水生产力的提升途径

从灌溉水生产力时空变化的规律结果来看，各地区灌溉水生产力增长快慢也有差异，东部地区增长相对较快，其中东北部民勤地区由于河流域重点治理、节水灌溉等项目的推进，灌溉水生产力变化较大，逐渐从低值区变为相对高值区。此外，低于 1.0kg/m^3 的地区仍占一定的比例，表明研究区内灌溉水生产力仍然有提升空间，提高较低地区的灌溉水生产力对粮食安全的发展有重要贡献。驱动因素对灌溉水生产力影响研究结果中，值得注意的是，在 2000 年以后，尽管化肥、农膜及农药的贡献率占很大比例（图 9-7），并且它们的投入绝对量相对于前期明显增加（图 9-4），但是灌溉水生产力增加的速率却变得平缓，此外，图 9-5 也显示出各投入要素增加到一定程度，灌溉水生产力的提升逐渐趋于平稳，也就是说投入量持续增加对于灌溉水生产力提升来说已经接近饱和。同时，已有研究表明在中国由于缺乏科学技术指导、盲目施肥，造成的单位面积化肥投入量逐年增加而产量并没有明显增加（房丽萍等，2013）。因此，从农业生产的角度来看，应该避免盲目增加各生产要素投入，并通过进一步对各生产要素综合评价来决策最优的投入比例以制定科学有效的提升方法。在河西走廊，现阶段灌溉水生产力提升更应该依赖于合理提升节水灌溉技术，提高化肥利用效率，保持农膜、农药用量对现阶段提高灌溉水生产力有十分重要的意义。

第 10 章 黑河绿洲田间尺度灌溉水生产力限制因素与提升途径

10.1 灌溉水生产力影响因素观测试验

10.1.1 研究方法与技术路线

本章以黑河中游绿洲农田为研究对象，采用农户调研及流域取样的方法获取绿洲农田的土壤理化特性、农艺管理措施及作物产量等信息，通过数理统计分析和模型模拟相结合的方法分析灌溉水生产力与其影响因素之间的相互关系，确定灌溉水生产力的限制因子，然后在不同情景下利用作物生长模型对作物（以玉米为例）的产量及耗水量进行模拟，随后补充田间试验对模型结果进行验证，最后对已有的模拟验证结果进行数值分析，进而得到多因素协同影响下的灌溉水生产力优化方案与提升途径。主要技术路线见图 10-1。

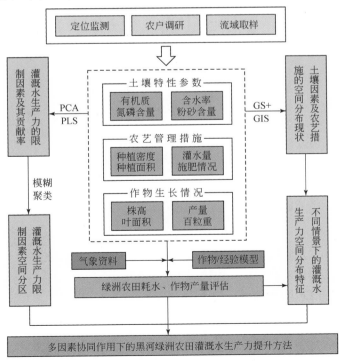

图 10-1 技术路线图

10.1.2　试验方案设计

2016年，在整个黑河中游绿洲区域，采用5km×10km的网格布置了80个取样点，样点分布见图10-2。在作物种植前（4月初），用土钻对每一个样点的耕作层（0~30cm）进行土样采集，每个样点取3钻混合成1个混合样，同时每个样点取2个环刀样，测定土壤容重。各样点的混合土样风干过筛后，测定土壤的颗粒级配及有机质、全氮、速效氮、全磷、速效磷等含量。在作物成熟期（8月底），在研究区域内以行政村为单元，对作物种植结构、灌溉制度及施肥状况进行调研，进而获取研究区域内作物的种植密度、灌溉水量及氮磷钾的施用量。在作物收获期（9月中旬），用土钻对每一个样点的耕作层（0~30cm）进行土样采集，每个样点取3钻混合成1个混合样，同时测量样地作物的产量、株高及行间距大小。待土样风干过筛后，测定其有机质、全氮、速效氮、全磷、速效磷等的含量大小。

图10-2　黑河中游绿洲农田取样点位置示意图

10.1.3　测定项目与方法

1. 土壤颗粒级配

将环刀样品带回实验室后先称量土壤的湿重，然后将每个环刀土样分别平均装入3个铝盒中，用烘箱在 105℃的环境下干燥 8 小时，称量土壤的干重后，计算每一个土壤样品的质量含水率和容重。取部分风干后的土壤样品过 2mm 的筛网，用马尔文 2000 激光粒度仪测其颗粒级配（Ryżak and Bieganowski，2011）。

2. 土壤有机质

采用重铬酸钾氧化–比色法（刘光崧，1996）：称 1.00g 过 100 目筛的干燥土壤样品，放入 50ml 普通试管中，加 5ml 重铬酸钾和 5ml 浓硫酸，摇匀。同时加入无土样空白放入 100℃恒温箱中，90 分钟后放水浴中冷却，用蒸馏水定容至 50ml，4200rpm 离心 15 分钟，取上清液比色，用 1cm 光径比色杯在 590nm 波长测定吸收值。空白样液调比色计零点。测定结果按式（10-1）计算：

$$SOM = \frac{m_1 \times 1.724 \times 1.08}{m \times 10^3} \times 100 \quad (10-1)$$

式中，SOM 为土壤有机质的质量分数（%）；m_1 为由标准曲线查出的土壤含碳量（mg）；1.724 为有机碳换算成有机质的系数；1.08 为氧化校正系数；10^3 为 mg 变 g 的除数；m 为土壤质量（g）。

3. 土壤氮磷含量

以 $CuSO_4$ 溶液为催化剂，用浓硫酸消化土壤中的含氮有机化合物后，用半自动凯氏定氮仪（FOSS 2300 Kjeltec Analyzer Unit，Sweden）测定土壤全氮（Lin et al.，2010）。用流动分析仪（AutoAnalyzer 3，Bran+Luebbe，SEAL Analytical GmbH，Germany）测定土壤硝态氮含量（Kamphake et al.，1967）。将过筛后的土壤用浓硫酸消煮后，采用钼锑抗比色法测定土壤样品中的全磷含量，土壤中的速效磷含量则采用奥尔森化学浸提的方法测定（Olsen，1954）。

4. 土壤容重及含水率

采用环刀法测定土壤干容重，每个取样点测定 3 个重复；采用取土烘干法测定土壤的质量含水率，深度为 0～30cm 的耕作层，每个取样点测定 3 个重复。

5. 农田管理措施

以调研问卷的形式获取取样点农田的施肥种类、施肥量和施肥时间，由不同种类化肥的氮磷钾配比计算取样点农田的纯氮施用量。灌水量则由黑河中游各灌区的管理部门提供，汇总整理后计算出取样点农田的灌溉水量。在玉米成熟期时，采用卷尺测量玉米植株的种植行距和间距，进而计算得到玉米的种植密度。

6. 产量及灌溉水生产力

采用实际收获法测量玉米的籽粒产量（Li and Shao，2014），本章中灌溉水生产力定义为玉米籽粒产量与灌溉水量的比值，计算公式为

$$\text{IWP} = \frac{Y}{\text{IW}} \qquad\qquad (10\text{-}2)$$

式中，IWP 为灌溉水生产力，单位为 kg/m³；Y 为玉米的籽粒产量，单位为 kg/亩；IW 为灌溉水量，单位为 m³/亩。

10.1.4　数据分析方法

灌溉水生产力及其影响因素的数据利用 SPSS 21.0 软件进行描述性统计、K-S 检验和差异显著性分析。选用均值、最大值、最小值、标准差和变异系数等描述土壤因素各变量的统计特征。当 CV≤10% 时，变量因素表现为较弱的异质性，当 10%＜CV＜100% 时，表示变量因素具有中等程度的异质性，当 CV≥100% 时，变量因素有很强的异质性（Warrick and Nielsen，1980）。

土壤变量因素的空间特性分析采用地统计学方法（Robertson，1987；Rossi et al.，1992；Warrick and Nielsen，1980），计算土壤空间特性的半方差函数如下所示（Isaaks and Srivastava，1989）：

$$\gamma(h) = \frac{1}{2N(h)} \sum_{i=1}^{N(h)} \left[z(x_i + h) - z(x_i) \right]^2 \qquad\qquad (10\text{-}3)$$

式中，h 为样本间距；$N(h)$ 为间距为 h 的样本数；$z(x_i)$、$z(x_i + h)$ 则为距离为 h 的两个取样点值。

半方差函数主要有球状、指数、高斯及线性有基台值 4 种经验模型，模型的参数主要有块金值（C_0）、变程 A 和基台值（C_0+C）等。当变异函数 $\gamma(h)$ 随着间隔距离 h 的增大，从非零值达到一个相对稳定的常数时，该常数称为基台值；当间隔距离为 0 时的变异函数值称为块金值或者块金方差；基台值是系统属性中最大的变异，当变异函数 $\gamma(h)$ 达到基台值时的间隔距离称为变程。不同变量的空间依赖性常用块金值与基台值的比值来表示（Cambardella et al.，1994），比值小于 25% 表示变量具有很强的空间相关性，比值在 25%~75% 表示变量具有中等程度的空间相关性，比值大于 75% 则表示变量具有较弱的空间相关性，如果比值为 100% 或者半方差函数的斜率为 0，则表示变量在空间上没有相关性。将取样点坐标在 ArcGIS 10.0 中进行投影转换后，提取取样点的千米网坐标，运用 GS+ 7.0 软件拟合各影响因素的半方差函数模型，选择出最佳的半方差函数模型及其参数。最后在 ArcGIS 10.0 软件中选用空间插值的方法获取自变量因素的空间分布图。

土壤特性的相关因素之间存在显著的相关关系（Heuscher et al.，2005），因而在分析自变量（土壤因素、管理措施）对因变量（灌溉水生产力）的影响时，自变量之间可能会存在共线性的问题。常用的共线性诊断判别指标有条件指数（CI）、容忍度（TOL）和方差膨胀因子（VIF）（Chennamaneni et al.，2016；Huang et al.，2016；Midi et al.，2010），其中容忍度和方差膨胀因子互为倒数。为解决自变量因素存在的共线性问题，本章采用偏最小二乘回归的方法对灌溉水生产力进行量化分析（Galindo-Prieto et al.，2014；Shi et al.，2013；Wold et al.，2001）。

变量投影重要性（VIP）是指偏最小二乘回归分析中自变量 x_j 在解释因变量 Y 时的重要性（王惠文，1999），其定义为

$$\text{VIP}_j = \sqrt{\frac{p}{\text{Rd}(Y;\ t_1,\ \cdots,\ t_m)} \sum_{h=1}^{m} \text{Rd}(Y;\ t_h) w_{hj}^2} \qquad (10\text{-}4)$$

式中，w_{hj} 为轴 w_h 的第 j 个分量；x_j 对 Y 的解释是通过 t_h 传递的。

对于自变量 x_j（$j = 1,\ 2,\ \cdots,\ p$）而言，如果所有的 VIP 值均为 1，则表示它们对因变量的作用（重要性、影响）相同；若 VIP 大于 1，则表示其作用更加重要；当 VIP 值小于 0.8 时，自变量对因变量的贡献较小（Leggett et al.，2017；Wold，1995；王惠文，1999）。基于此，可以通过自变量的 VIP 值和 PLS 回归模型的复相关系数计算各个自变量对因变量的贡献率（华丽，2013），具体计算公式如下：

$$W_i = \frac{\text{VIP}_i}{\sum\limits_{i=1}^{n} \text{VIP}_i} R \times 100\% \qquad (10\text{-}5)$$

式中，W_i 为第 i 个因素对因变量的贡献率；VIP_i 为第 i 个因素的 VIP 值；R 为 PLS 回归模型的复相关系数；n 为 PLS 模型中自变量的个数。

采用模糊 c-均值聚类（FCM）的方法对土壤特性进行分区（Fridgen et al.，2008），FCM 主要是通过迭代优化算法对土壤特性进行分类，其目标函数为

$$J_m(\boldsymbol{U},\ \boldsymbol{V}) = \sum_{k=1}^{n} \sum_{i=1}^{c} (u_{ik})^m (d_{ik})^2 \qquad (10\text{-}6)$$

式中，m 为模糊加权指数（$1 \leqslant m < \infty$）；n 为样本个数；c 为聚类分区数；u_{ik} 为数据矩阵 $\boldsymbol{X}$ 中第 k 个样本 X_k 属于聚类中心矩阵 $\boldsymbol{V}$ 中第 i 个聚类中心 V_i 的隶属度值；$\boldsymbol{U}$ 为隶属度矩阵；d_{ik} 等于 X_k 与 V_i 在特征向量上的距离（李艳等，2007a）；聚类分区的数目主要由模糊效果指数（FPI）和归一化分类熵（NCE）两个指标来确定，FPI 和 NCE 的值均在 $0 \sim 1$，FPI 越接近于 0，则表明各类之间共用数据越少，分类效果越好；NCE 的值越小则表明模糊 c-分区的分解量越大，分类效果越好（李艳等，2007b；江厚龙等，2011；陈彦和吕新，2008）。

10.2　灌溉水生产力及其影响因素本底值的空间分布现状

10.2.1　黑河绿洲农田土壤特性的现状

1. 土壤特性的描述性统计分析

表 10-1 为黑河绿洲土壤养分及部分结构特性的描述性统计结果。由 K-S 检验可知，除速效氮含量外的土壤特性数据均服从正态分布（$P < 0.05$），速效氮含量的数据在经过对数转换后也服从正态分布。如表 10-1 所示，除容重外的土壤特性变异系数均在 10% ~ 100% 的范围内变化，由 Warrick 和 Nielsen（1980）对变异级别的分类可知，除容重外的

土壤耕作层特性在黑河绿洲流域表现为中等程度的差异性，表明黑河绿洲的土壤在空间上存在着一定的不均匀性。其中速效氮含量和速效磷含量的变异系数分别为63%和51%，远大于其他因素，表明土壤的速效养分在空间上有较大的不稳定性，主要原因是农田施用的化肥会直接以速效养分的形式存在于土壤中被作物吸收利用，在作物的生育周期内土壤速效养分的变化比较显著。土壤容重的变异系数为7%，表现为弱变异性，表明黑河绿洲的土壤容重受农艺措施的影响较小，在空间上有较好的稳定性。

表 10-1　黑河绿洲土壤特性的统计特征及正态检验

变量因素	最小值	最大值	平均值	标准差	CV/%	偏度系数	K-S 检验 p 值	正态分布
有机质含量/(g/kg)	6.26	21.80	14.83	3.21	22	−0.01	0.82	N
全氮含量/(g/kg)	0.05	1.64	0.85	0.31	37	0.02	0.99	N
速效氮含量/(mg/kg)	9.09	154.72	34.52	21.71	63	1.98	0.00	LN
全磷含量/(g/kg)	0.26	0.81	0.52	0.11	22	−0.01	0.99	N
速效磷含量/(mg/kg)	2.15	48.89	15.25	7.78	51	0.95	0.43	N
容重/(g/cm³)	1.35	1.83	1.57	0.11	7	0.15	0.98	N
质量含水率/%	7.14	28.97	14.70	4.63	31	0.96	0.71	N
黏粒含量/%	5.85	16.35	10.30	2.29	22	−0.13	0.83	N
砂粒含量/%	17.59	73.54	40.00	14.82	37	0.48	0.47	N

注：CV 表示变异系数；N 表示正态分布；LN 表示对数转换后的正态分布

由表 10-1 可知，黑河绿洲的土壤有机质含量为 6.26 ~ 21.80g/kg，全氮含量为 0.05 ~ 1.64g/kg，速效氮含量为 9.09 ~ 154.72mg/kg，全磷含量的范围为 0.26 ~ 0.81g/kg，速效磷含量的变化范围则为 2.15 ~ 48.89mg/kg。依据全国第二次土壤普查数据养分分级标准可知（表 10-2），黑河绿洲土壤的有机质含量大部分处于四级（占比 86%），属于中等偏下的水平；土壤全氮含量处于三级水平的有 31%、处于四级水平的有 27%、处于五级水平的有 29%，综合来看黑河绿洲的土壤全氮含量属于中下等水平；速效氮含量有 24% 处于五级水平、61% 处于六级水平，表明黑河绿洲土壤速效氮含量处于匮乏水平；土壤全磷含量指标中有 40% 处于三级水平、53% 属于四级水平，表明黑河绿洲的土壤全磷含量处于中等水平；土壤速效磷含量指标中处于二级、三级和四级的分别有 19%、57% 和 17%，表明黑河绿洲的土壤速效磷含量处于中等偏上的水平。综上所述，黑河绿洲区域的土壤养分在空间上有较大的差异，不同的养分指标也有较大差异，因此了解土壤特性的现状情况对分析灌溉水生产力的空间差异与分布具有重要作用。

表 10-2　黑河绿洲土壤养分的等级分类

养分类别	等级	一级	二级	三级	四级	五级	六级
有机质	分级标准/(g/kg)	>40	30 ~ 40	20 ~ 30	10 ~ 20	6 ~ 10	<6
	占比/%	0	0	11	86	3	0

续表

养分类别	等级	一级	二级	三级	四级	五级	六级
全氮	分级标准/（g/kg）	>2.0	1.5~2.0	1.0~1.5	0.75~1.0	0.5~0.75	<0.5
	占比/%	0	4	31	27	29	9
速效氮	分级标准/（g/kg）	>150	120~150	90~120	60~90	30~60	<30
	占比/%	1	0	3	10	24	61
全磷	分级标准/（g/kg）	>1.0	0.8~1.0	0.6~0.8	0.4~0.6	0.2~0.4	<0.2
	占比/%	0	1	40	53	6	0
速效磷	分级标准/（mg/kg）	>40	20~40	10~20	5~10	3~5	<3
	占比/%	1	19	57	17	3	3

2. 土壤特性的空间分布特征

黑河绿洲土壤特性指标的最适空间变异函数理论模型有指数模型、球状模型和线性模型 3 种类型（表 10-3），其中有机质含量、全氮含量、速效氮含量和全磷含量的变异函数最适模型为线性模型，速效磷含量和黏粒含量的变异函数最适模型为球状模型，容重、含量含水率和砂粒含量的变异函数最适模型为指数模型。表 10-3 中土壤因素变异函数理论模型的决定系数 R^2 和残差平方和 RSS 的数据表明黑河绿洲的土壤特性具有较好的空间结构特征。

表 10-3　黑河绿洲土壤特性的地统计分析理论模型及其相关参数

变量因素	最适模型	块金值 C_0	基台值 C_0+C	变程 A/km	RV/%	R^2	RSS
有机质含量	线性模型	12.45	12.45	331	100	0.61	16.4
全氮含量	线性模型	0.101	0.109	331	93	0.38	7.69E-04
速效氮含量	线性模型	0.38	0.38	331	100	0.32	0.032
全磷含量	线性模型	0.013	0.013	331	100	0.49	4.16E-05
速效磷含量	球状模型	0.46	1.14	86.4	40	0.58	0.21
容重	指数模型	0.0014	0.011	12	12	0.84	3.20E-05
质量含水率	指数模型	0.012	0.097	39	13	0.59	1.24E-03
黏粒含量	球状模型	0.34	5.52	15.5	6	0.47	5.89
砂粒含量	指数模型	1.04	2.69	13.6	39	0.70	0.21

注：RV=$C_0/(C_0+C)$ 表示块金效应；RSS 表示残差平方和（residual of squares）

块金效应 RV 表示变量的空间异质性程度，RV 值越大表明由随机因素（灌溉、施肥等农艺措施）引起的空间异质性程度越大；RV 值越小则说明由结构性因素（土壤母质、地形、气候等）引起的空间异质性程度越大（张建杰等，2009）。由表 10-3 可知，黑河绿洲的土壤有机质含量、全氮含量、速效氮含量和全磷含量的 RV 值均大于 75%，表明有机质含量、全氮含量、速效氮含量和全磷含量的空间差异主要是由农艺措施导致的，此外在空间上具有较弱的相关性；土壤速效磷含量和砂粒含量的 RV 值分别为 40% 和 39%，在空间上具有中等程度的相关性，而土壤容重、质量含水率及黏粒含量的 RV 值则均小于25%，表明这些变量在空间上具有较强的相关性，且引起它们产生空间差异的主要因素为土壤母质、地形、气候等结构性因素。

变程表示空间上不再具有相关性的两点之间的距离（Gülser et al., 2016）。由表 10-3可知，黑河绿洲土壤特性指标的变程为 12～331km，由于本章的取样间距为 10km 左右，小于土壤容重 12km 的最小变程，表明本章区域采用的取样间距可以满足地统计中的空间变异性评价需求。

黑河绿洲土壤特性指标现状的空间分布如图 10-3 所示。土壤的有机质含量在空间上有明显的块状分布且分布规律与土壤的黏粒含量相似，总体上有甘州区、临泽县城和高台

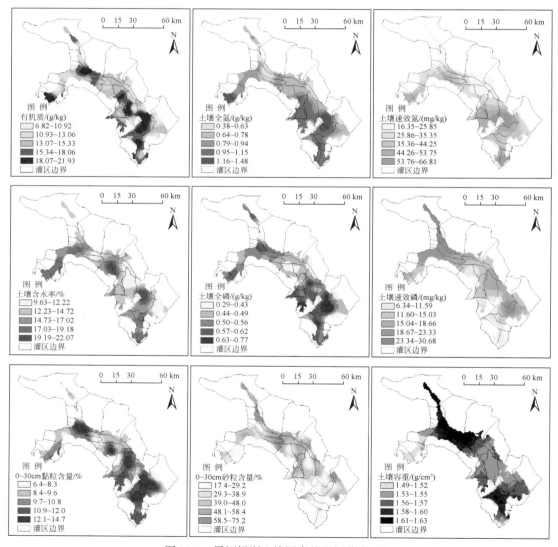

图 10-3　黑河绿洲土壤因素的空间分布现状

县城附近的有机质含量值和黏粒含量大于远离城市的区域，主要原因可能是距城市较近的农田耕种年限大于其他地方，并且由于靠近黑河河道，土壤质地更接近于黏土进而有利于土壤有机质的储存。土壤全氮含量和速效氮含量的空间分布规律一致，均呈现出明显的带状分布，表明土壤氮素的迁移和转化效率较高；土壤全磷含量和速效磷含量的分布没有表现出一致的分布规律，表明土壤磷素的运移和转化吸收过程较为缓慢。土壤容重在空间上有很明显的差异性，其中高台县的土壤容重明显高于甘州区和临泽县。

10.2.2　黑河绿洲农田管理措施的现状

黑河绿洲农田管理措施的描述性统计结果如表 10-4 所示。其中黑河绿洲农田的平均灌水量为 499m³/亩，施氮量的平均值为 32.4kg/亩，作物（玉米）的种植密度平均值为 6333 株/亩。由 K-S 检验可知，除灌水量的数据不符合正态分布外，黑河绿洲农田的施氮量和作物的种植密度数据均符合正态分布。灌水量、施氮量和种植密度的变异系数分别为 17%、15% 和 18%，均属于中等程度的差异。由施氮量的数据可以看出，黑河绿洲农田的最低纯氮施用量为 23.9kg/亩，高于玉米田年施氮 12.2~18kg/亩的水平（Hu et al.，2013；Castaldelli et al.，2018；Guo et al.，2017），然而由土壤全氮含量和速效氮含量的统计数据（表 10-1）可知，当地的土壤氮含量处于中等偏下的水平（表 10-2），表明在黑河绿洲区域氮肥施用存在着较大的浪费现象。

表 10-4　黑河绿洲管理措施的统计特征及正态检验

变量因素	最小值	最大值	平均值	标准差	CV/%	偏度系数	K-S 检验 p 值	正态分布
灌水量（IW）/（m³/亩）	291	630	499	85	17	−0.24	0.01	NS
施氮量（NF）/（kg/亩）	23.9	40.6	32.4	4.8	15	0.28	0.07	N
种植密度（PD）/（株/亩）	2600	9497	6333	1110	18	−0.35	0.29	N

注：CV 表示变异系数；N 表示正态分布；NS 表示非正态分布

黑河绿洲农田管理措施的空间分布如图 10-4 所示。由图可以看出，灌水量在空间上存在着明显的带状分布，高台县的灌水量显著高于临泽县和甘州区，主要原因是高台县位于黑河的下游临近荒漠，土壤的砂粒含量较高、持水性能较低进而需要较大的灌水量才能满足作物的正常生长发育。从施氮量的空间分布可以看出，临泽县的农田氮肥施用量远高于其他两个地区。种植密度在空间上主要呈块状分布，总体来看甘州区的种植密度最高，临泽县次之，高台县最低。

10.2.3　黑河绿洲农田灌溉水生产力的现状

黑河绿洲农田的作物（玉米）产量和灌溉水生产力的描述性统计特征及正态检验结果如表 10-5 所示。K-S 检验结果表明，绿洲农田的产量和灌溉水生产力数据均服从正态分布。

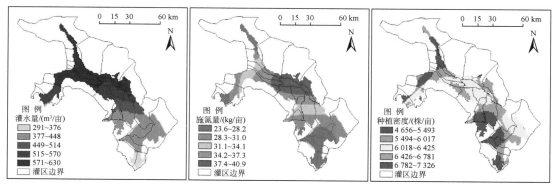

图 10-4 黑河绿洲农田管理措施的空间分布现状

黑河绿洲农田的产量平均值为 764.3kg/亩，变异系数为 27%，属于中等程度的差异；灌溉水生产力的平均值为 1.67kg/m³，变异系数为 39%，表明灌溉水生产力在空间上存在着中等程度的差异，由于黑河绿洲灌溉水生产力的平均值小于节水农业发达地区的灌溉水生产力（吴普特等，2007），因此在中国西北绿洲区域的灌溉水生产力还有一定的提升空间。

表 10-5　黑河绿洲农田产量（玉米）及灌溉水生产力的统计特征及正态检验

变量因素	最小值	最大值	平均值	标准差	CV/%	偏度系数	K-S 检验 p 值	正态分布
产量/(kg/亩)	393.4	1290.2	764.3	203.2	27	0.53	0.63	N
灌溉水生产力（IWP）/(kg/m³)	0.65	4.16	1.67	0.64	39	1.29	0.59	N

注：CV 表示变异系数；N 表示正态分布

黑河绿洲作物产量及灌溉水生产力的空间分布如图 10-5 所示。由图可以看出产量和灌溉水生产力在空间上的分布规律一致，均为甘州区最高，临泽县次之，高台县最低，表

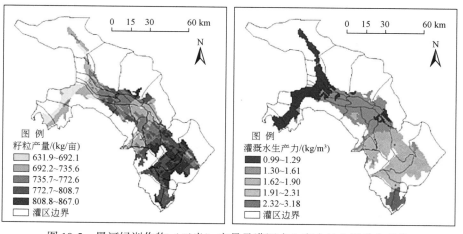

图 10-5 黑河绿洲作物（玉米）产量及灌溉水生产力的空间分布现状

明高台县和临泽县的农业生产还有较大的提升空间。此外，产量和灌溉水生产力在空间上的差异也说明分析灌溉水生产力的限制因素，寻找灌溉水生产力提升的方法是很有必要的。

10.3 灌溉水生产力的限制因素及其贡献率分析

10.3.1 灌溉水生产力及其影响因素之间的相互关系

1. 黑河绿洲灌溉水生产力与其影响因素之间的相关性分析

灌溉水生产力反映了作物产量和灌溉用水量之间的关系，凡是对作物产量和灌溉水量有影响的因素均会影响到灌溉水生产力。所有影响产量和灌溉水的因素主要可以分为作物品种、气候状况、土壤特性及管理措施四大类 (Ali and Talukder, 2008; Molden et al., 2003; Zwart and Bastiaanssen, 2004)，如何对这些因素进行调控以获取作物最佳的产量和最大程度地减少水资源的投入是一个难题。在黑河绿洲区域内，作物种植的品种相对单一，并且气候因素的空间差异也不明显，导致土壤环境的差异和管理措施的不同成为了制约当地灌溉水生产力提高的主要因素。因此了解灌溉水生产力与农田土壤因素，以及农艺管理措施之间的关系，分析灌溉水生产力的限制因素，量化各影响因素对灌溉水生产力的贡献大小，为提升灌溉水生产力提供了重要的理论基础。

本章采用 Pearson 相关系数研究灌溉水生产力与绿洲农田土壤特性指标及农艺管理措施指标的相关程度，表 10-6 给出了黑河绿洲灌溉水生产力及其影响因素之间的相关系数。灌溉水生产力与土壤有机质的 Pearson 相关系数为 0.362，呈现出极显著 ($p<0.01$) 的正相关关系。主要原因是有机质的增加可以有效改善土壤的物理化学状况，促进作物生长，提高产量和灌溉水生产力 (Ali and Talukder, 2008)。灌溉水生产力与土壤全氮、速效氮及施氮量的相关系数分别为 0.322、0.278 和 -0.405，其中灌溉水生产力与全氮有极显著的正相关关系，与速效氮有显著的 ($p<0.05$) 正相关关系，与施氮量有极显著的负相关关系。主要原因是土壤氮素是作物生长的重要营养元素之一，在一定范围内增加土壤的氮素含量可以有效地提高作物产量及灌溉水生产力，然而在黑河绿洲区域内由于氮肥的施用量远远超过了作物所需要的量 (表 10-4)，进而导致施氮量与灌溉水生产力呈现出负相关的关系。

磷是作物生长发育所必需的营养元素，可以促进作物籽粒的形成，对增加粮食产量及农业生产的可持续发展具有重要意义 (Schröder et al., 2011; Wu et al., 2015)。由表 10-6 可知，灌溉水生产力与土壤全磷有显著的正相关关系 (Pearson 相关系数为 0.250)，与土壤速效磷有极显著的负相关关系 (Pearson 相关系数为 -0.414)。

土壤结构因素中，灌溉水生产力与土壤黏粒含量有显著的正相关关系 (Pearson 相关系数为 0.223)，与砂粒含量有极显著的负相关关系 (Pearson 相关系数为 -0.341)。主要原因是黏粒含量的增加有利于增加土壤的持水性能，改善土壤的理化特性，促进作物的生长发育，进而提高绿洲农田的灌溉水生产力。此外，由表 10-6 可以看出，土壤容重、土壤质量含水率与灌溉水生产力的相关系数分别为 -0.178 和 0.195，没有明显的相关关系。在管理因素中，灌溉水生产力与灌水量呈极显著的负相关关系（Pearson 相关系数为 -0.694），主要原因是虽然在一定范围内灌水量的增加可以有效地提高作物的产量，但灌溉水生产力是衡量作物产量与灌水量比值的指标，因此较高的灌水量反而会降低灌溉水生产力的大小。种植密度与灌溉水生产力的 Pearson 相关系数为 0.468，呈现出极显著的正相关关系，主要原因是在一定范围内增加种植密度对作物产量的提高具有显著作用（Van Roekel and Coulter，2011），进而可以有效地提高灌溉水生产力。

土壤有机质含量、土壤全氮含量、土壤速效氮含量及土壤全磷含量之间存在显著的相关关系，同时与土壤颗粒级配指标（黏粒、砂粒含量）和氮磷化肥的施用量之间也存在着显著的相关关系，表明土壤养分含量不仅仅受施肥量的影响，同时也与土壤的结构因素有关。土壤速效磷含量主要与土壤容重、土壤砂粒含量，以及施磷量有极显著的相关关系，与其他土壤养分指标的相关性则不明显，主要原因是磷肥进入土壤后，很容易形成难以被植物利用的磷酸盐而累积在土壤中（吴启华等，2016），故而与其他的养分指标没有明显的相关关系。由表 10-6 可以看出，土壤结构因素之间均存在显著的相关关系，主要原因是土壤的结构特性是由土壤母质、地形及气候决定的。此外，在管理因素中，为了让化肥更快地进入土壤，绿洲农田的施肥是伴随着灌溉进行的，因此灌水量与施氮量有显著的相关性。

2. 黑河绿洲灌溉水生产力影响因素的多重共线性诊断

较多的自变量选择虽然能使问题分析更加全面，但同时容易带来多重共线性问题，本章中的 12 个自变量可以归纳为土壤化学特性、土壤物理特性及作物管理措施三大类。由于土壤有机质与土壤全氮（Hassink，1994）、土壤黏粒含量与土壤粉砂粒含量（Brady and Weil，2007）之间存在明显的相关关系，为了判断影响灌溉水生产力的自变量因素之间是否存在严重的共线性，运用 SPSS 软件进行了共线性诊断的分析。

本章选用特征根条件指数（CI）和方差分解比例的方法判别共线性，若 $10 \leqslant CI < 30$，则表明变量因素存在弱相关性，若 $30 \leqslant CI \leqslant 100$，则表明变量因素存在中等共线性，若 $CI > 100$，则表明变量因素有严重的共线性；若 $CI \geqslant 10$，且两个或多个变量的方差比例大于 0.5，则认为这几个变量间存在共线性（周贝贝等，2016；白青华和王惟晨，2015）。黑河绿洲灌溉水生产力影响因素的特征值、条件指数和方差分解比例如表 10-7 所示。由表可知，灌溉水生产力影响因素的条件指数为 258.92，表明黑河绿洲土壤因素和管理措施指标间存在共线性。其中当 $CI \geqslant 10$ 时，土壤全磷含量、土壤速效磷含量、容重、土壤质量含水率、土壤黏粒含量和土壤砂粒含量的最大方差分解比例分别为 0.5137、0.6036、0.6186、0.5671、0.8100 和 0.5590，表明土壤全磷含量、速效磷含量、土壤容重、质量含水率、质量黏粒含量和质量砂粒含量与其他的变量因素存在严重的共线性。Belsley 等（2005）指出，在对因变量进行量化分析时，共线性问题会掩盖变量间的真实关系，难以区分每个自变量的单独影响。因此在灌溉水生产力量化分析中，采用了可以解决共线性问题的偏最小二乘回归分析法。

表10-6　黑河绿洲灌溉水生产力及其影响因素之间的 Pearson 相关系数

	IWP	SOM	TN	AN	TP	AP	BD	SWC	clay	sand	IW	NF	PD
IWP/ (kg/m³)	1												
SOM/ (g/kg)	0.362**	1											
TN/ (g/kg)	0.322**	0.766**	1										
AN/ (/mg/kg)	0.278*	0.339**	0.426**	1									
TP/ (g/kg)	0.250*	0.720**	0.720**	0.372**	1								
AP/ (mg/kg)	-0.414**	-0.086	-0.063	-0.056	0.159	1							
BD/ (g/cm³)	-0.178	-0.180	-0.267*	-0.114	-0.262*	0.312**	1						
SWC/%	0.195	0.422**	0.347**	0.258*	0.246*	-0.282*	-0.330**	1					
clay/%	0.223*	0.563**	0.461**	0.206	0.592**	-0.150	-0.231*	0.413**	1				
sand/%	-0.341**	-0.535**	-0.536**	-0.272*	-0.603**	0.377**	0.395**	-0.494**	-0.856**	1			
IW/ (m³/亩)	-0.694**	-0.333**	-0.424**	-0.374**	-0.284*	0.504**	0.150	-0.229	-0.325**	0.465**	1		
NF/ (kg/亩)	-0.405**	-0.339**	-0.316**	-0.249*	-0.281*	0.297*	0.069	-0.241*	-0.241*	0.375**	0.676**	1	
PD/ (株/亩)	0.468**	0.007	-0.002	0.123	0.026	-0.435**	0.058	-0.126	-0.003	-0.165	-0.385**	-0.134	1

注: IWP 为灌溉水生产力; SOM 为土壤有机质含量; TN 为土壤全氮含量; AN 为土壤速效氮含量; TP 为土壤全磷含量; AP 为土壤速效磷含量; BD 为土壤容重; SWC 为土壤质量含水率; clay 为土壤黏粒含量; sand 为土壤砂粒含量; IW 为灌溉水量; NF 为施氮量; PD 为种植密度

* 表示在 p<0.05 的水平下显著; ** 表示在 p<0.01 的水平下显著

表 10-7 黑河绿洲灌溉水生产力影响因素的特征值、条件指数和方差分解比例

维数	特征值	条件指数	方差比例												
			常量	SOM	TN	AN	TP	AP	BD	SWC	clay	sand	IW	NF	PD
1	12.3586	1.00	0.0001	0.0001	0.0001	0.0005	0.0001	0.0001	0.0001	0.0001	0.0001	0.0001	0.0001	0.0001	0.0001
2	0.3599	5.86	0.0001	0.0002	0.0020	0.0542	0.0001	0.0147	0.0001	0.0003	0.0001	0.0016	0.0006	0.0002	0.0003
3	0.1268	9.87	0.0001	0.0003	0.0002	0.3483	0.0001	0.0381	0.0001	0.0011	0.0002	0.0001	0.0001	0.0005	0.0035
4	0.0647	13.82	0.0001	0.0014	0.0078	0.1795	0.0039	0.0699	0.0001	0.0011	0.0013	0.0114	0.0006	0.0035	0.0016
5	0.0335	19.20	0.0001	0.0086	0.0515	0.0352	0.0001	0.0001	0.0001	0.0058	0.0100	0.0241	0.0070	0.0138	0.0012
6	0.0280	21.02	0.0001	0.0021	0.0001	0.0001	0.0015	0.0055	0.0001	0.0778	0.0065	0.0021	0.0037	0.0044	0.0374
7	0.0094	36.23	0.0001	0.1065	0.3310	0.0029	0.0194	0.0347	0.0039	0.0090	0.0061	0.0016	0.0024	0.0283	0.0076
8	0.0081	39.02	0.0019	0.0696	0.0019	0.0090	0.0197	0.0132	0.0048	0.0277	0.0569	0.0142	0.0708	0.0427	0.0016
9	0.0064	43.93	0.0005	0.0472	0.0523	0.0429	0.0107	0.0271	0.0003	0.0079	0.0423	0.0121	0.0451	0.1240	0.2166
10	0.0025	69.81	0.0018	0.2818	0.1467	0.0257	0.2251	0.6036	0.0051	0.0787	0.0130	0.0214	0.0776	0.0250	0.3466
11	0.0012	100.59	0.0002	0.1244	0.4042	0.0191	0.5137	0.0148	0.0685	0.2198	0.0525	0.1677	0.4297	0.2147	0.0302
12	0.0006	139.45	0.0399	0.0198	0.0004	0.2812	0.0039	0.1779	0.2986	0.0036	0.8100	0.5590	0.3338	0.4692	0.1228
13	0.0002	258.92	0.9555	0.3382	0.0017	0.0013	0.2020	0.0005	0.6186	0.5671	0.0013	0.1847	0.0285	0.0738	0.2306

注: SOM 为土壤有机质含量; TN 为土壤全氮含量; AN 为土壤速效氮含量; TP 为土壤全磷含量; AP 为土壤速效磷含量; BD 为土壤容重; SWC 为土壤质量含水率; clay 为土壤黏粒含量; sand 为土壤砂粒含量; IW 为灌水量; NF 为施氮量; PD 为种植密度。

10.3.2　灌溉水生产力影响因素的贡献率分析

本章对 12 个自变量因素进行偏最小二乘回归分析，利用变量投影重要性指标 VIP 值来定量分析灌溉水生产力各影响因素的重要性，结果如图 10-6 所示。灌溉水生产力的主要影响因素（VIP>0.8）为灌水量、种植密度、全氮含量、速效磷含量、砂粒含量和有机质含量，表明灌溉水生产力的大小由土壤因素和管理措施共同影响。在大部分干旱地区，水已经取代耕地成为了限制农业生产的关键因素（Oweis，2012）。由图 10-6 可以看出，灌水量的 VIP 得分为 1.52 大于其他影响因素，表明在中国西北的干旱绿洲区域内，灌溉水量对灌溉水生产力的贡献远大于其他因素。种植密度的 VIP 得分为 1.20，对灌溉水生产力的影响很大，主要原因是种植密度与玉米产量有显著的正相关关系，在一定范围内增加种植密度对作物产量的提高具有显著效果（Van Roekel and Coulter，2011）。全氮含量、速效磷含量、砂粒含量和有机质含量的 VIP 值也都大于 1，表明土壤因素对灌溉水生产力的影响也很大。

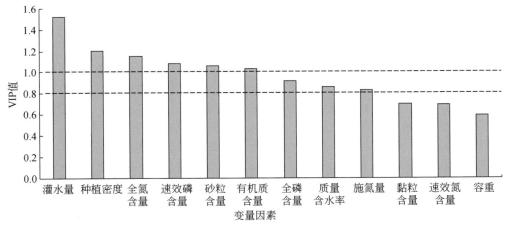

图 10-6　黑河中游灌溉水生产力影响因素的投影重要性值

在中国，农业生产中以占 49% 耕地面积的灌溉农田，生产了全国 75% 的粮食产量和 90% 以上的经济作物产量（陈雷，2012）。量化灌溉水生产力影响因素对其的贡献率，分析灌溉水生产力的限制因素，有针对性地调整土壤和农艺措施的投入，可以有效地提升灌溉水生产力，进而保障干旱绿洲区的粮食安全。本研究发现（图 10-7），灌水量对灌溉水生产力的贡献最大，达到了 11.9%，主要原因是灌溉是保障粮食生产的主要因素（Kang et al.，2017）。种植密度和全氮对灌溉水生产力的贡献率分别为 9.4% 和 9.0%，速效磷、砂粒含量及有机质对灌溉水生产力的贡献率分别为 8.5%、8.3% 和 8.1%。因此，可以确定黑河绿洲农田灌溉水生产力的限制因素主要为灌水量、种植密度、全氮含量、速效磷含量、砂粒含量和有机质含量。

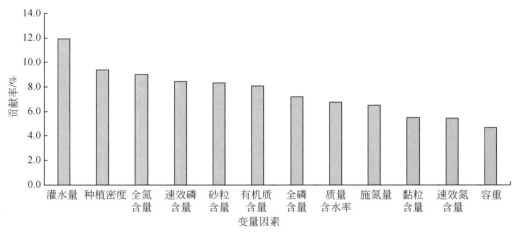

图 10-7　黑河中游灌溉水生产力影响因素的贡献率

10.4　多情景下灌溉水生产力的空间分布

基于黑河绿洲农田灌溉水生产力的限制因素设置不同的情景，分析在不同情境下灌溉水生产力的空间分布特征，对调整绿洲农业生产中的投入要素提高灌溉水生产力具有重要的参考价值。以作物生长发育所必须的气象、土壤、品种及管理条件为依据，通过作物模型来预测黑河绿洲农田的灌溉水生产力是分析其空间分布的必要手段。但由于作物模型是基于农田尺度模拟单点水分生产力的工具，而 GIS 技术则在空间数据的管理（空间插值、空间分布及构建空间数据库等）方面有着巨大的优势，因此区域尺度的水分生产力评估主要是采用作物模型与 GIS 技术相结合的方法进行的（徐新良等，2012）。本章通过作物模型与 GIS 相结合的方法，将作物模型模拟的灌溉水生产力在空间上进行表达，为不同情景下灌溉水生产力区域分布特征的分析提供理论基础，同时也为黑河中游绿洲农业生产的管理技术措施提供依据。

10.4.1　作物模型的构建与参数调试

以作物生长发育的生理机制为基础，通过计算机编程技术实现作物生长发育、生物量和产量形成的数字化表达过程称为作物的生长模拟，而这个过程中构建的一系列数学表达式的集成产品则称为作物模型（Bouman et al.，1996；Sinclair and Seligman，1996；杨靖民等，2012）。自 1965 年 de Wit 提出作物冠层叶片的光合模型以来（de Wit，1965），经过近 60 年的发展，作物模型的种类已经达到了数十种，其中由美国研发的 DSSAT 模型（decision support system of agricultural technology transfer）集成了包括禾谷类作物、豆类作物、根茎类作物、油料作物、饲料作物、棉花、果蔬类作物及甘蔗等 25 种作物生长模拟模型（Jones and Thornton，2003），基于 DSSAT 模型强大的多样性和广泛的适用性，本章选用 DSSAT 中的 CERES-Maize 模型对黑河中游绿洲农田的玉米进行产量模拟。

1. DSSAT 模型的输入参数

CERES-Maize 作物生长模型主要由输入文件、输出文件和田间实测数据文件组成，其中输入文件包括土壤模块、气象模块、作物模块和田间管理模块四部分，输出文件主要包含总结、土壤水分输入、土壤氮、植物氮和植物生长等，田间实测数据文件则主要用于对模型相关参数进行调试验证（Jones，1986）。

（1）土壤数据

DSSAT 模型的土壤模块（SBuild）需要输入的数据主要包括土壤的颗粒组成、有机碳含量、全氮含量等土壤理化特性，以及土壤凋萎系数、田间持水量等水力特性（Jones et al.，2003）。本章中的土壤数据主要来自绿洲典型农田的实测值，部分缺少的数据则根据土壤的颗粒组成通过相关软件（Hydrus-1D）计算获取，模型土壤模块的输入数据如表 10-8 所示。

表 10-8　作物模型土壤模块的输入参数

土壤分层/cm	黏粒含量/%	粉粒含量/%	土壤容重/（g/cm³）	田间持水量/%	土壤凋萎系数/%
0～10	8.7	37.7	1.36	21.7	8.7
10～20	8.6	37.1	1.37	21.5	8.7
20～30	8.5	35.8	1.38	21.2	8.6
30～40	8.1	34.4	1.39	20.8	8.4
40～50	8.8	38.7	1.35	22.0	8.8
50～60	10	42.8	1.33	23.2	9.2
60～70	9.2	41.2	1.33	22.6	9.0
70-80	7.2	34.4	1.37	20.5	8.1
80～90	8.7	40.3	1.34	22.3	8.8
90～100	9.2	39.6	1.35	22.3	8.9
100～120	9.5	41.0	1.34	22.7	9.0
120～140	10.3	46.8	1.32	24.2	9.4

（2）气象数据

CERES-Maize 是以日为步长进行作物生长模拟的，因此模型的输入是日尺度的气象数据。气象模块（weather data）主要包括太阳辐射、最高气温、最低气温和降水量（Phakamas et al.，2013；Jones et al.，2003），本章中的气象数据由中国科学院西北生态环境资源研究院的临泽内陆河流域研究站提供，气象站的位置为39°21′N，100°6′E，海拔1383m。其中，日最高气温、日最低气温、日降水量及日尺度的太阳辐射如图 10-8 所示。

（3）管理数据

模型的作物管理模块（crop management data）主要包括生长环境（environment）、田块管理（management）、试验处理（treatments）及模拟选项（simulation options）。其中，

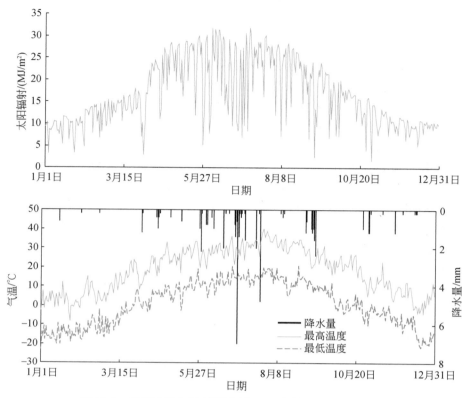

图 10-8　临泽内陆河流域研究站 2015 年的日尺度气象数据

生长环境信息包括气象数据和土壤数据，田块管理信息包括作物品种、播种日期、播种方式、播种密度、播种行距、播种深度、灌水时间、灌溉方式、灌溉水量、施肥日期、施肥种类、施肥方式和施肥量等，试验处理信息主要包括品种处理、土壤类别处理、初始条件处理、种植处理、灌溉处理、施肥处理等，模拟选项则主要包括模拟开始日期、是否模拟水分和氮磷等（Jones et al.，2003）。

以 2015 年灌区农田定位监测的玉米为模拟对象，玉米的播种日期为 2015 年 4 月 10日，播种方法为种子干播（dry seed），播种分布为行播（rows），播种密度为 8.8 株/m²，行距为 51cm，播种深度为 5cm，灌溉和施肥情况如表 10-9 所示。

表 10-9　2015 年黑河绿洲试验农田灌水施肥措施

日期	灌溉水量/mm	灌溉方式	施肥种类	施肥量/(kg/hm²)		
				N	P	K
5 月 25 日	240	畦灌	磷二胺、玉米复合肥	252	104	56
6 月 18 日	195	畦灌	尿素	139		
6 月 28 日	180	畦灌	尿素	163		
7 月 15 日	180	畦灌				

日期	灌溉水量/mm	灌溉方式	施肥种类	施肥量/(kg/hm²)		
				N	P	K
8 月 8 日	180	畦灌				
8 月 23 日	180	畦灌				

(4) 作物遗传数据

作物的遗传特性是对作物的生长速率、生物量形成、生长阶段、产量大小，以及生育期天数具有重要作用的参数，在 CERES-Maize 模型中代表玉米遗传特性的参数主要有苗期积温 P_1、光周期敏感系数 P_2、灌浆期积温 P_5、单株最大穗粒数 G_2、最大灌浆速率 G_3，以及生长一片叶所需的积温 PHINT（Jones et al.，2011）。通过查阅相关文献（谢锦，2015；李卓亭，2014；蒋忆文，2016）结合遗传参数的取值范围，本章中设置的玉米遗传参数初始值如表 10-10 所示。

表 10-10　黑河绿洲农田玉米遗传参数初始值

项目	参数					
	P_1/(℃/d)	P_2	P_5/(℃/d)	G_2/(No./stem)	G_3/(mg/d)	PHINT/(℃/d)
取值范围	100~458	0~2	390~1040	248~1205	4.4~16.5	30~80.08
初始值	312.5	0.52	790	649.6	6.5	40

2. DSSAT 模型的参数调试与验证

农业生产中，土壤-作物-大气系统相互作用的过程和机理较为复杂，采用作物模型对作物的生长发育进行模拟时需要对其进行适用性评价。此外，由于土壤因素、气象条件及作物的遗传特性在不同区域间均存在着显著的差异，所以在运用作物模型前需要对其参数进行有针对性的调试与验证（罗毅和郭伟，2008；Jones et al.，2011）。

(1) 模型的评价方法

由于作物模型是数学表达式的集成产品，输出结果的准确性主要依靠输入参数的选取，通过参数调试和结果验证可以确保作物模型模拟的精度和适用性。模型模拟结果的评价主要是依靠模拟值（P_i）与实测值（O_i）的线性相关性来实现的，本章主要选用相关性决定系数 R^2、平均相对误差 MRE、纳什系数 NSE，以及均方根误差 nRMSE 指标来评价作物模型的优劣。其中，

1) 相关性决定系数 R^2，可以定量分析模型的优劣，但不能估计模型的无偏性（Legates and McCabe Jr，1999），计算公式如下：

$$R^2 = \left\{ \frac{\sum_{i=1}^{n}(O_i - \bar{O})(P_i - \bar{P})}{\sqrt{\sum_{i=1}^{n}(O_i - \bar{O})^2}\sqrt{\sum_{i=1}^{n}(P_i - \bar{P})^2}} \right\}^2 \tag{10-7}$$

式中，O_i 为实测值；P_i 为模拟值；$\bar{O}$ 为实测值的平均值；$\bar{P}$ 为模拟值的平均值；n 为样本数量。

2）归一化均方根误差 nRMSE，主要反映数据模拟值与实测值之间的偏差（Jiang et al.，2016；Basunia，2013），计算公式如下：

$$n\text{RMSE} = \frac{1}{\bar{O}} \sqrt{\frac{\sum_{i=1}^{n} (O_i - P_i)^2}{n}} \times 100\% \qquad (10\text{-}8)$$

式中，O_i 为实测值；P_i 为模拟值；$\bar{O}$ 为实测值的平均值；n 为样本数量。

3）平均相对误差 MRE，表示相对误差的平均值，计算公式如下（Gaiser et al.，2010）：

$$\text{MRE} = \frac{1}{n} \sum_{i=1}^{n} \frac{|P_i - O_i|}{O_i} \qquad (10\text{-}9)$$

式中，O_i 为实测值；P_i 为模拟值；n 为样本数量。

4）模型效率 NSE，反映模拟数据的图形与实测数据图，以及 1∶1 线的匹配程度（Moriasi et al.，2007），计算公式如下：

$$\text{NSE} = 1 - \frac{\sum_{i=1}^{n} (O_i - P_i)^2}{\sum_{i=1}^{n} (O_i - \bar{O})^2} \qquad (10\text{-}10)$$

式中，O_i 为实测值；P_i 为模拟值；$\bar{O}$ 为实测值的平均值；n 为样本数量。

相关性决定系数 R^2 表示模拟值与实测值变化的一致性，其值越接近于 1 表示相关性越好（李树岩和余卫东，2017）。nRMSE 的值小于 10%，表明模型模拟结果非常好；nRMSE 的值为 10%~20%，表明模拟结果良好；nRMSE 的值为 20%~30%，表明模拟结果可以接受；如果 nRMSE 的值大于 30%，则表明模拟结果很差（Bannayan and Hoogenboom，2009）。平均相对误差 MRE 的值越接近于 0，表明模型的模拟结果越好（Gaiser et al.，2010）。NSE 的值为 $-\infty$~1，其中 NSE 的最佳值为 1，NSE 的值为 0~1 则属于可接受的范围；若 NSE 的值小于 0，则表明模型模拟结果较差（Moriasi et al.，2007）。

（2）模型的参数调试

作物模型参数的调试与验证，是优化模型模拟结果并进行科学问题探讨的基础（李树岩和余卫东，2017）。CERES-Maize 模型主要通过作物遗传参数控制玉米生育期进程及产量形成的模拟，其中苗期积温 P_1 增加的主要影响为发芽到出芽的天数增加，其他生育期天数不变，总生育期天数增加；株高从拔节期末开始增加；叶片重从拔节期中间开始增加；冠层重在成熟期末增加；叶面积指数从拔节期中间开始增加。光周期敏感系数 P_2 的改变对作物的生育期、株高、叶面积指数、冠层重、叶片重，以及产量均没有显著的影响。灌浆期积温 P_5 增加的主要影响为灌浆期天数增加，其他生育期天数不变，总生育期天数增加；冠层重在灌浆期开始增加；灌浆期的叶面积指数增加；其他指标则没有明显变化。单株最大穗粒数 G_2 和最大灌浆速率 G_3 主要是从灌浆期开始影响作物的生长发育，

G_2、G_3 增加的主要影响为从灌浆期开始，冠层重逐渐变大。玉米生长一片叶子所需积温 PHINT 增加的主要影响则为拔节期天数增加，其他生育期天数不变，总生育期天数增加；株高、叶片重、冠层重及叶面积指数均从苗期开始减小。

基于 2015 年黑河绿洲典型农田玉米生育期内的实测数据，利用 DSSAT 作物模型中的 GLUE 模块结合试错法进行模型参数调试，玉米遗传参数的最终调试值如表 10-11 所示。

表 10-11 黑河绿洲农田玉米遗传参数的调试结果

项目	$P_1/(℃/d)$	P_2	$P_5/(℃/d)$	$G_2/(No./stem)$	$G_3/(mg/d)$	PHINT/$(℃/d)$
取值范围	100 ~ 458	0 ~ 2	390 ~ 1040	248 ~ 1205	4.4 ~ 16.5	30 ~ 80.08
率定值	239.2	0.99	960	580	6.5	65

（3）模拟结果验证

图 10-9 为 CERES-Maize 模型参数调试的输出结果，可以看出叶面积指数、地上生物量重及叶片重的模拟值与实测值变化趋势基本一致，相关的评价指标如表 10-12 所示。由表 10-12 可知，模型模拟的叶面积指数、叶片重及地上生物量重的 R^2 值均在 0.90 以上，叶面积指数的 nRMSE 值小于 10%，MRE 值为 0.073 接近于 0，NSE 值高达 0.97 接近于 1，表明模型对叶面积指数的模拟结果非常好。由叶片重和地上部分生物量的结果可以看出，

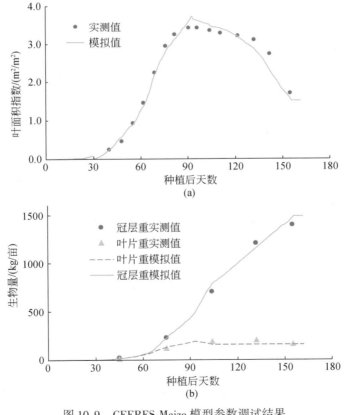

图 10-9　CEERES-Maize 模型参数调试结果

其 nRMSE 值分别为 19.0% 和 14.8%，均小于 20%，此外 MRE 值也都接近于 0，纳什系数 NSE 分别为 0.82 和 0.96，表明 DSSAT 模型对黑河绿洲农田玉米的生物量模拟结果较好。进一步表明，表 10-11 中玉米遗传参数的率定值可以用来模拟黑河绿洲典型农田的玉米生长。

表 10-12　DSSAT 模拟黑河绿洲农田玉米生长发育的结果分析

参数	实测值	模拟值	R^2	nRMSE	MRE	NSE
叶面积指数	2.45（平均值）m^2/m^2	2.36（平均值）m^2/m^2	0.98	8.7%	0.073	0.97
叶片重	165.3kg/亩	161.1kg/亩	0.94	19.0%	0.021	0.82
地上生物量	1363.8kg/亩	1487.5kg/亩	0.96	14.8%	0.062	0.96

10.4.2　DSSAT 模型的适用性评价

相比于传统的田间小区试验研究，运用模型模拟作物的生长发育，可以有效地节约时间和人力成本（李卓亭，2014）。由于不同地区间的土壤、气候、作物及管理方式均存在着一定的差异，而作物模型主要是基于计算机编程技术的数学表达式，并不能有针对性地进行区域识别，因而在使用模型进行作物生长模拟前需要对作物模型进行适用性的分析评价，讨论该模型是否能应用于某一地区。目前，DSSAT 模型已经被证实可以广泛地应用于世界上大部分的农业生产区域（Liu et al.，2013；Bannayan et al.，2003；Liu et al.，2011；Soler et al.，2007）。在黑河中游流域也有相关的研究（蒋忆文，2016），在不同的降水年份 DSSAT 模型可以有效的模拟作物需水关键期内不同的灌溉水量对作物的影响。但是，以上基于 DSSAT 的模拟大多是在点尺度进行研究，而在黑河中游流域的绿洲内，土壤条件存在着中等程度上的空间变异（表 10-1），点尺度上的作物模型能否适用于整个黑河中游，不同年份中 DSSAT 模拟结果的可靠性仍需进一步验证。针对上述问题，本章利用点尺度上调试后的 DSSAT 模型参数在中游绿洲内以灌区为单元进行模拟，结果如图 10-10 所示。

由图 10-10 可以看出，本章中调试出的 DSSAT 模型参数在灌区尺度及流域尺度上均有较好的模拟结果，其中归一化均方根误差为 19.1%，属于模拟结果良好的范围（Bannayan and Hoogenboom，2009），R^2、NSE 的值分别为 0.87 和 0.65，均接近于 1，MRE 的值仅为 0.12，趋近于 0，进一步表明 DSSAT 模型在黑河中游绿洲农田的灌溉水生产力模拟中有很好的适用性。其中，模拟结果显示实测值大于模拟值的主要原因是在建立土壤数据库时，由于流域尺度上的数据收集较为困难，进而只对耕作层的土壤养分进行了测定，忽略了耕作层以下土壤养分对作物产量的贡献，进而会导致模拟出的玉米产量偏低，造成整体上流域尺度的灌溉水生产力模拟值小于实测值。

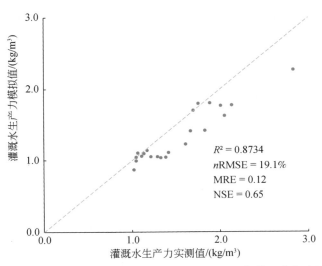

图 10-10 基于 DSSAT 模型的黑河绿洲农田灌溉水生产力模拟值与实测值对比

10.4.3 不同情境下的灌溉水生产力空间分布

灌溉水生产力大小的影响因素很多，探索黑河绿洲农田多因素协同作用下最优的灌溉水生产力及产量，对干旱区绿洲的农业生产具有重要的指导作用。由于土壤结构因素在流域尺度上的改变相对缓慢，而土壤养分因素则与种植模式及施肥管理等息息相关，所以本节通过设置不同的农艺措施（灌水、施肥、种植密度），以 DSSAT 作物模型结合 ArcGIS 进行了不同情景下灌溉水生产力的模拟研究，进一步分析确定黑河中游绿洲农田灌溉水生产力提升的有效途径及潜力大小。

1. 情景设置

以黑河中游的农艺管理措施现状为依据，以"节水、减肥、保产"为目标，设置科学合理的情景方案，通过作物模型对灌溉水生产力进行模拟。此外，由表 10-6 可知，流域尺度上的灌溉水生产力与灌水量和施氮量有明显的负相关关系，与种植密度则呈现出显著的正相关关系，所以提升灌溉水生产力的措施应该为减少灌水量和施氮量的投入，适当增加绿洲农田玉米的种植密度。

由表 10-4 可知黑河中游流域绿洲农田玉米的灌水量平均值和最小值分别为 499m³/亩和 291m³/亩，以管理措施的均值为参考依据，以农业节水为目标可知，黑河绿洲农田的灌水量在现状基础上最大可减少 26%。由表 10-4 可知黑河中游流域绿洲农田玉米的施氮量平均值和最小值分别为 32.4kg/亩和 23.9kg/亩，由于黑河绿洲农田的氮肥施用存在着较大的浪费现象，所以施氮量的调控范围以发达地区玉米农田平均施用 12.2～18kg/亩为目标，可知黑河绿洲农田的施氮量在现状基础上最大可减少 44%。由表 10-4 可知黑河中游流域绿洲农田玉米种植密度的平均值为6333株/亩，由西北干旱地区制种玉米的最适种植密度范围为7300~8000株/亩为依据（李栋浩，2014），可知黑河绿洲农田玉米的种植密度在现状基础上最大可增加26%。基于此，本章灌水量的情景设置为在现状的基础上分别减少10%、20%和30%，即499m³/亩、449.1m³/亩、399.2m³/亩和349.3m³/亩，共4个水平；种植密度的情景设置为在现状的基础上分别减少10%、增加10%和增加20%，即5700株/亩、6333株/亩、6966株/亩和7600株/亩，共4个水平。此外，由于灌溉玉米农田年施氮量为12.2~18kg/亩（Hu et al.，2013；Castaldelli et al.，2018；Guo et al.，2017），而黑河中游绿洲农田的玉米年施氮量则高达32.4kg/亩，所以本书施氮量的情景设置为在现状基础上分别减少10%、30%和50%，即32.4kg/亩、29.2kg/亩、22.3kg/亩和16.2kg/亩，同样有4个水平。

综上所述，本章的情景为三因素四水平的试验，采用正交试验L16（4³）的方法设置情景，每个情景具体的农艺管理措施如表10-13所示。

表10-13 黑河绿洲农田管理措施的情景设置

序号	管理措施			序号	管理措施		
情景1	IW	NF	PD	情景9	80% IW	NF	110% PD
情景2	IW	90% NF	120% PD	情景10	80% IW	90% NF	90% PD
情景3	IW	70% NF	110% PD	情景11	80% IW	70% NF	PD
情景4	IW	50% NF	90% PD	情景12	80% IW	50% NF	120% PD
情景5	90% IW	NF	120% PD	情景13	70% IW	NF	90% PD
情景6	90% IW	90% NF	PD	情景14	70% IW	90% NF	110% PD
情景7	90% IW	70% NF	90% PD	情景15	70% IW	70% NF	120% PD
情景8	90% IW	50% NF	110% PD	情景16	70% IW	50% NF	PD

注：IW为灌水量，NF为施氮量，PD为种植密度；其中IW的值为499m³/亩，90% IW的值为449.1m³/亩，80% IW的值为399.2m³/亩，70% IW的值为349.3m³/亩；NF的值为32.4kg/亩，90% NF的值为29.2kg/亩，70% NF的值为22.3kg/亩，50% NF的值为16.2kg/亩；90% PD的值为5700株/亩，PD的值为6333株/亩，110% PD的值为6966株/亩，120% PD的值为7600株/亩

2. 不同情境下的灌溉水生产力空间分布特征

以黑河中游流域的24个灌区为单元，运用DSSAT作物模型分别对每个单元的16个情景进行384次玉米生长的模拟，获取不同情景下绿洲农田玉米的产量及灌溉水生产力。结合各灌区的地理位置信息，选用ArcGIS软件绘制不同情景下黑河中游绿洲农田灌溉水生产力的空间分布，如图10-11所示。

由图10-11可以看出，不同情景下的灌溉水生产力在空间上呈现出了明显的区域分布，表明对黑河中游各灌区进行分区管理是合理的。进一步分析发现，在设置的情景下黑河绿洲农田产量的提高范围为−2.8%~3.3%，灌溉水生产力的提高范围为−12.9%~31.6%。表明黑河绿洲农田产量的提升空间较小，而灌溉水生产力的提升空间则很大，但是需要对农艺管理措施进行合理有效的调控。其中，对产量提升最大的处理为情景2和情

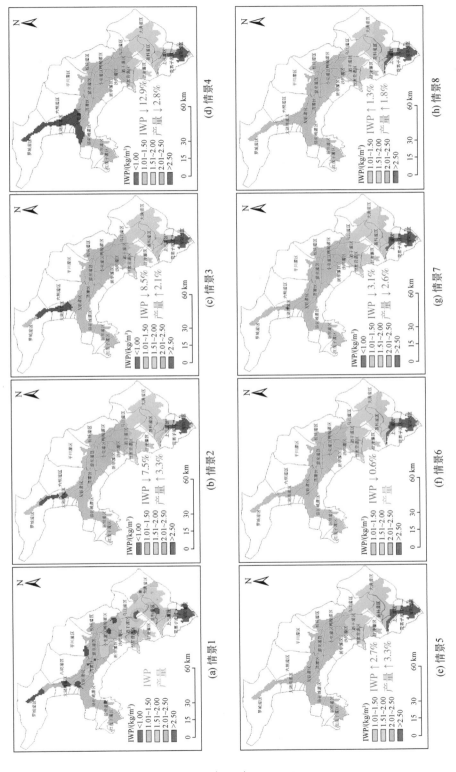

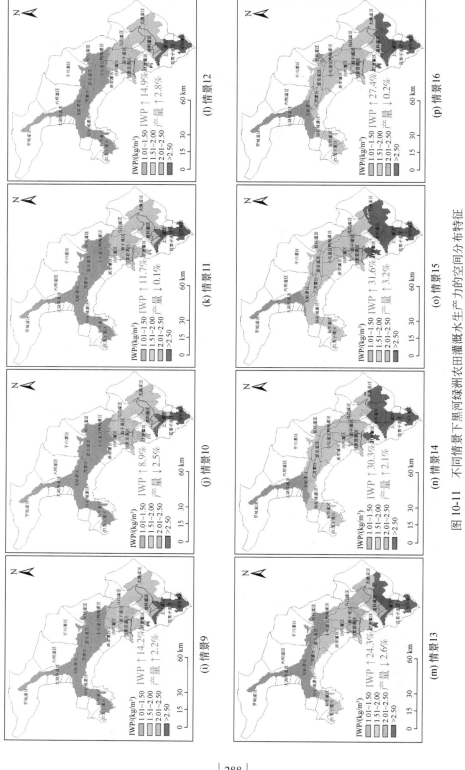

图 10-11 不同情景下黑河绿洲农田灌溉水生产力的空间分布特征

景 5，对灌溉水生产力提升最大的处理为情景 15，由图 10-11 可知，情景 15 可以平均提高 3.2% 的产量，仅次于情景 2 和情景 5 的 3.3%。由于情景 2 和情景 5 分别提高了 –7.5% 和 2.7% 的灌溉水生产力，所以综合考虑灌溉水生产力和产量的提升大小，可以得到情景 15 为最佳的情景设置，即在农艺管理措施的现状基础上减少 30% 的灌水量、减少 30% 的施 氮量及增加 20% 的种植密度，可以使黑河绿洲农田的灌溉水生产力和产量分别提高 31.6% 和 3.2%。

10.5　灌溉水生产力的提升途径

制约绿洲农业的发展以及造成土地荒漠化的直接因素为绿洲区域水资源量的匮乏，而 在有限的水资源和耕地条件下满足人们日益增长的物质需求，保障粮食生产安全的关键在 于灌溉水生产力的提升。灌溉水生产力的提高不但能缓解水资源压力，还能为人类和生态 系统留出更多可用的水资源（刘鸽和赵文智，2007）。灌溉水生产力的大小主要由灌溉、 施肥、品种等可控因素，以及温度、太阳辐射、降水等不可控因素决定（Loeve et al.， 2004），因此通过调整化肥施用量、调控灌溉水量、改善土壤环境、合理设置作物的种植 模式是提升灌溉水生产力的重要途径（许迪等，2010；Ward and Manuel，2008）。目前， 大多数的研究都是围绕单一因素对灌溉水生产力的影响进行的（李艳等，2012；邵国庆 等，2010；周怀平等，2003；Geerts and Raes，2009；Arora et al.，2011；Grassini et al.， 2011），如何综合考虑作物生长发育、水分亏缺、养分供给等过程对作物耗水及产量形成 的影响，提出多因素协同调控下的灌溉水生产力提升途径尚待深入研究。本节以灌溉水生 产力的现状为依据，选用模糊 c-均值的空间聚类方法，对区域上的黑河绿洲农田进行划 分，通过对不同分区内灌溉水生产力限制因素的分析，寻求合理有效的灌溉水生产力提升 途径。

10.5.1　灌溉水生产力及其限制因素的空间聚类分析

利用 MZA 软件对取样点农田位置信息（经纬度和高程）和灌溉水生产力数据进行 模糊 c-均值聚类分析，其中最大迭代次数为 300，收敛阈值为 0.001，模糊指数为 1.3， 最大分区数为 7，最小分区数为 3，获取的模糊效果指数（FPI）和归一化分类熵（NCE） 如图 10-12 所示。相关研究表明，土壤分区结果的 FPI 和 NCE 同时达到最小值的分类数为土 壤的最佳分区数（Caires et al.，2015；Fridgen et al.，2008；武德传等，2014）。由图 10-12 可 以看出，基于 FCM 的土壤因素最佳分区数为 5。

由 MZA 聚类分区的结果结合 ArcGIS 的空间差值，对不同分区的农田进行空间可视化 表达，如图 10-13 所示。由图可以看出，聚类分区后的绿洲农田在流域尺度上具有较好的 区域分布，其中分布于 Ⅰ 区的主要为红崖子灌区和新坝灌区的农田，位于 Ⅱ 区的主要是罗 城灌区、大湖湾灌区、友联灌区、三清灌区、骆驼城灌区、六坝灌区、平川灌区、蓼泉灌 区、板桥灌区、鸭暖灌区、西干灌区、沙河灌区、小屯灌区和少量新华灌区的农田，位于

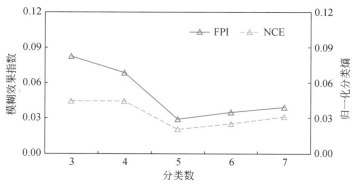

图 10-12　黑河绿洲灌溉水生产力限制因素条件下的模糊效果指数和归一化分类熵值

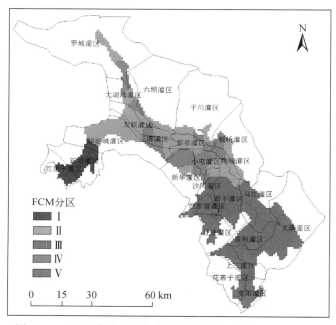

图 10-13　基于灌溉水生产力限制因素的黑河绿洲区域划分

Ⅲ区的农田主要分布在倪家营灌区、乌江灌区、盈科灌区、大满灌区、安阳灌区及花寨子灌区，Ⅳ区的农田主要分布在罗城灌区、大湖湾灌区、友联灌区、三清灌区、新华灌区、小屯灌区、鸭暖灌区和板桥灌区，而Ⅴ区的农田则主要分布在沙河灌区、倪家营灌区、甘浚灌区、西干灌区、乌江灌区、大满灌区、盈科灌区和上三灌区。

10.5.2　灌溉水生产力的提升潜力分析

由黑河绿洲农田产量和灌溉水生产力的描述性统计结果（表 10-5）可知，灌溉水生产力的平均值为 1.67kg/m^3，与节水农业发达的地区（2.0kg/m^3）相比还有不小的差距（吴普特等，2007）。此外，在黑河中游绿洲区域，玉米的种植类型有制种玉米和普通玉米两种，其中制种玉米主要用于生产出优质的玉米种子，而普通玉米则主要是用作饲料或者工业原料，基于不同的生产用途，制种玉米和普通玉米的农艺管理措施也不相同，且制种玉米和普通玉米的亩产存在着较大的差异（李栋浩，2014），因此在分析灌溉水生产力的提升潜力时，应对不同的玉米类型分别进行讨论。

基于农田灌溉水生产力的模糊 c-均值聚类分区及玉米种植类型的分布如图 10-14 所示。由图 10-14 可以看出，制种玉米在每一个分区内均有分布，而普通玉米则主要分布在区域Ⅱ、Ⅲ、Ⅳ、Ⅴ内，制种玉米和普通玉米的种植，并没有明显的规律性分布。主要原因是黑河中游绿洲的农田并不是规模化的种植，其作物的种植类型受土壤、水，以及农户生产投入能力的影响较大。

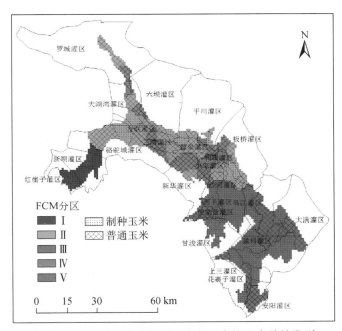

图 10-14　流域尺度上不同聚类分区内的玉米种植类别

对聚类分区后的农田灌溉水生产力进行统计分析，结果如表 10-14 所示。由统计结果可以看出，Ⅰ、Ⅱ、Ⅲ、Ⅳ、Ⅴ分区内的制种玉米灌溉水生产力均值分别为 1.13kg/m³、1.05kg/m³、2.76kg/m³、1.53kg/m³ 和 1.72kg/m³，而区域Ⅱ、Ⅲ、Ⅳ、Ⅴ内的普通玉米灌溉水生产力均值分别为 0.99kg/m³、2.79kg/m³、1.63kg/m³ 和 1.81kg/m³。以 DSSAT 模型为工具，以各灌区的土壤和气象数据为基础，在水肥不受限制的条件下对农田的玉米灌溉水生产力进行模拟，获取不同类型玉米灌溉水生产力的最大潜力值（表 10-14）。以模拟的灌溉水生产力潜力值为上限值，则平均值与潜力值的差距可以作为当地灌溉水生产力还可以提升的空间。分析可知，在流域尺度上，分区Ⅰ内的玉米类型主要为制种玉米，其灌溉水生产力提升潜力为 0.51kg/m³；分区Ⅱ内的制种玉米灌溉水生产力提升潜力为

0.26kg/m³, 普通玉米灌溉水生产力提升潜力为 0.52kg/m³; 分区Ⅲ内的制种玉米和普通玉米灌溉水生产力均值分别为 2.76kg/m³ 和 2.79kg/m³, 均高于节水农业发达地区 2.0kg/m³ 的水平, 但与此地区的最大值相比, 仍分别有 0.60kg/m³ 和 0.74kg/m³ 的潜力可以提高; 分区Ⅳ内的制种玉米灌溉水生产力提升潜力为 0.34kg/m³, 普通玉米灌溉水生产力提升潜力为 0.52kg/m³; 分区Ⅴ内的制种玉米灌溉水生产力提升潜力为 0.75kg/m³, 普通玉米灌溉水生产力提升潜力为 0.86kg/m³。

表 10-14　聚类分区后流域尺度上农田灌溉水生产力的统计结果（单位：kg/m³）

	分区	最小值	最大值	均值	模拟潜力	提升潜力
制种玉米	Ⅰ	0.89	1.38	1.13	1.64	0.51
	Ⅱ	0.89	1.24	1.05	1.31	0.26
	Ⅲ	2.43	2.98	2.76	3.36	0.60
	Ⅳ	1.40	1.82	1.53	1.87	0.34
	Ⅴ	1.06	2.27	1.72	2.47	0.75
普通玉米	Ⅱ	0.65	1.25	0.99	1.51	0.52
	Ⅲ	2.52	3.15	2.79	3.53	0.74
	Ⅳ	1.36	2.13	1.63	2.15	0.52
	Ⅴ	1.34	2.27	1.81	2.67	0.86

10.5.3　灌溉水生产力的提升途径分析

管理措施是作物水分生产力的所有影响因素中最容易控制的一类因素, 受社会发展（化肥农药的施用、人工机械的投入）的影响也较大。由于河西走廊区域农艺措施对灌溉水生产力的影响要大于同期的气候因素（Li et al., 2016）, 因此调整化肥施用量、调控灌溉水量、改善土壤环境、合理设置作物的种植模式是提升灌溉水生产力的重要途径（许迪等, 2010; Ward and Manuel, 2008）。

由土壤因素和管理措施对黑河绿洲农田灌溉水生产力的投影重要性指标（图 10-6）可知, 流域尺度上灌溉水生产力的主要限制因素为灌水量、种植密度、全氮、速效磷、砂粒含量和有机质。以灌溉水生产力为依据, 对绿洲农田进行空间聚类分区后, 制种玉米和普通玉米的灌溉水生产力限制因素统计结果分别如表 10-15 和表 10-16 所示。对制种玉米灌溉水生产力限制因素均值进行单因素的方差分析（表 10-15）可知, 分区Ⅲ内的土壤有机质和全氮含量显著高于分区Ⅰ、Ⅱ和Ⅳ, 分区Ⅴ内的有机质和全氮含量与其他分区之间则没有显著差异, 分区Ⅱ和Ⅳ内的速效磷及砂粒含量明显高于区域Ⅰ、Ⅲ和Ⅴ, 分区Ⅲ和Ⅴ内的灌水量则显著低于分区Ⅰ、Ⅱ和Ⅳ, 种植密度则表现为Ⅲ区显著高于分区Ⅱ和Ⅳ。

表 10-15　聚类分区后流域尺度上制种玉米灌溉水生产力限制因素的统计结果

变量		分区前	I	II	III	IV	V
有机质含量 /(g/kg)	最小值	6.27	10.59	6.27	14.67	11.54	9.84
	最大值	20.90	14.47	17.48	20.90	14.22	20.89
	平均值	14.53	12.53b	12.30b	18.50a	12.55b	14.99ab
全氮含量 /(g/kg)	最小值	0.31	0.62	0.37	0.96	0.56	0.31
	最大值	1.47	1.03	1.25	1.47	0.81	1.33
	平均值	0.88	0.82b	0.73b	1.21a	0.67b	0.90ab
速效磷含量 /(mg/kg)	最小值	2.69	9.11	17.29	2.69	14.84	4.47
	最大值	37.08	11.43	37.08	13.49	27.10	22.58
	平均值	15.00	10.29b	23.57a	9.67b	21.18a	12.38b
砂粒含量 /%	最小值	17.6	18.3	26.3	22.7	41.5	17.6
	最大值	72.2	26.4	67.0	55.7	57.1	72.2
	平均值	39.2	22.3b	44.8a	33.9ab	51.6a	37.7ab
灌水量 /(m³/亩)	最小值	291	564	559	291	560	387
	最大值	617	570	585	433	617	495
	平均值	478	567a	576a	398b	587a	432b
种植密度 /(株/亩)	最小值	4262	6264	4722	5604	4262	5913
	最大值	9497	6848	6895	9497	7387	8734
	平均值	6728	6556ab	6269b	7357a	6055b	6889ab

注：Ⅰ、Ⅱ、Ⅲ、Ⅳ、Ⅴ表示各分区；a，b 表示在 $P=0.05$ 水平下的显著性差异，下同

表 10-16　聚类分区后流域尺度上普通玉米灌溉水生产力限制因素的统计结果

变量		分区前	II	III	IV	V
有机质含量 /(g/kg)	最小值	6.26	6.26	9.82	12.40	11.66
	最大值	20.55	20.55	17.29	16.18	21.80
	平均值	14.33	13.51b	13.46b	13.78b	16.40a
全氮含量 /(g/kg)	最小值	0.05	0.05	0.42	0.09	0.62
	最大值	1.64	1.27	1.06	0.96	1.64
	平均值	0.77	0.67ab	0.76ab	0.64b	1.05a
速效磷含量 /(mg/kg)	最小值	2.15	9.32	7.87	2.15	10.02
	最大值	48.89	33.85	9.11	28.23	48.89
	平均值	18.77	22.72a	8.41b	15.58ab	18.41ab
砂粒含量 /%	最小值	20.1	28.4	20.2	27.3	20.1
	最大值	73.5	73.5	54.2	66.5	54.5
	平均值	41.9	47.2a	31.8a	45.0a	33.4a

续表

变量		分区前	Ⅱ	Ⅲ	Ⅳ	Ⅴ
灌水量 /（m³/亩）	最小值	314	522	314	521	389
	最大值	630	630	406	612	467
	平均值	521	579a	350c	578a	426b
种植密度 /（株/亩）	最小值	2600	2600	5974	4402	4965
	最大值	7960	6961	7712	7960	7220
	平均值	5932	5508b	6734a	6255ab	6080ab

由灌溉水生产力与其限制因素之间的相关关系（表10-6）可知，土壤有机质含量、全氮含量及种植密度与灌溉水生产力之间有显著的正相关关系，而速效磷含量、砂粒含量，以及灌水量则与灌溉水生产力之间有显著的负相关关系。此外，由于砂粒含量属于土壤的结构性指标，不容易调控，因此本书以不同分区内土壤有机质、全氮含量及种植密度的最大值，速效磷含量和灌水量的最小值为最优条件，以限制因素平均值与最优条件的插值为可调控的范围获取灌溉水生产力提升的有效途径。基于此，由表10-15可知，分区Ⅰ内制种玉米灌溉水生产力的提升途径为：在管理措施现状的基础上，增加1.94g/kg的有机质含量、增加0.21g/kg的全氮含量、降低1.18mg/kg的速效磷含量，以及增加292株/亩的种植密度；分区Ⅱ内制种玉米灌溉水生产力的提升途径为：在管理措施现状的基础上，增加5.18g/kg的有机质含量、增加0.52g/kg的全氮含量、降低6.28mg/kg的速效磷含量、减少17m³/亩的灌水量，以及增加626株/亩的种植密度；分区Ⅲ内制种玉米灌溉水生产力的提升途径为：在管理措施现状的基础上，增加2.40g/kg的有机质含量、增加0.26g/kg的全氮含量、降低6.98mg/kg的速效磷含量、减少107m³/亩的灌水量，以及增加2140株/亩的种植密度；分区Ⅳ内制种玉米灌溉水生产力的提升途径为：在管理措施现状的基础上，增加1.67g/kg的有机质含量、增加0.14g/kg的全氮含量、降低6.34mg/kg的速效磷含量、减少27m³/亩的灌水量，以及增加1332株/亩的种植密度；分区Ⅴ内的制种玉米则可以在现状的基础上，增加5.90g/kg的有机质含量、增加0.43g/kg的全氮含量、降低7.91mg/kg的速效磷含量、减少45m³/亩的灌水量，以及增加845株/亩的种植密度来提高其灌溉水生产力。由分区前灌溉水生产力限制因素的统计数据（表10-15）可知，在流域尺度上，制种玉米灌溉水生产力的提升途径为：在管理措施现状的基础上，增加6.37g/kg的有机质含量、增加0.59g/kg的全氮含量、降低12.31mg/kg的速效磷含量、减少187m³/亩的灌水量，以及增加2769株/亩的种植密度。

聚类分区后普通玉米灌溉水生产力限制因素的统计结果如表10-16所示。从普通玉米灌溉水生产力影响因素的单因素方差分析可知，分区Ⅴ内的有机质含量显著高于其他分区，分区Ⅱ、Ⅲ和Ⅳ之间的有机质含量则没有明显的差异；分区Ⅴ的全氮含量显著高于分区Ⅳ，与分区Ⅱ和Ⅲ之间则没有显著的差异；分区Ⅱ内的速效磷含量显著高于分区Ⅲ，与分区Ⅳ和Ⅴ之间则没有显著的差异；各分区之间的砂粒含量没有明显的差异，分区Ⅱ和Ⅳ内的灌水量明显高于分区Ⅲ和Ⅴ；种植密度方面，分区Ⅲ内的均值显著高于分区Ⅱ，分区

Ⅳ、Ⅴ与其他分区之间则没有显著差异。

由聚类分区后灌溉水生产力限制因素的统计结果（表 10-16）可知，分区Ⅱ内普通玉米灌溉水生产力的提升途径为：在管理措施现状的基础上，增加 7.04g/kg 的有机质含量、增加 0.60g/kg 的全氮含量、降低 13.40mg/kg 的速效磷含量、减少 57m³/亩的灌水量，以及增加 1453 株/亩的种植密度；分区Ⅲ内普通玉米灌溉水生产力的提升途径为：在管理措施现状的基础上，增加 3.83g/kg 的有机质含量、增加 0.30g/kg 的全氮含量、降低 0.54mg/kg 的速效磷含量、减少 36m³/亩的灌水量，以及增加 978 株/亩的种植密度；分区Ⅳ内普通玉米灌溉水生产力的提升途径为：在管理措施现状的基础上，增加 2.40g/kg 的有机质含量、增加 0.32/kg 的全氮含量、降低 13.43mg/kg 的速效磷含量、减少 57m³/亩的灌水量，以及增加 1705 株/亩的种植密度；分区Ⅴ内的普通玉米则可以在现状的基础上，增加 5.40g/kg 的有机质含量、增加 0.59g/kg 的全氮含量、降低 8.39mg/kg 的速效磷含量、减少 37m³/亩的灌水量，以及增加 1140 株/亩的种植密度来提高其灌溉水生产力。由分区前普通玉米灌溉水生产力限制因素的统计数据（表 10-16）可知，在流域尺度上，普通玉米灌溉水生产力的提升途径为：在管理措施现状的基础上，增加 6.22g/kg 的有机质含量、增加 0.87g/kg 的全氮含量、降低 16.62mg/kg 的速效磷含量、减少 207m³/亩的灌水量，以及增加 2028 株/亩的种植密度。

第 **11** 章 | 黑河绿洲适度农业发展规模研究

西北干旱区光热资源丰富，降水稀少、蒸发强烈。有水即为绿洲，无水则为荒漠。绿洲既是人们生存和发展的主要空间，也是生物栖息繁衍的主要场所，同时又是一种变动性大、生态脆弱的开放系统，其形成分布和发展演化受水资源的强烈影响。绿洲经济与生态相互依存，互为因果，绿洲的稳定性直接关系到社会经济与生态系统的可持续发展。由灌溉形成的人工绿洲是干旱区绿洲的精华，也是消耗水资源最多的区域，因此农业规模直接影响到整个绿洲的稳定性。确定适度农业发展规模是保障水资源合理利用，保证区域生态安全的基石。本章以黑河流域中游为例，基于绿洲农业可利用水资源量的评价和绿洲农业生产、水资源与生态系统间的相互关系研究，构建基于绿洲植被圈层理论和基于生态健康与风沙动力学理论的绿洲适度农业规模确定方法，探讨不同水文年及未来情景下黑河中游绿洲适度农业规模，为制订流域和区域国民经济发展规划提供理论依据。

11.1 黑河绿洲农业可利用水资源量

11.1.1 降水资源

根据黑河流域内 12 个气象站及流域外 3 个气象站近 50 年的气象资料，利用 Mann-Kendall 趋势检验法和 ArcGIS 插值研究降水的变化趋势和空间分布，黑河干流中游张掖、高台和临泽气象站降水的年际变化见图 11-1，空间分布见图 11-2（a）。流域年降水量呈现由南向北、由上游向下游递减的规律，上游、中游、下游的多年平均降水量分别为 298 ~ 419mm、109 ~ 202mm、35 ~ 88mm，降水量南北差异明显。额济纳旗位于流域的最北部，

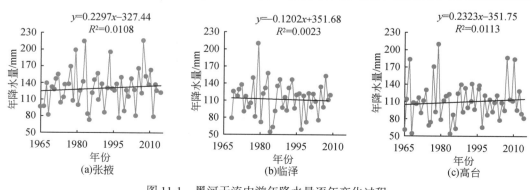

图 11-1 黑河干流中游年降水量逐年变化过程

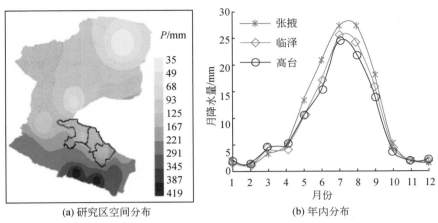

(a) 研究区空间分布　　　　　　(b) 年内分布

图 11-2　黑河干流中游年降水量的空间分布及年内分布

其年均降水量最小，仅为 35mm。研究区中游绿洲年降水空间分布差异小，近年来，除临泽站年降水呈不显著下降趋势外，张掖站、高台站年降水量均呈不显著上升趋势。

黑河干流中游降水量的年内分布见图 11-2（b）。降水量年内分布不均，主要集中在 5~9 月，甘州区、临泽县和高台县 5~9 月的降水量分别占全年降水量的 83.9%、80.1% 和 82.6%。

11.1.2　地表水资源

1. 河流水系

黑河流域发源于祁连山区的大小河流 35 条，流入黑河中游盆地的主要出山河流有黑河、梨园河、童子坝河、红水河、海潮坝河、小都麻河、酥油河、大野口河、大磁窑口河等河沟，除黑河干流和梨园河外，其余河流水量都很小，出山后即被引水灌溉或者入渗地下水消失于山前冲积扇，没有地表水直接注入黑河。黑河干流和支流梨园河多年平均流量分别占黑河流域多年平均流量的 63.8% 和 9.6%。各河流在出山后，大部分水量被水库存蓄，并通过灌溉渠系和供水系统，消耗于灌溉及生活、工业用水。黑河干流的水量在黑河大桥以上大量渗入地下，补给地下水，而在大桥以下又以泉水的形式出露为地表水，最终汇聚于正义峡，流入黑河下游。

2. 地表径流年内变化

黑河干流中游各河流的水源为祁连山降水、冰雪融水及山区地下水，大气降水为主要补给源。河川径流量的年内变化主要受降水的影响。莺落峡水文站、正义峡水文站和梨园堡水文站 1945~2013 年逐月平均径流量及不同时段占比分别见图 11-3 和图 11-4。11 月至次年 3 月为枯水期，冰雪融水及降水量较小，河流主要靠地下水补给。莺落峡、梨园堡枯水期径流量分别占全年径流量的 13% 、5%，年内最小径流量常出现在 1 ~ 2 月。4 月以后随着气温升高，山区积雪融化和河水解冻形成春汛，径流量显著增大。6 ~ 9 月汛期降水多且集中，加之温度上升，冰雪融水集中补给河流，使河水流量达到年内峰值。莺落峡水文站、梨园堡水文站 6 ~ 10 月的径流量分别占全年来水量的 75% 、87% 。

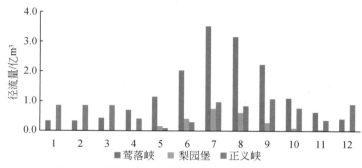

图 11-3　黑河干流中游各水文站径流量年内分布

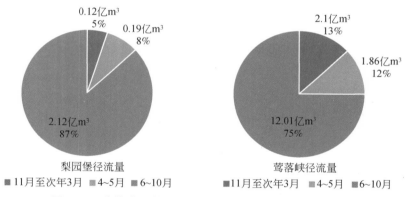

图 11-4　莺落峡、梨园堡水文站年内不同时段径流量占比

3. 地表径流年际变化

采用《水文情报预报规范》（GB/T22482—2008）中的距平百分率作为划分径流丰平枯的标准，将河川径流划分为丰水年、偏丰年、平水年、偏枯年和枯水年五类，见表 11-1。

表 11-1　径流丰枯等级划分

丰枯等级	距平百分率	模比系数	莺落峡年径流量/亿 m³	梨园堡年径流量/亿 m³
丰水年	$P>20\%$	$K_p>1.2$	$w>19.44$	$w>2.89$
偏丰年	$10\%<P\leq20\%$	$1.1<K_p\leq1.2$	$17.82<w\leq19.44$	$2.65<w\leq2.89$
平水年	$-10\%\leq P\leq10\%$	$0.9\leq K_p\leq1.1$	$14.58\leq w\leq17.82$	$2.17\leq w\leq2.65$
偏枯年	$-20\%\leq P<-10\%$	$0.8\leq K_p<0.9$	$12.96\leq w<14.58$	$1.93\leq w<2.17$
枯水年	$P<-20\%$	$K_p<0.8$	$w<12.96$	$w<1.93$

基于径流模比系数，莺落峡、梨园堡水文站年径流丰枯变化见图 11-5。莺落峡径流存在明显的丰枯变化。20 世纪 50 年代主要为丰水年和平水年，1952 年、1958 年是丰水年，其余年份均为平水年；60~70 年代，仅 1967 年径流模比系数大于 1.1，属于偏丰水年，其余年份为平水年和枯水年；80 年代表现为丰平交替变化，1990~2004 年主要表现为丰枯交替变化，年际变化较大；2005 年以后基本为丰水年。近年来莺落峡径流量呈增长趋势。梨园河与黑河的补给水源相同，年径流的丰枯变化和莺落峡相似。

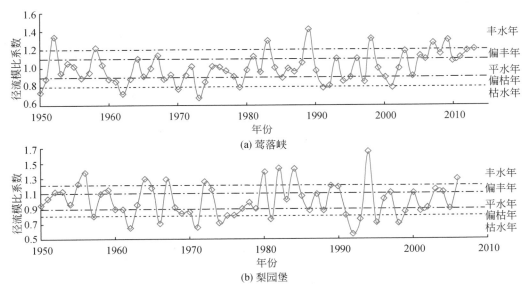

(a) 莺落峡

(b) 梨园堡

图 11-5　莺落峡、梨园堡水文站径流丰枯变化

4. 地表径流量

黑河干流中游可供开发利用的河流主要有 8 条，分别为黑河、梨园河、苏油口河、大野口河、大磁窑河、摆浪河、水关河和石灰关河等支流。

黑河干流在丰水年、偏丰年、平水年、偏枯年、枯水年的平均径流分别为 21.10 亿 m³、18.48 亿 m³、15.84 亿 m³、13.94 亿 m³、12.15 亿 m³，梨园河平均径流分别为 3.26 亿 m³、2.76 亿 m³、2.41 亿 m³、2.06 亿 m³、1.66 亿 m³。其他小支流不同水文年的径流量，以及未观测的浅山小沟径流量参考仵彦卿等（2010）的研究成果进行分析，见表 11-2。由表 11-2可知，黑河干流中游丰水年、偏丰年、平水年、偏枯年、枯水年的年径流量分别为 27.04亿 m³、23.77 亿 m³、20.59 亿 m³、18.12 亿 m³、15.80 亿 m³。

表 11-2　黑河干流中游不同水平年组平均地表径流量　　　（单位：亿 m³）

河流	丰水年	偏丰年	平水年	偏枯年	枯水年
黑河	21.10	18.48	15.84	13.94	12.15
梨园河	3.26	2.76	2.41	2.06	1.66

河流	丰水年	偏丰年	平水年	偏枯年	枯水年
苏油口河	0.55	0.50	0.44	0.37	0.32
大野口河	0.18	0.17	0.15	0.12	0.11
大瓷窑河	0.17	0.16	0.14	0.11	0.10
摆浪河	0.49	0.44	0.39	0.33	0.29
水关河	0.16	0.14	0.13	0.11	0.09
石灰关河	0.16	0.14	0.13	0.11	0.09
浅山小沟	0.98	0.98	0.98	0.98	0.98
合计	27.04	23.77	20.59	18.12	15.80

11.1.3　地下水资源

1. 地下水资源量

地下水资源是指在一个确定的水文地质单元内，通过各种途径直接或间接地接受大气降水和地表水的入渗补给而形成的具有一定水化学特征、可以利用的年补给量。地下水的补给项主要包括河道渠系渗漏、田间入渗、侧向径流补给、降水与凝结水入渗和水库渗漏。黑河干流中游盆地地下水动态资源大部分来源于地表水，通过河道渗漏、渠系、田间入渗的补给属于与地表水重复计算的部分。本章在计算地下水资源量时，参考《黑河流域水–生态–经济系统综合管理研究》（程国栋等，2009）中的研究成果，各补给项的补给水量见表11-3。

表11-3　黑河干流中游多年平均地下水资源量　　（单位：亿 m^3）

县区	河道入渗	渠系渗漏	田间入渗	侧向补给	降水与凝结水入渗	水库渗漏	地下水资源量
甘州区	3.171	2.172	0.716	0.399	0.061	0	6.519
临泽县	0.739	1.908	0.607	0.185	0.151	0	3.59
高台县	0.346	1.155	0.227	0.074	0.233	0.003	2.038
合计	4.256	5.235	1.55	0.658	0.445	0.003	12.147

由表11-3可知，黑河干流中游地下水资源量为12.147亿 m^3，其中甘州区、临泽县、高台县的地下水资源量分别为6.519亿 m^3、3.59亿 m^3、2.038亿 m^3。地下水资源量中，除山前侧向补给量和研究区内的降水与凝结水入渗补给量，其余水量均由地表水资源转换而来。根据程国栋等（2009）的研究，黑河干流中游张掖盆地不重复的地下水资源量为1.745亿 m^3。

2. 地下水允许开采量

地下水允许开采量是指在一定的技术经济条件下，采用合理的开采方案，在设计开采期内不产生严重环境地质问题的前提下，从特定的水文地质单元允许开采的地下水量。地下水开采量评价应遵循以下原则（张福，2011）：一是适度降低地下水位，减少无效消耗量；二是充分考虑地下水的"以丰补歉"的水文周期变化规律，发挥地下水的调节作用；三是地下水开采引起的水位下降幅度不产生现有植被覆盖度降低、群落物种变迁、水质恶化、土地沙化，以及水文地质环境恶化等问题。

根据《张掖市水资源管理十三五规划》，甘州区、临泽县、高台县（区）地下水允许开采量分别为 2.01 亿 m^3、1.30 亿 m^3、1.50 亿 m^3，研究区地下水允许开采总量为 4.81 亿 m^3。

11.1.4 黑河中游水资源可利用量

1. 正义峡下泄水量

为整治黑河流域，1997 年国务院批准了《黑河干流水量分配方案》（水政资【1997】496 号），对不同丰枯水年条件下的水量分配方案做出了明确规定，即在莺落峡来水频率 10%、25%、多年平均、75% 及 90% 时，即来水量分别为 19 亿 m^3、17.1 亿 m^3、15.8 亿 m^3、14.2 亿 m^3 及 12.9 亿 m^3 时，分配正义峡下泄水量 13.2 亿 m^3、10.9 亿 m^3、9.5 亿 m^3、7.6 亿 m^3、6.3 亿 m^3。其他保证率来水时，分配正义峡下泄水量按以上保证率水量直线内插求得。

2. 黑河中游盆地水资源可利用量

中游盆地水资源可利用量为地表水可利用量加上地下水可开采量。地表水可利用量为地表径流扣除正义峡下泄水量。正义峡下泄水量按照《黑河干流水量分配方案》不同黑河来水条件的下泄水量要求，通过内插得到。根据黑河中游不同水文年地表径流和地下水资源量，黑河干流中游在丰水年、偏丰年、平水年、偏枯年、枯水年的地表水可利用量分别为 12.23 亿 m^3、11.19 亿 m^3、11.12 亿 m^3、10.85 亿 m^3、10.27 亿 m^3，水资源可利用量分别为 17.04 亿 m^3、16.00 亿 m^3、15.93 亿 m^3、15.66 亿 m^3、15.08 亿 m^3（表 11-4）。

表 11-4 黑河干流中游盆地水资源可利用量　　　　　　　　　（单位：亿 m^3）

项目	丰水年	偏丰年	平水年	偏枯年	枯水年
黑河	21.09	18.50	15.87	14.01	12.17
梨园河	3.26	2.76	2.41	2.06	1.66
其他支流	1.70	1.55	1.36	1.14	1.01
浅山小沟	0.98	0.98	0.98	0.98	0.98
正义峡下泄量	14.8	12.6	9.5	7.34	5.55
地表水可利用量	12.23	11.19	11.12	10.85	10.27
地下水可开采量	4.81	4.81	4.81	4.81	4.81
水资源可利用量	17.04	16.00	15.93	15.66	15.08

11.1.5　水资源转化特征

黑河干流中游地表水和地下水转化频繁，自河流出山后，流入山前冲积扇，一部分被引入灌溉渠系和供水系统，消耗于农林灌溉及人畜饮用和工业用水，其余则沿河床下泄，并沿途渗入地下，补给地下水。被引灌的河水，除作物吸收蒸腾、渠系和田间蒸发外，其余部分也下渗补给了地下水，地下水以远比地面平缓的水面坡度向前运动，在细土平原一带出露成为泉水，或者再向前回归河流，或者再被引灌，连同打井抽取的地下水，再进行一次地表、地下水转化。在中游非灌溉引水期的 12 月至次年 3 月，由于前期灌溉水回归河道，正义峡断面的径流量较莺落峡断面大 2.5 亿 ~ 3.0 亿 m^3（图 11-3）。黑河干流中游水资源在多次转换并被多次重复利用的同时，也增加了无效消耗的次数和数量。

11.2　黑河绿洲农业生产–水资源–生态系统的关系

农业是一个国家的命脉，而耕地资源则决定了一个地区种植业的农业生产能力，因此，耕地资源作为人类生存发展的物质基础，其对于保障国家粮食安全具有重要意义，科学合理地开发利用耕地资源对社会经济与生态环境的健康可持续发展具有举足轻重的作用。水是农业的命脉，农业的发展、农业生态系统及粮食安全生产与农业水资源的供给能力直接相关。然而，农业水资源的高强度开采已出现严重的用水矛盾现象，大规模的耕地扩张势必会超过区域水资源承载力，导致生态系统失衡。本节基于黑河中游地区近 30 年的农业规模变化、绿洲生态系统变化，以及水资源动态变化的分析，探索和揭示生态系统服务价值与耕地规模、水资源之间的关系，构建生态植被（归一化植被指数）与地下水埋深之间的定量关系模型，为适宜耕地规模的确定提供科学依据。

11.2.1　耕地规模变化

黑河中游绿洲是流域重要的商品粮基地，近年来，人口增长加速，对粮食的需求量增大，耕地规模也在不断扩张（郝丽娜和粟晓玲，2015）。借助遥感数据，获取了 1980 ~ 2010 年黑河中游地区的土地利用转移特征，如图 11-6 所示，1980 ~ 2010 年，研究区耕地面积增加了 343km^2，达到 1986km^2。与此同时，林地、草地面积减少了 214km^2，耕地面积的扩张挤占了生态用地，近 30 年土地利用类型转移最剧烈的就是林地、草地及未利用地向耕地的转移（表 11-5）。耕地规模的扩张不仅占用了生态用地资源，而且挤占了生态用水，使得灌溉用水量增加，加剧水资源短缺状况，水资源开采过度，地下水位急剧下降，导致生态系统恶化。因此，适宜的绿洲规模、农业规模是维持区域生态环境健康发展的根本，也是合理分配水资源的基础。

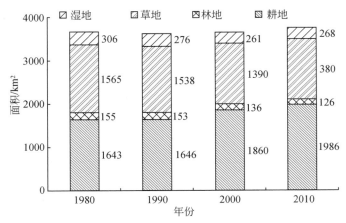

图 11-6　1980～2010 年黑河中游绿洲生态用地面积变化

表 11-5　1980～2010 年土地利用转移　　　　　　　（单位：km²）

2010 年 ＼ 1980 年	耕地	林地	草地	水域	建筑用地	未利用地	总面积
耕地	1621	0	6	1	11	4	1643
林地	15	122	24	0	0	5	166
草地	204	4	1330	3	4	20	1565
水域	33	0	4	237	1	2	277
建筑用地	0	0	0	0	163	0	163
未利用地	113	0	27	9	11	5448	5608
总面积	1986	126	1391	250	190	5479	

11.2.2　水资源利用状况

1. 地表水资源利用状况

黑河流域降水稀少，绿洲的发展主要依靠地表径流和地下水，流域内较大的河流主要包括黑河和梨园河，黑河干流是该区最大的河流，中游地区的地表引水主要由黑河干流供给。上游莺落峡径流量自 20 世纪 60 年代以来增长趋势明显，多年平均径流量由 60 年代的 14.4 亿 m³ 增长到 90 年代的 15.7 亿 m³，而下游正义峡断面自 60 年代到 90 年代径流量由 10.5 亿 m³ 下降为 7.5 亿 m³（图 11-7）。莺落峡与正义峡径流差可大体表征中游地区地表水用水量变化。莺落峡与正义峡径流差自 60 年代至 2000 年呈持续增加趋势（图 11-8），2000 年之后趋渐平稳。正义峡下泄量的急剧减少导致下游生态环境恶化加剧，东居延海在 1992 年出现了干涸现象。21 世纪初分水政策实施后，正义峡平均径流量达到了 10.5 亿 m³（Qin，2012）。中游地区由于受到分水政策的限制，取水量有所下降，而耕地面积仍在不

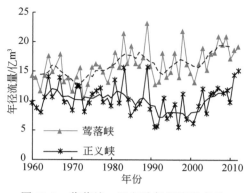

图 11-7　莺落峡、正义峡年径流量变化

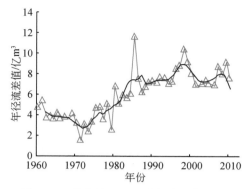

图 11-8　莺落峡、正义峡径流差值变化

断扩张，需水量持续增大，为满足用水需求，转而大量开采地下水（周剑等，2009）。

2. 地下水资源利用状况

在分水初期，为了应对分水带来的"政策缺水"，采取遍地开花式的集中打井灌溉，给黑河流域水资源安全问题的彻底解决和流域综合治理埋下了隐患（米丽娜等，2015），地下水灌溉引水量由 1986 年的 0.24 亿 m³ 增加到了 2004 年的 3.87 亿 m³（图 11-9），之后，随着灌溉面积的扩展减缓，开采量略有降低，但地下水仍处于负均衡状态。1986 ～ 2011 年，中游盆地地下水位普遍下降了 4.9 ～ 11.5m。尽管在 2004 年之后，黑河干流沿岸地下水位有所回升，但长期累积地下水消耗对深层承压含水层造成严重威胁。深层地下水更新速率很慢，如果持续过量抽取而不能及时回补，一旦含水层被破坏就很难恢复。通过对研究区 1985 ～ 2011 年观测井水位的分析，地下水位均值在 27 年间呈下降趋势（表 11-6），最明显的年份为 2000 ～ 2004 年，2004 年之后，上游来水及降水量的增加，以及地下水开采量的减少等因素，使得中游地下水位下降趋势得到缓解，干流沿岸等局部地区的地下水位有所回升（图 11-10）。

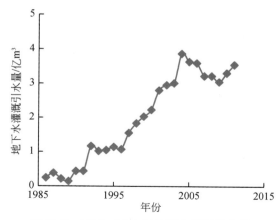

图 11-9　1986 ～ 2011 年地下水灌溉引水量

图 11-10　2004 年后单井地下水位状态变化

表 11-6 1985～2011 年地下水位统计结果

年份	均值/m	最小值/m	最大值/m	下降速度/(m/a)	平均下降速度/(m/a)
1985	1424.19	1294.454	1542.603		
1990	1424.08	1294.385	1541.149	0.02	
1995	1423.19	1294.363	1538.76	0.18	
2000	1422.27	1294.614	1535.18	0.18	0.11
2004	1421.23	1295.375	1530.128	0.21	
2011	1421.25	1295.224	1519.88	-0.003	
变化趋势	下降	上升	下降	增加	

11.2.3 生态系统变化

1. 植被生态变化趋势

植被指数是一种简单而有效的反映植被生态变化的形式，可以从多时相、多波段遥感信息提取植被参数。归一化植被指数（NDVI），被定义为近红外波段与可见光红波段数值之差与两者之和的比值，已得到广泛认可和应用，尤其是在区域和全球尺度上估计植被生物量、植被生长状况及植被动态变化方面（Fu and Burgher，2015）。采用 MODIS 数据的 NDVI 数据集，将 2001～2011 年各年数据集进行年内最大值合成，得到年最大植被指数 $NDVI_{max}$，然后计算出算数平均值，由平均值计算植被盖度，以反映研究区植被状况的空间分布规律（图 11-11）。据统计，植被盖度在 0～20% 的面积占整个区域面积的 37.3%，植被盖度大于 60% 的面积占整个区域面积的 34.1%。

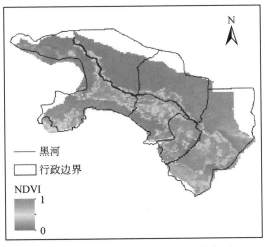

图 11-11 黑河中游植被覆盖率分布图

采用 MODIS 遥感数据 NDVI 数据集 2001～2011 年的最大值合成值进行线性回归，结果表明：NDVI 年际增长显著，2001～2011 年，区域 $NDVI_{max}$ 均值增长速率为 0.006/a [图 11-12（a）]；整体而言植被生长发育状况朝逐步变好的趋势发展，研究区内 83.7% 的区域地表植被状况变好，14.7% 的区域维持不变，1.6% 的区域表现为退化 [图 11-12（b）]。

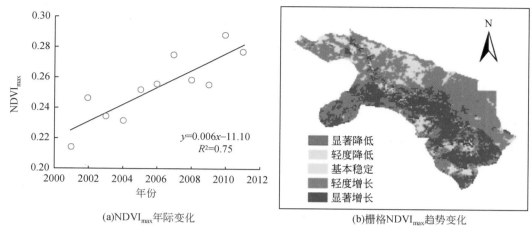

(a)$NDVI_{max}$ 年际变化   (b)栅格 $NDVI_{max}$ 趋势变化

图 11-12　2001～2011 年黑河中游 $NDVI_{max}$ 均值年际变化及空间变化

2. 生态服务价值估算

生态服务价值是指人类直接或间接从生态系统中得到的利益，主要包括向经济社会系统输入有用物质和能量、接受和转化来自经济社会的废弃物，以及直接向人类社会成员提供服务（刘桂林等，2014）。土地利用变化是影响生态服务功能的主要因素，本章分析了黑河中游地区 1980～2010 年生态服务功能对土地利用变化的响应。

Costanza 等（1998）在总结过去生态系统公益价值评价的基础上，将全球生态系统的服务功能分为气候调节、气体调节、土壤保持等 17 种，并进行了价值测算。模型如下：

$$ESV_k = \sum_f A_k \times VC_{kf} \tag{11-1}$$

$$ESV_f = \sum_k A_k \times VC_{kf} \tag{11-2}$$

$$ESV = \sum_k \sum_f A_k \times VC_{kf} \tag{11-3}$$

式中，A_k 为 k 类土地利用类型的面积；VC_{kf} 为单位面积 k 类土地利用类型 f 种生态功能的价值；ESV_k、ESV_f 和 ESV 分别为 k 类土地利用类型的生态服务价值、第 f 种生态功能的服务价值和区域整体生态服务价值。

谢高地等（2008，2015）根据我国的实际情况给出了中国不同土地利用类型的生态服务价值和不同省份的具体生态服务价值。本章以此为依据计算黑河中游不同年份的生态服务价值如表 11-7 所示。1980～2010 年，黑河中游耕地生态服务价值增加了 2.29 亿元，而林地、草地及水域的生态价值分别减少 3.05 亿元、0.76 亿元及 2.24 亿元，总的生态服务价值减少了 3.83 亿元，下降最明显的时期为 1990~2000 年，主要是由牺牲生态用地为代价的耕地面积的扩张所导致，且灌溉用水量增大，地下水位下降，进一步导致生态恶化。

表 11-7　1980~2010 年典型年生态服务价值及时段变化量

土地利用分类	1980 年/亿元	1990 年/亿元	2000 年/亿元	2010 年/亿元	1980~1990 年		1990~2000 年		2000~2010 年		1980~2010 年	
					亿元	%	亿元	%	亿元	%	亿元	%
耕地	10.99	11.01	12.44	13.28	0.02	0.18	1.43	12.99	0.84	6.75	2.29	20.84
林地	16.29	16.08	14.29	13.24	-0.21	-1.29	-1.79	-11.13	-1.05	-7.35	-3.05	-18.72
草地	6.37	6.18	5.67	5.61	-0.19	-2.98	-0.51	-8.25	-0.06	-1.06	-0.76	-11.93
水域	17.22	15.77	14.6	14.98	-1.45	-8.42	-1.17	-7.42	0.38	2.6	-2.24	-13.01
其他用地	3.36	3.4	3.37	3.29	0.04	1.19	-0.03	-0.88	-0.08	-2.37	-0.07	-2.08
合计	54.23	52.44	50.37	50.4	-1.79		-2.07		0.03		-3.83	

11.2.4　农业规模与水资源、生态服务价值的关系

1. 水资源与植被生态、绿洲规模关系

植被生态的发展受众多因素的影响，包括气候变化、CO_2 浓度、氮沉积量、生态过程，以及人类活动等（Xiao et al., 2015），在西北干旱区，水资源是限制植被生长的重要条件（张永喆等，2016），因此，本章主要考虑了降水量、年径流量及地下水埋深等水循环要素变化对植被生态的影响。

为了区分不同驱动因子对植被生态变化的贡献，选取一个合适的 NDVI 阈值（NDVI = 0.12）将整个研究区划分为"绿洲区"和"荒漠区"，这样区分出的"绿洲区"既包括灌溉农田、草地、林地也包括了地下水位埋深较浅的天然植被区（Wang et al., 2014）。将整个区域划分为两种类型后，植被覆盖率（f_V）由绿洲区植被覆盖率（f_O）、荒漠区植被覆盖率（f_D），以及绿洲区和荒漠区面积（A_O 和 A_D）确定：

$$f_V = \frac{A_O f_O + A_D f_D}{A_O + A_D} \tag{11-4}$$

定义绿洲区面积比 $A_O^* = \dfrac{A_O}{A_O + A_D}$，荒漠区面积比 $A_D^* = \dfrac{A_D}{A_O + A_D}$，显然 $A_O^* + A_D^* = 1$，式（11-4）可表示为

$$f_V = A_O^* f_O + A_D^* f_D \tag{11-5}$$

对 f_V 进行全微分得

$$
\begin{aligned}
\mathrm{d}f_V &= \frac{\partial f_V}{\partial f_O}\mathrm{d}f_O + \frac{\partial f_V}{\partial A_O^*}\mathrm{d}A_O^* + \frac{\partial f_V}{\partial f_D}\mathrm{d}f_D + \frac{\partial f_V}{\partial A_D^*}\mathrm{d}A_D^* \\
&= A_O^*\,\mathrm{d}f_O + f_O\,\mathrm{d}A_O^* + A_D^*\,\mathrm{d}f_D + f_D\,\mathrm{d}A_D^*
\end{aligned}
\tag{11-6}
$$

f_V 的相对变化为

$$\frac{\mathrm{d}f_\mathrm{V}}{f_\mathrm{V}}=\frac{f_\mathrm{O}A_\mathrm{O}^*}{f_\mathrm{V}}\frac{\mathrm{d}f_\mathrm{O}}{f_\mathrm{O}}+\frac{f_\mathrm{O}}{f_\mathrm{V}}\mathrm{d}A_\mathrm{O}^*+\frac{A_\mathrm{D}^*f_\mathrm{D}}{f_\mathrm{V}}\frac{\mathrm{d}f_\mathrm{D}}{f_\mathrm{D}}+\frac{f_\mathrm{D}}{f_\mathrm{V}}\mathrm{d}A_\mathrm{D}^*$$
$$=X_{f_\mathrm{O}}+X_{A_\mathrm{O}}+X_{f_\mathrm{D}}+X_{A_\mathrm{D}} \tag{11-7}$$

式中，X_{f_O}、X_{A_O}、X_{f_D}、X_{A_D}分别为绿洲区植被覆盖率、绿洲区面积比、荒漠区植被覆盖率和荒漠区面积比 4 种因子（f_O、A_O、f_D、A_D）对植被覆盖率趋势变化的贡献。

通过计算 2002~2011 年生长季平均值计算得出 $f_\mathrm{O}=0.53$，$f_\mathrm{D}=0.06$，$f_\mathrm{V}=0.33$，$A_\mathrm{O}^*=0.58$，$A_\mathrm{D}^*=0.42$，代入式（11-7）得到植被覆盖率 f_V 的相对变化为

$$\frac{\mathrm{d}f_\mathrm{V}}{f_\mathrm{V}}=0.92\frac{\mathrm{d}f_\mathrm{O}}{f_\mathrm{O}}+1.62\mathrm{d}A_\mathrm{O}^*+0.07\frac{\mathrm{d}f_\mathrm{D}}{f_\mathrm{D}}+0.17\mathrm{d}A_\mathrm{D}^* \tag{11-8}$$

式中，不同的系数代表了对整个区域植被覆盖率变化的敏感程度，可以看出植被整体覆盖率对绿洲区面积比 A_O^* 变化的敏感性最大，其次是绿洲区的植被覆盖率 f_O。

2002~2011 年，植被覆盖率 f_V 的值由 32% 增加至 36%，虽然导致每年变化的原因有所差异（图 11-13），但总体而言，绿洲区面积比 A_O^* 的贡献率是最大的。

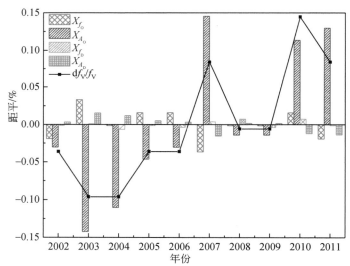

图 11-13　植被覆盖率相对值及 4 种贡献因子的年际变化

$\mathrm{d}f_\mathrm{V}/f_\mathrm{V}$ 为植被覆盖率相对变化；X_{f_O} 为绿洲区植被覆盖率的贡献；X_{A_O} 为绿洲区面积变化的贡献；

X_{f_D} 为荒漠区植被覆盖率的贡献；X_{A_D} 为荒漠区面积变化的贡献

考虑 NDVI 阈值的选取具有主观性，为了保证评价结果的稳定性，选取了 5 种不同的 NDVI 阈值（0.10、0.11、0.12、0.13、0.14）来计算植被覆盖率的相对变化。尽管不同的 NDVI 阈值得到的敏感性参数有差异，但是对植被覆盖率变化趋势贡献最大的均为绿洲区面积（表 11-8）。

表 11-8　不同 NDVI 阈值下各贡献因子的敏感性及贡献率

NDVI 阈值	敏感性	贡献/%			
		X_{f_O}	X_{A_O}	X_{f_D}	X_{A_D}
0.10	$\dfrac{df_V}{f_V}=0.96\dfrac{df_O}{f_O}+1.38dA_O^*+0.04\dfrac{df_D}{f_D}+0.13dA_D^*$	2.30	102.60	4.60	−9.50
0.11	$\dfrac{df_V}{f_V}=0.94\dfrac{df_O}{f_O}+1.47dA_O^*+0.05\dfrac{df_D}{f_D}+0.15dA_D^*$	7.30	102.20	0.80	−10.30
0.12	$\dfrac{df_V}{f_V}=0.92\dfrac{df_O}{f_O}+1.62dA_O^*+0.07\dfrac{df_D}{f_D}+0.17dA_D^*$	16.70	90.90	2.50	−10.10
0.13	$\dfrac{df_V}{f_V}=0.91\dfrac{df_O}{f_O}+1.67dA_O^*+0.08\dfrac{df_D}{f_D}+0.18dA_D^*$	34.10	93.60	13.50	−10.80
0.14	$\dfrac{df_V}{f_V}=0.89\dfrac{df_O}{f_O}+1.75dA_O^*+0.10\dfrac{df_D}{f_D}+0.20dA_D^*$	3.70	93.60	13.50	−10.80

对植被覆盖率变化贡献最大的是绿洲区面积比 A_O^*，绿洲区植被覆盖率 f_O 的变化很小，可以忽略不计，而 $A_D^*=1-A_O^*$，可将式（11-7）简化为

$$\frac{df_V}{f_V}=\frac{f_O}{f_V}dA_O^*+\frac{A_D^*}{f_V}df_D+\frac{f_D}{f_V}dA_D^*=\frac{f_O}{f_V}dA_O^*+\frac{A_D^*}{f_V}df_D+\frac{f_D}{f_V}d\left(1-A_O^*\right)$$

$$=\left(\frac{f_O}{f_V}-\frac{f_D}{f_V}\right)dA_O^*+\frac{A_D^*}{f_V}df_D \tag{11-9}$$

影响绿洲区面积比 A_O^* 的主要因素为中游耗水量和地下水埋深，相关系数分别为 0.76 和 0.91（图 11-14）。利用二元线性回归方法拟合 A_O^* 与中游耗水量（W）、地下水埋深（H）的关系，得出拟合公式：

$$A_O^*=\alpha H+\beta W+\gamma \tag{11-10}$$

拟合曲线经验系数 $\alpha=-0.21$，$\beta=0.016$，$\gamma=136$。图 11-15 为实测绿洲区面积比 A_O^* 与预测值的比较。

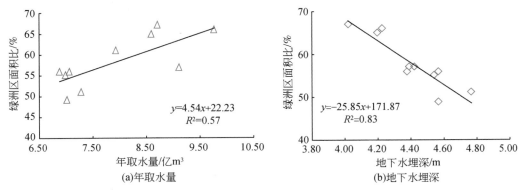

图 11-14　黑河干流中游绿洲区面积比与年取水量和地下水埋深的关系

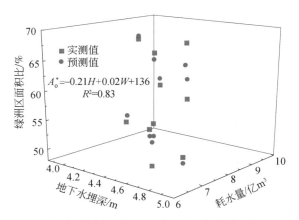

图 11-15　由中游耗水量与地下水埋深预测的绿洲区面积比

影响荒漠区植被覆盖率 f_D 的主要因素为降水量，取前一年 10 月至当年 9 月的累积降水量，建立荒漠区植被覆盖率与降水量的关系（图 11-16），相关系数为 0.85（$p<0.05$）。

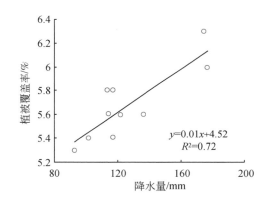

图 11-16　累积降水量与荒漠区植被覆盖率的关系

绿洲区面积比 A_O^* 受中游耗水量 W 和地下水埋深 H 的影响，因此将 dA_O^* 改写为 $\alpha dH+\beta dW$；荒漠区植被覆盖率 f_D 受降水 P 的影响，因此将 df_D 改写为 λdP，区域植被覆盖率的相对变化可以表示为

$$\frac{df_V}{f_V}=\left(\frac{f_O}{f_V}-\frac{f_D}{f_V}\right)(\alpha dH+\beta dW)+\frac{A_D^*}{f_V}\lambda dP \tag{11-11}$$

以相对形式表示：

$$\frac{df_V}{f_V}=\left(\frac{f_O}{f_V}-\frac{f_D}{f_V}\right)\left(\alpha H\frac{dH}{H}+\beta W\frac{dW}{W}\right)+\frac{A_D^*}{f_V}\lambda P\frac{dP}{P} \tag{11-12}$$

取研究时段均值（$f_O=0.53$，$f_V=0.33$，$W=7.85$，$P=136.2$，$f_D=0.06$，$H=4.41$，$A_O^*=0.57$，$A_D^*=0.43$），以及经验系数（$\alpha=-0.21$，$\beta=0.016$，$\lambda=0.0001$），式（11-12）可以改写为

$$\frac{\mathrm{d}f_v}{f_v} = -1.32\frac{\mathrm{d}H}{H} + 0.18\frac{\mathrm{d}W}{W} + 0.02\frac{\mathrm{d}P}{P} = X_H + X_W + X_P \tag{11-13}$$

由式（11-13）可以看出，地下水位埋深增加 1% 将导致植被覆盖率减少 1.32%，而中游耗水量（径流量差）增加 1% 引起植被覆盖率增加 0.18%，降水量增加 1% 只会使植被覆盖率增加 0.02%，由此可以看出地下水位埋深的变化对植被覆盖率变化的影响最大，降水量变化的影响最小。利用此模型预测区域整体植被覆盖率的相对变化，由图 11-17 可以看出，预测值与实测值的关系曲线斜率为 1.03，相关系数为 0.91，预测效果较好。

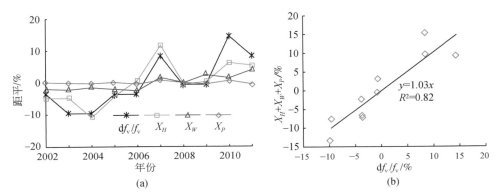

图 11-17　植被覆盖率的相对变化（$\mathrm{d}f_v/f_v$）以及各水量的相对变化（a），由水量的相对变化预测得到
植被覆盖率相对变化的预测值与实测值的关系（b）
X_H 为地下水平均埋深的相对变化；X_W 为中游年取水量的相对变化；X_P 为降水量的相对变化

2. 耕地规模与水资源、生态服务价值关系

在前面的分析中可以看出，黑河中游地区生态服务价值的变化与耕地规模的变化密切相关，如图 11-18 所示，生态服务价值总量随耕地规模的扩张而减少，一方面是由于耕地有很大一部分是由林地、草地转移而来（表 11-6），而耕地的生态服务价值明显低于林地、草地；另一方面，耕地面积的增加使得灌溉用水量增加，挤占了生态用水，过量开采地下水，导致地下水位下降，造成生态环境恶化，生态服务功能下降。耕地的大规模扩张使得中游地区水资源更加短缺，转而大量开采地下水，地下水开采量大幅上升，至 2004 年，地下水开采量达到峰值（图 11-9），之后虽有所减缓，但地下水仍处于负均衡状态。

据调研，梨园河每年能够流入干流的水非常有限，因此可选取莺落峡与正义峡年径流量之差代表干流中游地区耗水量，而农业灌溉用水是该区水资源消耗的主要途径。据此，分析研究区耕地规模与莺落峡与正义峡径流差的关系（图 11-19），耕地规模与径流差呈显著正相关。当有限的地表水资源不能满足用水需求时，只能依靠开采地下水满足日益增长的水资源需求量，分析耕地规模与绿洲区地下水埋深的关系发现（图 11-20），耕地规模与地下水埋深亦呈显著正相关关系。因此，确定适宜的耕地规模是确保水资源合理利用的基础，也是保障该区生态环境健康发展的保障。

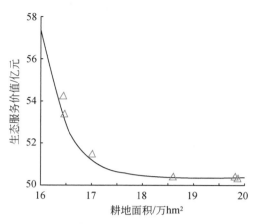

图 11-18　耕地面积与生态服务价值关系

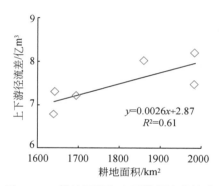 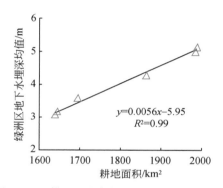

图 11-19　耕地面积与上下游径流差关系　　图 11-20　耕地面积与绿洲区地下水埋深关系

11.2.5　植被覆盖状况对地下水埋深的响应

在干旱区，地下水是植被生长重要的水分来源，由于盐碱化的影响，在地下水浅埋区，植被覆盖率通常随地下水埋深的增大而增大，达到最适埋深时，植被覆盖率达到最大值，之后地下水埋深的增加会影响植被的生长，植被覆盖率会逐渐减小。基于 Tsallis entropy 理论，推导 NDVI 与地下水埋深的函数关系式，为干旱区植被分布与地下水埋深响应关系的研究提供新的思路，亦可为干旱区水资源管理提供科学指导。

1. Tsallis entropy 原理介绍

Tsallis（1988）首次提出 Tsallis entropy 的概念，其基本公式为

$$H(N) = \frac{k}{m-1}\left[1 - \int_a^b (f(V))^m \mathrm{d}N\right] = \frac{1}{m-1}\int_a^b f(N)\{1 - [f(N)]^{m-1}\}\mathrm{d}N \quad (11\text{-}14)$$

式中，m 为实常数；k 为正实数；a 和 b 分别为变量 N 的上下限；H 为概率密度函数 $f(N)$

的不确定性。如果将 $\{1-[f(N)]^{m-1}\}/(m-1)$ 看作是不确定性的度量，那么 H 则表征了变量 N 的平均不确定性。不确定性越大，需要描述变量的信息越多。所以式（11-14）的关键是获得最小偏差概率密度函数 $f(N)$。如果式（11-14）中的实数 m 趋向于 1，那么 Tsallis entropy 就变成了 Shannon 非延展熵。在等概率情形下，对于 m 的所有取值，H 都取得最大值。与 Shannon entropy 类似，Tsallis entropy 也满足独立系统可加性。

Jayne（1957）提出的最大熵原理为，在只掌握关于位置分布的部分信息时，应该选取符合这些信息但熵值最大的概率分布。熵最大时，表明随机变量的不确定性越大，也就是最随机的预测，这是可以做出的唯一的不偏选择。所以问题的关键是寻找描述变量的信息，也就是确定限制条件。在限制条件下，选择使得 Tsallis entropy 最大的分布作为该随机变量的分布，是一种最有效的准则和方法。

对于本章而言，最终需要确定的是 NDVI（N）分布与地下水埋深（GTL）的关系。假设 NDVI 值的变动范围为 N_0 到 N_U，地下水埋深的变动范围为 GTL_0 到 GTL_U。将 NDVI 看作是随机变量，概率密度函数为 $f(N)$，在限制条件下使得 Tsallis entropy 取得最大值的 $f(N)$ 作为 NDVI 的无偏概率密度函数。通常情况下，第一个限制条件为全概率约束，即

$$C_0 = \int_{N_0}^{N_U} f(N)\,\mathrm{d}N = 1 \tag{11-15}$$

式中，C_0 为限制条件；N_0 和 N_U 分别为 NDVI 的下限值和上限值。

除全概率约束外，还可以根据实际情况确定合适的约束，下面给出常用约束条件的表达形式：

$$C_r = \int_{N_0}^{N_U} g_r(N) f(N)\,\mathrm{d}N = \overline{g_r(N)},\ r = 1,\ 2,\ \cdots,\ n \tag{11-16}$$

式中，C_r 为某种约束；$g_r(N)$ 为 N 的函数；$\overline{g_r(N)}$ 为函数均值。例如，$r=1$，$g_r(N)=N$，那么式（11-15）表示变量 N 的期望，$\overline{g_r(N)}=\overline{N}$；$r=2$，$g_r(N)=(N-\overline{N})^2$，那么式（11-16）则表征变量的方差。通常情况下，3 个限制条件已能满足需要。

为求出 N 的无偏概率分布函数 $f(N)$，根据已知限制条件求得 Tsallis entropy 的最大值，便得到了无偏 $f(N)$。要求函数在某些限制条件下的极值，需要利用拉格朗日乘数法。拉格朗日乘数法通过组合函数公式与限制条件，将原始问题转变为求无约束的拉格朗日方程的极值问题，在转变过程中引入了一种新的标量未知数——拉格朗日乘子，通过偏微分法，找到使得隐函数微分为 0 的未知数的值。在 Tsallis entropy 最大化过程中，将式（11-15）与式（11-16）联立为拉格朗日方程如下所示：

$$L = \frac{1}{m-1}\int_{N_0}^{N_U} f(N)\{1-[f(N)]^{m-1}\}\,\mathrm{d}N + \lambda_0\left[\int_{N_0}^{N_U} f(N)\,\mathrm{d}N - C_0\right]$$
$$+ \sum_{r=1}^{n}\lambda_r\left[\int_a^b f(N)g_r(N)\,\mathrm{d}N - \overline{N}\right] \tag{11-17}$$

式中，L 为拉格朗日方程；λ_0、λ_r 为拉格朗日乘子，要求出无偏概率密度函数，需要对 f 求偏导数，并令其等于 0。

$$\frac{\partial L}{\partial f} = 0 \Rightarrow \frac{1}{m-1}\{(1-[f(N)]^{m-1}) - (m-1)[f(N)]^{m-1}\} + \lambda_0 + \sum_{r=1}^{n}\lambda_r g_r(N) = 0$$
$$\tag{11-18}$$

根据式（11-18）可以求出在限制条件下的 NDVI 的概率密度函数 $f(N)$：

$$f(N) = \left\{ \frac{m-1}{m} \left[\frac{1}{m-1} + \lambda_0 + \sum_{r=1}^{n} \lambda_r g_r(N) \right] \right\}^{\frac{1}{m-1}} \qquad (11\text{-}19)$$

对式（11-19）进行积分，可以得到 NDVI 的累积概率分布函数：

$$F(N) = \int_{N_0}^{N} \left\{ \frac{m-1}{m} \left[\frac{1}{m-1} + \lambda_0 + \sum_{r=1}^{n} \lambda_r g_r(N) \right] \right\}^{\frac{1}{m-1}} \mathrm{d}N \qquad (11\text{-}20)$$

将式（11-19）代回式（11-14）便得到了 NDVI 或者 $f(N)$ 的 Tsallis entropy 值。

$$H = \frac{1}{m-1} \int_{N_0}^{N_U} \left\{ \frac{m-1}{m} \left[\frac{1}{m-1} + \lambda_0 + \sum_{r=1}^{n} \lambda_r g_r(N) \right] \right\}^{\frac{1}{m-1}}$$

$$\cdot \left[1 - \left\{ \frac{m-1}{m} \left[\frac{1}{m-1} + \lambda_0 + \sum_{r=1}^{n} \lambda_r g_r(N) \right] \right\} \right] \mathrm{d}N \qquad (11\text{-}21)$$

2. NDVI 与地下水埋深关系推导

为了确定 NDVI 与地下水埋深的函数关系，首先需要作一个基本假设，假设 NDVI 的累积概率函数 $F(N)$ 与地下水埋深为线性关系，通常在地下水浅埋区，NDVI 随埋深增加而增加，达到植被生长最适宜地下水埋深时，NDVI 值最大，当地下水埋深继续增加时，NDVI 值逐渐减小（图 11-21），所以，将 NDVI 随埋深增大的部分定义为上升部分，将 NDVI 随埋深减小的部分定义为下降部分。分别对两部分进行公式推导。

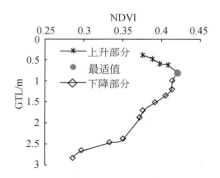

图 11-21　NDVI 分布与地下水埋深关系图

（1）上升部分关系推导

在上升部分，假设 NDVI（N）的累积概率分布函数 $F(N)$ 与地下水埋深（GTL）的关系为

$$F(N) = \frac{\mathrm{GTL} - \mathrm{GTL}_0}{\mathrm{GTL}_C - \mathrm{GTL}_0} \qquad (11\text{-}22)$$

式中，GTL_0 为区域地下水埋深的最小值；GTL_C 为上升部分地下水埋深的最大值，也就是 NDVI 达到最大时的地下水埋深值。式（11-22）对 N 求导数可以得到其概率密度函数 $f(N)$。

$$f(N) = \frac{1}{\mathrm{GTL}_C - \mathrm{GTL}_0} \cdot \frac{\mathrm{dGTL}}{\mathrm{d}N} \qquad (11\text{-}23)$$

在本章中，将 NDVI 的全概率条件作为第一个限制条件，期望条件作为第二个限制条件，具体表达为

$$\int_{N_0}^{N_C} f(N)\,\mathrm{d}N = 1 \qquad (11\text{-}24)$$

$$\int_{N_0}^{N_C} Nf(N)\,\mathrm{d}N = \overline{N_1} \qquad (11\text{-}25)$$

式中，N_0、N_C 分别为地下水埋深为 $\mathrm{GTL_0}$、$\mathrm{GTL_C}$ 时的 NDVI 值；$\overline{N_1}$ 为上升部分 NDVI 均值，可以表示为

$$\overline{N_1} = \frac{1}{d}\int_{\mathrm{GTL_0}}^{\mathrm{GTL_C}} N(\mathrm{GTL})\,\mathrm{dGTL} \qquad (11\text{-}26)$$

式中，$d = \mathrm{GTL_C} - \mathrm{GTL_0}$，表示上升部分地下水埋深的变化范围。

由 NDVI 的 Tsallis entropy 与其限制条件，构造拉格朗日函数 L：

$$L = \frac{1}{m-1}\int_{N_0}^{N_U} f(N)\{1 - [f(N)]^{m-1}\}\,\mathrm{d}N + \lambda_0\left[\int_{N_0}^{N_U} f(N)\,\mathrm{d}N - 1\right]$$

$$+ \lambda_1\left[\int_{N_0}^{N_C} f(N)N\mathrm{d}N - \overline{N}\right] \qquad (11\text{-}27)$$

式（11-27）对概率密度 f 求导，并令其等于 0：

$$\frac{\partial L}{\partial f} = 0 \Rightarrow \frac{1}{m-1}\{(1 - [f(N)]^{m-1}) - (m-1)[f(N)]^{m-1}\} + \lambda_0 + \lambda_1 N = 0 \qquad (11\text{-}28)$$

通过式（11-28），可以求出 NDVI 的概率密度函数：

$$f(N) = \left[\frac{m-1}{m}\left(\frac{1}{m-1} + \lambda_0 + \lambda_1 N\right)\right]^{\frac{1}{m-1}} = 0 \qquad (11\text{-}29)$$

式（11-29）可以简写为

$$f(N) = \left[\frac{m-1}{m}(\lambda_* + \lambda_1 N)\right]^{\frac{1}{m-1}} \qquad (11\text{-}30)$$

式中，$\lambda_* = \lambda_0 + \dfrac{1}{m-1}$。

将式（11-30）代入式（11-14）便得到 NDVI 的 Tsallis 最大熵：

$$H = \frac{1}{m-1} - \frac{1}{m}(\lambda_* + \lambda_1\overline{N}) \qquad (11\text{-}31)$$

通过联立式（11-29）与式（11-23），得到：

$$\left[\frac{m-1}{m}\left(\frac{1}{m-1} + \lambda_0 + \lambda_1 N\right)\right]^{\frac{1}{m-1}} = \frac{1}{\mathrm{GTL_C} - \mathrm{GTL_0}} \cdot \frac{\mathrm{dGTL}}{\mathrm{d}N} \qquad (11\text{-}32)$$

式（11-32）变形为

$$\left[\frac{m-1}{m}\left(\frac{1}{m-1} + \lambda_0 + \lambda_1 N\right)\right]^{\frac{1}{m-1}}\mathrm{d}N = \frac{1}{\mathrm{GTL_C} - \mathrm{GTL_0}} \cdot \mathrm{dGTL} \qquad (11\text{-}33)$$

对式（11-33）在积分区间 N_0 到 N、$\mathrm{GTL_0}$ 到 GTL 上进行积分，可以得到 N 关于 GTL 的关系式：

$$N = \frac{1}{\lambda_1}\left[\left(\lambda_* + \lambda_1 N_C\right)^{\frac{m}{m-1}} + \frac{GTL}{GTL_C - GTL_0} \cdot \lambda_1 \left(\frac{m}{m-1}\right)^{\frac{m}{m-1}}\right]^{\frac{m-1}{m}} - \frac{\lambda_*}{\lambda_1} \quad (11\text{-}34)$$

式（11-34）描述了上升部分 NDVI 与地下水埋深的关系，NDVI 随地下水埋深的增大而增大。

（2）下降部分关系推导

所谓下降部分是指 NDVI 随地下水埋深的增大而减小的部分，当地下水埋深增大到一定值后，NDVI 不再受地下水埋深的影响。此部分的 NDVI 与地下水埋深的关系推导与上升部分有类似之处，但是基本假设不同。

这部分的假设条件为

$$F\left(N\right) = 1 - \frac{GTL - GTL_C}{GTL_U - GTL_C} \quad (11\text{-}35)$$

及

$$f\left(N\right) = \frac{1}{GTL_C - GTL_U} \cdot \frac{dGTL}{dN} \quad (11\text{-}36)$$

此部分限制条件与上升部分类似，包括两个限制条件：

$$\int_{N_C}^{N_U} f(N)\, dN = 1 \quad (11\text{-}37)$$

$$\int_{N_C}^{N_U} N f(N)\, dN = \overline{N} \quad (11\text{-}38)$$

式中，N_C 为 NDVI 的下限值；N_U 为 NDVI 的上限值。

与上升部分方法相同，构造拉格朗日函数，对概率密度函数求偏导并令其等于 0，求出使得熵最大的概率密度函数：

$$f\left(N\right) = \left(\frac{m-1}{m}\lambda_* + \lambda_1 N\right)^{\frac{1}{m-1}} \quad (11\text{-}39)$$

并给出下降部分的 NDVI 与地下水埋深的关系公式。

联立式（11-39）与式（11-30）得到如下方程式：

$$\left[\frac{m-1}{m}\left(\lambda_* + \lambda_1 N\right)\right]^{\frac{1}{m-1}} = \frac{1}{GTL_C - GTL_U} \cdot \frac{dGTL}{dN} \quad (11\text{-}40)$$

式（11-40）变形为

$$\left[\frac{m-1}{m}\left(\lambda_* + \lambda_1 N\right)\right]^{\frac{1}{m-1}} dN = \frac{1}{GTL_C - GTL_U} \cdot dGTL \quad (11\text{-}41)$$

对式（11-41）在区间 N_C 到 N 及 GTL_C 到 GTL 进行积分，得到如下式：

$$N = \frac{1}{\lambda_1}\left[\left(\lambda_* + \lambda_1 N_C\right)^{\frac{m}{m-1}} - \lambda_1 \frac{GTL}{L}\left(\frac{m}{m-1}\right)^{\frac{m}{m-1}}\right]^{\frac{m-1}{m}} - \frac{\lambda_*}{\lambda_1} \quad (11\text{-}42)$$

式中，$L = GTL_U - GTL_C$，表示下降部分地下水埋深的变化范围，式（11-42）描述了下降部分 NDVI 分布与地下水埋深的函数关系。

3. 黑河中游地下水埋深与 NDVI 分布关系

通过 ArcGIS 软件融合了 2011 年黑河中游地区 10m 以内地下水埋深与林草地 NDVI 数

据，因为当地下水埋深过大时，植被很难通过根系吸收水分维持生长，而中游地区耕地的水分来源主要依靠灌溉供给。地下水埋深变化分别以 0.1m、0.5m、1.0m 为步长，取步长内的 NDVI 均值。NDVI 值为生长季（5~9 月）均值，地下水埋深也是通过生长季埋深均值插值得到的。

（1）参数拟合

利用黑河中游地区 10m 以下地下水埋深与相应的 NDVI 均值拟合模型，模型的参数 m 取值为 3/4，拟合得到的 λ_1、λ^* 值及模型拟合时所需的 N_C 值及 N_U 值如表 11-9 所示。因拟合适用数据为同一组数据集，只是埋深步长取值有所差异，所以 λ_1、λ^* 的取值都为正值，且变化幅度并不大。

表 11-9 黑河中游区草地 NDVI 与不同步长地下水埋深的模型参数值

参数	地下水埋深步长		
	0.1m	0.5m	1.0m
N_C	0.50	0.30	0.35
N_U	0.00	0.10	0.15
λ_1	6.41	0.50	4.69
λ^*	0.37	1.63	0.78

（2）模拟效果

图 11-22（a）为 0.1m 步长 NDVI 均值与地下水埋深的对应关系图，实测 NDVI 与模拟 NDVI 相关系数为 0.34，NDVI 随地下水埋深的增大而减小，图 11-22（b）、（c）分别为步长取 0.5m 与 1.0m 的 NDVI 均值与地下水埋深的关系图，步长的区间取得越大，NDVI 与埋深的关系越明显，步长为 1.0 时，模拟 NDVI 与实测 NDVI 的相关系数高达 0.89（$p<0.01$），模拟效果很好。但是，对于耕地、未利用地等其他土地利用类型，NDVI 分布与地下水埋深则几乎没有关系，主要是因为耕地的主要水分来源为人工灌溉，而未利用地（戈壁、荒漠等）稀疏植被的水分来源主要为降水。

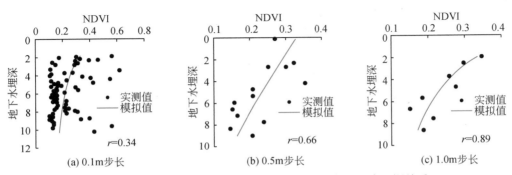

图 11-22 基于 Tsallis 熵的黑河中游草地 NDVI 与地下水埋深关系

11.3　基于绿洲植被圈层理论的黑河绿洲适度农业规模确定方法

11.3.1　绿洲适度农业规模研究进展及定义

1. 绿洲适度农业规模研究进展

我国对绿洲的研究从 20 世纪 80 ~ 90 年代开始兴起，对绿洲的内涵研究也在不断地扩展。干旱区由山地、绿洲、荒漠三大地理系统组成，绿洲是干旱区特有的一种生态地理景观。它既是干旱区人们生存和发展的主要空间，也是干旱区生物栖息繁衍的主要场所，同时又是一种变动性大、生态脆弱的开放系统。其形成、分布和发展与演化离不开外界环境的制约。依据学术界对绿洲内涵的探究，基本认同绿洲的存在有以下特征：①绿洲存在于干旱、半干旱的荒漠地区；②绿洲存在的基本条件为有稳定的水源供给。基于绿洲的特性，以及现代绿洲规模扩张过程中产生的环境问题分析表明，绿洲规模并不是越大越好（郭明和李新，2006）。绿洲的稳定性直接关系到地区社会、经济、生态的可持续发展。水土资源组合是农业绿洲形成的先决条件，而水是决定绿洲生态系统稳定性的关键因子。绿洲经济与绿洲生态是相互依存，互为因果的。由灌溉形成的人工绿洲是干旱区绿洲的精华，也是消耗水资源最多的区域，所以农业灌溉规模的适宜程度将直接影响到整个绿洲的稳定性。如何在有限水资源条件下发展适度农业规模已成为干旱区绿洲可持续发展的重要研究内容之一。

目前对适宜绿洲规模的相关研究主要集中在国内，已有的研究集中在绿洲规模与水资源间的相关关系研究、绿洲稳定性研究，以及基于水热平衡原理的适宜绿洲规模研究，如王忠静等（2002）利用"绿度"来评价绿洲的稳定性，并根据该计算公式演算河西走廊绿洲适宜规模；Hu 等（2007）通过水热、水土平衡分析，建立适宜绿洲数学模型，依据水量平衡原理计算渭干河流域适宜绿洲和耕地面积；黄领梅等（2008）通过建立水资源与绿洲面积的数学关系式来测算绿洲规模的大小；陈亚宁和陈忠升（2013）在探讨干旱区绿洲形成演变的基础上，依据水热平衡原理建立适宜绿洲数学模型计算塔里木河流域农业绿洲适宜面积，认为该流域农业绿洲总体上已处于不稳定状态；凌红波等（2012）通过 Z 指数法及水热平衡模型分析了克里雅河流域在不同丰枯水平下的绿洲适宜规模；Ling 等（2013）根据水热平衡原理分析了玛纳斯流域近 40 年绿洲的稳定性并预测了该流域 2020 年适宜绿洲规模；Lei 等（2014）根据水量平衡原理建立适宜绿洲面积模型，验证塔里木河流域天然绿洲与人工绿洲的合理比例。也有从其他角度进行的研究，如李啸虎等（2015）运用水足迹模型分析种植业产品耗水特征，从作物水足迹和水源类型角度建立模型测算乌鲁木齐市适宜耕地规模。

一个地区的适宜绿洲规模受来水条件、用水水平等多种因素影响，已有研究大多基于多年平均来水条件研究适宜绿洲规模，没有考虑不同水文年型；在适宜耕地规模的研究方面的文献较少，且是在适宜绿洲规模的基础上考虑一个适宜比例而确定。本节分析不同来水情景，基于水热平衡原理建立适宜绿洲规模模型；结合黑河干流中游地区实际生态恢复条件，将水热平衡原理与绿洲分带理论相结合，确定适宜的农业规模，为以水定地，合理控制农业开发与农业规模提供理论依据。

2. 黑河中游绿洲农业发展现状

黑河是中国第二大内陆河，地处河西走廊中部，全长 821km，以莺落峡和正义峡为上、中、下游分界点。黑河中游由东部、中部、西部 3 个独立子水系组成，其中东部水系即黑河干流水系，包括黑河干流、梨园河及 20 多条沿山支流，流经黑河流域主要灌溉农业区，用水量大，水事矛盾突出，黑河干流中游即指黑河东部水系（仵彦卿等，2010）。行政区划上包括从黑河干流中游水系取水的张掖市的甘州区、高台县和临泽县，由于其得天独厚的区位优势，水资源获取便捷，光热潜力得以充分发挥，是全流域温度、水分与光照组配最好的地区（Liu and Shen，2017）。黑河干流中游地区集中黑河流域超过 40% 的人口和 60% 的作物，消耗黑河干流 70% 的水量，张掖绿洲属传统灌溉农业经济区，是甘肃和全国重要的粮、油、菜生产基地，每年为甘肃提供 30% 的商品粮和 60% 的商品油（郭巧玲，2012）。由于该地区人口增长、经济发展致使区域水土资源过度开发，下游水量逐渐减少，生态环境恶化。为合理利用黑河水资源和协调用水矛盾，国务院批准《黑河干流水量分配方案》规定在不同保证率来水情景下，莺落峡分配到正义峡的下泄水量。如何在分配的有限水资源条件下发展适宜绿洲规模及耕地规模，已成为黑河干流中游绿洲可持续发展的重要研究内容之一。

农业是张掖的主导产业，在绿洲经济发展中起着举足轻重的作用。近年来，黑河中游地区随水土资源开发利用规模的不断发展，流域内农业与经济得以迅速发展，加之随着人口增加，不合理的土地开垦，粗放的灌溉方式，导致水土资源矛盾突出，且由于绿洲具有的维水性和脆弱性的特点，绿洲内农业生态环境恶化，引发了一系列生态环境问题。目前黑河中游绿洲农业发展与生态环境的矛盾日渐突出，这是绿洲农业可持续发展不可回避的问题之一。如何确定绿洲适度农业规模，改善绿洲农业生态环境，提出绿洲农业健康、协调发展的对策建议，从而进行生态环境与经济效益间的协调统一，对干旱区绿洲农业经济可持续发展有着重要意义。

3. 适度绿洲农业规模的定义

绿洲在世界各大洲几乎都有分布，以亚洲和非洲两大洲最为集中。我国干旱、半干旱区绿洲广布，人工绿洲（简称绿洲）出现已有几千年历史。绿洲一般存在于荒漠之中，是干旱区独有的地理景观，是荒漠中有稳定水源供给、利于植物繁茂生长或人类聚集繁衍的高效生态地理景观（区域）。水资源是绿洲存在不可或缺的条件之一，绿洲规模取决于区域可用水资源量及水资源开发利用程度和利用水平。适度绿洲规模是指在一定的地表水、地下水可用水资源量及其特定时空分布及现有渠系水利用系数等来水条件，以及一定的社会、经济和科技发展状况条件下，以保证绿洲内外生态环境稳定为前提，能维持的一个相对稳定的最大规模的绿洲生态系统面积。根据以上对适度绿洲规模的定义可知，适度绿洲规模与很多因素有关，是各个因素综合影响的结果，所以它必然是一个动态变化的过程和范围，而不是一个确定的数值。

在探求绿洲经济与社会、环境相协调的发展，以及对绿洲开发和生态环境建设的过程中，人们逐步认识到在绿洲农业这个区域，人与自然的矛盾最复杂，对整个干旱区的稳定和持续发展有着极大的影响，并在很大程度上是具有决定性的影响。干旱区人类赖以生存的绿洲农业是由灌溉形成的干旱区绿洲的精华，随着人类对绿洲的不断开发，绿洲中由人类灌溉而成的耕地也不断扩大。绿洲农业的发展不可避免地会增加灌溉用水，挤占生态需水。适度农业规模是指在不影响绿洲社会、经济和生态整体可持续发展的前提下，绿洲水资源能够承载的耕地规模。显然适度农业规模不仅受降水量、温度、地表水、地下水等自然因素的影响，同时也受人口规模、经济规模、农业种植结构、节水水平及管理水平等人为因素的影响，而根据绿洲生态适宜性理论，绿洲整体的发展也必须遵守适宜性、整体性、高效性、稳定性及社会性等原则。由于适度绿洲规模的动态属性，适度绿洲农业规模也应该呈现一个动态的范围。

11.3.2 基于绿洲植被圈层理论的绿洲适度农业规模模型

1. 模型理论基础

研究绿洲适度农业规模，即为研究区域水–土–热能资源之间的关系，在该系统中，存在两个基本的循环，即水分循环和热量循环。水热平衡原理很好地解释了这两者之间的相互关系，这为解决绿洲适度农业规模问题提供了科学的依据。

（1）水热平衡原理

陆地表面的实际蒸发，同时受降水和蒸发能力两个因素控制，即依赖于水源和热源。在系统水热平衡过程中存在两个基本的转换过程，即水分循环与热量交换。

对于多年平均情况，地表面水分平衡可表示为

$$P = F + E \tag{11-43}$$

式中，P 为平均年降水量；F 为平均年径流量；E 为平均年蒸发量。

对全年平均情况来说，地表热量平衡可用简化方程表示：

$$R = \eta + \beta E \tag{11-44}$$

式中，R 为年辐射平衡；η 为年乱流热通量；β 为蒸发潜热。

这两个过程各自维持平衡，同时相互之间也保持平衡。水分迁移与热量传输是两个相互作用的过程，即所谓"水热耦合"。对于水分充足热量不足的地区，热量是限制因素；相反，对于热量充足水分不足的地区，水分是限制因素。在干旱半干旱地区的生态系统中，水分和热量与植被生长发育和植被空间分布密不可分。所以充分、有效地利用水热资源，对提高系统资源利用效率、系统生态环境发展与保护有着重要的意义（王兵，2002）。

关于水热耦合，Budyko（1961）提出了建立流域水量与能量（这里主要指由太阳辐射产生的能量）耦合平衡方程的构想，认为实际蒸散发量与降水量的比值是降水量与可供能量比值的函数，而且它们之间可以通过复杂的函数关系确定下来，即为水热平衡方程：

$$E/P=f(R_n/\lambda P) \tag{11-45}$$

式中，f 假定为适用于所有流域的普适函数；P、E 和 R_n 分别为流域年降水量、蒸散发量和净辐射量；λ 为液态水汽化潜热，可认为是一常数。在水文学中，通常采用蒸发能力 E_0 来代替太阳净辐射 R_n，参考作物蒸散量通常被用来代表蒸发能力。

所以在基于水热平衡的绿洲适度农业规模计算过程中，参考作物腾发量是非常重要的参数，该参数的计算将在本节后面部分介绍。水分的运移转化往往伴随着能量的迁移和消耗，一个生态系统当能量需求得到满足的情况下，生态系统的演化方向取决于其水分供应，在水分条件充足的地方，会出现热带雨林生态结构，而水分条件缺乏的地方，则出现草原甚至荒漠的结构，即生态系统演化，在一定意义上可以认为是植被生态的变化，取决于作用于系统上的水热平衡状况（王忠静等，2002）。植被生态系统景观取决于其水热平衡状况，要维持一定规模的植物生长且在整体上显现为绿洲景观，必须保证相应的绿洲蒸发。

（2）绿洲植被生态圈层理论

生态系统的构成（景观形态和空间分布）取决于水循环运动和水量分布条件。在西北内陆地区，补给平原盆地生态系统的水分由两部分组成：①当地少量降水；②河川径流，山区形成的径流是平原地区最重要的水分来源。内陆河的流向一般从盆地边缘向中央汇集，而沿同一方向河流向两岸侧渗的地下水经历潜水埋深由浅到深的变化，相应对植被的水分补给由多渐少，植被盖度逐渐由高向低演变，最终在绿洲边缘地下水对植被的补给微乎其微，降水成为边缘植被的唯一水分补给植被（陈敏建等，2004）。

由于径流运动的作用，平原生态系统结构表现出带谱的规律性，以河流为中心向两岸依次为绿洲、过渡带、荒漠（陈敏建等，2004）。同时，人类通过水资源利用建立了人工绿洲，改变了天然生态系统的组成。引水灌溉技术的发展使得绿洲中心形成了以耕地为主的人工绿洲，是该地区人类居住活动的区域。

通过上述机理分析，根据生态景观的需水补给条件界定内陆盆地生态系统的组成，Abd EI-Ghani（1992）从植被的角度，把埃及的加拉绿洲划分为 3 个带，即外围荒漠带、边缘弃耕地带和内部农作物种植带。在中国，绿洲环境在宏观上也具有相似的空间分布形式，建设防护林体系是建设、保护绿洲的基本对策和途径。这个防护林体系要求林木分布均匀，布局合理，层层设防，实行网片带、乔灌草相结合。结合临泽绿洲北部沙地整治试验的经验，将黑河干流中游绿洲结构概化为 3 个同心圆圈层（图 11-23）：最外层是设有沙障的防风固沙灌草带，种植天然灌木、半灌木及草本植物，宽度为 800～1000m，此区域是径流活动（潜水）的外缘区，对河川径流变化反映敏感，因此最易引起退化而导致荒漠化的扩张；第 2 层是防风防沙林带，种植的乔木主要有白杨、箭杆杨、沙枣，灌木主要有梭梭、毛条，宽度为 100～500m，该层是由水土资源组合构成的生态环境对社会经济发展的自然支撑体系；内圈是农田作物和农田防护林网，林网采用小网格窄林带，主要种植二

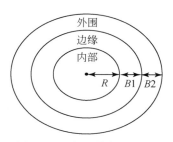

图 11-23　绿洲结构平面图

白杨、箭杆杨等树种（贾保全和龙慈骏，2003；刘新民等，1987；肖庆丽等，2014）。农作物耕种带是人类在绿洲中进行水土资源开发，通过侵占天然生态面积，在绿洲内部形成的由人工供水支撑的生态系统。

2. 模型情景设置

基于对绿洲稳定性和绿洲规模与承载力的研究（王忠静等，2002；陈亚宁和陈忠升，2013），水资源的输入量、时空分布及用水部门分配与绿洲适度农业规模有着密切的联系。绿洲规模及绿洲内部农业规模取决于绿洲可用水资源量及水资源的开发利用水平，同时水资源的空间分布及用水调配还制约着绿洲及农业规模的分布形态及农业结构类型。

绿洲情景设置丰水年、偏丰水年、平水年、偏枯水年、枯水年五种情景。

3. 适度绿洲规模计算模型

（1）影响适度绿洲规模的因素

A. 区域水资源量

根据"以水定地"原则，一定的水资源量只能承载一定的绿洲规模，对于干旱半干旱地区而言，光热资源比较丰富，影响绿洲规模的关键是水资源，可以说，水资源是确定适度绿洲规模过程中最重要的一个影响因子。

B. 生态气象条件

所谓水热平衡原理，其与研究区域的水文气象状况密不可分，流域的实际蒸散发同时受降水和蒸发能力两个因素控制，尤其是当地的实际蒸散发量直接影响了区域水文循环的规律和定性。

C. 人口规模及社会经济发展

人口规模及社会经济的发展对干旱区绿洲来说有正反两个方面，一方面绿洲的发展离不开人口规模及社会经济的扶持，另一方面干旱区经济的发展依赖于以灌溉农业为主体的绿洲农业的发展，也就是绿洲水土资源进一步开发，此特点基本确定了绿洲经济的发展必将增加水资源的消耗量，加剧水资源供需矛盾，打破绿洲生态的平衡。

（2）模型建立

生态系统演化，在一定意义上可以认为是生态植被的变化，取决于作用于系统上的水热平衡状况。荒漠只要有足够的水源，就能形成绿洲，而绿洲的生态环境极度恶化，也会重新变成荒漠。在定量的水资源支撑下，能够维持绿洲稳定的绿洲规模为适度的绿洲规模。绿洲需水量与绿洲规模之间的定量关系是决定绿洲是否健康发展的前提条件。依照生态水热平衡原理，王忠静等（2002）提出评价绿洲稳定性的指标为绿度 H_0，适宜绿洲规模可按下式计算：

$$A = \frac{W - W'}{(ET_0 - P) \cdot K_P \cdot H_0} \times 10^5 \tag{11-46}$$

式中，A 为绿洲面积（km^2）；W 为流域可利用水资源总量，从水资源规划意义上，是分配给该绿洲的可利用水量（亿 m^3）；W' 为流域内年均工业和人畜用水量及流域水面蒸发量，对绿洲植被生长无贡献（亿 m^3）；ET_0 为彭曼公式计算的参考作物腾发量（mm）；P 为流域年降水量（mm）；K_P 为流域内植物的综合影响系数，反映作物和参考作物之间需水量的差异，包括基础作物系数和土壤蒸发系数两部分；H_0 为绿洲的绿度。

在土壤–植物–大气连续体研究中，参考作物蒸散量是确定气象因素对该体系中水分传输与水汽扩散速率影响的指标。根据研究对象差异，估算蒸散发通量的模型也各不相同。例如，有以能量平衡原理为基础的 Priestley-Taylor 模型、有研究稀疏冠层条件下的 Shuttleworth-Wallace 双源模型等，其中应用最为广泛的是 Penman-Monteith 模型。该方法以能量平衡和水汽扩散理论为基础，既考虑了作物的生理特征，又考虑了空气动力学参数的变化，具有较充分的理论依据和较高的计算精度。Penman-Monteith 公式如下：

$$ET_0 = \frac{0.408\Delta (R_n - G) + \gamma \dfrac{900u_2 (e_s - e_a)}{T + 273}}{\Delta + \gamma (1 + 0.34u_2)} \tag{11-47}$$

式中，ET_0 为参考作物蒸散量（mm/d）；G 为土壤热通量 [$MJ/(m^2 \cdot d)$]；R_n 为植物冠层表面净辐射 [$MJ/(m^2 \cdot d)$]；T 为 2m 高处的日平均气温（℃）；γ 为温度表常数（kPa/℃）；Δ 为曲线的斜率（kPa/℃）；u_2 为 2m 高处的风速（m/s）；e_s 为饱和水气压（kPa）；e_a 为实际水气压（kPa）。

选取张掖气象站（1956~2009 年）、高台气象站（1953~2009 年）、临泽气象站（1967~2009 年）作为研究对象。气象资料包括日平均气温、最高气温、最低气温、降水量、日照时数、相对湿度、平均风速等。张掖气象站、高台气象站和临泽气象站逐年 ET_0 变化过程如图 11-24 所示。

植物综合影响系数可以参照不同植被的作物系数加权平均，根据相关研究（李金华等，2009；程玉菲等，2007）选取 K_P 值：林地 0.7，草地 0.44，耕地按小麦（0.84）、玉米（0.96）的均值；根据已有研究（王忠静等，2002）对绿洲稳定性和可正常维持的生态景观描述（表 11-10），绿度 H_0 取值为 [0.5，0.75]。

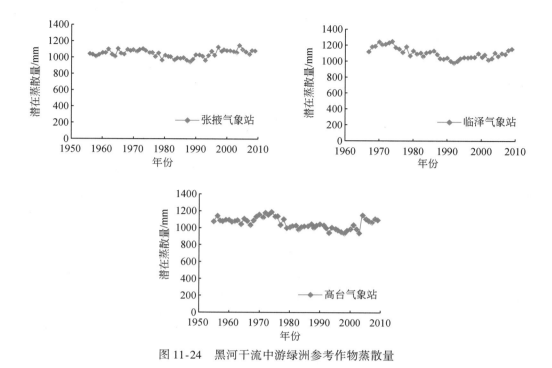

图 11-24　黑河干流中游绿洲参考作物蒸散量

表 11-10　绿洲稳定度划分

稳定性	绿度 H_0	可正常维持的生态景观	绿洲生态趋势	绿洲开发利用评价
超稳定	>1.00	湖泊、大面积湿地和森林	异质性将增加	绿洲面积可以扩大
稳定	0.75~1.00	森林草原或草原	保持平衡	绿洲面积在有可靠措施下，可谨慎扩大
亚稳定	0.50~0.75	干草原和疏树草原	开始退化	绿洲需要较高的投入才能保持稳定
不稳定	<0.50	干草原	退化	必须缩小绿洲规模以保持局部稳定

4. 基于绿洲圈层结构理论的适宜耕地规模计算模型

绿洲农业的可持续发展一定程度上取决于其外围生态环境的状况。绿洲系统内部农业与生态各组分在一定水资源可利用条件下具有相互影响、相互作用、相互制约的关系。作为绿洲农业的保护措施防护林体系，既是保护绿洲的基本配置，同时会占用一部分绿洲用水，如何合理处理水资源的分配，维持绿洲稳定的生态环境，发展高效的农业经济是绿洲系统需要解决的问题之一。

适宜耕地规模计算模型的构建包括两部分：①根据 Abd EI-Ghani（1992）提出的绿洲植被划分，同时结合临泽绿洲北部沙地整治试验的经验，构建黑河中游绿洲植被空间圈层结构，分别为绿洲内部的绿洲农田作物和农田防护林网、绿洲外围的防风防沙林带和绿洲最外围的防风固沙灌草带；②在整个绿洲系统内，依据绿洲需水量和可用水量相等原则，确定绿洲内部耕地面积、农田防护林面积、防风防沙林带，以及防风固沙灌草带的面积。

根据水热平衡原理，建立适宜耕地规模计算模型：

$$\alpha \cdot A_1 \cdot ET_1 + (1-\alpha) \cdot A_1 \cdot ET_2 + A_2 \cdot ET_3 + A_3 \cdot ET_4 = (W-W') \times 10^5 \tag{11-48}$$

$$A_1 = \pi \cdot R^2 \tag{11-49}$$

$$A_2 = \pi \cdot (R+B_1)^2 - \pi \cdot R^2 \tag{11-50}$$

$$A_3 = \pi \cdot (R+B_1+B_2)^2 - \pi \cdot (R+B_1)^2 \tag{11-51}$$

式中，W 为绿洲水资源可利用量（亿 m^3）；W' 为工业、生活用水及流域水面蒸发量，对绿洲植被生长无贡献（亿 m^3）；ET_1 为农作物年需水（mm）；ET_2 为农田防护林年需水（mm）；ET_3 为防风防沙林带年需水（mm）；ET_4 为防风固沙灌草带年需水（mm）；A_1 为绿洲农田作物和农田防护林网的面积（km^2）；R 为该圈层宽度（km）；A_2 为防风防沙林带的面积（km^2）；B_1 为防风防沙林带的宽度（km）；A_3 为防风固沙灌草带的面积（km^2）；B_2 为防风固沙灌草带的宽度（km）；α 为农田耕地面积占绿洲农田生产系统的比例，根据樊自立（1996）的研究，α 取 0.9。

11.3.3 基于绿洲植被圈层理论的黑河绿洲适度农业规模

1. 模型基础数据

（1）水量数据

依据 11.1.5 节，黑河中游农业可用水量为总可利用水量扣除工业和生活部门消耗的水量，同时，黑河中游浅山区水沟的水量基本不汇入黑河干流，出山后即入渗地下消失于山前冲积扇，这部分水量也扣除。因此，在丰水年、偏丰年、平水年、偏枯年、枯水年绿洲生态和农业可利用水量分别为 15.06 亿 m^3、14.02 亿 m^3、13.95 亿 m^3、13.68 亿 m^3 及 13.10 亿 m^3。

黑河中游绿洲行政区划包括张掖市的甘州区、高台县和临泽县，该地区农业为区域优势产业，也是主要用水产业，工业和生活用水较少。根据《张掖市国民经济和社会发展统计公报》，2013 年工业用水及生活用水如表 11-11 所示。

表 11-11　黑河干流中游工业及生活用水　　　　（单位：亿 m^3）

县（区）	工业用水量	生活用水量	合计
甘州	0.19	0.31	0.50
临泽	0.22	0.10	0.32
高台	0.09	0.09	0.18
合计	0.50	0.50	1.00

（2）生态需水定额

植被生态需水是植被生态系统为维护自身生长、发挥生态功能所需要消耗和占用的水资源量，包括植被蒸散量和土壤含水量两种形式（何志斌等，2005）。依据已有的关于黑河中游生态需水的研究成果（何志斌等，2005，赵丽雯和吉喜斌，2010），确定黑河中游生态植被需水定额。

干旱区植被耗水量因供水条件的差异具有很大的弹性。根据何志斌等（2005）的研究将干旱区生态需水量划分为临界生态需水量、最适生态需水量和饱和生态需水量。临界生态需水量是指维持干旱植被生存所需要的最小耗水量；最适生态需水量是指干旱区植被具有正常的功能如防护功能的耗水量；饱和生态需水量是在整个植被群落中光温生产潜力得以最大发挥时的植被耗水量。将临界生态需水量和饱和生态需水量之间定义为生态健康的生态需水衡量标准。

在植被区，供水不足的情况下，实际蒸散量与潜在蒸散量呈正比，即

$$ET_e = ET_0 \cdot \lambda \tag{11-52}$$

式中，ET_e 为实际蒸散量（mm）；ET_0 为用 Penman-Monteith 公式计算的潜在蒸散量（mm）；λ 为蒸发系数。

计算农田需水量时，λ 为综合作物系数，反映植物生物学特征对需水量的影响。作物系数与作物生育阶段有关，作物生育期划分为 4 个阶段：生长初期、发育期、生长中期和生长后期。黑河流域中游春小麦一般在 3 月 8 日前后播种，7 月 12 日左右收获，生长期约 130 天。其中生长初期、发育期、生长中期、生长后期分别约为 20 天、20 天、60 天、30 天。制种玉米一般在 4 月 15 日前后播种，9 月 22 日左右收获，生长期约 160 天。其中生长初期、发育期、生长中期、生长后期分别约为 30 天、40 天、60 天和 30 天，参考李茉（2017）、赵丽雯和吉喜斌（2010）的研究，黑河干流中游地区的综合作物系数（玉米、小麦和蔬菜等）的确定通过作物生育期内各月的作物系数计算，并通过现状种植面积确定作物权重，取值为 0.69。

参考已有研究（何志斌等，2005；赵丽雯和吉喜斌，2010），临界生态需水、最适生态需水和饱和生态需水等级下生态植被的蒸发系数 λ 分别如表 11-12 所示。由此可得不同生态需水等级下，生态植被的需水定额（表 11-13）。

表 11-12 黑河流域中游蒸发系数

生态需水等级	蒸发系数	
	乔木	灌木林草
临界生态需水	0.116	0.098
最适生态需水	0.294	0.216
饱和生态需水	0.756	0.547

表 11-13 不同水文年生态植被需水量　　　　　　　（单位：mm）

水文年	植被类型	生态需水等级		
		临界	最适	饱和
丰水年	乔木	121	306	787
	灌木林草	101	225	449

续表

水文年	植被类型	生态需水等级		
		临界	最适	饱和
偏丰水年	乔木	122	309	794
	灌木林草	102	227	453
平水年	乔木	124	315	810
	灌木林草	104	231	462
偏枯水年	乔木	125	315	811
	灌木林草	104	232	463
枯水年	乔木	127	321	825
	灌木林草	106	236	471

农田防护林主要是指乔木林。表 11-13 的结果表明，不同生态需水等级下，植被需水量差异很大。因此，讨论不同生态需水等级下的绿洲规模和农业规模是非常必要的。

2. 模型计算结果

（1）黑河干流中游绿洲适宜规模结果与分析

黑河干流中游不同来水情景下适宜绿洲规模如表 11-14 所示。黑河中游适宜绿洲规模在丰水年、偏丰水年、平水年、偏枯水年以及枯水年分别为 2501～3751km²、2281～3421km²、2212～3318km²、2143～3214km²、1989～2984km²。现状 2013 年为偏丰水年，实际绿洲面积为 2022km²，说明目前绿洲规模处于基本稳定状态。

表 11-14　黑河干流中游适宜绿洲规模

来水状况	参考作物蒸发蒸腾量/mm	适宜绿洲规模/km²		现状（2013 年）规模/km²
		$H_0 = 0.5$	$H_0 = 0.75$	
丰水年	1041	3751	2501	
偏丰水年	1050	3421	2281	2022
平水年	1071	3318	2212	
偏枯水年	1072	3214	2143	
枯水年	1091	2984	1989	

（2）黑河干流中游绿洲适宜农业规模结果与分析

黑河干流中游绿洲在丰水年、偏丰水年、平水年、偏枯水年和枯水年，适宜农业规模分别为 2018km²、1831km²、1772km²、1713km² 和 1583km²（表 11-15）。中游农业规模控制在 1583～2018km²，灌溉用水基本可以满足绿洲农业的正常发展。偏丰水年绿洲适宜农业规模为 1831km²。现状年 2013 年为偏丰水年，其实际农业规模 1929km²。现状年农业规模超过适宜规模 98km²，需要控制农业规模，以维持绿洲的生态稳定。

表 11-15　基于生态圈层结构的黑河干流中游绿洲适宜农业规模

不同水文年	适宜农业规模/km²	现状规模（2013 年）/km²
丰水年	2018	
偏丰水年	1831	1929
平水年	1772	
偏枯水年	1713	
枯水年	1583	

11.4　基于生态健康的黑河绿洲适度农业规模确定方法

11.4.1　生态健康对绿洲发展的重要性

我国干旱半干旱地区约占国土面积的 1/3，且主要集中在西北地区。其中，绿洲占干旱半干旱地区总面积的 5%，但却拥有超过 90% 的人口和 95% 的社会财富。干旱绿洲降水量远低于潜在蒸散量，农业生产依赖于河水或地下水。具有生态防御功能的农业绿洲以外的自然植被（如灌木和草地）完全依赖于地下水。我国绿洲以农业型绿洲为主，生态植被是绿洲存在的屏障，绿洲农业内部生态协调直接关系到绿洲的安全与可持续发展。社会经济的持续发展对农业生产的需求越来越大，而随着农业规模的不断扩张，农业用水持续增多，地下水开采量不断增加，地下水位下降，导致依赖地下水生长的绿洲生态植被得不到有效补给，绿洲生态无法达到可持续发展的要求。因此，绿洲发展必须建立在绿洲生态健康的基础上。

11.4.2　基于生态健康的适度农业规模理论基础

1. 水生态承载力理论

对任何一个流域环境来说，区域水资源总量都具有一定的承载能力，一旦超出了水资源所能承载的最大能力范围，区域的可持续发展将受到严重的影响。水生态承载力是协调流域环境保护与社会经济关系的主要手段（王西琴等，2014）。绿洲水生态系统的自然属性决定了生态承载力具有生态学意义上的极限性，即存在最大可承载规模；经济社会系统的社会属性决定了绿洲存在最优的农业承载规模。通过对水生态系统和经济社会系统的人为干预，可实现承载力的最优化，使经济社会与水生态系统协调健康发展。在这一基础上确定的绿洲农业规模就是基于生态健康的绿洲适度农业规模。水生态承载力可以认为在一定历史阶段，某一流域的水生态系统在满足自身健康发展的前提下，在一定的环境背景条件下，所能持续支撑人类社会经济发展规模的阈值（李靖和周孝德，2009）。

2. 水热平衡理论

在荒漠生态系统中，水分与系统大多数性质和过程都有直接或间接的关系。水土资源组合是农业绿洲形成的先决条件，而水是决定绿洲生态系统稳定性的关键因子，光热是绿洲生态系统长足发展的必要支持。水分与系统中植被生长发育、植物分布有密切关系。充分、合理、有效地利用水热资源，对提高系统资源利用效率、系统生态环境发展与保护有着重要的意义，这项研究的关键则为水热平衡原理。

3. 水资源配置平衡

基于生态健康的适度农业规模研究必须以绿洲水资源平衡为基础，分别考虑三个方面：①水资源的供需平衡，无论是农业用水还是生态用水，水资源供需平衡都是绿洲规模及农业规模研究的基础；②经济用水与生态用水的平衡，不能单纯以农业经济效益最大或生态效益最大为目标，应该保持生态与经济的平衡发展；③水资源配置的可持续性，这是绿洲发展适度规模研究的最终目标，研究结果是否合理最终要看区域社会、经济、生态环境是否满足可持续发展要求。从实际情况出发，依据以水定地的发展原则，以水资源定农业开发规模，提高水土资源的匹配效率，既要考虑绿洲的水土平衡、水热平衡、水生态平衡问题，又要考虑绿洲的水资源循环特点及社会经济发展模式。

11.4.3　基于生态健康的适度农业规模研究思路

本章通过水热平衡理论、风沙动力学理论与生态健康评估相结合的方法，提出了一种确定适度绿洲规模和农业规模的方法（WHBEHA）。首先根据风沙动力学理论确定绿洲有效植被覆盖度；然后建立以黑河流域中游地下水埋深、农田防护林比例、植被覆盖状况和大风发生频次为指标的生态健康评价指标体系，采用层次分析法（AHP）进行绿洲生态健康评价，确定生态健康指数；最后结合水热平衡原理建立适宜农业规模模型，计算农业规模。具体研究思路如图 11-25 所示。

11.4.4　确定绿洲有效植被覆盖率

绿洲生态系统的主要功能是抵御风害，保持土壤。风蚀和沙尘暴对地表土壤的侵蚀，是导致干旱半干旱土地沙化和荒漠化的直接作用之一。所以可以从植被对风蚀的抵御效果入手，寻找合理的生态防护盖度。研究风蚀输沙率与风速的模型有很多，而风蚀输沙率与绿洲有效植被覆盖有密切的联系。通过风蚀输沙率模型，建立沙尘暴起沙速率与绿洲植被盖度之间的对应关系，从而确定基于防御风害的绿洲有效植被盖度。

一般地，建立风蚀输沙率模型有两种常用方法：一种是完全依赖野外观测数据，建立纯经验型回归模型；另一种是在实测数据的基础上，结合风沙动力学中的经典输沙率公式，建立半经验型模型（黄富祥等，2001）。Bagnold 基于风洞实验数据建立的输沙率公

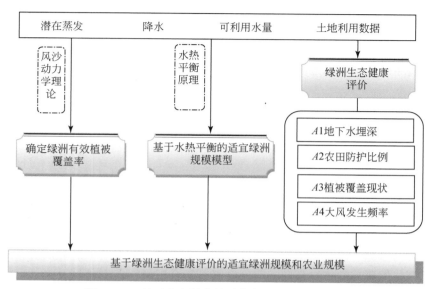

图 11-25　基于生态健康的适度农业规模研究框架

式，是一个具有严密理论基础并经过无数检验的经典模型，模型为

$$q = B\,(u - u_*)^3 \tag{11-53}$$

式中，q 为风蚀输沙率 [kg/(m·h)]；u_* 为高度 z 的沙粒起动风速；u 为高度 z 的实际风速值。

实验常数 B 的计算公式为

$$B = aC\sqrt{\frac{d}{D}}\frac{\rho}{g} \tag{11-54}$$

式中，C 为沙粒分选系数；a 由 $[0.174/\log\,(z/z_0)]^3$ 计算得到，z 为测定沙粒起动风速的高度，z_0 为地表粗糙度；D 为标准沙粒粒径；ρ 为空气密度；g 为引力常数。

当下垫面覆盖着一定的植被时，植被覆盖对地表土壤的保护导致风蚀输沙率有所减少。Wasson 和 Nanninga（1986）对 Bagnold 风沙运输方程进行了推广，用以描述植被覆盖率，以及风速和风蚀输沙率之间的关系。他们认为，植被覆盖对风力沙模型的影响可以从两个方面来考虑。一方面植被覆盖率的增加会降低当地的初始风速，通过公式可表达为

$$q = B\,[\,v_0 f\,(c)\, - v_t\,]^3 \tag{11-55}$$

$$f\,(c) = \mathrm{e}^{(-k_1 c - k_2 c^2)} \tag{11-56}$$

另一方面可以认为植被覆盖率的增加导致了地表起沙速度的增加。通过公式可表达为

$$q = B\,[\,v_0 - v_t g\,(c)\,]^3 \tag{11-57}$$

$$g\,(c) = \mathrm{e}^{(k_3 c + k_4 c^2)} \tag{11-58}$$

式中，q 为风蚀输沙率 [kg/(m·h)]；B 为 Bagnold 方程中的参数，取决于砂粒尺寸，密度和分类；c 为植被覆盖率；v_0 为不受植被影响的风速；v_t 为砂体运动的流体阈值风速；k_1、k_2、k_3 和 k_4 为常数。

根据 Wasson 和 Nanninga（1986）及李海涛（2008）等的研究，模型I［公式（11-55）、式（11-56）］获得的信息是原始信息，信息损失量小，植被对风蚀输沙率的响应更敏感些；而模型Ⅱ［式（11-57）、式（11-58）］获得的信息是次级信息，有一定的信息损失，植被对风蚀输沙率的响应要迟钝些。此外，在模型I中通过回归得出的曲线相关的误差较小。基于这样的考虑，本章将使用模型I。李海涛（2008）基于现场测量数据拟合了模型I，并获得了在中国干旱和半干旱地区普遍适用的模型参数：$k_1 = 0.169$，$k_2 = 2.795$。

有效植被覆盖率是指区域生态系统水土保持功效达到最佳时的植被覆盖率，在理论上可以理解为侵蚀量随植被覆盖率变化曲线的敏感区间。在一定风力条件下，植被对风蚀输沙率的影响随植被覆盖率的变化而变化。在极低的覆盖条件下，植被对输沙率的影响不明显，随着植被覆盖率的增加，其影响迅速增加。植被覆盖达到一定程度后，影响开始减弱，并保持稳定。李海涛（2008）定义植被对输沙率影响保持基本稳定的敏感点作为绿洲有效植被覆盖率。

根据对绿洲有效植被覆盖率的定义，利用拐点公式，对模型 I 进行二次求导，得到不同风速对应下的拐点植被覆盖率（表11-16）。

表 11-16　不同风速对应的有效植被覆盖率

项目	风速/（m/s）				
	6	7	8	9	10
有效植被覆盖率/%	14	18	20	22	23

资料来源：李海涛，2008

沙尘暴的风速阈值一般为6m/s（在1m高处测量）。根据表11-16，黑河流域中游的有效植被覆盖率为14%。

11.4.5　绿洲生态健康评价指标体系研究

如何保持绿洲的健康性并确保绿洲发展规模维持在可持续发展的阈值内是一个复杂的问题。只有合理构建一套评估绿洲生态健康的评价指标体系，才能科学的对绿洲规模生态健康性的发展进行监测，适时合理的对绿洲及农业规模进行调整，使绿洲发展不偏离可持续发展的轨道。

1. 绿洲生态健康评价指标的确定

干旱区绿洲生态健康分析通常包括如下内容：①绿洲内部水资源利用格局、土地利用格局、产业结构、种植结构等空间格局分析；②绿洲天然系统的生态安全阈值分析，包括天然植被的自然演替、生物多样性、地下水位、生态环境用水比例、植被盖度、生物量与土壤环境等；③绿洲发展的适度规模分析，包括人口密度、耕地规模、植被盖度、地下水埋深适宜值等；④绿洲所在流域的空间联系，以及绿洲内部的水、土、光、热资源的分析（刘金鹏，2011）。

虽然影响绿洲稳定的因素很多，但水资源问题是绿洲问题的核心。从绿洲可持续发展及绿洲安全考虑，依据绿洲生态适宜性理论，选取绿洲生态健康评价因子包括适宜的地下水埋深、农田防护林比例、植被覆盖现状和大风发生频次。

（1） 地下水埋深

我国西北干旱地区降水稀少，蒸发强烈，可供植物吸收利用的有效降水相当有限，保持天然植被健康生长的水源主要靠地下水支撑。地下水对绿洲植被的影响可以从三方面考虑：①地下水埋深对天然植被生长态势产生影响；②地下水埋深对绿洲植被盖度产生影响；③地下水矿化度对植被生长的影响。水分是干旱地区植物生长的主要限制性因子，地下水通过影响土壤含水量分布间接影响植物根系分布及生长状况，从而影响根系有效吸水，影响植物地上部分生物产量和水分利用效率。当地下水埋深较浅时，植被根系的水分较充足，但地下水埋深过浅时，表层土壤会发生盐渍化；当地下水深度过深时，植被根系不能得到充足的水分生长（Mi et al., 2016）。植被与地下水的依存关系是衡量区域生态环境健康状况的重要指标（Huo et al., 2016）。随着农业耕地面积的扩大，地下水开采量会增加，导致地下水位的降低，农业绿洲外依赖地下水的植被不能从地下水得到补给，这对绿洲的生态健康产生了负面影响（Wu et al., 2017）。因此，选择地下水埋深作为绿洲生态健康的评价指标之一。

（2） 农田防护比例

农田防护林是为了调整与改善脆弱的农田生态系统的结构与功能而建立的人工森林生态系统，是重要的防风固沙植被，以保持、控制、稳定和改善生态环境为主要原则。由于它对近地面风速有明显的削弱作用，近地面高程内的输沙率明显减少，因而在调节农田小气候、防止风沙危害和荒漠化危害、有效保证农业高产中发挥着重大的作用。绿洲人民赖以生存的区域主要集中在以耕地为中心的人工绿洲地区，耕地是否能建立或恢复持续而稳定的高生产力水平、高生态效益的农田生态系统，对绿洲可持续发展至关重要，所以选择农田防护比例作为衡量绿洲健康与否的评价因子之一。

（3） 植被覆盖现状

植被覆盖现状是绿洲生态规模的直观体现。植被覆盖现状是绿洲进行生态建设的基础，决定了绿洲可以达到的生态规模。植被覆盖好的绿洲，可以建设高标准的生态防护体系，而生态覆盖较差的绿洲，建设高标准的生态防护体系可能性就不大，或需要付出更大的代价。所以绿洲的植被覆盖现状是确定绿洲健康规模的重要参考因素之一。

（4） 大风发生频次

沙尘暴是一种重要的自然灾害，是当前在干旱和半干旱地区的绿洲人们最为关切的生态安全问题。绿洲生态系统的主要功能是抵御风害并保持土壤。因此，我们可以从植被对风蚀的影响入手，找到合理的生态保护规模。所以将大风发生频次选为评价绿洲生态健康与否的评价因子之一。生态防护标准的确定应以干旱区大风发生的平均频率为标准，上下浮动。一般把标准划分为三级：①害风频发区，害风发生频率高出平均水平 50% 以上的地区；②一般地区，害风发生频率高于或低于平均水平 50% 以内的地区；③害风弱发区，害风发生频率低于平均水平 50% 地区。

2. 绿洲生态健康评价方法

（1）绿洲生态健康指标权重的确定

在绿洲生态健康评价过程中，在应用评价方法之前需对各评价指标的权重进行确定，代表各评价指标对绿洲生态健康的影响程度。目前国内外使用的系统评价方法很多，根据主观参与的程度可分为主观赋权法和客观赋权法。主观赋权法主要包括专家咨询法、层次分析法和评分法等；客观赋权法包括特征向量法、最大方差法和主成分分析法等。主观赋权法是一种定性分析方法，主要依靠专家的经验权衡比较指标的主次，其优点是确定的权重一般情况下比较符合当地实际情况，更具可靠性。客观赋权法是一种定量分析的方法，依据数据信息，通过一定的运算，计算各指标的权重，其优点是能有效地传递评价指标的数据信息与差别，缺点是过于依靠数据，有时存在权重与实际情况不符的现象。本章利用层次分析法确定各评价指标的权重。层次分析法是定性和定量因素相结合的多准则决策方法，通过指标间的两两比较确定各层次因素之间的相对重要性，结合专家意见得出各指标的权重。

各指标的量纲是不同的，而综合评价就是要将多种不同的数据进行综合，需要借助于标准化方法来消除数据量纲的影响。采用评价因子取值与评价因子衡量基准的比值将单一评价因子转化为无量纲指标。

生态健康评估因子一般分为两类，第一类在标准值范围内越小越好，如地下水埋深和大风发生频次。越小越好型评估因子的归一化公式为

$$R_i = S_i / I_i \tag{11-59}$$

式中，I_i 为评价因子的取值；S_i 为评价因子的衡量基准。

第二类评价因子是在标准值范围内越大越好，如农田防护林的比例和植被覆盖率。越大越好型评估因子的归一化公式为

$$R_i = I_i / S_i \tag{11-60}$$

（2）绿洲生态健康综合指数计算

采用基于线性加权的综合指数法进行绿洲生态健康评价，构建生态健康综合指数评价模型。根据式（11-59）、式（11-60），基于前面对绿洲生态健康因子的选择，以及各因子权重的判断，绿洲生态健康综合指数（EHI）可按下面的公式计算：

$$\text{EHI} = \sum_{i=1}^{n} w_i \cdot R_i \tag{11-61}$$

式中，EHI 为绿洲生态健康综合指数；R_i 为式（11-59）和式（11-60）所求标准化评价因子；w_i 为评价因子的权重。

3. 黑河中游绿洲生态健康评价指数

由评价指标标准化式（11-61）可知，在标准化过程中，评价因子的衡量基准是十分重要的，它直接决定评价因子的标准化结果。所以在评价因子和评价因子的衡量基准的选择上应该充分考虑区域实际生态状况，选择能充分体现评价因子及其衡量指标的取值。

（1）黑河中游绿洲生态健康评价因子取值

1）地下水埋深。根据对黑河流域生态水文地质的研究（郭占荣和刘花台，2005），适宜于草地生长的地下水埋深范围为 3～5m，适宜于灌木生长的地下水埋深为 2.5～4.5m，适宜于林木生长的地下水埋深范围为 3～5m。绿洲中游地下水平均深度为 3.3m。黑河干流中游地下水埋深评价因子取值为 3.3m，相应地定义地下水埋深的衡量基准取值为 5m。

2）农田防护林比例。用农田防护林带的比例来反映农田防护林在生态健康评价系统中的作用。黑河干流中游农田防护林比例为 11.46%（李海涛，2008），中国西北地区农田防护林比例为 10%（Zhang X et al.，2014）。因此，农田防护林比例的评价因子和衡量基准分别取值为 11.46% 和 10%。

3）植被覆盖现状。根据之前的研究（Wang et al.，2010），中国西北内陆地区的植被覆盖率为 11%。作为中国西北内陆地区一部分的黑河流域中游目前的植被覆盖率为 18%（李海涛，2008）。因此，植被覆盖状况的评估因子取值为 18%，该评价因子的衡量基准取值为 11%。

4）大风发生频次。考虑到生态植被的保护功能，我们选择大风发生频次作为系统中的评价指标之一。中国西北地区年平均大风发生频次为 16.03 次（李海涛 2008）。黑河中游绿洲平均每年大风发生 11.30 次。因此，大风发生频次的评价因子取值为 11.30 次，该评价因子的衡量基准取值为 16.03 次。

（2）黑河中游绿洲生态健康评价指数

绿洲生态健康评价因子为地下水埋深（$A1$）、农田防护比例（$A2$）、植被覆盖度（$A3$）、大风发生频次（$A4$），采用层次分析法确定各评价因子的权重系数分别为 0.351、0.351、0.189 及 0.109（表 11-17）。

表 11-17　绿洲生态健康评价评价因子权重

A	$A1$	$A2$	$A3$	$A4$	特征值	权重 W
$A1$	0.353	0.353	0.364	0.333	1.403	0.351
$A2$	0.353	0.353	0.364	0.333	1.403	0.351
$A3$	0.176	0.176	0.182	0.222	0.757	0.189
$A4$	0.118	0.118	0.091	0.111	0.437	0.109

绿洲生态健康指数计算结果如表 11-18 所示。黑河干流中游绿洲生态健康指数为 1.424。

表 11-18　黑河干流中游绿洲生态健康指数

目标层	参数 I_i	基准 S_i	权重 W_i	绿洲生态健康指数（EHI）
$A1$ 地下水埋深/m	3.30	5.00	0.35	
$A2$ 农田防护林比例/%	11.46	10.00	0.35	
$A3$ 植被覆盖现状/%	18.00	11.00	0.19	1.424
$A4$ 大风发生频率	11.30	16.03	0.11	

11.4.6　基于生态健康的适宜绿洲规模和农业规模

根据对现有植被覆盖度和绿洲生态健康指数的分析，结合水热平衡原理，建立了适宜的绿洲规模模型，公式如下：

$$A_a \cdot (E_a - P) + A_f \cdot (E_f - P) + A_g \cdot (E_g - P) = (W - W_d) \times 10^5 \qquad (11\text{-}62)$$

式中，等号左边为绿洲需水量，而右边为绿洲的可用水资源量。本章认为，农田防护林与灌木林草面积之和占绿洲规模的比例应等于考虑生态健康的植被盖度，即有效植被盖度与生态健康指数之积。

$$(A_f + A_g) / (A_f + A_g + A_a) = EVC \cdot EHI \qquad (11\text{-}63)$$
$$A_f / A_a = \beta \qquad (11\text{-}64)$$

式中，A_a 为绿洲农业规模（km²）；A_f 为农田防护林面积（km²）；A_g 为灌木林草面积（km²），将 A_a、A_f 和 A_g 的总和定义为绿洲规模；E_a 为绿洲农业需水定额，按作物系数乘以参考作物蒸发蒸腾量（ET_0）计算；E_f 和 E_g 为农田防护林和灌木林草的需水定额；P 为流域内有效降水（mm）；W 为绿洲内水资源可利用量（亿 m³）；W_d 为工业、生活及流域水面蒸发量，对绿洲植被生长无贡献（亿 m³）；EVC 为有效植被盖度，根据表 11-18，应为 14%；EHI 为生态健康指数，根据式（11-61）计算。β 为农田防护林所占比例，根据已有研究取 0.1（樊自立，1996）。

不同水文年和生态需水等级下的适宜农业规模、生态规模和绿洲规模见表 11-19。当生态需水等级为临界需水量时，乔木林和灌木林草的需水定额分别为 121～127mm 和 101～106mm，但当生态需水量达到饱和状态时，乔木林、灌木林草的需水定额将分别增加到 787～825mm 和 449～471mm。因此，在临界生态需水状态下的生态规模和农业规模均超过饱和生态需水状态下的面积。两种状态下的生态规模分别为 394～504km²、337～426km²，农业规模分别为 1575～2015km²、1350～1705km²。临界生态需水和饱和生态需水的适宜绿洲规模分别为 1968～2518km²、1687～2131km²。最适生态需水情景下不同水文年适宜的生态规模和农业规模分别为 374～477km² 和 1497～1907km²，适宜绿洲规模为 1871～2384km²。

表 11-19　不同水文年和不同生态需水情景下适宜绿洲农业生态规模（单位：km²）

生态需水等级	水文年份	适宜农业规模	适宜生态规模	适宜绿洲规模
临界生态用水情景	丰水年	2015	504	2518
	偏丰水年	1834	459	2293
	平水年	1775	444	2219
	偏枯水年	1706	427	2133
	枯水年	1575	394	1968

续表

生态需水等级	水文年份	适宜农业规模	适宜生态规模	适宜绿洲规模
适宜生态用水情景	丰水年	1907	477	2384
	偏丰水年	1736	434	2170
	平水年	1685	421	2106
	偏枯水年	1619	405	2024
	枯水年	1497	374	1871
饱和生态用水情景	丰水年	1705	426	2131
	偏丰水年	1552	388	1940
	平水年	1514	378	1892
	偏枯水年	1454	364	1818
	枯水年	1350	337	1687

与采用基于水热平衡和圈层结构方法计算的绿洲适宜规模结果相比较（表 11-20）。在不同水文年，基于绿洲圈层理论的绿洲规模和农业规模都大于基于生态健康评价方法计算的规模。

表 11-20　不同方法计算的绿洲规模和农业规模　　　　（单位：km²）

水平年	基于绿洲圈层理论		基于生态健康评价		现状 2013	
	绿洲规模	农业规模	绿洲规模	农业规模	绿洲规模	农业规模
丰水年	2501	2018	2384	1907		
偏丰水年	2281	1831	2170	1736	2022	1929
平水年	2212	1772	2106	1685		
偏枯水年	2143	1713	2024	1619		
枯水年	1989	1583	1871	1497		

根据黑河流域的土地利用和土地覆盖数据（Zhong et al.，2015），目前绿洲规模和农业规模分别为 2022km² 和 1929km²。根据 1952～2013 年的年径流频率分析，2013 年为偏丰水年。因此，目前绿洲规模没有超过基于绿洲圈层理论（2281km²）和基于生态健康模型（2170km²）计算的绿洲规模。然而，目前的农业规模（1929km²）已经超过了基于绿洲圈层理论（1831km²）和基于生态健康模型计算的适度农业规模（1736km²）。按照基于生态健康模型计算结果，农业规模应该减少 193km²，按照基于绿洲圈层理论计算结果应减少 98km²。

11.5 变化环境下的黑河绿洲适度农业规模优化情景

目前，随着全球气候变化，地学领域已积极着手进行环境变化条件下的水文循环及其时空演化规律研究，这充分说明水资源与生态安全研究已开始并驾齐驱，将水与生态结合起来研究是发展趋势。尤其在干旱半干旱地区，由于经济与生态对水资源的双重依赖，水与生态问题更为密切相关。在未来变化环境下，农业规模如何优化能使区域水资源利用更合理成为亟待解决的问题。

11.5.1 变化环境情景设置

20 世纪 80 年代开始，全球气候变化作为最严重的环境问题之一，受到人们的普遍关注。近年来，全球变化环境的研究已经发展为与人类社会可持续发展密切相关的一系列生存环境实际问题的研究。全球气候变化带来一系列问题，变化幅度已超出地球本身自然变动范围，对人类生存和社会经济构成严重威胁。农业是受全球气候变化影响最大、最直接的行业之一（郭建平，2015）。科学确定气候变化对农业生产的影响，探讨应对气候变化的农业发展策略，已成为实施全球可持续农业与农村发展战略需要研究解决的重大问题（刘彦随等，2010）。

1. 气候情景

农业作为对气候变化最为敏感的领域，受气候变化影响最为明显。光、热、水等农业气候资源的变化，直接导致农业生产条件和生产水平的改变（李勇等，2010），最终决定农业的量与质。为探求未来气候变化对农业规模的影响，根据 2014 年 IPCC 第五次评估报告（AR5）基于大气辐射强度（ $2.6 \sim 8.5 W/m^2$ ）提出的代表性浓度路径情景 RCPs 数据（初征等，2017），设定基于区域气候模式的黑河地区不同辐射强迫 RCP2.6、RCP4.5 和 RCP8.5 三种气候情景。

2. 生态情景

干旱区水资源可以分成两部分：一部分为生态环境用水；另一部分为国民经济用水。随着经济的发展，各行各业对水资源的需求都有增长，当区域现状水资源已经难以满足需要，就会出现不同程度的工农业生产用水挤占生态用水的现象，致使生态环境用水长期不足。水资源配置的生态合理性特点主要体现在水资源对生态环境系统可持续发展的保障方面，即必须保证人类所依赖的生态环境对水资源的需求（最基本也要保障生态环境临界需水）。结合黑河中游目前生态用水情况，绿洲尺度上生态用水占 22%，其中 18% 为植被防护体系的生态耗水。根据黑河流域中游未来 30 年生态保护情景规划，设定生态用水比例维持现状（生态情景一）、生态用水比例增加 3%（生态情景二）、生态用水比例增加 5%（生态情景三）和生态用水比例增加 8%（生态情景四）4 种生态用水情景来考虑其对农业规模的影响。

3. 来水情景

来水情景设置考虑 5 种不同水文年，丰水年、偏丰水年、平水年、偏枯水年和枯水年。

11.5.2 变化环境下绿洲农业需水和供水情景

1. 变化环境下作物需水量

作物需水量是农田水分循环系统中最重要的因素之一，参考作物蒸散量 ET_0 是影响作物需水量的关键因子，而在影响 ET_0 的诸多气象因素中，温度是最为重要的因素。因此，气候变暖将主要通过温度的变化影响作物对水分的需求（刘晓英和林而达，2004）。Liu 和 Shen（2017）基于区域气候模式输出的 RCP2.6、RCP4.5 和 RCP8.5 3 种气候情景下未来 2018~2047 年的气候数据，利用 hargreaves 方法计算得到黑河中游未来气候情景作物综合需水量（表 11-21）。

表 11-21　未来气候情景作物综合需水定额　　　（单位：mm）

未来气候情景	RCP2.6	RCP4.5	RCP8.5
丰水年	641	646	645
偏丰水年	649	654	653
平水年	649	654	653
偏枯水年	663	668	667
枯水年	679	684	683

2. 变化环境下有效降水计算

农业有效降水量是指作物生育期内用于满足作物蒸发蒸腾需要的降水量，其不包括地表径流和渗漏到作物根系以下的部分，也不包括淋洗盐分所需的降水深层渗漏部分。

一般用经验的降水有效利用系数计算有效降水量，作物生育期内有效降水量可采用下式（康绍忠和蔡焕杰，1996）计算：

$$EP_{ic} = \sum \sigma P_{ic} \tag{11-65}$$

式中，EP_{ic} 为区域 i 作物 c 生育期有效降水量，mm；P_{ic} 为区域 i 作物 c 生育期的日降水量，mm；σ 为日降水量有效利用系数（$P_{ic} < 5mm$，$\sigma = 0$；$5mm \leqslant P_{ic} \leqslant 50mm$，$\sigma = 1$；$P_{ic} > 50mm$，$\sigma = 0.8$）。

同样基于区域气候模式输出的 RCP2.6、RCP4.5 和 RCP8.5 3 种气候情景下未来 2018～2047 年的降水数据，根据上式计算未来变化环境下黑河中游有效降水。

3. 变化环境下绿洲可用水量

1954～2013 年黑河干流中游丰水年、偏丰水年、平水年、偏枯水年和枯水年的多年平均年径流分别为 21.10 亿 m³、18.48 亿 m³、15.84 亿 m³、13.94 亿 m³ 和 12.15 亿 m³，考虑支流梨园河及几条沿山河流 5 个不同水平年的多年平均年径流分别为 4.96 亿 m³、4.31 亿 m³、3.77 亿 m³、3.20 亿 m³ 和 2.67 亿 m³。根据《张掖市水资源管理十三五规划》，甘州、临泽、高台 3 县（区）地下水允许开采量分别为 2.01 亿 m³、1.30 亿 m³、1.50 亿 m³。研究区总的地下水允许开采量为 4.81 亿 m³。根据黑河干流九七分水方案，莺落峡来水在丰水年、偏丰水年、平水年、偏枯水年和枯水年时，正义峡下泄水量分别为 14.80 亿 m³、12.60 亿 m³、9.50 亿 m³、7.34 亿 m³ 和 5.55 亿 m³。同时，根据上述有效降水计算未来 RCP2.6、RCP4.5 和 RCP8.5 3 种气候情景下黑河中游有效降水分别为 1.14 亿 m³、0.98 亿 m³ 和 1.10 亿 m³，不同气候情景不同来水情景下绿洲可用水资源量见表 11-22。

表 11-22 不同气候情景绿洲可用水量　　　　（单位：亿 m³）

气候情景	来水情景	黑河	梨园河	其他支流	地下水可开采量	正义峡下泄水量	有效降水	绿洲可用水资源量
RCP2.6	丰水年	21.1	3.26	1.7	4.81	14.8	1.14	17.21
	偏丰水年	18.48	2.76	1.55	4.81	12.6	1.14	16.14
	平水年	15.84	2.41	1.36	4.81	9.5	1.14	16.06
	偏枯水年	13.94	2.06	1.14	4.81	7.34	1.14	15.75
	枯水年	12.15	1.66	1.01	4.81	5.55	1.14	15.22
RCP4.5	丰水年	21.1	3.26	1.7	4.81	13.2	0.98	17.05
	偏丰水年	18.48	2.76	1.55	4.81	12.6	0.98	15.98
	平水年	15.84	2.41	1.36	4.81	9.5	0.98	15.90
	偏枯水年	13.94	2.06	1.14	4.81	7.34	0.98	15.59
	枯水年	12.15	1.66	1.01	4.81	5.55	0.98	15.06
RCP8.5	丰水年	21.1	3.26	1.7	4.81	14.8	1.10	17.17
	偏丰水年	18.48	2.76	1.55	4.81	12.6	1.10	16.10
	平水年	15.84	2.41	1.36	4.81	9.5	1.10	16.02
	偏枯水年	13.94	2.06	1.14	4.81	7.34	1.10	15.71
	枯水年	12.15	1.66	1.01	4.81	5.55	1.10	15.18

11.5.3　变化环境下适度农业规模

绿洲作为干旱区人类生存与发展的基本场所，具有独特的自然–社会–经济组合体，既具有自然属性也有人为属性。随着未来气候环境及生态环境的改变，人类社会经济发展所依赖的农业规模必定是个动态变化的过程。

在干旱区，绿洲的大小、位置和兴衰完全取决于山区河流出山径流量的多寡、流向和稳定程度，可利用水的资源量及其利用水平。同时在一定的气候条件下，一定数量的水资源只能孕育一定面积的绿洲。所以确定适度农业规模优化情景，需要考虑影响适度农业规模变化的因素：①未来变化环境下绿洲农业可利用水量的变化；②在定量的可利用水资源条件下，未来变化环境下绿洲生态规模与农业规模之间相互权衡的关系，既能保证绿洲可持续稳定的发展，又能兼顾到绿洲的农业经济高效率发展。

1. 变化环境下绿洲适度农业规模

参考 11.4.6 节所述绿洲适度农业规模计算模型，以"以水定地"为原则，建立系统模型：

$$A_a \cdot E_a + A_f \cdot E_f + A_g \cdot E_g + A_o \cdot E_o + A_w \cdot E_w = W + W_p - W_d \tag{11-66}$$

$$\frac{A_f \cdot E_f + A_g \cdot E_g}{W + W_p - A_o \cdot E_o - A_w \cdot E_w} = \gamma \tag{11-67}$$

$$\frac{A_f}{A_a} = \beta \tag{11-68}$$

式中，W 为黑河中游水资源可利用量（亿 m^3），在可用水量中已经扣除了正义峡下泄水量，所以这里就不考虑河道内生态需水量；W_p 为黑河中游绿洲有效降水量（亿 m^3）；W_d 为黑河中游绿洲工业和生活用水（亿 m^3）；A_a 为农田面积（km^2）；A_f 为绿洲内农田防护林网面积（km^2）；A_g 为绿洲内灌木林草面积（km^2）；A_o 为绿洲内的其他用地面积（km^2），包括裸地和建筑用地；A_w 为水域面积 km^2，根据黑河中游绿洲 1980~2011 年土地利用面积变化趋势，水域面积变化不大，模型中认为水域面积保持现状不变；E_o 为裸地和建筑用地的潜水蒸发（mm），水量基本很少，可以忽略不计；E_w 为水面蒸发（mm）；E_a 为农田需水定额（mm）；E_f、E_g 为农田防护林和灌木需水定额（mm）；γ 为绿洲尺度上生态防护植被需水所占比例，数据根据生态情景设置；β 为农田防护林所占比例，根据现有依据分形几何学和景观生态学对农田防护林的研究，在一定林带疏透度及透风系数的条件下，β 取 0.1。

2. 黑河中游不同情景农业规模

依据上述对农业规模的计算，可得到不同气候情景、不同来水情景和不同生态情景下的黑河中游的动态农业规模，如表 11-23 所示。

黑河中游现状情景下，生态用水占整个绿洲用水的 18%（生态情景一），未来 RCP2.6 气候情景下，在不同来水水平年黑河中游农业规模可以保持在 1558～1905km²，而绿洲规模则可以保持在 2830～3527km²，且农业和生态面积都随着来水量的增多而增多；在 RCP4.5 气候情景下，黑河中游农业规模可以保持在 1526～1872km²，绿洲面积维持在 2784～3480km²，相较 RCP2.6 情景面积都有所减小；同样在 RCP8.5 气候情景下，绿洲农业规模和绿洲规模分别为 1543～1888km² 和 2812～3508km²（表 11-23）。

当生态用水比例分别增加 3%（生态情景二）、5%（生态情景三）和 8%（生态情景四）时，未来 RCP2.6 气候情景下，农业规模分别缩减为 1496～1830km²、1454～1780km² 和 1391～1705 km²，绿洲面积则可以扩增为 3022～3774km²、3150～3939km² 和 3342～4187km²；在 RCP4.5 气候情景下，农业规模则分别 1465～1798km²、1424～1749km² 和 1362～1675 km²，绿洲面积为 2974～3726km²、3101～3890km² 和 3291～4135 km²；在 RCP8.5 气候情景下，农业规模为 1481～1814km²、1439～1764km² 和 1377～1690km²，绿洲面积 3004～3755 km²、3132～3920km² 和 3324～4167km²（图 11-26、图 11-27）。

表 11-23　不同气候农业规模及绿洲规模　　　　（单位：km²）

气候情景	来水情景	生态情景一		生态情景二		生态情景三		生态情景四	
		农业规模	绿洲规模	农业规模	绿洲规模	农业规模	绿洲规模	农业规模	绿洲规模
RCP2.6	丰水年	1905	3527	1830	3774	1780	3939	1705	4187
	偏丰水年	1620	2985	1555	3192	1512	3330	1447	3537
	平水年	1644	2997	1578	3202	1535	3338	1469	3543
	偏枯水年	1606	2929	1541	3130	1498	3263	1434	3464
	枯水年	1558	2830	1496	3022	1454	3150	1391	3342
RCP4.5	丰水年	1872	3480	1798	3726	1749	3890	1675	4135
	偏丰水年	1588	2940	1525	3145	1482	3282	1419	3487
	平水年	1612	2951	1547	3154	1504	3290	1440	3493
	偏枯水年	1573	2884	1510	3082	1468	3215	1405	3413
	枯水年	1526	2784	1465	2974	1424	3101	1362	3291
RCP8.5	丰水年	1888	3508	1814	3755	1764	3920	1690	4167
	偏丰水年	1605	2967	1540	3174	1498	3312	1434	3519
	平水年	1629	2979	1563	3184	1520	3320	1455	3525
	偏枯水年	1590	2911	1526	3112	1484	3245	1420	3445
	枯水年	1543	2812	1481	3004	1439	3132	1377	3324

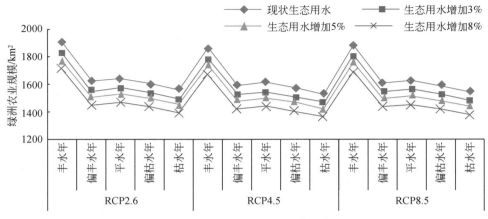

图 11-26　不同情景绿洲农业规模动态面积

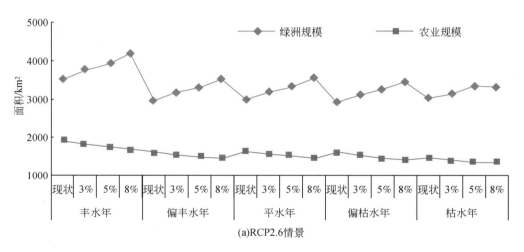

(a)RCP2.6情景

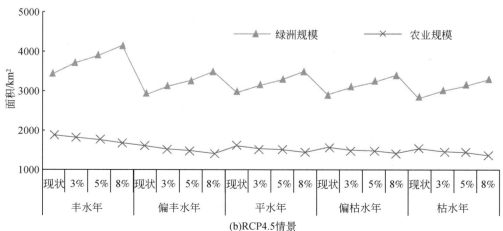

(b)RCP4.5情景

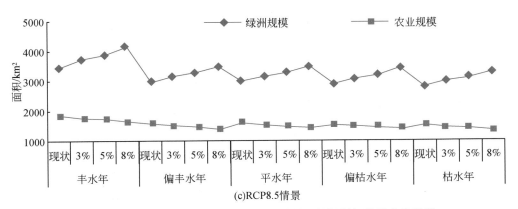

(c)RCP8.5情景

图 11-27 不同来水情景不同生态用水情景下的绿洲规模及农业规模

第 12 章 | 黑河绿洲作物最优布局与耗水时空格局优化

作物生长受气候因素、地形因素及土壤因素的影响，不同作物在同一土地上的适宜性不同，导致作物产量及耗水量不同，因此对土地进行作物生长适宜性评价，区划不同作物的相对优势区，通过优化种植结构，并对作物种植空间进行优化布局，实现作物耗水时空格局的优化，对指导区域农业种植规划、提高作物单产和减少区域耗水具有重要的理论意义和实用价值。本章基于作物生长适宜性评价，构建作物种植结构优化模型，获得不同来水情景、不同节水水平下黑河中游的种植结构优化方案；基于优化的种植结构，采用交叉熵方法构建作物种植结构的空间优化布局模型，获得作物空间优化方案；基于作物耗水影响因子分析，构建作物耗水估算模型和分布式作物耗水模型，基于 GIS 和 CA 构建作物耗水空间优化模型，基于作物适宜性和耗水总量控制，获得研究区的作物耗水时空格局优化方案。

12.1 黑河绿洲作物生产相对优势区

作物生长适宜性评价是对特定地区种植某种作物或某种作物在特定地域种植的适宜程度做出的定性、定量和定位的评价（韦朝振和郑伟，2016）。本节通过评价作物生长适宜性来划分作物生长适宜区间。评价时需要综合考虑气候、地形、土壤资源与作物生长的匹配性，区划作物适宜种植区。选择评价指标时，不仅要考虑各种指标对作物生长的影响，还要兼顾数据的可获取性，同时满足定量化、空间化的要求。本节选择气候因素（作物生育期积温）、地形因素（高程、坡度）、土壤因素（土壤容重、土壤质地、全氮、全磷、全钾、有机质、pH）共 10 个指标对各栅格点上（分辨率为 1000m×1000m）的作物生长适宜性进行评价。为了更加合理、准确地确定指标权重，选择主客观组合权重计算方法计算组合权重以平衡主客观评价之间的利弊，结合改进的层次分析法和因子分析法计算得到的指标权重计算组合权重。通过作物生长适宜性综合评价，可以判断某一地理位置某种作物的适宜程度，同时可以对比不同作物在同一位置的适宜性，不仅可以充分利用土地资源，还可以为作物耗水时空格局优化提供筛选依据。

12.1.1 评价指标隶属度值

评价指标包括定量指标和定性指标，对于定性指标如土壤质地，需要根据实际情况对其赋值。为了使评价定量化，本章采用模糊数学的原理进行评价指标的量化，并消除各个评价指标间的量纲差异，建立评价指标的隶属度矩阵 $\boldsymbol{F}_{m \times n}$（$m = 1 \sim 2150$，$n = 1 \sim 10$），$f_{ij}$ 均在 $0.1 \sim 1.0$。评价指标分等定级和隶属度值的确定有以下几种方法（苏为华，2000）：

1）采用一些现成的数量标准或政策性规定。

2）利用经验数据或历史数据建立标准。

3）采用专家评议方法确定。

由于参评指标较多，缺少相应的专家进行打分，本章采用 1）、2）两种方法确定指标隶属度值。隶属度函数分为两类：离散型和 S 型（秦建成，2007），S 型又分为正向型指标和逆向型指标，正向型指标在约束范围内越大越好，逆向型指标在约束范围内越小越好。离散型指标根据分级标准确定隶属度值。4 种作物（小麦、玉米、经济作物和蔬菜）各评价指标隶属度值根据文献资料查阅结果（胡月明等，2012；薛生梁等，2003；沈汉和邹国元，2004；邓振镛，2005；户广勇，2017；沈汉，1990）及式（12-1）（正向型）和式（12-2）（逆向型）确定。由于文献资料有限，不同作物指标的分级存在差异，各指标分级和隶属度值汇总结果如表 12-1 所示。

$$f(x) = \begin{cases} 0.1 & x \leqslant a_1 \\ 0.1 + 0.9 \times \dfrac{x - a_1}{a_2 - a_1} & a_1 < x \leqslant a_2 \\ 1.0 & x > a_2 \end{cases} \quad (12\text{-}1)$$

$$f(x) = \begin{cases} 1.0 & x \leqslant a_1 \\ 0.1 + 0.9 \times \dfrac{a_2 - x}{a_2 - a_1} & a_1 < x \leqslant a_2 \\ 0.1 & x > a_2 \end{cases} \quad (12\text{-}2)$$

式中，$f(x)$ 为隶属度值；a_1、a_2 为指标上、下限。

表 12-1　小麦和制种玉米评价指标分级、隶属度值

指标	小麦		制种玉米		蔬菜		经济作物	
	分级	隶属度值	分级	隶属度值	分级	隶属度值	分级	隶属度值
积温/℃			3100～3450	1				
	3800	1	2850～3100	0.9	2600	1	3100	1
	1500	0.1	2650～2850	0.6	1100	0.1	1500	0.1
			2100～2650	0.3				
			<2100	0.1				
容重/(g/m³)					1～1.15	1	1～1.15	1
	1.26	1	1.3	1	1.15～1.3	0.9	1.15～1.3	0.9
	1.5	0.1	1.5	0.1	1.3～1.45	0.7	1.3～1.45	0.7
					1.45～1.55	0.3	1.45～1.55	0.3
					1.55	0.1	1.55	0.1

续表

指标	小麦		制种玉米		蔬菜		经济作物	
	分级	隶属度值	分级	隶属度值	分级	隶属度值	分级	隶属度值
质地	粉质黏土	0.3	粉质黏土	0.3	粉质黏土	0.1	粉质黏土	0.1
	黏土	0.3	黏土	0.3	黏土	0.1	黏土	0.1
	黏壤土	0.9	黏壤土	1	黏壤土	0.7	黏壤土	0.7
	粉质壤土	1	粉质壤土	0.9	粉质壤土	1	粉质壤土	1
	壤土	1	壤土	0.9	壤土	1	壤土	1
	砂质黏壤土	0.9	砂质黏壤土	0.9	砂质黏壤土	0.7	砂质黏壤土	0.7
	砂壤土	1	砂壤土	1	砂壤土	0.9	砂壤土	0.9
	壤质砂土	0.1	壤质砂土	0.1	壤质砂土	0.1	壤质砂土	0.1
	砂土	0.1	砂土	0.1	砂土	0.1	砂土	0.1
高程/m			1200～1400	1	<1500	1	1500～1700	1
	1700～2400	1	1400～1550	0.9	1500～1700	0.9	1300～1500	0.9
	1400～1700	0.7	1550～1700	0.6	1700～1800	0.6	1700～2000	0.6
	1100～1400	0.3	1700～1900	0.3	1800～1900	0.3	<1300	0.3
			>=1900	0.1	>1900	0.1	>2000	0.1
坡度/(°)	2	1	<2	1	0～1	1	0～1	1
	2～5	0.9	2～5	0.9	1～3	0.9	1～3	0.9
	5～8	0.8	5～8	0.8	3～5	0.8	3～5	0.8
	8～15	0.6	8～15	0.6	5～15	0.6	5～15	0.6
	15～25	0.3	15～25	0.3	15	0.3	15	0.3
pH	7.5～8.5	1	7.5～8.5	1	7.5～8.5	1	7.5～8.5	1
	8.5～9.0	0.1	8.5～9.0	0.1	8.5～9.0	0.1	8.5～9.0	0.1
有机质/%	3～4	1	3～4	1	3～4	1	3～4	1
	2～3	1	2～3	1	2～3	1	2～3	1
	1～2	0.6	1～2	0.6	1～2	0.6	1～2	0.6
	0.6～1.0	0.3	0.6～1.0	0.3	0.6～1.0	0.3	0.6～1.0	0.3
	<0.6	0.1	<0.6	0.1	<0.6	0.1	<0.6	0.1
	4～8	0.1	4～8	0.1	4～8	0.1	4～8	0.1
全钾/%	2.0～2.5	1	2.0～2.5	1	2.0～2.5	1	2.0～2.5	1
	1.5～2.0	0.6	1.5～2.0	0.6	1.5～2.0	0.6	1.5～2.0	0.6
全氮/%	0.15～0.20	1	0.15～0.20	1	0.15～0.20	1	0.15～0.20	1
	0.10～0.15	1	0.10～0.15	1	0.10～0.15	0.7	0.10～0.15	0.7
	0.075～0.10	0.6	0.075～0.10	0.6	0.075～0.10	0.3	0.075～0.10	0.3

指标	小麦		制种玉米		蔬菜		经济作物	
	分级	隶属度值	分级	隶属度值	分级	隶属度值	分级	隶属度值
全氮/%	0.05~0.075	0.3	0.05~0.075	0.3	0.05~0.075	0.1	0.05~0.075	0.1
	<0.05	0.1	<0.05	0.1	<0.05	0.1	<0.05	0.1
	0.20~0.40	0.1	0.20~0.40	0.1				
全磷/%	0.06~0.08	0.6	0.06~0.08	0.6	0.06~0.08	0.6	0.06~0.08	0.6
	0.04~0.06	0.3	0.04~0.06	0.3	0.04~0.06	0.3	0.04~0.06	0.3

12.1.2 权重确定方法

1. 因子分析法

(1) 参数检验

因子分析过程在 SPSS 19.0 环境下进行，首先进行相关性检验。KMO 样本测度是变量的简单相关系数的平方和与偏相关系数平方和之差。KMO≤0.5 时不适合因子分析，KMO≥0.7 时适合因子分析，KMO 在 0.5~0.7 较适合因子分析（韦春玉等，2005）。Barlett 球体检验（Sig. =0.000）表明相关系数矩阵间有共同因素存在，变量间有较强的相关性。4 种作物参数检验的结果如表 12-2 所示，KMO 值均为 0.5~0.7，表明可以进行因子分析。

表 **12-2** 参数检验

参数	小麦	制种玉米	蔬菜	经济作物
KMO	0.593	0.632	0.632	0.670
Sig.	0.000	0.000	0.000	0.000

(2) 确定公因子数

各作物如果以特征根≥1 提取公因子，公因子有 3 个，小麦累计方差贡献率为59.24%，制种玉米为62.87%，蔬菜为63.44%，经济作物为65.96%，均小于85%。从公因子方差表（表12-3、表12-4）中可以看到：小麦、蔬菜、经济作物的坡度、pH、有机质的提取值低于0.5，制种玉米的坡度、pH 的提取值低于0.5，导致这些变量之间关系的信息在因子模型中损失较多，为了减少信息损失，再引进 3 个公因子，此时变量信息基本完整，累计贡献率均>85%。

(3) 权值计算

计算 6 个公因子的贡献率和对应特征向量值的乘积加和，其中特征向量值为因子载荷矩阵，如表 12-5 ~ 表 12-8 所示，经归一化处理后即得到各评价指标的权值，见表 12-9。

小麦、制种玉米、蔬菜、经济作物除坡度、pH 和全磷权重较低，其他指标权重都较大。指标权重较为平均。

表 12-3　小麦、制种玉米公因子方差表

指标	初始	小麦		制种玉米	
		3 个公因子	6 个公因子	3 个公因子	6 个公因子
积温	1.00	0.773	0.820	0.850	0.925
质地	1.00	0.756	0.877	0.863	0.919
容重	1.00	0.791	0.869	0.882	0.915
高程	1.00	0.683	0.896	0.848	0.936
坡度	1.00	0.176	0.997	0.198	0.997
pH	1.00	0.247	0.987	0.240	0.987
有机质	1.00	0.466	0.759	0.513	0.773
全钾	1.00	0.621	0.777	0.675	0.747
全氮	1.00	0.655	0.703	0.619	0.667
全磷	1.00	0.756	0.909	0.598	0.948

表 12-4　蔬菜、经济作物公因子方差表

指标	初始	蔬菜		经济作物	
		3 个公因子	6 个公因子	3 个公因子	6 个公因子
积温	1.00	0.755	0.852	0.932	0.963
质地	1.00	0.878	0.932	0.915	0.935
容重	1.00	0.862	0.935	0.901	0.936
高程	1.00	0.880	0.895	0.914	0.942
坡度	1.00	0.194	0.995	0.195	0.998
pH	1.00	0.249	0.984	0.244	0.991
有机质	1.00	0.471	0.777	0.455	0.820
全钾	1.00	0.670	0.771	0.665	0.737
全氮	1.00	0.825	0.829	0.848	0.857
全磷	1.00	0.559	0.971	0.527	0.962

表 12-5　小麦因子载荷矩阵

指标	成分					
	1	2	3	4	5	6
方差贡献率	26.066	19.703	13.467	9.334	9.012	8.355
积温	−0.885	−0.020	−0.100	−0.134	−0.044	0.074
质地	0.031	0.932	−0.050	−0.061	−0.041	0.012

指标	成分					
	1	2	3	4	5	6
容重	0.038	0.913	−0.166	−0.034	−0.061	0.040
高程	0.895	0.067	0.002	−0.286	0.080	−0.059
坡度	−0.119	0.043	−0.093	0.017	−0.033	0.985
pH	0.112	−0.086	0.105	−0.023	0.977	−0.033
有机质	0.270	−0.087	0.820	0.078	−0.035	−0.013
全钾	−0.066	−0.163	0.799	−0.236	0.198	−0.117
全氮	0.609	0.001	0.391	0.413	0.067	−0.069
全磷	−0.017	−0.089	−0.113	0.941	−0.032	0.024

表 12-6　制种玉米因子载荷矩阵

指标	成分					
	1	2	3	4	5	6
方差贡献率	27.215	21.712	13.945	9.014	8.932	7.323
积温	0.955	−0.077	0.019	−0.070	−0.018	0.029
质地	−0.032	0.954	−0.067	−0.045	−0.045	0.010
容重	−0.052	0.938	−0.157	−0.047	−0.061	0.040
高程	0.959	−0.023	−0.078	0.007	−0.062	0.073
坡度	0.104	0.040	−0.096	0.027	−0.035	0.987
pH	−0.092	−0.087	0.107	−0.033	0.979	−0.035
有机质	−0.246	−0.084	0.837	0.051	−0.028	−0.019
全钾	0.092	−0.174	0.774	−0.242	0.196	−0.112
全氮	−0.627	−0.005	0.422	0.292	0.074	−0.078
全磷	−0.120	−0.087	−0.100	0.956	−0.036	0.030

表 12-7　蔬菜因子载荷矩阵

指标	成分					
	1	2	3	4	5	6
方差贡献率	27.587	21.790	14.057	8.955	8.779	8.246
积温	0.870	−0.229	0.032	0.195	0.050	0.023
质地	−0.074	0.956	−0.075	−0.072	−0.044	0.021
容重	−0.017	0.960	−0.097	−0.028	−0.044	0.029
高程	0.927	0.042	−0.106	−0.111	−0.066	0.074
坡度	0.112	0.039	−0.100	0.026	−0.038	0.985

指标	成分					
	1	2	3	4	5	6
pH	−0.071	−0.069	0.112	−0.031	0.980	−0.037
有机质	−0.271	−0.064	0.832	0.081	−0.030	−0.005
全钾	0.020	−0.117	0.811	−0.216	0.190	−0.130
全氮	−0.860	−0.046	0.229	0.148	0.085	−0.069
全磷	−0.052	−0.083	−0.092	0.975	−0.032	0.025

表 12-8　经济作物因子载荷矩阵

指标	成分					
	1	2	3	4	5	6
方差贡献率	31.484	19.951	14.520	8.955	8.794	7.696
积温	0.974	0.007	−0.077	−0.039	−0.053	0.062
质地	−0.028	0.960	−0.072	−0.072	−0.043	0.019
容重	0.029	0.961	−0.092	−0.024	−0.041	0.027
高程	0.964	−0.003	−0.076	−0.047	−0.034	0.060
坡度	0.119	0.037	−0.098	0.030	−0.039	0.985
pH	−0.090	−0.069	0.110	−0.031	0.982	−0.038
有机质	−0.236	−0.050	0.865	0.111	−0.015	−0.020
全钾	−0.053	−0.136	0.767	−0.285	0.182	−0.118
全氮	−0.900	−0.002	0.194	0.063	0.048	−0.053
全磷	−0.106	−0.091	−0.084	0.966	−0.027	0.026

表 12-9　因子分析指标权重

指标	小麦	制种玉米	蔬菜	经济作物
	权重			
积温	0.1296	0.1316	0.1420	0.1442
质地	0.1000	0.1064	0.1121	0.0966
容重	0.1073	0.1148	0.1055	0.0964
高程	0.1366	0.1311	0.1346	0.1420
坡度	0.0666	0.0583	0.0626	0.0612
pH	0.0734	0.0690	0.0635	0.0652
有机质	0.1002	0.0957	0.0963	0.0966
全钾	0.0987	0.0993	0.0855	0.0892
全氮	0.1253	0.1224	0.1365	0.1415
全磷	0.0621	0.0715	0.0614	0.0671

2. 改进层次分析法

（1） 权重确定

一般的层次分析法都需要通过专家打分确定权重，改进层次分析法用各评价指标的样本标准差 $S(i)(i=1\sim n)$ 反映各评价指标的影响程度，故本章选择改进层次分析法计算指标权重。

构造判断矩阵 $\boldsymbol{D}_{n\times n}$，矩阵内部值 d_{ij} 根据式（12-3）、式（12-4）计算：

$$d_{ij}=\begin{cases}\dfrac{S(i)-S(j)}{S_{\max}-S_{\min}}(d_m-1)+1 & S(i)\geqslant S(j)\\[3mm]1\Big/\left[\dfrac{S(i)-S(j)}{S_{\max}-S_{\min}}(d_m-1)+1\right] & S(i)<S(j)\end{cases} \tag{12-3}$$

$$d_m=\min\{9,\mathrm{int}[S_{\max}/S_{\min}+0.5]\} \tag{12-4}$$

式中，$S_{\max}$ 和 $S_{\min}$ 为各个作物不同评价指标 S 的最大值和最小值；d_m 为相对重要程度参数。

矩阵 $\boldsymbol{D}_{n\times n}$ 最大特征根对应的特征向量即为各评价因素重要性排序。计算每一行元素的乘积 M_i [式（12-5）]，然后计算 M_i 的 n 次方根，进行归一化处理，即得特征向量（权重），如表 12-10 所示。

$$M_i=\prod_{j=1}^{n}d_{ij} \tag{12-5}$$

表 12-10 改进层次分析法确定指标权重

指标	小麦	制种玉米	蔬菜	经济作物
	权重			
积温	0.0263	0.0844	0.0787	0.0396
质地	0.2490	0.1878	0.1804	0.2041
容重	0.0987	0.1240	0.1070	0.1103
高程	0.0868	0.0964	0.0900	0.0895
坡度	0.0323	0.0376	0.0504	0.0436
pH	0.2338	0.2013	0.1779	0.2008
有机质	0.0923	0.0857	0.0867	0.0856
全钾	0.0719	0.0703	0.0740	0.0707
全氮	0.0646	0.0646	0.1003	0.1020
全磷	0.0443	0.0479	0.0546	0.0537

小麦的质地及 pH 的权重较大，积温、坡度和全磷权重较小；玉米的质地、容重和 pH 权重较大，坡度和全磷权重较小；蔬菜质地、容重、pH、全氮权重较大，其他因子权重均为 0.05~0.1；经济作物的质地、容重、pH、全氮权重较大，坡度、积温权重较小。

（2） 一致性检验

矩阵一致性检验公式为

$$\mathrm{CR = CI/RI} \tag{12-6}$$

$$\mathrm{CI} = (\lambda_{\max} - n) / (n-1) \tag{12-7}$$

式中，RI 为平均随机一致性指标；$\lambda_{\max}$ 为最大特征根；CR 为一致性指标；当 CR<0.10 时则认为判断矩阵满足一致性检验。

RI 的值取决于矩阵的阶数（表 12-11）。

表 12-11　平均随机一致性指标

M	1	2	3	4	5	6	7	8	9	10
RI	0	0	0.52	0.89	1.12	1.24	1.36	1.41	1.46	1.49

$\lambda_{\max}$ 根据式（12-8）计算：

$$\lambda_{\max} = \sum_{i=1}^{n} \frac{(\boldsymbol{B\omega})_i}{nW_i} \tag{12-8}$$

式中，$(\boldsymbol{B\omega})_i$ 为向量 $\boldsymbol{B\omega}$ 的第 i 个元素，向量 $\boldsymbol{B\omega}$ 是判断矩阵 $\boldsymbol{D}_{n\times n}$ 和权重矩阵的乘积。

经计算，各作物的一致性指标均小于 0.10，如表 12-12 所示，满足一致性检验。

表 12-12　各作物一致性指标

作物	小麦	制种玉米	蔬菜	经济作物
CR	0.012	−0.005	0.007	0.020

12.1.3　组合权重

应用多项式组合指标权重模型（胡月明等，2012）计算指标组合权值：

$$\omega = \lambda_1 \omega_1 + \lambda_2 \omega_2 \tag{12-9}$$

式中，λ_1 为因子分析法计算的指标权重的系数；λ_2 为改进的层次分析法计算的指标权重的系数；ω_1 为因子分析法计算的指标权重；ω_2 为改进的层次分析法计算的指标权重，其中，$\lambda_1 = \dfrac{n}{n-1} \omega_a$，$\omega_a$ 为因子分析各权重的差异系数：

$$\omega_a = \frac{2}{n} (1P_1 + 2P_2 + 3P_3 + \cdots + nP_n) - \frac{n+1}{n} \tag{12-10}$$

式中，n 为评价指标数；P_1，P_2，P_3，$\cdots$，P_n 为 ω_1 中各权重从小到大的重新排序。同理可计算 λ_2，ω_b。

然后对 ω 作归一化处理：

$$\omega = \frac{\omega_j}{\sum_{j=1}^{n} \omega_j} \quad j = 1, 2, 3, \cdots, n \tag{12-11}$$

得到各作物不同因子的组合权值见表 12-13，小麦的质地、容重、高程及 pH 的组合权重较大，全磷和坡度的组合权重较小；制种玉米的积温、质地、容重、高程和 pH 的权重较大，坡度的权值较小；蔬菜的质地、容重、高程、pH 和全氮的权重较大，其他因子的权值在 0.05~0.1；经济作物的质地、容重、高程、pH 和全氮的权重较大，坡度的权重较小。

表 12-13 指标组合权重

指标	权重			
	小麦	制种玉米	蔬菜	经济作物
积温	0.0542	0.1001	0.0943	0.0774
质地	0.2088	0.1607	0.1521	0.1652
容重	0.1010	0.1209	0.1078	0.1053
高程	0.1002	0.1079	0.1107	0.1085
坡度	0.0415	0.0445	0.0563	0.0500
pH	0.1906	0.1572	0.1300	0.1517
有机质	0.0944	0.0890	0.0925	0.0896
全钾	0.0791	0.0799	0.0805	0.0774
全氮	0.0810	0.0839	0.1173	0.1163
全磷	0.0491	0.0557	0.0584	0.0586

12.1.4 作物适宜性及空间区划

1. 各作物适宜空间区划

适宜性指数（CS）是隶属度值和综合权重的乘积，即每种作物的隶属度矩阵和评价指标组合权重矩阵的乘积，根据评价模型 [式（12-12）] 计算。将计算结果转换为栅格图（图 12-1），采用自然间断法进行分类，共分为 5 级。

$$CS = \sum_{k=1}^{n} f(x)_k \times W_k \qquad (12-12)$$

式中，$f(x)_k$ 为指标隶属度值；W_k 为指标权重。

作物各适宜等级对应的适宜值范围及面积如表 12-14 ~ 表 12-17 所示。根据作物各适宜性等级的栅格位置提取相应的评价指标数据，进行频率分析。对于积温、容重、高程、坡度这类连续的数据，确定每个等级的最大值和最小值，其他数据分析每个指标分级的频率，取单个分级频率大于 10%，频率总和在 80% 以上的分级为各适宜性等级的最佳范围，结果见表 12-15 ~ 表 12-18。

小麦的适宜值范围是 0.26 ~ 0.89；制种玉米的适宜值为 0.36 ~ 0.91；蔬菜的适宜值为 0.38 ~ 0.89；经济作物的适宜性在 0.37 ~ 0.93。小麦 1 ~ 5 级的耕地区面积分别为 1.47 亿 m²、10.41 亿 m²、2.44 亿 m²、6.47 亿 m² 和 0.71 亿 m²；制种玉米 1 ~ 5 级的耕地区面积分别为 6.26 亿 m²、5.01 亿 m²、4.96 亿 m²、4.38 亿 m² 和 0.89 亿 m²；蔬菜 1 ~ 5 级的

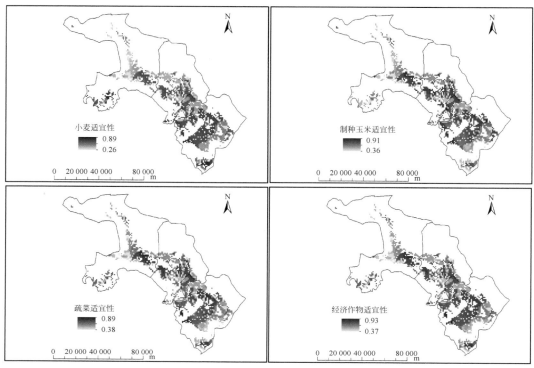

图 12-1　各作物适宜性分布

耕地区面积分别为 5.93 亿 m²、5.49 亿 m²、4.67 亿 m²、4.53 亿 m² 和 0.88 亿 m²；经济作物 1~5 级的耕地区面积分别为 4.13 亿 m²、6.4 亿 m²、3.11 亿 m²、7.17 亿 m² 和 0.69 亿 m²。整体来看 5 级耕地区面积最少，主要分布在高台县西部、临泽县北部、甘州区东部的小部分地区。小麦 1 级区分布在高台县西南部、甘州区南部和东部地区；2 级区面积最大，集中分布在高台县东部、临泽县中部和甘州区中部大部分地区；3 级区主要分布在高台县北部和西南部、临泽县北部和甘州区东部和南部地区；4 级区面积较大，分布在高台县中部、临泽县北部和南部、甘州区北部和南部地区。制种玉米 1~4 级区面积相差不大，1 级区分布在高台县东南部、临泽县中部和甘州区北部地区；2 级区分布在高台县中部和北部、临泽县西部和南部、甘州区中部地区；3 级区分布在高台县北部、临泽县北部和甘州区东部地区；4 级区分布在高台县中部、临泽县南部和甘州区北部和南部地区。蔬菜 1 级耕地区分布在高台县东部、临泽县中部和甘州区中部地区；2 级区分布在高台县北部和西南部、临泽县中部和甘州区东部地区；3 级区分布在高台县北部、临泽县北部和甘州区东部地区；4 级区分布在高台县南部、临泽县南部和甘州区北部、南部地区。经济作物 2 级区和 4 级区面积较大，1 级区和 3 级区相对较小，1 级区分布在高台县东部、临泽县中部和甘州区中部地区；2 级区分布在高台县北部和中部、临泽县东部和西部及甘州区东部；3 级区分布在高台县北部、临泽县北部和南部及甘州区东部地区；4 级区分布在高台县东部、临泽县北部和南部及甘州区北部和南部地区。

表 12-14　小麦各等级适宜值和指标范围

等级	范围	栅格比例/%	面积/亿 m²	积温/℃	质地	容重	高程/m	坡度	pH	有机质	全钾	全氮	全磷
1 级	0.79~0.89	6.84	1.47	1563.30~2172.34	黏壤土、粉质壤土、壤土	1.33~1.42	1068~2305	0.34~13.09	7.5~8.5	2~8	2~2.5	0.15~0.4 0.075~0.1	0.06~0.08
2 级	0.67~0.78	48.42	10.41	1507.82~2417.18	黏壤土、粉质壤土、壤土、砂质黏壤土	1.22~1.61	1298~2421	0~17.88	7.5~8.5	0.6~2	1.5~2.5	0.05~0.075	0.04~0.08
3 级	0.57~0.66	11.35	2.44	1538.24~2454.42	黏壤土、粉质壤土、砂土	1.22~1.74	1281~2275	0~16.56	7.5~9.0	1~4 <0.6	1.5~2.5	0~0.075 0.15~0.2	0.04~0.08
4 级	0.41~0.56	30.09	6.47	1616.83~2451.07	黏壤土、粉质壤土、砂土	1.22~1.74	1269~2281	0~13.42	7.5~9.0	0.6~2	1.5~2.5	0.05~0.075	0.04~0.08
5 级	0.26~0.40	3.30	0.71	2221.02~2377.05	粉质黏土、砂土	1.22~1.74	1317~1554	0~21.46	7.5~9.0	0~8	1.5~2.5	0~0.075	0.04~0.08

表 12-15　制种玉米各等级适宜值和指标范围

等级	范围	栅格比例/%	面积/亿 m²	积温/℃	质地	容重	高程/m	坡度	pH	有机质	全钾	全氮	全磷
1 级	0.78~0.91	29.12	6.26	2540.04~3014.03	黏壤土、粉质壤土、壤土	1.31~1.43	1336~1738	0~12.05	7.5~8.5	0.6~2	1.5~2.5	0.05~0.75	0.04~0.08
2 级	0.70~0.77	23.30	5.01	1873.49~3110.92	黏壤土、粉质壤土、砂质黏壤土	1.22~1.43	1291~2209	0~17.88	7.5~8.5	0.6~2	1.5~2.5	0.05~0.75	0.04~0.08
3 级	0.62~0.69	23.07	4.96	1668.48~3076.77	黏壤土、粉质壤土、砂土	1.22~1.74	1292~2305	0~12.83	7.5~9.0	0.6~2	1.5~2.5	0.05~0.75	0.04~0.08
4 级	0.52~0.61	20.37	4.38	1544.04~3122.80	粉质壤土、壤土、砂土	1.22~1.74	1269~2421	0~14.62	7.5~9.0	0~2	1.5~2.5	0~0.075	0.04~0.08
5 级	0.36~0.51	4.14	0.89	1779.48~2969.12	砂土	1.37~1.74	1359~2281	0~21.47	7.5~9.0	0.6~3 4~8	1.5~2.5	0.05~0.075 0.2~0.4	0.04~0.08

表 12-16 蔬菜各等级适宜值和指标范围

等级	范围	栅格比例/%	面积/亿 m²	积温/℃	质地	容重	高程/m	坡度	pH	有机质	全钾	全氮	全磷
1级	0.74~0.89	27.58	5.93	1584.57~2326.6	粉质壤土、砂质黏壤土	1.31~1.43	1298~2330	0~13.08	7.5~8.5	3~4 0.6~2	2~2.5	0.05~0.075 0.15~0.20	0.04~0.08
2级	0.66~0.73	25.53	5.49	1601.57~2340.04	黏壤土、粉质壤土、壤土	1.22~1.61	1281~2340	0~17.88	7.5~8.5	0.6~2	1.5~2.5	0.05~0.075	0.04~0.08
3级	0.59~0.65	21.72	4.67	1485.49~2312.26	黏壤土、粉质壤土、壤土、砂土	1.22~1.74	1312~2421	0~16.12	7.5~9.0	0~2	1.5~2.5	0.05~0.075	0.04~0.08
4级	0.51~0.58	21.07	4.53	1634.94~2350.98	黏壤土、砂土	1.31~1.74	1273~2275	0~14.62	7.5~9.0	0.6~2	1.5~2.5	0.05~0.075	0.04~0.08
5级	0.38~0.50	4.09	0.88	1604.86~2335.87	砂土	1.22~1.74	1294~2281	0~21.46	7.5~9.0	0~2 4~8	1.5~2.5	0~0.075	0.04~0.08

表 12-17 经济作物各等级适宜值和指标范围

等级	范围	栅格比例/%	面积/亿 m²	积温/℃	质地	容重	高程/m	坡度	pH	有机质	全钾	全氮	全磷
1级	0.77~0.93	19.21	4.13	2099.47~3239.43	黏壤土、粉质壤土、砂质黏壤土	1.31~1.43	1336~2330	0~13.09	7.5~8.5	0.6~2 3~4	2~2.5	0.15~0.20 0.05~0.075	0.04~0.08
2级	0.70~0.76	29.77	6.4	2162.35~3347.32	黏壤土、粉质壤土、砂质黏壤土	1.31~1.61	1281~2340	0~17.88	7.5~8.5	0.6~2	1.5~2.5	0.05~0.075	0.04~0.08
3级	0.62~0.69	14.47	3.11	2162.35~3386.59	黏壤土、粉质壤土、壤土	1.22~1.43	1298~2367	0~16.12	7.5~9.0	0.6~2	1.5~2.5	0.05~0.075	0.04~0.08
4级	0.47~0.61	33.35	7.17	2195.81~3381.57	黏壤土、粉质壤土、砂土	1.22~1.74	1269~2281	0~16.56	7.5~9.0	0~2	1.5~2.5	0.05~0.075	0.04~0.08
5级	0.37~0.46	3.21	0.69	3095.71~3273.89	砂土	1.22~1.74	1318~1554	0~21.46	8.5~9.0	0.6~2	1.5~2.5	0.05~0.075	0.04~0.08

　　将各影响因素与表 12-1、表 12-2 对比发现，由于 pH、全钾、全磷在研究区的分布范围比较集中，因而 4 种作物以上 3 个指标在不同等级变化不明显。小麦 1～4 级区积温、高程和坡度范围差异不大，5 级区积温和高程范围较小，积温隶属度值较大，高程隶属度值较小，坡度分布范围较大；土壤质地 1～2 级区隶属度值较大，3～4 级区次之，5 级区较差；容重 1 级区隶属度值较大，2～5 级区较低；有机质和全氮在 1～5 级区中隶属度值有高有低。制种玉米 2～5 级区积温和高程范围差异不大，1 级区积温隶属度值较大，高程范围隶属度值较低；土壤质地范围 1～2 级区隶属度值较大，3～4 级区次之，5 级区较低；容重 1～2 级区范围隶属度值较高，3～5 级范围较低；坡度 1～4 级区隶属度值较高，5 级区较低；有机质和全氮范围在 1～5 级区隶属度值相对较低。蔬菜积温和高程范围在 1～5 级区相差不大；土壤质地范围 1～2 级区隶属度值较高，3～4 级区次之，5 级区较低；容重 1 级区隶属度值较高，2～5 级区范围隶属度值较低；坡度 1～4 级区隶属度值较高，5 级区范围较低；有机质和全氮范围总体隶属度值较低。经济作物积温、高程和容重范围在 1～4 级区差异不大，5 级区积温隶属度值较高，高程和坡度范围隶属度值较低；土壤质地范围在 1～3 级区隶属度值较高，4 级区次之，5 级区较低；容重范围 1 级区和 3 级区隶属度值较高，2 级区、4 级区、5 级区较低；有机质和全氮范围隶属度值总体较低。

2. 相对优势区划分

　　综合适宜值计算结果表明每种作物在不同位置的适宜程度，划分了不同的适宜等级范围，还需要对比不同作物在同一位置的适宜值的大小，选择适宜值最大的为相对优势作物，对比结果如图 12-2 所示，统计各县（区）相对优势作物种植面积，见表 12-18。

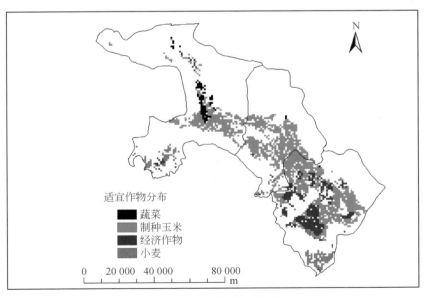

图 12-2　相对优势区分布

　　高台县总耕地面积为 5.02 亿 m²，主要的优势作物是制种玉米，占总面积的 65.34%；

小麦和蔬菜面积相差不大，分别占总面积的 14.14% 和 15.54%；经济作物面积最小，占总面积的 4.98%。临泽县总耕地面积为 5.21 亿 m²，制种玉米具有绝对优势，面积最大，占总面积的 95.78%；其他作物面积很小，小麦、经济作物、蔬菜的面积分别占总面积的 1.73%、2.11% 和 0.38%。甘州区总耕地面积为 11.29 亿 m²，制种玉米的面积最大，占总面积的 61.65%；经济作物次之，占总面积的 28.79；小麦占总面积的 9.48%，蔬菜占总面积的 0.09%。

表 12-18 各县（区）相对优势区作物种植面积及比例

行政区	指标	小麦	制种玉米	经济作物	蔬菜	总面积
高台县	面积/亿 m²	0.71	3.28	0.25	0.78	5.02
	比例/%	14.14	65.34	4.98	15.54	
临泽县	面积/亿 m²	0.09	4.99	0.11	0.02	5.21
	比例/%	1.73	95.78	2.11	0.38	
甘州区	面积/亿 m²	1.07	6.96	3.25	0.01	11.29
	比例/%	9.48	61.65	28.79	0.09	

12.2 不同来水情景的黑河绿洲作物种植结构优化

农业供给侧结构性改革会对农业用水产生很大的影响，农业生产结构的优化能够实现最大的经济效率，在时间和空间上对有限的水资源更高效地利用。为推进农业供给侧结构性改革，加快转变农业发展方式，种植结构优化是必然选择。以改善灌溉设施和管理水平来提高灌溉水利用率的方法，其节约单方水量的成本已越来越高，而建立节水型农业种植结构，从种植业内部挖掘节水潜力，可在几乎不增加投入的情况下实现节水（王玉宝，2010），是未来干旱缺水地区现代节水农业的最佳途径。

本节从发展高效节水农业和追求农业经济最大化出发，以单位种植面积效益最大和作物整体水分生产力最大为目标，建立给定农业用水下的种植结构优化模型，获得种植结构优化模式。

12.2.1 不同来水情景和节水水平设置

1. 不同来水情景设置

根据"黑河流域生态–水文过程集成研究"重大研究计划中"基于水库群多目标调度的黑河流域复杂水资源系统配置研究"项目提供的黑河干流中游农业可用水量数据，不同水文年农业可用水量如表 12-19 所示。

表 12-19　各灌区不同水文年农业可用水量　　　　（单位：亿 m³）

行政区	灌区	枯水年	偏枯水年	平水年	偏丰水年	丰水年
甘州区	大满灌区	1.69	1.69	1.64	1.61	1.67
	盈科灌区	2.01	1.94	1.88	1.83	1.92
	西浚灌区	2.34	2.25	2.17	2.12	2.22
	上三灌区	0.86	0.76	0.72	0.69	0.73
	安阳灌区	0.27	0.3	0.36	0.41	0.45
	花寨灌区	0.07	0.08	0.1	0.11	0.12
临泽县	平川灌区	0.74	0.72	0.69	0.67	0.67
	蓼泉灌区	0.34	0.34	0.33	0.33	0.33
	板桥灌区	0.9	0.76	0.72	0.67	0.67
	鸭暖灌区	0.22	0.22	0.22	0.22	0.22
	沙河灌区	0.39	0.35	0.33	0.32	0.33
	梨园河灌区	0.5	1.67	1.67	1.67	1.67
高台县	友联灌区	2.53	2.42	2.36	2.32	2.31
	六坝灌区	0.24	0.24	0.24	0.24	0.24
	罗城灌区	0.36	0.36	0.36	0.36	0.36
	新坝灌区	0.45	0.51	0.61	0.69	0.76
	红崖子灌区	0.22	0.25	0.3	0.34	0.37
合计		14.13	14.86	14.70	14.60	15.04

2. 节水情景设置

在黑河干流中游地区，农作物生长主要依赖于农业灌溉，灌溉用水成为影响农业增产的主要因素之一，而灌溉水利用效率低下和农业灌溉用水浪费严重加剧了农业灌溉用水短缺的问题（雷波等，2011），也阻碍了节水高效农业模式的发展，但低效率农业灌溉现状也说明农业灌溉领域具有很大的节水潜力，因此估算农业灌溉的节水潜力对于发展高效节水灌溉农业具有重要的意义和作用（孙景生等，2002）。本节从调整灌溉方式、增加节水灌溉面积、提高渠系衬砌比例的角度来设置节水情景。

情景一：滴、喷灌面积增加 10%；渠系衬砌比例增加 10%；灌溉水利用效率提高到 0.59。

情景二：滴、喷灌面积增加 20%；渠系衬砌比例增加 20%；灌溉水利用效率提高到 0.61。

12.2.2　种植结构优化模型及求解

基于当前黑河中游农作物的发展模式，建立种植结构优化模型，以获得高效的水资源管理解决方案。通过将有限的农业可用水量分配给不同作物而获得高效节水和农业经济效益最大的作物种植优化结构。黑河干流中游地区主要有 7 种农作物：粮食玉米、小麦、马铃薯、制种玉米、经济林果、饲草和高原夏菜。

1. 目标函数

从发展高效节水农业出发，以作物整体水分生产力最大为目标：

$$\max f_1 = \sum_{i=1}^{17} \sum_{j=1}^{7} (y_{ij}v_{ij} - c_{ij})x_{ij} \Big/ \sum_{i=1}^{17} \sum_{j=1}^{7} (x_{ij}\mathrm{ET}_{ij}/\eta_i) \tag{12-13}$$

从农业经济最大化出发，以单位种植面积效益最大为目标：

$$\max f_2 = \sum_{i=1}^{17} \sum_{j=1}^{7} (y_{ij}v_{ij} - c_{ij})x_{ij} \Big/ \sum_{i=1}^{17} \sum_{j=1}^{7} x_{ij} \tag{12-14}$$

式中，f_1 为作物每方水净收益（元/ m³）；f_2 为单位面积净收益（元/亩）；i（$i=1, 2, \cdots,$ 17）为灌区个数；j（$j=1, 2, \cdots, 7$）为作物种类；x_{ij} 为决策变量，表示第 i 个灌区第 j 种作物的种植面积（亩）；v_{ij} 为第 i 个灌区内第 j 种作物的单价（元/kg）；y_{ij} 为第 i 个灌区内第 j 种作物的单产（kg/亩）；c_{ij} 为第 i 个灌区内第 j 种作物的每亩生产成本，包括种植成本和劳动成本（元/亩）；ET_{ij} 为第 i 个灌区内第 j 种作物净灌溉定额（m³/亩），η_i 为第 i 个灌区的灌溉水利用系数。

2. 约束条件

1）水资源约束：

$$\sum_{i=1}^{n} \sum_{j=1}^{7} m_{ij}x_{ij} \leqslant Q_i \tag{12-15}$$

2）种植面积约束：

$$\sum_{i=1}^{n} \sum_{j=1}^{7} x_{ij} \leqslant X_n \tag{12-16}$$

3）粮食安全约束（粮食与蔬菜产量满足当地需求）：

$$\sum_{i=1}^{n} \sum_{j=1}^{4} x_{ij}y_{ij} \geqslant K \cdot P \cdot \mathrm{FN} \tag{12-17}$$

$$\sum_{i=1}^{n} \sum_{j=9} x_{ij}y_{ij} \geqslant K \cdot P \cdot \mathrm{VN} \tag{12-18}$$

4）非负约束：

$$x_{ij} \geqslant 0 \tag{12-19}$$

式中，m_{ij} 为第 i 灌区第 j 种作物的毛灌溉定额（m³/亩）；Q_i 为第 i 灌区的灌溉可用水量（m³）；X_n 第 i 个灌区的有效灌溉面积（亩）；P 为研究区总人口；FN 为人均粮食需求量，取值为 135kg/人；VN 为人均蔬菜需求量，取值为 140kg/人。

3. 模型求解方法

农业种植结构优化模型是一个多变量多目标优化模型。粒子群优化算法（PSO）是处理多变量多目标的有效方法，是基于鸟类智能集体行为的随机种群算法（López-Mata et al.，2016；Sarker and Ray，2009）。

在 PSO 中，粒子在搜索空间中移动，通过更新速度和位置来代表问题的可能途径和获得全局最优值的方向（Kennedy，2011）。式（12-20）和式（12-21）可以升级位置和速度：

$$v_i(t+1) = \omega(t) \times v_i(t) + c_1 \times r_1 \times [P_i(t) - x_i(t)] + c_2 \times r_2 \times [P_g(t) - x_i(t)] \quad (12\text{-}20)$$

$$x_i(t+1) = x_i(t) + r \times v_i(t+1) \quad (12\text{-}21)$$

式中，$v_i(t)$ 和 $x_i(t)$ 为迭代 t 时粒子 i 的速度和位置；$P_i(t)$ 为粒子 i 的最佳位置；$P_g(t)$ 为全局最佳位置；c_1 和 c_2 为正常数参数，称为加速系数，通常取值 1；r_1，r_2 为 0~1 的随机数；ω 为惯性重量。

$\omega(t)$ 可以根据以下公式升级（Clerc and Kennedy，2002）：

$$\omega(t) = \omega_{\max} - (\omega_{\max} - \omega_{\min}) \times t / t_{\max} \quad (12\text{-}22)$$

式中，$\omega_{\max}$ 和 $\omega_{\min}$ 为惯性权重的最大值和最小值，通常赋值为 1 和 0；$t_{\max}$ 为迭代次数。

$$p_i(t) = \begin{cases} x_i(t+1), & \text{如果 fitness}[x_i(t+1)] < \text{fitness}[x_i(t)] \\ P_i(t), & \text{其他} \end{cases} \quad (12\text{-}23)$$

根据式（12-24）计算整个群体在 t 时刻的最优位置：

$$P_g(t) = \min\{\text{fitness}[P_1(t)], \text{fitness}[P_2(t)], \cdots, \text{fitness}[P_N(t)]\} \quad (12\text{-}24)$$

12.2.3　黑河干流中游种植结构优化结果

1. 不同来水情景下黑河中游农业可用水量

图 12-3 为基于"黑河流域生态–水文过程集成研究"重大研究计划"基于水库群多目标调度的黑河流域复杂水资源系统配置研究"项目提供的黑河干流中游农业可用水量数据。在丰水年、偏丰水年、平水年、偏枯水年和枯水年黑河中游流域甘州区、临泽县和高台县农业可用水量分别为 15.03 亿 m³、14.58 亿 m³、14.68 亿 m³、14.85 亿 m³ 和 14.14 亿 m³。

2. 现状种植结构优化对比

选用粒子群优化算法来求解该优化模型，以 2013 年作为现状年，对现状年的种植结构进行优化，并与优化前的种植结构进行对比，图 12-4 为甘州区、临泽县和高台县优化前后种植结构对比。根据优化结果，甘州区粮食玉米、马铃薯、高原夏菜和饲草面积调减，小麦、制种玉米和经济林果种植面积调增；临泽县小麦、制种玉米和饲草面积调增，粮食玉米、经济林果和高原夏菜面积调减；高台县粮食玉米、小麦和制种玉米调减，马铃薯、经济林果、饲草和高原夏菜面积调增。

中游地区粮食玉米调减 13.73 万亩，小麦调增 7 万亩，制种玉米调减 4.02 万亩，饲草调增 12.32 万亩，高原夏菜调减 3.98 万亩，经过种植结构优化，黑河中游地区粮经饲

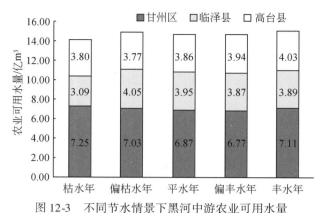

图 12-3　不同节水情景下黑河中游农业可用水量

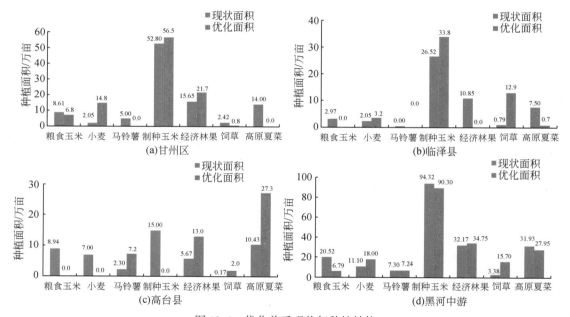

图 12-4　优化前后现状年种植结构

比例由现状的 19.4 : 78.9 : 1.7 调整为 16.0 : 76.2 : 7.8。

甘州区制种玉米的种植面积调增，因为甘州区的大满灌区和盈科灌区属大型灌区，灌区开发完善，灌溉设施配套较好，同等作物在该灌区种植的毛灌溉定额偏小，而且制种玉米本身耗水少，所需劳动力少，加之该地区大力发展制种工业，使制种玉米亩产收益较高，所以制种玉米可以作为该地区的优势作物。同样临泽县应增加制种玉米的种植面积，同时饲草种植在该县具有明显的优势，面积调增。高台县的优势产业为马铃薯、经济林果和高原夏菜，相应面积均有调增。经过优化，黑河干流中游地区单方水净效益由 1.91 元/m³ 提高到 2.05 元/m³；农业净效益由优化前的 32.04 亿元增加到 32.44 亿元；亩均收益从优化前的 1596 元/亩提高到 1616 元/亩。通过种植结构调整，在增加农业经济效益的同时，节水效益也比较明显，农业用水量由优化前 16.73 亿 m³ 减少到 15.91 亿 m³，减少了 0.82 亿 m³（表 12-20）。

表 12-20 种植结构优化前后农业效益对比

项目	单方水净效益/（元/m³）	亩均净效益/（元/亩）	种植业净效益/亿元	农业用水量/亿 m³	通过种植结构调整节水/亿 m³
现状	1.91	1596	32.04	16.73	
优化	2.05	1616	32.44	15.91	0.82

根据前面设置的节水情景，未来灌区节水灌溉面积比率提高，灌区的节水量将增大，见表 12-21。当节水灌溉面积比率增加 10%，灌溉水利用系数为 0.59，甘州区种植结构优化后节水 1.38 亿 m³，临泽县节水 0.56 亿 m³，高台县节水 0.56 亿 m³，3 县（区）共可节水 2.49 亿 m³。当节水灌溉面积比率增加 20%，灌溉水利用系数为 0.61，甘州区种植结构优化后节水 1.59 亿 m³，临泽县节水 0.68 亿 m³，高台县节水 0.69 亿 m³，3 县（区）共可节水 2.96 亿 m³。

表 12-21 不同节水情景种植结构优化前后节水效益对比 （单位：亿 m³）

节水量	节水情景	甘州区	临泽县	高台县	黑河中游
情景一	节水灌溉面积比率增加 10% 灌溉水利用系数 0.59	1.38	0.56	0.56	2.49
情景二	节水灌溉面积比率增加 20% 灌溉水利用系数 0.61	1.59	0.68	0.69	2.96

3. 不同来水情景种植结构优化

不同来水情景的种植结构优化结果如图 12-5 所示。当来水量增多时，甘州区、临泽县和高台县的种植面积都是增加的，其中，经济林果和制种玉米等经济作物的增加面积最大，因为当可用水量增加时，在满足模型整体约束条件的前提下，通过优先扩增耗水少收益高的经济作物的种植面积，提高单方水的效益会更高，更能达到高效用水的目标。甘州区以种植制种玉米为主，在丰水年、偏丰水年、平水年、偏枯水年和枯水年制种玉米的种植面积分别达到 88.10 万、79.78 万亩、81.69 万亩、82.91 万亩和 86.13 万亩；临泽县的主要优势作物为经济林果、饲草和高原夏菜，其中高原夏菜在丰水年、偏丰水年、平水年、偏枯水年和枯水年的种植面积分别可达 6.78 万亩、14.79 万亩、14.20 万亩、14.75 万亩和 13.27 万亩；高台县的优势种植作物为经济林果和高原夏菜，其中经济林果在丰水年、偏丰水年、平水年、偏枯水年和枯水年的种植面积分别可达 21.41 万亩、28.24 万亩、24.94 万亩、36.10 万亩和 32.12 万亩。

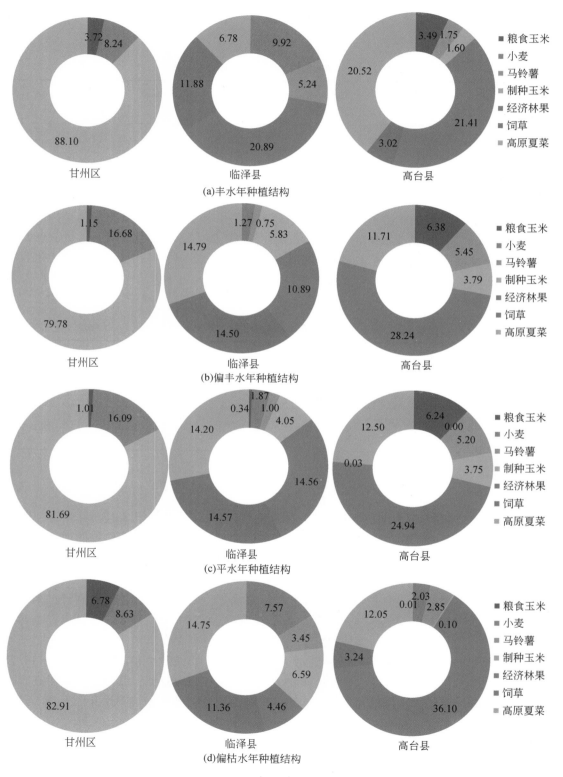

(a)丰水年种植结构

(b)偏丰水年种植结构

(c)平水年种植结构

(d)偏枯水年种植结构

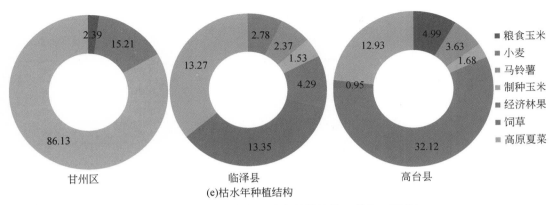

图 12-5　不同来水条件甘临高种植结构（单位：万亩）

4. 种植结构优化前后效益对比

种植结构调整的目的是经济高效和节水，黑河干流中游不同水文年种植结构优化后种植业净效益在丰水年、偏丰水年、平水年、偏枯水年和枯水年分别可达到 32.92 亿元、31.94 亿元、32.03 亿元、32.68 亿元和 31.38 亿元（表 12-22）。当节水灌溉面积比率由 41% 增加到 51%，在种植面积控制在适宜面积时，丰水年、偏丰水年、平水年、偏枯水年和枯水年节水量分别为 1.56 亿 m^3、1.57 亿 m^3、1.58 亿 m^3、1.51 亿 m^3 和 1.50 亿 m^3；当节水灌溉面积比率增加到 61%，丰水年、偏丰水年、平水年、偏枯水年及枯水年节水量分别为 2.01 亿 m^3、2.00 亿 m^3、2.01 亿 m^3、1.94 亿 m^3 和 1.92 亿 m^3（表 12-23）。

表 12-22　不同节水情景下农业效益

水文年	农业用水量/亿 m^3	单方水净效益/(元/m^3)	种植业净效益/亿元
丰水年	15.03	2.19	32.92
偏丰水年	14.58	2.19	31.94
平水年	14.68	2.18	32.03
偏枯水年	14.85	2.24	32.68
枯水年	14.14	2.22	31.38

表 12-23　不同来水情景节水情景下农业节水效益

情景	不同水文年	农业用水量/亿 m^3	种植面积/万亩	节水灌溉面积比率/%	灌溉水利用系数	节水量/亿 m^3
1	丰水年	15.03	206.6	51	0.59	1.56
2				61	0.61	2.01
3	偏丰水年	14.58	201.2	51	0.59	1.57
4				61	0.61	2.00

情景	不同水文年	农业用水量/亿 m³	种植面积/万亩	节水灌溉面积比率/%	灌溉水利用系数	节水量/亿 m³
5	平水年	14.68	202.1	51	0.59	1.58
6				61	0.61	2.01
7	偏枯水年	14.85	202.9	51	0.59	1.51
8				61	0.61	1.94
9	枯水年	14.14	197.6	51	0.59	1.50
10				61	0.61	1.92

12.3　黑河绿洲作物种植结构空间优化模型

12.3.1　种植结构空间优化研究框架

由于人口增长和经济持续发展，农业用水和土地资源的稀缺日益严重，合理有效的农业水土资源配置已成为区域农业可持续发展的必要条件。农业用地分配是农业水资源配置优化的核心问题（Dai and Li，2013）。它不仅可以指导决策者评估不同作物类型的土地需求，还可以确定与每种作物类型相匹配的最佳土地空间单元，获得最优土地利用布局（Mianabadi et al.，2014）。

农业用地分配的过程将分三个阶段进行：①土地利用需求评估；②农业用地适宜性评估；③作物类型的空间分布。

1. 土地利用需求评估

土地利用需求评估是通过种植结构优化模型来实现的，以区域农业经济发展效益为追求目标，得到区域种植结构优化结果作为农业空间优化的输入，完成绿洲农业空间优化布局。模型建立参照 12.2 节。

2. 农业用地适宜性评估

为了评估农作物的耕种适宜性，需要考虑耕种所需的环境和社会经济条件（Liu et al.，2014）。联合国粮食及农业组织（FAO）利用土壤、地形特征和作物特征的空间数据制定了作物适宜性等级的专用地图（Maleki et al.，2017）。许多研究已经制定了基于 FAO 所提出框架的土地适宜性分配方法（Nouri et al.，2017）。然而这些数据空间分辨率较低，无法满足灌区尺度作物空间分布的研究要求。本节基于作物适宜性评估数据，建立一种结合多源遥感数据的综合模型，以生成 1km×1km 分辨率的作物空间优化分布图。

3. 作物类型的空间分布

农业土地利用分配的主要目标是将作物类型空间分配到与其匹配的空间单元，以寻求最佳的土地利用布局（Li and Parrott，2016）。关于农业种植模式的各种优化方法的文献很多，如线性规划、非线性规划、多目标规划、模糊规划和随机优化。然而，这些方法忽略了数量和空间的有效统一，仅仅关注数量优化。本节构建基于最小交叉信息熵和非线性优化的耦合模型。考虑到空间变量与非空间变量耦合的困难，可以通过确定先验分布和期望分布之间的最小交叉熵原理来执行作物空间分配（You and Wood，2006）。

12.3.2 模型方法和数据

根据气候、地形和土壤等因素确定的作物生长适宜性评价空间分布，结合黑河中游农业土地利用数据、该地区人口分布等多源空间数据，通过确定先验分布和期望分布之间的最小交叉信息熵来执行作物空间分配，构建基于最小交叉信息熵原理的作物种植结构空间优化模型（CECSOM），该模型基于多源数据融合，可综合遥感和统计数据，获取作物的空间详细信息。研究技术路线见图 12-6。

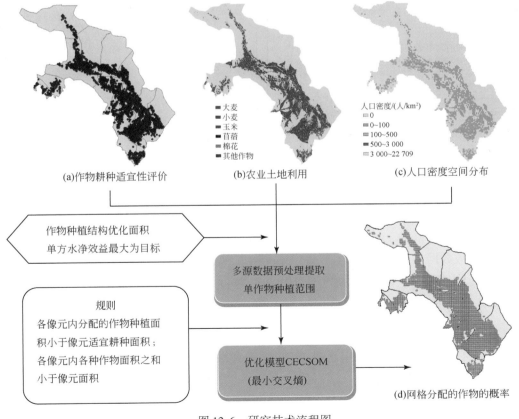

图 12-6　研究技术流程图

1. 作物种植适宜性评价

作物种植适宜性评价是作物种植结构优化调整的重要组成部分，能够为作物空间格局优化提供基础数据，实现耕地资源合理高效利用，为耕地资源的科学管理及可持续利用提供参考依据。

作物耕种适宜评价数据来自 12.1 节所得到的黑河绿洲作物生产相对优势区的计算结果。选取与作物生长密切相关的气候环境要素（降水、积温、参考作物蒸散量），土壤理化性状（有机质、全氮、全磷、全钾、黏粒、pH、容重）和地形自然环境要素（高程、坡度、坡向）等因素作为评价因子，计算作物生态位适宜度，将其作为衡量作物耕种适宜性的指标（图 12-7）。

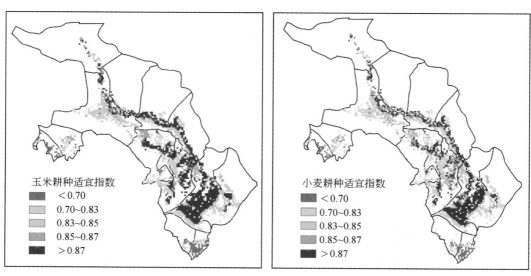

图 12-7 作物耕种适宜指数空间分布图

2. 农业土地利用

农业土地利用数据为 2011～2013 年黑河流域土地利用覆被数据。数据来源于寒区旱区科学数据中心（hppt://westdc.westgis.ac.cn）提供的黑河生态水文遥感试验：黑河流域土地利用覆被数据集（HiWATER：land cover map of Heihe River Basin），该数据为中国的资源卫星（HJ-1/CCD）解译，分辨率为 30m（Zhong et al.2014，2015）。

3. 人口分布数据

人口分布数据为黑河流域 1km×1km 格网的人口空间分布数据。数据来源于黑河计划数据管理中心（http://westdc.westgis.ac.cn）（王雪梅等，2007，2011）。

4. 作物种植结构优化模型

参考 12.2 节中作物种植结构优化结果作为作物空间优化模型的输入数据。

5. 基于最小交叉信息熵的空间优化模型

考虑到模型应用范围和多源数据空间分辨率的一致性，上述数据除统计数据、行政区划数据外，其他数据均被空间化为 1km×1km 的单元网格，整个研究区域被划分成 9041 个网格单元，同时将基于多源数据的作物种植适宜面积空间分布网格化，得到每个网格内作物适宜分配概率，将其作为先验分布概率，将种植结构优化结果作为特定约束条件，利用最小交叉信息熵模型，计算每个网格的作物种植面积可分配概率，将需要分配的作物分配到适宜耕种的土地单元，最终得到种植结构空间优化布局。由于作物种植适宜性考虑的影响因素众多，而实际研究中搜集资料比较困难，而且在研究区域的甘州区、临泽县和高台县玉米小麦是种植的主要农作物，尤其是制种玉米的种植是 3 县（区）的主导产业，种植面积占 3 县（区）总耕种面积的一半以上。所以本章仅以玉米和小麦这两种作物研究作物空间优化布局。

信息熵分布概率模型：

对于给定的分布概率 $P\,(p_1,\ p_2,\ \cdots,\ p_k)$，Shannon 信息熵可定义为

$$H(P) = -\sum_{i=1}^{k} p_i \ln p_i \tag{12-25}$$

通过引入交叉信息熵（CE）度量两个概率分布 P 和 Q 不一致的情况如式（12-26）所示。

$$D(Q,\ P) = \sum_{i=1}^{k} q_i \ln\left(\frac{q_i}{p_i}\right) \tag{12-26}$$

信息熵理论是信息论中度量信息量的一个概念，可以表达成离散随机事件的出现概率，出现概率越稳定，信息熵越小。交叉信息熵描述的是离散随机事件估计概率与真实概率之间的差异。通过求解最小交叉信息熵可以确保在有限信息量的条件下，期望概率尽可能地接近先验概率，先验概率的计算如式（12-27）所示。

$$q_{ij} = \frac{\text{Suitable}_{ij}}{\sum_i \text{Suitable}_{ij}} \tag{12-27}$$

目标函数：

$$\min_{p_{ij}} D(p_{ij},\ q_{ij}) = \min\left(\sum_i p_{ij}\ln p_{ij} - \sum_i p_{ij}\ln q_{ij}\right) \tag{12-28}$$

约束条件：

$$\sum_i p_{ij} = 1 \tag{12-29}$$

$$0 \leqslant p_{ij} \leqslant 1 \tag{12-30}$$

$$\text{Area}_j \times p_{ij} \leqslant \text{Suitable}_{ij} \tag{12-31}$$

$$\sum_j \text{Area}_j \times p_{ij} \leqslant \text{Available}_i \tag{12-32}$$

$$\sum_j \text{Area}_j \times p_{ij} = \text{CropArea}_j \tag{12-33}$$

式中，$i = 1,\ 2,\ 3\cdots$ 为行政统计单元内的像元；$j = 1,\ 2$ 为作物种类；p_{ij} 为 i 像元上 j 作物

的面积可分配概率；q_{ij} 为 i 像元上 j 作物的潜在分布概率；$Available_i$ 为 i 像元中的总耕地面积，采用土地利用/土地覆盖数据中的耕地分布（1km）；$Suitable_{ij}$ 为 i 像元上作物 j 的适宜种植面积；$Area_j$ 为一级统计单元（行政区）的优化种植面积；$CropArea_j$ 为作物 j 的耕地面积。

12.3.3 典型作物适宜种植面积确定

基于多源数据确定作物适宜种植面积，多源数据包括作物适宜指数分布图、作物空间分布图和研究区人口密度空间分布。基于 ArcGIS 平台，首先选取网格单元评价因素并选取不同的颜色分别代表不同作物耕种适宜性指数填充网格单元，生成作物耕种适宜性指数空间分布图。

以玉米和小麦作为典型作物说明模型计算过程，如图 12-8 所示。

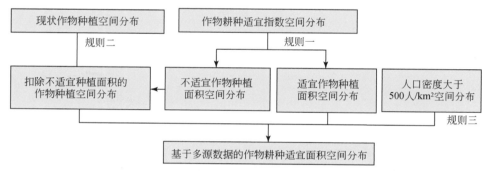

图 12-8 确定作物适宜种植面积流程图

根据以下规则，结合现状作物种植面积空间分布图和研究区人口密度分布图等多源数据，可以得到综合多源数据的作物耕种适宜面积空间分布。

规则一：根据优先分配作物到适宜度高的区域的原则，将作物生长适宜指数及其相对应面积按适宜指数由大到小排列，筛选出当适宜面积大于优化后所需分配的作物种植面积的作物生长适宜指数，当选取玉米耕种适宜性指数为 0.83 以上，小麦耕种适宜性指数为 0.88 以上，适宜面积将大于优化后所需分配面积，小于上述范围则适宜面积将小于优化后所需分配面积。将所选面积确定为适宜种植该种作物的区域，玉米和小麦的米面积分析结果分别见表 12-24 和表 12-25。

表 12-24 玉米不同适宜度面积统计

玉米耕种适宜性指数	0.83 ~ 0.84	0.84 ~ 0.85	0.85 ~ 0.86	0.86 ~ 0.87	0.87 ~ 0.88	0.88 ~ 0.89	0.89 ~ 0.9	0.9 ~ 0.92	合计
面积/hm²	11 295	8 242	7 006	11 579	30 977	22 851	8 899	2 486	103 337

表 12-25 小麦不同适宜度面积统计

小麦耕种适宜性指数	0.88 ~ 0.89	0.89 ~ 0.90	合计
面积/hm²	16 942	3 373	20 315

规则二：同时考虑到适宜度计算时的调研区域优先，实地调研可能有调研不到的地方，结合 GIS 数据，用 2011~2015 年作物种植面积空间分布图摘取相同的部分并扣除不适宜作物种植的部分作为补充。

规则三：结合人口密度空间分布图，扣除人口密度超过 500 人/km² 的耕地面积。

将适宜面积分布图、耕地分布图、人口分布图叠加确定最终的作物耕种适宜性分布图，基于多源数据的玉米和小麦耕种适宜面积空间分布图分别见图 12-9 和图 12-10。

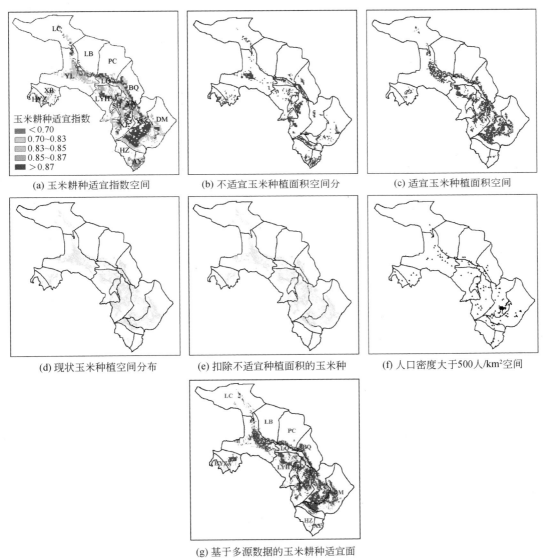

(a) 玉米耕种适宜指数空间   (b) 不适宜玉米种植面积空间分   (c) 适宜玉米种植面积空间

(d) 现状玉米种植空间分布   (e) 扣除不适宜种植面积的玉米种   (f) 人口密度大于500人/km²空间

(g) 基于多源数据的玉米耕种适宜面

图 12-9　基于多源数据的玉米耕种适宜面积空间分布

LC 为罗城灌区；LB 为六坝灌区；YL 为友联灌区；XB 为新坝灌区；HYZ 为红崖子灌区；PC 为平川灌区；
BQ 为板桥灌区；LQ 为蓼泉灌区；YN 为鸭暖灌区；LYH 为梨园河灌区；SH 为沙河灌区；XJ 为西浚灌区；
YK 为盈科灌区；DM 为大满灌区；SS 为上三灌区；HZ 为花寨灌区；AY 为安阳灌区，下同

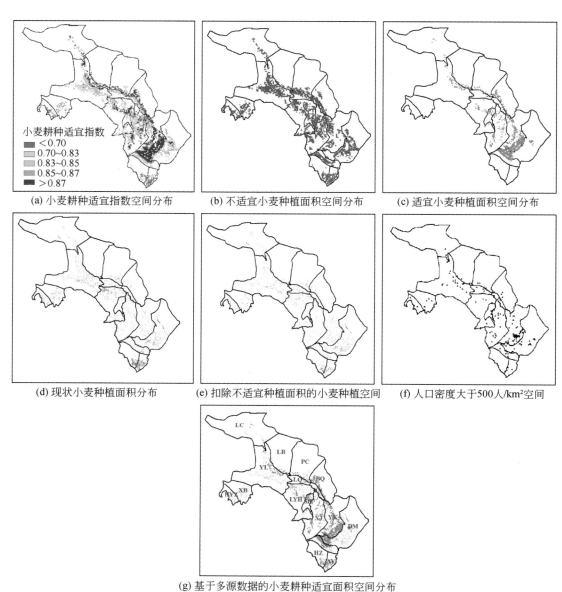

(a) 小麦耕种适宜指数空间分布   (b) 不适宜小麦种植面积空间分布   (c) 适宜小麦种植面积空间分布

(d) 现状小麦种植面积分布   (e) 扣除不适宜种植面积的小麦种植空间   (f) 人口密度大于500人/km²空间

(g) 基于多源数据的小麦耕种适宜面积空间分布

图 12-10 基于多源数据的小麦耕种适宜面积空间分布

研究结果表明，玉米适宜种植区与现状玉米面积分布总体一致，主要集中在友联灌区的东部、梨园河灌区的北部、西浚灌区大部分地区、盈科灌区的中部与南部和大满灌区的西部等灌区，而花寨灌区、红崖子灌区、蓼泉灌区和安阳灌区适宜种植玉米的面积很少；盈科灌区玉米适宜种植面积比现状种植面积大；大满灌区适宜面积小于现状面积，友联灌区、西浚灌区中部和鸭暖灌区适宜种植面积减少。

小麦适宜种植区主要集中在盈科灌区的中部与东南部和大满灌区的西南部、梨园河灌区的北部、西浚灌区、友联灌区，以及平川等灌区的边缘地区。相比玉米的适宜种植空间分布，小麦的适宜分布面积比较小。而在花寨和安阳灌区，适宜种植小麦的区域多于种植玉米的区域。

12.3.4 优化前后作物空间分布面积变化

基于以上耕种适宜性评价的作物空间分布优化可以实现农业土地资源的高效利用，提高耕地作物生产力。同时，这一过程能够生成空间可视化的优化结果。

基于作物耕种适宜面积空间分布，根据式（12-27）~式（12-33），计算每个单元网格中玉米和小麦的适宜分配概率，以作物种植结构优化模型确定的玉米和小麦的需要分配的作物面积作为空间优化模型的输入，通过求解潜在分配概率和未知概率的最小交叉信息熵，确定玉米和小麦的空间优化分布。由于采用 1km×1km 的单元网格，所以用每平方千米内玉米和小麦各自种植面积所占比例来表示作物的空间分布。

根据空间优化模型输出结果，可得玉米和小麦空间优化布局。对比现状玉米和小麦面积分布，可得优化前后作物空间分布面积变化，如图 12-11 和图 12-12 所示。

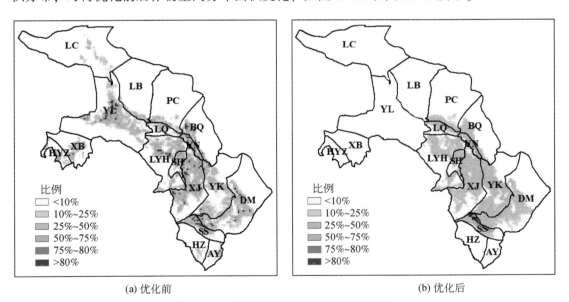

图 12-11 玉米空间优化前后面积分布对比

由图 12-11 可知，优化前玉米单元网格分配概率大于 80% 的网格比较分散，优化后分配概率大于 80% 的网格主要集中于研究区的南部，即上三灌区，而且优化前分配概率大于80% 的网格个数为 89 个，优化后分配概率大于 80% 的网格数为 15 个，有明显的减少。

同时分配概率在 75% ~80% 的网格个数也由优化前的 54 个减少为 13 个，而优化后分配概率在 50% ~75% 的网格个数为 705 个，这部分面积较优化前有明显的增加，优化前为网格个数为 538 个。优化后较优化前分布更为集中的另一个表现是优化后分配概率<10%和 10%~20% 的网格个数都有所减少，分别由 780 个和 694 个减少到 684 个和 607 个。由前述种植结构优化结果可知，优化后高台县各灌区以种植马铃薯、经济林果和高原夏菜为主，没有种植玉米和小麦，所以空间优化后玉米和小麦没有分布。

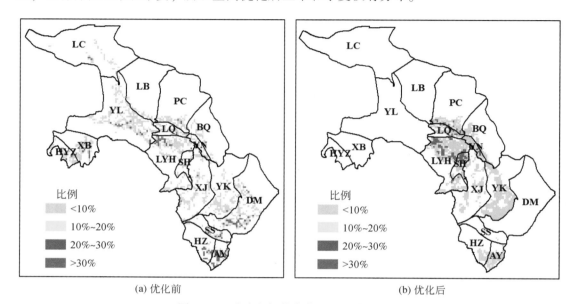

图 12-12　小麦空间优化前后面积分布对比

由图 12-12 可知，与玉米空间优化结果一致，小麦优化后分配概率高的区域集中于一部分地区，主要集中在梨园河灌区、蓼泉灌区和沙河等灌区。由于小麦适宜耕种的地区比较分散，所以分配概率呈现的特点是<10%、10%~20% 和 20%~30% 的网格个数都有所增加，而>30% 分配概率的网格个数有所减小。甘州区适宜种植小麦的区域集中在安阳灌区和花寨灌区。

12.3.5　黑河中游作物种植结构空间优化

为了对作物空间布局有更直观的认识，将优化后的玉米和小麦空间分布进行叠加分析，对应于每个像元，如果某个像元内玉米面积分配的概率大于小麦面积分配的概率则在综合的空间分布该像元呈现为玉米，反之，如果某个像元内小麦面积分配的概率大于玉米面积分配的概率则在综合的空间分布该像元呈现为小麦，最后输出作物种植结构空间优化布局图，并将优化前后的空间布局进行对比（图 12-13）。

与现状结构相比，优化后黑河中游绿洲耕地还是以种植玉米为主，优化后玉米的面积分布基本与优化前一致，在保证粮食需求和制种产业发展的基础上，通过节水高效经济高效为目标的种植结构优化，在整个黑河中游区域制种玉米的种植面积稍有调减，玉米调减的面积主要集中在高台县的友联、罗城等灌区，而在临泽县和甘州区稍有增加。

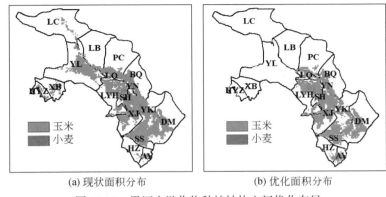

(a) 现状面积分布　　　　　　　　(b) 优化面积分布

图 12-13　黑河中游作物种植结构空间优化布局

优化后，小麦种植面积更加集中，而且小麦的种植面积有所增加，主要分布在甘州区的安阳灌区和花寨灌区，临泽县的梨园河灌区、蓼泉灌区和沙河灌区；相比现状年高台县的友联灌区、新坝、红崖子等灌区应该减少小麦的种植，甘州区的盈科、西浚、安阳等灌区的小麦种植面积应该调增。研究结果可为农户的作物选择和决策行为提供依据。

12.4　黑河绿洲耗水时空格局优化设计

12.4.1　作物耗水影响因子分析

1. 作物耗水估算方法

众多学者的多年研究和实测对比表明 FAO-56 推荐的 Penman-Monteith 公式计算作物蒸散量具有较高的精度和使用价值，故本章作物蒸散量采用单作物系数法计算。本章收集了黑河流域 10 个气象站 55 年长系列的逐日基本气象资料，气象站包括额济纳旗、鼎新、金塔、酒泉、高台、拖勒、野牛沟、张掖、祁连和山丹，气象资料包括日平均气压、日平均风速、日平均气温、日最高温度、日最低温度、日平均相对湿度、日降水量和日照时数，数据来源于中国气象数据网。对长系列气象数据进行处理，基于 FAO-56 推荐的 Penman-Monteith 公式计算各气象站逐年参考作物蒸散量 ET_0。

ET_0 算出后，根据下式可算得作物需水量 ET_c。

$$ET_c = K_c \times ET_0 \tag{12-34}$$

式中，K_c 为作物系数，作物系数受作物的种类、品种、生育阶段、作物群体叶面积指数等因素的影响，参考之前的研究（李硕，2013），各作物生育期内各生育阶段作物系数见表 12-26。生长前期到生长中期之间的快速生长期，以及生长中期到生长末期内的作物系数按区间线性插值计算。

表 12-26　作物生育期及作物系数

	生长初期		生长中期		生长末期		天数
	日期	$K_{c,ini}$	日期	$K_{c,mid}$	日期	$K_{c,end}$	
小麦	3 月 16 日 ~ 4 月 15 日	0.23	5 月 10 日 ~ 7 月 2 日	1.16	8 月 5 日	0.40	143
玉米	4 月 15 日 ~ 5 月 15 日	0.23	6 月 24 日 ~ 8 月 24 日	1.20	9 月 20 日	0.35	159
经济作物	3 月 15 日 ~ 4 月 8 日	0.34	5 月 28 日 ~ 8 月 31 日	1.21	9 月 24 日	0.70	194
蔬菜	5 月 10 日 ~ 6 月 10 日	0.70	7 月 11 日 ~ 8 月 14 日	1.05	8 月 25 日	0.75	108

得到作物需水量 ET_c 后，根据式（12-35）计算作物耗水量。

$$ET_a = K_s \times ET_c \tag{12-35}$$

式中，ET_a 为实际作物耗水量（mm）；K_s 为水分胁迫指数，根据作物实际生长和土壤水分状况确定。本章通过 NDVI 计算：

$$K_s = \begin{cases} 1 & \text{NDVI} > \text{staNDVI} \\ \text{NDVI/staNDVI} & \text{NDVI} < \text{staNDVI} \end{cases} \tag{12-36}$$

2. 主成分分析法

主成分分析（principal component analysis，PCA）方法是将多个具有相关性的要素转化为几个不相关的综合指标的分析与统计方法。其原理和步骤如下（陈涛，2008）：

建立 n 个区域 p 个指标的原始数据矩阵 M_{ij}（$i=1$，2，$\cdots$，n；$j=1$，2，$\cdots$，p），对矩阵数据进行标准化处理，处理方法如下：

$$Z_{ij} = (\bar{X} - X_{ij}) / S_j \tag{12-37}$$

$$\bar{X} = \frac{1}{n} \sum_{i=1}^{N} X_{ij} \tag{12-38}$$

$$S_j = \sqrt{\sum_{i=1}^{n} \frac{(X_{ij} - \bar{X})^2}{n}} \tag{12-39}$$

1）计算指标的相关系数矩阵 $R_{jk} = \dfrac{1}{n} \sum_{i=1}^{n} \dfrac{(X_{ij} - \bar{X})(X_{ik} - \bar{X})}{S_j} = \dfrac{1}{n} \sum_{i=1}^{n} Z_{ij} Z_{ik}$，其中 $R_{jj} = 1$，$R_{jk} = R_{kj}$。

2）求特征值 λ_k（$k=1$，2，$\cdots$，p）及特征向量 L_k。根据特征方程 $|R - \lambda I| = 0$ 计算特征值 λ_k，并列出特征值 λ_k 的特征向量 L_k。

3）计算贡献率 $T_k = \lambda_k / L_k$，计算累计贡献率 $D_k = \sum_{j=1}^{k} T_j$，选取 $D_k \geqslant 0.9$ 的特征值对应的 λ_1，λ_1，$\cdots$，λ_m（$m<p$）作为主要成分。

4）计算主成分指标的权重 W_j。把第 m 个主成分特征值的累积贡献率 D_m 定为1，算出 T_1，T_2，$\cdots$，T_m 所对应的新的 T'_1，T'_2，$\cdots$，T'_m，即为主成分指标的权重值。

5）计算主成分得分矩阵 Y_{ij}（$i=1$，2，$\cdots$，n；$j=1$，2，$\cdots$，m）。

6）根据多指标加权综合评价模型 $F_i = \sum_{j=1}^{p} W_j Y_{ij}$（$i=1$，2，$\cdots$，$n$；$j=1$，2，$\cdots$，$p$）计算综合评价值，其中 W_j 为第 j 个指标的权重，Y_{ij} 表示第 i 个区域单元的第 j 个指标的单项评价值，此时 $W_j = T'_j$（$j=1$，2，$\cdots$，m），Y_{ij} 即是主成分得分矩阵（$i=1$，2，$\cdots$，n；$j=1$，2，$\cdots$，m）。

3. 作物耗水主要影响因子

（1）主成分分析结果

影响作物需水的因素有很多，并且各因素之间有可能存在一定相关性，因此对有可能影响作物需水量的因素进行因子分析。主成分分析实际上是一种降维、简化数据的方法，把多个具有相关关系的变量总结为几个少数的变量进行分析。利用黑河流域10个气象站数据（日照时数 N、相对湿度 RH、有效积温 T、风速 u 和有效降水量 P_e），根据式（12-34）计算各站点作物耗水量 ET_c。

通过 ArcGIS 分析数字高程模型 DEM 得到各站点的地形数据（坡度 S、坡向 A、经度 Lng、纬度 Lat 和高程 H）和土壤数据（容重 ρ_b）。各作物的主成分分析结果有3个主成分，各因子荷载矩阵如表12-27所示。

表 12-27　作物需水量因子荷载矩阵

		N	RH	T	u	P_e	S	A	Lng	Lat	H	ρ_b
小麦	成分1	-0.956	0.94	-0.914	-0.386	0.827	0.733	0.208	-0.054	-0.909	0.902	-0.041
	成分2	-0.054	-0.215	0.279	0.04	0.02	0.219	0.046	0.909	-0.007	-0.3	0.89
	成分3	0.072	-0.154	-0.227	0.813	-0.097	0.091	0.712	0.191	0.329	0.225	-0.085
玉米	成分1	-0.961	0.928	-0.918	-0.316	0.981	0.755	0.226	-0.064	-0.884	0.919	-0.04
	成分2	-0.06	-0.211	0.301	0.106	-0.011	0.226	0.022	0.895	-0.02	-0.295	0.902
	成分3	0.119	-0.22	-0.188	0.859	0.094	0.08	0.665	0.236	0.382	0.181	-0.083
经济作物	成分1	-0.841	0.922	-0.986	0.288	0.914	0.144	-0.168	-0.13	-0.498	0.962	-0.073
	成分2	0.528	-0.022	0.006	-0.145	-0.353	-0.1	-0.086	-0.974	0.83	-0.166	0.213
	成分3	-0.037	-0.221	-0.142	0.776	0.171	0.51	0.268	0.058	0.132	0.167	0.553
蔬菜	成分1	-0.841	0.922	-0.986	0.288	0.914	0.144	-0.168	-0.13	-0.498	0.962	-0.073
	成分2	0.528	-0.022	0.006	-0.145	-0.353	-0.1	-0.086	-0.974	0.83	-0.166	0.213
	成分3	-0.037	-0.221	-0.142	0.776	0.171	0.51	0.268	0.058	0.132	0.167	0.553

　　根据因子荷载矩阵可知，4 种作物的结果基本一致，成分 1 主要因子包括日照时数、平均相对湿度、有效积温、有效降水量、坡度、纬度和高程；成分 2 主要因子包括经度和容重；成分 3 主要包括风速，唯一有区别的是经济作物和蔬菜的容重因素在成分 3 中。成分 1 和成分 2 的累积贡献率均超过 85%，因此能基本代表影响作物需水量的全部信息。成分 1 和成分 2 主要体现了作物的气象因素和地形因素，成分 3 主要在土壤因素上荷载较大，可理解为土壤因素主要通过影响作物对水分吸收能力来影响作物生长和作物耗水。

（2）相关性分析

　　由主成分分析结果可知气象因素和土壤因素对作物需水量的影响贡献率达到 85% 以上，成为影响作物需水量的主要影响因素。因此，根据影响作物需水量的主要影响因子建立分布式作物耗水模型，分析气象因素、地形因素和土壤因素与各作物之间的相关性，得到相关性分析结果如表 12-28 所示。

表 12-28　作物需水量相关性

		Lng	Lat	H	S	A	ρ_b	T_e	RH	N	P_e	u
小麦	相关性	0.356	0.926**①	-0.849**③	-0.536	-0.281	0.206	0.844**⑤	-0.918**②	0.847**④	-0.700*⑥	580
	显著性	0.313	0.000	0.002	0.110	0.431	0.568	0.002	0.000	0.002	0.024	0.079
玉米	相关性	0.369	0.928**①	-0.832**④	-0.536	-0.264	0.213	0.811**⑥	-0.915**②	0.841**③	-0.816**⑤	0.599
	显著性	0.294	0.000	0.003	0.110	0.462	0.555	0.004	0.000	0.002	0.004	0.067
经济作物	相关性	0.364	0.923**①	-0.838**③	-0.537	-0.276	0.218	0.831**⑤	-0.908**②	0.834**④	-0.811**⑥	0.592
	显著性	0.302	0.000	0.002	0.110	0.441	0.545	0.003	0.000	0.003	0.004	0.071
蔬菜	相关性	0.368	0.930**①	-0.837**④	-0.537	-0.263	0.208	0.811**⑥	-0.922**②	0.855**③	-0.812**⑤	0.602
	显著性	0.295	0.000	0.003	0.110	0.463	0.565	0.004	0.000	0.002	0.004	0.066

　　注：* 和 ** 分别表示通过了 0.05 和 0.01 水平的显著性检验；绝对值大小表示相关性大小，负值表示负相关；①②③④⑤⑥分别表示各站点相关系数绝对值由大到小的排序

　　表 12-28 显示，影响 4 种作物需水量的首要因子为纬度和平均相对湿度，其次是高程和日照时数，最后是积温和有效降水量。不同作物间各影响因素的顺序略有不同，但主要影响因子基本相同，且与主成分分析结果基本一致，即影响小麦和经济作物需水量的主要因素相关性大小排序为纬度>相对湿度>高程>日照时数>有效积温>有效降水量，影响玉米和蔬菜需水量的主要因素相关性大小排序为纬度>相对湿度>日照时数>高程>有效降水量>有效积温。

12.4.2　分布式作物耗水模型

　　通过对上述 11 个因子分析得到影响作物耗水的 6 个主要气象因素和地形因素建立分布式作物耗水模型，包括纬度 Lat、相对湿度 RH、高程 H、日照时数 h、有效积温 T 和有效降水量 P_e。因此，通过线性回归分析得到黑河中游地区小麦、玉米、经济作物和蔬菜的分布式耗水模型如下式。

小麦（$i=1$）：$\mathrm{ET}_{c,j}=-2044.675+70.187\mathrm{Lat}_j-0.033Z_j+0.025T_j$ （12-40）

$$+0.79\mathrm{RH}_j-33.815N_j+0.122P_{e_j} \quad (R^2=0.95)$$

玉米（$i=2$）：$\mathrm{ET}_{c,j}=7368.733-81.698\mathrm{Lat}_j-0.737Z_j-0.607T_j-17.741\mathrm{RH}_j$ （12-41）

$$+6.883N_j-0.193P_{e_j} \quad (R^2=0.97)$$

经济作物（$i=3$）：$\mathrm{ET}_{c,j}=-957.407+73.376\mathrm{Lat}_j-0.213Z_j-0.133T_j-3.020\mathrm{RH}_j$

$$-38.823N_j+0.123P_{e_j} \quad (R^2=0.94)$$

（12-42）

蔬菜（$i=4$）：$\mathrm{ET}_{c,j}=3647.342-33.115\mathrm{Lat}_j-0.404Z_j-0.437T_j-10.308\mathrm{RH}_j$ （12-43）

$$+8.974N_j+0.274P_{e_j} \quad (R^2=0.99)$$

对于栅格点上的数据，高程和纬度为定值，随时间变化的只有湿度、日照时数、积温和降水量，通过模拟验证，以温度为时间尺度的变化因子得到的时间尺度上的作物耗水估计值更好，按式（12-44）得到时空尺度估算模型：

$$\mathrm{ET}_{c,ijt}=\mathrm{ET}_{c,ij}\times K_{c,ijt}/K_{c,i}\times \frac{T_{ijt}}{\displaystyle\sum_{t=0}^{n} T_{ijt}} \quad (12\text{-}44)$$

式中，$K_{c,ij}$ 为作物 i 在 j 栅格单元内全生育期内作物系数；$K_{c,ijt}$ 为作物 i 的作物系数值，由表 12-26 计算；T_{ijt} 为 t 时刻作物 i 在 j 栅格单元内的温度（℃）；n 为作物 i 的生育期天数（天）。

再考虑作物水分胁迫得到时空尺度作物耗水估算模型为

$$\mathrm{ET}_{a,ijt}=\mathrm{ET}_{c,ijt}\times K_{s,ijt}=\mathrm{ET}_{c,ij}\times K_{c,ijt}/K_{c,i}\times \frac{T_{ijt}}{\displaystyle\sum_{t=0}^{n} T_{ijt}} \times K_{s,ijt} \quad (12\text{-}45)$$

式中，$K_{s,ijt}$ 为 t 时刻作物 i 在 j 栅格单元内的作物水分胁迫系数。

通过基于 IDW 的多元线性回归插值方法得到研究区内各作物的相对湿度 RH、日照时数 h、有效积温 T 和有效降水量 P_e 的分布，基于 DEM 提取得到耕地区内的纬度 Lat、高程 H 分布。通过图层叠加得到 4 种作物生育期内总需水量分布如图 12-14 所示。

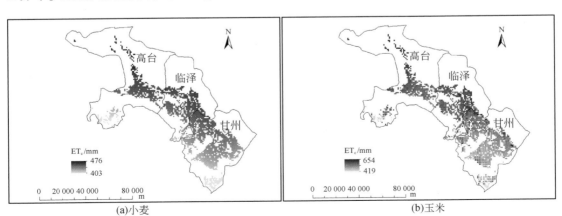

(a)小麦　　　　　　　　　　　　(b)玉米

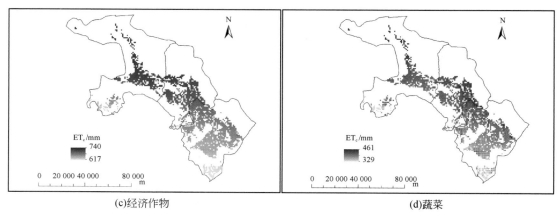

(c)经济作物   (d)蔬菜

图 12-14　各作物生育期内需水量分布

通过式（12-35）得到各作物生育期内耗水空间分布情况如图 12-15 所示。

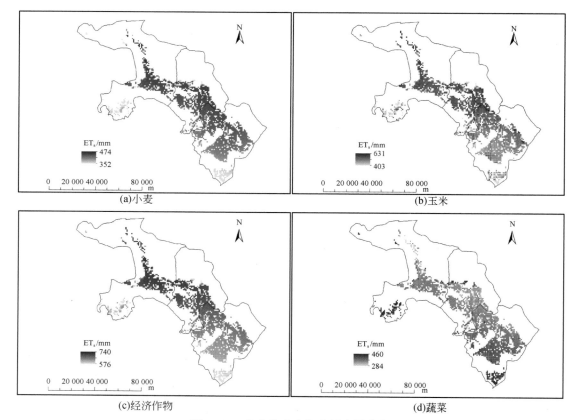

(a)小麦   (b)玉米

(c)经济作物   (d)蔬菜

图 12-15　各作物生育期内耗水量分布

由图 12-15 可见小麦作物耗水空间分布范围在 352～474mm，玉米耗水量在 403～

631mm，经济作物耗水为 576～740mm，蔬菜耗水分布在 284～460mm。整体耗水都呈现南低北高的分布趋势，最大耗水出现在临泽县中部和高台县中部地区。

12.4.3 模型验证及对比

1. 空间点上的验证

用彭曼公式计算站点数据后经 DEM-多元线性回归插值方法得到的各作物空间需水量分布，结合作物水分胁迫指数空间分布得到各作物空间耗水分布，再结合耕地区土地利用图提取作物耗水空间分布如图 12-16（b）所示。将通过计算插值得到的作物耗水空间分布结果与分布式耗水模型模拟得到的结果进行对比，对比结果如图 12-17 所示。结果表明，模拟结果和计算结果对比情况较好，R^2 达到 0.95，根据筛选出的作物耗水主要影响因子建立的分布式作物耗水模型在该地区能够得到较好的应用。

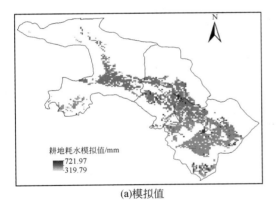
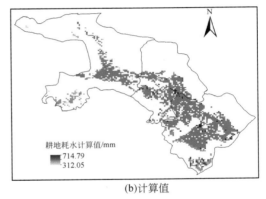

(a)模拟值   (b)计算值

图 12-16 耕地区作物耗水分布图对比

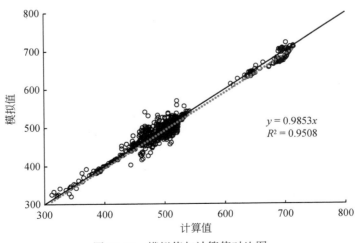

$$y = 0.9853x$$
$$R^2 = 0.9508$$

图 12-17 模拟值与计算值对比图

2. 时间尺度上验证

选择张掖气象站 2015 年数据进行时间尺度上作物耗水模型的验证，通过彭曼公式计算得到玉米生育期内作物耗水量变化和模拟模型计算的玉米耗水对比如图 12-18 所示。由图可知，用耗水模型估算的玉米生育期内的耗水值比计算值偏低，可能存在的原因是只通过温度建立的时间序列还不能代表全部参数，往后的研究可以通过多个参数建立时间序列通过调节各参数的权重值来达到。且由于未考虑降水，故在降水情况下的模拟值不太好。但考虑整体误差较小，因此建立的作物耗水估算模型能在一定程度上模拟作物在整个生育期内的耗水情况。

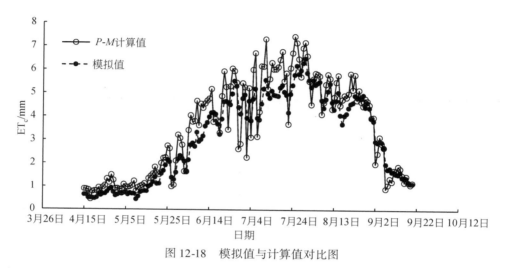

图 12-18　模拟值与计算值对比图

12.4.4　作物耗水时空格局优化模型

1. 基于元胞自动机的作物耗水空间格局优化

建立基于 GIS 和元胞自动机的作物耗水空间格局优化模型（GCA-WCSO），以单方水经济效益最大为目标，考虑作物生长环境、水资源供给量、邻居个数、经济效益 4 个因素，通过适宜性筛选、邻居约束、总耗水量约束等条件，调整作物的种植面积及空间位置，合理分配水资源，最大限度地利用可用耕地面积。模型通过 MATLAB 软件平台进行构建，GIS 提供模型的输入数据和输出数据的栅格化。由于现有的种植结构分布图仅有制种玉米、小麦、经济作物 3 种分类，故本节针对以上 3 种作物进行优化。干旱区作物实际耗水量由净灌溉需水量和有效降水量构成，实际限制作物可利用水量为灌溉水量，因此本书通过灌溉水的空间格局优化，进而实现作物耗水的空间格局优化，文中所提到的单方水净效益均为单位净灌溉水所产生的经济效益。

（1）元胞自动机

1）概念。20 世纪 40 年代末 S. Ulan 和 J. von Neumann 提出了元胞自动机的概念，它是时间、空间、状态都离散，空间的相互作用及时间上因果关系皆为局部的网格动力学模型。元胞自动机模型不同于一般的动力学模型，没有明确的方程形式，而是包含了一系列模型构造的规则。凡是满足这些规则的模型都可以算作是元胞自动机模型。

用形式语言来描述，可以表示为一个四元组：

$$CA = (L_d, S, N, f) \tag{12-46}$$

式中，L 为一个规则划分的网格空间，每个网格空间就是一个元胞；d 为 L 的维数，通常为一维或二维空间；S 为一个离散的有限集合，用来表示各个元胞的状态；N 为元胞的邻居集合，对于任何元胞的邻居集合 $N \in L$；f 为一个映射函数，即根据 t 时刻某个元胞的所有邻居的状态组合来确定 $t+1$ 时刻该元胞的状态值，f 通常又被称作转换函数或演化规则，是元胞自动机的核心。

2）结构。元胞自动机最基本的组成包括五个部分：元胞、元胞空间、邻居、规则（变换函数）及时间（图 12-19）。

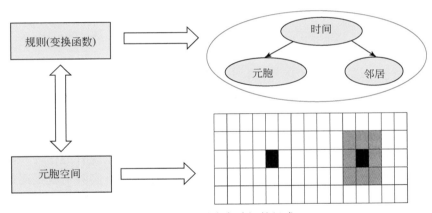

图 12-19　元胞自动机的组成

①元胞。元胞是元胞自动机的最基本的组成部分。元胞具有离散、有限的状态，它分布在离散的一维、二维或多维欧几里得空间的晶格点上，

②元胞空间。元胞空间是元胞所在的空间网点的集合。理论上元胞空间可以在任意维数的欧几里得空间进行规则划分。目前的研究主要集中在一维和二维元胞自动机模型上。常见的二维元胞空间可以根据三角、四方或六边形三种网格排列。

③邻居。与某一元胞邻近的元胞即为该元胞的邻居，邻域由元胞的所有邻居构成。一维元胞自动机以半径 R 确定邻居，一个元胞 R 距离内的所有元胞都是这个元胞的邻居。二维元胞自动机规则四方网格常用的邻居形式是冯诺依曼型、摩尔型及扩展摩尔型（图 12-20）。其中黑色元胞是中心元胞，灰色元胞即为邻居，元胞和它邻居的状态一起决定了中心元胞下一时刻的状态。

④规则（变换函数）。转换规则是元胞自动机的核心，它是动力学函数，即状态转移

函数，决定了空间变化的结果。元胞转换是根据元胞及邻居的当前状态确定下一时刻该元胞的状态。它构造了一种具有空间和时间属性的局部物理成分，这个成分简单而离散。可以采用这个成分在修改范围内对其结构的"元胞"进行重复修改。虽然物理结构的本身每次都不发展，但是它的状态发生了变化。

⑤时间。元胞自动机是一个动态系统，它在时间维度上是离散变化的，即时间 t 是一个整数，并且连续等间距。一个元胞在 $t+1$ 的时刻直接决定于 t 时刻的该元胞及其邻居元胞的状态，$t-1$ 时刻的元胞及其邻居元胞的状态间接（时间上的滞后）影响了元胞在 $t+1$ 时刻的状态。

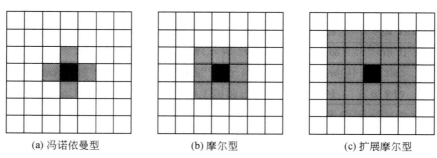

(a) 冯诺依曼型　　　　　　(b) 摩尔型　　　　　　(c) 扩展摩尔型

图 12-20　元胞自动机邻居模型

（2）模型构建

模型总共分三大模块，即输入、输出和优化模块，输入数据通过 ArcGIS 栅格转 ASCII 模块转换为 ASCII 数据，然后以矩阵的形式输入，输出数据在 ArcGIS 的 ASCII 转栅格模块下转为栅格数据。输入数据包括种植结构分布图、作物适宜性分布图、作物耗水空间分布图，以及合理的邻居范围、适宜值的下限等数据。模型优化时以现有的作物种植分布为基础，通过小麦、制种玉米、经济作物之间的相互转换实现优化，实际上就是通过规则来控制作物转化的方向，从而实现作物耗水空间格局优化。

元胞是最基本的组成部分，元胞即为栅格，大小为 1000m×1000m。元胞空间为网格状，每个栅格单元都对应唯一的地理位置并由一组属性构成，分别为适宜值、净灌溉需水量。元胞状态为作物类型，邻居采用摩尔型邻居，即一个元胞周围八个方向的元胞构成该元胞的邻居。

A. 目标函数

目标函数为区域单方水净效益最大：

$$\max Y = \frac{\sum_{i=1}^{n} \sum_{j=1}^{m} \sum_{x=1}^{3} (v_{ijx} y_{ijx} - c_{ijx})}{\sum_{i=1}^{n} \sum_{j=1}^{m} \sum_{x=1}^{3} 10 I_{ijx}} \qquad (12\text{-}47)$$

式中，v_{ijx} 为第 i 行第 j 列第 x 种作物的单价（元/kg）；y_{ijx} 为第 i 行第 j 列第 x 种作物的亩产（kg/hm²）；c_{ijx} 为第 i 行第 j 列第 x 种作物的生产成本（元/hm²），包括种植成本和劳动成本；I_{ijx} 为第 i 行第 j 列第 x 种作物生育期净灌溉需水量（mm）；n 为研究区栅格总行数；m 为研究区栅格总列数；x 为作物种类。

B. 约束条件

邻居约束：当元胞周围的邻居数大于 2 时，该元胞状态可发生转化，即转换为其他作物。小于 2 时，该元胞不种作物：

$$\mathrm{lj}_{ij} \geqslant 2 \tag{12-48}$$

式中，lj_{ij} 为第 i 行第 j 列栅格邻居的个数。

耕地面积约束：优化后的作物面积应当小于现状种植情况下作物总面积：

$$(s_1+s_2+s_3) \times 10^6 \leqslant A \tag{12-49}$$

式中，s_1，s_2，s_3 分别为经济作物、制种玉米、小麦的栅格数目；A 为现状条件下总耕地面积（m^3）。可用水量约束：优化后的总灌溉水量应当小于中游地区可提供的农业灌溉水量。

$$\sum_i^n \sum_j^m \sum_x^3 I_{ijx} \leqslant Q \tag{12-50}$$

式中，I_{ijx} 为第 i 行第 j 列栅格第 x 种作物的净灌溉需水量。

C. 转换规则

转换规则是根据元胞当前状态确定下一时刻元胞状态的动力学函数，体现了空间实体之间的相互作用，根据本书研究内容和目标，设定了适合的转换规则，GCA-WCSO 模型主要有两个规则。

1）作物适宜性规则：设置 3 种作物适宜性筛选参数，转换时必须通过适宜值的筛选，同一元胞可能的适宜值组合共有 8 种，见表 12-29。根据适宜性评价的结果，选择 4 级适宜区的下限适宜值为适宜性筛选的阈值。

表 12-29　适宜性筛选情况

序号	制种玉米	小麦	经济作物
1	*	*	*
2	*	*	\
3	\	*	*
4	*	\	*
5	*	\	\
6	\	*	\
7	\	\	*
8	\	\	\

注："*"代表通过适宜值筛选，"\"代表未通过适宜值筛选。

2）转换优先规则：当元胞的几种作物都通过适宜值筛选和邻居约束时，根据单方水净灌溉效益的大小确定转换的优先级。

D. 转换函数

元胞状态、邻居、转化规则、约束条件共同构成了元胞的转换函数，表示为

$$S_{ij}^{t+1} = f\left(S_{ij}^t,\ \mathrm{CS}_{ij}^t,\ E_{ijx}^t,\ I_{ij}^t,\ A,\ Q,\ \mathrm{lj}_{ij}^t\right) \quad (x=1,2,3) \tag{12-51}$$

式中，S_{ij}^{t+1} 为第 i 行第 j 列元胞在 $t+1$ 时刻的状态；S_{ij}^t 为第 i 行第 j 列元胞在 t 时刻的状态；

CS_{ijx}^t 为第 i 行第 j 列元胞各作物的适宜值；E_{ijx}^t 为第 i 行第 j 列元胞各作物的单方水净效益；I_{ijx}^t 为第 i 行第 j 列元胞各作物的净灌溉需水量；A 为耕地面积约束；Q 为水量约束；lj_{ij}^t 是以第 i 行第 j 列元胞为中心的邻居状态。

元胞转换过程如图 12-21 所示。

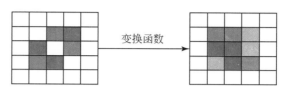

图 12-21　元胞转换过程

E. 搜索路径和方向

本章在景观格局空间优化模型的基础上构建了 GCA-WCSO 模型。该模型的特点如下：

1）每发生一次转换都要进行总水量的约束，即不超过给定水量的变化范围。

2）模型可以调节作物转换的数量，得到不同转换方案下的优化结果。

3）设置了不同的搜索路径和方向。

模型中总水量的约束，会使得模型在运行时满足水量约束后便停止运行。在实际运行的时候，搜索路径和方向的变化也会导致优化的结果不同。所以本书对比不同搜索路径和方向所得优化结果，选择最适的优化方式。

根据模型的运行特点，本书提出了 3 种搜索路径，如图 12-22 ~ 图 12-24 所示。设置两个搜索方向，即从首行开始正向搜索和从末行开始反向搜索。

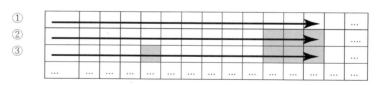

图 12-22　逐行搜索

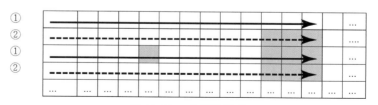

图 12-23　奇偶行搜索

2. 基于作物适宜性的作物耗水时空格局优化

以灌溉水净收益最大为目标函数：

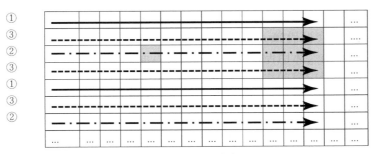

图 12-24　插行搜索

$$\sum_{i=1}^{3} \sum_{j=1}^{2150} \sum_{t=1}^{T} \left[\left(\frac{\mathrm{ET}_{a_{ijt}} \times \mathrm{CS}_{ij}}{\sum_{t=1}^{T} \mathrm{ET}_{a_{ijt}} \times \mathrm{CS}_{ij}} \times v_{ij} y_{ij} - c_{ij} \right) \bigg/ \sum_{t=1}^{T} \mathrm{ET}_{a_{ijt}} \right] \times x_{ij} \times S \qquad (12\text{-}52)$$

式中，i 为作物（小麦=1，玉米=2，经济作物=3）；j 为栅格编号1，2，$\cdots$，2150；v_i 为 j 栅格作物 i 单价（元/kg）；y_i 为 j 栅格作物 i 产量（kg/hm²）；c_i 为作物 i 生产成本（元/hm²）；CS_{ij} 为作物 i 在 j 栅格内的综合适宜值；ET_{a} 为作物 i 在栅格 j 内 t 时刻的作物耗水量（mm）；x_{ij} 为 j 栅格内作物种类；S 为栅格面积（10⁶m³）。

1）粮食安全约束：

$$\sum_{j=1}^{2150} x_{ij} \times y_{ij} \times 10^6 \geqslant Y_i \qquad (12\text{-}53)$$

2）水资源约束

$$\sum_{i=1}^{3} \sum_{j=1}^{2150} (\mathrm{ET}_{c_{ij}} - P_{e_{ij}}) \cdot x_{ij} \times 10^6 \leqslant \lambda Q \qquad (12\text{-}54)$$

3）种植面积约束：

$$\lambda_i^{-} b \leqslant \sum_{j=1}^{2150} x_{ij} \times 10^6 \leqslant \lambda_i^{+} b \qquad (12\text{-}55)$$

$$\sum_{i=1}^{3} \sum_{j}^{2150} x_{ij} \times 10^6 \leqslant b \qquad (12\text{-}56)$$

4）非负约束：

$$x_{1j} + x_{2j} + x_{3j} \leqslant 1 \qquad (12\text{-}57)$$
$$i=1，2，3；j=1，2，\cdots，2150$$

式中，Y_i 为作物 i 最小产量（kg）；λ 为灌溉水利用系数；b 为耕地总面积（hm²）；Q 为可用水量（m³）。

12.5　控制不同耗水总量的黑河绿洲耗水时空格局优化图集

12.5.1　基于 CA 作物耗水空间优化

分别以现状年（2015年）实际灌溉水量和规划年（2020年、2030年）农业可用灌溉水量为约束条件，依托本书构建的作物耗水空间优化模型（GCA-WCSO 模型），根据不同的搜索路径和方向，优化不同情景下的作物耗水空间格局，利用净灌溉需水量计算现状种植结构下区域实际灌溉水量总和为 8.648 亿 m³。

1. 基于现状年优化结果

2015 年优化结果如图 12-25 ~ 图 12-27 所示，优化前后作物种植面积、耗水量、单方水净效益的对比结果见表 12-30。对比优化结果可知，逐行正向优化时单方水经济效益最大，其次是奇偶行正向优化，插行正向优化的单方水经济效益相对较低。当把研究区考虑为一个整体时，逐行正向优化结果是比较好的。但是考虑到研究区 3 个县（区）的协调发展，采用插行正向的优化方法较好。

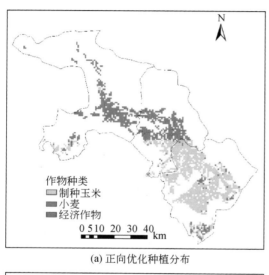

(a) 正向优化种植分布   (b) 反向优化种植分布

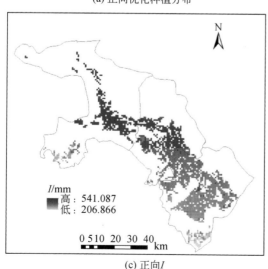

(c) 正向 *I*

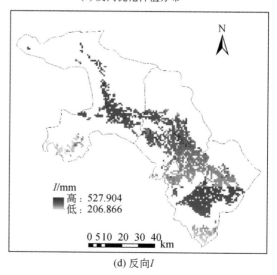

(d) 反向 *I*

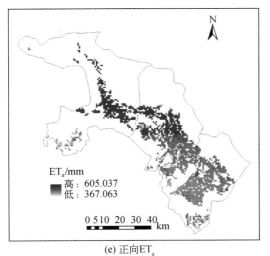

(e) 正向ET$_a$

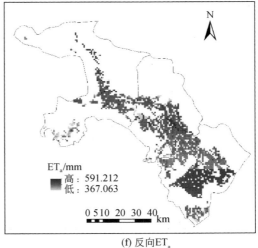

(f) 反向ET$_a$

图 12-25 2015 年逐行优化

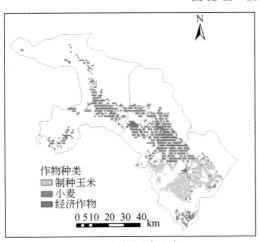

(a) 正向优化种植分布

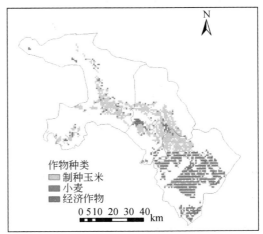

(b) 反向优化种植分布

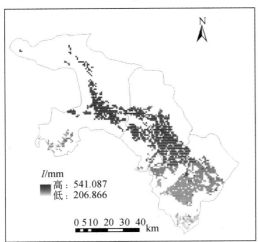

(c) 正向I

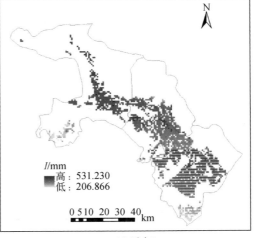

(d) 反向I

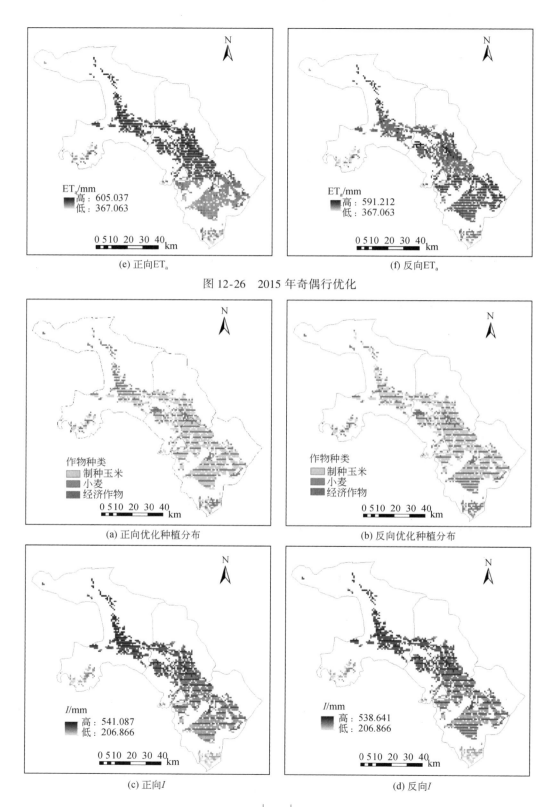

(e) 正向ET_a

(f) 反向ET_a

图 12-26 2015 年奇偶行优化

(a) 正向优化种植分布

(b) 反向优化种植分布

(c) 正向I

(d) 反向I

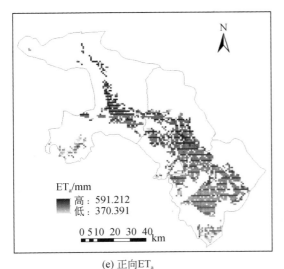
(e) 正向ETₐ

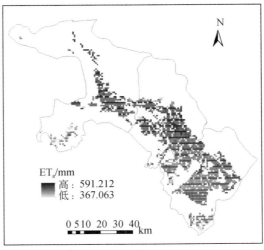
(f) 反向ETₐ

图 12-27   2015 年插行优化

插行正向的优化结果显示：栅格数由原来的 2150 个调整为 2065 个，表明研究区当前耕地区有部分地区不适宜种植作物。经济作物、制种玉米、小麦的种植规模进行了调整，经济作物栅格数由 151 调整为 669，制种玉米栅格数由 1919 调整为 1344，小麦栅格数由 80 调整为 52，净灌溉需水量不发生变化，总耗水量降低 0.212 亿 m³。总效益由 48.242 亿元增加到 60.186 亿元，增加了 11.944 亿元。单方水经济效益由 5.579 元/m³ 提升到 6.960 元/m³，增加了 1.381 元/m³。优化的结果较为理想。对研究区而言，在现状农业灌溉水量情况下，调整农业种植结构能够明显的提高总效益和单方水经济效益，高效的利用农业灌溉用水。从作物种植结构调整的方向来看，主要是制种玉米向经济作物的转换，即单方水经济效益较低的作物转换为单方水经济效益较高的作物。

表 12-30   2015 年优化结果

项目	现状年	逐行优化		奇偶行优化		插行优化	
		正向	反向	正向	反向	正向	反向
经济作物栅格数	151	803	609	729	589	669	662
制种玉米栅格数	1919	1203	1375	1269	1426	1344	1339
小麦栅格数	80	58	80	66	49	52	63
净灌溉需水量/亿 m³	8.648	8.648	8.648	8.648	8.647	8.648	8.647
总耗水量/亿 m³	10.690	10.540	10.419	10.495	10.434	10.478	10.459
总效益/亿元	48.242	63.505	58.168	61.476	58.161	60.186	59.806
单方水经济效益/(元/m³)	5.579	7.343	6.726	7.109	6.726	6.960	6.916

2. 规划年优化结果

根据 2020 年和 2030 年农业可供水量进行优化，优化后结果如图 12-28 ~ 图 12-33 和表 12-31 ~ 表 12-32 所示。2020 年净灌溉水量控制指标为 7.30 亿 m³，比 2015 年实际灌溉水量少 1.35 亿 m³，2030 年净灌溉水量控制指标为 7.53 亿 m³，比 2015 年实际灌溉水量少 1.12 亿 m³。优化结果表明逐行反向优化时单方水经济效益最大，考虑到地区经济的协调发展，插行反向优化更好。

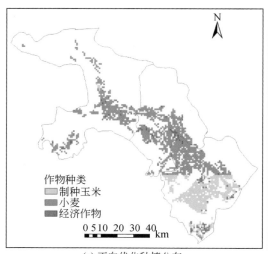

(a) 正向优化种植分布

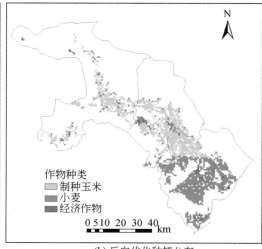

(b) 反向优化种植分布

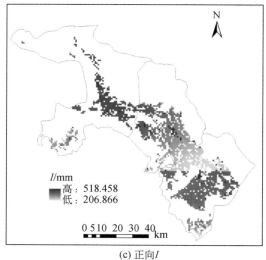

(c) 正向 I

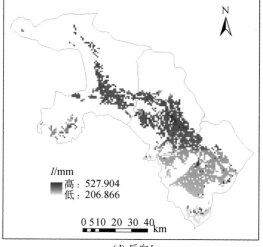

(d) 反向 I

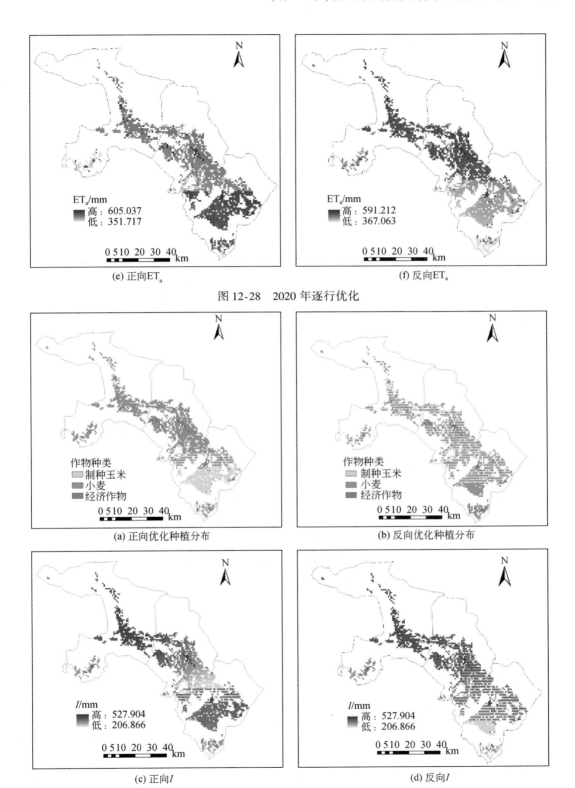

(e) 正向ET$_a$ (f) 反向ET$_a$

图 12-28   2020 年逐行优化

(a) 正向优化种植分布   (b) 反向优化种植分布

(c) 正向I (d) 反向I

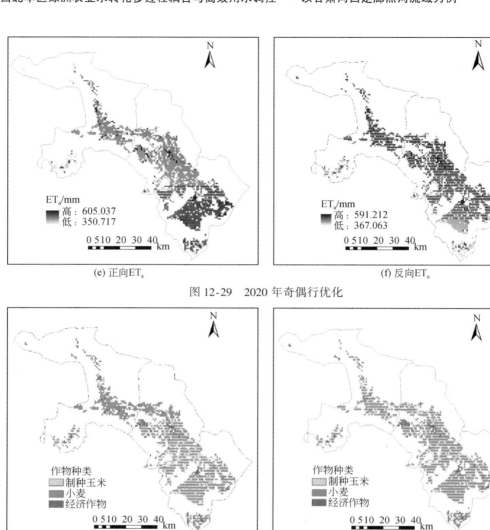

(e) 正向ET_a (f) 反向ET_a

图 12-29   2020 年奇偶行优化

(a) 正向优化种植分布   (b) 反向优化种植分布

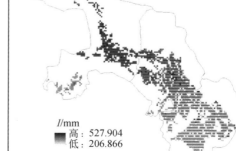

(c) 正向I (d) 反向I

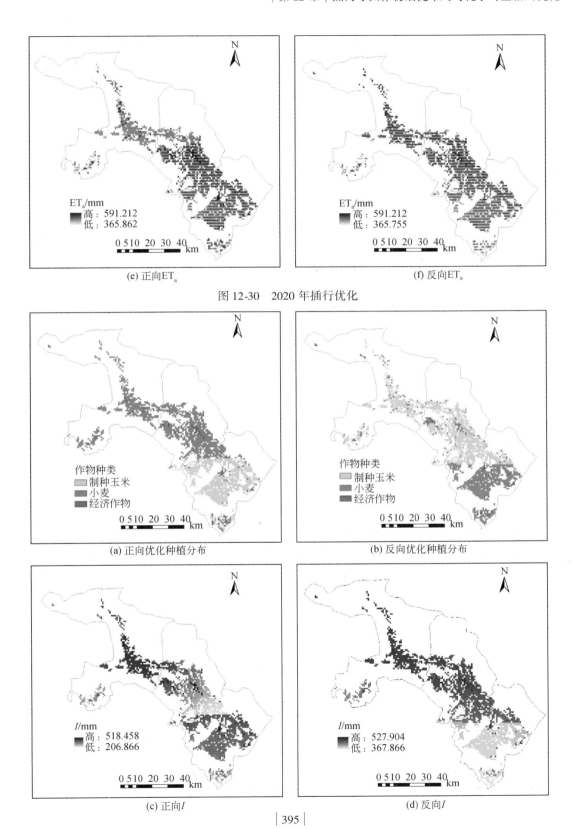

(e) 正向ET$_a$

(f) 反向ET$_a$

图 12-30　2020 年插行优化

(a) 正向优化种植分布

(b) 反向优化种植分布

(c) 正向I

(d) 反向I

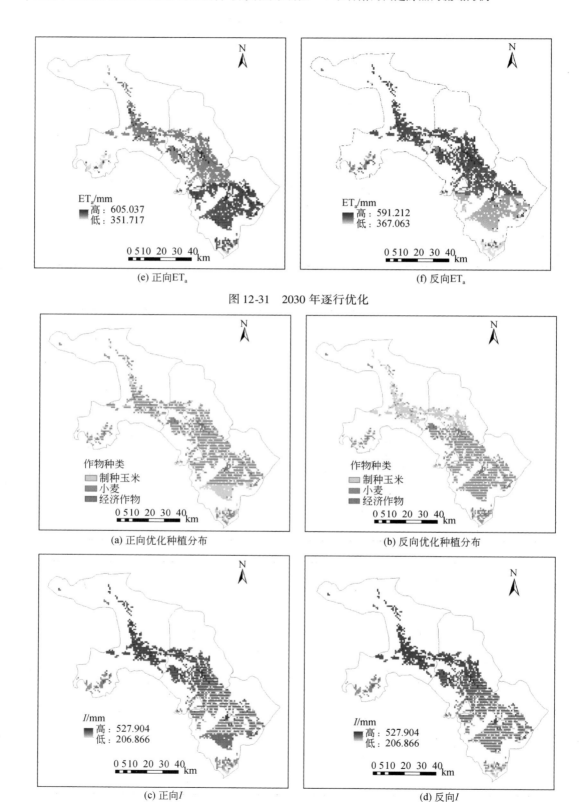

(e) 正向ET$_a$

(f) 反向ET$_a$

图 12-31　2030 年逐行优化

(a) 正向优化种植分布

(b) 反向优化种植分布

(c) 正向I

(d) 反向I

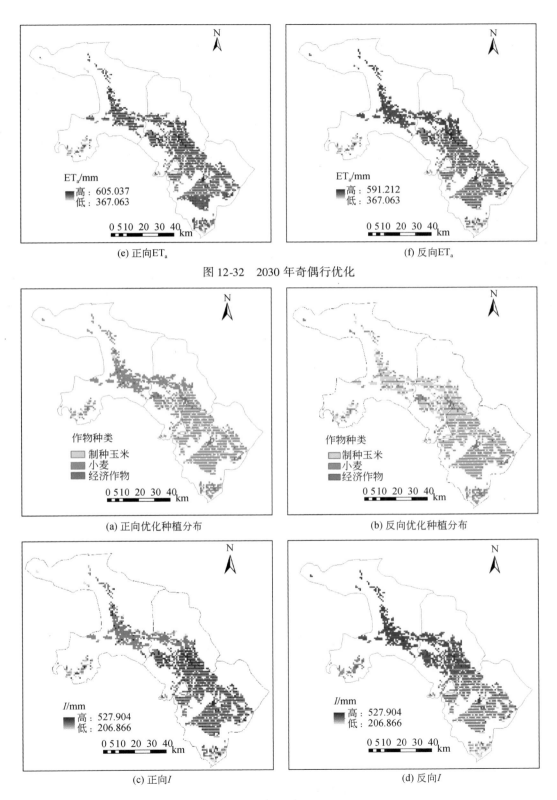

(e) 正向ETₐ
(f) 反向ETₐ

图 12-32　2030 年奇偶行优化

(a) 正向优化种植分布
(b) 反向优化种植分布

(c) 正向I
(d) 反向I

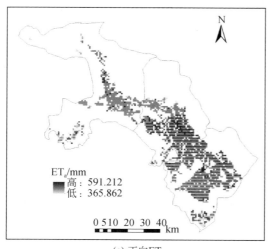

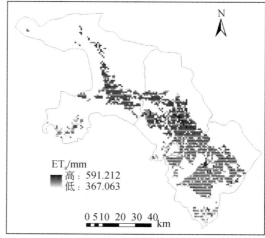

(e) 正向ET$_a$ (f) 反向ET$_a$

图 12-33　2030 年插行优化

　　优化结果表明，水量减少的情况下，作物倾向于由制种玉米转换为小麦，使总灌溉水量不超过可供水量，同时获得最大的经济效益。当前黑河中游农业经济的发展是在过度利用中游可利用水资源的情况下发展起来的。在严格控制可用水量的情况下，中游农业经济的发展并不乐观。

表 12-31　2020 年优化结果

2020 年	逐行优化		奇偶行优化		插行优化	
	正向	反向	正向	反向	正向	反向
经济作物栅格数	131	134	130	137	135	100
制种玉米栅格数	607	1071	610	825	686	913
小麦栅格数	1326	859	1324	1102	1243	1051
净灌溉需水量/亿 m³	7.299	7.306	7.299	7.299	7.299	7.340
总耗水量/亿 m³	9.627	9.888	9.626	9.742	9.671	9.758
总效益/亿元	25.543	33.250	25.550	29.357	27.002	29.241
单方水经济效益/(元/m³)	3.499	4.544	3.500	4.022	3.699	3.984

表 12-32　2030 年优化结果

2030 年	逐行优化		奇偶行优化		插行优化	
	正向	反向	正向	反向	正向	反向
经济作物栅格数	131	134	137	138	139	132
制种玉米栅格数	787	1263	1022	1180	1016	1141
小麦栅格数	1146	667	905	746	910	791
净灌溉需水量/亿 m³	7.529	7.551	7.530	7.530	7.530	7.530

续表

2030 年	逐行优化		奇偶行优化		插行优化	
	正向	反向	正向	反向	正向	反向
总耗水量/亿 m³	9.709	9.976	9.846	9.928	9.845	9.901
总效益/亿元	28.484	36.388	32.576	35.199	32.567	34.310
单方水经济效益/(元/m³)	3.783	4.819	4.326	4.675	4.325	4.557

12.5.2 基于作物适宜性作物耗水时空格局优化

针对作物耗水时空格局优化模型设置了两种优化方案，方案 1：保持现状年各作物种植面积不变，调整作物空间分布；方案 2：保持现状年总种植面积不变，调整作物种植结构和空间分布。得到不同方案情况下的优化结果如图 12-34 和图 12-35 所示。优化后各指标参数如表 12-33 所示。

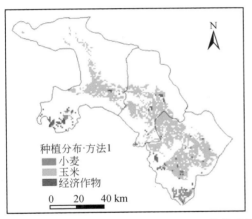
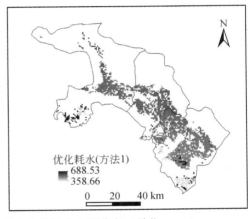

图 12-34 方案 1 优化情况下作物种植结构和作物耗水空间分布（单位：mm）

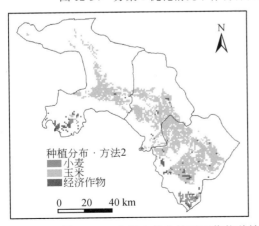
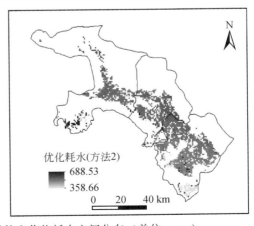

图 12-35 方案 2 优化情况下作物种植结构和作物耗水空间分布（单位：mm）

表 12-33　优化后各参数情况

参数		现状年	方法 1	%	方法 2	%
种植面积/万 hm²	小麦	0.81	0.81	—	0.97	19.75
	玉米	19.18	19.18	—	19.14	−0.21
	经济作物	1.51	1.51	—	1.39	−7.95
合计		21.50	21.50	—	21.50	—
净收益/万元	小麦	0.55	1.08	96.36	1.24	125.45
	玉米	47.24	50.27	6.41	50.08	6.01
	经济作物	2.24	2.81	25.45	3.15	40.63
合计		50.03	54.16	8.26	54.47	8.87
总耗水量/亿 m³		10.77	10.76	−0.06	10.71	−0.58
单位面积净收益/(万元/hm²)		2.33	2.52	8.26	2.53	8.87
单方水净收益/(元/m³)		4.64	5.03	8.32	5.09	9.50

通过优化后，小麦和制种玉米的种植区域相对集中，小麦主要集中在南部海拔较高，降水较多的地区，经济作物的分布相对较为分散。相比较于现状年，在方案 1 优化情况下，只调整作物种植的空间分布，净收益、单位面积净收益和单方水净收益分别增加 8.26%、8.26% 和 8.32%，耗水量减少 0.06%。在方案 2 优化情况下，玉米种植面积稍有减少，经济作物面积减少幅度较大，小麦种植面积增加明显。优化后，净收益、单位面积净收益和单方水净收益分别增加 8.87%、8.87% 和 9.50%，耗水量减少 0.56%。

第 13 章 基于节水高效与生态健康的黑河绿洲水资源优化调控策略

干旱绿洲区水资源短缺、生态环境脆弱，导致生产用水与生态用水的长期竞争，水资源是制约区域社会经济持续发展和生态环境良性循环的关键因素，如何平衡生产用水和生态用水，构建既节约高效又生态健康的绿洲水资源发展模式和水资源优化调控策略，为区域持续发展提供科学依据。本章首先对绿洲区农业用水与生态用水在区域间进行优化配置，然后构建考虑渠系条件的灌区间水资源优化调配模型，并在灌区尺度上，选择典型灌区开展考虑不同层次利益主体的灌区水资源优化调配和渠系优化配水研究，获得不同灌区间优化配水方案和灌区内渠系优化配水方案；进一步构建考虑来水不确定性的灌区时空优化配水模型，并进行配水风险评估和配水效应评估，为研究区农业水资源风险管理提供依据。

13.1 黑河中游绿洲农业与生态用水优化配置

13.1.1 农业与生态系统研究范畴及优化配置情景设置

1. 农业与生态系统研究范畴

黑河干流中游地处西北内陆干旱区，生态系统对水的依赖性和敏感性较强，有水即是绿洲，无水便是荒漠，水是绿洲的源泉。同时，生态系统又是联系自然–经济–社会的复合系统，社会经济效益的增长与沉重的生态环境代价相伴而生。由于近年来农业用水大量挤占生态用水，导致生态环境严重恶化。因此，协调绿洲农业用水与生态用水比例，对黑河中游绿洲的可持续发展至关重要。

结合黑河中游当地产业发展特色，农业系统主要考虑种植业和畜牧业，其中种植业包括粮食作物、经济作物及饲料作物，畜牧业主要考虑牲畜及家禽用水配置。

从水资源配置角度考虑，生态系统具有两个显著特点：一是在系统现有的价值体系中，生态价值位居首位，且对绿洲的综合效益贡献巨大；二是系统生态效益的发挥与水资源密切相关。因此，本章生态系统的研究范畴主要为林地生态系统、草地生态系统和湿地生态系统，各生态系统在研究区的空间分布见图 13-1。

2. 优化配置情景设置

情景设置考虑水平年情景和来水情景。水平年情景分为现状 2013 年、近期 2020 年和

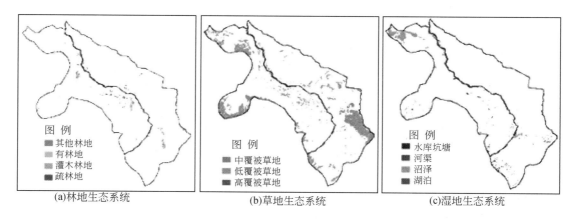

图 13-1　2011 年黑河干流中游各生态系统空间分布

远期 2030 年。来水情景分为丰水年、偏丰水年、平水年、偏枯水年和枯水年 5 种情景。

3. 生态系统健康指标体系

在农业与生态用水优化配置中，充分考虑生态健康的重要性，在合理选择生态系统健康指标的基础上，提出基于生态健康的水资源优化配置模型。

干旱区绿洲生态系统是一个社会–经济–自然复合生态系统，在研究生态系统健康时，必须将人类和社会经济因素综合考虑。绿洲的维持和演化直接受制于绿洲可用水资源量，一定量的水资源只能维持相应规模的绿洲。确定绿洲生态系统健康指标，需要考虑影响绿洲系统变化的因素：①绿洲发展过程中水资源配置的时空变化、绿洲规模的过度膨胀和绿洲可用水资源量的减少；②荒漠植被物种较为单一，生态系统结构较为简单；③水资源的有限性；④地下水位的下降使分布于绿洲周边地区的耐旱植被退化严重，甚至大面积死亡、消失；⑤在水资源紧缺的情况下，常出现生产用水挤占生态用水，使绿洲防护林体系受损的现象（刘金鹏等，2010）。

结合黑河干流中游发展现状，综合考虑以上五个方面影响因素，确定衡量绿洲生态健康的指标包括：①适宜的绿洲规模；②适宜的耕地面积；③适宜的生态规模；④适宜的生态地下水位；⑤最小生态需水的保障。其中，黑河干流中游适宜的绿洲规模、耕地面积和生态规模，参考第 11 章计算成果，以此对规划年的耕地面积和生态规模做适当调整，配置时保障最小生态需水。

13.1.2　基于大系统递阶的区间水资源优化配置

1. 基于生态健康的水资源优化配置原则

黑河干流中游水资源优化配置以可持续发展为总原则，具体考虑生态健康、用水安全、高效性和公平性四个原则。

生态健康是干旱区绿洲可持续发展的重要保证，在水资源优化配置中主要体现在保障最小生态需水，将耕地面积、林草面积调整至适宜区间，确保研究区生态健康的用水结构。用水安全原则主要体现在两个方面：一是优先满足生活用水，在生活用水得到保障的前提下，再合理分配生产和生态用水；二是考虑供水保证率的稳定性和高效性，生活用水和工业用水主要分配地下水，农业用水和生态用水首选地表水，其次是开采地下水。高效性原则从经济学原理出发，主要包括提高水资源利用效率，减少输、用水过程中的水损失和提高水资源利用效益（粟晓玲，2007）。本书以经济效益最大建立配水目标函数，在水资源有限的情况下获得最大的经济效益。公平性原则包括代际公平和代内公平。代际公平是时间维度上的用水公平，当代人对水资源的开发利用不会对后代人产生不利影响，体现了水资源的可持续利用原则。在配置中，只要水资源利用量不超过其可利用量，则认为实现了代际公平。代内公平主要是空间维度上的用水公平，保证区域内各行政区之间，以及行政区内各部门间的水资源公平分配，本书通过各县（区）缺水率的平方和最小来体现。

2. 水资源优化配置方法

（1）大系统理论

A. 大系统的概念及特点

大系统是指能够被解耦或者分解成若干个互联子系统，从而进行有效计算或者满足实际需要的系统；或是传统的建模、系统分析、控制器设计及优化技术不能处理的、具有多个互联子系统的系统（陈斌，2012）。大系统理论起源于 20 世纪 70 年代，综合和发展了近现代优化理论、决策理论和控制论等方面的成果，已被广泛应用于工程技术系统、社会经济系统和生态环境系统之中。

与一般的系统理论相比，大系统理论具有以下显著特点：①规模庞大，通常包含众多的子系统，而且系统中模型涉及的变量多、维数高。②结构复杂，大系统一般由多个相互联系的子系统构成，子系统之间通过某一协调关系联系，形成特殊的递阶结构，如多重递阶、多层递阶和多级递阶。③目标多样，大系统的决策问题具有多样性，而且每级系统均有一个目标。水资源系统中常见的目标递阶形式有上级单目标、下级单目标、上下级相同的多目标和上下级不同的多目标（董增川，2008）。④影响因素众多，稳定性较低，大系统涉及的参数和变量较多，因此影响输入和输出的因素比较多，这些影响因素可能随时间或人的主观能动性发生变化，从而影响系统的稳定性。

B. 大系统优化方法

分解协调技术是求解复杂水资源大系统问题的有效方法（黄强和沈晋，1997），大系统分解协调示意图如图 13-2 所示。基于分解协调法的大系统优化的主要步骤如下（徐万林，2011）：①把规模较大、结构较复杂的大系统分解为若干规模较小、结构简单的子系统；②采用常规的方法对子系统进行优化，确保每个子系统实现最优化；③在大系统总体目标的要求下，处理子系统之间的结构关系，并对子系统的输入和输出进行修改协调，最终实现整个系统的总体最优化。

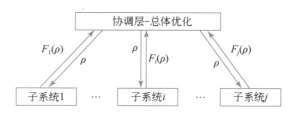

图 13-2　大系统分解协调示意图

大系统分解协调法既是一种降维技术，即把一个具有多变量、多维的大系统分解为多个变量较少和维数较小的子系统；又是一种迭代技术，即各子系统通过各自优化得到的结果，还要反复迭代计算协调修改，直到满足整个系统全局最优为止（李桂香等，2010）。

（2）区间优化理论

区间优化是继随机规划和模糊规划之后的又一种不确定性优化方法（姜潮，2008），近年来逐渐受到国内外学者的重视。在区间优化中，任一不确定参数可能的变动范围通过一区间表示，即参数的上、下边界，因此，区间优化在不确定性建模中具有方便性与适用性等优点，目前已被广泛应用于水资源配置领域（Li and Guo，2015；付强等，2016a）。

区间优化一般可分为区间线性优化和区间非线性优化。区间线性优化问题的求解思路是，通过引入区间数序关系或最大最小后悔准则，分别对目标函数和约束条件进行确定性转换，将不确定性优化问题转化为相应的确定性优化问题来求解（王新端，2012）。然而，大多数的实际问题因其复杂性而呈现出非线性特征，因此，区间非线性优化已逐渐成为区间优化研究的主要方向，但其复杂程度和求解难度远大于区间线性优化，目前尚处于初步探索阶段。

水资源系统是一个复杂的大系统，涉及社会、经济、环境、技术、政治等方面中的一系列不确定性因素，如降水与上游来水的随机性、模型参数误差、供水费用-效益系数的变化等，使得传统的确定性优化方法不能提供系统的不确定性信息，从而导致配置结果的实用价值降低。因此，基于区间优化研究水资源优化配置的不确定性及应用具有重要的实际意义。

3. 水资源优化配置模型

（1）模型构建

依据大系统递阶分析原理，构建区间非线性双层优化配水模型：第一层是县（区）内优化配水，在完成生活、工业、农业及生态部门用水优化配置的基础上，建立县（区）用水-经济效益函数；第二层是县（区）间优化配水，将黑河干流中游的可用水量最优分配至各县（区）。两层模型之间通过县（区）用水-经济效益函数进行协调，最终实现用水部门之间，以及作物间优化配水。构建的大系统多级递阶框架如图 13-3 所示。

模型运行流程如下：①给定县（区）i 初始的可用水量 W_i（取县区需水量的上限），以一定水量为间隔，不断减少可用水量；将该系列可用水量依次代入第一层优化模型，在县（区）内用水部门之间优化配水，并得到相应的一系列县（区）净效益 E_i；拟合县（区）

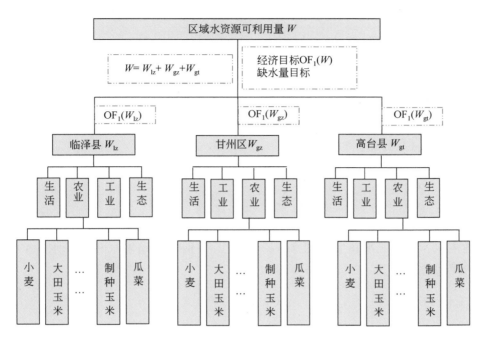

图 13-3　大系统多级递阶框架图

用水量与净效益之间的函数关系，得到县（区）i 的用水–经济效益函数 $\left[E_i \sim Q_i\left(W_{ij}^{\pm}\right)\right]$。
②将县（区）用水–经济效益函数 $\left[E_i \sim Q_i\left(W_{ij}^{\pm}\right)\right]$ 代入第二层模型，在保证各县（区）
用水公平的基础上，以研究区净效益最大为目标，优化得到县（区）i 的可用水量 W_i。
③将优化得到的县（区）可用水量 W_i 反馈至第一层模型，最终优化得到县（区）i 各用水
部门，以及各作物的最优配水量。

A. 第一层模型：县（区）内优化配水模型

县（区）内优化配水是指将县（区）内有限的水资源合理的分配到生活、工业、农
业、生态等用水部门，在保证生活用水安全及生态健康的前提下，使县（区）获得最大的
经济效益。考虑降水量、蒸散量、来水量、作物产量，以及价格等因素的不确定性，以县
（区）净效益最大为目标，以可供水量、需水量、生活和生态最小配水量、最小粮食保证
量等为约束，建立区间线性规划模型。

1）目标函数：县（区）净效益最大。

$$\max \mathrm{OF}(W_i) = \mathrm{AB}_i^{\pm} + \mathrm{LB}_i^{\pm} + \mathrm{IB}_i^{\pm} \tag{13-1}$$

式中，$\mathrm{AB}_i^{\pm}$、$\mathrm{LB}_i^{\pm}$、$\mathrm{IB}_i^{\pm}$ 分别为县（区）i 的农业用水净效益、牲畜用水净效益及工业用水
净效益（亿元）。其中：

$$\mathrm{AB}_i^{\pm} = \sum_c \left[\sum_{k=1}^{2} w_{ic}^{k\pm} \cdot \left(P_c^{\pm} \cdot Y_{ic}^{\pm} - \mathrm{INV}_{ic}^{\pm}\right) / \mathrm{EW}_{ic}^{\pm}\right] \tag{13-2}$$

$$\mathrm{LB}_i^{\pm} = \mathrm{LG}_i \cdot \mathrm{PG}^{\pm} + \mathrm{LS}_i \cdot \mathrm{PS}^{\pm} + \mathrm{LQ}_i \cdot \mathrm{PQ}^{\pm} \tag{13-3}$$

$$\mathrm{IB}_i^{\pm} = \mathrm{IW}_i^{\pm} / \mathrm{IP}_i \tag{13-4}$$

式中，$w_{ic}^{k\pm}$为县（区）i作物c的优化配水量（万 m³）；$P_c^{\pm}$为作物c的单价（元/kg）；$Y_{ic}^{\pm}$为县（区）i作物c的单产（kg/hm²）；$INV_{ic}^{\pm}$为县（区）i单位面积作物c的投资成本（元/hm²），主要包括种子、化肥、农药、农膜、水费、机械费用，以及人工支出等费用；$EW_{ic}^{\pm}$为县（区）i作物c的灌溉定额（m³/hm²）；LG_i、LS_i、LQ_i分别为县（区）i大牲畜、小牲畜、家禽的数量［万头（只）］；$PG^{\pm}$、$PS^{\pm}$、$PQ^{\pm}$分别为单头大牲畜、小牲畜、家禽的平均净效益［元/头（只）］；$IW_i^{\pm}$为县（区）i的工业配水量（万 m³）；IP_i为县（区）i万元工业增加值用水量（m³/万元）。

2）约束条件。可用水量约束。各部门配水量之和不大于县（区）i的可供水量：

$$\sum_{j}^{4} W_{ij}^{k\pm} \leqslant AW_i^{k\pm} \tag{13-5}$$

式中，$W_{ij}^{k\pm}$为县（区）i部门j的优化配水量（万 m³），$j=1$，2，3，4，分别代表生活配水、工业配水、农业配水和生态配水，$k=1$，2，分别代表地表水和地下水；$AW_i^{k\pm}$为县（区）i的可用水量（万 m³）。当$j=3$时，

$$W_{i3}^{k\pm} = \sum_{c=1}^{n} w_{ic}^{k\pm} \tag{13-6}$$

式中，$w_{ic}^{k\pm}$县（区）i作物c的优化配水量（万 m³）。

生活需水优先满足约束，即当$j=1$时，

$$\sum_{k=1}^{2} W_{i1}^{k} = DW_{i1}^{\pm} \tag{13-7}$$

式中，$DW_{ij}^{\pm}$为县（区）i部门j的需水量（万 m³），$j=1$，2，3，4，分别代表生活、工业、农业和生态 4 个用水部门。

生态需水约束。为了保障生态健康，必须满足县（区）最小生态需水量，即当$j=4$时，

$$DW_{i4}^{-} \leqslant \sum_{k=1}^{2} W_{i4}^{k\pm} \leqslant DW_{i4}^{+} \tag{13-8}$$

式中，DW_{i4}^{-}、DW_{i4}^{+}分别为县（区）i的最小生态需水量、最大生态需水量（万 m³）。

最低粮食保障约束。县（区）i的粮食（小麦、大田玉米）产量不小于本县（区）的最小粮食需求量。

$$\sum_{c} \left[\left(\sum_{k=1}^{2} w_{ic}^{k\pm}/EW_{ic}^{\pm} \right) \cdot Y_{ic}^{\pm} + T_c \right] \geqslant F \cdot NPO_i \cdot Y_F \tag{13-9}$$

$$\left(\sum_{k=1}^{2} w_{ic}^{k\pm}/EW_{ic}^{\pm} \right) \cdot Y_{ic}^{\pm} + T_c' \geqslant f_c \cdot NPO_i \cdot Y_f \tag{13-10}$$

式中，F为需求系数，现状年取 0.70，未来规划年取 0.60；NPO_i为县（区）i的总人口数（万人）；Y_F为人均粮食最小需求量（kg/人）；f_c为作物c的人均口粮需求比例，本章按小麦：玉米：杂粮=0.75：015：0.10 的比例进行计算；Y_f为人均口粮最低需求量（kg/人）；T_c、T_c'分别为从相邻县（区）外调的粮食和口粮量，正值代表粮食输入，负值代表粮食输出。

所有变量满足非负约束。

$$w_{ic}^{k\pm} \geqslant 0 \tag{13-11}$$

B. 第二层模型：县（区）间优化配水模型

基于第一层模型求出的县（区）用水–经济效益函数 $[E_i \sim Q_i(W_{ij}^{\pm})]$，第二层以县（区）$i$ 的配水量（$\mathrm{AW}_i^{k\pm}$）为决策变量，以黑河干流中游经济效益最大和各县（区）缺水率的平方和最小为目标函数，以水量约束、非负约束为约束条件，建立多目标区间二次规划模型，进行县（区）间用水优化配置。

1）目标函数。

目标一：总的经济效益最大

$$\max \mathrm{OF}_1(W_i) = \sum_{i=1}^{3} [E_i \sim Q_i(W_{ij}^{\pm})] \tag{13-12}$$

目标二：各县（区）缺水率的平方和最小

$$\min \mathrm{OF}_2(W_i) = \sum_{i=1}^{3} \left[\left(\mathrm{DW}_i^{\pm} - \sum_k \mathrm{AW}_i^{k\pm} \right) \Big/ \mathrm{DW}_i^{\pm} \right]^2 \tag{13-13}$$

式中，$\mathrm{DW}_i^{\pm}$ 为县（区）i 的总需水量（万 m^3）；$\mathrm{AW}_i^{k\pm}$ 为县（区）i 的配水量（万 m^3）。

2）约束条件。

可供水量约束。地表（地下）水的供给量不大于黑河干流中游地表（地下）水可利用量。

$$\sum_i^{3} \mathrm{AW}_i^{k\pm} \leqslant Q^{k\pm} \tag{13-14}$$

式中，$Q^{k\pm}$ 为黑河干流中游的地表（地下）水可利用量（万 m^3）。

所有变量满足非负约束。

$$\mathrm{AW}_i^{k\pm} \geqslant 0 \tag{13-15}$$

（2）模型求解

1）区间优化模型求解。区间优化模型的求解思路为：分别将区间线性规划和区间二次规划去区间，转化为传统的线性规划和二次规划，然后基于 MATLAB 编程求解。

第一层模型为区间线性规划（interval linear programming，ILP），用向量矩阵表示为

$$\mathrm{Max}\ Z = C^{\pm} X^{\pm}$$
$$\mathrm{s.\,t.}\quad A^{\pm} X^{\pm} \leqslant B^{\pm} \tag{13-16}$$
$$X^{\pm} \geqslant 0$$

通常，可将 ILP 模型去区间划分成两个子模型 Z^+ 和 Z^- 进行求解（Fan and Huang，2012；Zarghami et al. 2015）。假定 n 个区间系数 $c_j^{\pm}$ 中，前 k 个系数均为正值，其余系数均为负值，即

$$c_j^{\pm} \geqslant 0, \forall j = 1, 2, \cdots, k \quad c_j^{\pm} < 0, \forall j = k+1, k+2, \cdots, n \tag{13-17}$$

构造的 Z^+ 和 Z^- 子模型见式（13-18）和式（13-19）：

$$\mathrm{Max}\ Z^+ = \sum_{j=1}^{k} c_j^+ x_j^+ + \sum_{j=k+1}^{n} c_j^+ x_j^-$$

$$\mathrm{s.\,t.}\quad \sum_{j=1}^{k} |a_{ij}^{\pm}|^- \mathrm{sign}(a_{ij}^{\pm}) x_j^+ + \sum_{j=k+1}^{n} |a_{ij}^{\pm}|^+ \mathrm{sign}(a_{ij}^{\pm}) x_j^- \leqslant b_i^+, \forall i \tag{13-18}$$

$$x_j^\pm \geqslant 0, \quad \forall j = 1, 2, \cdots, n$$

$$\text{Max } Z^- = \sum_{j=1}^{k} c_j^- x_j^- + \sum_{j=k+1}^{n} c_j^- x_j^+$$

$$\text{s. t.} \quad \sum_{j=1}^{k} |a_{ij}^\pm|^+ \text{sign}(a_{ij}^\pm) x_j^- + \sum_{j=k+1}^{n} |a_{ij}^\pm|^- \text{sign}(a_{ij}^\pm) x_j^+ \leqslant b_i^-, \forall i$$

$$x_j^- \leqslant x_{jopt}^+ \quad \forall j = 1, 2, \cdots, k \tag{13-19}$$

$$x_j^+ \geqslant x_{jopt}^- \quad \forall j = k+1, k+2, \cdots, n$$

$$x_j^\pm \geqslant 0 \quad \forall j = 1, 2, \cdots, n$$

通过 Z^+ 子模型的求解，可以得到决策变量 $x_{jopt}^+ (j = 1, 2, \cdots, k)$、$x_{jopt}^- (j = k+1, k+2, \cdots, n)$ 及最优目标函数值 Z_{opt}^+。将 Z^+ 子模型的求解结果代入 Z^- 子模型，求解得到 $x_{jopt}^- (j = 1, 2, \cdots, k)$、$x_{jopt}^+ (j = k+1, k+2, \cdots, n)$，以及最优目标函数值 Z_{opt}^-。

第二层为区间二次规划模型（Interval Quadratic Programming，IQP）。IQP 模型可表示为

$$\text{Min } Z = \sum_{j=1}^{n} c_j^\pm x_j + \frac{1}{2} \sum_{i=1}^{n} \sum_{j=1}^{n} q_{ij}^\pm x_i x_j$$

$$\text{s. t.} \quad \sum_{j=1}^{n} a_{ij}^\pm x_j \leqslant b_i^\pm, \quad i = 1, 2, \cdots, m \tag{13-20}$$

$$x_j \geqslant 0, \quad j = 1, 2, \cdots, n$$

关于区间二次规划问题的研究成果不多，主要围绕在讨论区间二次规划问题最优值上下界的计算方法上（李炜和黄金花，2016）。本章求解二次规划模型的思路为：将 IQP 模型去区间，转化为两个子模型，基于总供水量的上下界求解模型最优值的上下界；以总供水量的上限为初始值，以定额差值逐渐减小供水量至总供水量的下限，生成一系列的可用水量，将该系列水量值代入子模型，获得相对应的一系列决策变量值，则决策变量的最小值即为下限，最大值即为上限。

基于 Lagrangian 对偶理论（Liu and Wang，2007；Li and Tian，2008），IQP 模型可转化成传统的精确二次规划问题，求解目标函数最优值上下限的子模型分别为

$$Z^- = \underset{x}{\text{Min}} \, Z = \sum_{j=1}^{n} c_j^- x_j + \frac{1}{2} \sum_{i=1}^{n} \sum_{j=1}^{n} q_{ij}^- x_i x_j$$

$$\text{s. t.} \quad \sum_{j=1}^{n} a_{ij}^- x_j \leqslant b_i^+, \quad i = 1, 2, \cdots, m \tag{13-21}$$

$$x_j \geqslant 0, \quad j = 1, 2, \cdots, n$$

$$Z^+ = \underset{x, \lambda, \delta}{\text{Max}} \, Z = -\frac{1}{2} \sum_{i=1}^{n} \sum_{j=1}^{n} q_{ij}^+ x_i x_j - \sum_{i=1}^{m} b_i^- \lambda_i$$

$$\text{s. t.} \quad \sum_{i=1}^{n} q_{ij}^+ x_i + \sum_{i=1}^{m} r_{ij} - \delta_j = -c_j^+, \quad j = 1, 2, \cdots, n \tag{13-22}$$

$$a_{ij}^- \leqslant r_{ij} \leqslant a_{ij}^+ \lambda_i, \quad i = 1, 2, \cdots, m \quad j = 1, 2, \cdots, n$$

$$x_j, \lambda_i, \delta_j \geqslant 0, \quad i = 1, 2, \cdots, m \quad j = 1, 2, \cdots, n$$

式中，λ、δ 为在求解 Lagrangian 对偶问题时引入的新变量；r 为替代变量，$r_{ij}=a_{ij}^{\pm}\lambda_i$。

2）多目标函数的处理。在求解多目标规划时，基于线性加权和法（尚松浩，2006）将多目标函数转化为单目标函数处理，构造的单目标函数如下：

$$\text{Min } U(W_i) = \lambda_1 \cdot [-\text{OF}_1(W_i)] + \lambda_2 \cdot \text{OF}_2(W_i)$$

$$X = \{X \mid g_n(X) \leqslant b_n, n=1,2,\cdots,m\}$$

（13-23）

式中，λ_1、λ_2 为目标函数的权重，满足：

$$\lambda_1, \lambda_2 > 0, \quad \lambda_1 + \lambda_2 = 1$$

（13-24）

由于目标函数具有不同的量纲，在加权求和之前需进行无量纲化处理。经济效益函数通过除以拟合的效益最大值进行无量纲化。本章认为经济效益目标和用水公平目标同等重要，因此，本章中两个目标函数的权重均取 0.5。

13.1.3 黑河中游绿洲农业与生态用水优化配置

1. 模型基础数据

（1）可供水资源量

A. 地表径流量

充分考虑黑河上游来水的不确定性，将不同水文年河流径流量作为一个区间变量，具有上下限。在划分水文年组的基础上（表 11-1），取每个水文年组径流量的最大值和最小值作为该水文年径流区间的上下限。黑河在丰水年和偏丰年、平水年、偏枯年和枯水年的径流区间分别为 [19.53，21.82] 亿 m^3、[17.93，19.35] 亿 m^3、[14.61，17.82] 亿 m^3、[13.02，14.57] 亿 m^3 和 [11.75，12.85] 亿 m^3，梨园河的径流区间分别为 [2.93，3.45] 亿 m^3、[2.68，2.86] 亿 m^3、[2.16，2.64] 亿 m^3、[1.92，2.15] 亿 m^3 和 [1.35，1.83] 亿 m^3。其他小支流不同水文年的径流量参考《中国西北黑河流域水文循环与水资源模拟》中的研究成果，见表 13-1。由表 13-1 可知，黑河干流中游丰水年、偏丰年、平水年、偏枯年和枯水年的年径流量分别为 [24.16，26.97] 亿 m^3、[22.16，23.76] 亿 m^3、[18.13，21.82] 亿 m^3、[16.08，17.86] 亿 m^3 和 [14.11，15.69] 亿 m^3。

表 13-1 黑河干流中游不同水平年地表径流量 （单位：亿 m^3）

河流	丰水年	偏丰年	平水年	偏枯年	枯水年
黑河	[19.53，21.82]	[17.93，19.35]	[14.61，17.82]	[13.02，14.57]	[11.75，12.85]
梨园河	[2.93，3.45]	[2.68，2.86]	[2.16，2.64]	[1.92，2.15]	[1.35，1.83]
酥油口河	0.5455	0.4959	0.435	0.3654	0.3219
大野口河	0.1835	0.1668	0.145	0.1231	0.1088
大瓷窑河	0.1705	0.155	0.136	0.1141	0.1006
摆浪河	0.4891	0.4446	0.39	0.3276	0.2886
水关河	0.1580	0.1436	0.126	0.1058	0.0932

河流	丰水年	偏丰年	平水年	偏枯年	枯水年
石灰关河	0.1580	0.1436	0.126	0.1058	0.0932
合计	[24.16, 26.97]	[22.16, 23.76]	[18.13, 21.82]	[16.08, 17.86]	[14.11, 15.69]

B. 地下水可开采量

根据《张掖市水资源管理十三五规划》，甘州、临泽、高台 3 县（区）地下水允许开采量分别为 2.01 亿 m^3、1.30 亿 m^3、1.50 亿 m^3。研究区总的地下水允许开采量为 4.81 亿 m^3。

C. 可供水资源量

根据《黑河干流水量分配方案》，丰水年、偏丰年、平水年、偏枯年和枯水年中游可供地表水资源量分别为 [9.84, 10.84] 亿 m^3、[9.96, 10.44] 亿 m^3、[9.57, 10.52] 亿 m^3、[9.59, 9.89] 亿 m^3 和 [8.96, 9.44] 亿 m^3，可供水资源总量分别为 [14.65, 15.68] 亿 m^3、[14.77, 15.25] 亿 m^3、[14.38, 15.33] 亿 m^3、[14.40, 14.70] 亿 m^3 和 [13.77, 14.25] 亿 m^3（表 13-2）。

表 13-2　黑河干流中游可供水资源量　　　　　　（单位：亿 m^3）

项目	丰水年	偏丰年	平水年	偏枯年	枯水年
黑河	[19.53, 21.82]	[17.93, 19.35]	[14.61, 17.82]	[13.02, 14.57]	[11.75, 12.85]
梨园河	[2.93, 3.45]	[2.68, 2.86]	[2.16, 2.64]	[1.92, 2.15]	[1.35, 1.83]
其他支流	1.70	1.55	1.36	1.14	1.01
正义峡下泄量	[13.84, 16.61]	[11.90, 13.62]	[8.09, 11.77]	[6.42, 8.04]	[5.15, 6.25]
地表水可利用量	[9.84, 10.84]	[9.96, 10.44]	[9.57, 10.52]	[9.59, 9.89]	[8.96, 9.44]
地下水可开采量	4.81	4.81	4.81	4.81	4.81
水资源可利用量	[14.65, 15.68]	[14.77, 15.25]	[14.38, 15.33]	[14.40, 14.70]	[13.77, 14.25]

（2）需水量

A. 生活需水量

根据农村（城镇）用水定额和人口数进行计算，计算公式如下：

$$WS_i = 0.365 \cdot POP_i \cdot QP_i \tag{13-25}$$

式中，WS_i 为计算单元 i 的农村（城镇）生活需水量（万 m^3）；POP_i 为计算单元 i 的农村（城镇）人口数（万人）；QP_i 为农村（城镇）人口用水定额 [L/（人·d）]。

2013 年研究区总人口 79.18 万人，城镇化率为 41.2%。2001～2013 年年均人口自然增长率为 5.4‰，预测规划年年均人口自然增长率为 5.8‰，据此计算 2020 年和 2030 年研究区人口将分别达到 82.45 万人和 87.36 万人。根据张掖城市化发展进程，2020 年和 2030 年研究区城镇化率将分别提高到 44.37% 和 49.59%，城镇人口将分别达到 36.59 万人和 43.32 万人（表 13-3）。

表 13-3　黑河干流中游不同水平年人口数据

县（区）	2013 年			2020 年			2030 年		
	城镇/万人	农村/万人	城镇化率/%	城镇/万人	农村/万人	城镇化率/%	城镇/万人	农村/万人	城镇化率/%
甘州	22.61	28.57	44.18	24.78	28.51	46.50	28.80	27.67	51.00
临泽	5.06	8.48	37.37	5.78	8.32	41.00	7.02	7.92	47.00
高台	4.95	9.51	34.23	6.02	9.03	40.00	7.50	8.46	47.00
合计	32.62	46.56	41.20	36.59	45.87	44.37	43.32	44.04	49.59

黑河干流中游及各县（区）不同水平年生活用水定额及生活需水量如表 13-4 所示。2013 现状年、2020 年和 2030 年黑河干流中游的生活需水量分别为 2256.3 万 m³、2881.7 万 m³ 和 3608.7 万 m³。

表 13-4　黑河干流中游不同水平年生活需水量

县（区）	用水定额/[L/(人·d)]						需水量/万 m³								
	2013 年		2020 年		2030 年		2013 年			2020 年			2030 年		
	城镇	农村	城镇	农村	城镇	农村	城镇	农村	合计	城镇	农村	合计	城镇	农村	合计
甘州	115	60	125	75	135	95	907.8	625.7	1533.5	1130.7	780.5	1911.2	1419.0	959.4	2378.5
临泽	95	60	115	75	125	95	166.2	185.7	351.9	242.7	227.7	470.4	320.3	274.5	594.9
高台	95	60	115	75	125	95	162.6	208.3	370.9	252.8	247.3	500.1	342.1	293.2	635.3
合计	—	—	—	—	—	—	1236.6	1019.7	2256.3	1626.1	1255.6	2881.7	2081.5	1527.2	3608.7

B. 工业需水量

工业需水采用定额法计算，公式如下：

$$WI_i = PI_i \cdot QI_i \tag{13-26}$$

式中，WI_i 为计算单元 i 的工业需水量（万 m³）；PI_i 为计算单元 i 的工业增加值（亿元）；QI_i 为计算单元 i 的工业万元增加值用水定额（m³/万元），随规划水平年呈逐年减少趋势，可根据下式计算：

$$OI_i^{t_2} = OI_i^{t_1} \cdot (1 - RI^{t_2}) / (1 - RI^{t_1}) \tag{13-27}$$

式中，$OI_i^{t_1}$、$OI_i^{t_2}$ 分别为不同时段计算单元 i 的万元工业增加值用水定额（m³/万元）；RI^{t_1}、RI^{t_2} 分别为不同时段计算单元 i 的工业水重复利用率。

2013 年研究区工业增加值为 50 亿元，依据《张掖市水利发展十二五规划》，预计 2014～2020 年和 2020～2030 年工业增加值年均增长率分别为 12% 和 10%，2020 年和 2030 年研究区工业增加值将分别达到 110.53 亿元和 286.70 亿元。2013 年、2020 年和 2030 年研究区工业水重复利用率分别为 56%、65% 和 75%。

2013 年、2020 年、2030 年黑河干流中游工业需水量分别为 3111.1 万 m³、5470.8 万 m³、10 135.6 万 m³（表 13-5）。

表 13-5　黑河干流中游不同水平年工业用水定额及工业需水量

县（区）	工业用水定额/（m³/万元）			工业需水量/万 m³		
	2013 年	2020 年	2030 年	2013 年	2020 年	2030 年
甘州	67.6	53.78	38.41	1 707.0	3 001.8	5 561.3
临泽	44.65	35.52	25.37	567.1	997.2	1 847.4
高台	69.46	55.25	39.47	837.0	1 471.9	2 726.9
合计	62.22	49.50	35.35	3 111.1	5 470.8	10 135.6

C. 灌溉需水量

作物的灌溉需水量根据定额法计算，计算公式如下：

$$WA_{ic} = A_{ic} \cdot EW_{ic}/10 \tag{13-28}$$

$$WAG_i = \sum_{c=1}^{n} WA_{ic}/\eta_t/\eta_q \tag{13-29}$$

式中，WA_{ic} 为计算单元 i 作物 c 的灌溉需水量（万 m³）；A_{ic} 为计算单元 i 作物 c 的种植面积（$10^3 hm^2$）；EW_{ic} 为计算单元 i 作物 c 的净灌溉定额（m³/ hm^2）；WAG_i 为计算单元 i 的毛灌溉需水量（万 m³）；η_t 为田间水利用系数；η_q 为渠系水利用系数；$n=1$，2，3…，表示计算单元 i 中的作物种类。

研究区现状年作物种植面积如表 13-6 所示。未来农业经济发展主要通过调整种植结构、发展高效节水灌溉农业实现。张掖农业种植结构调整的思路是在保持粮食生产能力、确保粮食安全的基础上，以发展现代生态农业为重点，限制小麦、大田玉米等高耗水、低产出农业发展，进一步提高制种玉米、蔬菜等经济作物种植面积，提高农业生产效益。结合第 12 章作物种植结构优化结果，研究区规划水平年各作物的种植面积如表 13-7 所示。

表 13-6　黑河干流中游现状年作物种植面积　　　　　（单位：万 hm²）

县（区）	粮食作物				经济作物						面积合计
	小麦	大田玉米	薯类	其他	制种玉米	瓜菜	油料	药材	棉花	其他	
甘州	0.489	0.639	0.233	0.141	3.598	1.132	0.039	0.091	—	0.046	6.408
临泽	0.119	0.097	0.007	0.019	1.929	0.537	0.005	0.007	0.014	0.043	2.778
高台	0.680	0.451	0.105	0.046	0.908	1.081	0.035	0.013	0.225	0.068	3.613
合计	1.288	1.187	0.346	0.206	6.435	2.750	0.079	0.112	0.239	0.157	127.99

表 13-7　黑河干流中游规划年作物种植面积　　　　　（单位：万 hm²）

来水水平	县（区）	粮食作物				经济作物						面积合计
		小麦	大田玉米	薯类	其他	制种玉米	瓜菜	油料	药材	棉花	其他	
丰水年	甘州	0.473	0.586	0.111	0.130	3.983	1.333	0.044	0.132	0.045	0.042	6.881
	临泽	0.120	0.126	0.008	0.021	1.985	0.545	0.009	0.021	0.031	0.038	2.903
	高台	0.680	0.424	0.114	0.043	1.010	1.184	0.038	0.042	0.200	0.063	3.798
	合计	1.273	1.136	0.233	0.194	6.978	3.062	0.091	0.195	0.277	0.143	13.581

来水水平	县（区）	粮食作物				经济作物						面积合计
		小麦	大田玉米	薯类	其他	制种玉米	瓜菜	油料	药材	棉花	其他	
偏丰年	甘州	0.473	0.586	0.110	0.129	3.937	1.315	0.044	0.131	0.045	0.042	6.811
	临泽	0.120	0.126	0.007	0.020	1.961	0.538	0.009	0.020	0.031	0.037	2.870
	高台	0.680	0.424	0.112	0.043	0.995	1.167	0.037	0.042	0.198	0.062	3.761
	合计	1.273	1.136	0.230	0.192	6.893	3.019	0.090	0.193	0.274	0.141	13.442
平水年	甘州	0.473	0.575	0.109	0.127	3.897	1.301	0.043	0.129	0.045	0.041	6.741
	临泽	0.120	0.124	0.007	0.020	1.940	0.532	0.008	0.020	0.031	0.037	2.840
	高台	0.680	0.412	0.111	0.042	0.985	1.155	0.037	0.041	0.196	0.061	3.722
	合计	1.273	1.111	0.228	0.190	6.822	2.988	0.089	0.191	0.271	0.140	13.303
偏枯年	甘州	0.473	0.553	0.107	0.125	3.817	1.274	0.043	0.127	0.044	0.041	6.602
	临泽	0.120	0.119	0.007	0.020	1.901	0.521	0.008	0.020	0.030	0.036	2.783
	高台	0.680	0.389	0.109	0.042	0.965	1.131	0.036	0.041	0.192	0.060	3.645
	合计	1.273	1.062	0.223	0.186	6.682	2.927	0.087	0.187	0.266	0.137	13.030
枯水年	甘州	0.473	0.515	0.103	0.120	3.675	1.227	0.041	0.122	0.042	0.039	6.357
	临泽	0.120	0.110	0.007	0.019	1.830	0.502	0.008	0.019	0.029	0.035	2.679
	高台	0.680	0.350	0.105	0.040	0.929	1.089	0.035	0.039	0.185	0.058	3.510
	合计	1.273	0.975	0.215	0.179	6.434	2.818	0.084	0.180	0.256	0.132	12.546

参考张掖市水利灌溉管理年报和黑河中游的相关研究（王玉宝，2010），黑河干流中游各作物的净灌溉定额如表 13-8 所示。

表 13-8　黑河干流中游作物净灌溉定额　　　　　　　　（单位：m³/hm²）

县（区）	区间	粮食作物				经济作物					
		小麦	大田玉米	薯类	其他	制种玉米	瓜菜	油料	药材	棉花	其他
甘州	下限	4343	5712	4018	4090	5762	5155	4163	4673	5213	4518
	上限	4939	6740	4750	4882	6740	6110	5001	5593	6159	5518
临泽	下限	4514	5837	4129	4207	5887	5301	4368	4800	5447	4595
	上限	5155	6844	4916	4988	6844	6295	5325	5685	6286	5595
高台	下限	4511	5427	3926	3974	5477	5038	4485	4505	5258	4546
	上限	4938	6659	4711	4837	6659	6058	5029	5534	6183	5563

2013 年、2020 年及 2030 年黑河干流中游作物的灌溉需水量分别见表 13-9 ～ 表 13-11。

表 13-9　2013 年黑河干流中游作物灌溉需水量　　　　（单位：万 m³）

作物		甘州区	临泽县	高台县	合计
粮食作物	小麦	[4 007.1, 4 557.0]	[1 016.4, 1 160.7]	[5 788.1, 6 336.0]	[10 811.6, 12 053.7]
	大田玉米	[6 883.6, 8 121.6]	[1 071.9, 1 257.0]	[4 615.0, 5 662.3]	[12 570.5, 15 040.9]
	薯类	[1 768.9, 2 091.3]	[57.1, 68.0]	[780.3, 936.3]	[2 606.4, 3 095.6]
	其他	[1 088.0, 1 298.9]	[150.8, 178.8]	[344.9, 419.8]	[1 583.8, 1 897.5]

续表

作物		甘州区	临泽县	高台县	合计
经济作物	制种玉米	[39 119.2, 45 753.8]	[21 429.7, 24 915.3]	[9 383.9, 11 408.5]	[69 932.8, 82 077.5]
	瓜菜	[11 009.9, 13 049.3]	[5 367.7, 6 374.5]	[10 278.3, 12 359.5]	[26 655.9, 31 783.2]
	油料	[303.7, 364.8]	[38.5, 46.9]	[299.0, 335.2]	[641.2, 747.0]
	药材	[805.4, 963.9]	[66.4, 78.7]	[113.3, 139.2]	[985.1, 1 181.8]
	棉花	—	[143.9, 166.0]	[2 235.7, 2 628.8]	[2 379.6, 2 794.8]
	其他	[392.1, 478.9]	[372.8, 453.9]	[583.3, 713.7]	[1 348.2, 1 646.6]
合计		[65 378.0, 76 679.5]	[29 715.1, 34 699.8]	[34 421.8, 40 939.4]	[129 515.0, 152 318.7]

表 13-10　2020 年不同来水情景下的作物灌溉需水量 （单位：亿 m³）

县（区）	丰水年	偏丰年	平水年	偏枯年	枯水年
甘州	[6.345, 7.443]	[6.280, 7.367]	[6.214, 7.289]	[6.084, 7.136]	[5.854, 6.866]
临泽	[2.788, 3.256]	[2.756, 3.219]	[2.728, 3.185]	[2.672, 3.120]	[2.571, 3.003]
高台	[3.251, 3.870]	[3.219, 3.831]	[3.184, 3.789]	[3.116, 3.707]	[2.997, 3.562]
合计	[12.384, 14.569]	[12.255, 14.417]	[12.126, 14.264]	[11.872, 13.963]	[11.422, 13.431]

表 13-11　2030 年不同来水情景下的作物灌溉需水量 （单位：亿 m³）

县（区）	丰水年	偏丰年	平水年	偏枯年	枯水年
甘州	[5.849, 6.861]	[5.789, 6.791]	[5.729, 6.720]	[5.608, 6.578]	[5.397, 6.329]
临泽	[2.571, 3.002]	[2.541, 2.967]	[2.515, 2.937]	[2.463, 2.876]	[2.371, 2.768]
高台	[2.997, 3.568]	[2.967, 3.532]	[2.935, 3.493]	[2.873, 3.418]	[2.763, 3.284]
合计	[11.416, 13.430]	[11.298, 13.290]	[11.179, 13.150]	[10.945, 12.872]	[10.530, 12.382]

D. 牲畜需水量

牲畜需水采用用水定额法和牲畜头数确定，计算公式与生活需水计算公式 [式（13-25）] 相同。

2013 年年末，研究区大牲畜存栏 61.27 万头（只），比上年末增长 1.74%；牛、羊和猪存栏分别为 52.05 万头、108.58 万头和 52.72 万头，比上年分别增长 1.92%、2.55% 和 3.35%，家禽 353.12 万只。按现状年大小牲畜及家禽的年均增长趋势，2020 年研究区大牲畜、小牲畜和家禽的数量将分别达到 69.46 万头、195.85 万头和 391.91 万头（只），2030 年将分别达到 76.39 万头、225.19 万头和 432.91 万头（只）。

根据《甘肃省行业用水规范》，结合研究区实际用水情况，2013 年大牲畜、小牲畜和家禽的用水定额分别为 50L/[头（只）·d]、20L/[头（只）·d] 和 0.6L/[头（只）·d]，规划年的用水定额维持在 2013 年水平。黑河干流中游现状年及未来规划年的牲畜用水定额及牲畜需水量见表 13-12。

表 13-12　黑河干流中游规划水平年牲畜数量及牲畜需水量

县（区）	牲畜数量/万头或万只									牲畜需水量/万 m³		
	2013 年			2020 年			2030 年			2013 年	2020 年	2030 年
	大牲畜	小牲畜	家禽	大牲畜	小牲畜	家禽	大牲畜	小牲畜	家禽			
甘州	33.05	87.73	266.42	35.84	107.14	295.68	37.98	123.72	326.62	1301.9	1500.9	1667.7
临泽	12.88	24.55	45.00	13.53	29.80	49.94	14.01	34.25	55.17	424.1	475.3	517.8
高台	15.34	49.02	41.70	20.09	58.91	46.28	24.41	67.23	51.12	646.9	806.8	947.4
合计	61.27	161.30	353.12	69.46	195.85	391.91	76.39	225.19	432.91	2373.0	2783.1	3132.9

E. 生态需水量

干旱地区生态需水主要是维持天然和人工生态系统某种平衡所需要的水量，或是发挥期望的生态功能所需要的水量，是一个区间值，超过区间上下限值都会导致生态系统的退化和破坏。生态系统需水量并非在系统发挥生态效益过程中全部被消耗，如河流基流量、河流输沙排盐需水量、湿地土壤需水量、生物栖息地需水量等。本章计算生态需水时，主要考虑系统发挥生态效益所消耗的、在水资源配置中需提供补给的水量，包括植被生态需水和湿地生态需水。

1）植被生态需水计算方法。干旱区植被生态需水量可划分为临界生态需水量、最适生态需水量和饱和生态需水量（Zhao and Cheng, 2001）。临界生态需水量指维持干旱区植被生存的最小耗水量；最适生态需水量指干旱区植被具有正常的功能，特别是防护功能的耗水量；饱和生态需水量指干旱区光温生产潜力得以最大发挥时的植被耗水量。

甘州区、临泽县、高台县除 4 个沿山灌区外，其余 13 个均为平原灌区。山前地区地下水埋深可达 60m 以上，天然植被的生态需水主要靠降水和山间径流补给，对于水量优化配置而言，是不可控水量，因此，忽略山区天然植被的生态需水。平原区天然与部分人工植被的生存与繁衍主要依赖地下水，因此，平原区植被生态需水采用阿维里扬诺夫公式计算（王根绪和程国栋，2002）：

$$WE_{ij} = A_{ij} Wg_{ij} K_c \tag{13-30}$$

$$Wg_{ij} = a(1 - h_{ij}/h_{imax})^b E_{601} \tag{13-31}$$

式中，WE_{ij} 为计算单元 i 植被类型 j 的生态需水量（万 m³）；A_{ij} 为计算单元 i 植被类型 j 的面积（$10^3 hm^2$）；K_c 为植被系数，是有植被地段的潜水蒸发量与无植被地段的潜水蒸发量的比值；Wg_{ij} 为植被类型 j 所处某一地下水位埋深时的潜水蒸发量（mm）；a、b 为经验系数；h_{ij} 为地下水位埋深（m）；h_{imax} 为潜水蒸发极限埋深（m）。

对于研究区的灌溉林草和园地，采用面积定额法进行计算：

$$WE_{ij} = A_{ij} EW_{ij} \tag{13-32}$$

式中，EW_{ij} 为计算单元 i 人工林（草/园）地的灌溉定额（m³/hm²）。

参考已有的研究成果（郭巧玲，2012；袁伟，2009）及甘肃省行业用水标准，在黑河干流中游区，a、b 经验系数分别取值为 0.856、3.674；潜水蒸发极限埋深为 5m；E_{601} 采用莺落峡站与正义峡站观测值的均值 1266mm；K_c 的取值为林地 0.7，草地 0.54；人工林地灌溉定额为 3000～3750m³/hm²；人工草地灌溉定额为 3300～3900m³/hm²。

2）湿地生态需水计算方法。湿地生态需水是指维持湿地自身发展过程和保护生物多样性所需要的水量，一般由四部分组成：湿地植物需水量、湿地土壤需水量、生物栖息地需水量和水域水面蒸发量（崔保山和杨志峰，2002）。湿地土壤需水量和生物栖息地需水量实质为储水量，并非消耗项，因此不予考虑。湿地蒸发需水量，细分为植被蒸腾、土壤蒸发和水面蒸发。水面蒸发计算公式如下：

$$HW = A_h \cdot (E_h - P) \tag{13-33}$$

式中，HW 为湿地水面蒸发需水量（万 m^3）；A_h 为水面面积（$10^3 hm^2$）；E_h 为水面蒸发量（mm），基于正义峡、高崖和莺落峡多年平均水面蒸发量，E_h 的取值范围为 1114 ~ 1223mm；P 为降水量（mm），其取值范围为 109 ~ 202mm。

湿地植被蒸腾和土壤蒸发量按湿地补水定额计算，公式为

$$SWC = W_q \cdot A \tag{13-34}$$

式中，SWC 为湿地植被蒸腾和土壤蒸发量（万 m^3）；W_q 为湿地补水定额（m^3/hm^2）；A 为除水面外的湿地面积（$10^3 hm^2$）。根据《张掖市水资源管理十三五规划》，10 万亩严重退化湿地每亩需人工补水 200m^3，以保持其健康状态；根据《张掖国家湿地补水及渠系调整工程可行性研究》，芦苇地年耗水量 625 m^3/亩。综合上述研究，本章中湿地的补水定额按 2750 ~ 4200m^3/hm^2 计算。

3）生态规模预测。黑河干流中游不同规划年的生态面积见表 13-13。结合 2011 年黑河干流中游土地利用图、2013 年《张掖统计年鉴》、张掖市 2013 年水利管理年报，以及张掖各县（区）政府门户网站，2013 现状年研究区林地面积 4.025 万 hm^2，其中，灌溉林地面积为 2.041 万 hm^2；草地面积为 33.02 万 hm^2，其中中高覆被草地约为 8.405 万 hm^2；园地面积为 2.357 万 hm^2；湿地面积为 4.766 万 hm^2，其中水域为 0.712 万 hm^2。

表 13-13　黑河干流中游不同规划年生态面积　　　　　　（单位：万 hm^2）

| 水平年 | 县（区） | 林地 | | 园地 | 中高覆被草地 | | 湿地 | 其中：水域 |
		非灌溉林地	灌溉林地		非灌溉草地	灌溉草地		
2013 年	甘州	1.115	0.384	1.238	4.220	0.186	1.408	0.206
	临泽	0.008	1.444	0.729	2.229	0.277	0.939	0.244
	高台	0.861	0.213	0.391	1.476	0.017	2.419	0.262
	合计	1.984	2.041	2.357	7.925	0.480	4.766	0.712
2020 年	甘州	1.340	0.596	1.418	4.517	0.314	1.592	0.258 ~ 0.343
	临泽	0.360	1.516	0.835	2.339	0.418	1.031	0.305 ~ 0.407
	高台	1.012	0.376	0.447	1.515	0.120	2.763	0.327 ~ 0.436
	合计	2.713	2.487	2.700	8.370	0.852	5.386	0.890 ~ 1.186
2030 年	甘州	1.650	0.734	1.576	4.776	0.420	1.835	0.302 ~ 0.378
	临泽	0.743	1.565	0.927	2.377	0.488	1.175	0.358 ~ 0.447
	高台	1.245	0.462	0.497	1.469	0.205	3.194	0.384 ~ 0.480
	合计	3.639	2.761	3.000	8.622	1.113	6.205	1.044 ~ 1.305

为保障黑河干流中游生态健康发展，规划年应适当缩减绿洲规模，压缩耕地面积，进一步植树造林种草，恢复湿地，提高湿地的生态价值。绿洲规模应控制在适宜范围之内。按照近年来研究区每年造林种草的增长速率及湿地恢复建设情况，估计 2020 年研究区林地、园地、中高覆被草地及湿地面积分别为 5.2 万 hm²、2.7 万 hm²、9.222 万 hm² 及 5.386 万 hm²，分别占平水年临界绿洲规模的 11.1% ~ 15.3%、5.8% ~ 7.9%、19.66% ~ 27.12% 及 11.48% ~ 15.84%；2030 年林地、园地、中高覆被草地及湿地面积分别为 6.4 万 hm²、3 万 hm²、9.735 万 hm² 及 6.205 万 hm²，分别占平水年临界绿洲规模的 13.7% ~ 18.8%、6.4 ~ 8.8%、20.76% ~ 28.63% 及 13.23% ~ 18.25%。未来规划年已基本达到绿洲生态健康发展要求的适宜生态规模。

4）生态需水量。黑河干流中游不同规划年生态需水结果见表 13-14。

表 13-14　黑河干流中游不同规划年生态需水量　　　　　（单位：亿 m³）

水平年	县（区）	林地	园地	中高覆被草地	湿地	合计
2013 年	甘州	[0.115, 0.273]	[0.371, 0.464]	[0.091, 0.451]	[0.518, 0.693]	[1.096, 1.881]
	临泽	[0.433, 0.542]	[0.219, 0.273]	[0.107, 0.308]	[0.414, 0.514]	[1.172, 1.638]
	高台	[0.064, 0.180]	[0.117, 0.147]	[0.016, 0.139]	[0.832, 1.145]	[1.029, 1.610]
	合计	[0.613, 0.996]	[0.707, 0.884]	[0.214, 0.897]	[1.764, 2.352]	[3.298, 5.129]
2020 年	甘州	[0.179, 0.379]	[0.425, 0.532]	[0.135, 0.527]	[0.578, 0.943]	[1.318, 2.381]
	临泽	[0.455, 0.610]	[0.250, 0.313]	[0.154, 0.373]	[0.450, 0.758]	[1.309, 2.053]
	高台	[0.113, 0.258]	[0.134, 0.168]	[0.050, 0.183]	[0.938, 1.509]	[1.235, 2.117]
	合计	[0.747, 1.248]	[0.810, 1.013]	[0.340, 1.082]	[1.966, 3.210]	[3.863, 6.552]
2030 年	甘州	[0.220, 0.467]	[0.473, 0.591]	[0.172, 0.592]	[0.676, 1.064]	[1.541, 2.714]
	临泽	[0.470, 0.673]	[0.278, 0.348]	[0.178, 0.403]	[0.527, 0.842]	[1.452, 2.266]
	高台	[0.139, 0.318]	[0.149, 0.186]	[0.078, 0.212]	[1.096, 1.715]	[1.462, 2.431]
	合计	[0.829, 1.458]	[0.900, 1.125]	[0.428, 1.206]	[2.299, 3.621]	[4.456, 7.410]

2013 现状年研究区的最小生态需水量为 3.298 亿 m³，其中园地、林地、草地和湿地的最小生态需水量分别为 0.707 亿 m³、0.613 亿 m³、0.214 亿 m³ 和 1.764 亿 m³，分别占生态需水量的 21.4%、18.6%、6.5% 和 53.5%；现状年最大生态需水量为 5.129 亿 m³，其中园地、林地、草地、湿地的最大生态需水量分别为 0.884 亿 m³、0.996 亿 m³、0.897 亿 m³、2.352 亿 m³。

2020 年，黑河干流中游生态需水量为 [3.863, 6.552] 亿 m³，比现状年生态需水量增长 17% ~ 28%，其中林地、园地、草地及湿地的生态需水量分别为 [0.747, 1.248] 亿 m³、[0.810, 1.013] 亿 m³、[0.340, 1.082] 亿 m³、[1.966, 3.210] 亿 m³。

2030 年，黑河干流中游生态需水量为 [4.456, 7.410] 亿 m³，比现状年生态需水量增长 35% ~ 44%，其中林地、园地、草地及湿地的生态需水量分别为 [0.829, 1.458] 亿 m³、[0.900, 1.125] 亿 m³、[0.428, 1.206] 亿 m³、[2.299, 3.621] 亿 m³。

（3）其他模型参数

黑河干流中游主要作物单产见表13-15，主要根据《张掖统计年鉴》中的面积及总产数据计算得到；作物的种植成本及单价分别见表13-16和表13-17，主要参考张掖市农业局的作物经济效益调研资料；最小粮食、口粮保证量见表13-18，主要参考《国家粮食安全中长期规划纲要（2008～2020年）》和王玉宝（2010）博士论文中的数据，人均粮食保证量取389kg/人，人均口粮保证量现状年取145kg/人，未来规划年取135kg/人；单头大小牲畜、家禽的平均净效益见表13-19，主要根据《张掖统计年鉴》中的牲畜数量及牧业增加值计算得到。

表 13-15　黑河干流中游作物单产　　　　　　　（单位：kg/hm²）

县（区）	单产	粮食作物				经济作物						果树
		小麦	大田玉米	薯类	其他	玉米制种	瓜菜	油料	药材	棉花	其他	
甘州	下限	7 750	11 500	13 532	7 050	9 050	58 500	4 800	9 050	2 900	5 250	1 061
	上限	8 450	12 500	16 314	7 800	9 950	63 345	5 750	11 050	3 300	6 300	1 261
临泽	下限	7 350	9 900	12 532	7 250	9 350	55 500	5 500	7 850	3 600	5 250	374
	上限	8 052	11 000	15 314	8 000	11 000	60 000	6 200	8 650	4 800	6 400	574
高台	下限	7 450	10 500	13 832	5 550	9 050	59 500	4 800	10 050	2 700	5 250	577
	上限	8 250	11 500	16 914	6 750	9 900	66 390	5 750	11 050	3 300	6 400	777

表 13-16　黑河干流中游作物种植成本　　　　　　　（单位：元/hm²）

县（区）	粮食作物				经济作物						果树
	小麦	大田玉米	薯类	其他	玉米制种	瓜菜	油料	药材	棉花	其他	
甘州	10 050	9 525	9 750	9 450	13 500	24 000	9 750	22 500	15 000	12 000	13 500
临泽	9 750	9 000	9 450	9 150	12 750	22 500	9 000	21 000	14 250	12 000	13 500
高台	9 750	9 000	9 450	9 150	12 750	22 500	9 000	21 000	13 500	12 000	13 500

表 13-17　黑河干流中游作物单价　　　　　　　（单位：元/kg）

价格区间	粮食作物				经济						水果			
	小麦	大田玉米	薯类	其他	玉米制种	瓜菜	油料	药材	棉花	其他	苹果	梨	葡萄	红枣
下限	2.3	2.0	1.5	1.8	3.6	1.2	5.2	8.5	9.0	3.8	3.0	2.0	3.0	6.0
上限	2.6	2.3	2.0	2.1	4.0	1.5	5.6	10.0	10.0	4.2	5.0	4.0	5.0	8.0

表 13-18　黑河干流中游最小粮食保证量　　　　　　　（单位：万kg）

规划水平年	分项	甘州区	临泽县	高台县	总计
现状年	粮食	13 936	3 687	3 937	21 561
	口粮	7 421	1 963	2 097	11 481
	其中：小麦	5 566	1 472	1 573	8 611
	玉米	1 113	294	315	1 722
	杂粮	742	196	210	1 148

续表

规划水平年	分项	甘州区	临泽县	高台县	总计
	粮食	12 439	3 291	3 514	19 244
	口粮	7 195	1 903	2 033	11 131
2020 年	其中：小麦	5 396	1 428	1 525	8 348
	玉米	1 079	286	305	1 670
	杂粮	719	190	203	1 113
	粮食	13 179	3 487	3 724	20 390
	口粮	7 341	1 942	2 074	11 357
2030 年	其中：小麦	5 506	1 457	1 556	8 518
	玉米	1 101	291	311	1 704
	杂粮	734	194	207	1 136

表 13-19　黑河干流中游单头牲畜净效益　　　　　　（单位：元/头）

甘州			临泽			高台		
大牲畜	小牲畜	家禽	大牲畜	小牲畜	家禽	大牲畜	小牲畜	家禽
1000	420	20	1100	610	20	900	350	20

2. 优化配置结果

（1）现状年优化结果与分析

A. 县（区）优化配水及效益

经第一层模型求解，拟合得到的县（区）用水–经济函数见图 13-4，经第二层模型优化求解，县（区）间水资源优化配置结果见表 13-20。2013 现状年地表水和地下水可利用量分别为 10.29 亿 m^3 和 4.81 亿 m^3。经优化求解，甘州、临泽和高台 3 县（区）分配的水量分别为 [7.165，7.236] 亿 m^3、[3.758，3.965] 亿 m^3 和 [3.899，4.177] 亿 m^3，其中地表水分别为 [5.155，5.226] 亿 m^3、[2.458，2.665] 亿 m^3 和 [2.399，2.677] 亿 m^3，地下水分别为 2.010 亿 m^3、1.300 亿 m^3 和 1.500 亿 m^3。黑河干流中游的最大经济效益为 [96.53，113.72] 亿元，甘州、临泽和高台 3 县（区）的缺水率分别为 12.5% ~ 28.4%、7.3% ~ 28.3% 和 16.3% ~ 29.1%。

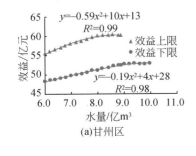
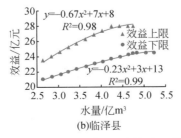
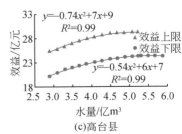

图 13-4　县区用水–经济效益函数

表 13-20　第二层模型输出结果

水源	决策变量：配水量/亿 m³			目标函数	
	甘州区	临泽县	高台县	经济效益值/亿元	缺水率平方和
地表水	[5.155, 5.226]	[2.458, 2.665]	[2.399, 2.677]	[96.53, 113.72]	[0.043, 0.245]
地下水	2.010	1.300	1.500		
合计	[7.165, 7.236]	[3.758, 3.965]	[3.899, 4.177]		

B. 部门优化配水及效益

现状年黑河干流中游各部门用水优化结果见表 13-21。甘州区工业、生活、生态和农业部门的配水量依次为 0.171 亿 m³、0.284 亿 m³、1.096 亿 m³ 和 [5.614, 5.685] 亿 m³，分别占甘州区总供水量的 2%、4%、15% 和 78% ~ 79%。优化后，甘州区的经济效益为 [50.17, 58.54] 亿元，生态缺水率为 0 ~ 41.7%，农业缺水率为 13% ~ 26.8%。临泽县工业、生活、生态、农业部门的配水量依次为 0.057 亿 m³、0.078 亿 m³、1.172 亿 m³ 和 [2.452, 2.659] 亿 m³，分别占临泽县总供水量的 2%、2%、29% ~ 31% 和 65% ~ 67%。优化后，临泽县的经济效益为 [22.88, 27.19] 亿元，生态缺水率为 0 ~ 28.4%，农业缺水率为 10.5% ~ 29.3%。高台县工业、生活、生态和农业部门的配水量依次为 0.084 亿 m³、0.102 亿 m³、1.029 亿 m³ 和 [2.684, 2.962] 亿 m³，分别占高台县总供水量的 2%、3%、25% ~ 26% 和 69% ~ 70%。优化后，高台县的经济效益为 [22.74, 28.44] 亿元，生态缺水率为 0 ~ 36.1%，农业缺水率为 13.9% ~ 34.4%。

表 13-21　现状年黑河干流中游各部门用水优化　（单位：亿 m³）

县（区）	部门	地表水	地下水	合计	缺水量
甘州	工业	0.060	0.111	0.171	0
	生活	0	0.284	0.284	0
	生态	0.560	0.536	1.096	[0, 0.785]
	农业	[4.535, 4.606]	1.079	[5.614, 5.685]	[0.853, 2.054]
临泽	工业	0.017	0.040	0.057	0
	生活	0	0.078	0.078	0
	生态	0.647	0.525	1.172	[0, 0.465]
	农业	[1.795, 2.002]	0.657	[2.452, 2.659]	[0.313, 1.018]
高台	工业	0.024	0.060	0.084	0
	生活	0	0.102	0.102	0
	生态	0.523	0.506	1.029	[0, 0.581]
	农业	[1.852, 2.130]	0.832	[2.684, 2.962]	[0.480, 1.410]

2013 年黑河干流中游实际用水及产值见表 13-22。2013 年黑河干流中游实际用水 17.78 亿 m³，其中农业用水高达 16.142 亿 m³，占总用水量的 90.8%，甘州、临泽和高台 3 县（区）农业及工业的实际增加值分别为 62.88 亿元、25.53 亿元和 27.32 亿元。水资源优化配置后甘州、临泽、高台的效益中值分别为 54.36 亿元、25.04 亿元和 25.59 亿元，较实际经济效益偏小，主要原因为：一是优化用水较实际用水少 2.68 亿 m³，优化时根据

分水方案，正义峡的下泄水量较实际多 2.05 亿 m³；二是优化时的耕地面积来源于《张掖统计年鉴》，比实际面积偏小；三是优化时因保证生态用水，农业用水比例较实际低，对农业效益产生负面影响。

表 13-22　现状年黑河干流中游实际用水量及产值

县（区）	用水量/亿 m³					产值/亿元		
	农业	工业	生活	生态	合计	工业增加值	农业增加值	合计
甘州	7.644	0.171	0.287	0.260	8.361	25.25	37.63	62.88
临泽	3.594	0.057	0.032	0.453	4.136	12.70	12.83	25.53
高台	4.903	0.084	0.076	0.215	5.278	12.05	15.27	27.32
合计	16.142	0.311	0.394	0.928	17.78	50.00	65.73	115.73

C. 作物优化配水

2013 年甘州区、临泽县及高台县的作物优化配水结果分别见图 13-5（a）～（c）。

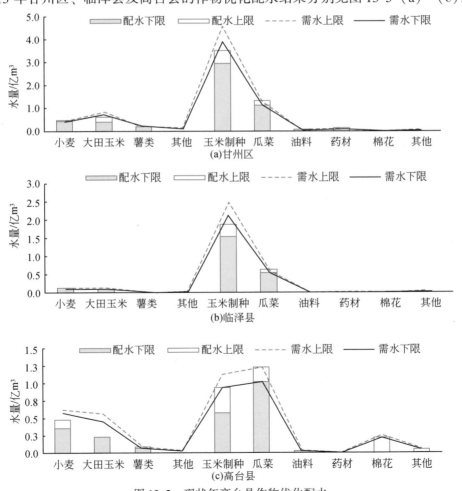

图 13-5　现状年高台县作物优化配水

甘州区的主要作物为制种玉米、瓜菜、大田玉米和小麦，农业用水量中制种玉米和瓜菜的配水量占76%~81%，小麦、大田玉米和薯类等粮食作物的配水量占17%~22%，其他经济作物因种植面积较小，配水量仅占2%。优化配水后甘州区缺水量最大的作物是制种玉米，缺水量为[0.410，1.640]亿m^3，其次为大田玉米、其他（粮食作物）、其他（经济作物）。

临泽县的主要作物为制种玉米和瓜菜，占作物总面积的88.8%，其配水量占农业用水量的89%~90%，小麦、大田玉米等粮食作物的配水量占9%~10%，其他经济作物配水量仅占1%。临泽县由于粮食作物的种植面积小，为了保证最小粮食供给量，粮食作物基本不缺水，缺水量最大的作物是制种玉米，缺水量为[0.276，0.956]亿m^3，其次为其他（经济作物）和棉花。

高台县的主要作物为瓜菜、制种玉米、小麦和大田玉米，在农业用水量中，制种玉米和瓜菜的配水量占66%~68%，小麦、大田玉米等粮食作物的配水量占23%~30%，其他经济作物配水量占2%~11%。高台县的粮食作物种植面积较大，除了保证当地的最小粮食需求量，还需外调保证甘州区和临泽县的最小粮食需求量。除薯类外，其余粮食作物存在缺水，缺水量下限最大的作物是大田玉米，缺水0.334亿m^3；制种玉米、棉花、其他（经济作物）的缺水量下限为零，缺水量上限最大的作物是制种玉米，缺水0.559亿m^3。

（2）2020年优化结果与分析

A. 县（区）优化配水

2020年不同来水情景下的县（区）用水-经济效益函数见图13-6~图13-10，县（区）间水资源优化配置结果见表13-23。甘州、临泽和高台3县（区）平水年分配的水量分别为[6.521，7.337]亿m^3、[3.777，3.882]亿m^3和[4.082，4.111]亿m^3，经济效益达[160.18，180.52]亿元。不同来水情景下，甘州、临泽和高台分配的水量分别占总水量的45%~48%、25%~26%和27%~29%，各县（区）分配的地下水量分别为2.010亿m^3、1.300亿m^3和1.500亿m^3，为各县（区）地下水允许开采量。

表 13-23　2020 年县（区）间水资源优化配置结果

水平年	水源	决策变量：配水量/亿 m^3			目标函数	
		甘州区	临泽县	高台县	经济效益值/亿元	缺水率平方和
丰水年	地表水	[4.602，5.490]	[2.531，2.669]	[2.707，2.710]	[160.94，181.77]	[0.029，0.336]
	地下水	2.010	1.300	1.500		
	合计	[6.612，7.500]	[3.831，3.969]	[4.207，4.210]		
偏丰年	地表水	[4.710，5.308]	[2.550，2.565]	[2.567，2.700]	[161.01，180.55]	[0.041，0.318]
	地下水	2.010	1.300	1.500		
	合计	[6.720，7.318]	[3.850，3.865]	[4.067，4.200]		
平水年	地表水	[4.511，5.327]	[2.477，2.582]	[2.582，2.611]	[160.18，180.52]	[0.033，0.344]
	地下水	2.010	1.300	1.500		
	合计	[6.521，7.337]	[3.777，3.882]	[4.082，4.111]		

续表

水平年	水源	决策变量：配水量/亿 m³			目标函数	
		甘州区	临泽县	高台县	经济效益值/亿元	缺水率平方和
偏枯年	地表水	[4.567, 5.057]	[2.415, 2.444]	[2.418, 2.579]	[160.02, 178.57]	[0.051, 0.326]
	地下水	2.010	1.300	1.500		
	合计	[6.577, 7.067]	[3.715, 3.744]	[3.918, 4.079]		
枯水年	地表水	[4.271, 4.843]	[2.245, 2.314]	[2.284, 2.444]	[158.42, 176.65]	[0.054, 0.353]
	地下水	2.010	1.300	1.500		
	合计	[6.281, 6.853]	[3.545, 3.614]	[3.784, 3.944]		

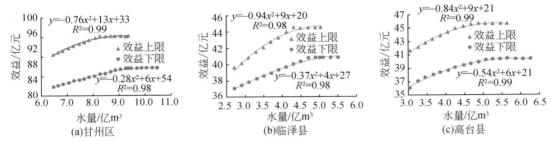

图 13-6　2020 年丰水年县（区）用水–经济效益函数

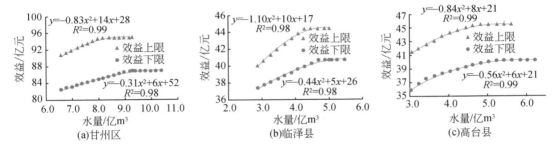

图 13-7　2020 年偏丰年县（区）用水–经济效益函数

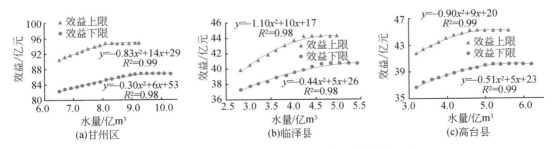

图 13-8　2020 年平水年县（区）用水–经济效益函数

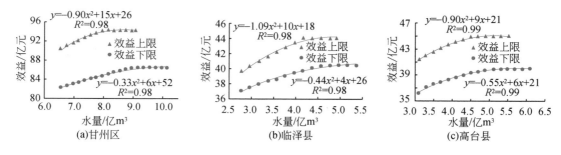

图 13-9　2020 年偏枯年县（区）用水-经济效益函数

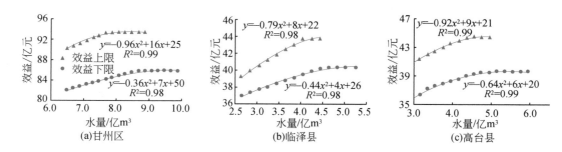

图 13-10　2020 年枯水年县（区）用水-经济效益函数

B. 部门优化配水

2020 年不同来水情景下部门间的水量优化结果见表 13-24。甘州区工业、生活和生态的配水量依次为 0.300 亿 m³、0.341 亿 m³ 和 1.318 亿 m³，其中生态缺水量为［0，1.063］亿 m³；不同来水情景下农业配水量在 4.322 亿～5.541 亿 m³，缺水量在 0.804 亿～2.790 亿 m³。临泽县工业和生活和生态的配水量依次为 0.100 亿 m³、0.095 亿 m³ 和 1.309 亿 m³，其中生态缺水量为［0，0.744］亿 m³；不同来水情景下农业配水量在 2.042 亿～2.466 亿 m³，缺水量在 0.323 亿～0.929 亿 m³。高台县工业、生活和生态的配水量依次为 0.147 亿 m³、0.131 亿 m³ 和 1.235 亿 m³，其中生态缺水量为［0，0.882］亿 m³；不同来水情景下农业配水量在 2.270 亿～2.697 亿 m³，缺水量在 0.533 亿～1.303 亿 m³。

表 13-24　2020 年部门间水资源优化配置结果　　　　　　　（单位：亿 m³）

县（区）	分项	工业	生活	生态	农业				
					丰水年	偏丰年	平水年	偏枯年	枯水年
甘州	地表水	0.090	0	0.796	[3.716, 4.604]	[3.824, 4.422]	[3.625, 4.441]	[3.680, 4.171]	[3.385, 3.956]
	地下水	0.210	0.341	0.522	0.937	0.937	0.937	0.937	0.937
	合计	0.300	0.341	1.318	[4.653, 5.541]	[4.761, 5.359]	[4.562, 5.378]	[4.617, 5.108]	[4.322, 4.893]
	缺水量	0	0	[0, 1.063]	[0.804, 2.790]	[0.922, 2.606]	[0.836, 2.728]	[0.976, 2.519]	[0.961, 2.544]

续表

县（区）	分项	工业	生活	生态	农业				
					丰水年	偏丰年	平水年	偏枯年	枯水年
临泽	地表水	0.030	0	0.785	[1.716, 1.855]	[1.736, 1.751]	[1.662, 1.767]	[1.601, 1.630]	[1.431, 1.499]
	地下水	0.070	0.095	0.524	0.611	0.611	0.611	0.611	0.611
	合计	0.100	0.095	1.309	[2.327, 2.466]	[2.347, 2.362]	[2.273, 2.378]	[2.212, 2.241]	[2.042, 2.110]
	缺水量	0	0	[0, 0.744]	[0.323, 0.929]	[0.395, 0.872]	[0.350, 0.912]	[0.431, 0.908]	[0.530, 0.893]
高台	地表水	0.044	0	0.641	[2.022, 2.025]	[1.882, 2.014]	[1.897, 1.926]	[1.732, 1.894]	[1.598, 1.759]
	地下水	0.103	0.131	0.594	0.672	0.672	0.672	0.672	0.672
	合计	0.147	0.131	1.235	[2.694, 2.697]	[2.554, 2.686]	[2.569, 2.598]	[2.404, 2.566]	[2.270, 2.431]
	缺水量	0	0	[0, 0.882]	[0.554, 1.176]	[0.533, 1.278]	[0.586, 1.220]	[0.551, 1.303]	[0.566, 1.292]

2020 年各部门用水量占总用水量的比例见图 13-11。工业用水量和生活用水量分别占总用水量的 3% ~4% 和 4%，生态用水量占 25% ~28%，农业用水量占 64% ~68%。各县（区）用水结构因人口、工农业发展水平，以及耕地面积的不同而有所差异。

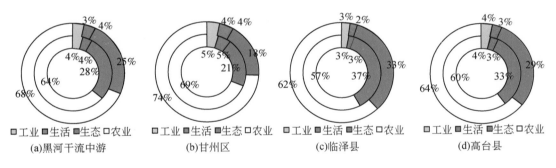

图 13-11　2020 年黑河干流中游各部门用水占总用水的比例

C. 作物优化配水

2020 年不同来水情景下 3 县（区）的作物优化配水结果分别见表 13-25 ~ 表 13-27。甘州区的小麦、薯类、瓜菜、油料、药材在不同来水情景下均不缺水，其他粮食作物、棉花、其他经济作物的配水量均为零，而大田玉米和制种玉米的配水量因来水量及种植面积的差异有所变化。为保证最小粮食需求量，临泽县的小麦、大田玉米、薯类等粮食作物均不缺水，瓜菜、油料、药材因单方水产值较大，也不缺水，主要的缺水作物为棉花、制种玉米和其他经济作物。高台县的薯类、瓜菜、油料、药材均不缺水，其他粮食作物的配水量均为零，而其他作物的配水量因来水量、种植面积、最小粮食输出量的不同而波动变化。

表 13-25　2020 年甘州区作物水资源优化配置　　　　（单位：亿 m³）

作物	丰水年		偏丰年		平水年		偏枯年		枯水年	
	配水量	缺水量	配水量	缺水量	配水量	缺水量	配水量	缺水量	配水量	缺水量
小麦	[0.348, 0.396]	0	[0.348, 0.396]	0	[0.348, 0.396]	0	[0.348, 0.396]	0	[0.348, 0.396]	0
大田玉米	[0.405, 0.550]	[0.119, 0.163]	[0.406, 0.551]	[0.118, 0.161]	[0.408, 0.553]	[0.104, 0.149]	[0.410, 0.556]	[0.076, 0.125]	[0.415, 0.561]	[0.027, 0.083]
薯类	[0.076, 0.090]	0	[0.075, 0.089]	0	[0.074, 0.088]	0	[0.073, 0.086]	0	[0.070, 0.083]	0
其他粮食作物	0	[0.090, 0.107]	0	[0.089, 0.106]	0	[0.088, 0.105]	0	[0.086, 0.103]	0	[0.083, 0.099]
玉米制种	[2.074, 3.412]	[0.479, 2.476]	[2.202, 3.246]	[0.600, 2.296]	[2.018, 3.278]	[0.528, 2.433]	[2.104, 3.033]	[0.695, 2.256]	[1.861, 2.862]	[0.727, 2.337]
瓜菜	[1.165, 1.381]	0	[1.149, 1.361]	0	[1.137, 1.347]	0	[1.113, 1.320]	0	[1.072, 1.271]	0
油料	[0.031, 0.038]	0	[0.031, 0.037]	0	[0.031, 0.037]	0	[0.030, 0.036]	0	[0.029, 0.035]	0
药材	[0.105, 0.125]	0	[0.104, 0.124]	0	[0.103, 0.123]	0	[0.100, 0.120]	0	[0.097, 0.116]	0
棉花	0	[0.040, 0.047]	0	[0.040, 0.047]	0	[0.039, 0.046]	0	[0.039, 0.046]	0	[0.037, 0.044]
其他经济作物	0	[0.032, 0.039]	0	[0.032, 0.039]	0	[0.032, 0.039]	0	[0.031, 0.038]	0	[0.030, 0.36]

表 13-26　2020 年临泽县作物水资源优化配置　　　　（单位：亿 m³）

作物	丰水年		偏丰年		平水年		偏枯年		枯水年	
	配水量	缺水量	配水量	缺水量	配水量	缺水量	配水量	缺水量	配水量	缺水量
小麦	[0.092, 0.105]	0	[0.092, 0.105]	0	[0.092, 0.105]	0	[0.092, 0.105]	0	[0.092, 0.105]	0
大田玉米	[0.125, 0.146]	0	[0.125, 0.146]	0	[0.122, 0.143]	0	[0.118, 0.138]	0	[0.109, 0.128]	0
薯类	[0.005, 0.006]	0	[0.005, 0.006]	0	[0.005, 0.006]	0	[0.005, 0.006]	0	[0.005, 0.006]	0
其他粮食作物	[0.015, 0.017]	0	[0.015, 0.017]	0	[0.014, 0.017]	0	[0.014, 0.017]	0	[0.014, 0.016]	0

续表

作物	丰水年		偏丰年		平水年		偏枯年		枯水年	
	配水量	缺水量	配水量	缺水量	配水量	缺水量	配水量	缺水量	配水量	缺水量
玉米制种	[1.443, 1.688]	[0.293, 0.860]	[1.471, 1.591]	[0.365, 0.803]	[1.407, 1.615]	[0.321, 0.844]	[1.363, 1.493]	[0.403, 0.842]	[1.226, 1.392]	[0.434, 0.897]
瓜菜	[0.490, 0.582]	0	[0.483, 0.574]	0	[0.478, 0.568]	0	[0.468, 0.556]	0	[0.451, 0.536]	0
油料	[0.006, 0.008]	0	[0.006, 0.008]	0	[0.006, 0.008]	0	[0.006, 0.008]	0	[0.006, 0.007]	0
药材	[0.017, 0.020]	0	[0.017, 0.020]	0	[0.016, 0.019]	0	[0.016, 0.019]	0	[0.016, 0.018]	0
棉花	[0, 0.029]	[0, 0.033]	[0, 0.029]	[0, 0.033]	[0, 0.028]	[0, 0.033]	[0, 0.028]	[0, 0.032]	[0, 0.027]	[0, 0.031]
其他经济作物	0	[0.030, 0.036]	0	[0.029, 0.036]	0	[0.029, 0.035]	0	[0.028, 0.034]	0	[0.027, 0.033]

表 13-27　2020 年高台县作物水资源优化配置　　　　　（单位：亿 m³）

作物	丰水年		偏丰年		平水年		偏枯年		枯水年	
	配水量	缺水量	配水量	缺水量	配水量	缺水量	配水量	缺水量	配水量	缺水量
小麦	[0.314, 0.427]	[0.142, 0.206]	[0.314, 0.427]	[0.142, 0.206]	[0.314, 0.427]	[0.142, 0.206]	[0.314, 0.427]	[0.142, 0.206]	[0.314, 0.427]	[0.142, 0.206]
大田玉米	[0.071, 0.085]	[0.319, 0.394]	[0.087, 0.092]	[0.298, 0.392]	[0.027, 0.091]	[0.352, 0.374]	[0.042, 0.100]	[0.316, 0.340]	[0.049, 0.117]	[0.273, 0.278]
薯类	[0.076, 0.091]	0	[0.075, 0.090]	0	[0.074, 0.089]	0	[0.073, 0.087]	0	[0.070, 0.084]	0
其他粮食作物	0	[0.029, 0.035]	0	[0.029, 0.035]	[0.029, 0.035]	0	[0.028, 0.034]	0	[0.027, 0.033]	
玉米制种	[0.804, 0.937]	[0, 0.336]	[0.681, 0.924]	[0, 0.443]	[0.706, 0.915]	[0, 0.406]	[0.560, 0.896]	[0, 0.529]	[0.458, 0.863]	[0, 0.591]
瓜菜	[1.011, 1.216]	0	[0.996, 1.198]	0	[0.986, 1.186]	0	[0.966, 1.161]	0	[0.930, 1.118]	0
油料	[0.029, 0.032]	0	[0.029, 0.032]	0	[0.028, 0.032]	0	[0.028, 0.031]	0	[0.027, 0.030]	0
药材	[0.032, 0.040]	0	[0.032, 0.039]	0	[0.032, 0.039]	0	[0.031, 0.038]	0	[0.030, 0.037]	0

续表

作物	丰水年		偏丰年		平水年		偏枯年		枯水年	
	配水量	缺水量	配水量	缺水量	配水量	缺水量	配水量	缺水量	配水量	缺水量
棉花	[0, 0.179]	[0, 0.210]	[0, 0.177]	[0, 0.208]	[0, 0.175]	0, 0.206	[0, 0.171]	[0, 0.201]	[0, 0.150]	[0.015, 0.194]
其他经济作物	[0, 0.048]	[0, 0.059]	[0, 0.048]	[0, 0.059]	[0, 0.047]	0, 0.058	[0, 0.046]	[0, 0.057]	0	[0.045, 0.055]

（3）2030 年优化结果与分析

A. 县（区）优化配水

2030 年不同来水情景下的县（区）用水–经济效益函数见图 13-12 ~ 图 13-16，县（区）间水资源优化配置结果见表 13-28。甘州、临泽和高台 3 县（区）在丰水年分配的水量分别为 [6.794，7.496] 亿 m^3、[3.546，3.924] 亿 m^3 和 [4.261，4.311] 亿 m^3，经济效益达 [340.85，361.82] 亿元；偏丰年分配的水量分别为 [6.916，7.364] 亿 m^3、[3.649，3.827] 亿 m^3 和 [4.059，4.205] 亿 m^3，经济效益达 [340.80，360.43] 亿元；平水年分配的水量分别为 [6.752，7.379] 亿 m^3、[3.571，3.848] 亿 m^3 和 [4.057，4.103] 亿 m^3，经济效益达 [339.89，360.43] 亿元；偏枯年分配的水量分别为 [6.803，7.133] 亿 m^3、[3.525，3.671] 亿 m^3 和 [3.896，4.072] 亿 m^3，经济效益达 [339.73，358.28] 亿元；枯水年分配的水量分别为 [6.396，6.883] 亿 m^3、[3.363，3.555] 亿 m^3 和 [3.812，4.010] 亿 m^3，经济效益达 [338.08，356.33] 亿元。不同来水情景下，甘州、临泽和高台分配的水量分别占总水量的 46% ~ 49%、24% ~ 25% 和 26% ~ 30%，各县（区）分配的地下水量分别为 2.010 亿 m^3、1.300 亿 m^3 和 1.500 亿 m^3，均等于各县（区）的地下水允许开采量。

表 13-28　2030 年县（区）间水资源优化配置结果

水平年	分项	决策变量：配水量/亿 m^3			目标函数	
		甘州区	临泽县	高台县	经济效益值/亿元	缺水率平方和
丰水年	地表水	[4.784，5.468]	[2.246，2.624]	[2.761，2.811]	[340.85，361.82]	[0.035，0.366]
	地下水	2.010	1.300	1.500		
	合计	[6.794，7.496]	[3.546，3.924]	[4.261，4.311]		
偏丰年	地表水	[4.906，5.354]	[2.349，2.527]	[2.559，2.705]	[340.80，360.43]	[0.051，0.348]
	地下水	2.010	1.300	1.500		
	合计	[6.916，7.364]	[3.649，3.827]	[4.059，4.205]		
平水年	地表水	[4.742，5.369]	[2.271，2.548]	[2.557，2.603]	[339.89，360.43]	[0.043，0.377]
	地下水	2.010	1.300	1.500		
	合计	[6.752，7.379]	[3.571，3.848]	[4.057，4.103]		

续表

水平年	分项	决策变量：配水量/亿 m³			目标函数	
		甘州区	临泽县	高台县	经济效益值/亿元	缺水率平方和
偏枯年	地表水	[4.793, 5.123]	[2.225, 2.371]	[2.396, 2.572]	[339.73, 358.28]	[0.064, 0.361]
	地下水	2.010	1.300	1.500		
	合计	[6.803, 7.133]	[3.525, 3.671]	[3.896, 4.072]		
枯水年	地表水	[4.386, 4.873]	[2.063, 2.255]	[2.312, 2.510]	[338.08, 356.33]	[0.068, 0.387]
	地下水	2.010	1.300	1.500		
	合计	[6.396, 6.883]	[3.363, 3.555]	[3.812, 4.010]		

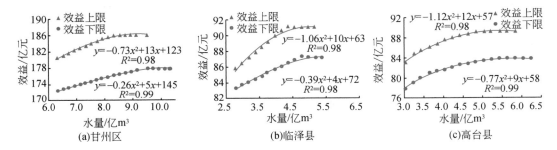

图 13-12　2030 年丰水年县（区）用水–经济效益函数

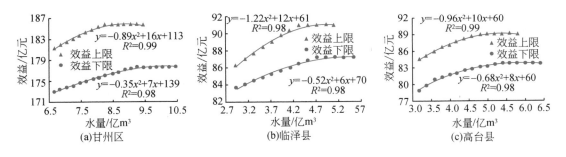

图 13-13　2030 年偏丰年县（区）用水–经济效益函数

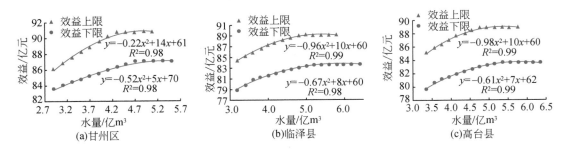

图 13-14　2030 年平水年县（区）用水–经济效益函数

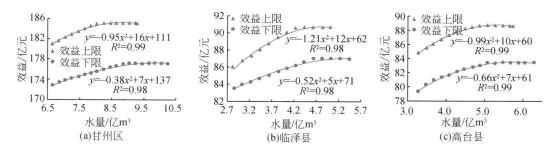

图 13-15　2030 年偏枯年县（区）用水-经济效益函数

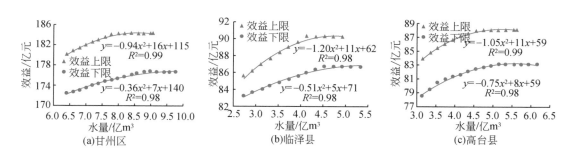

图 13-16　2030 年枯水年县（区）用水-经济效益函数

B. 部门优化配水

2030 规划年不同来水情景下部门间的水量优化结果见表 13-29。2030 年甘州区工业、生活和生态部门的配水量依次为 0.556 亿 m³、0.405 亿 m³ 和 1.541 亿 m³，其中生态缺水 [0，1.172] 亿 m³；不同来水情景下农业部门的配水量在 3.894 亿~4.381 亿 m³，缺水 0.852 亿~2.569 亿 m³。临泽县工业、生活和生态部门的配水量依次为 0.185 亿 m³、0.111 亿 m³ 和 1.452 亿 m³，其中生态缺水 [0，0.814] 亿 m³；不同来水情景下农业部门的配水量在 1.615 亿~2.175 亿 m³，缺水 0.395 亿~1.204 亿 m³。高台县工业、生活和生态部门的配水量依次为 0.273 亿 m³、0.158 亿 m³ 和 1.463 亿 m³，其中生态缺水 [0，0.968] 亿 m³；不同来水情景下，农业部门的配水量在 1.919 亿~2.417 亿 m³，缺水量在 0.580 亿~1.415 亿 m³。

表 13-29　2030 年部门间水资源优化配置结果　　　　　　　　（单位：亿 m³）

县（区）	分项	工业	生活	生态	农业				
					丰水年	偏丰年	平水年	偏枯年	枯水年
甘州	地表水	0.222	0	1.007	[3.555, 4.257]	[3.677, 4.125]	[3.513, 4.140]	[3.564, 3.894]	[3.157, 3.644]
	地下水	0.334	0.405	0.534	0.737	0.737	0.737	0.737	0.737
	合计	0.556	0.405	1.541	[4.292, 4.994]	[4.414, 4.862]	[4.250, 4.877]	[4.301, 4.631]	[3.894, 4.381]
	缺水量	0	0	[0, 1.172]	[0.855, 2.569]	[0.927, 2.377]	[0.852, 2.470]	[0.977, 2.278]	[1.016, 2.436]

续表

县（区）	分项	工业	生活	生态	农业				
					丰水年	偏丰年	平水年	偏枯年	枯水年
临泽	地表水	0.074	0	0.944	[1.227，1.605]	[1.331，1.508]	[1.253，1.530]	[1.207，1.352]	[1.045，1.236]
	地下水	0.111	0.111	0.508	0.570	0.570	0.570	0.570	0.570
	合计	0.185	0.111	1.452	[1.797，2.175]	[1.901，2.078]	[1.823，2.100]	[1.777，1.922]	[1.615，1.806]
	缺水量	0	0	[0，0.814]	[0.395，1.204]	[0.463，1.066]	[0.415，1.114]	[0.541，1.099]	[0.564，1.153]
高台	地表水	0.109	0	0.951	[1.702，1.751]	[1.500，1.645]	[1.498，1.544]	[1.337，1.513]	[1.253，1.451]
	地下水	0.164	0.158	0.512	0.666	0.666	0.666	0.666	0.666
	合计	0.273	0.158	1.463	[2.368，2.417]	[2.166，2.311]	[2.164，2.210]	[2.003，2.179]	[1.919，2.117]
	缺水量	0	0	[0，0.968]	[0.580，1.200]	[0.656，1.366]	[0.726，1.329]	[0.694，1.415]	[0.646，1.365]

2030 年各部门用水量占总用水量的比例见图 13-17。2030 年黑河干流中游工业用水量和生活用水量分别占总用水量的 7% 和 4% ~ 5%，生态用水量占 28% ~ 33%，农业用水量占 55% ~ 61%。2030 年生态与农业的用水比例与现状年的差距较大，一是因为随着灌溉水利用系数的提高，农业用水在减少；二是因为随着生态防护面积的增大，生态用水在增多；三是本书的果园和灌溉牧草因具有生态效益，其用水统计在生态需水中，而实际中一般将其耗水统计在农业用水中。该用水结构与唐数红（2003）"干旱区绿洲应将 30% ~ 40% 的水资源配置给生态用水"的研究结论基本一致。2030 年各县（区）的用水结构因耕地面积和林地面积的比例、人口及工业发展程度的差异而有所不同，甘州区的工业用水和生活用水分别占总用水的 7% ~ 9%、5% ~ 6%，生态用水占 21% ~ 24%，农业用水占 61% ~ 67%；临泽县工业用水和生活用水分别占总用水的 5% ~ 6%、3%，生态用水占 37% ~ 43%，农业用水占 48% ~ 55%；高台县工业用水和生活用水分别占总用水的 6% ~ 7%、4%，生态用水占 34% ~ 39%，农业用水占 50% ~ 56%。

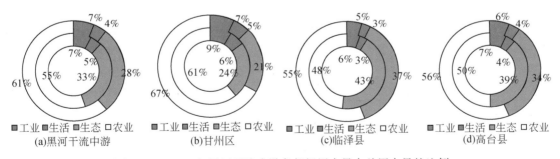

图 13-17　2030 年黑河干流中游各部门用水量占总用水量的比例

C. 作物优化配水

2030 规划年不同来水情景下甘州、临泽、高台 3 县（区）的作物优化配水结果分别见表 13-30 ~ 表 13-32。2030 年各县（区）作物间的配水结构与 2020 年的相近。甘州区的小麦、薯类、瓜菜、油料、药材在不同来水情景下均不缺水，其他粮食作物、棉花、其他经济作物的配水量均为零，而大田玉米和制种玉米的配水量因来水量及种植面积的差异有所变化。为保证最小粮食需求量，临泽县的小麦、大田玉米、薯类等粮食作物均不缺水，瓜菜、油料、药材因单方水产值较大，也不缺水，主要的缺水作物为棉花、制种玉米和其他经济作物。高台县的薯类、瓜菜、油料和药材均不缺水，其他粮食作物的配水量均为零，而其他经济作物的配水量因来水量、种植面积和最小粮食输出量的不同而波动变化。

表 13-30　2030 年甘州区作物水资源优化配置　　　　（单位：亿 m³）

作物	丰水年		偏丰年		平水年		偏枯年		枯水年	
	配水量	缺水量	配水量	缺水量	配水量	缺水量	配水量	缺水量	配水量	缺水量
小麦	[0.321, 0.365]	0	[0.321, 0.365]	0	[0.321, 0.365]	0	[0.321, 0.365]	0	[0.321, 0.365]	0
大田玉米	[0.373, 0.507]	[0.110, 0.150]	[0.374, 0.508]	[0.109, 0.149]	[0.376, 0.510]	[0.096, 0.138]	[0.378, 0.512]	[0.070, 0.115]	[0.383, 0.517]	[0.025, 0.077]
薯类	[0.070, 0.083]	0	[0.069, 0.082]	0	[0.069, 0.081]	0	[0.067, 0.079]	0	[0.065, 0.076]	0
其他粮食作物	0	[0.083, 0.099]	0	[0.082, 0.098]	0	[0.081, 0.097]	0	[0.080, 0.095]	0	[0.077, 0.092]
玉米制种	[1.915, 3.030]	[0.556, 2.280]	[2.056, 2.915]	[0.631, 2.091]	[1.905, 2.941]	[0.568, 2.198]	[1.984, 2.718]	[0.718, 2.036]	[1.625, 2.508]	[0.801, 2.245]
瓜菜	[1.074, 1.273]	0	[1.059, 1.255]	0	[1.048, 1.242]	0	[1.026, 1.217]	0	[0.988, 1.171]	0
油料	[0.029, 0.035]	0	[0.029, 0.034]	0	[0.028, 0.034]	0	[0.028, 0.033]	0	[0.027, 0.032]	0
药材	[0.096, 0.115]	0	[0.095, 0.114]	0	[0.095, 0.113]	0	[0.093, 0.111]	0	[0.089, 0.107]	0
棉花	0	[0.037, 0.044]	0	[0.037, 0.043]	0	[0.036, 0.043]	0	[0.036, 0.042]	0	[0.034, 0.040]
其他经济作物	0	[0.030, 0.036]	0	[0.029, 0.036]	0	[0.029, 0.036]	0	[0.029, 0.035]	0	[0.028, 0.034]

表 13-31　2030 年临泽县作物水资源优化配置　　　　（单位：亿 m³）

作物	丰水年		偏丰年		平水年		偏枯年		枯水年	
	配水量	缺水量	配水量	缺水量	配水量	缺水量	配水量	缺水量	配水量	缺水量
小麦	[0.085, 0.097]	0	[0.085, 0.097]	0	[0.085, 0.097]	0	[0.085, 0.097]	0	[0.085, 0.097]	0
大田玉米	[0.115, 0.135]	0	[0.115, 0.135]	0	[0.113, 0.132]	0	[0.109, 0.128]	0	[0.100, 0.118]	0

续表

作物	丰水年		偏丰年		平水年		偏枯年		枯水年	
	配水量	缺水量	配水量	缺水量	配水量	缺水量	配水量	缺水量	配水量	缺水量
薯类	[0.005, 0.006]	0	[0.005, 0.006]	0	[0.005, 0.006]	0	[0.005, 0.006]	0	0.005	0
其他粮食作物	[0.014, 0.016]	0	[0.013, 0.016]	0	[0.013, 0.016]	0	[0.013, 0.015]	0	[0.013, 0.015]	0
玉米制种	[0.982, 1.458]	[0.368, 1.141]	[1.094, 01.368]	[0.436, 1.003]	[1.024, 1.396]	[0.388, 1.052]	[0.995, 1.233]	[0.515, 1.038]	[0.863, 1.144]	[0.539, 1.094]
瓜菜	[0.452, 0.537]	0	[0.446, 0.529]	0	[0.441, 0.524]	0	[0.432, 0.513]	0	[0.416, 0.494]	0
油料	[0.006, 0.007]	0	[0.006, 0.007]	0	[0.006, 0.007]	0	[0.006, 0.007]	0	[0.006, 0.007]	0
药材	[0.015, 0.018]	0	[0.015, 0.018]	0	[0.015, 0.018]	0	[0.015, 0.018]	0	[0.014, 0.017]	0
棉花	[0, 0.027]	[0, 0.031]	[0, 0.026]	[0, 0.031]	[0, 0.026]	[0, 0.030]	[0, 0.026]	[0, 0.030]	[0, 0.025]	[0, 0.028]
其他经济作物	0	[0.027, 0.033]	0	[0.027, 0.033]	0	[0.027, 0.032]	0	[0.026, 0.032]	0	[0.025, 0.031]

表 13-32　2030 年高台县作物水资源优化配置　　　　（单位：亿 m³）

作物	丰水年		偏丰年		平水年		偏枯年		枯水年	
	配水量	缺水量	配水量	缺水量	配水量	缺水量	配水量	缺水量	配水量	缺水量
小麦	[0.289, 0.394]	[0.131, 0.190]	[0.289, 0.394]	[0.131, 0.190]	[0.289, 0.394]	[0.131, 0.190]	[0.289, 0.394]	[0.131, 0.190]	[0.289, 0.394]	[0.131, 0.190]
大田玉米	[0.023, 0.078]	[0.337, 0.363]	[0.023, 0.080]	[0.337, 0.361]	[0.025, 0.084]	[0.325, 0.345]	[0.032, 0.092]	[0.299, 0.313]	[0.045, 0.108]	[0.252, 0.257]
薯类	[0.070, 0.084]	0	[0.069, 0.083]	0	[0.068, 0.082]	0	[0.067, 0.080]	0	[0.064, 0.077]	0
其他粮食作物	0	[0.027, 0.033]	0	[0.027, 0.032]	0	[0.026, 0.032]	0	[0.026, 0.031]	0	[0.025, 0.030]
玉米制种	[0.625, 0.864]	[0, 0.425]	[0.439, 0.852]	[0, 0.597]	[0.446, 0.843]	[0, 0.579]	[0.302, 0.826]	[0, 0.701]	[0.248, 0.795]	[0, 0.718]
瓜菜	[0.932, 1.121]	0	[0.918, 1.104]	0	[0.909, 1.093]	0	[0.890, 1.071]	0	[0.857, 1.031]	0

作物	丰水年		偏丰年		平水年		偏枯年		枯水年	
	配水量	缺水量	配水量	缺水量	配水量	缺水量	配水量	缺水量	配水量	缺水量
油料	[0.027, 0.030]	0	[0.026, 0.030]	0	[0.026, 0.029]	0	[0.026, 0.029]	0	[0.025, 0.028]	0
药材	[0.030, 0.037]	0	[0.029, 0.036]	0	[0.029, 0.036]	0	[0.029, 0.035]	0	[0.028, 0.034]	0
棉花	[0, 0.165]	[0, 0.193]	[0, 0.104]	[0.059, 0.191]	[0, 0.020]	[0.141, 0.190]	[0, 0.021]	[0.137, 0.186]	[0, 0.014]	[0.138, 0.179]
其他经济作物	[0, 0.019]	[0.026, 0.055]	[0.044, 0.054]	0	[0.044, 0.053]	0	[0.043, 0.052]	0	[0.041, 0.050]	0

本节依据生态健康原则、用水安全原则、高效性原则和公平性原则，基于大系统递阶分析原理，充分考虑上游来水、降水、蒸发、作物产量及价格方面的不确定性，构建了以研究区经济效益最大和各县（区）缺水率的平方和最小为目标的多目标区间非线性双层优化模型，获得了黑河干流中游现状年及未来规划年5种来水情景下的县（区）、用水部门，以及作物优化配水方案，实现了农业与生态用水优化配置。

13.2　考虑渠系条件的黑河中游灌区间用水的优化调配

在使用地表水作为主要灌溉水来源的农业区，灌区之间直接的水力联系通常是通过渠系来实现的，而渠系的分布与衬砌条件直接影响着水资源调配的效率，制约着水资源分配方案的可行性，因此在制订合理的灌溉水资源分配方案的过程中必须要考虑现实的渠系条件。

虽然渠系条件对于灌溉水资源优化配置的重要影响已经被广泛认知，但由于现有的渠系渗漏模拟模型通常较为复杂，与优化模型的耦合难度较大（Yao et al.，2012），因而国内外的现有研究大多数都简化考虑渠系渗漏的相关因素以降低模型的求解难度（Zhang and Guo，2017；李茉等，2017；张帆等，2016）。但这类忽略研究地区的实际渠系条件获得的优化方案，可能在实际的水资源分配的过程中难以真正实现。如何将水资源优化配置的优化模型与渠系渗漏模拟的优化模型进行有效耦合是灌溉水资源配置中亟待解决的问题。基于此，本节在明晰影响渠系渗漏关键因素的基础上，使用形式较为简单的线性模型估算渠系渗漏量，并尝试与优化模型进行耦合，以期获得合理的优化方案。

此外，不确定性优化技术的逐渐成熟使得充分利用收集到的不确定性数据对灌溉水资源分配进行优化决策成为可能（Zhang F et al.，2017；Tan et al.，2017）。随着人们对农业生产区域生态健康的关注度不断提高，国内外对于灌溉水资源优化配置的研究也逐渐由仅考虑经济效益目标转而向同时考虑经济、社会、生态等多目标发展，开发了不确定性多目标优化模型，以及相关的一些求解方法（郭均鹏和李汶华，2008；Zhang F et al.，2018a）。

本节将使用区间线性多目标模型来对灌溉水进行优化配置，并给出求解方法。

本节在充分考虑参数的区间特征，以及渠系分布条件与渗漏条件的基础上建立灌溉水资源多目标优化模型。将构建的模型应用于黑河中游地区直接从黑河干流引水的 11 个灌区的水资源分配问题中，确定取水口之间的水量关系，从而反映灌区和灌区之间地表水水量联系。通过模型优化结果的比较来展示所构建模型的适用性，为考虑渠系条件的灌溉水资源优化配置提供新思路。

13.2.1　模型构建

1. 渠系渗漏量的估算模型

渠系渗漏是灌溉水分配过程中需要被考虑的一个重要部分，但在优化模型中通常用渠系损失系数来表现。虽然这种方法可以简化优化模型的结构，但是不同灌溉渠道之间的差异很难体现。因此，本节尝试使用多元线性回归（MLR）模型来对渠系渗漏量进行估算。MLR 模型被广泛用于水文模拟预测中（Gui et al.，2017），数学表达式如下：

$$Y = \beta_0 + \beta_1 X_1 + \beta_2 X_2 + \cdots + \beta_n X_n + e \tag{13-35}$$

式中，Y 为因变量；X_1、X_2、$\cdots$、X_n 为自变量；β_0 为多元线性回归获得的常数项；β_1、β_2、$\cdots$、β_n 为多元线性回归获得的系数项；e 为多元线性回归后获得的随机残差。

相关研究显示，渠道渗漏量与渠道长度、衬砌条件、土壤类型及入渠流量等密切相关。结合相关研究区域的实际资料情况，本节选择衬砌渠道长度、无衬砌渠道长度及入渠流量作为估算渠系渗漏损失量的因变量，通过模拟确定 MLR 模型中的回归参数，并以此作为优化模型的输入。

2. 优化模型构建

所构建的区间多目标线性规划（IMP）模型目标函数与约束如下。

（1）目标函数

A. 最大化净效益

净效益分为地表水与地下水用于农业灌溉所产生的总效益与使用这两种水源进行灌溉的成本之差，该目标函数如下：

$$\max f_1^{\pm} = \sum_{i=1}^{11} B_i^{\pm}(G_i^{\pm} + S_i^{\pm}) - CG^{\pm} G_i^{\pm} - CS^{\pm} S_i^{\pm} \tag{13-36}$$

B. 最大化加权灌水量

在对各灌区的配水优先性程度使用熵权法（阮连法和郑晓玲，2013）进行计算，充分保证配水优先度更高的灌区水资源的供给，该目标函数如下：

$$\max f_2^{\pm} = \sum_{i=1}^{11} \lambda_i (G_i^{\pm} + S_i^{\pm}) \tag{13-37}$$

C. 最小化灌溉损失

最小化灌溉损失目标是为了减少灌溉水渗漏量，提高灌溉水利用率。该目标函数如下：

$$\min f_3^{\pm} = \sum_{i=1}^{11} F_i^{\pm} + \sum_{i=1}^{11} (1 - \beta_i)(G_i^{\pm} + S_i^{\pm} - F_i^{\pm}) \qquad (13-38)$$

（2）约束条件

约束条件部分分为等式约束与不等式约束。等式约束用来表示灌区与渠系之间供水对应关系（图 13-18），约束部分的不等式约束体现了资源等要素对于优化方案的制约，等式约束与不等式约束如下。

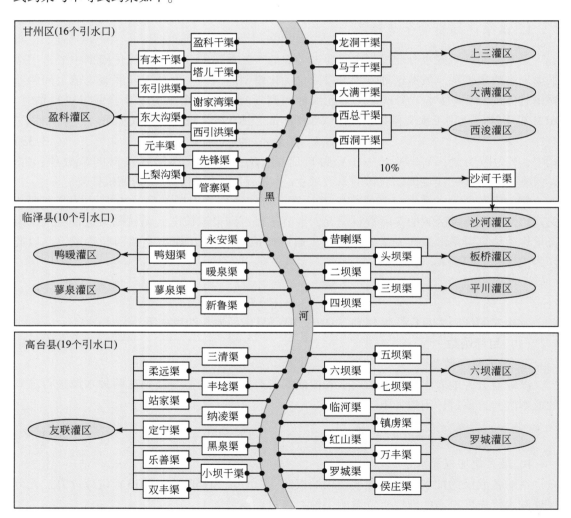

图 13-18 直接从黑河干流引水的灌区与渠系对应关系图

甘州区：

$$S_1^\pm = \sum_{j=1}^{2} \mathrm{SW}_j^\pm, \quad F_1^\pm = \sum_{j=1}^{2} F(\mathrm{SW}_j^\pm, \mathrm{LC}_j, \mathrm{LN}_j) \tag{13-39}$$

$$S_2^\pm = \mathrm{SW}_3^\pm, \quad F_2^\pm = F(\mathrm{SW}_3^\pm, \mathrm{LC}_3, \mathrm{LN}_3) \tag{13-40}$$

$$S_3^\pm = \mathrm{SW}_4^\pm + 0.9\mathrm{SW}_5^\pm, \quad F_3^\pm = F(\mathrm{SW}_4^\pm, \mathrm{LC}_4, \mathrm{LN}_4) + 0.9F(\mathrm{SW}_5^\pm, \mathrm{LC}_5, \mathrm{LN}_5) \tag{13-41}$$

$$S_4^\pm = \sum_{j=6}^{16} \mathrm{SW}_j^\pm, \quad F_4^\pm = \sum_{j=6}^{16} F(\mathrm{SW}_j^\pm, \mathrm{LC}_j, \mathrm{LN}_j) \tag{13-42}$$

临泽县：

$$S_5^\pm = \sum_{j=17}^{18} \mathrm{SW}_j^\pm, \quad F_5^\pm = \sum_{j=17}^{18} F(\mathrm{SW}_j^\pm, \mathrm{LC}_j, \mathrm{LN}_j) \tag{13-43}$$

$$S_6^\pm = \sum_{j=19}^{21} \mathrm{SW}_j^\pm, \quad F_6^\pm = \sum_{j=19}^{21} F(\mathrm{SW}_j^\pm, \mathrm{LC}_j, \mathrm{LN}_j) \tag{13-44}$$

$$S_7^\pm = \sum_{j=22}^{24} \mathrm{SW}_j^\pm, \quad F_7^\pm = \sum_{j=22}^{24} F(\mathrm{SW}_j^\pm, \mathrm{LC}_j, \mathrm{LN}_j) \tag{13-45}$$

$$S_8^\pm = \sum_{j=25}^{26} \mathrm{SW}_j^\pm, \quad F_8^\pm = \sum_{j=25}^{26} F(\mathrm{SW}_j^\pm, \mathrm{LC}_j, \mathrm{LN}_j) \tag{13-46}$$

高台县：

$$S_9^\pm = \sum_{j=27}^{29} \mathrm{SW}_j^\pm, \quad F_9^\pm = \sum_{j=27}^{29} F(\mathrm{SW}_j^\pm, \mathrm{LC}_j, \mathrm{LN}_j) \tag{13-47}$$

$$S_{10}^\pm = \sum_{j=30}^{39} \mathrm{SW}_j^\pm, \quad F_{10}^\pm = \sum_{j=30}^{39} F(\mathrm{SW}_j^\pm, \mathrm{LC}_j, \mathrm{LN}_j) \tag{13-48}$$

$$S_{11}^\pm = \sum_{j=40}^{45} \mathrm{SW}_j^\pm, \quad F_{11}^\pm = \sum_{j=40}^{45} F(\mathrm{SW}_j^\pm, \mathrm{LC}_j, \mathrm{LN}_j) \tag{13-49}$$

地表水可供水量约束：

$$\sum_{i=1}^{11} S_i^\pm \leqslant Q^\pm \tag{13-50}$$

地下水可用水量约束：

$$\sum_{i=1}^{11} G_i^\pm \leqslant AG^\pm \tag{13-51}$$

引水口允许引水量约束：

$$W_{j\min} \leqslant \mathrm{SW}_j^\pm \leqslant W_{j\max}, \quad \forall j \tag{13-52}$$

灌区需水量约束：

$$0.8\mathrm{WD}_i \leqslant \beta_i (G_i^\pm + S_i^\pm + \mathrm{EP}_i^\pm - F_i^\pm), \quad \forall i \tag{13-53}$$

非负约束：

$$\mathrm{SW}_{ik}^\pm \geqslant 0, \quad \forall i, k \tag{13-54}$$

$$\mathrm{GW}_{ik}^\pm \geqslant 0, \quad \forall i, k \tag{13-55}$$

3. 模型符号意义

模型中各符号意义见表13-33。

表 13-33　IMP 模型符号意义

参数与变量	参数意义
$\pm$	区间数
$+$	区间数上限
$-$	区间数下限
i	研究灌区编号（$i=1,2,\cdots,J$）
j	渠道编号（$j=1,2,\cdots,J$）
n	目标编号（$n=1,2,\cdots,N$）
max	最大值
min	最小值
$f_n^{\pm}$	模型目标，（$n=1$ 为经济效益目标，$n=2$ 为加权灌溉水量目标，$n=3$ 为总渗漏量目标）
$B_i^{\pm}$	灌区 i 的单方水效益（元/m³）
$CG^{\pm}$	地下水使用成本（元/m³）
$CS^{\pm}$	地表水使用成本（元/m³）
λ_i	熵权法计算得到的 i 灌区配水优先性程度
$F_i^{\pm}$	i 灌区的渠道渗漏（万 m³）
β_i	i 灌区的田间水利用系数
$G_i^{\pm}$	分配到 i 灌区的地下水量（万 m³）
$S_i^{\pm}$	分配到 i 灌区的地表水量（万 m³）
$SW_j^{\pm}$	j 渠道的引水量（万 m³）
LC_j	j 渠道中有衬砌渠道长度（km）
LN_j	j 渠道中无衬砌渠道长度（km）
$Q^{\pm}$	总灌溉可用地表水量（万 m³）
AG	地下水允许开采量（万 m³）
$W_{j\text{max}}$，$W_{j\text{min}}$	j 渠道的最大、最小允许引水量（万 m³）
$EP_i^{\pm}$	i 灌区的有效降水量（万 m³）
WD_i	i 灌区灌溉需水量（万 m³）

13.2.2　模型求解

求解多目标模型的方法有很多，有遗传算法、粒子群算法等进化算法，也有线性加权法、模糊协调法等方法（王冲和邱志平，2013；Lachhwani，2012；Osman et al.，2004）。由于模糊协调法已经被证明可以用于求解区间多目标模型中（Zhang F et al.，2018），故本节选择模糊协调法结合 LINGO 优化软件来求解建立的 IMP 模型。求解过程如下：

1）建立 IMP 模型并准备所需数据；

2）将每个区间数 $m^{\pm}$ 转化为 $m^{\pm}=m^{-}+r\Delta m$ 的等价形式，其中 $\Delta m=m^{+}-m^{-}$，$r\in[0,1]$。

3）将多目标模型目标函数中求极大值的目标转化为求最小值的 min 算子模型。

4）分别计算每个目标可以取到的最大值（$f_n^{\max}$）最小值（$f_n^{\min}$）。

5）为每个目标函数建立如下模糊隶属度函数：

$$\gamma_n[f_n(X)]=\begin{cases}1 & f_n(X)<f_n^{\min}\\[2mm]\dfrac{f_n^{\max}-f_n(X)}{f_n^{\max}-f_n^{\min}} & f_n^{\min}\leqslant f_n(X)<f_n^{\max}\\[2mm]0 & f_n^{\max}\leqslant f_n(X)\end{cases} \tag{13-56}$$

6）通过隶属度函数将区间多目标模型转化为目标为满意度的区间单目标模型如下

目标函数：

$$\max\eta^{\pm}=\gamma^{\pm} \tag{13-57}$$

约束条件：

$$f_n^{\pm}(X)+\gamma^{\pm}(f_n^{\max}-f_n^{\min})\leqslant f_n^{\max} \tag{13-58}$$

$$\sum_{i=1}^{I}a_i^{\pm}X_i\leqslant R_{\lambda}^{\pm} \tag{13-59}$$

$$c_i^{\pm}X_i^{\pm}\leqslant d_i^{\pm} \tag{13-60}$$

$$X_i^{\pm}\geqslant 0 \tag{13-61}$$

7）将得到的区间单目标模型通过经典两步法拆解为上下限子模型。

8）通过 LINGO 软件编程求解，获得决策变量的最优解。

13.2.3 配置方案

1. 基础数据

本节主要研究黑河中游直接从黑河引水灌溉的 11 个大型灌区，包括上三灌区、大满灌区、西浚灌区、盈科灌区、板桥灌区、平川灌区、鸭暖灌区、蓼泉灌区、六坝灌区、友联灌区和罗城灌区。表 13-34 列出了这些灌区的一些相关的基础资料，将这些数据输入熵权模型后，可以获得各灌区的配水优先性权重见表 13-35。

表 13-34　各灌区基本资料

编号	灌区	人口 /万人	单产/（kg/hm²）		面积 /万 hm²	田间水 利用系数	单方水效益 /（元/m³）	净需水量 /万 m³	有效降水量 /万 m³
			粮食作物	经济作物					
甘州区	上三灌区	4.47	10 214.07	3 030.00	0.55	0.78	[1.30, 3.79]	[3 848.13, 5 839.77]	[52.03, 60.94]
	大满灌区	7.65	10 696.20	2 250.00	1.53	0.84	[1.40, 4.06]	[10 667.32, 10 838.80]	[145.23, 170.09]
	西浚灌区	7.20	12 643.72	5 085.30	1.84	0.84	[1.40, 6.42]	[12 892.15, 12 968.86]	[174.75, 204.67]
	盈科灌区	16.44	11 945.98	2 250.00	1.58	0.78	[1.30, 5.02]	[10 698.26, 10 950.85]	[149.59, 175.20]

编号	灌区	人口/万人	单产/(kg/hm²)		面积/万 hm²	田间水利用系数	单方水效益/(元/m³)	净需水量/万 m³	有效降水量/万 m³
			粮食作物	经济作物					
临泽县	板桥灌区	1.76	8 523.78	3 957.97	0.51	0.80	[1.34, 2.02]	[3 567.06, 4 440.61]	[48.81, 57.17]
	平川灌区	2.02	9 091.05	4 916.57	0.35	0.84	[1.40, 3.05]	[2 269.43, 3 033.54]	[33.00, 38.65]
	鸭暖灌区	1.14	8 183.53	6 192.25	0.25	0.84	[1.40, 2.22]	[1 575.92, 1 615.36]	[23.77, 27.84]
	蓼泉灌区	1.77	8 925.15	4 988.98	0.28	0.80	[1.34, 2.22]	[1 812.36, 2 633.65]	[26.87, 31.47]
高台县	六坝灌区	1.07	8 529.95	3 797.50	0.29	0.84	[1.40, 3.11]	[1 945.01, 2 125.80]	[27.25, 31.92]
	友联灌区	4.71	8 875.42	4 305.11	1.47	0.84	[1.40, 2.38]	[9 912.09, 9 912.09]	[139.79, 163.72]
	罗城灌区	1.38	9 900.75	4 095.35	0.30	0.80	[1.34, 2.83]	[1 981.53, 2 739.25]	[28.89, 33.84]

表 13-35　熵权法获得的各灌区配水优先性权重

行政区	灌区	优先性权重
甘州区	上三灌区	0.079
	大满灌区	0.098
	西浚灌区	0.133
	盈科灌区	0.118
临泽县	板桥灌区	0.075
	平川灌区	0.082
	鸭暖灌区	0.086
	蓼泉灌区	0.081
高台县	六坝灌区	0.069
	友联灌区	0.102
	罗城灌区	0.077

　　这 11 个大型灌区通过 45 个引水口从黑河引水进行农业灌溉，45 条渠道的基本资料见表 13-36。此外，表 13-37 展示了黑河中游干渠渗漏量、渠道引水量、衬砌渠道长度、无衬砌渠道长度的实测资料，用于确定多元线性回归模型的参数。

表 13-36　灌溉渠系的基本资料

编号	渠道	允许过水量区间/万 m³	无衬砌渠道长度/km	衬砌渠道长度/km
1	龙洞	[1 500.00, 5 100.00]	10.28	22.00
2	马子	[2 580.00, 6 300.00]	4.22	21.00
3	大满	[9 600.00, 17 400.00]	19.17	40.53
4	西总	[11 082.00, 18 470.00]	1 069.00	644.00
5	西洞	[1 473.60, 3 684.00]	0.00	10.70
6	盈科	[12 600.00, 24 100.00]	23.39	25.20

续表

编号	渠道	允许过水量区间/万 m³	无衬砌渠道长度/km	衬砌渠道长度/km
7	有本	[676.80, 1 692.00]	3.35	4.70
8	塔儿	[878.40, 2 196.00]	0.00	5.00
9	东引洪	[475.20, 1 188.00]	6.00	0.00
10	谢家湾	[132.00, 330.00]	11.60	0.00
11	东大沟	[56.64, 141.60]	2.00	0.00
12	西引洪	[567.84, 1 419.60]	14.00	0.00
13	元丰	[148.80, 372.00]	5.25	0.00
14	先锋	[148.80, 372.00]	4.00	0.00
15	上梨沟	[62.40, 156.00]	2.60	0.00
16	管寨	[48.96, 122.40]	3.78	0.00
17	昔喇	[2 940.00, 6 700.00]	18.00	34.40
18	头坝	[840.00, 2 400.00]	21.90	0.00
19	二坝	[1 140.00, 3 000.36]	11.75	19.20
20	三坝	[840.00, 2 700.00]	21.00	3.00
21	四坝	[777.40, 1 400.00]	5.00	12.00
22	永安	[257.58, 1 100.00]	14.80	1.66
23	鸭翅	[840.00, 2 900.00]	8.44	13.85
24	暖泉	[228.00, 570.00]	16.70	0.00
25	蓼泉	[1 017.96, 2 100.00]	8.34	13.36
26	新鲁	[992.94, 2 200.00]	8.20	8.00
27	五坝	[420.00, 1 023.00]	2.00	11.00
28	六坝	[420.00, 1 200.00]	9.60	8.00
29	七坝	[180.00, 1 765.00]	5.20	12.50
30	三清	[2 340.00, 6 700.00]	12.62	40.48
31	柔远	[1 440.00, 3 502.00]	10.10	31.60
32	丰埝	[840.00, 2 767.00]	38.90	0.00
33	站家	[780.00, 3 076.70]	5.97	23.00
34	纳凌	[660.00, 3 117.00]	7.46	11.50
35	定宁	[959.18, 2 397.96]	3.60	17.80
36	黑泉	[420.00, 1 177.00]	5.84	12.00
37	乐善	[1 742.40, 4 356.00]	9.50	13.00
38	小坝	[601.44, 1 503.60]	5.00	9.00
39	双丰	[781.44, 1 953.60]	9.60	8.00
40	临河	[360.00, 3 329.00]	16.10	14.00

编号	渠道	允许过水量区间/万 m³	无衬砌渠道长度/km	衬砌渠道长度/km
41	镇房	[60.00, 200.00]	4.30	0.00
42	红山	[240.00, 1 281.00]	9.85	5.00
43	万丰	[120.00, 263.00]	3.55	5.00
44	罗城	[120.00, 761.00]	0.80	7.00
45	侯庄	[180.00, 1 248.00]	25.15	0.00

表 13-37　灌溉渠系渗漏量观测资料

编号	渠首引水量/万 m³	衬砌渠道长度/km	无衬砌渠道长度/km	渠道渗漏量/万 m³
1	4 900.00	34.40	18.00	885.43
2	1 400.00	0.00	21.90	257.46
3	3 000.36	19.20	11.75	468.66
4	1 503.98	3.00	21.00	343.21
5	1 295.66	12.00	5.00	232.44
6	429.30	1.66	14.80	92.86
7	2 499.70	13.85	8.44	639.92
8	475.00	0.00	16.70	140.60
9	1 696.60	13.36	8.34	375.46
10	1 654.90	8.00	8.20	263.46
11	6 074.00	40.48	12.62	1 511.82
12	24 120.00	681.00	842.00	8 446.92
13	33 189.60	421.00	698.00	8 953.66
14	25 848.00	1 119.00	1 172.00	8 581.97
15	11 280.00	350.00	1 174.00	3 702.10
16	3 240.00	103.00	281.00	1 144.80
17	840.00	110.00	82.00	318.92
18	8 120.00	318.44	167.62	2 809.02
19	7 560.00	194.50	285.60	2 747.07
20	4 084.80	115.51	172.53	1 708.94
21	4 021.80	97.43	40.07	1 440.24
22	4 200.00	155.27	72.07	798.16
23	18 103.20	542.95	423.69	4 314.71
24	36 267.60	1 406.57	1 735.95	12 486.63
25	4 675.20	147.26	84.74	1 411.91
26	8 491.20	135.66	276.09	3 287.78

续表

编号	渠首引水量/万 m³	衬砌渠道长度/km	无衬砌渠道长度/km	渠道渗漏量/万 m³
27	4 500.00	312.54	213.36	2 430.00
28	2 200.00	146.72	398.92	580.80

2. 计算渠系渗漏量的多元线性模型拟合

使用表 13-37 中关于渠系渗漏量的数据输入多元线性回归模型进行拟合后，可以得到以下多元线性模型：

$$F_j = F(\mathrm{SW}_j, \mathrm{LC}_j, \mathrm{LN}_j) = -23.19 + 0.24\mathrm{SW}_j + 1.80\mathrm{LC}_j + 0.66\mathrm{LN}_j \tag{13-62}$$

模拟值与实测值的对比结果见图 13-19。可以发现图中的点基本都沿 45°等值线分布，确定性系数为 0.982。这说明了拟合得到的多元线性模型可以很好地表示渠首引水量、衬砌渠道长度、无衬砌渠道长度与渠道渗漏量的关系。使用获得的多元回归模型来估算黑河中游干渠渗漏量有较高的准确性。

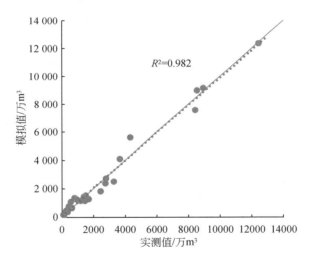

图 13-19　渠系渗漏损失量实测值和模拟值对比结果

3. 配置结果

求解建立的 IMP 模型后获得的配置结果见图 13-20。图中 U 表示灌溉水资源配置的上限结果，L 表示下限结果。从配置结果中可以发现在这些直接从黑河引水的灌区中，地表水可以满足大多数灌区的需水，地下水是农业灌溉的第二选择。这是由于相较于地表水，地下水的使用成本较高。图 13-21 展示了优化后渠系渗漏量与田间渗漏量占总渗漏量的比例，可以看出在进行优化配置后渠系渗漏依然是灌溉水资源渗漏的主要部分。图 13-22 展示了优化配置结果的平均值与现状配置方案灌溉水利用效率的对比，表明了优化的灌溉水分配方案可以明显提高灌溉过程中的水资源利用效率。

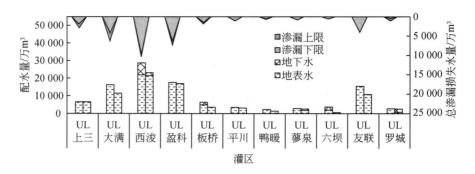

图 13-20　灌溉水资源配置结果与渗漏量估算

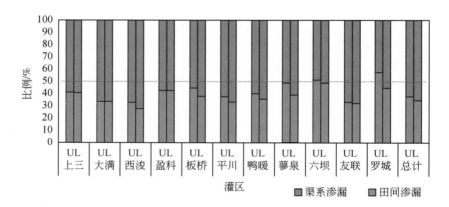

图 13-21　渠系渗漏量与田间渗漏量占总渗漏量的比列

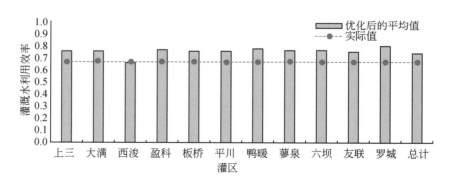

图 13-22　优化前后灌溉水利用效率

　　此外，优化模型还输出了每条渠道的引水量（图 13-23）。可以看到优化方案的引水上下限都在渠道允许引水的范围内，这表明分配方案在实际的操作中是可行的。此外，图中的信息可以为当地的水资源管理者提供进一步提高灌溉效率的方向。例如，虽然现有的渠道输水能力可以满足灌区的需水要求，但是注意到西总干渠（$j=4$）和西洞干渠（$j=5$）

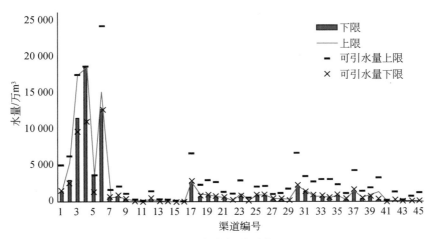

图 13-23　优化渠道引水量

的灌溉水分配量已经达到了允许分配的上限，且这两条渠道供水的西浚灌区有最高的配水优先顺序和用水效益。因此，若要进一步提高农业灌溉的效率和效益，水资源管理者应当考虑对这两条输水渠道进行改造以提高这两条渠道的输水能力。

为证明 IMP 模型可以有效的协调 3 个不同的配置目标，将本节建立的多目标模型获得的目标值与具有相同约束的单目标模型进行比较。单目标模型分别以 IMP 模型的 3 个目标函数为目标，比较结果见表 13-38。可以看出多目标模型获得的目标接近单目标模型的最优值，说明多目标模型有效协调了 3 个冲突的目标函数并具有高度满意度。

表 13-38　多目标模型配置结果与单目标模型比较

模型	净效益/亿元	加权配水量/亿 m^3	总渗漏/亿 m^3
单目标模型一	[23.33, 45.78]	[1.00, 1.09]	[3.57, 3.75]
单目标模型二	[23.18, 45.71]	[1.01, 1.09]	[3.57, 3.76]
单目标模型三	[18.50, 30.49]	[0.76, 0.81]	[2.73, 2.98]
多目标模型	[21.98, 37.14]	[0.94, 1.00]	[3.23, 3.57]

此外，将本节建立多目标模型与忽略渠系条件（渠系分布与渗漏）的多目标模型作对比，图 13-24 展示了不考虑渠系条件的多目标模型的计算结果。经过与图 13-20 对比后可以发现，不考虑渠系条件获得的优化方案有较低的实用性。例如，不考虑渠系条件的结果中，西浚灌区的灌溉水量分配远大于考虑渠系条件的结果，但是西洞干渠与西总干渠的允许引水量已经到达上限。这就导致在实际中很难实现不考虑渠系条件的优化方案，而由此计算出的渗漏量也失去了参考意义。因此，考虑渠系条件的多目标模型获得的结果相较于不考虑渠系的多目标模型的结果更为合理，对当地的水资源管理更具实际意义。

本节在尝试简化估算渠系渗漏量的基础上建立了一个考虑渠系条件的不确定性多目标灌溉水资源优化模型并获得优化方案。以期为黑河中游水资源管理者提供更合理的灌溉水资源配置方案参考与决策支持。

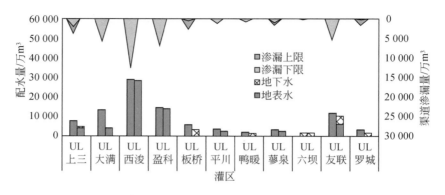

图 13-24　不考虑渠系条件的多目标模型结果

13.3　典型灌区灌溉用水的优化调配

13.3.1　考虑不同层次利益主体的灌区水资源优化配置

灌溉水资源优化配置中，存在不同层次的利益主体。以灌区为单位，处于灌区上层的决策主体（管理者），通常倾向于在获得灌区最大产量或效益的同时尽可能节约灌溉水资源量，即获得最大的灌溉水生产力，以实现灌区可持续发展。而处于灌区下层的决策主体（农民），希望获得最大的产量或效益，以提高自身生活水平。不同层次决策主体侧重的目标不同，获得的配水方案也不同，灌区水资源管理决策者应了解各层次的配水倾向并做调整，以单一层次目标决策出的配水方案来指导整个灌区的灌溉用水将不能最大限度地满足灌区整体的利益需求。

国内外近年来基于主体的水资源配置可从三个方面进行考虑：一是考虑多目标的水资源配置以体现各决策主体之间的互动（张智韬等，2010；Roozbahani et al.，2014；Habibi et al.，2016）；二是通过大系统理论来协调不同层次利益主体的决策（陈晓宏等，2002；吴丹等，2012）；三是基于博弈论的水资源配置以分析用水主体行为间相互制约、相互作用的规律（Madani，2010；付湘等，2016）。上述各项研究从不同角度进行了基于主体的水资源配置研究，其中前两个方面以优化目标的角度描述配置问题，通过优化方法来协调各决策主体的利益，而第三个方面主要讨论主从关系和合作关系的水资源用户博弈模型，强调个体决策最优。上述各成果集中于流域尺度和区域尺度的研究，缺乏灌区尺度的相关研究。另外，从优化角度出发的基于利益主体的水资源配置模型多为普通线性规划，然而灌溉水资源优化配置具有变量多、结构复杂、非线性等特点（张展羽等，2014），普通线性规划模型已不能充分刻画上述各层次目标函数，加之配水过程中存在的不确定性（付强等，2016；莫淑红等，2014），给灌溉水资源优化配置造成技术困难。同时，由于不同层次利益主体间存在矛盾与竞争，如何在一个大系统内协调上、下两层决策主体的利益，注重不同层次决策主体用水行为的互动，使得配水方案尽可能让双方决策者满意是保证灌区经济发展和社会稳定需要考虑的问题。

本节首先分别构建不确定条件下考虑不同层次利益主体的灌溉优化配水模型；其次，根据不同层次利益主体需求，为实现灌区可持续发展，尝试构建协调上、下两层决策主体利益的灌溉水资源优化配置模型，并给出上述各模型的求解方法。将所构建的模型应用于黑河中游盈科灌区粮食作物的配水中，通过模型优化结果的比较来展示所构建模型的性质与适用性，为灌溉水资源优化配置提供新方法。技术路线见图 13-25。

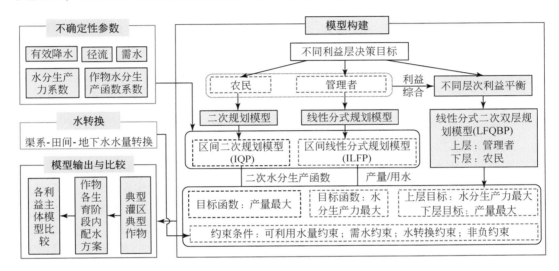

图 13-25 考虑不同层次利益主体的灌区水资源优化配置

1. 模型构建

包括三部分：①构建不确定性条件下分别考虑上、下两层利益主体的灌溉水资源优化配置模型，即区间二次规划（IQP）模型（下层）和区间线性分式规划（ILFP）模型（上层）；②构建协调上、下两层利益主体的线性分式–二次双层规划（LFQBP）配水模型；③各模型解法。所构建的模型均为一般形式，其决策变量为灌区不同作物的灌溉水量，目标函数随各层利益主体的不同而不同。

（1）IQP 模型和 ILFP 模型构建

考虑下层农民利益，以作物总产量最大为目标函数，其中作物产量又与作物用水相关，用作物全生育期的水分生产函数来表示。典型的全生育期水分生产函数有线性模型和二次函数模型，二次函数模型能够更好地反映作物生长特点，但对于数据信息不全的干旱地区，可用一次函数表示作物水分生产函数（康绍忠等，2009）。本节采用二次规划来描述农民层次产量与水量之间的关系，模型目标函数如下：

$$\max Z_1 = \sum_{j=1}^{J} \left[a_j (x_j)^2 + b_j x_j + \gamma_j \right] \tag{13-63}$$

式中，Z_1 为作物产量；j 为作物种类；x_j 为第 j 种作物的灌溉水量；a_j、b_j、γ_j 分别为第 j 种作物水分生产函数的二次项、一次项和常数项系数。

考虑上层管理者利益，以灌溉水分生产力最大为目标函数，即达到单位用水下的产量最大，该目标可表示成线性分式规划问题。模型目标函数的一般形式可表示成如下：

$$\max Z_2 = \frac{\sum_{j=1}^{J} c_j x_j + \alpha}{\sum_{j=1}^{J} d_j x_j + \beta} \tag{13-64}$$

式中，Z_2 为作物水分生产力；c_j、α 为与产量或产值相关的参数；d_j、β 为与水量相关的参数。

上述两模型的约束条件可概化为

$$\sum_{j=1}^{J} m_{ij} x_j \leqslant n_i \quad \forall i = 1, \cdots, I \tag{13-65}$$

$$x_j \geqslant 0 \quad \forall j = 1, \cdots, J \tag{13-66}$$

式中，m_{ij} 为决策变量前系数；n_i 为约束右端项。具体到灌溉水资源优化配置，约束条件应包括不同水源的供水约束、不同作物的需水约束、水转换约束和政策性约束等。

考虑到灌溉水资源优化配置过程中存在的诸多不确定性，如由气候变化和人类活动引起的水文要素（径流、降水、蒸发等）呈现的随机性；社会经济管理及相关政策中涉及的区间性和模糊性，如价格的波动、种植面积的变化等，本章将不确定性技术引入上述两模型中。随机规划、模糊规划和区间规划是 3 种常见的不确定性规划方法。由于随机规划和模糊规划的求解分别建立在参数的概率分布和隶属度函数分布的基础上，而获得这些分布需要大量的数据。相比之下，区间规划只需要知道参数的上、下限值，所需数据量大大减少。因此，为增加模型实用性，本章将配水过程中涉及的不确定性通过区间参数的形式进行表示，分别形成以考虑下层农民利益的 IQP 配水模型和考虑上层管理者利益的 ILFP 配水模型，如下所示：

IQP 模型：
$$\max Z_1^{\pm} = \sum_{j=1}^{J} \left[a_j^{\pm} \left(x_j^{\pm} \right)^2 + b_j^{\pm} x_j^{\pm} + \gamma_j^{\pm} \right] \tag{13-67}$$

ILFP 模型：
$$\max Z_2^{\pm} = \frac{\sum_{j=1}^{J} c_j^{\pm} x_j^{\pm} + \alpha^{\pm}}{\sum_{j=1}^{J} d_j^{\pm} x_j^{\pm} + \beta^{\pm}} \tag{13-68}$$

约束条件：
$$\sum_{j=1}^{J} m_{ij}^{\pm} x_j^{\pm} \leqslant n_i^{\pm} \quad \forall i = 1, 2, \cdots, I \tag{13-69}$$

$$x_j^{\pm} \geqslant 0 \quad \forall j = 1, 2, \cdots, J \tag{13-70}$$

一般地，令 $x^{\pm} = [x^-, x^+]$ 表示区间数，其中，x^-、x^+ 分别表示区间数的下限值和上限值。

（2）LFQBP 模型构建

为缓解系统内不同层次利益主体间的矛盾，需要将系统内各层次目标作为一个分层次的整体，来优化出一组能够尽量满足上、下两层利益的配水方案。LFQBP 配水模型因此被建立。LFQBP 模型的上层目标函数为灌区水分生产力最大（管理者利益），下层目标函数为作物产量最大（农户利益），LFQBP 模型的特点是在一个决策系统内，以管理者利益为主要利益，同时协调下层农民利益，达到各层利益之间的妥协。LFQBP 模型可表述成：

$$
\begin{cases}
上层目标：\max Z_1 = \left(\sum_{j=1}^{J} c_j x_j + \alpha \right) \Big/ \left(\sum_{j=1}^{J} d_j x_j + \beta \right) \\
下层目标：\max Z_2 = \sum_{j=1}^{J} \left[a_j (x_j)^2 + b_j x_j + \gamma_j \right]
\end{cases}
\tag{13-71}
$$

LFQBP 模型的约束条件同式（13-65）和式（13-66）。

（3）模型解法

本章共构建 3 个模型，包括 IQP 模型、ILFP 模型和 LFQBP 模型，3 个模型独立求解。其中，IQP 模型和 ILFP 模型为区间不确定性规划模型，其求解关键为将不确定性模型转换成确定性模型再进行求解，常用交互式算法（Huang et al.，1992）进行模型转换。IQP 模型的详细求解方法见 Chen 和 Huang（2001）提出的解法，ILFP 模型的求解方法见 Zhu 等（2014）。LFQBP 模型是确定性的双层规划模型，其求解的关键为通过构造拉格朗日函数结合库恩-塔克条件将双层规划模型转换成单层规划模型，即线性分式规划模型，再进行求解。LFQBP 模型建立在 IQP 模型和 ILFP 模型的基础上，即将下层规划的 IQP 模型的转换形式作为上层规划的 ILFP 模型的约束条件，而作为约束条件的 IQP 模型的转换形式是通过构建拉格朗日函数结合库恩-塔克条件实现的，通过这种形式来将 ILFP 模型和 IQP 模型分别反映灌溉水资源优化配置上、下两层的目标函数耦合在一个系统中，形成一个单层规划问题，具体解法如下（Arora and Arora，2012）。

步骤 1：构造拉格朗日函数。

令 $L(x_j, \lambda_i) = f(x_j) + \lambda_i g_i(x_j)$，其中 $f(x_j) = \sum_{j=1}^{J} \left[a_j (x_j)^2 + b_j x_j + \gamma_j \right]$（下层目标函数值），$g_i(x_j) = n_i - \sum_{j=1}^{J} m_{ij} x_j$（约束条件的转换形式），$\lambda_i$ 为拉格朗日系数且 $\lambda_i \geq 0$。

步骤 2：应用库恩-塔克条件将双层规划模型转化为单层规划模型。

库恩-塔克条件可表示成 $\partial L / \partial x_j \leq 0$，$\partial L / \partial \lambda_j \geq 0$，$\partial L / \partial x_j = 0$，$\partial L / \partial \lambda_j = 0$，在上述库恩-塔克条件的第一项条件中（即 $\partial L / \partial x_j \leq 0$），我们引入一个松弛变量 u，使由拉格朗日函数对决策变量求导的不等式关系转变成等式关系，同时，在上述库恩-塔克条件的第一项条件中（即 $\partial L / \partial \lambda_j \geq 0$），我们引入一个剩余变量 y，使由拉格朗日函数对拉格朗日系数求导的不等式关系转变成等式关系。则原 LFQBP 模型可转换成：

$$
\max Z_2 = \frac{\sum_{j=1}^{J} c_j x_j + \alpha}{\sum_{j=1}^{J} d_j x_j + \beta}
\tag{13-72}
$$

$$
\sum_{j=1}^{J} m_{ij} x_j + y_i = n_i
\tag{13-73}
$$

$$2a_j x_j + b_j - \sum_{i=1}^{I} \lambda m_{ij} + u_j = 0 \qquad (13\text{-}74)$$

$$\lambda_i y_i = 0, u_j x_j = 0 \quad x_j, \lambda_i, y_i, u_j \geqslant 0 \quad i = 1, \cdots, I, j = 2, \cdots, J \qquad (13\text{-}75)$$

其中，$\lambda_i y_i = 0$ 和 $u_j x_j = 0$ 为互补条件，给定初值并求解上述线性分式规划模型，可得到 LFQBP 模型的最优解为 Z_{1opt}、Z_{2opt}、x_{jopt}。IQP、IFLP 和 LFQBP 3 个配水模型的详细求解流程见图 13-26。

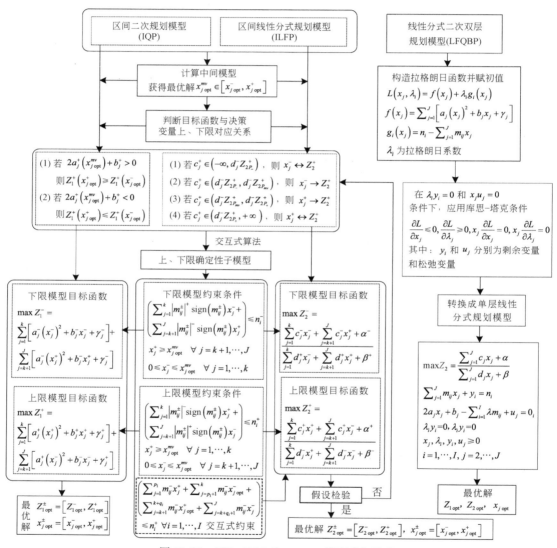

图 13-26　IQP、IFLP 和 LFQBP 模型求解流程

① $|m_{ij}^{\pm}|^{-}\mathrm{sign}(m_{ij}^{\pm})x_j^{+} = \begin{cases} m_{ij}^{-}x_j^{+} & m_{ij}^{\pm} \geqslant 0 \\ m_{ij}^{+}x_j^{+} & m_{ij}^{\pm} < 0 \end{cases}$，$|m_{ij}^{\pm}|^{+}\mathrm{sign}(m_{ij}^{\pm})x_j^{-} = \begin{cases} m_{ij}^{+}x_j^{-} & m_{ij}^{\pm} \geqslant 0 \\ m_{ij}^{-}x_j^{-} & m_{ij}^{\pm} < 0 \end{cases}$；②$k$ 前（即 $1,2,\cdots,k$）代表

正数的个数，k 后（即 $k+1,k+2,\cdots,J$）代表负数的个数；③判断准则中的 "↔" 表示决策变量和目标函数之间的上、下限对应关系不需要验证，而 "→" 表示决策变量和目标函数之间的上、下限对应关系需要验证

（4）灌区–作物 LFQBP 模型构建

盈科灌区的主要农作物包括玉米（大田玉米和制种玉米）、小麦、瓜菜等，其中小麦和玉米的种植面积占所有作物种植面积的 83%，经济作物面积占 15%。根据研究区域实际情况，以盈科灌区主要粮食作物，包括大田玉米、制种玉米和小麦，构建灌区–作物尺度的 LFQBP 配水模型。LFQBP 模型的建模思想为通过对灌区主要粮食作物各生育阶段内进行地表水和地下水联合配置以协调灌区–作物尺度不同层次决策主体的利益，即以灌区整体水分生产力为高层次目标，各作物产量最大为低层次目标，同时满足：①所利用水量在可供水量范围内；②各作物需水需求；③地表水和地下水的相互转换。下面介绍 LFQBP 模型的构建。

A 目标函数

从灌区农民利益出发，以粮食作物总产量最高为目标函数：

$$\max Y = \sum_{u=1}^{3} A_u \left[a_u \left(\sum_{t=1}^{6} (SW_{ut} + GW_{ut}) \right)^2 + b_u \sum_{t=1}^{6} (SW_{ut} + GW_{ut}) + \gamma_u \right] \quad (13\text{-}76)$$

从灌区管理者利益出发，以作物整体水分生产力最大为目标函数：

$$\max WP = \frac{\sum_{u=1}^{3} A_u \cdot PWY_u \sum_{t=1}^{6} (SW_{ut} + GW_{ut})}{\sum_{u=1}^{3} A_u \sum_{t=1}^{6} (SW_{ut} + GW_{ut})} \quad (13\text{-}77)$$

综合灌区管理者和农民之间的利益关系，构建协调管理者和农民利益的 LFQBP 模型，其中上层规划目标函数为式（13-77），下层规划目标函数为式（13-76）。

B 约束条件

地表水可利用水量约束：$\sum_{i=1}^{3} A_u \cdot SW_{ut} \leq \beta_1 \cdot \beta_2 \cdot TSW_t \quad \forall t$

地表水、地下水转换约束：

$$\sum_{u=1}^{3} \sum_{t=1}^{6} GW_{ut}/\beta_2 \leq \theta_1 \sum_{u=1}^{3} \sum_{t=1}^{6} SW_{ut} + \theta_2 \left(\beta_1 \sum_{u=1}^{3} \sum_{t=1}^{6} SW_{ut} + \sum_{u=1}^{3} \sum_{t=1}^{6} GW_{ut} \right) + \theta_3 \sum_{t=1}^{6} EP_t + \mu \sum_{t=1}^{6} \Delta h_t$$

$$(13\text{-}78)$$

需水量约束： $SW_{ut} + GW_{ut} + EP_t \geq IR_{ut} \quad \forall u, t$ （13-79）

非负约束： $SW_{ut} \geq 0 \quad \forall u, t \quad GW_{ut} \geq 0 \quad \forall u, t$ （13-80）

式中，Y 为粮食作物总产量（10^2 kg）；WP 为作物水分生产力（kg/m^3）；u 为作物种类，$u=1$ 代表大田玉米，$u=2$ 代表制种玉米，$u=3$ 代表小麦；t 为作物生育期内各月份，$t=1 \sim t=6$ 代表 4~9 月；A_u 为第 u 种作物的种植面积（10^2 hm^2）；SW_{ut}、GW_{ut} 分别为第 u 种作物第 t 月的地表水、地下水配水量（cm）；$a_u \left(\sum_{t=1}^{6} (SW_{ut} + GW_{ut}) \right)^2 + b_u \sum_{t=1}^{6} (SW_{ut} + GW_{ut}) + \gamma_u$ 为第 u 种作物全生育期的水分生产函数（kg/hm^2），其中 a_u、b_u、γ_u 分别为第 u 种作物水分生产函数的二次项、一次项和常数项系数；PWY_u 为第 u 种作物的单方水产量（kg/m^3）；TSW_t 为第 t 月的地表水可供水量（万 m^3）EP_t 为第 t 月的有效降水量（cm）；IR_{ut} 为第 u 种作物第 t 月的灌溉需水量（cm）；β_1、β_2 分别为渠系水利用系数、田间灌溉水利用系数；θ_1、θ_2、θ_3 分别为渠系渗漏损失系数、田间水入渗系数、降水入渗补给系数；Δh_t 为第 t 月的地下水位

差（cm）；μ 为地下含水层给水度。对实际应用情况，考虑到配水过程中存在的不确定性，将 IQP、ILFP 模型中的参数用区间数表示，包括 $a_u^{\pm}$、$b_u^{\pm}$、$c_u^{\pm}$、$PWY_i^{\pm}$、$TSW_t^{\pm}$、$EP_t^{\pm}$、$IR_{ut}^{\pm}$。

2. 结果分析与讨论

根据实际情况，春小麦的生育阶段为 4 月 1 日~7 月 20 日，玉米的生育阶段为 4 月 20 日~9 月 22 日。不同作物单方水产量区间值由拟合的区间作物水分生产函数与对应的需水量区间值（减去降水量）相除获得。地表水量与地下水量之间的转换关系及相关系数见图 13-27。其余参数包括作物种植面积，地下水位等数据均来自调研统计资料。其中各月份地下水位差计算采用盈科灌区包括盈科干渠、南关、下秦等 12 个观测井从 1985~2010 年地下水位观测数据的平均值计算。模型基础参数区间值见表 13-39~表 13-41，地表供水量、降水量和需水量均值见图 13-28。

表 13-39　作物相关参数

作物	水分生产函数/（kg/hm²）	单方水产量/（kg/m³）	灌溉面积/hm²
大田玉米	$Y = (3281.67, 63.26) + (199.83, 5.61)W + (-1.2180, -0.0657)W^2$	[1.74, 1.95]	21.11
制种玉米	$Y = (3604.24, 67.44) + (179.58, 3.10)W + (-1.2292, -0.0167)W^2$	[1.62, 1.72]	42.24
小麦	$Y = (2328.55, 71.22) + (167.67, 1.62)W + (-1.4388, -0.0201)W^2$	[1.59, 1.67]	27.51

注：$Y = (\gamma, r\gamma) + (b, rb)W + (a, ra)W^2$ 中，Y 表示作物产量，kg/hm²；W 表示灌溉水量，cm；γ、b、a 分别表示水分生产函数的常数项、一次项和二次项系数；$r\gamma$、rb、ra 分别表示水分生产函数常数项、一次项和二次项系数的变化半径

表 13-40　地表可供水量与有效降水量

作物	4 月	5 月	6 月	7 月	8 月	9 月	合计
地表可供水量/万 m³	[428, 451]	[705, 760]	[1229, 1333]	[2156, 2304]	[1978, 2116]	[1390, 1515]	[7886, 8479]
有效降水量/mm	[2.3, 4.0]	[8.7, 12.7]	[14.1, 18.8]	[19.7, 25.1]	[20.2, 25.8]	[12.2, 17.3]	[77.1, 103.6]

表 13-41　作物蒸散量 （单位：mm）

作物	4 月	5 月	6 月	7 月	8 月	9 月	合计
大田玉米	[23.4, 28.7]	[63.0, 73.0]	[78.3, 92.2]	[221.2, 237.4]	[162.0, 181.6]	[130.0, 169.0]	[677.8, 781.8]
制种玉米	[25.7, 31.6]	[71.6, 82.9]	[171.3, 201.8]	[181.8, 195.1]	[170.5, 191.1]	[63.9, 83.1]	[684.9, 785.6]
小麦	[35.1, 43.0]	[164.6, 190.7]	[169.9, 200.0]	[140.1, 150.4]			[509.7, 584.2]

按照前述模型解法，考虑灌区不同层次利益主体及配水过程中存在的不确定性，分别求解 IQP 和 IFLP 模型，得到盈科灌区不同作物不同月份的地表水和地下水配水方案。图 13-29、图 13-30 分别展示 IQP 模型和 IFLP 模型 3 种粮食作物在生育阶段内各月份的总配水情况。两个模型的结果均用区间数表示，说明优化配水结果对模型输入的不确定性是敏感的。IQP 模型和 IFLP 模型关于 3 种粮食作物在不同月份内的配水规律是一致的。对于

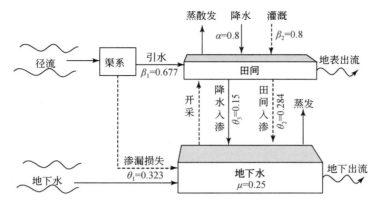

图 13-27 地表水、地下水转换关系及对应系数确定

各系数的获得参考项国圣（2011）研究成果；实线表示模型参数，虚线表示模型变量

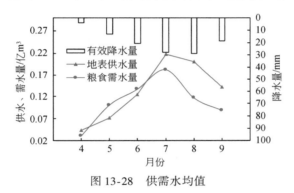

图 13-28 供需水均值

IQP 模型的单位面积总配水量由大到小为大田玉米（[75.64cm，89.15cm]）、制种玉米（[70.82cm，75.33cm]）、小麦（[53.37cm，55.31cm]）；同样，对于 IFLP 模型的单位面积总配水量由大到小为：大田玉米（[75.64cm，85.15cm]）、制种玉米（[58.13cm，63.17cm]）、小麦（[44.92cm，48.31cm]）。大田玉米单位面积总配水量最多，是因为大田玉米的单方水产量是 3 种作物中最高的，这由作物水分生产函数决定，即在给予同样水量的前提下，大田玉米获得的产量最高，其次是制种玉米，最后是小麦。对于每种作物不同月份内的配水量，无论是 IQP 模型还是 IFLP 模型，配水量都呈现先增加后递减的趋势。大田玉米的配水集中在 7~9 月，制种玉米的配水集中在 6~8 月，小麦的配水集中在 5~7 月，配水规律与需水规律一致。IQP 模型各月份配水量均值占总配水量比例为 6.56%（4 月）、15.67%（5 月）、21.18%（6 月）、26.60%（7 月）、17.04%（8 月）、12.95%（9 月）；IFLP 模型各月份配水量均值占总配水量比例为 6.09%（4 月）、15.62%（5 月）、21.30%（6 月）、27.79%（7 月）、17.72%（8 月）、11.49%（9 月）。基于区间数的决策方案能够给决策者提供更多的配水方案参考，激进的决策者倾向于选取配水量上限值，以便获得较高的产量或水分生产力，同时，由于可供水量是有限的，在规划年不易确定来水量是否能够达到上限值，因此该种决策存在一定的缺水风险。反之，保守的决策者倾向于选取配水量下限值，以便尽可能保证所有作物用水需求，但同时，获得的产量或水分生产力相对较低。

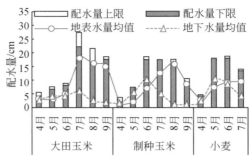

图 13-29　IQP 模型配水结果

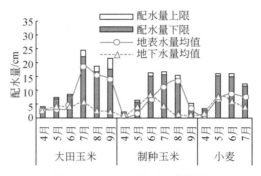

图 13-30　ILFP 模型配水结果

　　根据图 13-29 和图 13-30 所示的各作物单位面积优化配水量，同时考虑各作物的灌溉面积，可知 IQP 模型的总配水量比 ILFP 模型多 ［768.94 万 m³，790.29 万 m³］，这是由于两个模型考虑的利益主体不同。IQP 模型考虑的是农民的利益，希望获得最大的产量，即在有限的可供水量和不超过每种作物最大产量对应的灌水量的前提下，分配给作物的水量越多对提高产量越有利；而 ILFP 模型考虑的是决策者的利益，即获得最大的作物水分生产力。ILFP 模型的水分生产力（总产量与总水量之比）为 ［1.54kg/m³，1.56kg/m³］，IQP 模型的水分生产力为 ［1.37kg/m³，1.39kg/m³］，ILFP 模型的水分生产力比 IQP 模型高 0.17kg/m³，从结果中可以看出，在保证每种作物需水量要求的情况下，ILFP 模型趋向于分配给作物较少的水量来获得较高的水分生产力。

　　LFQBP 模型的优点是能够平衡上层和下层决策主体的利益，优化出一组能够最大限度同时满足上、下层决策者利益的配水方案。图 13-31 给出 LFQBP 模型优化出的 3 种粮食作物不同月份的地表水和地下水的配水方案。由图中可以看出，LFQBP 模型的配水规律与 ILFP 模型和 IQP 模型的配水规律类似，即各月份的配水集中在 6 ~ 8 月；大田玉米被分配的单位面积水量最多，其次是制种玉米，最后是小麦；3 种作物地表水配水量均大于地下水配水量。表 13-42 给出了不同模型对 3 种作物优化得到的全生育期累计配水量均值。从表中可以看出，3 种模型中大田玉米的总配水量相同，原因与上述相同。由于制种玉米在 3 种粮食作物中占有最大的灌溉面积，因此制种玉米的总配水量最多。

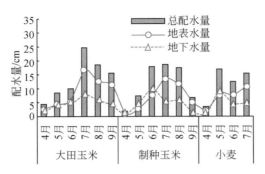

图 13-31　IFQBP 模型配水结果

表 13-42　不同模型不同作物全生育期累计配水量均值　　　（单位：万 m³）

模型	大田玉米			制种玉米			小麦		
	地表配水	地下配水	总配水	地表配水	地下配水	总配水	地表配水	地下配水	总配水
IQP	1277	455	1732	2045	1040	3086	783	700	1483
ILFP	1251	481	1732	1651	861	2511	701	557	1257
LFQBP	1121	611	1732	1768	1199	2967	789	546	1335

　　3 种模型各月份的单位面积配水量存在差异。对于制种玉米和小麦，IQP 模型总配水量最多，IFLP 模型总配水量最少，LFQBP 模型的总配水量在 IQP 模型和 IFLP 模型之间，3 种模型对各作物配水量趋势与总配水量趋势基本一致。表 13-43 对 IQP 模型、ILFP 模型和 LFQBP 模型的总配水量、产量和水分生产力这 3 个指标的均值进行比较。从表中可以看出，若单纯注重灌区上层管理者的利益，则总配水量为 5501 万 m³，水分生产力为 1.55kg/m³，虽然该结果比单纯注重农民利益的配水结果节水 800 万 m³，且水分生产力增加 0.17kg/m³，但粮食产量降低 15 900kg，直接造成农民的经济损失，从而可能影响农民种植积极性。而 LFQBP 模型的优点即能够在一个系统内寻找灌区上层管理者利益和灌区下层农民利益之间的平衡点，LFQBP 模型以灌区上层管理利益为主要利益，但同时又能尽量满足灌区下层农民的利益。LFQBP 模型的计算结果显示，总配水量为 6034 万 m³，比单纯考虑灌区上层管理者利益（ILFP 模型）的结果多配水 533 万 m³，比单纯考虑灌区下层农民利益（IQP 模型）的结果节水 267 万 m³，就总配水量而言，若以 ILFP 模型配水量结果为起点，IQP 模型配水量结果为终点，整个配水量长度设为 1，则 LFQBP 模型的结果在距离起点 0.67 处寻优到了配水量的平衡点，即可以理解成 LFQBP 模型的配水量结果中，67% 倾向于上层管理者利益，33% 倾向于下层农民利益。同理，就产量而言，LFQBP 模型的结果中 76% 倾向于上层管理利益，24% 倾向于下层农民利益；就水分生产力而言，LFQBP 模型的结果中 65% 倾向于上层管理者利益，35% 倾向于下层农民利益。综上，IQP 模型的配水量最多，产量最大，但水分生产力最低；ILFP 模型的配水量最少，产量最低，但水分生产力最高；LFQBP 模型中这 3 个指标值均在 IQP 模型和 ILFP 模型之间，平衡了灌区上、下两层的利益，在有限的可供水量下，LFQBP 模型能够保证灌区作物产量和水分生产力均达到较高水平，有利于灌区的社会经济稳定，促进灌区可持续发展。综上所述，

本节所构建的 LFQBP 模型具有以下优点：① 在一个系统内，同时进行不同层次利益主体的决策；② 能够同时反映系统的效率和效益问题；③ 处理农业灌溉水资源优化配置中存在的非线性问题。

表 13-43　IQP 模型、ILFP 模型、LFQBP 模型比较

指标	IQP 模型	ILFP 模型	LFQBP 模型
总配水量/万 m³	6301	5501	6034
总产量/万 kg	87.01	85.42	86.63
水分生产力/(kg/m³)	1.38	1.55	1.44

3. 小结

本部分内容针对灌区–作物尺度配水不同层次利益主体，同时考虑配水过程中涉及的不确定性，分别构建以下层农民期望的产量最大为目标的 IQP 模型和以上层管理者期望的灌溉水生产力最大为目标的 ILFP 模型。在此基础上，尝试构建了 LFQBP 模型，该模型将灌区不同层次决策作为一个整体，能够有效协调上、下两层利益间矛盾，通过调节上、下层配水方案达到灌区产量和水分生产力均较高的水平，促进灌区可持续发展。将所构建的 3 个模型应用于黑河中游盈科灌区粮食作物的配水中，IQP 模型、ILFP 模型和 LFQBP 模型的平均总配水量分别为 6301 万 m³、5501 万 m³ 和 6034 万 m³。LFQBP 较 IQP 模型产量虽然减少 0.44%，水分生产力却提高 4%，LFQBP 模型较 ILFP 模型水分生产力降低 7.64%，产量仅提高 1.42%。可以看出，3 种粮食作物在配水量达到一定程度后，产量变化微小，从灌区可持续发展角度来讲，ILFP 模型和 LFQBP 模型更适用于干旱半干旱地区。

13.3.2　渠系优化配水

现实渠系的分布多以多级渠系为主，如分为干渠、支渠、斗渠和农渠等，因此研究多级渠系的灌溉水资源优化模型具有更强的实用性。尽管各灌区根据实际的田块分布、地形、河流等因素，渠系的分布各有不同，但是渠系的分级特点鲜明，为了使本研究具有更加广泛的适用性，结合渠系分布特点，总结如图 13-32 所示的多级渠系概化分布模型。经过概化后的多级渠系可以看作是多个两级渠系单元的耦合。

1. 多级灌溉渠系优化配水模型构建

为了解决上述多级系统模型复杂、求解困难问题，本节引入大系统分解协调思想。大系统分解协调思想最早由 Dantzig（1963）提出，后人在此基础之上提出非线性大系统分解协调方法，历经几十年的发展，得到了广泛的应用与论证。考虑到多级渠系的复杂性，以及上下级渠系间的交互关系，拟采用大系统分解协调的方法对其建立双层多目标优化模型，采用大系统的上下层关系如图 13-33 所示。

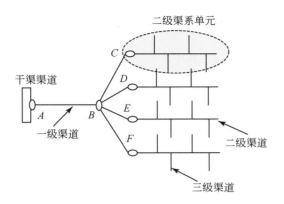

图 13-32　多级渠系概化分布图

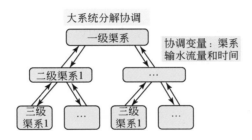

图 13-33　大系统分解协调示意图

对于上述概化的多级渠系进行大系统分解协调之后可以分为三层，每层之间通过协调变量来进行协调，可以建立双层多目标渠系优化配水模型，根据模型非线性双层多目标的特性，参考已有研究的算法，选取交互式逼近理想解排序法进行求解。

（1）双层多目标渠系优化配水模型

将渠系输水流量和时间作为整个大系统的协调变量，以整个渠系作为大系统，分解为二级渠系所在的中间层和末级渠系所在的最后一层，通过协调变量对整个系统进行协调，建立如下双层非线性多目标优化模型。

上层目标函数：

$$\min S = S_p + \sum_{i=1}^{I} (S_{iu} + S_{id}) \tag{13-81}$$

$$\min f = \frac{\sum_{t=1}^{T} (Q_j - \overline{Q})^2}{T - 1} \tag{13-82}$$

下层目标函数：

$$\min S_i = S_{iu} + S_{id} \quad (i = 1 \cdots I) \tag{13-83}$$

其中，

$$S_p = \sum_{t=1}^{T} \Delta Q_t \cdot t \quad \text{其中：} \Delta Q_t = \beta_p \cdot A_p \cdot l_p \cdot Q_t^{(1-m_p)}/100 \tag{13-84}$$

$$S_u = \sum_{t=1}^{T} \Delta q_{ut} \cdot t \quad \text{其中：} \Delta q_{ut} = \beta_u \cdot A_u \cdot l_u \cdot q_{ut}^{(1-m_u)}/100 \tag{13-85}$$

$$S_d = \sum_{k=1}^{K} \Delta q_k \cdot (t'_k - t''_k) \quad \text{其中：} \Delta q_k = \beta_{dk} \cdot A_{dk} \cdot l_{dk} \cdot q_k^{(1-m_k)}/100 \tag{13-86}$$

式中，S 为配水渠道渗水总量（m^3）；S_p 为一级渠道渗水总量（m^3）；S_u 为二级渠道渗水总量（m^3）；S_d 为三级渠道渗水总量（m^3）；f 为一级渠道输水流量对时间的标准差；i 为二级渠道编号，共 I 个；k 为三级配水渠道编号，每组三级渠道个数为 K_i 个；t 为不同时段，共 T 个时段；Q_j 为渠道在第 j 个时间段内上级渠道输水净流量（m^3/s），$Q_j = \sum_{i=1}^{I} q'_{ui} \cdot x(t)$；$\overline{Q}$ 为整个时段内上级渠道输水流量平均值（m^3/s）；Δq、Δq_u 与 ΔQ 为渠道的输水损失流量（m^3/s）；q、q_u 与 Q 为渠道的配水净流量（m^3/s）；$x(t)$ 为 0~1 变量；T 为整个轮期划分的时段；l 为渠道的长度（km）；β 为渠道采取防渗措施后渗漏水量的折减系数；A 为渠道的渠床土壤透水系数；m 为渠道的渠床土壤透水指数；t'_k 与 t''_k 分别为三级渠道 k 的开始与结束灌水时间段。

约束条件如下。

流量约束：

$$\alpha_d q_d \leqslant q' \leqslant \alpha_u q_d \quad \text{其中：} q' = q + \Delta q \tag{13-87}$$

$$\alpha_{ud} q_{ud} \leqslant q'_u \leqslant \alpha_{uu} q_{ud} \quad \text{其中：} q'_u = q_u + \Delta q_u \tag{13-88}$$

$$J_d Q_d \leqslant Q' \leqslant J_u Q_d \quad \text{其中：} Q' = Q + \Delta Q \tag{13-89}$$

式中，q'、q'_u 与 Q' 为渠道的配水毛流量（m^3/s）；q_d、q_{ud} 与 Q_d 为渠道的设计流量（m^3/s）；α_d、α_{ud} 与 J_d 分别为上、下级渠道最小流量折减系数；α_u、α_{uu} 与 J_u 分别为上、下级渠道加大流量系数。

配水时间约束：

$$0 \leqslant t'_k \leqslant t''_k \leqslant T \tag{13-90}$$

水量约束：

$$\sum_{k=1}^{K} q_k (t''_k - t'_k) + S \leqslant W \tag{13-91}$$

$$q_k (t''_k - t'_k) \geqslant M_k \cdot S_k \tag{13-92}$$

式中，W 为允许可供水量（m^3）；M_k 为下级渠道控制区域下作物的灌溉定额（万 m^3/hm^2）。S_k 为下级渠道控制区域作物面积（hm^2）。

整数 0~1 约束：

$$\begin{cases} x(t) = 1 & t'_k \leqslant t \leqslant t''_k \\ x(t) = 0 & \text{其他} \end{cases} \tag{13-93}$$

节点流量守恒约束：

$$
\begin{cases}
A\ \text{点}: 0.6Q_d \leqslant Q_B + \Delta Q \leqslant 1.2Q_d, Q_B + \Delta Q = Q \approx Q_d \\[2mm]
B\ \text{点}: Q_B = Q_C + Q_D + Q_E + Q_F \\[2mm]
C\ \text{点}: 0.6q_{ud1} \leqslant Q_C = \sum_{k=1}^{K_1} q'_k x_k(t) + \Delta q_{u1} \leqslant 1.2q_{ud1}, \sum_{k=1}^{K_4} q'_k x_k(t) + \Delta q_{u1} = q_{u1} \approx q_{ud1} \\[4mm]
D\ \text{点}: 0.6q_{ud2} \leqslant Q_D = \sum_{k=1}^{K_2} q'_k x_k(t) + \Delta q_{u2} \leqslant 1.2q_{ud2}, \sum_{k=1}^{K_4} q'_k x_k(t) + \Delta q_{u2} = q_{u2} \approx q_{ud2} \\[4mm]
E\ \text{点}: 0.6q_{ud3} \leqslant Q_E = \sum_{k=1}^{K_3} q'_k x_k(t) + \Delta q_{u3} \leqslant 1.2q_{ud3}, \sum_{k=1}^{K_4} q'_k x_k(t) + \Delta q_{u3} = q_{u3} \approx q_{ud3} \\[4mm]
F\ \text{点}: 0.6q_{ud4} \leqslant Q_F = \sum_{k=1}^{K_4} q'_k x_k(t) + \Delta q_{u4} \leqslant 1.2q_{ud4}, \sum_{k=1}^{K_4} q'_k x_k(t) + \Delta q_{u4} = q_{u4} \approx q_{ud4}
\end{cases}
$$

(13-94)

式中，Q_B、Q_C、Q_D、Q_E、Q_F 分别为图 13-32 中所示节点的流量，其他符号含义同前。模型中渠系渗漏计算采用经验公式，对于渠道最小流量与加大流量的约束系数采用经验系数，公式与系数参照《农田水力学》（郭元裕，2009）。

（2）求解算法

双层非线性问题的求解方法一直是困扰很多研究学者的难题，目前针对双层规划问题的解法仍然存在着很多问题。由于双层规划模型复杂程度高，设计的算法难以实现大规模的求解，并且求解效率不高，尤其针对非线性双层规划问题，传统算法往往找不到全局最优解，尽管近年来随着启发式算法的发展，这个问题已经得到了初步的解决，但是由于启发式算法仍处在发展阶段，很多地方都不成熟，大多存在着求解效率不高的问题（李和成和王宇平，2007）。而交互式逼近理想解排序法可以较好地解决上述问题，本节拟采用此算法结合遗传算法来进行求解。

逼近理想解排序法（technique for order preference by similarity to ideal solution，TOPSIS），由 Hwang 和 Yoon 于 1981 年首次提出（Hwang and Yoon，1981）。其原理如下：通过检测有限个评价对象与理想化目标的接近程度来进行排序的方法。理想化目标有两个，一个是肯定的理想目标或称最优目标（PIS），另一个是否定的理想目标或称最劣目标（NIS），评价最好的对象应该是与最优目标的距离最近而与最劣目标的距离最远。其也可以通过空间多维坐标来理解，通过将 N 个影响评价结果的指标看成 N 条坐标轴，可以构造出一个 N 维空间，将每个待评价的对象依照其各项指标的数据可以在 N 维空间中描绘出一个唯一的坐标点。再针对各项指标从所有待评价对象中选出该指标的最优对象和最差对象，并用其可以在 N 维空间中描绘出两个点分别是最优点和最差点，通过比较各个方案距离最优点和最差点的距离来进行评价。

2. 模型应用

（1）研究区域简介

西干灌区位于甘肃省河西走廊中部，张掖市甘州区西南 37km 处，始建于 1965 年，是以引黑河水自流灌溉为主，井灌为辅的大型灌区。本节中的多级渠系优化配水模型选取西干灌区的明永分干渠及其下级渠道作为典型渠系。详细资料如图 13-34 与表 13-44 所示。选取 2016 年西干灌区夏灌三轮配水计划作为本次的研究时段，配水时间为 6 月 18 日到 7 月 9 日，轮期为 22 天。详细情况见表 13-45。

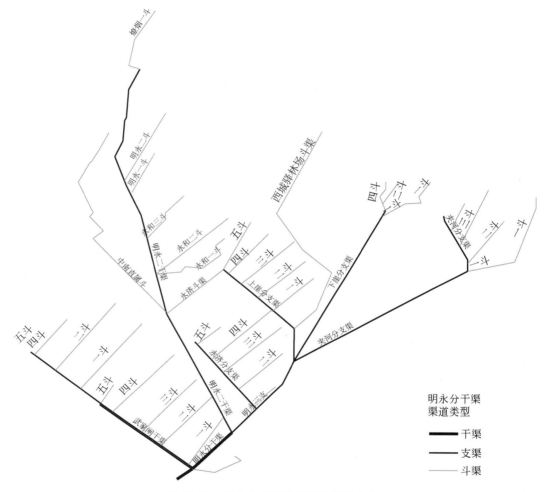

图 13-34　明永分干渠及其下级渠道分布

表 13-44　明永分干渠及其下级渠道设计参数

末级渠道编号	渠道名称	渠道类型	设计流量/(m³/s)	总长度/km	已衬砌/km	设计农田灌溉面积/hm²
	明永分干渠	干渠	6.00	1.780	1.780	3445.067
	沿河支渠	支渠	2.00	2.410	2.410	870.000
1	沿河支渠直属斗渠	斗渠	0.50	2.580	2.580	149.400
2	沿河支渠一斗渠	斗渠	0.80	1.400	1.400	142.733

续表

末级渠道编号	渠道名称	渠道类型	设计流量/(m³/s)	总长度/km	已衬砌/km	设计农田灌溉面积/hm²
3	沿河支渠二斗渠	斗渠	0.90	1.510	1.510	128.800
4	沿河支渠三斗渠	斗渠	1.00	1.520	1.520	203.000
5	沿河支渠四斗渠	斗渠	1.50	1.650	1.410	204.600
6	沿河支渠五斗渠	斗渠	0.30	1.700	0.300	41.467
	武家闸支渠	支渠	1.30	5.000	5.000	808.667
7	武家闸支渠一斗渠	斗渠	0.30	0.600	0.170	27.667
8	武家闸支渠二斗渠	斗渠	1.30	1.940	1.640	248.933
9	武家闸支渠三斗渠	斗渠	1.30	2.180	1.880	269.533
10	武家闸支渠四斗渠	斗渠	1.20	1.830	1.830	233.333
11	武家闸支渠五斗渠	斗渠	0.30	0.300	0.300	29.200
	明永二支渠	支渠	2.50	11.420	11.420	947.200
12	永济斗渠	斗渠	0.80	1.700	1.660	86.667
13	中南直属斗	斗渠	1.20	5.830	5.830	216.467
14	永和一斗	斗渠	0.80	2.260	2.260	52.933
15	永和二斗	斗渠	1.00	1.840	1.840	147.467
16	永和三斗	斗渠	1.00	1.540	1.540	73.400
17	明永一斗	斗渠	1.00	1.200	0.900	46.200
18	明永二斗	斗渠	0.00	2.150	0.000	106.267
19	燎烟一斗	斗渠	1.00	2.370	2.370	146.533
	明永三支	支渠	2.00	2.320	2.320	819.200
20	永济分支渠	支渠	1.30	2.280	2.280	284.933
21	上崖分支渠	支渠	1.50	3.420	3.420	226.533
22	下崖分支渠	支渠	0.80	4.910	0.000	180.933
23	夹河分支渠	支渠	1.20	5.890	0.000	167.067

表 13-45　西干灌区夏灌三轮计划用水指标表

渠道名称	实配面积/hm²	灌水定额/(m³/hm²)	净水量/m³	分水比例/%	河源可供水量/m³
明永分干	2382	1080	257.23	100.00	572.53
沿河支渠	798	1080	86.18	31.91	182.68
武闸支渠	810	1080	87.48	33.42	191.34
明永二支	390	1080	42.12	17.61	100.81
明永三支	384	1080	41.44	15.99	91.52

（2）模型参数

渠道最小与加大流量系数、渠道采取防渗措施后渗漏水量折减系数、渠床土壤透水系数、渠床土壤透水指数均参考《农田水利学》（郭元裕，2009）取值（表13-46）。可供水量与灌水定额参考西干灌区2016年水资源配置方案中夏灌三轮配水计划及供需水量平衡表。灌溉水斗渠以下利用系数如表13-46所示，明永三支分支以下灌溉水利用系数参考经验系数。在求解过程中，由于以天为单位求解精度不高，故将一天分为两个时段，轮期共44个时段。

表13-46　渠系优化配水模型参数

参数	取值
三级渠道最小流量系数	0.6
三级渠道加大流量系数	1.2
二级渠道加大流量系数	1.2
一级渠道加大流量系数	1.2
灌溉水斗渠以下利用系数	0.8
防渗措施折减系数	0.5
渠床土壤透水系数	3.4
渠床土壤透水指数	0.5
明永三支分支以下利用系数	0.6125

整个模型采用MATLAB中的遗传算法作为求解工具。整个模型的决策变量个数为69个，选取群体规模为100，采用十进制定义变量。遗传算法参数如表13-47所示。

表13-47　遗传算法参数

参数	取值
模型变量个数	69
种群数量	100
沿河支渠重组概率	0.55
沿河支渠变异概率	0.01
沿河支渠最大遗传代数	100
武家闸支渠重组概率	0.55
武家闸支渠变异概率	0.01
武家闸支渠最大遗传代数	100
明永二支重组概率	0.5
明永二支变异概率	0.01
明永二支最大遗传代数	100
明永三支重组概率	0.55
明永三支变异概率	0.01

续表

参数	取值
明永三支最大遗传代数	100
明永分干渠重组概率	0.5
明永分干渠变异概率	0.01
明永分干渠最大遗传代数	100
PIS 距离重组概率	0.5
PIS 距离变异概率	0.01
PIS 距离最大遗传代数	200
NIS 距离重组概率	0.5
NIS 距离变异概率	0.01
NIS 距离最大遗传代数	200
TOPSIS 重组概率	0.45
TOPSIS 变异概率	0.01
TOPSIS 最大遗传代数	100

3. 结果分析

采用上述双层非线性多目标优化算法求解本章中的模型，利用 MATLAB 的遗传算法进行求解。得到结果如下：

图 13-35 给出了各三级渠道的配水时间，总历时约 40 个时段，缩短了整体输水时间，

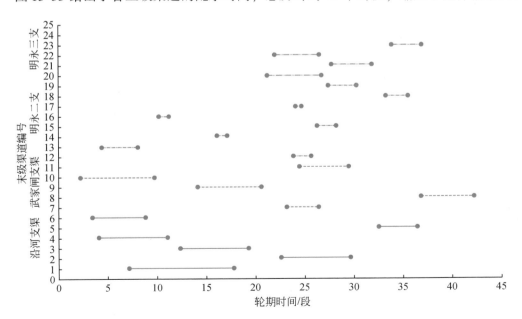

图 13-35　末级渠道配水时间

纵坐标的末级渠道编号对应表 13-44 中的渠道编号，下图同

输水时间的缩短意味着平均输水流量的提高，可以减少渗漏损失。由于明永二支下各斗渠设计流量大，结合当年用水指标表可以看出其配水面积小，故作物需水量少，因此其输水时间较短。参考该地区 2016 年供需水量平衡表可知该地区同时段内需要灌溉的种植作物类型有春小麦、制种玉米和大田玉米，因此可以推断造成这一现象的原因很可能是明永二支控制区域内春小麦、制种玉米和大田玉米的种植面积较少。由于模型求解时是将整个分干–支–斗渠系作为大系统来考虑，优先满足大系统即上层决策层的目标，因此对于二级渠系单元可能存在着输水时间较为分散的现象。

对比图 13-36 中各末级渠道的渠道净流量、毛流量、设计流量，以及不冲不淤流量边界可以看出，优化后的各渠道输水流量满足实际运行过程中对于渠道流量限制的要求。图 13-37 显示了明永分干输水流量随时间的变化，同样满足渠道运行的流量要求。

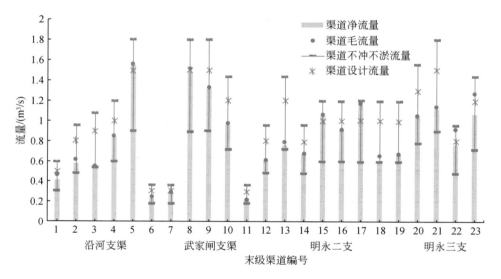

图 13-36　末级渠道配水流量

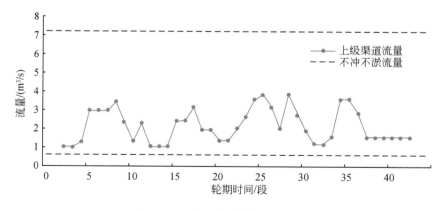

图 13-37　明永分干渠道配水流量

图 13-38 给出了各末级渠道的净配水量与其控制区域下的需水量，可以看出优化之后的配水量可以满足实际作物的需求，且相差不大，没有明显的水资源浪费，表明得到的结果具有可行性。计算整个明永分干三级渠系系统的总耗水量为 422.93 万 m³，该时段河流可供水量为 572.53 万 m³，可节水 150 万 m³，约占可利用水量的 26%。

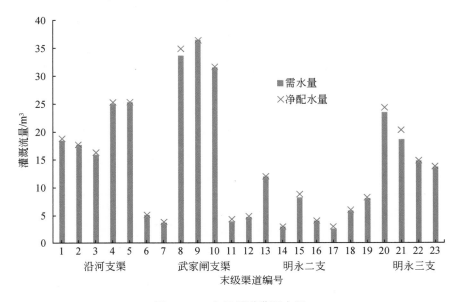

图 13-38　末级渠道灌溉水量

图 13-39 示出了各二级渠道流量随时间的变化，其满足各自渠道实际运行的流量限制。由图可以看出二级渠道在整个配水过程中在部分时段存在断流的现象，原因是优化模型的上层以一级渠道的输水变化幅度和整个系统的渗漏损失最小作为目标，其在模型求解过程中占主导地位，同时也表明上层目标并不是在各二级渠系持续配水的前提下达到最优的，与传统所认为的二级渠系连续配水即可达到渠系渗漏损失最小的观点不同。尽管这样

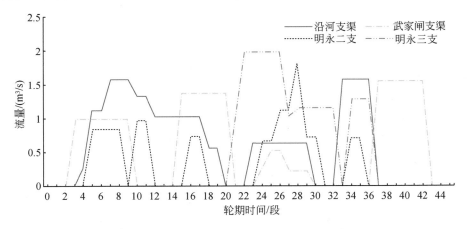

图 13-39　二级渠道流量

会产生二级渠系闸门开闭频繁的缺点，但是系统却可以减少渗漏，节约更多的水资源。这是多目标模型在求解过程中折中之后的最优解，同时也表现了多目标规划中多个目标很可能会相互冲突的特征。

表 13-48 给出了各二级渠系单元的输水损失量，可以看出沿河支渠、武家闸支渠与明永二支的输水损失远高于明永三支，原因是明永三支下级是分支渠，其衬砌率较高，有效地减少了输水渗漏损失，由此可知渠道衬砌是减少输水损失的重要工程措施。将各渠道的渠系水利用系数加以统计得到表 13-49 中的数据，可以看出相较该地区多年经验的渠系水利用系数，通过灌溉水的优化配置有效地提高了渠系水利用率，尤其是支渠和干渠的渠系水利用系数，因此可以推断出，当渠道衬砌达到一定程度之后，渠系水的优化配置利用才是提高渠系水利用系数的重要手段。对于明永三支，其田间净水量为斗口以下的净配水量，因此计算得到的渠系水利用系数仅为分支渠道的灌溉水利用系数，由于分支渠的衬砌率要高于斗渠，因此渗漏损失较小。

表 13-48　明永分干损失水量　　　（单位：万 m³）

渠道	沿河支渠	武家闸支渠	明永二支	明永三支	合计
三级渠道输水损失	26.63	23.88	11.37	6.23	68.11
二级渠道输水损失	1.38	2.71	3.15	0.75	7.99
一级渠道输水损失					2.16
明永分干总输水损失					78.26

表 13-49　渠道水利用系数

渠道	田间净水量 /万 m³	毛水量/万 m³			渠道水的利用率			经验渠系水的利用率		
		斗口/分支渠	支渠	分干渠	斗下/分支	支渠	分干渠	斗下	支渠	分干渠
沿河	87.30	135.76	137.14		0.643	0.990		0.613	0.970	
武家闸	89.16	135.33	138.04	422.93	0.659	0.980	0.995	0.613	0.940	0.989
明永二支	40.06	61.45	64.60		0.652	0.951		0.613	0.859	
明永三支	74.01	80.24	80.99		0.922	0.991		0.613	0.931	

4. 结论

本研究模型有以下优点：①该模型为双层多目标模型，其中，双层体现了渠系系统多级分布的特点，反映了各级渠系间的协调与制约关系，多目标则反映了综合指标对于系统目标的影响；②针对双层非线性多目标问题难以求解且求解效率不高的问题，采用了交互式逼近理想解排序法进行求解，该算法综合了模糊规划理论与 TOPSIS 理论，并且已有相关文献验证其高效性，结合 MATLAB 的遗传算法进行寻优求解，利用了遗传算法更容易找到全局最优的优点；③模型可以灵活地运用到不同的多级渠系系统中，模型采用的参数在渠系实际设计或运行中很容易获得。模型的求解算法也只要通过算法参数的变换就可以广泛使用，因此，本研究具有可推广性，决策者完全可以在不具备上述专业优化知识的前提下对模型进行改变。

本研究仍然存在着一些限制：①渠系渗漏的计算公式采用的是经验公式，采用经验系数，对本研究区域而言缺乏针对性，在未来的推广应用中，如果有相关渠系的详细研究资料可直接采用，整个模型与算法的改动不大；②在水流平稳计算中，采用的是整节点流量随时间变化的方差，然而实际上流量在时间尺度上是连续的，考虑到模型求解的复杂性与实际要求的精度不高，采用此算法可行，但仍有改进的余地；③虽然已经尽可能的考虑田间作物种植情况对渠系配水的影响，但是由于资料的限制，不够精确，未来针对田间作物的空间分布、种植制度、生育期、气象因素等的渠系配水优化研究仍有待拓展。

13.3.3　渠系动态优化配水

灌溉渠系配水优化是指在一定的渠系过水能力下，为满足农作物需水要求，按照一定的方法技术，对渠系各渠道的配水水量、流量和时间进行优化编组，目标在于减少灌水损失与无效弃水，最大化灌区收益，实现有限水资源的效益最大化。渠系动态优化配水是指综合考虑作物、气候、土壤对作物需水的影响，结合作物变化的需水信息进行渠系配水优化。

渠系配水优化是一个复杂的过程，基于灌区灌溉经验的手工编组很难实现统筹优化，其弊端已被许多研究者指出（Mateos et al.，2002；Santhi and Pundarikanthan，2000）。因此国内外学者建立了大量模型来解决渠系配水编组问题。国际上对灌溉渠系配水优化的研究开始于 20 世纪 80 年代中期（Suryavanshi and Reddy，1986），随着对渠系配水优化问题研究的不断深入，渠系配水优化模型理论得到了充分的发展，对目标函数、约束条件等模型结构的处理也积累了丰富的经验。然而当前渠系配水优化模型大多只考虑某次灌水渠系运行要求（Reddy et al.，1999；Wardlaw，1999；张成才等，2013；赵文举，2009；赵文举等，2009）或者只考虑作物需水分配水量不涉及渠系配水编组（Linker et al.，2016；Ghahraman and Sepaskhah 2004），将二者综合考虑制定作物整个生育期适时适量灌溉计划的研究较少（Kanooni and Monem，2014；Wardlaw and Bhaktikul，2004）。本节拟构建综合考虑渠系运行与作物需水的渠系配水优化模型，并以黑河中游灌区的西干灌区为研究区，进行实例应用，并给出不同来水量情境下渠系灌水方案。

1. 渠系配水模型

渠系配水优化模型由渠系配水模型与土壤墒情模拟模型构成。研究提出了两种目标函数形式以供配水决策者选用，一种为产量最大（适用于来水充足情境），另一种为兼顾产量最大与用水量最少（适用于来水较少情境）。构成模型目标函数的分项指标包括产量最大和灌水量最少，同时由于采用遗传算法，对约束采用罚函数形式处理。故先介绍目标函数中各分项，最后给出目标函数形式。

（1）产量最大

通过水分生产函数 Jensen 模型估计作物产量，参数借鉴丁林等（2007）的试验。

$$\text{Minimize} Z = A - Y_{\text{asum}} \tag{13-95}$$

$$Y_{\text{asum}} = \sum_{i=1}^{I} \sum_{j=1}^{J} \left[S_{ij} \times Y_{ij\text{unitm}} \times \prod_{ijsn=1}^{ijSN} \left(\frac{\text{ET}_{ijsna}}{\text{ET}_{ijsnm}} \right) \lambda_{ijsn} \right] \tag{13-96}$$

式中，i 为二级渠道编号，共有 I 条二级渠道；j 为三级渠道编号，共有 J 条三级渠道；Y_{asum} 为作物总产量（kg）；S_{ij} 为二级渠道 i 下辖的三级渠道 j 控制的作物面积（hm²）；$Y_{ij\text{unitm}}$ 为二级渠道 i 下辖的三级渠道 j 控制面积上的作物在充分灌溉条件下的单位产量，又称为潜在产量（kg/hm²）；$ijsn$ 为二级渠道 i 下辖的三级渠道 j 控制的作物的生育期阶段编号，共有 $ijSN$ 个生育期阶段；ET_{ijsna} 为二级渠道 i 下辖的三级渠道 j 控制的作物在 $ijsn$ 生育期阶段的实际蒸散量（mm）；ET_{ijsnm} 为二级渠道 i 下辖的三级渠道 j 控制的作物在 $ijsn$ 生育期阶段的潜在蒸散量，取为充分灌溉条件下的作物实际蒸散量（mm）；λ_{ijsn} 为二级渠道 i 下辖的三级渠道 j 控制的作物在 $ijsn$ 生育期阶段对水分亏缺的敏感指数；A 为根据作物潜在产量计算的渠系控制面积上的最大产量（kg）。

（2）兼顾产量与灌水量

$$Z = \max \left[R_y (A - Y_{\text{asum}}) \right] + \min P_0 \tag{13-97}$$

$$P_0 = \sum_{t=1}^{T} \sum_{i=1}^{I} \sum_{j=1}^{J} X_{ijt} \tag{13-98}$$

$$X_{ijt} = q_{ij} \times \text{IFIR}_{ijt} \times \text{IR}t_{ijt} \tag{13-99}$$

$$\text{IFIR}_{ijt} = \{0,1\} \tag{13-100}$$

式中，P_0 为灌水量（m³）；t 为天数序号，共有 T 天；决策变量为 IFIR_{ijt}，取值为 1 或 0，表示在第 t 天，二级渠道 i 下属的三级渠道 j 是否灌水；X_{ijt} 为在第 t 天二级渠道 i 下辖的三级渠道 j 的灌水量（m³）；q_{ij} 为二级渠道 i 下辖的三级渠道 j 的设计流量（m³/s）；$\text{IR}t_{ijt}$ 为二级渠道 i 下辖的三级渠道 j 在第 t 天的灌水时间（s）。

（3）约束条件

约束条件主要涉及渠系运行方面的约束与作物根系层土壤水分含量约束两方面。下面分别给出模型约束的数学表达及其罚函数形式。

来水量约束：渠系灌水量（X_{ijt}）必须小于渠系来水量。

$$\sum_{t=1}^{T} \sum_{i=1}^{I} \sum_{j=1}^{J} X_{ijt} < W_{\max} \tag{13-101}$$

式中，$W_{\max}$ 为渠系来水量。

该约束的罚函数形式为

$$P_0 = \begin{cases} \sum_{t=1}^{T} \sum_{i=1}^{I} \sum_{j=1}^{J} X_{ijt} & \sum_{t=1}^{T} \sum_{i=1}^{I} \sum_{j=1}^{J} X_{ijt} \leqslant W_{\max} \\ \sum_{t=1}^{T} \sum_{i=1}^{I} \sum_{j=1}^{J} X_{ijt} + 0.1\, W_{\max} & \sum_{t=1}^{T} \sum_{i=1}^{I} \sum_{j=1}^{J} X_{ijt} > W_{\max} \end{cases} \tag{13-102}$$

作物根系层土壤含水量约束：作物根系层土壤含水量（θ_{ijt}）要保持在适宜区间，上限取为田间持水量，下限取为田持的 60%。

$$60\% \mathrm{WP}_{ijt} \leqslant \theta_{ijt} \leqslant \mathrm{WP}_{ijt} \tag{13-103}$$

式中，WP_{ijt} 为在第 t 天二级渠道 i 下辖的三级渠道 j 的控制面积上的田间持水量，取为作物有效根系层内的水层深度，mm。土壤含水量下限取为该值的 60%，即 $60\% \mathrm{WP}_{ijt}$。

其罚函数形式为

$$P_1 = \begin{cases} 0 & 60\% \mathrm{WP}_{ijt} \leqslant \theta_{ijt} \leqslant \mathrm{WP}_{ijt} \\ \sum\limits_{t=1}^{T} \sum\limits_{i=1}^{I} \sum\limits_{j=1}^{J} (\mathrm{WP}_{ijt} - \theta_{ijt})^2 & \theta_{ijt} > \mathrm{WP}_{ijt} \\ \sum\limits_{t=1}^{T} \sum\limits_{i=1}^{I} \sum\limits_{j=1}^{J} (\theta_{ijt} - 60\% \mathrm{WP}_{ijt})^2 & \theta_{ijt} < 60\% \mathrm{WP}_{ijt} \end{cases} \tag{13-104}$$

二级渠道流量约束：同一天内三级渠道流量之和小于二级渠道设计流量。

$$\sum\limits_{j=1}^{J} (q_{ij} \times \mathrm{IFIR}_{ijt}) \leqslant Q_i (i = 1, 2, 3, \cdots, I; t = 1, 2, 3, \cdots, T) \tag{13-105}$$

式中，Q_i 为第 i 条二级渠道 i 的设计流量（m^3/s）。

其罚函数形式为

$$P_2 = \sum\limits_{t=1}^{T} \sum\limits_{i=1}^{I} \left\{ \max \left[\sum\limits_{j=1}^{J} (q_{ij} \times \mathrm{IFIR}_{ijt}) - Q_i, 0) \right]^2 \right\} \tag{13-106}$$

一级渠道流量约束：同一天内二级渠道流量之和小于一级渠道设计流量。

$$\sum\limits_{i=1}^{I} (Q_i \times \mathrm{IFSI}_{it}) \leqslant Q_{\mathrm{main}_t} (t = 1, 2, 3, \cdots, T) \tag{13-107}$$

$$\mathrm{IFSI}_{it} = \begin{cases} 1 & \sum\limits_{j=1}^{J} \mathrm{IFIR}_{ijt} > 0 \\ 0 & \sum\limits_{j=1}^{J} \mathrm{IFIR}_{ijt} = 0 \end{cases} \tag{13-108}$$

式中，Q_{main_t} 为一级渠道设计流量（m^3/s）；IFSI_{it} 取值为 1 或 0，表示第 t 天二级渠道 i 是否灌水。

其罚函数形式为

$$P_3 = \sum\limits_{t=1}^{T} \left\{ \max \left[\sum\limits_{i=1}^{I} (Q_i \times \mathrm{IFSI}_{it}) - Q_{\mathrm{main}_t}, 0) \right]^2 \right\} \tag{13-109}$$

目标函数形式为

以产量最大为目标 M1-Ymax：

$$\mathrm{Minimize} Z = R_y (A - Y_{\mathrm{asum}}) + R_1 P_1 + R_2 P_2 + R_3 P_3 \tag{13-110}$$

以产量最大和灌水量最少为目标 M2-$Y_{\max}$，$I_{\min}$

$$\mathrm{Minimize} Z = R_y (A - Y_{\mathrm{asum}}) + R_0 P_0 + R_1 P_1 + R_2 P_2 + R_3 P_3 \tag{13-111}$$

式中，R_y、R_0、R_1、R_2、R_3 为目标中各分项的惩罚权重系数，Wardlaw and Bhaktikul（2004）根据各指标重要程度，结合模型求解结果进行调整（使得各目标分项值及惩罚项接近相同的数量级），设定取值。

2. 土壤墒情模拟模型

土壤墒情预报模型主要分为确定性模型和随机性模型（尚松浩等，2000）。借鉴文献（康绍忠等，1997）中的确定性模型中的机理模型来获得灌水方案确定下的作物根系层内土壤墒情变化情况。

（1）土壤水量平衡模型

基于水量平衡（Kanooni and Monem，2014），每天的土壤水分含量通过式（13-111）来获取：

$$\theta_{ijt+1} = \theta_{ijt} + IR_{ijt} + R_{ijt} + K_{ijt} - ET_{aijt} - DP_{ijt} + \theta_0 \left(Root_{ijt+1} - Root_{ijt} \right) \tag{13-112}$$

式中，θ_{ijt} 为二级渠道 i 所辖三级渠道 j 的控制面积上的土壤水分含量，采用作物根系层内储水深度来表示（mm）；IR_{ijt} 二级渠道 i 所辖为三级渠道 j 在第 t 天灌水，灌入田间的灌水深度（mm）；$Root_{ijt}$ 二级渠道 i 所辖为三级渠道 j 的控制面积上的作物在第 t 天的根系长度（m）；R_{ijt} 二级渠道 i 所辖为三级渠道 j 的控制面积在第 t 天的有效降水量（mm）；K_{ijt} 二级渠道 i 所辖为三级渠道 j 的控制面积在第 t 天的地下水补给量（mm）；ET_{aijt} 二级渠道 i 所辖为三级渠道 j 的控制面积上的作物在第 t 天的作物实际耗水量（mm）；DP_{ijt} 二级渠道 i 所辖为三级渠道 j 的控制面积在第 t 天的深层渗漏（mm）；$\theta_0 \left(Root_{ijt+1} - Root_{ijt} \right)$ 为因作物根系层伸长而增加的水量（mm）；θ_0 为作物根系伸长深度内初始的土壤含水量，取为田间持水量（mm/m）。

因为地表水资源量越来越少，所以地下水位持续下降，导致张掖地区地下水埋深在 20m 以下，因此，地下水补给量不予考虑，即 $K_{ijt} = 0$。同时，由于甘肃张掖地区很少有时间长强度高的降水（张芮，2007），而在作物需水量计算中，一般将 5mm 以下的降水记为无效降水，因此计算时 R_{ijt} 取为 0，因此，式（13-112）变为

$$\theta_{ijt+1} = \theta_{ijt} + IR_{ijt} - ET_{aijt} - DP_{ijt} + \theta_0 \left(Root_{ijt+1} - Root_{ijt} \right) \tag{13-113}$$

（2）作物根区生长模型

对于某一作物而言，在生长初期，湿润层深度一般采用 30～40cm；随着作物的成长和根系的发育，需水量增多，计划湿润层也逐渐增加，至生长末期，由于作物根系停止发育，需水量减少，计划湿润层深度不宜过大。计划湿润层深度应通过试验来确定，本书初拟采用文献（吴丹等，2012）中的公式计算确定：

$$Root_t = \left\{ r + Root_{max} \left[0.5 + 0.5 \sin \left(3.03 \frac{t}{T} - 1.47 \right) \right] \right\} \tag{13-114}$$

将作物根系生长分为 3 个阶段，即生长初期、发育期和生长中期、生长后期。生长初期与生长后期根区长度分别取定值 0.3m 和 0.8m，发育期和生长中期初按式（13-114）计算并结合文献试验数据进行修正。后经对比计算发现，发育期和生长中期根长生长可按线性函数计算，便于计算且与公式计算差别不大。最终采用式（13-114）计算发育期和生长中期各天根区长度。

$$Root_t = 0.3 + \frac{0.5}{63}(t - 49) \tag{13-115}$$

（3）作物蒸散量计算

作物蒸散量利用气象因素计算的参考作物蒸散量乘以作物系数和水分胁迫系数获得：

$$\mathrm{ET}_a(t) = K_c(t) \times K_s(t) \times \mathrm{ET}_0(t) \tag{13-116}$$

式中，$K_c(t)$、$K_s(t)$ 分别为作物在第 t 天的作物系数和水分胁迫系数。

A. 参考作物蒸散量 ET_0

采用 Penman-Monteith 公式计算，利用张掖地区 1955～2013 年（剔除掉数据不全的年份）共 53 年气象数据计算，计算每年 4～9 月的各月的平均日参考作物蒸散量 ET_0 见表 13-50。

采用 FAO-56 推荐使用的公式形式为

$$\mathrm{ET}_0 = \frac{0.048\Delta(R_n - G) + \gamma \dfrac{900}{T+273} u_2(e_s - e_a)}{\Delta + \gamma(1 + 0.34\, u_2)} \tag{13-117}$$

式中，ET_0 为参考作物蒸散量（mm/d）；R_n 为输入冠层净辐射量 [MJ/(m²·d)]；Δ 为饱和水汽压与温度曲线上某处的斜率（kPa/℃）；G 为土壤热通量 [MJ/(m²·d)]；γ 为干湿温度计常数（kPa/℃）；T 为 2m 高处日平均温度（℃）；u_2 为 2m 高处风速（m/s）；e_s 为饱和水汽压（kPa）；e_a 为实际水汽压（kPa）。

表 13-50　张掖地区 ET_0 历年各月日均值

项目	4 月	5 月	6 月	7 月	8 月	9 月
$\mathrm{ET}_0/(\mathrm{mm/d})$	3.790	4.739	5.154	5.039	4.493	3.169

B. 作物系数 K_c

作物系数反映作物自身特性、产量水平、土壤水肥及耕作条件对作物耗水的影响，最合理的确定方法为采用当地的实测试验资料（刘钰和 Pereira，2000）。参考陈军武和吴锦奎（2010）按充分灌水试验获得的制种玉米各生育阶段作物系数，结合张芮（2007b）制种玉米日耗水强度试验数据，将播种–拔节期 K_c 调整为 0.3，最终各阶段值为 0.3、0.7、1.19 和 0.8。

C. 水分胁迫系数 K_s 的确定

水分胁迫系数 K_s 参考张穗等（2015）给出的公式计算：

$$K_s = \begin{cases} 1 & \theta \geqslant 100 \\ \ln(1+\theta)/\ln 101 & \theta_c \leqslant \theta < 100 \\ \varepsilon \times e^{\frac{\theta - \theta_c}{\theta_c}} & \theta < \theta_c \end{cases} \tag{13-118}$$

式中，θ 为土壤含水率与田持的比值（%）；θ_c 为土壤水分胁迫临界含水率与田持的比值，旱作物取 60%，水稻取 80%；ε 为经验系数，旱作物可取 0.89，水稻取 0.94。

式（13-118）可改写成 [田间持水量以 18.6% 为例]

$$K_s = \begin{cases} 1 & \theta/(10\mathrm{root}) \geqslant 18.6 \\ \ln\left(1 + \dfrac{\theta}{10\mathrm{root}}\right)/\ln 101 & 11.1 \leqslant \theta/(10\mathrm{root}) < 18.6 \\ 0.89 \times e^{\frac{\theta/(10\mathrm{root}) - 11.1}{11.1}} & \theta/(10\mathrm{root}) < 11.1 \end{cases} \tag{13-119}$$

式中，θ 为作物根系层内的水层深度（mm）；root 为作物根系层长度（m）。每一天的 K_s 由当天初即前一天末的土壤水分含量确定。

通过以上三个子部分，把土壤、作物、大气有机地联系在一起、构成一个相互联系、相互反馈的土壤–作物–大气系统。通过此模型的运行，即可进行制种玉米生长条件下的农田土壤水分预报。

结合灌区的实际情况，并结合渠道流量与控制面积考虑，确定各三级渠道每天的灌水时间为24h，三级渠道一次灌水可持续多天。三级渠道灌水一天灌入田间的灌水深度按下式计算：

$$IR_{ijt} = \frac{86\,400\,\eta_f X_{ijt} - B}{10\,S_{ij}} \tag{13-120}$$

式中，IR_{ijt} 为二级渠道 i 下的三级渠道 j 在第 t 天灌水，灌入田间的灌水深度（mm）；B 为闸门启闭一次造成的损失，参考文献取为 1500m³；结合灌溉定额、渠系设计流量与控制面积确定每天的灌水时间为24h，即 86 400s；10 为单位间转化系数。

3. 实例应用

（1）研究区域概况

研究选择位于黑河中游西干灌区下的明永四支渠渠系为研究对象。西干灌区位于甘肃省河西走廊中部，黑河中游西岸，张掖市甘州区西南 37km 处。灌区属西北内陆干旱区，多年平均降水量为 125cm，平均蒸发量在 2047.9mm 以上，年无霜期 145 天左右，年均日照总时数为 3058h，年均气温为 7℃，最高气温为 38.6℃，最低气温为 -29.1℃，具有昼夜温差大，降水量稀少，光热资源丰富的特点，是典型的水资源稀缺地区。灌区主要种植小麦、大豆、制种玉米、蔬菜、油料等粮经作物。来水情境参考 2015 年灌水资料，制种玉米生育期可用水量为 1166.21 万 m³。通过将该来水量减少 50% 模拟灌区来水量减少情境。渠系基础资料见表 13-51，渠系分布图见图 13-40，作物参数见表 13-52。

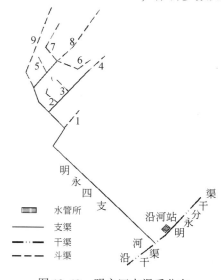

图 13-40　明永四支渠系分布

表 13-51　明永四支渠系资料

渠系编号	渠道名称	渠道类型	设计流量/(m³/s)	控制面积/hm²	渠道水利用率
00	明永四支	支渠	2.7	833.28	1
01	孙家闸分支渠	支渠	2	287.01	0.8380
1	孙家闸一斗	斗渠	1	58.36	0.6125
2	孙家闸二斗	斗渠	1	48.15	0.6125
3	孙家闸三斗	斗渠	1	72.30	0.6125
4	孙家闸四斗	斗渠	1.5	108.19	0.6125
02	沤波分支渠	支渠	2	526.26	0.8380
5	沤波一斗	斗渠	1	20.01	0.6125
6	沤波二斗	斗渠	1	99.38	0.6125
7	沤波三斗	斗渠	1.5	109.79	0.6125
8	沤波四斗	斗渠	1	142.74	0.6125
9	沤波五斗	斗渠	1.5	174.35	0.6125

表 13-52　制种玉米相关参数

项目	播种–拔节 (4 月 20 日~6 月 7 日)	拔节–抽穗 (6 月 8 日~7 月 12 日)	抽穗–灌浆 (7 月 13 日~8 月 9 日)	灌浆–成熟 (8 月 10 日~9 月 24 日)
敏感指数	0.05	0.70	0.19	−0.03
潜在产量 /(kg/hm²)	8216.8			
K_c	0.3	0.7	1.19	0.8

（2）结果与分析

A. 两种目标函数各自对应的求解结果

分别采用两种目标形式的模型对该例进行求解。通过多次运算，结合结果对权重系数进行调整，最终确定 M1-Y_{max} 的权重系数为 $R_y = 10$，$R_1 = 10$，$R_2 = 1\,000\,000$，$R_3 = 1\,000\,000$；M2-Y_{max}，I_{min} 权重系数为 $R_y = 10$，$R_0 = 1$，$R_1 = 2$，$R_2 = 1\,000\,000$，$R_3 = 1\,000\,000$。对两种目标函数形式的模型求解结果进行统计见表 13-53 和表 13-54。

表 13-53　M1-Y_{max} 求解结果

项目	总产量/kg	单位产量 /(kg/hm²)	灌水量 /m³	灌水次数 平均值	土壤水量 约束惩罚	二级渠道 流量惩罚	总目标值	总产量/灌水量 /(kg/m³)
数值	6 551 200	7 862	11 361 600	12.4	273 060	0		
目标值	2 956 950				2 730 600	0	5 687 550	0.576 609
占比	52%				48%	0%		

表 13-54　M2-Y_{max}，I_{min} 求解结果

项目	总产量/kg	单位产量/（kg/hm²）	灌水量/m³	灌水次数平均值	土壤水量约束惩罚	二级渠道流量惩罚	总目标值	总产量/灌水量/（kg/m³）
数值	6 434 000	7 721.3	6 868 800	7.556	609 360	0		
目标值	4 128 950		6 868 800		1 218 720	0	12 216 470	0.936 699
占比	34%		56%		10%	0%		

B. 模型求解结果与灌区灌水方式对比

根据灌区水资源配置方案，人工拟定灌区灌水方式，代入模型，求得相应的产量、灌水量等结果。模型两种目标对应求解结果与灌区灌水方式下灌水方案对应的主要指标见表 13-55。

表 13-55　模型求解结果与灌区灌水方式结果对比

灌水方式	灌水次数平均值	总灌水量/m³	总产量/kg	平均单位产量/（kg/hm²）
灌区灌水方式	5	9 288 000	6 012 400	7 185
M1-Y_{max}	12.4	11 361 600	6 551 200	7 862
M2-Y_{max}，I_{min}	7.6	6 868 800	6 434 000	7 721

1）土壤水分约束满足情况。灌区灌水方式下，各渠道土壤含水量处于适宜区间内的天数平均值为 88.7，占生育期的 56.1%。M1-Y_{max} 求解结果显示，各渠道土壤含水量处于适宜区间内的天数平均值为 140，占生育期的 88.5%。M2-Y_{max}，I_{min} 求解结果显示，各渠道土壤含水量处于适宜区间内的天数平均值为 94.7，占生育期的 60%。M1-Y_{max}、灌区灌水方式与 M2-Y_{max}，I_{min} 结果对应的生育期内土壤含水量变化情况见图 13-41 ~ 图 13-43。生育期各阶段土壤含水量约束得到满足的情况见表 13-56、表 13-57。

表 13-56　M1-Y_{max} 和灌区灌水结果各渠道满足土壤水分约束天数统计对比

渠道	拔节期49天		抽穗期35天		灌浆期28天		成熟期46天		满足天数		占比	
	优化	灌区	优化	灌区	优化	灌区	优化	灌区	优化	灌区	优化	灌区
孙闸1斗	27	30	35	22	27	16	44	24	133	92	0.842	0.582
孙闸2斗	38	31	32	22	16	14	45	19	131	86	0.829	0.544
孙闸3斗	38	31	35	23	28	15	42	21	143	90	0.905	0.570
孙闸4斗	35	33	35	23	28	13	46	23	144	92	0.911	0.582
泗波1斗	29	35	31	22	28	9	38	0	126	66	0.797	0.418
泗波2斗	42	37	35	22	27	10	40	19	144	88	0.911	0.557
泗波3斗	36	36	34	24	24	11	40	21	134	92	0.848	0.582
泗波4斗	49	38	35	25	28	11	43	20	155	94	0.981	0.595
泗波5斗	45	36	35	26	28	13	41	23	149	98	0.943	0.620

表 13-57　M2-Y_{max}, I_{min} 和灌区灌水结果中各渠道满足土壤水分约束天数统计

渠道	拔节期49天		抽穗期35天		灌浆期28天		成熟期46天		满足天数		占比	
	优化	灌区	优化	灌区	优化	灌区	优化	灌区	优化	灌区	优化	灌区
孙闸1斗	24	30	34	22	22	16	11	24	91	92	0.576	0.582
孙闸2斗	26	31	31	22	22	14	26	19	105	86	0.665	0.544
孙闸3斗	28	31	33	23	27	15	12	21	100	90	0.633	0.570
孙闸4斗	23	33	32	23	21	13	7	23	83	92	0.525	0.582
泗波1斗	25	35	25	22	22	9	5	0	77	66	0.487	0.418
泗波2斗	27	37	32	22	19	10	16	19	94	88	0.595	0.557
泗波3斗	32	36	34	24	23	11	8	21	97	92	0.614	0.582
泗波4斗	35	38	35	25	25	11	13	20	108	94	0.684	0.595
泗波5斗	29	36	35	26	26	13	7	23	97	98	0.614	0.620

2）作物耗水量。灌区灌水方式、M1-Y_{max} 和 M2-Y_{max}, I_{min} 求解结果显示 9 条斗渠控制的制种玉米全生育期耗水量平均值分别为 404.3mm、461.4mm 和 422.1mm，分别占潜在腾发量的 82%、93% 和 85.0%。两种目标对应的模型求解结果对应的土壤水分约束满足情况均优于灌区灌水方式。M2-Y_{max}, I_{min} 模型求解结果中，制种玉米各生育阶段作物耗水量占整个生育期耗水量的比例分别为 13%、28%、35% 和 25%，且各渠道控制制种玉米 ET_a/ET_m 比值接近，表明模型求解的灌水方案配水较均匀。灌区灌水方式、M1-Y_{max} 和 M2-Y_{max}, I_{min} 求解结果对应的各渠道控制的制种玉米生育期各阶段实际腾发量对比情况见表 13-58 和表 13-59。

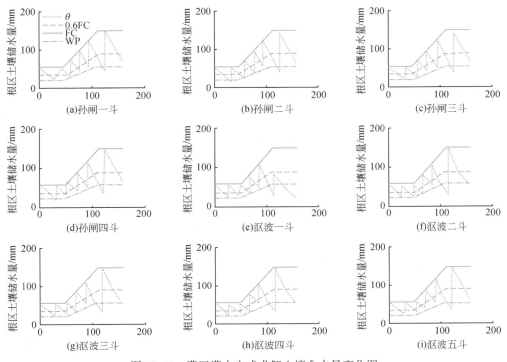

图 13-41　灌区灌水方式求解土壤含水量变化图

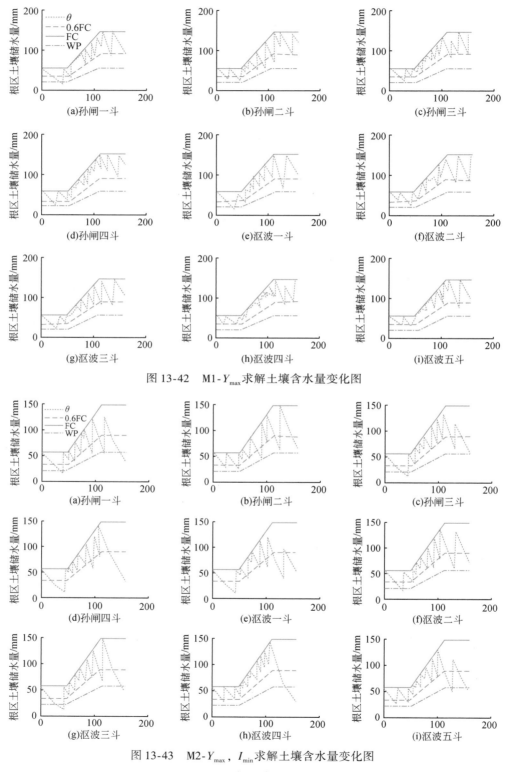

图 13-42　M1-Y_{max} 求解土壤含水量变化图

图 13-43　M2-Y_{max}，I_{min} 求解土壤含水量变化图

表 13-58   M1-Y_{max}结果中各渠道制种玉米实际腾发量

mm	播种–拔节		拔节–抽穗		抽穗–灌浆		灌浆–成熟		合计		生育期ET_a/ET_m	
	优化	灌区	优化	灌区	优化	灌区	优化	灌区	优化	灌区	优化	灌区
ET_{1a}	54.33	56.3	119.05	108.2	152.23	139.0	131.71	110.6	457.3	414.0	0.92	0.84
ET_{2a}	61.14	56.9	116.90	107.3	138.67	136.0	132.57	106.2	449.3	406.4	0.91	0.82
ET_{3a}	60.69	56.9	120.38	108.6	154.48	137.8	128.65	108.3	464.2	411.7	0.94	0.83
ET_{4a}	58.96	58.0	120.00	109.2	155.88	135.8	133.97	109.4	468.8	412.5	0.95	0.83
ET_{5a}	55.65	60.4	115.34	108.1	153.39	119.6	127.76	78.1	452.1	366.2	0.91	0.74
ET_{6a}	62.20	61.0	119.93	109.3	153.61	121.3	128.45	109.8	464.2	401.3	0.94	0.81
ET_{7a}	59.57	60.3	119.02	110.0	148.76	127.3	130.29	109.5	457.6	407.1	0.93	0.82
ET_{8a}	64.43	61.3	121.63	111.9	154.44	125.0	129.92	110.9	470.4	409.1	0.95	0.83
ET_{9a}	63.37	59.6	121.31	112.1	153.23	134.9	130.66	111.0	468.6	417.6	0.95	0.84

表 13-59   M2-Y_{max}，I_{min}结果中各渠道制种玉米实际腾发量

mm	播种–拔节		拔节–抽穗		抽穗–灌浆		灌浆–成熟		合计		生育期ET_a/ET_m	
	优化	灌区	优化	灌区	优化	灌区	优化	灌区	优化	灌区	优化	灌区
ET_{1a}	67.3	56.3	125.3	108.2	162.0	139.0	139.9	110.6	494.5	414.0	0.92	0.84
ET_{2a}	52.0	56.9	117.9	107.3	148.5	136.0	101.8	106.2	420.2	406.4	0.91	0.85
ET_{3a}	53.6	56.9	116.5	108.6	143.9	137.8	112.7	108.3	426.8	411.7	0.94	0.86
ET_{4a}	55.0	58.0	117.1	109.2	152.6	135.8	108.9	109.4	433.6	412.5	0.95	0.88
ET_{5a}	51.2	60.4	118.1	108.1	142.2	119.6	98.8	78.1	410.1	366.2	0.91	0.83
ET_{6a}	52.8	61.0	109.6	109.3	147.3	121.3	95.3	109.8	405.0	401.3	0.94	0.82
ET_{7a}	54.3	60.3	116.2	110.0	139.9	127.3	112.9	109.5	423.9	407.1	0.93	0.86
ET_{8a}	57.4	61.3	117.9	111.9	147.6	125.0	95.2	110.9	418.1	409.1	0.95	0.85
ET_{9a}	59.8	59.6	117.8	112.1	150.0	134.9	108.7	111.0	436.4	417.6	0.95	0.88

3）灌水量、灌水天数与产量。灌区灌水方式对应的灌水量为 9 288 000m³，单位产量为 7185kg/hm²。M2-Y_{max}，I_{min}求解结果对应总的灌水量为 6 868 800m³，是灌区灌水方式的 74%。单位产量为 7721.3kg/hm²，是灌区灌水方式下该值的 1.07 倍。二者相比较，模型求解结果具有节水增产的优势。

M1-Y_{max}求解结果对应总的灌水量为 11 361 600m³，是灌区灌水方式的 1.22 倍。单位产量为 7862kg/hm²，是灌区灌水方式下该值的 1.09 倍。

灌区灌水方式、M1-Y_{max} 和 M2-Y_{max}，I_{min}求解结果的灌水计划分别见图 13-44 ~ 图 13-46。黑色方块表示灌水。灌区灌水方式、M1-Y_{max} 和 M2-Y_{max}，I_{min}灌水方案对应的灌水天数与灌水量及各渠道控制的制种玉米的单位产量统计见表 13-60 ~ 表 13-62。

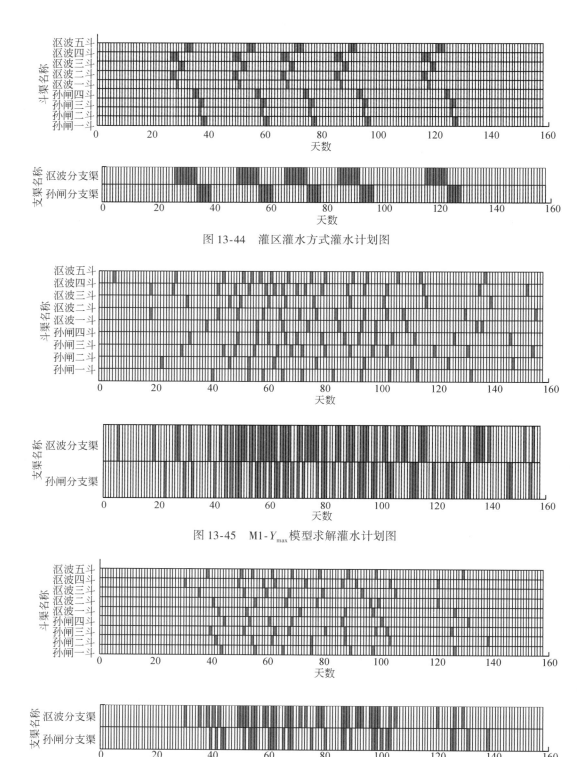

图 13-44　灌区灌水方式灌水计划图

图 13-45　M1-Y_{max} 模型求解灌水计划图

图 13-46　M2-Y_{max}，I_{min} 模型求解灌水计划图

表 13-60 灌区灌水方式各渠道灌水天数、灌水量与制种玉米单位产量统计

渠道序号	拔节期	抽穗期	灌浆期	成熟期	全生育期	灌水量/m³	单位产量/（kg/hm²）
1	2	4	2	2	10	864 000	7 186.956
2	1	2	1	1	5	432 000	7 129.960
3	2	4	2	2	10	864 000	7 202.218
4	2	4	2	2	10	1 296 000	7 217.653
5	1	2	1	1	5	432 000	7 080.633
6	3	3	2	2	10	864 000	7081.784
7	2	4	2	2	10	1 296 000	7 179.225
8	4	5	3	3	15	1 296 000	7 241.362
9	3	6	3	3	15	1 944 000	7 345.302

表 13-61 模型 M1-Y_{max} 结果中各渠道灌水天数、灌水量与制种玉米单位产量统计

渠道序号	拔节期	抽穗期	灌浆期	成熟期	全生育期	灌水量/m³	单位产量/（kg/hm²）
1	1	5	2	2	10	864 000	7 765
2	2	3	2	2	9	777 600	7 575
3	3	5	3	3	14	1 209 600	7 896
4	1	6	4	3	14	1 814 400	7 871
5	1	3	4	2	10	864 000	7 621
6	2	5	4	2	13	1 123 200	7 877
7	2	4	2	2	10	1 296 000	7 768
8	4	7	3	3	17	1 468 800	7 974
9	3	7	3	2	15	1 944 000	7 940

表 13-62 模型 M2-Y_{max}，I_{min} 结果中各渠道灌水天数、灌水量与制种玉米单位产量统计

渠道序号	拔节期	抽穗期	灌浆期	成熟期	全生育期	灌水量/m³	单位产量/（kg/hm²）
1	1	3	2	1	7	604 800	7 718.592
2	1	3	2	1	7	604 800	7 597.373
3	1	4	3	1	9	777 600	7 728.192
4	1	3	2	1	7	907 200	7 662.918
5	1	2	2	1	6	518 400	7 341.289
6	1	3	2	1	7	604 800	7 549.476
7	1	4	2	0	7	907 200	7 763.442
8	1	4	3	1	9	777 600	7 766.428
9	1	5	2	1	9	1 166 400	7 867.820

（3）来水量减少下模型求解结果

通过将来水量取为原值的 50% 来验证模型在水分胁迫情境下的求解性能。灌区灌水方式仍参考灌区灌水资料中按经验固定次数固定灌水开始时间的方式，为满足来水量约束，将灌水天数减少。模型求解结果与灌区灌水方式对比情况见表 13-63，模型求解结果统计见表 13-64。此部分模型仅选用 M2-Y_{max}，I_{min}。

模型目标中各项惩罚权重系数取为：$R_y = 3$，$R_0 = 1$，$R_1 = 3$，$R_2 = 1\ 000\ 000$，$R_3 = 1\ 000\ 000$。

表 13-63　模型求解结果与灌区灌水方式对比

灌水方式	灌水次数平均值	总灌水量/m³	总产量/kg	平均单位产量/（kg/hm²）
模型结果	5	4 622 400	6 131 900	7246.0
灌区灌水方式	5	5 616 000	5 940 100	7122.2

表 13-64　模型求解结果统计表

项目	总产量/kg	单位产量/（kg/hm²）	灌水量/m³	灌水次数平均值	土壤水量约束惩罚	二级渠道流量惩罚	一级渠道流量惩罚	总产量/灌水量/（kg/m³）
数值	6 131 900	7 246	4 622 400	5.1	1 145 300	0	0	
目标值	2 144 985		4 622 400		3 435 900	0	0	1.33
占比	21%		45%		34%	0%	0%	

1）土壤水分约束满足情况。在来水量变为原值的 50% 情况下，灌区灌水方式下，各渠道土壤含水量处于适宜区间内的天数平均值为 76.6，占生育期的 48.5%；模型求解结果显示，各渠道土壤含水量处于适宜区间内的天数平均值为 73.7，占生育期的 46.6%。生育期内土壤含水量变化情况见图 13-47。

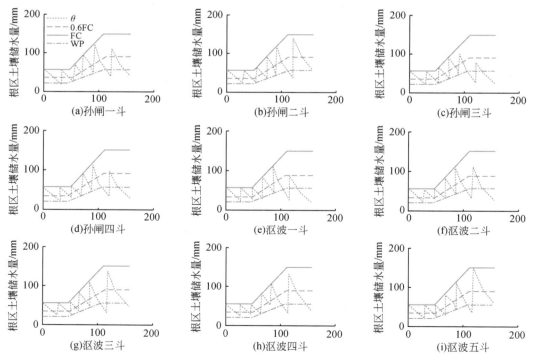

图 13-47　50% 来水量下灌区灌水方式下土壤含水量变化图

2）作物耗水量。在 50% 来水量情况下，模型求解结果对应的 9 条斗渠控制的制种玉米全生育期耗水量平均值为 392.7mm，占潜在腾发量的 79.0%。制种玉米各生育阶段作物耗水量占整个生育期需水量的比例分别为 13%、28%、35% 和 24%。灌区灌水方式对应的 9 条斗渠控制的制种玉米全生育期耗水量平均值为 386.9mm，占潜在腾发量的 78.0%。

各渠道控制制种玉米 ET_a/ET_m 比值整体较接近，但最大值为最小值的 1.15 倍，表明随着来水量减少，模型求解的灌水方案配水均匀性下降。

3）灌水量与产量。50% 来水量情况下，模型求解结果对应总的灌水量为 4 622 400m³，是灌区灌水方式的 82.3%。单位产量为 7246kg/hm²，是灌区灌水方式下该值的 1.02 倍。灌区灌水次数平均值为 5，模型求解结果对应值为 5。模型结果具有节水增产的优势。

与原来水量下模型求解结果相比，在 50% 来水量情境下，模型结果灌水量由原来的 6 868 800m³ 降为 4 622 400m³，减少了 41%；灌水次数平均值由原来的 7.556 次降为 5 次；单位产量平均值由 7721.3kg/hm² 降为 7246kg/hm²，减少了近 6%。产量下降程度明显低于灌水量减少程度。50% 来水量下模型求解结果的灌水计划见图 13-48。黑色方块表示灌水。

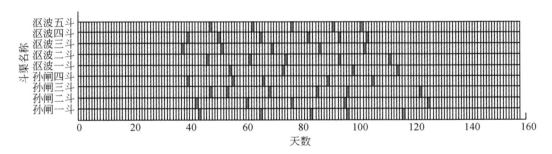

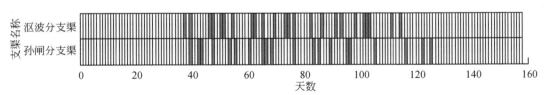

图 13-48　50% 来水量下 M2-Y_{max}，I_{min} 求解灌水计划图

此模型可用于支渠及支渠以下渠系在作物生育期内的配水方案制定问题，且渠道流量和控制面积可不相同，具有一定的通用性。模型引入了确定性土壤墒情模拟模型与亏缺灌溉下作物水分生产函数。在制订灌水方案中考虑了作物需水与渠系运行两方面的约束。实例验证表明模型求解稳定，求解出的渠系灌水方案相比灌区现行的灌水方案，有节水增产的优势。

灌区来水量进一步减少的情况下，模型求解方案相比灌区灌水方式，具有节水增产的效果。与原来水量下灌区灌水方式及模型结果相比，产量下降幅度远小于灌水量下降幅度，可为灌区来水量减少情境下渠系水量时空分配提供参考。

4. 模型改进

但模型制订的灌水方案其灌水次数相比灌区灌水方式较多，闸门启闭频繁，渠道的流量波动较大，不利于渠道的运行安全。基于此问题，我们对模型进行了改进，增加了上级渠道流量波动评价项，同时增加了轮期约束、闸门一次性开启的约束、灌水量约束，将灌水量和产量通过满足土壤需水约束实现，以此来增强模型的实用性。

（1）目标函数

为了实现上述的目的，既满足配水时间要求，又能保证渠系运行的安全平稳，同时减少闸门调节次数，将各下级渠道实际开始配水时间与目标开始配水时间差最小和以不同配水时段的流量方差最小作为优化目标建立双目标优化模型，优化数学模型如下。

1）配水时间差最小：

$$\min\Delta T = \sum_{j=1}^{N} (E_j - T_j) \tag{13-121}$$

式中，N 为下级渠道的数目；E_j 为第 j 条下级渠道提早的配水时间；T_j 为第 j 下级渠道推迟后的配水的时间，二者用下式计算：

$$E_j \mid T_j = S_j^* - S_j \tag{13-122}$$

式中，S_j^* 为第 j 条下级渠道的目标开始配水时间；S_j 为第 j 条下级渠道的实际开始配水时间；E_j 恒为正值；T_j 恒为负值，因此目标函数中 $(E_j - T_j)$ 恒为正且表示偏离目标配水时间的大小。

2）流量波动最小：

$$\min f = \frac{1}{T-1} \sum_{k=1}^{T} (Q_{uk} - \overline{Q}_u)^2 \tag{13-123}$$

式中，T 为轮期，以 12h 为单位；Q_{uk} 为上级渠首处在第 k 个时段内的引水流量，m^3/s，等于同时段内配水下级渠道的净流量以及沿程流量损失之和，流量损失采用渠系输水渗漏损失的经验公式 $Q_s = [\beta \cdot A \cdot l \cdot q^{(1-m)} \cdot t]/100$ 计算，其中，A 和 m 分别为渠道的透水系数和指数，β 为采取防渗措施后的折减系数，l 和 t 分别为渠道输水长度（km）和配水时间（h）；$\overline{Q}_u$ 为轮期内 Q_{uk} 的均值（m^3/s）。

（2）约束条件

1）流量约束：

$$\alpha_d q_s \leqslant q_j \leqslant \alpha_u q_s \tag{13-124}$$

$$\gamma_d Q_u \leqslant Q_{uk} \leqslant \gamma_u Q_u \tag{13-125}$$

式中，q_j、q_s 分别为下级渠道 j 的输水流量和设计流量（m^3/s）；Q_u 为上级渠道设计流量（m^3/s）；γ_d、α_d 分别为上、下级渠道最小流量系数，分别取 0.4 和 0.6；γ_u、α_u 分别为上、下级渠道加大流量系数，一般取 1.2。

2）轮期约束：

$$0 \leqslant S_j < S_j + D_j \leqslant T \tag{13-126}$$

式中，D_j 为第 j 条下级渠道的持续配水时间。

3）水量约束：

各下级渠道的配水流量与配水持续时间之积等于该下级渠道所对应作物的需水量 W_j：

$$W_j = q_j D_j \tag{13-127}$$

（3）土壤墒情模拟

与改进前的模型相同，并且以土壤含水率到达 60% 田间持水率作为触发灌水下限值，即为目标配水时间；以田间持水率作为触发灌水的上限，即可求得该次灌水的灌水量。将整个生育期的配水以作物需水为导向进行渠系配水组编的优化。

（4）作物水分生产函数

为了对比作物生育期内不同灌水方案的效果，引入 Jensen 水分生产函数模型计算不同灌水方案下的作物产量，其形式如下：

$$\frac{Y_a}{Y_m} = \prod_{i=1}^{n} \left(\frac{\mathrm{ET}_{ai}}{\mathrm{ET}_{ci}} \right)^{\lambda_i} \tag{13-128}$$

式中，n 为生育期划分的阶段数目；λ_i 为第 i 阶段缺水敏感指数，表示该阶段缺水的减产程度，其值越大，减产率越大；Y_a 为作物实际产量（kg/hm²）；Y_m 为作物潜在产量（kg/hm²）；ET_{ai}、ET_{ci} 分别为第 i 阶段的实际腾发量和潜在腾发量（mm/d）。本实例中采用该地区灌溉试验资料，将制种玉米生育期划分为 4 个阶段，各阶段缺水敏感指数分别为 0.05、0.7、0.19 和 −0.03，潜在产量 Y_m 为 8216.8kg/hm²。

（5）实例应用

本实例选取甘肃省张掖市西浚灌区西洞干渠及下属渠系为研究对象，该干渠设计流量为 2.5m³/s，下辖两条支渠及 9 条直属斗渠，由于来水流量限制，2 条支渠也采用轮灌方式进行配水。渠道的透水系数 A 和指数 m 根据渠床土壤性质分别为取值 1.9 和 0.4。渠系对应土壤参数参考当地试验资料取统一值，其中田间持水量为 0.216，凋萎系数为 0.07，均采用体积含水率表示，此外，为体现需水时间差异，在给定范围内随机生成各下级渠系控制区域的初始土壤含水量 θ_0。实例以西浚灌区制种玉米为研究作物，灌溉制度参考灌区 2016 年水资源分配情况，如表 13-65 所示。西洞干渠各下属渠系设计参数见表 13-66。

表 13-65　灌区制种玉米灌溉制度

灌水次数	开始日期	结束日期	灌水天数	灌水定额/（m³/亩）	灌溉定额/（m³/亩）
1	5 月 16 日	6 月 2 日	17	70	
2	6 月 3 日	6 月 20 日	17	70	
3	6 月 21 日	7 月 6 日	15	70	350
4	7 月 21 日	8 月 10 日	20	70	
5	8 月 21 日	9 月 10 日	20	70	

表 13-66 西洞干渠下属渠系参数

渠道编号	渠道类型	长度/km	灌溉面积/hm²	距支渠口长度/km	设计流量/(m³/s)	θ_0
1	支渠	1.80	83	1.77	0.80	0.195
2	斗渠	1.80	76	3.72	0.60	0.195
3	斗渠	4.20	176	4.50	1.00	0.190
4	斗渠	5.80	278	4.94	1.00	0.193
5	斗渠	1.25	95	5.36	0.60	0.186
6	斗渠	1.20	106	6.41	0.60	0.189
7	斗渠	0.88	85	7.36	0.50	0.195
8	斗渠	1.03	71	7.96	0.50	0.193
9	斗渠	1.40	147	8.82	0.60	0.195
10	斗渠	1.90	260	10.23	0.80	0.192
11	支渠	6.17	263	10.23	1.50	0.185

将模型优化结果与灌区现有灌水方式下的渠系配水方案及灌溉制度分别进行对比。

1）渠系配水方案对比灌区灌水方式下，制种玉米生育期共 5 次灌水，各次灌水的渠系工作方案都相同，按照"从远至近，输水平稳"的原则制定，灌水轮期和灌水量相等，下级渠道按设计流量输水。本实例西洞干渠及下级渠道的配水方案如图 13-49 所示。对模型优化结果而言，由于生育期内各次配水优化方案存在差异且灌水量与灌区灌水方式相差较大，本节取灌水量与灌区灌水方式相近的一次进行对比分析，渠系工作制度如图 13-50 所示。

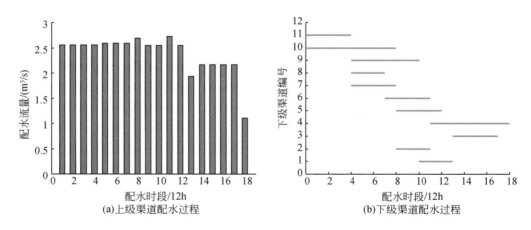

(a)上级渠道配水过程

(b)下级渠道配水过程

图 13-49 灌区灌水方式配水方案

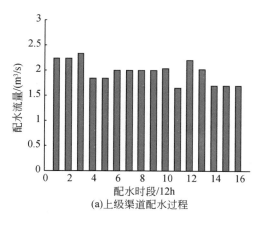
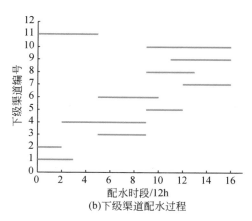

(a)上级渠道配水过程   (b)下级渠道配水过程

图 13-50   第 8 次灌水模型优化配水方案

对比两种方案下的干渠配水过程，从图 13-48（a）和图 13-42（a）可以看到，优化后的输水流量变化更为平稳，且不会出现流量过小的情况，可以保证下级渠道引水的可靠性。对比图 13-49（a）和图 13-50（a），由于第 8 次轮期下级渠道控制作物需水时间的要求不同，导致下级渠道配水过程出现"从近至远"的现象，若按灌区灌水方式下"从远至近"方案进行配水，显然不能满足各单位的需水时间要求（表 13-67）。

表 **13-67**   配水方案结果对比

配水方案	灌水量/万 m³	配水轮期/天	流量波动
灌区灌水方式	172.200	9	0.152
模型优化结果	123.879	8	0.046

2）灌溉制度各指标对比。为了对比两种灌水方案的差异，采用土壤墒情模型模拟灌区现有灌溉制度，对比渠系优化配水模型与土壤墒情模型耦合下的各项指标，包括生育期内的土壤水分满足情况、作物耗水量、总灌水量及产量等。实例中 11 条下级渠道控制作物各项指标变化规律类似，此处以第 1 条渠道为例进行说明。

从图 13-51 可以看到，在模型优化结果中，每次轮期的开始是以土壤水分临界值为触发点，所以生育期内土壤水分值基本处在适宜区间，在制种玉米成熟阶段，需水系数较小，而且适当水分胁迫有促进成熟的效果，因此，在生育期末最后一次达到土壤水分适宜下限时，将不再进行灌水。在制种玉米各生育阶段内，模型优化结果对应的土壤分数适宜天数都大于灌区灌水方式对应天数，灌区灌水方式下，全生育期土壤水分处于适宜范围的天数为 92 天，占生育期的 59%，而模型求解结果的水分满足天数可以达到 135 天，占到生育期的 87%。

此外，从图 13-52 中作物各生育期阶段的耗水情况也可以看到，模型优化结果的耗水量都大于灌区灌水方式耗水量，在灌区灌水方式下，制种玉米生育期耗水量为 434mm，占到作物需水量的 79.5%，而模型优化结果对应耗水量为 500.6mm，占生育期潜在蒸发蒸散量的 91.7%。综上分析表明模型优化后的灌水方案可以更好地满足作物对土壤水分的需求。

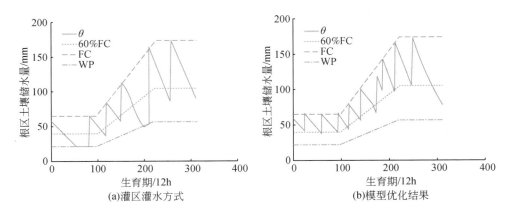

(a)灌区灌水方式   (b)模型优化结果

图 13-51   不同灌水方案下的根区土壤水分变化

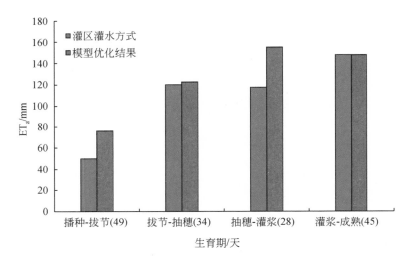

图 13-52   各生育期阶段耗水量对比

灌区灌水方式下，制种玉米生育期共 5 次灌水，各次灌水定额相等为 70m³/亩，灌水轮期为 9 天，全生育期各次灌水的时间间隔根据灌区经验资料来确定。模型中各次灌水时间根据土壤含水量变化而定，生育期共 9 次灌水，灌水定额最小为 20m³/亩，最大为 52m³/亩，灌水轮期为 3~8 天，优化后的灌水方案遵循"少量多次"的原则，可以更准确地满足作物各阶段地需水。

从表 13-68 可看出，两种灌水方案的田间渗漏损失量都较大，分别占到灌水量的 31.8% 和 22.6%，其中灌区灌水方式灌水定额较大是造成渗漏量较大的原因，而模型计算灌水定额时虽然以田间持水量最为上限，但由于下级渠道并不能准确按照目标时间进行配水，所以会出现灌水持续时间过长进而导致土壤含水量超过田间持水量的情况，另外，模型以 12h 为最小配水时间单位，中间的舍入误差也会导致灌水量大于实际的需水量。分析灌水量及产量可以看到，模型优化结果的灌水量比灌区灌水方式减少了 16.3% ，而总产量比灌区灌水方式高 6% ，说明模型优化后的灌水方案具有节水增产的效果。

表 13-68　全生育期灌水及产量指标

灌水方案	输水损失量/万 m³	田间渗漏损失/万 m³	灌水量/万 m³	总引水量/万 m³	单产/(kg/hm²)	总产量/万 kg
灌区灌水方式	70.610	273.715	861.000	931.610	7170	1180
模型优化结果	67.799	163.024	720.67	788.466	7650	1250

5. 小结

本节综合考虑了灌区气候、作物、土壤水分对作物耗水的影响，构建了单纯以作物产量最大（M1-Y_{max}）和兼顾作物产量最大和灌水量最少（M2-Y_{max}, I_{min}）这两种目标，以渠系运行与作物根系层土壤含水量为约束的渠系优化配水模型，运用遗传算法求解，供灌水决策者选用。

上述模型可用于在"变流量，变历时"情形下三级渠道优化配水，具有一定的通用性。并且结合了土壤墒情模型与亏缺灌溉下作物产量模型，使得制订的灌水方案能按作物需求给定。实例验证表明模型求解稳定，求解出的渠系灌水方案相比灌区现行的灌水方案，有节水增产的优势。

在考虑灌区来水量减少的情形下，模型仍然适用，与灌区经验配水相比有节水增产的效果；与水量充足的情形相比，产量下降幅度远小于灌水量下降幅度，可为灌区来水量减少情境下渠系水量时空分配提供参考。但模型制订的灌水方案其灌水次数相比灌区灌水方式较多，增加了灌区操作的复杂程度。基于此问题，本节对优化模型进行了改进。增加了上级渠道流量波动评价项，同时增加了轮期约束、闸门一次性开启的约束、灌水量约束，将灌水量和产量通过满足土壤需水约束实现。优化结果与灌区经验配水相比，有节水增产的效果；与改进前的模型相比，减少了灌水次数，使得上级渠道运行水流平稳，同时也减少了闸门的开关次数，既保证了渠道运行的安全，又满足了作物实时需水的要求。

13.4　不确定性下灌区时空优化配水及风险评估

构建综合考虑社会–经济–资源多维要素的黑河中游灌区间水资源优化调配的随机多目标规划模型。其中社会维度的目标为灌溉水生产力最大及各灌区间的公平性最优，经济维度的目标为黑河中游净效益最大及效益损失风险最小，资源维度的目标为蓝水利用率最小及配水渗漏损失最小。上述目标函数受供水约束、配水连续性约束、输水约束、需水约束、地表水与地下水转化约束、粮食安全约束、风险约束等的制约。考虑来水随机性和气候变化情景，分析变化环境下黑河中游灌区间用水优化调配方案的变化。在此基础上，采用协同学理论对优化配水方案进行评估。本节内容的技术路线见图 13-53。

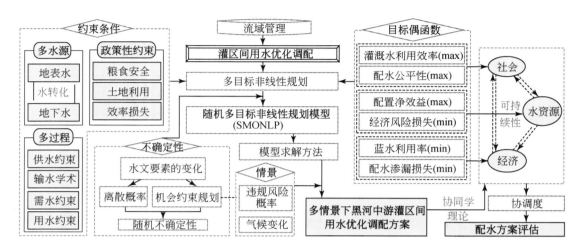

图 13-53　不确定性下灌区时空优化配水技术路线图

13.4.1　模型构建

所构建模型为随机多目标非线性规划（SMONLP）模型，模型将对黑河中游 17 个灌区间进行优化配水（包括地表水和地下水资源），以获得黑河中游的综合效益最优。这 17 个灌区分为甘州区的大满灌区、盈科灌区、西浚灌区、安阳灌区、花寨灌区，临泽县的平川灌区、板桥灌区、鸭暖灌区、蓼泉灌区、沙河灌区、梨园河灌区，高台县的友联灌区、六坝灌区、罗城灌区、新坝灌区、红崖子灌区。模型目标函数和约束条件如下。

1. 目标函数

（1）最大化灌溉水生产力

灌溉水生产力可表征为总产量与总耗水量之比。在缺水地区，灌溉水生产力的提升比产量增加更具有实际意义。本书中，灌溉水生产力公式中分母的耗水部分由分配的地表水量、地下水量及有效降水量构成。此目标函数表述如下：

$$\max \mathrm{WP} = \frac{\sum_{i=1}^{I} \sum_{h=1}^{H} \mathrm{YA}_i \cdot p_h \cdot A_{ih}}{\sum_{i=1}^{I} \sum_{t=1}^{T} \sum_{h=1}^{H} p_h (x_{ith}^{\mathrm{sur}} \cdot \eta_i^c \cdot \eta_i^f + x_{ith}^{\mathrm{gro}} \cdot \eta_i^f + \mathrm{ep}_{ith})} \quad (13\text{-}129)$$

（2）最小化基尼系数

基尼系数是配水公平性的度量，同时也是衡量社会稳定性的一个重要指标。基尼系数在［0，1］范围内变化。较小的基尼系数代表灌区间的水量分配较均匀，相反地，较大的基尼系数代表灌区间的水量分配不均匀。基尼系数可以通过 Lorenz 曲线计算，如图 13-54 所示，基尼系数=（AreaA）/（AreaA+AreaB）。本书的基尼系数可表示如下：

$$\text{minGini} = \cfrac{1}{2I\sum\limits_{i=1}^{I}\sum\limits_{t=1}^{T}\sum\limits_{h=1}^{H}p_h\cfrac{(x_{ith}^{\text{sur}}+x_{ith}^{\text{gro}}+\text{ep}_{ith})}{\text{PO}_i}}$$

$$\sum\limits_{l=1}^{I}\sum\limits_{k=1}^{I}\left|\cfrac{\sum\limits_{t=1}^{T}\sum\limits_{h=1}^{H}p_h(x_{lth}^{\text{sur}}+x_{lth}^{\text{gro}}+\text{ep}_{lth})}{\text{PO}_l}-\cfrac{\sum\limits_{t=1}^{T}\sum\limits_{h=1}^{H}p_h(x_{kth}^{\text{sur}}+x_{kth}^{\text{gro}}+\text{ep}_{kth})}{\text{PO}_k}\right| \quad (13\text{-}130)$$

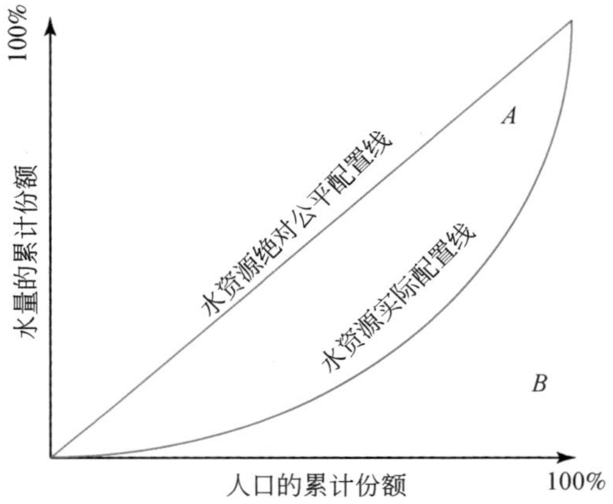

图 13-54　Lorenz 曲线

（3）最大化净效益

净效益等于总收入与总支出之差，其中支出包括水费支出和管理费用支出。该目标函数表述如下：

$$\text{maxProfit} = \sum_{i=1}^{I}\sum_{t=1}^{T}\sum_{h=1}^{H}p_h\big[B_i\cdot Y_i(x_{ith}^{\text{sur}}\cdot\eta_i^c\cdot\eta_i^f+x_{ith}^{\text{gro}}\cdot\eta_i^f)$$
$$-(\text{CM}_i^{\text{sur}}x_{ith}^{\text{sur}}+\text{CM}_i^{\text{gro}}x_{ith}^{\text{gro}})-(\text{CS}^{\text{sur}}x_{ith}^{\text{sur}}+\text{CS}^{\text{gro}}x_{ith}^{\text{gro}})\big] \quad (13\text{-}131)$$

（4）最小化经济损失风险

经济损失风险可以帮助决策者定量认识到由气候变化和人类活动导致的供需水的波动使系统不能正常运行的概率。本书采用条件风险价值（conditional value- at- risk，CVaR）模型来表示这一目标函数（Rockafellar and Uryasev，2000）。模型表达如下：

$$\text{CVaR}(Z)=E(Z\mid Z\geqslant\text{VaR}_\alpha(Z)) \quad (13\text{-}132)$$

式中，Z 为随机变量；α 为预定的显著性水平 $\alpha\in[0,1]$；$\text{VaR}_\alpha(Z)$ 为在置信水平为 α 条件下的条件风险值，并可表述成 $\inf\{\eta\in R:F_Z(\eta)\geqslant\alpha\}$，其中 $F_Z(\ )$ 为随机变量 Z 的累计分布函数，为了便于计算，显著性水平 α 条件下的 CVaR 模型可表述成（Li et al.，2015）：

$$\text{CVaR}_\alpha(Z)=\inf_{\eta\in R}\left\{\eta+\frac{1}{1-\alpha}E([Z-\eta]_+)\right\} \quad (13\text{-}133)$$

式中，$[Z-\eta]_+=\max\{0,Z-\eta\}$，$\alpha\in R$。

基于以上原理，经济损失风险目标函数可以表述如下：

$$\min \text{Risk} = \xi_{\alpha} + \frac{1}{1-\alpha} \sum_{h=1}^{H} p_h V_h \qquad (13\text{-}134)$$

（5）最小化蓝水利用率

蓝水和绿水对灌溉农业至关重要。蓝水主要包括河流、湖泊和地下水，绿水主要指植物根部的土壤存储的雨水，即源于降水，存储于土壤并通过蒸散进入到大气中的水汽。充分利用绿水可以在满足作物需水要求的前提下节约出部分蓝水并将其用于社会经济部门中。因此最大化绿水利用率或最小化蓝水利用率均将有助于节约灌溉水资源。该目标函数表述如下（Su and Sing，2014）：

$$\min \text{Bluewater} = \frac{\sum_{i=1}^{I} \sum_{t=1}^{T} \sum_{h=1}^{H} p_h (x_{ith}^{\text{sur}} \cdot \eta_i^c \cdot \eta_i^f + x_{ith}^{\text{gro}} \cdot \eta_i^f)}{\sum_{i=1}^{I} \sum_{t=1}^{T} \sum_{h=1}^{H} p_h \cdot \text{VWC}_{ith} \cdot A_{ih}} \qquad (13\text{-}135)$$

（6）最小化灌溉损失

灌溉损失包括渠道输水损失和田间灌水损失。该目标函数表述如下：

$$\min \text{Leakageloss} = \sum_{i=1}^{I} \sum_{t=1}^{T} \sum_{h=1}^{H} p_h x_{ith}^{\text{sur}} (1 - \eta_i^c) + \sum_{i=1}^{I} \sum_{t=1}^{T} \sum_{h=1}^{H} p_h \left[(x_{ith}^{\text{sur}} + x_{ith}^{\text{gro}})(1 - \eta_i^f) \right]$$

$$(13\text{-}136)$$

2. 约束条件

上述 6 个目标函数受到如下约束条件的限制。

1）地表水可供水量约束：

$$x_{ith}^{\text{sur}} \leq W_{ith}^{\text{sur}} + S_{i(t-1)t}^{\text{sur}} \qquad \forall i, t, h \qquad (13\text{-}137)$$

$$\Pr \left\{ \sum_{t=1}^{T} W_{ith}^{\text{sur}} \leq TW_{ih}^{\text{sur}} \right\} \geq 1 - q_v \qquad \forall i, h \qquad (13\text{-}138)$$

为了研究径流的随机性对配水方案的影响，本模型用机会约束规划（chance-constrained programming，CCP）表示地表水可供水量约束。

2）配水连续性约束：

$$S_{i(t-1)h}^{\text{sur}} = S_{i(t-2)h}^{\text{sur}} + W_{i(t-1)h}^{\text{sur}} - x_{i(t-1)h}^{\text{sur}} \qquad \forall i, t, h \quad S_{i1h}^{\text{sur}} = 0 \qquad (13\text{-}139)$$

3）输水约束：

$$Q_i' \cdot T_t \leq x_{ith}^{\text{sur}} \leq Q_i \cdot T_t \qquad \forall i, t, h \qquad (13\text{-}140)$$

4）地下水可供水量约束：

$$x_{ith}^{\text{gro}} \leq W_{ith}^{\text{gro}} \qquad \forall i, t, h \qquad (13\text{-}141)$$

$$\sum_{t=1}^{T} W_{ith}^{\text{gro}} \leq TW_{ih}^{\text{gro}} \qquad \forall i, h \qquad (13\text{-}142)$$

5）地表水和地下水转化约束：

$$x_{ith}^{\text{gro}} - \left\{ \theta_c \cdot x_{ith}^{\text{sur}} + (1-\eta_i^f) \left[(1-\theta_c) x_{ith}^{\text{sur}} + x_{ith}^{\text{gro}} \right] + \theta_{ep} \cdot ep_{it} \right\} \leq \Delta h_{it} \cdot \mu_i \qquad \forall i, t, h \qquad (13\text{-}143)$$

6）风险约束：

该约束条件是对经济损失风险目标函数的约束，采用经济效率损失函数来表示

（Divakar et al.，2011；Hu et al.，2016）：

$$L_h(x_{ith}^{sur}, x_{ith}^{gro}) - \xi_\alpha - V_h \leqslant 0 \tag{13-144}$$

$$L_h(x_{ith}^{sur}, x_{ith}^{gro}) = 1 - \left\{ \frac{\sum\limits_{i=1}^{I} \sum\limits_{t=1}^{T} b_i [WD_{ith} - (x_{ith}^{sur} \cdot \eta_i^c \cdot \eta_i^f + x_{ith}^{gro} \cdot \eta_i^f + ep_{ith})]}{\sum\limits_{i=1}^{I} \sum\limits_{t=1}^{T} b_i (WD_{ith} + ep_{it})} \right\} \forall h \tag{13-145}$$

$$WD_{ith} = k_c (ET_0)_{ith} \forall i, t, h \tag{13-146}$$

粮食安全约束：

$$Y_i \sum_{t=1}^{T} (x_{ith}^{sur} \cdot \eta_i^c \cdot \eta_i^f + x_{ith}^{gro} \cdot \eta_i^f) \geqslant FD \cdot PO_i \quad \forall i, h \tag{13-147}$$

需水约束：

$$\sum_{t=1}^{T} (x_{ith}^{sur} \cdot \eta_i^c \cdot \eta_i^f + x_{ith}^{gro} \cdot \eta_i^f + ep_{ith}) \geqslant IR_i \quad \forall i, h \tag{13-148}$$

非负约束：

$$x_{ith}^{sur} \geqslant 0 \quad \forall i, t, h \tag{13-149}$$

$$x_{ith}^{gro} \geqslant 0 \quad \forall i, t, h \tag{13-150}$$

$$S_{ith}^{sur} \geqslant 0 \quad \forall i, t, h \tag{13-151}$$

$$W_{ith}^{sur} \geqslant 0 \quad \forall i, t, h \tag{13-152}$$

$$W_{ith}^{gro} \geqslant 0 \quad \forall i, t, h \tag{13-153}$$

$$V_h \geqslant 0 \quad \forall h \tag{13-154}$$

3. 模型符号意义

模型中各符号意义见表 13-69。

表 13-69 SMONLP 模型符号意义

符号	意义
i	研究子区（$i=1, 2, \cdots, I$）
t	研究时段（$t=1, 2, \cdots, T$）
h	流量水平（$h=1, 2, \cdots, H$）
sur	地表水
gro	地下水
c	渠系灌溉
f	田间灌溉
max	最大值
min	最小值
x_{ith}^{sur}	区域 i 时段 t 流量水平 h 下的地表水灌溉量（m³）

符号	意义
x_{ith}^{gro}	区域 i 时段 t 流量水平 h 下的地下水灌溉量（m^3）
$S_{i(t-1)h}^{sur}$	区域 i 时段 t 流量水平 h 下的余水量（m^3）
W_{ith}^{sur}	区域 i 时段 t 流量水平 h 下的地表水可利用量（m^3）
W_{ith}^{gro}	区域 i 时段 t 流量水平 h 下的地下水可利用量（m^3）
V_h	流量水平 h 的辅助变量
ξ_α	在置信水平 $1-\alpha$ 的最大经济效率损失的辅助变量
WP	灌溉水生产力（kg/m^3）
YA_i	区域 i 的单位面积产量（kg/hm^2）
A_{ih}	区域 i 流量水平 h 下的灌溉面积（hm^2）
ep_{ith}	区域 i 时段 t 流量水平 h 下的有效降水量（m^3）
η_i^c	区域 i 的渠系水利用系数
η_i^f	区域 i 的田间水利用系数
Gini	基尼系数
B_i	区域 i 的单位面积效益（元/kg）
Y_i	区域 i 的单方水产量（kg/m^3）
CM_i^{sur}	区域 i 的地表水管理费用（元/m^3）
CM_i^{gro}	区域 i 的地下水管理费用（元/m^3）
CS^{sur}	地表水供水费用（元/m^3）
CS^{gro}	地下水供水费用（元/m^3）
α	显著性水平
$\{Pr\}$	CCP 约束
p_v	CCP 约束的违规概率
VWC_{ith}	区域 i 时段 t 流量水平 h 下的虚拟水量（m^3/hm^2）
TW_{ih}^{sur}	区域 i 流量水平 h 下的总地表水可利用水量（m^3）
Q_i'	区域 i 的最小输水流量（m^3/s）
Q_i	区域 i 的最小输水流量（m^3/s）
T_t	输水时间（s）
TW_i^{gro}	区域 i 流量水平 h 下的总地下水可利用水量（m^3）
θ_c	渠系渗漏系数
θ_{ep}	降水入渗系数
Δh_{it}	区域 i 流量水平 h 下的水位变化（m）

符号	意义
μ_i	区域 i 的含水层给水度
$L_h(x_{ith}^{sur},\ x_{ith}^{gro})$	经济损失方程
b_i	单方水效益（元/m³）
WD_{ith}	区域 i 时段 t 流量水平 h 下的需水量（m³）
FD	最小粮食需求量（kg/人）
PO_i	区域 i 的人口
IR_i	区域 i 的最小净需水量（m³）

13.4.2　模型求解

1. 机会约束规划

机会约束规划（chance constrained programming，CCP）是解决约束右端项存在随机现象的有效方法（Morgan et al.，1993），机会约束并不像确定性模型那样要求每个约束条件完全满足，而要求约束在一定的概率范围内满足。

根据 Huang（1998），典型的 CCP 模型可以表示如下：

$$\begin{cases} \min f(X) \\ \Pr\{A_i(t)X \leqslant b_i(t)\} \geqslant 1-p_i, i=1,2\cdots,m \\ X \geqslant 0 \end{cases} \tag{13-155}$$

式中，$A_i(t) \in A(t)$，$b_i(t) \in B(t)$，$t \in T$；$A(t)$ 和 $B(t)$ 为随时间 t 变化的时间序列；$p_i(p_i \in [0,1])$ 为预先设定的第 i 个约束的概率水平；m 为约束的数目。

当约束左端项 $A_i(t)$ 是确定的，而约束右端项 $[b_i(t)]$ 在任何的 p_i 水平下是随机的，那么 CCP 模型可以转化为

$$A_i(t)X \leqslant b_i(t)^{(p_i)}, i=1,2,\cdots,m \tag{13-156}$$

式中，$b_i(t)^{(p_i)} = F^{-1}(p_i)$，给定 $b_i(t)$ 的累计分布方程和违规概率。在给定第 i 个约束的概率水平 $p_i(p_i \in [0,1])$ 的情况下，CCP 可以通过变换成确定性模型的方法来进行求解（Guo and Huang，2009）。

2. 最小加权偏差法

SMONLP 模型可以用加权最小偏差法求解。此方法最大的优点就是只需要知道决策的局部信息，即各个目标函数的最优值。此方法的核心即通过对各个目标函数标准化将多目标规划模型转化成单目标模型。转化的单目标规划模型可表述如下：

$$\min F'(X) = \min \left\{ \begin{array}{l} \omega_1 \left(\dfrac{f_1^{\max} - f_1}{f_1^{\max} - f_1^{\min}} \right) + \omega_2 \left(\dfrac{f_2 - f_2^{\min}}{f_2^{\max} - f_2^{\min}} \right) + \omega_3 \left(\dfrac{f_3^{\max} - f_3}{f_3^{\max} - f_3^{\min}} \right) \\[3mm] + \omega_4 \left(\dfrac{f_4 - f_4^{\min}}{f_4^{\max} - f_4^{\min}} \right) + \omega_5 \left(\dfrac{f_5 - f_5^{\min}}{f_5^{\max} - f_5^{\min}} \right) + \omega_6 \left(\dfrac{f_6 - f_6^{\min}}{f_6^{\max} - f_6^{\min}} \right) \end{array} \right\} \tag{13-157}$$

式中，f_1、f_2、f_3、f_4、f_5 和 f_6 分别为最大化灌溉水生产力、最小化基尼系数、最大化净效益、最小化经济损失风险和最小化蓝水利用率和最小化灌溉损失目标函数；$f_1^{\max}$、$f_2^{\max}$、$f_3^{\max}$、$f_4^{\max}$、$f_5^{\max}$ 和 $f_6^{\max}$ 为上述 6 个目标函数的最大值；$f_1^{\min}$、$f_2^{\min}$、$f_3^{\min}$、$f_4^{\min}$、$f_5^{\min}$ 和 $f_6^{\min}$ 为上述 6 个目标函数的最小值；ω_1、ω_2、ω_3、ω_4、ω_5 和 ω_6 为上述 6 个目标函数的权重，且 $\omega_1 + \omega_2 + \omega_3 + \omega_4 + \omega_5 + \omega_6 = 1$。

3. 求解流程

步骤 1：构建 SMONLP 模型。

步骤 2：在给定违规概率 p_v 下将 CCP 约束转换成确定性约束。

步骤 3：忽略其他目标函数，编程求得每个目标函数的最大值、最小值。重复 6 次，得到所有目标函数的最大值、最小值。

步骤 4：根据最小加权方差法求解 SMONLP 模型。

步骤 5：在不同的违规概率 p_v 下重复步骤 2 到步骤 4。

步骤 6：不同情景下的方案生成。

4. 方案评估

采用协同学理论对不同情景下的方案的协调度进行评估。根据协同学理论，子系统、参数和影响因素之间是不平衡的。参数可被划分为"快参数"和"慢参数"。当系统接近临界点时，"慢参数"或者"序参量"决定了系统的发展进程。有序度可以被用来衡量所有序参量的发展的协同程度。令子系统 S_j 的序参量为 $e_j = (e_{j1}, e_{j2}, \cdots, e_{jn})$，$n \geq 1$ 和 $\beta_{ji} \leq e_{ji} \leq \alpha_{ji}$，$i \in [1, n]$，其中 α_{ji} 和 β_{ji} 是 e_{ji} 的最大和最小值。$e_{j1}, e_{j2}, \cdots, e_{jm}(1 \leq m \leq p)$ 越大，系统有序度越高；$e_{jm+1}, e_{jm+2}, \cdots, e_{jp}(m \leq p \leq n)$ 越大，系统有序度越低；$e_{jp+1}, e_{jp+2}, \cdots, e_{jn}$ 越接近常数 c，则系统有序度越高。系统有序度公式表示如下：

$$u_j(e_{ji}) = \begin{cases} (e_{ji} - \beta_{ji})/(\alpha_{ji} - \beta_{ji}) & i \in [1, m] \\ (\alpha_{ji} - e_{ji})/(\alpha_{ji} - \beta_{ji}) & i \in [m+1, p] \\ 1 - (e_{ji} - c)/(\alpha_{ji} - \beta_{ji}) & i \in [p+1, n] \end{cases} \tag{13-158}$$

式中，$u_j(e_{ji})$ 为序参量 e_{ji} 的有序度。

根据有序度，采用几何平均值法（简单直观）计算协调度：

$$CD = \frac{\min \left(\sum_{i=1}^{n} \omega_i u_j(e_{ji}) \right)}{\left| \min \left(\sum_{i=1}^{n} \omega_i u_j(e_{ji}) \right) \right|} \sqrt[J]{\prod_{j=1}^{J} \sum_{i=1}^{n} \omega_i u_j(e_{ji})} \tag{13-159}$$

式中，CD 为协调度；ω_i 为 $u_j(e_{ji})$ 的权重系数，$\omega_i > 0$ 且 $\sum\limits_{i=1}^{n} \omega_i = 1$。

13.4.3 模型结果

1. 基础数据

对黑河中游 17 个灌区进行不同流量水平下的地表水和地下水的联合配置。不同流量水平根据莺落峡断面 1944~2014 年历史数据采用距平百分率进行划分，各流量水平的发生概率如下：特丰流量（0.1323）、偏丰流量（0.2085）、中等流量（0.3238）、偏枯流量（0.2205）、特枯流量 0.1176。各灌区的总地表可利用水量为莺落峡断面径流与正义峡断面径流之差，加上梨园河径流与黑河中游境内其他支流径流，并参考蒋晓辉项目成果（基于水库群多目标调度的黑河流域复杂水资源系统配置研究）。各灌区在不同来水情况下的种植结构参考 12.2 节。气候变化情景参 4.4 节的结果（Liu and Shen，2017）。SMONLP 模型求解所需其他数据参考张掖市水资源管理年报（2010~2015 年）、张掖市统计年鉴，以及相关文献、试验等。人均粮食需求采用 400kg/人，地表水、地下水供水成本分别为 0.05 元/m³、0.08 元/m³（Jiang et al.，2016）。作物需水量采用作物系数法确定，其中参考作物蒸散量采用 Penman-Monteith 公式计算。各灌区配水时段统一为 4~9 月，相关数据见表 13-70 和表 13-71。

表 13-70　各月份基础数据

月份	平均降水量 /mm	平均 ET_0 /mm	作物系数					
			大田玉米	制种玉米	小麦	蔬菜	棉花	油料作物
4	3.74	117.06	0.20	0.22	0.30	0.44	0.07	0.37
5	3.98	150.17	0.44	0.50	1.15	0.8	0.6	0.86
6	20.14	157.43	0.53	1.16	1.15	1	0.875	1.03
7	24.96	159.07	1.46	1.20	0.93	0.99	1.15	1.05
8	29.96	142.56	1.14	1.20		0.565	0.965	0.64
9	20.58	100.90	1.22	0.60		0.55	0.78	

表 13-71　各灌区基础数据

灌区	人口 /万人	单位面积产量 /(kg/hm²)	渠系水利用系数	田间水利用系数	成本 /(元/m³)	给水度	单方水产量 /(kg/m³)
大满	7.65	10201	0.65	0.84	0.0539	0.22	1.73
盈科	16.44	10395	0.73	0.78	0.0498	0.25	1.60
西浚	7.20	12520	0.67	0.84	0.0613	0.24	1.76
上三	4.47	10097	0.67	0.78	0.0820	0.24	1.44

灌区	人口 /万人	单位面积产量 /(kg/hm²)	渠系水利用系数	田间水利用系数	成本 /(元/m³)	给水度	单方水产量 /(kg/m³)
安阳	1.43	5471	0.65	0.77	0.0657	0.10	0.85
花寨	0.88	5697	0.62	0.82	0.1620	0.10	1.62
平川	2.02	8169	0.65	0.84	0.0365	0.22	1.00
板桥	1.76	8008	0.64	0.80	0.0434	0.12	0.92
鸭暖	1.14	7941	0.58	0.84	0.0358	0.12	0.75
廖泉	1.77	8187	0.64	0.80	0.0458	0.27	1.03
沙河	4.08	8321	0.81	0.84	0.0452	0.30	1.12
梨园河	4.25	7165	0.76	0.80	0.0551	0.24	1.20
友联	4.71	7661	0.66	0.84	0.0477	0.25	0.92
六坝	1.07	6871	0.70	0.84	0.0593	0.15	0.90
罗城	1.38	6526	0.61	0.80	0.0361	0.18	0.93
新坝	1.49	6096	0.67	0.80	0.0532	0.20	0.95
红崖子	0.67	6509	0.66	0.76	0.0685	0.20	2.03

2. 配置结果

SMONLP 模型的配置结果见表 13-72 和表 13-73。优化结果与实际结果的对比见图 13-55。如图所示，优化结果整体较实际结果偏小，主要原因：①为了保证黑河下游的生态健康，优化模型的地表水可利用量遵循了黑河分水曲线，根据分水曲线得到的黑河中游实际可利用水量比实际情况要偏小；②优化模型综合考虑了灌溉水生产力、配水公平性、净效益、经济效益损失风险、蓝水利用率和灌溉渗漏损失 6 个目标的综合效应。其中，在满足各灌区最小需水情况下，灌溉水生产力、经济效益损失风险、蓝水利用率和灌溉渗漏损失 4 个目标函数的配水结果均趋于配置较少的水量以达到提高灌溉水生产力，减少效益损失风险，节约蓝水资源和减少渗漏损失的目的，因此优化模型的配置结果较实际情况偏小。

表 13-72 各灌区总配水量

灌区	总配水量/亿 m³				
	特丰流量	丰水年	平水年	枯水年	特枯水年
大满	1.336	1.288	1.312	1.352	1.352
盈科	1.536	1.464	1.504	1.552	1.608
西浚	1.776	1.696	1.736	1.800	1.872
上三	0.584	0.552	0.576	0.608	0.688
安阳	0.216	0.216	0.216	0.216	0.220
花寨	0.112	0.112	0.112	0.112	0.112

续表

灌区	总配水量/亿 m³				
	特丰流量	丰水年	平水年	枯水年	特枯水年
平川	0.536	0.536	0.552	0.576	0.592
板桥	0.536	0.536	0.576	0.608	0.720
鸭暖	0.176	0.177	0.176	0.176	0.176
蓼泉	0.264	0.264	0.264	0.272	0.272
沙河	0.264	0.256	0.264	0.280	0.312
梨园河	1.336	1.336	1.336	1.336	0.543
友联	1.848	1.856	1.888	1.936	2.024
六坝	0.192	0.192	0.192	0.194	0.207
罗城	0.288	0.288	0.288	0.288	0.288
新坝	0.360	0.360	0.360	0.360	0.360
红崖子	0.176	0.176	0.176	0.176	0.176

表 13-73　中等流量下各灌区各时段配水量　　　　　（单位：万 m³）

灌区	4 月	5 月	6 月	7 月	8 月	9 月
大满	1753.49	1470.31	2928.73	2785.73	2175.95	2005.79
盈科	576.63	2059.77	3263.63	4493.83	2977.60	1668.54
西浚	1714.94	2366.09	4278.15	4435.07	3328.17	1237.57
上三	179.49	731.84	1559.33	1604.54	1339.75	345.05
安阳	114.14	352.95	1020.96	368.77	157.31	145.87
花寨	28.50	135.89	622.59	284.97	17.28	30.76
平川	174.51	849.07	1420.39	1723.84	909.70	442.49
板桥	127.01	583.20	1218.26	1461.16	1742.76	627.62
鸭暖	45.52	217.86	308.49	287.88	188.75	711.50
蓼泉	97.11	433.35	715.55	992.33	221.47	180.19
沙河	67.75	306.11	497.28	1232.45	320.77	215.65
梨园河	473.15	2030.78	3306.19	4045.48	2506.45	997.95
友联	489.23	1958.31	3326.85	5281.09	5522.63	2301.88
六坝	40.46	223.75	326.09	359.32	252.31	718.07
罗城	110.56	484.46	347.40	868.36	640.10	429.12
新坝	173.65	732.71	900.00	1184.37	434.37	174.90
红崖子	41.23	234.77	588.87	430.39	203.88	260.85

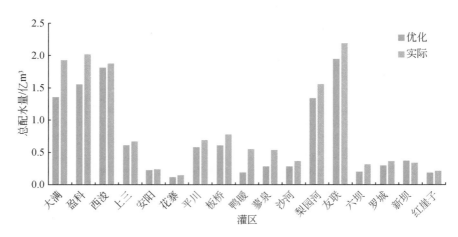

图 13-55　优化结果与实际结果进行对比

考虑来水随机性，为了获得不同违规概率条件下的可供水量，对不同流量下的莺落峡断面和正义峡断面进行随机模拟。设莺落峡断面径流和正义峡断面径流服从 $P\text{-}\mathrm{III}$ 分布，采用舍选法（顾文权等，2008）进行 Monte-Carlo 随机模拟。以莺落峡断面和正义峡断面在偏丰流量、中等流量、偏低流量下的径流为例，模拟结果见图 13-56。根据图 13-56 的结果可以获得不同违规概率下各时段的总配水量变化，以及对应各目标函数的变化，见

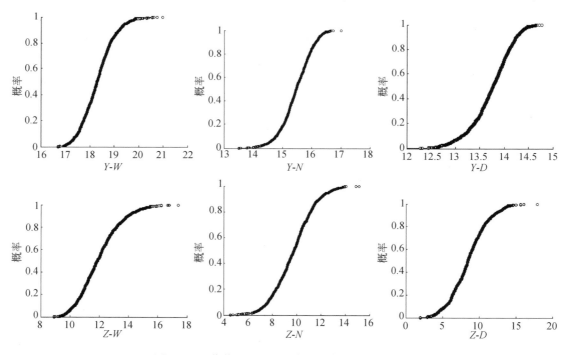

图 13-56　莺落峡和正义峡断面径流随机模拟结果

Y 代表莺落峡；Z 代表正义峡；W 代表偏丰流量；N 代表中等流量；D 代表偏低流量

图 13-57。大的违规概率代表莺落峡断面的径流量增加，但同时，下泄到正义峡断面的径流量也增加，该变化规律符合黑河分水曲线。分析两种情景下的 SMONLP 模型各目标函数随违规概率变化的变化。情景 1：只考虑莺落峡断面径流随违规概率的变化（Y）；情景 2：同时考虑莺落峡断面径流量和正义峡断面径流量随违规概率的变化（Y-Z）。SMONLP 模型中的各目标函数除经济损失风险目标随各违规概率变化不大外，其余目标函数按一定规律变化。如图 13-57 所示，对于灌溉水生产力目标，Y 情景下，灌溉水生产力随着违规概率的增加而减少，这是由于单纯考虑 Y 情景，中游各灌区的可利用水量增加，导致配置的水量增加，灌溉水生产力目标的分母增加，从而导致灌溉水生产力降低。然而，在 Y-Z 情景下，灌溉水生产力降低是由于同时考虑莺落峡断面径流和正义峡断面径流的变化，导致黑

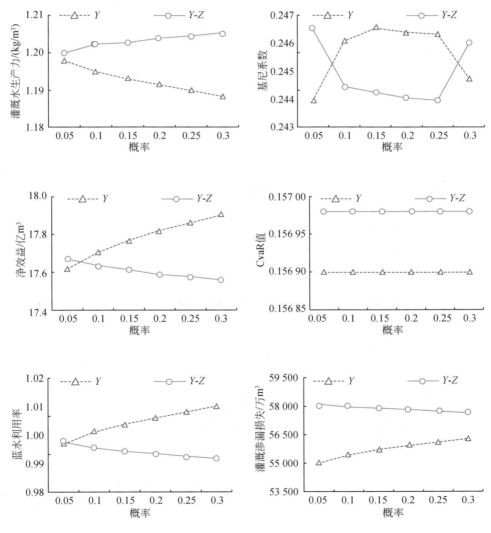

图 13-57 不同违规概率下各目标函数变化

河中游各灌区实际上可利用的水量减少，配置的水量减少，灌溉水生产力的分母减小，从而导致灌溉水生产力有所提升。类似的情况同样见于净效益目标、蓝水利用率目标和灌溉渗漏损失目标，原因同上。对于基尼系数，在 Y 情景下，随着违规概率的增加，基尼系数先增加后降低，证明配水公平性先降低后增加。在 Y-Z 情景，基尼系数的变化与在 Y 情景下相反。违规概率在 $0.1 \sim 0.25$，系统配置的公平性趋于平稳。如图 13-57 所示，基尼系数均在世界警戒值 0.4 以下（Zhang and Xu，2011），表明 SMONLP 模型优化配置的结果可在一定程度上保证黑河中游各灌区的社会稳定性。

根据 IPCC 第五次报告中给出的新一代温室气体排放情景（representative concentration pathways，RCP）（IPCC，2013），选用被广泛应用的中等偏低强迫路径 RCP4.5 来研究气候变化条件下水资源优化配置方案的变化（Richard et al.，2010；Xu and Xu，2012）。RCP4.5 情景与优化情况下的优化结果见图 13-58。4 ~ 9 月，RCP4.5 情景下的结果比现状分别减少 4.24%，增加 10.64%，增加 2.87%，增加 2.27%，增加 3.51%，减少 21.48%。整体来讲，RCP4.5 情景下的配水方案与现状相比变化不大。

采用协同学理论对现状模型优化结果，违规概率为 0.1 条件下的模型优化结果及 RCP4.5 情景下的模型优化结果进行协调度的对比分析，见表 13-74。其中各维度的指标为

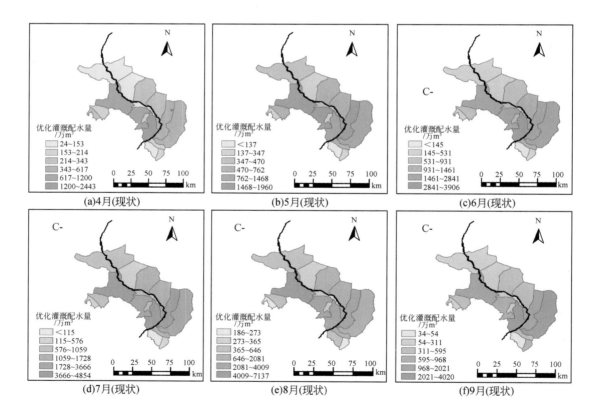

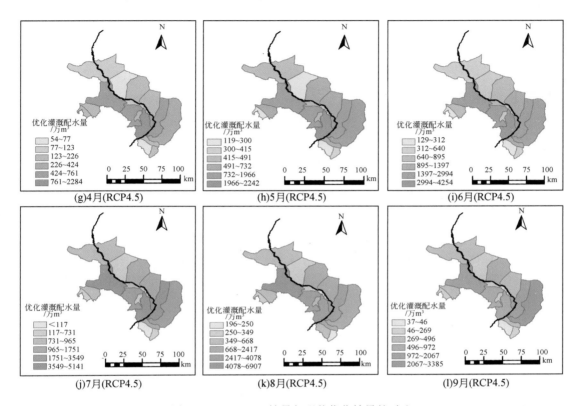

图 13-58　RCP4.5 情景与现状优化结果的对比

SMONLP 模型中各目标函数。具体地，社会维度的指标为灌溉水生产力和基尼系数，经济维度的指标为净效益和经济损失风险，资源维度的指标为蓝水利用率和灌溉渗漏损失。各维度指标的最大值、最小值为单独求解某一目标函数的最大值、最小值，各维度指标值为将 SMONLP 模型优化结果带入到各目标函数得到的值。各维度两指标间的权重均取 0.5。表 13-74 显示，3 种情景的协调度均在 0.7 左右，可以代表系统各维度协调发展程度较好。其中 CCP-0.1 情景下的系统协调性最好，RCP4.5 情景下的系统协调性最差，其中一个主要原因是由于未来气候变化条件下，供需水的矛盾加剧，因此提高灌溉水的利用效率仍应作为研究重点。

表 13-74　不同情景下的有序度和协调度

情景	有序度			协调度
	社会维	经济维	资源维	
现状	0.3533	0.8533	0.6005	0.7105
CCP-0.1	0.3589	0.8629	0.5945	0.7129
RCP4.5	0.3053	0.9042	0.4999	0.6729

13.5　灌区优化配水效应评估

13.5.1　概念框架

SMONLP 模型在构建时，综合考虑了社会–经济–资源多维要素，力求在水资源的配置过程中使得黑河中游 17 个灌区整体灌溉水生产力最大、净效益最大、效益损失风险最小、蓝水利用率最小、配水渗流损失最小，以及灌区间的公平最优。在用上述模式得到水量结果后，优化后的水量比实际水量节约 2 亿 m³。在这样的情况下，灌区经济效益、社会因素、环境资源能否也得到进一步提升呢，需要对配水结果进行判断，因此建立一个较为全面的指标体系有助于更直观地评价该配水结果。

设置指标体系作用：

1）有助于对灌区优化配水结果作比较全面、系统又简明的评价，防止随意性，避免盲目性和片面性；

2）有助于明确、具体地反映 17 个灌区灌水效益；

3）有助于系统、客观地认识各个指标或因子的地位与作用大小，发现关键指标和需要改进的方向。

13.5.2　构建指标体系

指标体系包含目标层、方案层和指标层，它们构成了评价的基础和执行框架。其中经济类指标反映灌区经济发展水平及用水投入及产出；社会类指标反映灌区人口压力及灌区水生产力情况；资源类指标反映灌区水资源、土地资源，以及渠道、机电设备等。

建立指标体系应遵循以下原则：

1）可行性原则。指标一定要具有可测性和可比较性，所需要的基础数据应当易获得、易计量，同时收集成本不能过高。

2）独立性原则。指标之间具备一定的独立性，对于高度相关的指标要加以去除或进行其他处理，避免统计相关性较高的指标在评估体系的放大作用。

3）完备性原则。指标体系作为一个整体，应当能够反映和测度评价系统的主要特征和状况，选择能够反映评价对象本质特征的指标。

4）层次性原则。指标体系应根据评价对象和内容分出层次，并在此基础上将指标分类，这样可使指标体系清晰，便于应用。

以上指标优选具体过程参考朱美玲（2012）、徐鹏等（2013）和汪嘉杨等（2017），最终选取了 15 个指标构建了灌区高效用水效应评估指标体系，如表 13-75 所示，具体含义如下。

表 13-75　灌区优化配水效应综合评估指标体系

	指标	计算方法	选取意义
经济	人均 GDP/(元/人)	GDP 总量/总人口	经济发展状况
	人均可支配收入/元	年鉴数据	经济发展状况
	水费支出/万元	水量×水价	灌区节水
	单方水净收益/元	收益/水量	灌溉用水效益比
资源	人均用水量/(m³/人)	总用水量/人口	相对用水量
	万元 GDP 用水量/(m³/万元)	水量/总 GDP	灌溉用水经济比
	毛用水/亿 m³	净用水/渠系水利用系数	灌溉用水量
	每万人有效灌溉面积/(10³hm²/万人)	有效灌溉面积/人口	相对有效灌溉面积
	干支渠完好率/%	管理年报	其他条件
	人均耕地面积/亩	总耕地面积/总人口	人均耕地资源
	机电设备完好率/%	管理年报	其他条件
社会	人口自然增长率/‰	年鉴数据	人口聚集程度
	人口密度/(人/km²)	总人口/总面积	人口聚集程度
	粮食单位面积产量/(kg/hm²)	粮食产量/种植面积	相对面积粮食产量
	灌区农业水生产力/(kg/m³)	作物产量/水量	相对水量作物产量

1. 评价分级标准建立

评价标准的关键是要确定指标的最劣值和最优值，其确定方法通常有以下几种（汪嘉杨等，2017）：①有国家标准或地方标准的，尽量采用规定的不同等级的标准值。②发展条件相似，且发展较好的地区的现状值可以考虑作为目标值，如发达地区的，可以参照中等发达国家的水平；不同地区中，可以参照发展条件相似、发展较好的地区的水平。③通过统计分析自身历年数据，选取数据序列的 10%、90% 分位数作为最劣或最优值。④在以上方法都不适用的情况下，可通过专家的经验确定最优或最劣值。

本书选用第 3 种方法，即通过分析张掖市历年数据，选取数据序列的 10% 和 90% 作为最劣值或最优值（取决于该指标是越大越好还是越小越好）。选定最优最劣值后取等分将各个指标划分为五个等级，见表 13-76。

表 13-76　灌区优化配水效应评估标准

	指标	单位	一级	二级	三级	四级	五级
经济	人均 GDP	元/人	33672	27733	21796	15859	9433
	人均可支配收入	元	17831	15268	12705	10142	7579
	水费支出	万元	41	309	577	845	1113
	单方水净收益	元	4.54	3.73	2.93	2.13	1.33

	指标	单位	一级	二级	三级	四级	五级
资源	人均用水量	m³/人	81.58	164.44	247.28	330.14	413.00
	万元 GDP 用水量	m³/万元	352.10	637.20	922.30	1207.40	1492.50
	毛用水	亿 m³	0.16	0.55	0.94	1.33	1.71
	每万人有效灌溉面积	10³hm²/万人	2.88	2.39	1.91	1.43	0.95
	干支渠完好率	%	90	88	86	84	82
	人均耕地面积	亩	3.13	2.71	2.29	1.87	1.45
	机电设备完好率	%	90	88	86	84	82
社会	人口自然增长率	‰	4.76	4.97	5.18	5.39	5.61
	人口密度	人/km²	22.67	57.00	91.33	125.66	160.00
	粮食单位面积产量	kg/hm²	11533	10243	8954	7665	6375
	单方水产粮	kg/m³	1.42	1.25	1.08	0.91	0.74

2. 灌区节水效应综合评估方法

（1）单项指标的标准化处理

对灌区指标体系的各个指标进行标准化处理，使其处于［0，1］之间，将所得到的值用 I 来表示。在指标体系中，各评价指标特征值对于综合评估结果来说，有的是越大越优，这类指标称为正向指标；有的是越小越优，这类指标称为逆向指标。

对于正向指标：

$$I_j = \begin{cases} 0 & x_j < x_{j,\min} \\ \dfrac{x_j - x_{j,\min}}{x_{j,\max} - x_{j,\min}} & x_{j,\min} \leqslant x_j \leqslant x_{j,\max} \\ 1 & x_j > x_{j,\max} \end{cases} \qquad (13\text{-}160)$$

对于逆向指标：

$$I_j = \begin{cases} 1 & x_j < x_{j,\min} \\ 1 - \dfrac{x_j - x_{j,\min}}{x_{j,\max} - x_{j,\min}} & x_{j,\min} \leqslant x_j \leqslant x_{j,\max} \\ 0 & x_j > x_{j,\max} \end{cases} \qquad (13\text{-}161)$$

式中，x_j 为第 j 个指标实际值；$x_{j,\min}$ 和 $x_{j,\max}$ 为第 j 个指标的极小值和极大值。

（2）基于熵权法的指标权重计算

权重反映各个指标在综合评价过程中所占的地位和所起的作用，权重的大小会直接影响到权重结果，因此权重的确定十分重要（徐鹏等，2013）。为了使评价结果更加客观，这里我们引入熵权法来进行指标权重的计算。按照信息论基本原理的解释，信息熵是系统有序程度的度量，描述了样本数据的变化速率。相对于指标理想值而言，指标变化越快，所得到的指标信息熵越小，则该指标能提供的信息量越大，在综合评价中所起的作用越大，指标权重也就越大；反之，指标权重则越小。因此，用熵权法计算指标权重，能表征不同指标的差异度，由此可以揭示出客观数据所蕴含的有效信息，若有 m 个待评估样本，有 n 个指标，x_{ij} 表示第 i 个样本的第 j 个指标的评价值。

熵权计算步骤如下。

1）确定第 j 个待评估指标比重为 p_{ij}：

$$p_{ij} = \frac{I_{ij}}{\sum\limits_{i=1}^{m} I_{ij}} \tag{13-162}$$

式中，I_{ij} 为各个标准化后所得到的值。

2）确定第 j 个指标的熵值 e_j：

$$e_j = -k \sum\limits_{i=1}^{m} p_{ij}/\ln p_{ij} \tag{13-163}$$

式中，$k = 1/\ln m$。

3）计算第 j 个指标的熵权 w_j：

$$w_j = \frac{1 - e_j}{\sum\limits_{j=1}^{n}(1 - e_j)} \tag{13-164}$$

4）灌区节水效应综合指数：

$$I = \sum\limits_{j=1}^{n} w_j I_{ij} \tag{13-165}$$

13.5.3 灌区节水效应综合评价结果

1. 基础数据

15 个指标中，人均 GDP、人均可支配收入、人口自然增长率与人均耕地面积参考张掖市统计年鉴，由于年鉴中数据只记录到县（区），因此这几个指标用各个灌区所属的县（区）数据代替，大满、盈科、西浚、上三、安阳、花寨用甘州区数据；平川、板桥、鸭暖、蓼泉、沙河用临泽县数据；梨园河、友联、六坝、罗城、新坝和红崖子用高台县数据。其他指标数据参考张掖市水资源管理年鉴、相关文献和试验等。各灌区的种植结构参考粟晓玲成果。人均粮食需求采用 400kg/人，地表水、地下水供水成本分别为 0.05 元/m³、0.08 元/m³（Jiang et al.，2016）。

2. 评价结果

黑河中游 17 个灌区包括大满、盈科、西浚、上三、安阳、花寨、平川、板桥、鸭暖、蓼泉、沙河、梨园河、友联、六坝、罗城、新坝和红崖子。分别对每个灌区的优化配水结果进行效应评估。优化前数据取 17 个灌区 2010~2015 年数据，与优化后进行比较，结果见图 13-59。

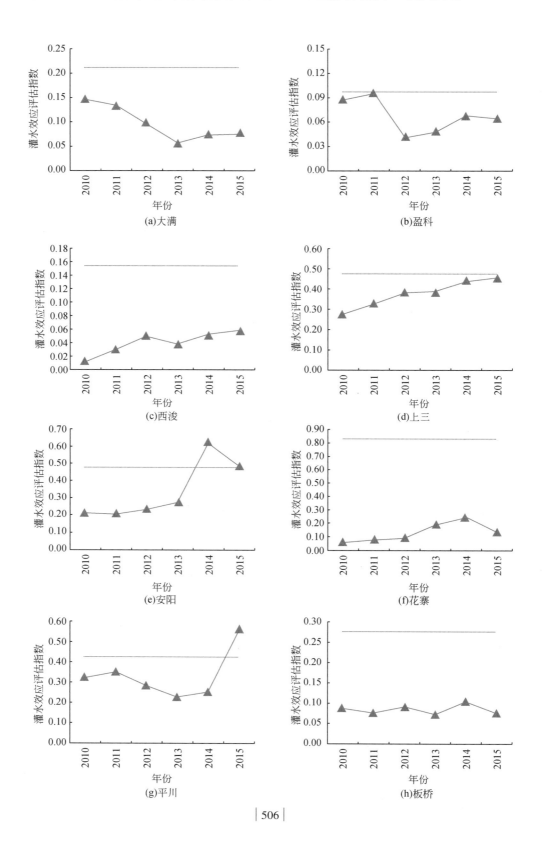

(a)大满 (b)盈科

(c)西浚 (d)上三

(e)安阳 (f)花寨

(g)平川 (h)板桥

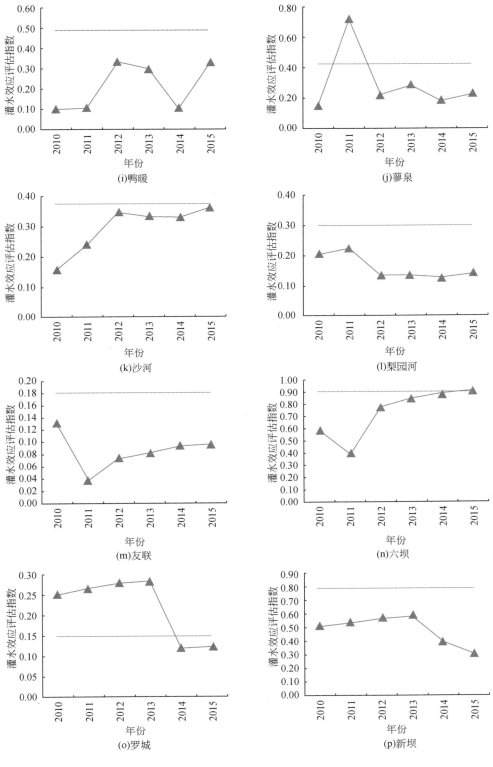

(i)鸭暖

(j)蓼泉

(k)沙河

(l)梨园河

(m)友联

(n)六坝

(o)罗城

(p)新坝

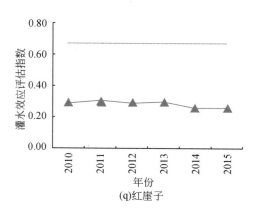

图 13-59　17 个灌区灌水效应评估指数

图中虚线为各个灌区优化后的灌水效应评估指数；红线为各个灌区 2010～2015 年各年的灌水效应评估指数

由图 13-59 可以看出：17 个灌区大部分优化后的结果比优化前 2010～2015 年的现状水平要好，但由于 SMONLP 模型在建立过程中考虑的 6 个目标函数——最大化灌溉水生产力、最小化基尼系数、最大化净效益、最小化经济损失风险、最小化蓝水利用率及最小化灌溉损失，针对的对象都是整个黑河中游地区，即 17 个灌区整体，考虑黑河中游整体节水效果最优，因此评价结果会有个别灌区优化后结果不理想，这是因为考虑了各个灌区间的基尼系数，尽量使各个灌区平衡发展，有的灌区重点发展经济作物，因此效益更高，如果盲目追求效益，会使得各个灌区水量不平衡，贫富差距越来越大，因此引入基尼系数后会使个别原先发展较好的灌区效益减少，因此灌水效应指数也会相应降低，使优化后低于优化前。

优化后灌水效应评估指数在 0.2 以下的有罗城、友联、西浚、盈科；0.2～0.4 的有沙河、梨园河、板桥、大满；0.4～0.6 的有蓼泉、鸭暖、平川、安阳、上三；0.6～0.8 的有红崖子、新坝；0.8～1.0 的有六坝、花寨。对于效应指数较低的几个灌区，原因有两个：一个是优化前的效应指数就比较低，因此优化后只是略有提升；另一个是这些灌区重点发展经济作物，其效益本身就较高，因此在配水时牺牲了这些灌区的效益以达到灌区间公平性。

优化后大满、盈科、西浚、上三、花寨、板桥、鸭暖、沙河、梨园河、友联、六坝、新坝和红崖子 13 个灌区的灌水效应评估指数比 2010～2015 年的现状值都要高，这是因为优化后这些灌区的单方水净效益与粮食单位面积产量有较显著提升，这两个指标权重较大，因此带动优化后灌区灌水效应评估指数，使得优化后结果较为理想。

对于优化结果并不都比现状值好的 4 个灌区，分析具体原因如下：安阳灌区 2014 年灌水效应指数较其他年份及优化值都高，这是因为 2014 年安阳灌区有效灌溉面积达到 0.58 万 hm^2，而其他年份有效灌溉面积均在 2000hm^2 左右，使得 2014 年效应指数增加（数据来源：张掖市水利管理年报）；蓼泉灌区 2011 年灌水效应指数突然增大，这是由于近几年来，蓼泉机械设备完好率与其他灌区相比都处于较低水平，基本在 80% 以下，但在

2011 年，机电设备完好率达到 96%，因此对评价结果影响较大，使得这一年蓼泉灌区灌水效应评估指数较高；平川灌区 2015 年效应指数较高，原因与蓼泉灌区类似，2015 年该灌区机电设备完好率达到 99%，但其他年份均在 70%~90%，所以优化后的效应指数不如 2015 年；罗城灌区 2014~2015 年灌水效应评估指数显著下降，这是因为近两年来，罗城灌区干支渠完好率降低，由原来 90% 左右降至 65% 左右，大大影响了评价结果，使得罗城灌区 2010~2015 年现状灌水效应评估指数出现异常，优化后的结果比 2014~2015 年的现状值略有提升。

由上述分析可以看出，SMONLP 模型所计算的优化配水结果可以较好地利用于黑河中游 17 个灌区，提高黑河中游整体灌水效益，优化配水结构，尽可能利用更少的水为当地带来更多的效益，对于指导黑河中游地区农田灌溉水资源分配具有一定的参考意义。

在评价过程中，对象为灌区，并不是单独行政单位，使得有个别指标因为基础数据的不足而无法选为评价指标，因此只能选择其他指标进行替换，这是评价过程中不足的地方。一般来说，利用熵权法计算指标权重所得结果准确性和可靠性较高，但对于某一数据的偶然性，没有判别能力。若某个数据出现异常，熵权法会放大这种异常，使得结果偏离正常结果，因此，熵权法对于基础数据要求较高。

第14章 黑河绿洲农业节水潜力分析与实现途径

14.1 黑河绿洲农业节水效应与潜力评价方法

水资源短缺是制约黑河中游地区经济社会发展的"瓶颈"因素,为了实现下游生态治理与中游经济社会发展的双赢,必须采取经济结构和种植结构调整,以及灌区节水技术改造等一系列的水资源高效利用措施。发展地区高效节水型农业、减少灌溉用水量,对缓解整个区域水量供需矛盾,以及本区域季节性缺水都具有举足轻重的作用。农业节水潜力是水资源开发利用后劲的象征,合理地评价农业节水潜力,不仅对制定农业节水政策,开发节水技术,实施先进节水管理具有重要的指导意义,而且对该区未来水资源的可持续利用与未来经济社会的可持续发展具有重大的现实性和迫切性。

14.1.1 农业节水效应与潜力评价理论框架

1. 基于蒸散尺度效应的农业用水效率评价

尽管传统的农业用水效率评价指标已在灌溉工程设计和评价中发挥着重要作用,但对农田以上大尺度而言,田间水资源利用效率的提高并不能总是与整个流域的生产力提高相一致。Bagley(1965)指出,如果不能正确地看待灌溉效率的边界特征将会导致错误的结论,因低效率产生的水资源损失对大尺度区域而言或许并不存在。Bos(1979)界定了几个水资源进入和流出灌区的流程,清楚界定了返回流域的水资源,以及可供下游使用的水资源量。Willardson 等(1997)指出,单个田间灌溉系统的效率对整个流域系统而言并不是很重要,除要考虑水质问题外,增加灌溉效率对全流域产生的影响是不确定的。Bos(1979)指出,就整个流域而言,灌溉水中未被消耗的部分并无产生实质性损失,其绝大部分会被下游重新利用,较高的用水重复利用实际上增加了总的利用效率。

在以往评价农业用水效率时,人们常忽略了作为灌溉用水非消耗部分的农田排水或灌溉回归水在整个灌溉系统内的重复再利用问题,而是将其视为无法被循环再利用的资源量,这就导致基于不同空间尺度范围上定义的指标和采用的方法之间存在着差异。由于在传统的农业用水效率评价指标定义中并没有考虑灌溉回归水和排水再利用问题,所以当空间尺度增大、水量损失途径增多后,就有可能降低评价指标值。由于大尺度灌溉系统通常包含着诸多空间变异个体,所以传统的农业用水效率评价指标值随空间尺度改变呈现出何种变化规律,将取决于该灌溉系统的空间变异性及水量损失途径等的综合作用。

灌溉的目的在于满足作物自身生理耗水需求，故灌溉用水通常由消耗和非消耗两部分构成（表 14-1）。其中消耗部分由有益消耗（生产性消耗）和无益消耗（非生产性消耗）组成，有益消耗即为蒸散量，其又细分为生产性直接消耗（如作物蒸腾、作物体内水分）和生产性间接消耗（如作物棵间蒸发），而无益消耗则主要包括来自地表蓄水体（水库渠道等）的水面蒸发、湿生植物腾发、喷灌过程中产生的水分蒸发，以及来自过量的土壤水的蒸发等。在非消耗部分中，用于淋洗盐分的水量对作物生长是有益的，且其最终进入淡水体而非咸水体的淋洗水量可被重新用于灌溉，而来自田间的灌溉弃水与渠道排水对作物生长是无益的，且其最终流入淡水体而非咸水体的这部分水量可被重新利用，但水质是最终限制非消耗灌溉用水被再利用的重要前提条件。

表 14-1　灌溉用水平衡架构及其组成

	消耗部分	非消耗部分	
		可被重新利用	不可被重新利用
有益消耗 （生产性消耗）	作物蒸腾 作物体内水分 作物棵间蒸发	进入淡水体的盐分淋洗水	进入咸水体的盐分淋洗水
无益消耗 （非生产性消耗）	水库、渠道水面蒸发 湿生植物腾发 喷灌水分蒸发 过量的土壤水蒸发	流入淡水体的田间灌溉弃水与渠道排水	流入咸水体的田间灌溉弃水与渠道排水

2. 工程节水潜力和资源节水潜力

根据节水内涵的不同，可将节水分为工程节水与资源节水两个层次。从灌溉工程的角度看，节水是采取各种措施减少取用水量，而从区域或流域的角度看，在减少取用水量的同时，节水措施也减少了灌溉系统的排水量和地下水的补给量，由于排水量和地下水补给量可以被再次利用，故这些减少量不能减少水资源的消耗量，即从水资源角度看，节水量是取用水量的减少量减去地下水补给和地表排水的减少量，也就是水资源消耗量的减少量。因此，节水潜力包括工程节水潜力和资源节水潜力两个方面。

（1）工程节水潜力

传统理念下的农业取用水节水是指通过采取综合节水措施，与未采取节水措施前相比，部门所需取用水量的减少量。这种减少量包括减少的蒸散量、渗漏损失量，以及回归水量等。

灌溉节水主要是减少农业灌溉用水过程中取用水量损失，包括输配水过程中的渠道渗漏和蒸发损失、田间用水过程中的田面蒸发和深层渗漏损失、采用大水漫灌时的地表回归水量等。灌溉节水将深层渗漏和地表回归水量也视为节约的水量，但这忽视了水的资源消耗特性和循环利用再生性，这部分水量仍存在于水资源系统内部，或为生态环境等部门所消耗，并未实现资源量上的节约。实际上，区域内某部门或行业通过各种节水措施所节约出来的水资源量并没有完全损失，有些仍然存留在区域水资源系统内部，或被转移到其他水资源紧缺的部门或行业，满足该部门或行业的需水要求。从单个用水部门或行业来看，节约了取用水量，但就区域整体而言，取用水的减少并没有实现资源意义上的节水。因此，传统的计算取用水节水潜力的方法某种程度上不能反映该地区水的资源节约量，必须从水的资源消耗特性出发，研究区域水的资源节约潜力，即资源节水潜力。

（2）资源节水潜力

资源节水考虑了水的资源特性，以蒸散消耗水量的减少作为节约量，即采取各种节水措施以后区域所消耗的水量与现状用水水平下区域所消耗水量的差值，体现了区域实际的节水潜力。农田灌溉耗水主要发生在输配水渠系、田间和排水渠系中，由渠系蒸发、田面表水蒸发、作物蒸腾和棵间土壤蒸发四部分组成。同时，节水是以不损害区域生态环境和社会经济发展为前提的，节水导致的区域生态耗水减少必须通过人工途径进行补偿。

工程节水是基础，主要作用是提高水资源利用率和用水保证率。在资源性缺水地区，只有增加资源节水量，才能从整体上保持水资源的供需平衡。降低资源耗水、提高水分生产率是经济发展与资源和环境相协调的体现，符合水资源可持续利用和农业可持续发展的要求。黑河流域属于资源性缺水地区，节水灌溉的核心问题是降低蒸散水分消耗量，使之与当地可利用水资源量平衡。

14.1.2　基于遥感的作物水分生产力模型与空间展布方法

基于水分驱动的作物生产模型——AquaCrop 模型，是在田间试验的基础上发展而来的，可以为田间尺度水资源配置、水资源高效利用评价、田间管理（灌溉制度、施肥管理）等提供模拟分析手段，用来评价田间尺度农业节水潜力以及研究田间管理措施对农田作物生长规律及需耗水过程的影响。具体来说，就是通过改变该模型的灌溉文件，对灌溉制度进行不同情景模拟，监测不同灌水情景下作物需耗水规律，以达到评估作物田间尺度工程节水量和资源节水量的目的。

分布式作物模型是优化区域农业用水管理的有效手段，传统分布式模型虽然在一定程度上考虑了土壤、气候、作物及管理措施的空间变异性，但是随着作物生长环境的空间变化，与环境相关的模型初始参数和作物参数也会随之变化。因此，将模型中与作物生长环境相关的参数进行空间展布，并将这些参数融合到分布式模型的构建过程中，能更加合理地模拟区域作物生长的实际情况。AquaCrop 模型利用半定量方法描述了田间施肥管理措施对作物生长的影响，使该模型对区域尺度作物产量和需耗水精确估算成为可能，为农业水循环中作物需耗水过程提供重要的信息来源。在此基础上，本章结合遥感数据，构建分布式作物生长模型 AquaCrop-RS，并开展对黑河流域中游绿洲农业耗用水时空分布规律和节水潜力的研究。

1. AquaCrop 模型介绍

AquaCrop 模型是基于水分驱动的一维作物生长模型，该模型简单稳定，且拥有良好的用户界面，可应用的对象和领域比较广泛。AquaCrop 模型利用冠层覆盖度的发展变化（太阳直射时冠层阴影面积占地表面积的百分比）代替叶面积指数来表达作物冠层的生长进程。模型通过作物参数 CC_x 和 B_{rel} 来表达作物对土壤肥力的反馈，并对土壤肥胁迫系数进行校正，其中，CC_x 是指在一定密度条件下，存在肥胁迫时冠层所能达到的最大值，B_{rel} 是指存在肥胁迫时作物花期达到的相对干物质量（Adams et al., 1976；Villalobos and Fereres, 1990）。模型的输入数据主要有气象数据（包括气温、降水、辐射、湿度等）、作物参数（包括无需率定的常数参数和需要率定的与品种和环境相关的参数，如播种日期等）、土壤参数、灌水量、管理参数（包括土壤肥胁迫程度、地表覆盖度等）和初始土壤含水率等。

2. 空间参数反演

众多研究表明（Geerts et al., 2009；Vanuytrecht et al., 2014），AquaCrop 模型中 CC_x 和 B_{rel} 对模型模拟效果影响较大。播种日期是模型的重要输入参数，对作物的生育进程、后期授粉及灌浆产生影响，进而影响作物的产量。本章利用遥感数据对作物参数 CC_x、B_{rel} 和播种日期进行空间反演，并构建分布式作物模型。

（1）最大冠层覆盖度空间反演

采用分辨率为 250m，16 天合成的 NDVI 数据（MOD13Q1）对作物冠层覆盖度进行反演，反演过程详见式（14-1）~式（14-3）。

$$WDRVI = \frac{[(\alpha+1)NDVI+(\alpha-1)]}{[(\alpha-1)NDVI+(\alpha+1)]} \tag{14-1}$$

$$LAI = LAI_{max} \frac{WDRVI-WDRVI_{min}}{WDRVI_{max}-WDRVI_{min}} \tag{14-2}$$

$$CC = 1.005 \times [1-\exp(-0.6LAI)]^{1.2} \tag{14-3}$$

式中，WDRVI 为宽动幅植被指数；LAI_{max} 为玉米最大叶面积指数，取值 5（Lei et al., 2013）；α 为经验值，取 0.2（Viña and Gitelson, 2005）。

采用最大值合成法（MVC）[式（14-4）] 对玉米冠层覆盖度进行提取，获得玉米的最大冠层覆盖度空间分布：

$$CC_x = \max(CC_1, \cdots, CC_{i-1}, CC_i, CC_{i+1}, \cdots, CC_n) \tag{14-4}$$

式中，CC_x 为实际最大冠层覆盖度；n 为选取时段的影像幅数；CC_i 为生育期内第 i 幅影像的冠层覆盖度。

（2）相对干物质量空间反演

相对干物质量是指作物开花期在肥胁迫条件下干物质量和潜在干物质量的比值，本节利用玉米相应生长期净光合作用对相对干物质量进行空间反演，原理如式（14-5）所示：

$$B_{rel} = \frac{B}{B_0} = \frac{PSN_{net}}{PSN_{net\_max}} \tag{14-5}$$

式中，B 为土壤肥胁迫状况下花期累积干物质量（t/hm^2）；B_0 为花期潜在积累干物质量（t/hm^2）；PSN_{net} 为玉米花期累积净光合作用；PSN_{net_max} 为玉米花期累积净光合作用最大值。

（3）播种日期空间反演

黑河中游绿洲由于地面高程变化明显，导致绿洲区域适合作物最佳播种时间的空间分布具有差异性，因此本节按照如下原理计算绿洲玉米的空间播种日期（Vyas et al., 2013）。

$$\begin{cases} \mathrm{NDVI}_i > C_1 \\ \mathrm{NDVI}_{i+1} - \mathrm{NDVI}_i > 0 \qquad\qquad 播种日期 = i - 10 \\ \mathrm{NDVI}_{i+2} - \mathrm{NDVI}_{i+1} > 0 \end{cases} \qquad (14\text{-}6)$$

式中，NDVI_i、NDVI_{i+1}、NDVI_{i+2}分为第 i、$i+1$、$i+2$ 个 5 天合成的 NDVI 值；C_1 为玉米出苗时对应时段的 NDVI 阈值。根据中游绿洲灌区 2012 年、2015 年、2016 年的 NDVI 变化趋势，设定玉米出苗时的 NDVI 阈值为 0.13。

3. 区域 AquaCrop-RS 模型构建

在传统分布式模型构建的基础上，将模型空间参数作为独立的变量融合到分布式模型构建过程中。利用空间分布的 CC_x 和 B_{rel} 对模型的肥胁迫系数进行空间校正。AquaCrop-RS 模型在黑河流域中游绿洲的模拟单元划分需要考虑气象条件、土壤类型、灌溉系统、播种日期及作物参数。以 2012 年玉米耕地为例，利用 GIS 将以上空间因素进行叠加，叠加原理如图 14-1（a）所示，将研究区域划分成空间属性均一的模拟单元，如图 14-1（b）所示，并借用 AquaCrop 的 GIS 平台完成 AquaCrop-RS 模型构建，模型构建原理如图 14-2 所示。

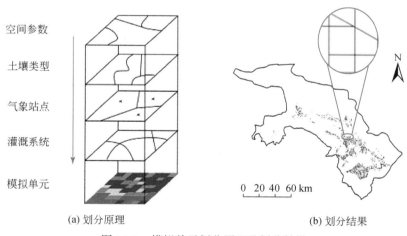

图 14-1　模拟单元划分原理及划分结果

4. 模型率定和验证

（1）AquaCrop 模型率定和验证

利用 2012 年和 2013 年的田间观测数据、灌溉资料及气象数据构建模型需要的数据库，并以 2012 年盈科灌区田间观测的冠层覆盖度、干物质量和土壤水储量为监测指标，对模型进行率定，同时利用 2013 年的田间观测数据对率定的模型参数进行验证。实测值和模拟值

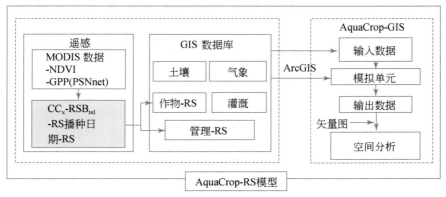

图 14-2 AquaCrop-RS 分布式作物生长模型结构图

统计参数计算公式详见表 14-2（表中 O_i 为观测值，P_i 和 P_i 为对应模拟值，n 为观测值个数，$\overline{O}$ 为观测值平均值，O_j 为遥感观测值），模型参数率定和验证结果如图 14-3 所示。

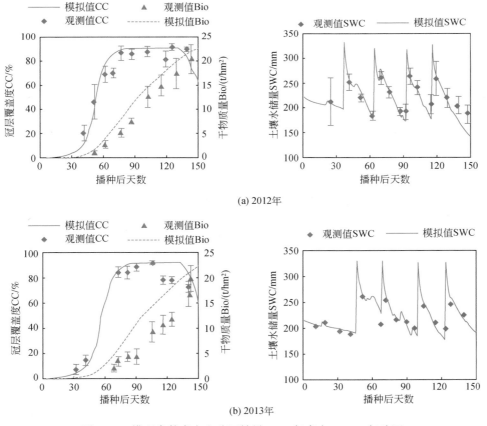

(a) 2012年

(b) 2013年

图 14-3 模型参数率定和验证结果 2012 年率定、2013 年验证

经统计，2012 年冠层覆盖度、干物质量、土壤水储量的模拟值和观测值一致性指数 d

均大于 0.9，干物质量的 NRMSE 稍微偏大，其他均小于 20%，RMSE 均在合理的范围内。2013 年模型验证中，冠层覆盖度和产量的评价效果与 2012 年率定效果基本一致，尽管 2013 年对土壤水储量的验证中 RMSE 偏高，但仍然可以接受。2013 年对干物质量和土壤水储量模拟的一致性指数都在合理的范围内。

（2）AquaCrop-RS 模型验证

为验证分布式 AquaCrop-RS 模型区域模拟精度，本章分 4 种情形对中游绿洲玉米进行模拟，情形 1：播种日期和作物参数在区域范围内保持常数，定义为 AquaCrop-GIS；情形 2：空间分布式播种日期和常数作物参数，定义为 AquaCrop-RS$_1$；情形 3：空间分布式作物参数和常数播种日期，定义为 AquaCrop-RS$_2$；情形 4：空间分布式作物参数和空间分布式播种日期，定义为 AquaCrop-RS$_3$。并分别对上述 4 种模拟情形中绿洲玉米的蒸散发量和产量模拟精度进行对比验证。

以黑河流域中游绿洲区 2012 年 1000m 分辨率月尺度地表蒸散发数据为参考值（Wu et al.，2012；Wesseling and Feddes，2006），将 2012 年中游绿洲 4 种模拟情形的 5～8 月玉米蒸散发量与之进行对比，4 种情形下 2012 年玉米蒸散发量模拟情况如表 14-2 所示。由表 14-2 可知，第二至第四种模拟情形的 5～8 月玉米蒸散发量大小相对第一种模拟情形模拟精度分别提高了 21%、5%、26%。对中游绿洲蒸散发量模拟精度所占区域面积变化进行统计，结果显示，AquaCrop-RS$_1$ 模拟精度提高和降低的区域面积占比分别为 85% 和 15%（相对 AquaCrop-GIS，后皆为此顺序），AquaCrop-RS$_2$ 分别为 87% 和 8%，AquaCrop-RS$_3$ 分别为 85% 和 15%，AquaCrop-RS$_1$、AquaCrop-RS$_2$、AquaCrop-RS$_3$ 3 种情形下玉米蒸散发量模拟精度提高的空间面积占比差异不明显，但是模拟精度提高的区域面积都有明显增加。由以上分析可知，空间播种日期的引入对 AquaCrop-RS 模型区域蒸散发量模拟精度及区域效应产生了比较显著的影响。

表 14-2　2012 年 4 种模拟情形下分布式模型对中游绿洲 5～8 月玉米蒸散发量模拟精度对比分析

指标/模拟情形	RMSE	NRMSE	MAE	面积百分比		
				DARE	DARE	DARE
计算公式	$RMSE = \sqrt{\dfrac{\sum(P_i - O_i)^2}{n}}$	$NRMSE = \dfrac{100}{\bar{O}}\sqrt{\dfrac{\sum(P_i - O_i)^2}{n}}$	$MAE = \dfrac{1}{n}\sum|P_i - O_i|$	$DARE = \left|\dfrac{P_i - O_j}{O_j}\right| - \left|\dfrac{P_i - O_j}{O_j}\right|$		
AquaCrop-GIS	86	19	77			
AquaCrop-RS$_1$	70	15	60	0	15	85
AquaCrop-RS$_2$	82	18	75	5	8	87
AquaCrop-RS$_3$	64	14	54	0	15	85

注：①模拟精度评价指标为均方根误差 RMSE、平均绝对误差 MAE（mm）、标准均方根误差 NRMSE、相对误差绝对值之差 DARE（%）。②第一种模拟情形：AquaCrop-GIS；第二种模拟情形：AquaCrop-RS$_1$；第三种模拟情形：AquaCrop-RS$_2$；第四种模拟情形：AquaCrop-RS$_3$。其中 0、15%、85% 是 AquaCrop-RS$_1$ 分别与 AquaCrop-GIS 相比模拟精度变化的区域面积占比（AquaCrop-RS$_3$ 与此情形相同），5%、8%、87% 是 AquaCrop-RS$_2$ 与 AquaCrop-GIS 相比模拟精度变化的区域面积占比

将黑河流域中游绿洲 2015 年区域产量调研数据分为低（≤13t/hm^2）、中（<15t/hm^2）、

高（≥15t/hm²）产区，并分别和 2015 年 4 种模拟情形的玉米区域产量模拟结果进行对比，4 种情形下 2015 年玉米产量模拟结果如表 14-3 所示。由表 14-3 可知，空间播种日期引入模型（AquaCrop-RS₁）对产量模拟精度影响不大，但是空间作物参数参与构建的分布式模型（AquaCrop-RS₂）对产量模拟精度有较大提高，提高精度范围为 34%～68%，综合 AquaCrop-RS₃对产量模拟精度的影响（产量模拟精度总体提高了 35%～72%）可知，空间作物参数在分布式模型中对提高区域产量模拟精度起到了关键作用。

表 14-3　2015 年中游绿洲玉米产量模拟精度　　（单位：t/hm²）

评价指标	低产区			中产区			高产区		
	RMSE	NRMSE	MAE	RMSE	NRMSE	MAE	RMSE	NRMSE	MAE
AquaCrop-GIS	1.5	12.3	1.3	3	22	3	5.6	34.9	5.4
AquaCrop-RS₁	1.4	11.9	1.3	3	21.6	2.9	5.6	34.8	5.4
AquaCrop-RS₂	0.9	7.1	0.7	1	7	0.8	3.7	22.9	3.2
AquaCrop-RS₃	0.9	7.8	0.8	0.8	6.1	0.7	3.7	22.8	3.2

14.1.3　分布式农业水文模型与模型改进方法

SWAT 模型是基于 EPIC 模型和 GLEAMS 模型开发的数学物理水文模型，可作为一个扩展模块集成于 ArcView 软件中，进而构建具有物理基础的分布式水文模型。该模型可用于模拟和预测流域内不同土壤类型、不同土地利用和管理条件下的水量、泥沙和水质的变化规律。同时，该模型简单整合了稻田、塘堰等灌区特征模块，允许用户添加农田耕作措施，因而可应用于灌区水分和养分循环等方面的模拟研究。

1. SWAT 模型介绍

SWAT 模型采用模块化结构且源代码对外开放，很多学者为了进一步完善模型功能和提高模拟精度，使 SWAT 模型能更合理地体现灌区特征，对 SWAT 模型进行了多方面的改进。胡远安等（2003）和 Kang 等（2006）改进了稻田蓄水、排水的模拟过程；Zheng 等（2010）改进了对水稻蒸发蒸腾量的模拟；郑捷等（2011）针对平原灌区的特点，对 SWAT 模型的河网提取、子流域的划分和作物耗水模块进行了改进。代俊峰（2007）在改变模型 SWAT2000 陆面水文过程计算结构的基础上，对南方丘陵水稻灌区灌溉水分运动模块、稻田水量平衡要素（降水、蒸发、下渗、灌排、侧渗）模块、沟道渗漏和水稻产量模拟模块进行了改进，并添加了渠系渗漏及其对地下水的补给作用和塘堰水灌溉功能模块。谢先红（2008）针对稻田模拟改进了蒸发蒸腾量模拟、下渗模拟、稻田灌排模式和水稻产量模拟，增加了塘堰水自动灌溉功能。王建鹏（2011）对代俊峰和谢先红修改的模型进行了整合和改进，优化了稻田水循环过程及其算法，将稻田模拟模块完全独立，并增加了稻田非蓄水期产流和下渗模拟，以耕作层含水量控制灌溉，优化了灌溉渠道渗漏模拟。刘路广等（2010）在已有团队研究基础上，根据平原灌区旱作物种植特点，对农田模拟模块、渠道渗漏模块、旱作物模拟模块、作物蒸散量模拟模块、自动灌溉模块和灌溉水源模块等进行了改进或增添。Farida 等（2012）更改了 SWAT 模型土壤含水量计算模块的执行时序，使之能够反映过多的灌溉水参与渗漏过程。Luo 等（2008）主要对潜水蒸发模块及叶面积指数在作物衰老阶段生长函数进行了修改，取得了较为理想的验证效果。

SWAT 模型模块比较全面，模拟精度较高，已经成为水资源管理规划中不可或缺的工具，在国内外得到了广泛的应用（Gosain et al.，2005；代俊峰和崔远来，2008；郝芳华等，2006）。为了进一步提高模型模拟精度，使其更好地模拟不同节水灌溉管理措施情景下灌区水量平衡的变化规律，本书以盈科灌区为例，结合中国丘陵地区旱作物灌区特点，对模型的部分模块进行系统地改进，并增添部分功能模块，进而构建灌区分布式水文模型。

2. 模型改进

目前研究对灌区 SWAT 模型应用探讨较多，且已有改进研究主要集中在对农田水量平衡要素、渠系渗漏、多水源灌溉，以及作物生长模块的修改，但是对于灌溉是否允许旱作物农田地表存有积水、高出土壤饱和含水量参与深层渗漏过程、潜水蒸发补给土壤、叶面积生长考虑 Logical 生长曲线等的研究较少。因此，本书针对黑河中游绿洲的特点，以 SWAT2009 模型为平台，对深层渗漏模块、渠道渗漏模块、多水源联合灌溉模块、灌溉计算结构等进行了改进或增添，进一步完善了灌区分布式水文模型，改进过程具体如下：

（1）灌区的空间离散

应用分布式水文模型时，一般需要将研究流域离散成独立的空间模拟单元（定义为 HRU）。将灌区进行空间离散时，需要考虑渠系对区域产流的影响。渠系对灌区水分循环的影响，主要表现在渠系分布和渠系的输配水过程。其中，渠系分布主要体现在对灌区水流路径和产汇流的影响，渠系输配水过程主要体现在渗漏损失对灌区地下水的补给的影响。

按照灌溉渠系的规划规则，干渠一般布置在灌区的较高地带，以便控制较大的自流灌溉面积，其他各级渠道亦布置在各自控制范围内的较高地带。山区、丘陵区灌区干、支渠道的渠道位置较高，而且丘陵区灌区的干渠大体上和等高线平行，支渠沿分水岭（山脊）布置。

基于绿洲 DEM 图利用 GIS 软件对研究区域进行边界提取、亚流域划分及排水沟网提取。提取的排水沟网基本上与实际的主排水沟网一致，干支渠分布基本上与划分的亚流域边界一致。因此，只要对研究区域进行合理的亚流域划分，那么基于区域 DEM 图、人工划分河网，以及子流域的分布式水文模型就适合于丘陵灌区产汇流过程的模拟。

（2）SWAT 模型灌溉模块的改进

在 SWAT 模型中，对于自然流域而言，灌溉引水属于流域内部循环，最终会流回到河道（灌溉引水量最大值为土壤田持含水量），总水量不会减少的模型设定运行是一致的。但对于人工灌区，这一设置没有体现农业灌溉管理对水文循环过程（入渗以及渠系渗漏补给等）的影响。因此，需要改进灌溉模块，使其能够参与灌区水文循环过程。

为了使模型能够较真实地模拟灌溉的排水过程，本章改进了灌溉水的运动方式。SWAT模型中，灌溉水的运动方式分为两种，对定义为水田"pothole"的区域，灌溉水蓄存在田间表层，作为田间水层；对于没有定义为水田"pothole"的区域，如旱作物或休耕地，灌水的目的是使土壤的各个土层达到田间持水量，多余的灌水量回归至灌溉水源，而不是形成回归水，这样的处理方式与实际灌溉水的运动过程不符。模型中实际灌水量确定方式为

$$vmm = Min(sol\_sumfc(j), vmma) \tag{14-7}$$

式中，vmm 为实际灌溉水量（mm）；sol_sumfc 为土壤达到田间持水量时的含水量（mm）；vmma 为灌溉量（mm）。

这种限制并不适合灌溉产生田面水层的情况，也难以准确地模拟农田蓄水情况和不同灌溉模式下水分循环过程的变化。因此，修改后的模型，调整了对最大灌水量的限制，设定灌水量最大值为土壤饱和含水量与地表水层 50mm 之和。同时考虑流域内渠系，潜水层含水层和深层含水层能提供的水量最大值。模型改进后的灌水量的确定方式如式（14-8）和式（14-9）所示：

$$vmma = irr\_amt \tag{14-8}$$

$$vmm = Min(sol\_sumul+50, vmma) \tag{14-9}$$

式中，irr_amt 为用户设定的灌水量。

模型修改后，对于没有定义为水田"pothole"的区域，灌水量首先使土壤达到饱和，高出限制的灌水量增加至深层渗漏模块。

（3）主排水沟渗漏计算方法的改变

SWAT 模型主沟道的渗漏模拟与自然流域中的河流渗漏的计算方式一致，输水损失量是渠床导水率、渠道水流流动时间、湿周、渠道长度的函数，计算公式如下：

$$rttlc = ch\_k \times rttime \times ch\_l2 \times p \tag{14-10}$$

式中，rttlc 为渠道输水损失量（m^3）；ch_k 为渠道底部导水率（mm/h）；rttime 为水流时间（h）；ch_l2 为渠道长度（km）；p 为湿周（m）。

SWAT 模型沟道输水损失量的计算中，渠道渗漏损失补给到深层地下水中，流出本子流域，即渗漏损失没有被利用，本书将其更改为渗漏损失量补给到潜层地下水。

（4）地下水对作物根区补给量计算方法的改进

改进毛管上升水的计算方法，是为了使模型能够反映地下水埋深、土壤质地及作物需水强度等因素对毛管上升水量大小的影响，并且使毛管上升水参与土壤水的水分循环，实现地下水和土壤水的交互作用。

SWAT 模型根据地下水储水量和"revap"系数计算地下水"revap"[式（14-11）]，即毛管上升水（地下水通过毛管作用对作物根区的补给量），"revap"系数是固定不变的。

$$CR = Gw\_revap \times ET_c \tag{14-11}$$

式中，CR 为地下水"revap"（毛管上升水）（mm）；Gw_reavap 为地下水"revap"系数；ET_c 为作物实际蒸发量。

SWAT 模型计算的毛管上升水，没有参与土壤水分循环，直接蒸发到大气中。同时模

型中地下水 "revap" 的计算没有考虑作物因素和土壤因素等对毛管上升水的影响。鉴于此，本章改进了毛管上升水的计算方法，增加了毛管上升水对土壤水分的补给，使其参与土壤水分的循环。

（5）灌溉水源的改进

SWAT 模型提供了 5 种水源：河流、水库、潜层地下水、深层地下水和研究区域以外的水源，基本可以满足各种不同水源类型灌区的灌溉要求，但是该模型在一次模拟中，每个计算单元用户只能选择一种水源进行灌溉，这对于多水源联合应用的灌区并不适用。为此，本书对其增添了多种水源联合灌溉模式。

改进后的 SWAT 模型根据设定条件判断是否为渠系灌溉，如果渠系灌溉满足不了灌溉要求，那么改进后的模型在基于考虑区域内渠系、潜层地下水、深层地下水所能提供的最大水量的情况下，依次抽取潜层地下水、深层地下水对剩余灌溉需水量进行补充，以满足不同节水灌溉管理措施的灌区水量平衡。鉴于现有资料无法对潜层地下水抽水量参数进行率定，故现状条件下，将模型判别是否单一渠系或是多水源灌溉的临界条件设定为灌水定额是否高于土壤饱和含水量与当前土壤含水量之差。

由多水源联合灌溉情况下潜水层抽水量示意图（图 14-4）可知，SWAT2009 模型修改前，计算单元只能选择一种水源进行灌溉，SWAT2009 模型改进后，计算单元可以实现渠系、井水联合灌溉，具体的抽水量由灌水定额决定。

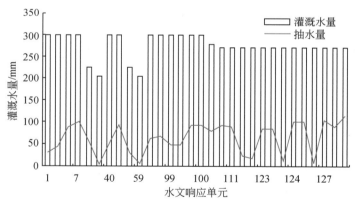

图 14-4　井渠联合灌溉下典型水文响应单元抽水量示意图

（6）灌溉渠道渗漏的改进

SWAT 模型没有考虑灌区内灌溉渠道的输配水渗漏损失对水分循环的影响。在丘陵地区，渠道与提取的子流域的边界吻合较好，代俊峰（2007）根据灌溉渠道输配水功能及其分布将研究区域内的灌溉渠系分为输水渠系和配水渠系，利用渠系水利用系数法计算渠系渗漏损失。在平原灌区，渠道的位置并不与子流域的边界重合，很难对渠道进行分类，因此只能对渠道渗漏损失进行概化。本章不考虑渠道输配水量大小对输配水损失量的影响，利用渠系水利用系数法计算区域渠系损失量，认为渠系损失由蒸发损失、管理损失和渗漏损失等几个部分组成，因此渠系渗漏损失为渠系损失量乘以渠系渗漏系数，具体的计算详见式（14-12）。其中，渠系渗漏系数为渠系中渗漏到地下水中的那部分水量占总的渠系损失量的比例，用户可以根据灌区渠道长度、渠道衬砌情况及土壤类型进行初步确定，再利用模型对其进行率定。

$$V_{渠系渗漏} = V_{渠系损失} \times \beta_{渗漏} = \frac{V_{SWAT输入}(1-\eta)}{\eta} \times \beta_{渗漏} \qquad (14\text{-}12)$$

式中，$V_{渠系渗漏}$ 为渠系渗漏量（mm）；$V_{渠系损失}$ 为渠系损失量（mm）；$\beta_{渗漏}$ 为渠系渗漏系数；$V_{SWAT输入}$ 为 SWAT 界面中输入的灌水量（田间毛灌水定额）（mm）；η 为渠系水利用系数。

结合石羊河流域渠系渗漏和侧渗试验，设定渠系渗漏系数：主要防渗渠道为 0.015m/d，一般防渗渠道为 0.025m/d，没有防渗渠道为 0.050m/d。由 SWAT2009 模型修改前后典型 HRU 潜水层储水量可知（图 14-5），模型修改前，防渗渠系周边和典型 HRU 潜水层储水量呈降低趋势变化。模型修改后，由于考虑了渠系渗漏补给至潜水层，防渗渠系周边 HRU 潜水层储水量在作物生育期阶段呈增大变化趋势。

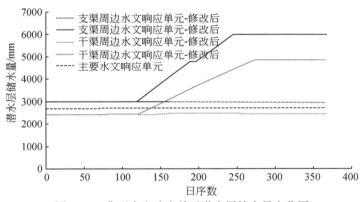

图 14-5　典型水文响应单元潜水层储水量变化图

（7）叶面积指数生长动态的修改

SWAT 模型中，叶面积衰老过程采用的是线性衰减函数，具体表达如下：

$$LAI = \frac{LAI_{max}}{(1-fr_{phu,sen})^2} \cdot (1-fr_{phu})^2, \ fr_{phu} \geqslant fr_{phu,sen} \qquad (14\text{-}13)$$

式（14-13）仅适用于自然流域下植物的生长过程，不适用于灌溉作物。Luo 等（2008）采用最优叶面积指数生长几何系数对叶面积衰老过程进行修正，本书参考 Luo 等（2008）的研究，采用 Logical 生长曲线形式对叶面积指数生长动态函数进行如下改进：

$$LAI = \frac{LAI_{max}}{(1+a) \ \exp \ (1+b \cdot fr_{phu})}, \ fr_{phu} \geqslant fr_{phu,sen} \qquad (14\text{-}14)$$

式中，LAI_{max} 为生长最优时的最大叶面积指数；fr_{phu} 为生长季中模拟日累积的潜在热量单位分数；$fr_{phu,sen}$ 为叶面积指数衰老时对应的潜在热量单位分数；a、b 为经验系数。

由典型 HRU（HRU-6 和 HRU-30）叶面积指数生长变化示意图（图 14-6）可知，模型修改前，叶面积指数在衰老过程呈线性递减变化。模型修改后，在生育前期和中期，叶面积指数生长变化过程与模型修改前基本一致，在生育后期，能够更加真实地体现灌溉作物叶面积衰变过程。

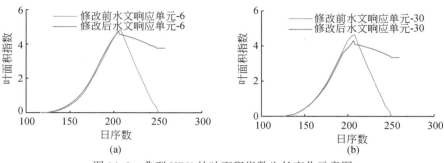

图 14-6　典型 HRU 的叶面积指数生长变化示意图

3. 模型率定和验证

以黑河流域中游绿洲区 24 个灌区为子流域边界，采用 38 种土壤类型、10 种土地利用类型，以及 3 个气象站点数据（张掖站、临泽站、高台站）对黑河中游 SWAT 模型进行改进，水文基本计算单元为 528 个，利用 2011 年、2012 年田间试验观测数据对模型参数进行率定（图 14-7），利用 2013 年遥感蒸散量数据对模型参数进行验证（图 14-8）。

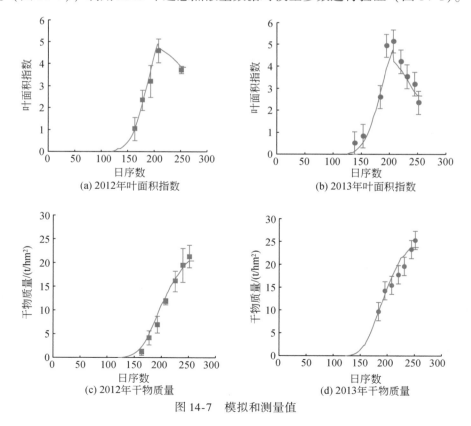

图 14-7　模拟和测量值

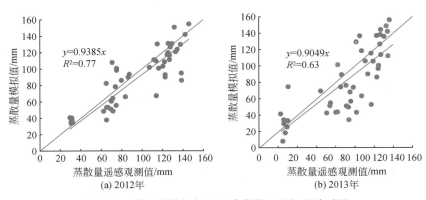

图 14-8　模拟蒸散量与月遥感蒸散量之间的关系图

　　经统计，叶面积指数观测值和修正后 SWAT 模型模拟值的决定系数分别为 0.98 和 0.94，均方根误差分别为 0.25 和 0.53，模型的有效性指数分别为 0.95 和 0.89。地上部干物质量观测值和改进的 SWAT 模型模拟值的决定系数分别为 0.99 和 0.92，均方根误差分别为 1.16t/hm^2 和 1.60 t/hm^2，模型的有效性指数分别为 0.97 和 0.90。由模型月蒸散量模拟值与实测值对比可知，修正的模型模拟的月蒸散量值与遥感反演的月蒸散量值决定系数为 0.78 和 0.64，均方根误差为 18.15 mm/月和 26.83 mm/月，模型有效性指数为 0.76 和 0.42。因此，修正的 SWAT 模型对叶面积指数、地上部干物质量，以及月 ET 的模拟结果的决定系数、均方根误差和模型有效性指数均在较为合理的范围内（各评价指标详见表 14-4），模拟结果能够反映作物蒸散和作物生长情况，可以用于灌区水循环过程的模拟和灌溉效率的分析。

表 14-4　模型校准后的拟合优化指标

年份	指标	回归系数	R^2	RMSE	有效指数
2012	叶面积指数	1.05	0.98	0.25	0.95
	干物质量	0.90	0.99	1.16	0.97
	蒸散量	0.94	0.77	18.15	0.76
2013	叶面积指数	0.84	0.94	0.53	0.89
	干物质量	0.95	0.92	1.60	0.90
	蒸散量	0.90	0.63	26.83	0.42

14.2　黑河绿洲不同措施的节水效应分析

　　面对水资源紧缺状况，黑河中游绿洲初步实施了多种农业节水措施，主要包括地面灌亏缺灌溉、高效节水灌溉（主要指滴灌）、渠道防渗、种植结构调整等。本书在现有节水措施的基础上，进一步分析了不同措施的节水效应，为中游绿洲农业水资源的高效利用提供理论基础。

14.2.1　节水方案设置

根据黑河中游绿洲行政区划及水资源配水管理，将中游绿洲耕作区划分成 24 个灌区。本章以 24 个灌区为单位分别对不同节水措施进行节水情景设置，设置情景如表 14-5 所示。

表 14-5　黑河中游绿洲不同尺度节水措施方案设置

尺度	实施方案	实施目标
田间环节	灌溉制度-现状（地面灌-玉米） （实施亏缺灌溉）	调减 10%
		调减 20%
		调减 25%
		调减 30%
		调减 35%
		调减 40%
		调减 45%
	亏缺程度 20%（地面灌-玉米） （发展亏缺灌溉面积）	发展 30%
		发展 40%
		发展 50%
		发展 55%
		发展 60%
		发展 65%
		发展 70%
		发展 75%
	滴灌灌溉面积占比（地面灌-玉米） （发展滴灌灌溉面积）	发展 30%
		发展 40%
		发展 50%
		发展 55%
		发展 60%
		发展 65%
		发展 70%
		发展 75%
	灌溉制度-现状（滴灌-玉米） （实施亏缺灌溉）	调减 10%
		调减 20%
		调减 30%
		调减 40%

续表

尺度	实施方案	实施目标
田间环节	灌溉制度–现状（滴灌–玉米）	调减 50%
		调减 60%
		调减 70%
渠系防渗环节	渠系水利用系数–现状 0.65	提升至 0.69
		提升至 0.75
区域环节	种植结构	水文年
	全部设定为玉米	现状年
	现状种植结构–现状节灌率，详见表 14-6～表 14-10	特枯水年
		枯水年
		平水年
		丰水年
		特丰水年
	种植结构–节灌率增加 10%，详见表 14-11～表 14-15	特枯水年
		枯水年
		平水年
		丰水年
		特丰水年
	种植结构–节灌率增加 20%，详见表 14-16～表 14-20	特枯水年
		枯水年
		平水年
		丰水年
		特丰水年

表 14-6 黑河中游绿洲不同水平年作物种植面积表（1） （单位：万亩）

情景水平	行政区	灌区	粮食玉米	小麦	薯类	制种玉米	棉花	油料	蔬菜	总计
现状特枯水年	甘州区	大满	0.55	1.22	0.27	17.70	0.16	0.15	1.35	21.40
		盈科	4.96	0.26	0.28	9.28	0.06	0.14	2.75	17.73
		西浚	0.62	0.37	0.18	20.34	0.24	0.16	0.33	22.24
		上三	1.78	0.84	0.14	9.55	0.09	0.17	0.17	12.75
		安阳	1.40	0.77	0.50	1.44	0.23	0.49	0.35	5.17
		花寨	0.23	0.65	0.26	0.70	0.08	0.34	0.15	2.42

续表

情景水平	行政区	灌区	粮食玉米	小麦	薯类	制种玉米	棉花	油料	蔬菜	总计
现状特枯水年	临泽县	平川	0.19	0.99	0.15	0.09	0.16	0.15	1.19	2.93
		蓼泉	1.92	0.13	0.17	2.14	0.75	0.22	0.37	5.70
		板桥	0.62	0.21	0.24	7.63	0.17	0.16	0.65	9.67
		鸭暖	0.36	0.94	0.26	0.33	0.17	0.15	0.55	2.77
		沙河	0.34	0.19	0.17	0.05	0.14	0.18	0.13	1.20
		梨园河	0.23	3.59	0.16	6.05	0.28	0.13	1.49	11.93
	高台县	友联	5.32	1.47	0.17	8.95	1.67	0.45	2.67	20.70
		六坝	0.35	0.19	0.15	2.46	1.05	0.16	0.43	4.78
		罗城	1.82	0.33	0.17	1.31	1.66	0.14	0.84	6.27
		新坝	0.02	0.26	0.14	0.89	0.03	0.38	0.62	2.35
		红崖子	0.18	1.44	0.15	0.39	0.01	0.26	0.08	2.51
		总面积	20.89	13.84	3.55	89.31	6.94	3.85	14.14	152.53

表 14-7　黑河中游绿洲不同水平年作物种植面积表（2）　　　　（单位：万亩）

情景水平	行政区	灌区	粮食玉米	小麦	薯类	制种玉米	棉花	油料	蔬菜	总计
现状枯水年	甘州区	大满	0.49	0.25	0.29	20.59	0.00	0.00	1.35	22.97
		盈科	7.86	1.15	0.19	10.78	0.00	0.02	3.66	23.66
		西浚	0.15	0.62	0.00	26.07	0.00	0.02	0.78	27.64
		上三	0.05	0.13	0.00	7.86	0.06	0.00	0.13	8.24
		安阳	0.05	0.63	0.50	0.00	0.02	0.35	0.88	2.44
		花寨	0.18	0.39	0.26	0.06	0.01	0.16	0.05	1.11
	临泽县	平川	0.05	1.09	0.00	2.92	0.07	0.00	1.09	5.22
		蓼泉	0.60	1.24	0.01	1.62	0.31	0.00	0.47	4.25
		板桥	0.26	0.33	0.00	6.65	0.03	0.00	0.45	7.73
		鸭暖	0.00	1.59	0.00	1.91	0.01	0.00	0.25	3.76
		沙河	0.13	1.22	0.00	2.80	0.01	0.00	0.29	4.45
		梨园河	1.49	5.61	0.00	11.20	0.11	0.04	1.86	20.33
	高台县	友联	6.23	0.90	0.00	8.88	2.26	0.47	3.37	22.10
		六坝	0.60	0.06	0.00	2.26	0.81	0.01	0.57	4.31
		罗城	1.52	0.17	0.01	0.13	2.22	0.00	0.52	4.57
		新坝	0.07	1.39	0.00	1.76	0.00	0.41	1.11	4.75
		红崖子	0.00	0.83	0.00	0.56	0.01	0.04	0.17	1.61
		总面积	19.74	17.59	1.27	106.05	5.93	1.54	17.00	169.13

表 14-8 黑河中游绿洲不同水平年作物种植面积表（3） （单位：万亩）

情景水平	行政区	灌区	粮食玉米	小麦	薯类	制种玉米	棉花	油料	蔬菜	总计
平水年	甘州区	大满	0.39	0.28	0.18	18.76	0.00	0.00	0.93	20.54
		盈科	7.94	2.07	0.23	10.42	0.03	0.01	3.74	24.43
		西浚	0.08	0.74	0.01	26.51	0.03	0.01	0.15	27.54
		上三	0.04	0.01	0.00	8.19	0.01	0.00	0.03	8.27
		安阳	0.03	0.62	0.50	0.09	0.02	0.34	1.23	2.82
		花寨	0.05	0.55	0.22	0.03	0.00	0.14	0.01	1.00
	临泽县	平川	0.06	1.98	0.00	4.28	0.09	0.00	0.59	7.01
		蓼泉	0.28	1.59	0.01	0.99	0.23	0.00	0.38	3.48
		板桥	0.21	0.09	0.00	2.96	0.03	0.00	1.11	4.41
		鸭暖	0.03	0.40	0.00	0.97	0.01	0.00	0.18	1.59
		沙河	0.06	0.94	0.01	2.36	0.00	0.00	0.14	3.51
		梨园河	2.67	5.68	0.00	11.94	0.00	0.03	1.37	21.68
	高台县	友联	6.20	1.82	0.01	7.98	2.39	0.49	2.93	21.82
		六坝	0.29	0.04	0.00	1.14	0.60	0.01	0.24	2.31
		罗城	2.60	0.01	0.00	0.09	2.01	0.01	0.92	5.63
		新坝	0.09	1.45	0.00	2.98	0.05	0.36	1.12	6.05
		红崖子	0.00	0.74	0.01	0.24	0.00	0.10	0.15	1.24
		总面积	21.01	19.01	1.20	99.93	5.50	1.50	15.22	163.35

表 14-9 黑河中游绿洲不同水平年作物种植面积表（4） （单位：万亩）

情景水平	行政区	灌区	粮食玉米	小麦	薯类	制种玉米	棉花	油料	蔬菜	总计
丰水年	甘州区	大满	0.50	0.29	0.20	20.69	0.00	0.00	1.68	23.36
		盈科	7.93	1.06	0.16	8.75	0.00	0.00	3.72	21.62
		西浚	0.14	0.50	0.01	26.66	0.02	0.01	0.22	27.55
		上三	0.12	0.33	0.00	7.77	0.00	0.00	0.04	8.27
		安阳	0.01	1.51	0.50	0.05	0.00	0.40	1.05	3.53
		花寨	0.05	0.74	0.25	0.04	0.00	0.23		1.31
	临泽县	平川	0.08	1.22	0.00	1.98	0.05	0.00	0.80	4.13
		蓼泉	0.57	1.35	0.00	2.91	0.45	0.00	0.79	6.07
		板桥	0.13	0.25	0.01	6.21	0.05	0.00	0.63	7.27
		鸭暖	0.02	0.57	0.00	2.75	0.00	0.00	0.26	3.60
		沙河	0.06	0.77	0.00	1.56	0.00	0.00	0.10	2.49
		梨园河	2.13	5.72	0.00	10.77	0.00	0.03	1.90	20.55
	高台县	友联	6.64	0.61	0.01	6.88	2.02	0.49	3.41	20.06
		六坝	0.22	0.04	0.00	2.76	0.54	0.00	0.55	4.11
		罗城	0.71	0.02	0.00	0.06	2.42	0.00	0.75	3.96
		新坝	0.28	0.09	0.00	1.30	0.03	0.33	1.17	3.19
		红崖子	0.00	1.61	0.00	0.20	0.00	0.01	0.24	2.07
		总面积	19.60	16.68	1.12	101.32	5.60	1.51	17.31	163.13

表 14-10 黑河中游绿洲不同水平年作物种植面积表（5） （单位：万亩）

情景水平	行政区	灌区	粮食玉米	小麦	薯类	制种玉米	棉花	油料	蔬菜	总计
特丰水年	甘州区	大满	0.34	0.37	0.25	20.06	0.01	0.00	0.83	21.86
		盈科	7.89	1.19	0.16	10.31	0.00	0.01	3.55	23.12
		西浚	0.37	1.43	0.00	25.93	0.03	0.01	0.16	27.93
		上三	0.07	0.18	0.00	8.73	0.00	0.00	0.06	9.05
		安阳	0.04	0.49	0.50	0.00	0.00	0.35	0.75	2.13
		花寨	0.06	0.79	0.30	0.02	0.01	0.17	0.00	1.34
	临泽县	平川	0.11	2.38	0.00	2.32	0.09	0.00	1.36	6.27
		蓼泉	0.42	1.23	0.00	2.32	0.27	0.00	0.26	4.50
		板桥	0.48	0.28	0.00	4.46	0.05	0.00	0.62	5.90
		鸭暖	0.03	0.90	0.00	1.99	0.02	0.00	0.21	3.15
		沙河	0.09	0.79	0.00	4.29	0.00	0.00	0.13	5.29
		梨园河	2.01	5.69	0.00	10.57	0.00	0.04	1.93	20.25
	高台县	友联	5.82	0.65	0.00	9.34	2.03	0.49	3.05	21.38
		六坝	0.13	0.11	0.00	1.00	1.04	0.00	0.36	2.64
		罗城	1.14	0.04	0.00	0.06	1.87	0.00	0.79	3.92
		新坝	0.11	0.66	0.00	1.84	0.00	0.41	0.60	3.62
		红崖子	0.00	1.16	0.00	0.18	0.02	0.04	0.23	1.63
		总面积	19.13	18.35	1.23	103.42	5.43	1.53	14.91	164.00

表 14-11 黑河中游绿洲不同水平年作物种植面积表（6） （单位：万亩）

情景水平	行政区	灌区	粮食玉米	小麦	薯类	制种玉米	棉花	油料	蔬菜	总计
节灌率增加10%—特枯水年	甘州区	大满	0.55	0.28	0.31	24.73	0.01	0.01	1.48	29.40
		盈科	7.88	1.16	0.19	14.49	0.00	0.00	3.71	25.86
		西浚	0.13	1.26	0.00	22.28	0.00	0.01	0.36	24.69
		上三	0.32	0.27	0.00	7.72	0.00	0.00	0.14	8.19
		安阳	0.02	0.81	0.50	0.11	0.00	0.33	0.71	2.37
		花寨	0.00	0.50	0.28	0.09	0.00	0.19	0.08	1.05
	临泽县	平川	0.07	2.13	0.02	3.93	0.08	0.01	1.37	7.62
		蓼泉	0.63	2.26	0.00	2.74	0.30	0.00	0.42	6.35
		板桥	0.23	0.23	0.01	3.05	0.04	0.00	0.53	4.09
		鸭暖	0.00	1.77	0.02	2.70	0.02	0.00	0.24	4.75
		沙河	0.06	1.48	0.02	5.04	0.03	0.00	0.11	6.74
		梨园河	1.47	5.55	0.00	10.03	0.00	0.03	1.84	18.92
	高台县	友联	6.46	1.43	0.00	10.49	1.97	0.49	2.96	23.80
		六坝	0.21	0.07	0.00	2.78	0.93	0.01	0.63	4.63
		罗城	2.38	0.02	0.01	0.03	2.09	0.00	0.92	5.45
		新坝	0.06	1.37	0.00	1.96	0.00	0.37	0.83	4.58
		红崖子	0.08	0.98	0.01	0.69	0.05	0.05	0.27	2.13
		总面积	120.55	21.57	1.36	113.52	5.53	1.50	16.58	180.62

表 14-12 黑河中游绿洲不同水平年作物种植面积表 (7) （单位：万亩）

情景水平	行政区	灌区	粮食玉米	小麦	薯类	制种玉米	棉花	油料	蔬菜	总计
节灌率增加10%—枯水年	甘州区	大满	0.55	0.29	0.25	28.23	0.02	0.01	1.34	33.35
		盈科	7.98	2.03	0.21	15.89	0.00	0.00	3.67	28.58
		西浚	0.24	2.36	0.01	21.05	0.00	0.02	0.87	24.30
		上三	0.19	0.12	0.00	7.92	0.00	0.01	0.17	8.48
		安阳	0.09	0.85	0.49	0.00	0.00	0.47	0.62	2.62
		花寨	0.01	1.91	0.23	0.24	0.00	0.19	0.00	1.89
	临泽县	平川	0.41	2.50	0.02	3.08	0.20	0.02	0.78	7.01
		蓼泉	0.80	1.47	0.00	2.73	0.26	0.03	0.84	6.13
		板桥	0.10	0.30	0.01	3.40	0.12	0.02	0.56	4.50
		鸭暖	0.07	0.97	0.01	2.16	0.00	0.02	0.30	3.55
		沙河	0.42	2.26	0.01	2.77	0.21	0.00	0.16	5.83
		梨园河	2.01	5.51	0.00	8.89	0.12	0.03	1.43	18.00
	高台县	友联	7.16	2.60	0.00	8.61	1.98	0.49	3.54	24.38
		六坝	1.08	0.33	0.01	1.36	1.28	0.04	0.78	4.87
		罗城	1.96	0.33	0.00	0.43	2.26	0.01	0.35	5.33
		新坝	0.25	0.55	0.00	1.16	0.20	0.35	1.45	3.97
		红崖子	0.08	0.73	0.01	0.47	0.00	0.11	0.42	1.82
		总面积	23.42	22.61	1.38	109.97	7.03	1.56	18.65	184.62

表 14-13 黑河中游绿洲不同水平年作物种植面积表 (8) （单位：万亩）

情景水平	行政区	灌区	粮食玉米	小麦	薯类	制种玉米	棉花	油料	蔬菜	总计
节灌率增加10%—平水年	甘州区	大满	0.57	0.45	0.26	25.75	0.19	0.01	1.34	28.01
		盈科	7.84	1.99	0.25	12.60	0.18	0.02	3.72	29.54
		西浚	0.13	0.89	0.02	23.22	0.00	0.01	0.49	23.82
		上三	0.10	0.16	0.02	8.33	0.10	0.00	0.22	8.81
		安阳	0.27	0.41	0.50	0.55	0.04	0.39	0.55	2.63
		花寨	0.32	0.49	0.25	0.57	0.00	0.16	0.03	1.82
	临泽县	平川	0.22	0.99	0.00	4.96	0.17	0.01	1.07	7.42
		蓼泉	1.12	1.30	0.00	2.55	0.24	0.01	0.22	5.45
		板桥	0.39	0.39	0.00	3.68	0.07	0.01	0.73	5.28
		鸭暖	0.08	0.77	0.00	1.74	0.00	0.03	0.40	3.01
		沙河	0.15	1.71	0.00	2.29	0.11	0.00	0.06	4.33
		梨园河	1.78	5.55	0.00	14.79	0.00	0.02	2.06	24.19
	高台县	友联	6.72	1.07	0.00	10.95	1.77	0.45	2.67	23.63
		六坝	0.20	0.30	0.01	2.04	0.66	0.00	0.70	3.91
		罗城	1.62	0.11	0.00	0.04	2.06	0.00	0.63	4.46
		新坝	0.14	1.28	0.00	1.37	0.00	0.34	1.48	4.62
		红崖子	0.02	0.87	0.01	0.64	0.01	0.04	0.21	1.80
		总面积	21.87	18.57	1.26	117.76	5.29	1.52	16.47	182.74

表 14-14　黑河中游绿洲不同水平年作物种植面积表（9）　（单位：万亩）

情景水平	行政区	灌区	粮食玉米	小麦	薯类	制种玉米	棉花	油料	蔬菜	总计
节灌率增加10%—丰水年	甘州区	大满	0.53	0.02	0.27	22.56	0.01	0.09	1.61	26.94
		盈科	7.90	1.47	0.25	14.40	0.00	0.00	3.63	29.34
		西浚	0.11	0.80	0.00	22.84	0.00	0.01	0.52	23.73
		上三	0.14	0.13	0.01	8.34	0.00	0.00	0.22	8.52
		安阳	0.03	1.05	0.50	0.03	0.01	0.38	0.48	2.84
		花寨	0.05	0.73	0.25	0.00	0.00	0.23	0.01	1.50
	临泽县	平川	0.58	1.27	0.10	2.06	0.06	0.00	1.22	5.29
		蓼泉	0.05	2.13	0.00	3.72	0.05	0.00	0.34	6.29
		板桥	0.16	0.16	0.00	4.28	0.04	0.00	0.35	4.99
		鸭暖	0.02	1.59	0.04	1.04	0.26	0.05	0.18	3.18
		沙河	0.63	1.67	0.01	4.93	0.10	0.01	0.09	7.43
		梨园河	1.53	5.49	0.00	12.37	0.04	0.04	2.22	21.68
	高台县	友联	7.07	1.52	0.00	7.63	2.27	0.48	3.04	22.01
		六坝	0.20	0.16	0.00	1.77	0.88	0.07	0.49	3.56
		罗城	1.43	0.02	0.03	0.14	2.13	0.03	0.43	4.20
		新坝	0.04	0.61	0.01	1.88	0.07	0.42	1.21	4.23
		红崖子	0.37	1.36	0.01	0.41	0.05	0.01	0.26	2.47
		总面积	22.01	19.12	1.33	111.49	6.59	1.86	15.81	178.20

表 14-15　黑河中游绿洲不同水平年作物种植面积表（10）　（单位：万亩）

情景水平	行政区	灌区	粮食玉米	小麦	薯类	制种玉米	棉花	油料	蔬菜	总计
节灌率增加10%—特丰水年	甘州区	大满	0.77	0.18	0.22	24.11	0.00	0.00	1.45	26.73
		盈科	7.83	1.14	0.24	16.58	0.00	0.00	3.68	29.47
		西浚	0.13	0.65	0.00	23.36	0.00	0.01	0.47	24.62
		上三	0.04	0.12	0.00	8.00	0.00	0.00	0.03	8.19
		安阳	0.02	1.20	0.50	0.02	0.00	0.31	0.86	2.92
		花寨	0.00	0.44	0.26	0.00	0.00	0.21	0.01	0.92
	临泽县	平川	0.07	1.58	0.00	6.39	0.11	0.00	0.86	9.02
		蓼泉	0.53	1.66	0.00	2.36	0.18	0.00	0.46	5.18
		板桥	0.22	0.34	0.00	3.22	0.02	0.00	0.75	4.56
		鸭暖	0.00	1.05	0.00	1.69	0.00	0.00	0.30	3.04
		沙河	0.05	1.42	0.00	3.30	0.00	0.00	0.16	4.93
		梨园河	1.41	5.55	0.00	14.76	0.00	0.02	2.23	23.97
	高台县	友联	6.75	1.61	0.00	11.26	1.99	0.49	2.79	24.89
		六坝	0.20	0.06	0.00	1.66	0.98	0.00	0.60	3.50
		罗城	2.02	0.02	0.00	0.06	2.20	0.00	0.55	4.86
		新坝	0.10	0.79	0.00	3.21	0.00	0.41	0.75	5.25
		红崖子	0.00	1.10	0.00	0.18	0.00	0.04	0.29	1.61
		总面积	20.13	18.91	1.22	120.17	5.49	1.49	16.26	183.66

表 14-16 黑河中游绿洲不同水平年作物种植面积表（11） （单位：万亩）

情景水平	行政区	灌区	粮食玉米	小麦	薯类	制种玉米	棉花	油料	蔬菜	总计
节灌率增加20%—特枯水年	甘州区	大满	0.58	0.32	0.25	26.76	0.20	0.00	1.44	27.52
		盈科	7.90	1.57	0.24	12.92	0.00	0.00	3.72	27.92
		西浚	0.18	0.87	0.00	22.93	0.03	0.02	0.38	23.76
		上三	0.05	0.23	0.00	7.46	0.20	0.01	0.04	8.24
		安阳	0.12	1.20	0.47	0.01	0.01	0.38	0.65	2.93
		花寨	0.44	0.53	0.26	0.00	0.01	0.17	0.05	1.55
	临泽县	平川	0.14	1.63	0.01	4.44	0.15	0.00	1.57	7.94
		蓼泉	0.60	1.90	0.01	2.95	0.25	0.00	0.52	6.23
		板桥	0.20	0.25	0.00	4.16	0.10	0.00	0.53	5.24
		鸭暖	0.29	1.42	0.01	3.14	0.06	0.01	0.22	5.16
		沙河	0.18	1.51	0.01	4.19	0.02	0.03	0.15	6.09
		梨园河	2.44	5.55	0.00	11.90	0.01	0.03	1.93	21.86
	高台县	友联	7.09	1.30	0.01	11.98	2.01	0.47	3.08	25.93
		六坝	0.28	0.08	0.01	2.54	1.03	0.00	0.62	4.57
		罗城	1.90	0.10	0.00	0.17	2.15	0.01	0.66	5.00
		新坝	0.21	0.96	0.00	2.31	0.05	0.42	1.29	5.25
		红崖子	0.11	1.42	0.00	0.14	0.01	0.04	0.27	2.00
		总面积	22.70	20.85	1.28	117.34	6.28	1.60	17.13	187.18

表 14-17 黑河中游绿洲不同水平年作物种植面积表（12） （单位：万亩）

情景水平	行政区	灌区	粮食玉米	小麦	薯类	制种玉米	棉花	油料	蔬菜	总计
节灌率增加20%—枯水年	甘州区	大满	0.62	0.35	0.23	30.26	0.14	0.00	1.74	30.70
		盈科	7.75	2.57	0.27	14.03	0.11	0.03	3.82	29.78
		西浚	0.34	0.73	0.00	22.64	0.02	0.03	0.54	24.54
		上三	0.30	0.43	0.00	7.53	0.04	0.04	0.15	8.41
		安阳	0.03	0.29	0.49	0.04	0.01	0.24	1.51	2.53
		花寨	0.04	0.70	0.29	0.41	0.07	0.11	0.27	2.58
	临泽县	平川	0.08	2.32	0.00	1.44	0.08	0.00	1.79	5.72
		蓼泉	0.54	2.00	0.00	2.81	0.70	0.00	0.31	6.37
		板桥	0.18	0.24	0.00	3.50	0.07	0.00	1.47	5.47
		鸭暖	0.08	1.34	0.00	3.07	0.00	0.00	0.35	4.84
		沙河	0.01	1.40	0.01	3.92	0.01	0.00	0.03	5.38
		梨园河	3.62	5.45	0.00	17.16	0.00	0.00	2.19	28.42
	高台县	友联	7.38	2.13	0.00	12.83	2.08	0.49	3.18	28.10
		六坝	0.22	0.08	0.00	2.71	0.81	0.01	0.59	4.41
		罗城	2.86	0.09	0.00	0.03	2.18	0.00	0.64	5.81
		新坝	0.18	0.89	0.00	2.54	0.00	0.40	1.40	5.42
		红崖子	0.07	2.52	0.00	0.68	0.00	0.04	0.01	3.32
		总面积	24.29	26.01	1.21	124.03	5.98	1.64	18.65	201.81

表 14-18　黑河中游绿洲不同水平年作物种植面积表（13）　（单位：万亩）

情景水平	行政区	灌区	粮食玉米	小麦	薯类	制种玉米	棉花	油料	蔬菜	总计
节灌率增加20%—平水年	甘州区	大满	0.47	0.22	0.27	25.67	0.00	0.00	1.37	28.57
		盈科	7.94	1.11	0.24	16.75	0.00	0.02	3.47	26.61
		西浚	0.22	1.07	0.01	22.15	0.07	0.04	0.25	24.76
		上三	0.23	0.38	0.00	7.73	0.03	0.03	0.39	8.93
		安阳	0.55	0.43	0.50	0.07	0.07	0.40	0.62	2.71
		花寨	0.00	1.02	0.21	0.33	0.02	0.11	0.14	1.96
	临泽县	平川	0.21	1.82	0.06	4.21	0.08	0.00	1.07	7.47
		蓼泉	0.62	1.76	0.00	3.05	0.25	0.00	0.43	6.12
		板桥	0.15	0.31	0.02	3.72	0.16	0.02	0.49	4.88
		鸭暖	0.29	1.33	0.00	3.18	0.10	0.00	0.16	5.07
		沙河	0.39	1.93	0.02	4.30	0.16	0.01	0.14	6.96
		梨园河	1.86	5.57	0.00	14.58	0.02	0.02	2.13	24.19
	高台县	友联	6.33	1.09	0.01	9.69	2.00	0.45	2.95	22.52
		六坝	0.19	0.28	0.00	2.62	0.75	0.00	0.76	4.61
		罗城	2.67	0.30	0.00	0.88	2.27	0.03	0.68	6.83
		新坝	0.56	0.89	0.03	2.55	0.02	0.40	0.99	5.43
		红崖子	0.33	1.84	0.04	2.10	0.02	0.04	0.20	4.55
		总面积	22.84	21.51	1.49	121.91	6.47	1.59	16.37	192.18

表 14-19　黑河中游绿洲不同水平年作物种植面积表（14）　（单位：万亩）

情景水平	行政区	灌区	粮食玉米	小麦	薯类	制种玉米	棉花	油料	蔬菜	总计
节灌率增加20%—丰水年	甘州区	大满	1.76	0.61	0.25	22.51	0.39	0.01	1.41	25.09
		盈科	7.28	1.09	0.18	16.99	0.03	0.09	3.68	27.65
		西浚	0.04	0.68	0.01	22.65	0.02	0.01	0.34	24.29
		上三	0.07	0.16	0.00	8.14	0.02	0.11	0.02	8.83
		安阳	0.59	0.28	0.50	0.41	0.19	0.35	0.52	2.48
		花寨	0.20	0.32	0.19	0.57	0.00	0.19	0.03	1.29
	临泽县	平川	0.04	1.39	0.00	4.48	0.05	0.00	1.23	7.20
		蓼泉	0.73	2.62	0.02	3.12	0.21	0.02	0.59	7.30
		板桥	0.02	0.19	0.00	4.03	0.04	0.00	0.53	4.80
		鸭暖	0.02	1.30	0.00	3.55	0.00	0.00	0.06	4.94
		沙河	0.03	1.99	0.00	3.71	0.00	0.00	0.12	5.89
		梨园河	2.05	5.42	0.00	15.34	0.00	0.02	1.95	24.77
	高台县	友联	6.33	1.23	0.00	12.02	2.01	0.49	3.40	25.47
		六坝	0.34	0.10	0.00	1.64	0.80	0.01	0.55	3.43
		罗城	2.00	0.02	0.00	0.25	1.98	0.00	0.65	4.91
		新坝	0.04	1.43	0.00	0.92	0.01	0.33	1.31	4.04
		红崖子	0.02	1.14	0.00	0.01	0.00	0.00	0.33	1.53
		总面积	20.37	21.02	1.29	117.25	5.16	1.62	17.19	183.90

表 14-20 黑河中游绿洲不同水平年作物种植面积表（15） （单位：万亩）

情景水平	行政区	灌区	粮食玉米	小麦	薯类	制种玉米	棉花	油料	蔬菜	总计
节灌率增加20%—特丰水年	甘州区	大满	0.58	0.22	0.32	30.10	0.03	0.01	1.27	32.54
		盈科	7.83	1.90	0.28	16.20	0.07	0.01	3.81	30.11
		西浚	0.04	1.37	0.01	22.12	0.00	0.03	0.58	24.16
		上三	0.18	0.11	0.01	7.46	0.06	0.01	0.24	8.07
		安阳	0.16	0.83	0.50	0.72	0.09	0.30	0.35	2.94
		花寨	0.24	0.64	0.31	0.00	0.07	0.10	0.11	1.46
	临泽县	平川	0.12	2.21	0.00	4.54	0.08	0.01	0.64	7.59
		蓼泉	0.72	1.20	0.01	1.26	0.23	0.00	0.59	4.01
		板桥	0.13	0.28	0.00	4.16	0.05	0.00	0.50	5.14
		鸭暖	0.06	1.18	0.02	2.33	0.01	0.04	0.15	3.78
		沙河	0.24	1.71	0.00	4.40	0.01	0.02	0.19	6.59
		梨园河	1.05	5.58	0.03	16.90	0.02	0.03	2.51	26.12
	高台县	友联	5.81	1.16	0.02	12.22	2.36	0.48	3.11	25.17
		六坝	0.29	0.14	0.03	3.07	0.62	0.01	0.52	4.69
		罗城	1.56	0.19	0.00	1.10	2.05	0.00	0.38	5.28
		新坝	0.38	0.75	0.01	2.26	0.03	0.36	0.50	4.29
		红崖子	0.14	0.89	0.03	1.50	0.12	0.05	0.06	2.79
		总面积	19.54	20.39	1.57	130.33	5.93	1.47	15.49	194.72

针对上述黑河流域不同环节的节水措施分别进行如下简要说明。

1. 田间环节

（1）地面灌亏缺程度

玉米是黑河中游绿洲主要的农作物，现行灌溉方式主要是畦灌，该灌溉方式灌溉水量偏大，伴随严重的渗漏损失。在保证粮食生产安全和水分生产效率的前提下，全面实施亏缺灌溉，节水潜力仍然较大。因此，为探寻玉米适宜的灌水定额，亏缺灌溉方案设置如下，在现状灌溉水量的基础上，实施亏缺程度分别为 10%、20%、25%、30%、35%、40% 和 45%。

（2）地面灌亏缺面积

在黑河中游绿洲作物灌溉水量实施亏缺 20% 的基础上，对中游绿洲亏缺灌溉发展面积进行情景设定，亏缺灌溉发展面积发展比例分别设置为 30%、40%、50%、55%、60%、70% 和 75%。

（3）滴灌灌溉面积

目前，黑河绿洲灌溉方式主要为畦灌，该灌溉方式下灌溉水量偏大，易造成严重的渗漏损失，且作物资源耗水量偏大。为减少水资源消耗，对作物灌溉方式进行调整，加大发展高效节水灌溉力度（本书主要是指发展滴灌）。但是由于高效节水灌溉经济成本较高，因此，为寻求绿洲适宜的高效节水灌溉发展面积，对发展 30%、40%、50%、55%、

60%、70%和75%滴灌灌溉面积的情景进行需耗水量及经济分析。

（4）滴灌亏缺程度

假设黑河中游绿洲玉米灌溉方式由畦灌全部换为滴灌，在现状灌溉制度的基础上，设置亏缺情景分别为10%、20%、30%、40%、50%、60%和70%，并对绿洲不同亏缺情景的作物需耗水量和产量变化进行分析，在保证粮食生产安全和水分生产效率的前提下，确定黑河绿洲高效节水灌溉适宜的灌水定额。

2. 渠系防渗环节

黑河绿洲现有渠系衬砌情况空间分布有较大差异，根据绿洲渠系衬砌现状，取渠系水利用系数均值 $\eta = 0.65$。为进一步提高灌溉水利用率，减少渠道输配水渗漏损失，根据黑河中游水利发展十三五规划——农业水利发展规划目标，渠系防渗情景设置渠系水利用系数 $\eta = 0.69$，$\eta = 0.75$。

3. 区域环节

本书以节水灌溉面积占总灌溉面积的比例作为节灌率，并以单方水净效益最大为目标，分别分析节灌率维持现状、增加10%、增加20%时，甘州、临泽、高台地区不同水平年适宜的农业种植结构。种植结构调整方案设置为现状年种植结构、特枯水年种植结构、枯水年种植结构、平水年种植结构、丰水年种植结构、特丰水年种植结构、特枯水年–节灌率10%、枯水年–节灌率10%、平水年–节灌率10%、丰水年–节灌率10%、特丰水年–节灌率10%、特枯水年–节灌率20%、枯水年–节灌率20%、平水年–节灌率20%、丰水年–节灌率20%和特丰水年–节灌率20%。

4. 流域节水措施

流域节水措施是将不同环节的农业节水措施组合起来，形成不同的节水方案集。综合考虑绿洲生态环境、水资源承载力和经济投入的前提下，将单因素情境下的节水措施进行耦合，得到适合绿洲健康发展的最优节水方案。

14.2.2 亏缺灌溉节水效应

1. 地面灌亏缺程度

将现状灌水量减少10%~45%，黑河中游24个灌区的干渠渠首工程节水量范围在0.79亿~3.21亿 m^3，各自灌区内部资源节水量范围在0~0.24亿 m^3，节水量均随亏缺灌溉程度的增加而增加，且工程节水量和资源节水量均呈现出中、上游大，下游小的特点。在灌区用水效率方面，24个灌区的灌溉水生产率 WUE_I 的变化范围在1.21~1.68kg/m^3，资源耗水生产率 WUE_{ET} 的变化范围在1.49~1.83kg/m^3；在节水潜力方面，黑河中游绿洲节水潜力范围在11.18%~44.51%，其中渠首引水量节水潜力在8.36%~43.47%，地下水节水潜力在 10.88% ~ 44.31%, 资源节水潜力在 0% ~ 5.06%。不同亏缺灌溉情景下黑河中游绿洲供需水量和用水效率、节水量、各灌区工程节水量和资源节水量空间分布分别如表 14-21、图 14-9 和图 14-10 所示。

表 14-21　亏缺灌溉情景下黑河中游需耗水量及用水效率

亏缺情景	地表水+地下水/亿 m³	渠首引水量/亿 m³	井灌量/亿 m³	ET/亿 m³	产量/万 t	$Y/I_{渠首}$/(kg/m³)	Y/ET/(kg/m³)
现状	10.07	7.25	2.82	4.78	87.45	1.21	1.83
调减 10%	8.94	6.46	2.48	4.78	87.39	1.35	1.83
调减 20%	8.38	6.05	2.33	4.77	87.15	1.44	1.83
调减 25%	7.82	5.66	2.17	4.74	85.95	1.52	1.81
调减 30%	7.26	5.25	2.01	4.71	85.23	1.62	1.81
调减 35%	6.70	4.85	1.86	4.66	81.15	1.67	1.74
调减 40%	6.14	4.44	1.70	4.60	75.93	1.71	1.65
调减 45%	5.59	4.04	1.55	4.54	67.64	1.68	1.49

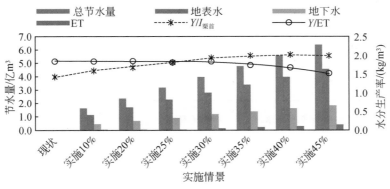

图 14-9　亏缺灌溉情景下黑河中游节水量及用水效率图

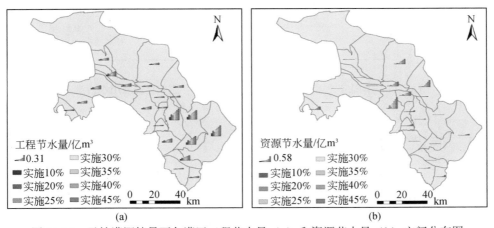

图 14-10　亏缺灌溉情景下各灌区工程节水量 (a) 和资源节水量 (b) 空间分布图

2. 地面灌亏缺面积

实施亏缺灌溉面积为 30% ~ 75%，黑河中游 24 个灌区的干渠渠首工程节水量范围是 -0.05亿 ~ 0.36 亿 m^3，各自灌区内部资源节水量范围是 0 ~ 0.01 亿 m^3，节水量均随亏缺灌溉水量的增加而增大，渠首引水量增大主要是由于黑河中游 24 个灌区的灌水定额差别过大导致。在灌区用水效率方面，黑河中游 24 个灌区 WUE_I 范围是 1.20 ~ 1.27kg/m^3，WUE_{ET} 是 1.83kg/m^3；在节水潜力方面，黑河中游节水潜力范围是-0.69% ~ 5.00%，其中渠首引水量节水潜力为 0.69% ~ 5.00%，井灌量为 -0.48% ~ 6.19%，ET 节水潜力为 0% ~ 0.13%。不同亏缺面积占比情景下黑河中游供需水量、用水效率及各灌区工程和资源节水量空间分布分别如表 14-22、图 14-11 和图 14-12 所示。

表 14-22　不同亏缺灌溉情景下黑河中游需耗水量及用水效率

实施情景	地表水+地下水 /亿 m^3	渠首引水量 /亿 m^3	井灌量 /亿 m^3	ET /亿 m^3	产量 /万 t	$Y/I_{渠首}$ /(kg/m^3)	Y/ET /(kg/m^3)
现状	10.07	7.25	2.82	4.78	87.45	1.21	1.83
实施50%	10.10	7.30	2.81	4.79	87.51	1.20	1.83
实施55%	9.97	7.20	2.76	4.79	87.39	1.21	1.83
实施60%	9.80	7.08	2.72	4.79	87.39	1.23	1.83
实施65%	9.75	7.04	2.70	4.79	87.39	1.24	1.83
实施70%	9.60	6.94	2.66	4.79	87.39	1.26	1.83
实施75%	9.53	6.89	2.64	4.79	87.39	1.27	1.83

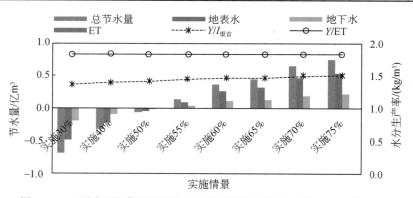

图 14-11　不同亏缺灌溉面积占比情景下黑河中游节水量及用水效率图

14.2.3　滴灌节水效应

1. 滴灌灌溉面积

发展滴灌面积为 30% ~ 75%，24 个灌区工程节水量范围在 1.15 亿 ~ 3.22 亿 m^3，资

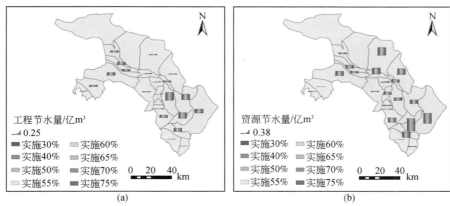

图 14-12　亏缺灌溉面积占比情景下黑河中游节水量空间分布图

源节水量范围在 0.10 亿 ~ 0.25 亿 m³，均随滴灌灌溉面积实施的增加而增大。在灌区用水效率方面，24 个灌区的 WUE_I 范围在 $0.87 \sim 1.31 kg/m^3$；WUE_{ET} 范围在 $1.83 \sim 1.99 kg/m^3$。在节水潜力方面，黑河中游绿洲节水潜力范围在 11.47% ~ 31.97%，其中渠首引水量节水潜力在 28.83% ~ 76.93%，资源节水潜力在 2.15% ~ 5.18%。不同滴灌灌溉面积情景下黑河中游绿洲供需水量和用水效率、各灌区工程节水量和资源节水量空间分布分别如表 14-23、图 14-13 和图 14-14 所示。

表 14-23　实施不同滴灌灌溉面积黑河中游供需水量及用水效率

发展滴灌面积	地表水+地下水 /亿 m³	渠首引水量 /亿 m³	井灌量 /亿 m³	ET /亿 m³	产量 /万 t	Y/I /(kg/m³)	Y/ET /(kg/m³)
对照	10.07	7.25	2.82	4.78	87.45	0.87	1.83
发展 30%	8.91	5.16	3.70	4.68	88.29	0.99	1.89
发展 40%	8.28	4.35	3.86	4.64	88.41	1.07	1.91
发展 50%	8.02	3.76	4.17	4.63	89.25	1.11	1.93
发展 55%	7.79	2.76	4.91	4.58	89.31	1.15	1.95
发展 60%	7.33	2.76	4.46	4.60	89.67	1.22	1.95
发展 65%	7.26	2.54	4.61	4.58	89.79	1.24	1.96
发展 70%	6.97	2.12	4.73	4.56	89.91	1.29	1.97
发展 75%	6.85	1.67	5.03	4.53	89.97	1.31	1.99

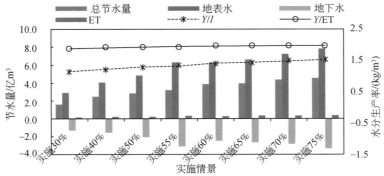

图 14-13　实施不同滴灌灌溉面积黑河中游节水量及用水效率图

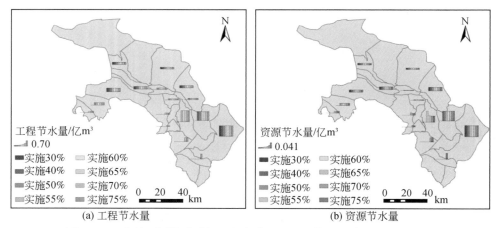

(a) 工程节水量   (b) 资源节水量

图 14-14　实施不同滴灌灌溉面积各灌区工程和资源节水量空间分布图

2. 滴灌亏缺程度

将滴灌条件下玉米灌水量调减 10%~70%，黑河中游绿洲各灌区工程节水量范围在 0~0.56 亿 m³，资源节水量范围在 0~0.14 亿 m³；在灌区用水效率方面，24 个灌区的 WUE_I 范围在 2.6~4.2kg/m³，WUE_{ET} 范围在 1.98~2.37kg/m³。绿洲尺度工程节水量范围在 3.9~5.2 亿 m³，资源节水量范围在 0~0.73 亿 m³。不同滴灌亏缺灌溉情景下，黑河中游各灌区适宜灌水定额和各灌区对应节水量范围分别如表 14-24 和图 14-15 所示。根据亏缺灌溉情景确定的滴灌灌溉定额基本能达到张掖市甘州区水利发展十三五规划要求，即规划水平年（近景规划年 2020 年和远景规划年 2025 年）滴灌净灌溉定额达到 450mm。

表 14-24　黑河中游绿洲滴灌条件下亏缺灌溉情景各灌区适宜滴灌灌溉定额

区（县）	灌区	灌水量/mm	区（县）	灌区	灌水量/mm	区（县）	灌区	灌水量/mm
甘州	大满	327~446	临泽	平川	294~378	高台	大湖湾	333~476
	乌江	304~405		板桥	315~405		三清	331~473
	西干	319~415		蓼泉	294~378		骆驼城	327~467
	甘浚	328~427		鸭暖	294~378		新坝	351~468
	上三	533~373		小屯	323~387		红崖子	344~459
	花寨子	295~347		沙河	294~378		友联	340~486
	安阳	318~440		倪家营	314~419		六坝	345~494
	盈科	332~422		新华	324~405		罗城	352~452
绿洲		328~425						

14.2.4　渠道防渗节水效应

将灌区渠系水利用系数由现状的 0.65 分别提高到 0.69 和 0.75，24 个灌区工程节水量在

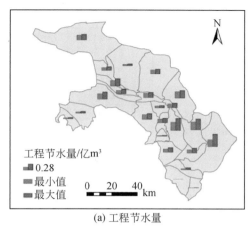 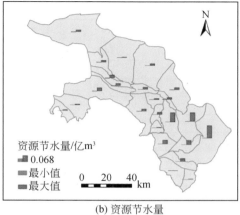

(a) 工程节水量　　　　　　　　　　　　(b) 资源节水量

图 14-15　黑河中游绿洲滴灌条件下亏缺灌溉节水量空间分布图

0.52 亿～1.40 亿 m^3，均随衬砌实施情景的增加而增大，并且呈现出中、上游大，下游小的趋势；在灌区用水效率方面，黑河中游绿洲 24 个灌区的 WUE_I 范围在 1.21～1.49kg/m^3，随衬砌实施情景的增加而增加；在节水潜力方面，黑河中游绿洲节水潜力范围在 5.13%～13.87%，其中渠首引水量节水潜力在 7.13%～20.75%，资源节水潜力为 0。从空间分布来看，仅改变输配水环节的输送效率，黑河中游绿洲各灌区工程节水潜力一致。不同等级防渗渠系情景下黑河中游供需水量和用水效率、各灌区工程节水量和资源节水量如表 14-25。

表 14-25　不同等级防渗渠系情景下黑河中游供需水量及用水效率

渠系水利用系数	地表水+地下水 /亿 m^3	渠系引水量 /亿 m^3	ET /亿 m^3	产量 /万 t	$Y/I_{渠首}$ （WUE_I） /（kg/m^3）	Y/ET（WUE_{ET}） /（kg/m^3）
$\eta=0.65$	10.07	7.25	4.78	87.45	1.21	1.83
$\eta=0.69$	9.55	6.73	4.78	87.45	1.30	1.83
$\eta=0.75$	8.67	5.85	4.78	87.45	1.49	1.83

14.2.5　种植结构调整节水效应

将节灌率由现状分别提高 10% 和 20%，按照不同水文年对种植结构进行调整，24 个灌区工程节水量范围在 3.37 亿～6.74 亿 m^3，均随实施情景的增加而增大，资源耗水量变化量范围在 -1.42 亿～1.42 亿 m^3；在灌区用水效率方面，24 个灌区 WUE_I 范围在 8.53～12.05 元/m^3，随实施情形的增加而增加；在节水潜力方面，黑河中游节水潜力范围在 23.39%～46.85%，其中渠首引水量节水潜力在 16.63%～33.35%。调整种植结构情景下黑河中游供需水量和产量、节水量和用水效率、各灌区工程节水量和资源节水量空间分布分别如表 14-26、图 14-16、图 14-17 所示。

表 14-26　调整种植结构情景下黑河中游供需水量及用水效率

情景设置	地表水+地下水 /亿 m³	地表水 /亿 m³	地下水 /亿 m³	ET /亿 m³	$Y/I_{渠首}$（WUE_I） /（元/m³）	Y/ET（WUE_{ET}） /（元/m³）
现状年	14.39	10.23	4.16	7.91	8.53	11.03
特枯水年	7.65	5.44	2.21	6.48	10.85	9.10
枯水年	9.02	6.41	2.61	7.63	11.63	9.77
平水年	8.99	6.39	2.60	7.57	11.37	9.60
丰水年	8.59	6.11	2.48	7.21	11.58	9.81
特丰水	8.86	6.30	2.56	7.59	11.56	9.59
节灌率10%–特枯水年	9.44	6.71	2.73	7.93	11.65	9.85
节灌率10%–枯水年	9.69	6.89	2.80	8.14	11.22	9.50
节灌率10%–平水年	9.75	6.93	2.82	8.28	11.75	9.84
节灌率10%–丰水年	9.28	6.60	2.68	7.78	11.67	9.90
节灌率10%–特丰水年	10.02	7.12	2.90	8.47	12.05	10.13
节灌率20%–特枯水年	9.98	7.10	2.89	8.42	11.88	10.02
节灌率20%–枯水年	11.02	7.84	3.19	9.34	11.30	9.48
节灌率20%–平水年	10.06	7.15	2.91	8.44	11.43	9.68
节灌率20%–丰水年	10.16	7.22	2.94	8.67	11.79	9.83
节灌率20%–特丰水年	10.43	7.42	3.01	8.85	11.93	9.99

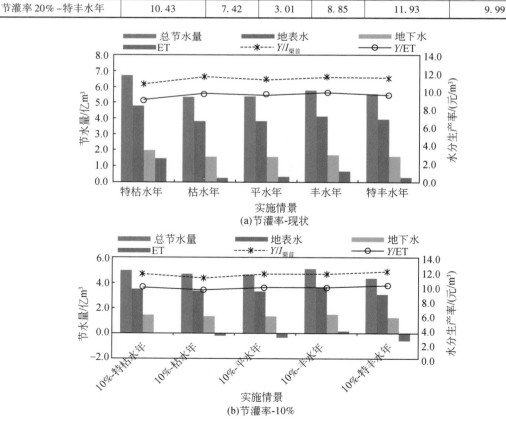

(a)节灌率-现状

(b)节灌率-10%

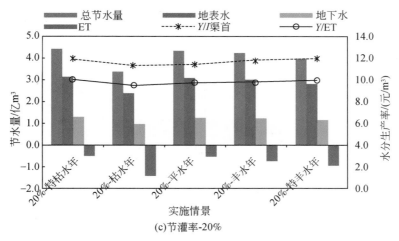

图 14-16　调整种植结构情景下黑河中游供需水量及用水效率图

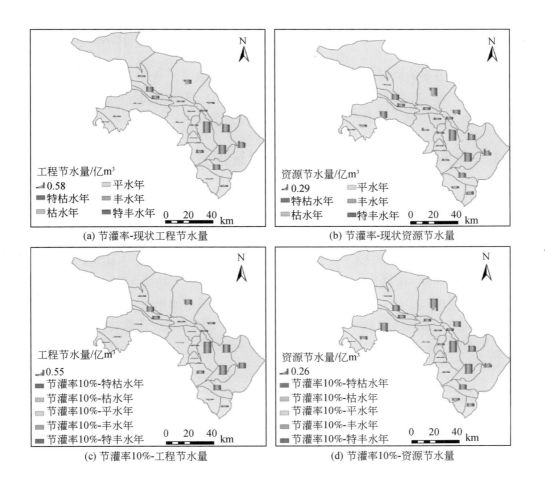

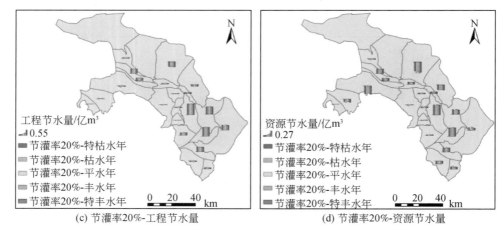

(c) 节灌率20%-工程节水量   (d) 节灌率20%-资源节水量

图 14-17　调整种植结构情景下各灌区工程和资源节水量空间分布图

14.3　基于水转化的黑河绿洲农业节水理论潜力

多要素、多方案的协同效应能够提升区域农业用水效率，经由多约束、多目标的动态优化，以及基于区域水转化的多因素组合情景设置计算，能够对黑河绿洲农业用水效率的空间优化分布，以及阈值分布提出可供参考的依据。

14.3.1　农业节水措施方案组合与情景设置

农业用水效率的提升主要由田间、输配水及渠首等主要环节的技术，以及工程协同导致。从情景设置方面来讲，主要有渠系水利用系数、灌溉水利用系数、滴灌亏缺程度和亏缺面积、地面灌亏缺程度和亏缺面积、农业可用水量、种植结构等。本书对以上情景进行不同节水方案组合，其中情景 1、情景 2、情景 3、情景 4 是以取水量 16.68 亿 m^3 为基础进行计算的，情景 5、情景 6、情景 7 是以取水量 14 亿 m^3 为基础进行计算的（此取水量为中游绿洲农业用水红线，在计算过程中，假定现状其他节水措施不变，仅将种植结构和节灌率进行调整，即节灌率增加20%），节水情景 2～7 的节水量计算均以情景 1 为基础进行计算，节水方案设置具体如表 14-27～表 14-33 所示。

表 14-27　黑河中游绿洲农业节水措施方案（1）

影响因素	种植结构	情景1-现状
种植结构	现状	现状节灌率
渠系水利用系数		0.65
滴灌亏缺面积占比	滴灌	地面灌
	0	0

续表

影响因素	种植结构	情景 1–现状
净定额 mm	玉米	765
	小麦	588
	蔬菜	887
	特色林果	488
	油料作物	541
	马铃薯	767

表 14-28　黑河中游绿洲农业节水措施方案（2）

影响因素	种植结构	情景 2-2020 年	
种植结构	现状	现状节灌率	
渠系水利用系数		0.69	
净定额/mm	蔬菜	887	
	特色林果	488	
	油料作物	541	
	马铃薯	767	
亏缺面积占比		不调90%	调整10%
			滴灌	地面灌
净定额/mm	玉米	765	347～494	347～675
	小麦	588	—	450

表 14-29　黑河中游绿洲农业节水措施方案（3）

影响因素	种植结构	情景 3-2025 年	
种植结构	现状	现状节灌率	
渠系水利用系数		0.75	
净定额/mm	蔬菜	887	
	特色林果	488	
	油料作物	541	
	马铃薯	767	
亏缺面积占比		不调80%	调整20%
			滴灌	地面灌
净定额/mm	玉米	765	347～494	347～675
	小麦	588	—	450

表 14-30 黑河中游绿洲农业节水措施方案（4）

影响因素	种植结构	情景 4-理想状况	
种植结构	现状	现状节灌率	
渠系水利用系数		0.75	
净定额/mm	蔬菜	887	
	特色林果	488	
	油料作物	541	
	马铃薯	767	
亏缺面积占比		不调 60%	调整 40%
		滴灌	地面灌
净定额/mm	玉米	765	347～494	347～675
	小麦	588	—	450

表 14-31 黑河中游绿洲农业节水措施方案（5）

影响因素	种植结构	情景 5-2020 年	
种植结构	优化结构	节灌率增加 20%	
渠系水利用系数		0.69	
净定额/mm	蔬菜	797	
	特色林果	439	
	油料作物	486	
	马铃薯	689	
亏缺面积占比		不调 90%	调整 10%
		滴灌	地面灌
净定额/mm	玉米	687	347～494	347～675
	小麦	528	—	450

表 14-32 黑河中游绿洲农业节水措施方案（6）

影响因素	种植结构	情景 6-2025 年	
种植结构	优化结构	节灌率增加 20%	
渠系水利用系数		0.75	
净定额/mm	蔬菜	797	
	特色林果	439	
	油料作物	486	
	马铃薯	689	
亏缺面积占比		不调 80%	调整 20%
		滴灌	地面灌

续表

影响因素	种植结构	情景 6-2025 年		
净定额/mm	玉米	687	347~494	347~675
	小麦	528	—	450

表 14-33　黑河中游绿洲农业节水措施方案（7）

影响因素	种植结构	情景 7-理想状况	
种植结构	优化结构	节灌率增加 20%	
渠系水利用系数		0.75	
净定额/mm	蔬菜	797	
	特色林果	439	
	油料作物	486	
	马铃薯	689	
亏缺面积占比		不调 60%	调整 40%
			滴灌 / 地面灌
净定额/mm	玉米	687	347~494 / 347~675
	小麦	528	— / 450

14.3.2　灌溉节水潜力和资源节水潜力

1. 绿洲节水潜力

根据构建的 6 个流域农业节水综合情景，采用 SWAT 模型和 AquaCrop-RS 模型进行流域水资源利用与消耗模拟分析，流域不同作物耗水量见表 14-34。不同情景下玉米耗水量占到农田总耗水的 65% 左右，是中游绿洲主要耗水作物。

表 14-34　黑河中游绿洲不同作物耗水量　　　　（单位：亿 m³）

情景	玉米	小麦	马铃薯	油料	蔬菜	特色林果	合计
情景 1-现状	4.78	0.40	0.25	0.11	0.68	1.08	7.30
情景 2	3.92	0.36	0.25	0.11	0.68	1.08	6.40
情景 3	3.83	0.32	0.25	0.11	0.68	1.08	6.27
情景 4	3.63	0.25	0.25	0.11	0.68	1.08	6.00
情景 5	3.49	0.13	0.25	0.07	1.18	0.77	5.89
情景 6	3.38	0.11	0.25	0.07	1.18	0.77	5.76
情景 7	3.22	0.09	0.25	0.07	1.18	0.77	5.57

2. 情景比较分析

将黑河流域中游绿洲灌溉水资源利用量和消耗量与现状情景进行对比分析，可以得到不同情景流域尺度农业灌溉节水量和耗水节水量（表14-35）及其空间分布（图14-18）。由表14-35可知，情景6和情景7能够满足黑河流域生态安全发展的用水量红线控制，即黑河中游绿洲现状用水量16.68亿m³，为满足下游生态安全，中游可用水量14亿m³。

表14-35 不同情景下的节水量 （单位：亿m³）

情景	地表水+地下水	渠首引水量	井灌量	ET	总节水量	工程节水量		资源节水量
						地表水节水量	地下水节水量	
情景1-现状	16.68	12.01	4.67	7.30	—	—	—	—
情景2	13.73	9.88	3.84	6.43	2.95	2.13	0.83	0.87
情景3	12.13	8.73	3.40	6.34	4.56	3.28	0.45	0.09
情景4	11.43	8.23	3.20	6.14	5.25	3.78	0.19	0.21
情景5	12.94	9.32	3.62	5.90	3.74	2.70	0.42	0.24
情景6	11.56	8.32	3.24	5.79	5.12	3.69	0.39	0.11
情景7	11.19	8.06	3.13	5.63	5.50	3.96	0.10	0.16

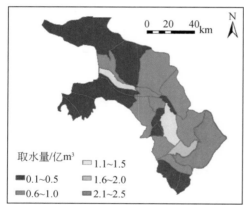
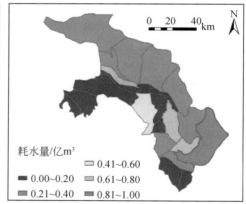

(a)情景1

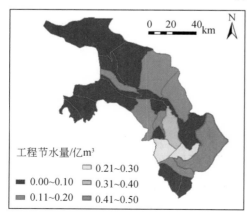
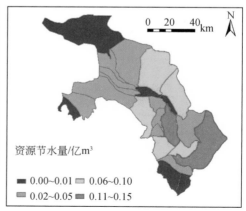

(b)情景2

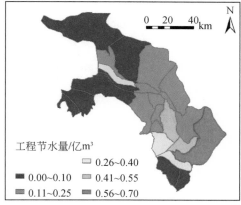

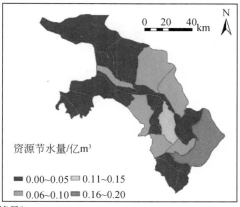

(c)情景3

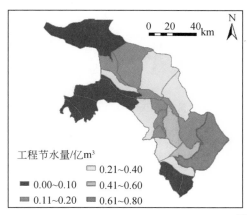

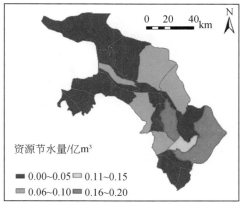

(d)情景4

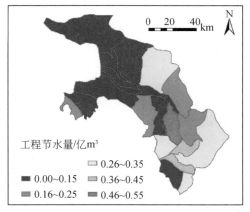

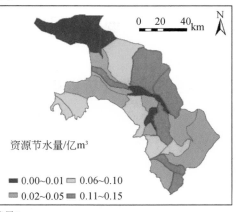

(e)情景5

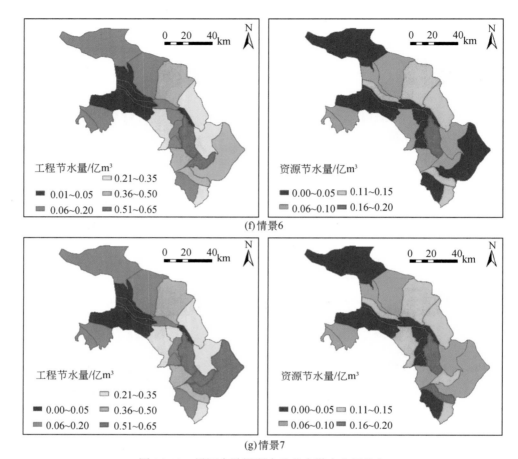

(g)情景7

图 14-18 黑河中游绿洲农业节水潜力空间分布

14.4 实现黑河绿洲节水理论潜力的经济成本分析

14.4.1 经济成本分析框架及评价指标

1. 农业节水经济成本分析理论框架

　　农业节水潜力是指满足农业发展阶段需求的前提且在一定的资金投入条件下，通过农业节水措施的应用推广从而可能减少的农业需耗水量。受农业发展需求、技术发展水平和投资能力制约，不同阶段农业节水的标准是不同的。农业节水潜力是在特定节水标准下可达到的"最大"或"潜在"节水量。农业节水潜力的构成如图 14-19 所示。

　　毛节水量指现状取用水量与未来"节水模式"下取用水量之间的差值，也就是常规意义上的工程性节水量。工程性节水主要是由于采用工程节水措施，如渠道防渗、高效节水

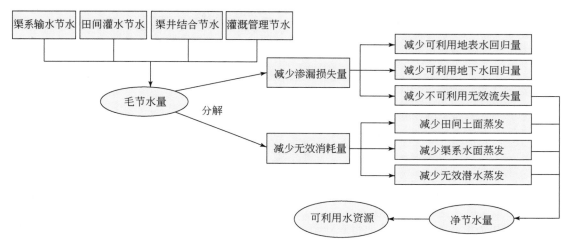

图 14-19 农业节水潜力的构成

灌溉等提高灌溉水有效利用系数，或者降低无效蒸发和无效流失，或者是二者的综合作用。工程性节水量其构成主要包括两部分：①减少渗漏损失量；②减少无效消耗量。渗漏损失量包括三部分：①可利用的地表水回归量；②可利用的地下水回归量；③不可利用的无效流失量（如流入无法重复利用的水体）。从灌区水平衡来看，地表水回归量和地下水回归量是可以被重复利用的，因此，从区域可利用水资源角度来说，这部分的节水并不能增加可利用的灌溉总水量，只是提高了灌溉效率和灌溉保证率，节省了能源和劳动力等。而其他无效流失量主要是指被污染或其他因素影响而成为不可再次利用的水量，减少这部分损失，则可以增加可利用的水资源总量。对于无效消耗部分，无论是田间土面蒸发、渠系水面蒸发还是无效潜水蒸发，这部分水是真正被消耗掉的不可回收的水量。对于下游灌区而言，上游灌区的无效耗水量越大，留给下游灌区的水资源量就越少。因此，减少这部分耗水实际上增加了可利用水资源总量。由此可以得出，净节水量是减少的无效耗水量与减少的无效流失量之和，实际上就是从水循环中夺取的无效蒸腾蒸发量和其他无效流失量二者之和，即净节水潜力，由于这部分节水量可以作为新水源加入到区域水量循环之中，因此，也被一些研究者称之为"资源性节水潜力"。

农业节水的目标固然是提高水资源有效利用率，但农业节水措施其根本的作用还是在于保障农业生产。农业节水潜力的优化可以有两个表述：①既定产量目标下最优的节水效果；②既定节水目标下的最优产量。将黑河绿洲作为一个半封闭的生态系统，对该系统进行节水改造投入与生态经济系统关系研究，大致可从以下三个构成着手，即投入、中间产出和最终产出，如图 14-20 所示。

黑河绿洲既是农业生产区，更是生态敏感区和生态脆弱区。其农业生产模式追求的目标除了经济效益，还包括节水效益和生态环境效益。为了实现灌区内生产结构的优化、用水效率的提高和生态模式的改善，需要从生产要素投入、节水改造措施投入和生态环境改善投入三个方面进行探讨。这三个环节实际上构成了黑河绿洲农业投入–产出的全过程。

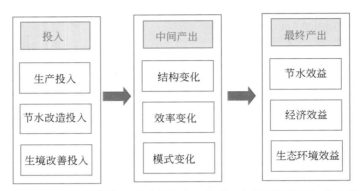

图 14-20　黑河绿洲节水改造投入与"经济−生态环境效益"关系图

正如本节开头论述，不能单纯地将农业节水改造投入与节水效益作为单向的对应关系。具体到节水改造投入和实现理论节水目标的经济效率分析，除了要提高用水效率实现工程节水，减少无效蒸发实现资源性节水外，还要参与农业生产实现农业生产效益。假定其他要素投入效益固定的前提下评价节水潜力的经济投入问题，则节水改造投入与产出之间的关系可以分解为"1+3"的效益关系结构（图 14-21）。

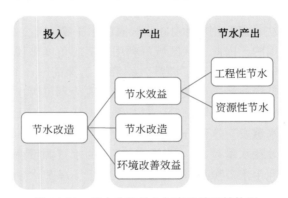

图 14-21　节水改造投入与产出关系结构图

理论上，农业节水改造投入追求的是综合效益最大化，则可以用下式表示：

$$\max(\nabla SW + \nabla AO + \nabla EV) = F(C) \tag{14-15}$$

式中，∇SW、∇AO、∇EV 分别为节水效益、农业产量效益、生态环境改善效益；C 为节水改造投入。从"1+3"的投入产出结构关系来看，节水改造投入属于多目标产出结构。进一步假定特定效益的单位投入−产出关系为下式：

$$b = k \times c \tag{14-16}$$

式中，b 为单位产出效益；c 为单位投入成本。则式（14-12）可以转化为式（14-17）：

$$\max Z = b_w \times sw + b_a \times ao + b_e \times ev$$
$$set: k_w \times sw + k_a \times ao + k_e \times ev \leqslant c \tag{14-17}$$

2. 黑河绿洲农业节水潜力经济评价指标

黑河流域绿洲农业节水潜力经济分析主要以 SWAT 模型模拟结果为基础，其节水输出主要结果如表 14-36 所示。

表 14-36　黑河中游绿洲 SWAT 模型输出主要指标结构

灌区	灌溉面积 /km²	用水量/亿 m³		产量/万 t	节水措施	节水量/亿 m³	
		取水量 （实际）	耗水量 （情景分析）	（分情景）	滴灌、亏缺、渠系衬砌、种植结构调整	工程节水量 （分情景）	资源节水量 （分情景）
××灌区							

由于在 SWAT 模型模拟的黑河绿洲灌区尺度中，农业节水潜力情景分析指标缺少生态用水效益数据，因此在构建黑河绿洲农业节水潜力经济评价指标体系时，本书主要采用以下四类指标：投入指标、产出指标、中间指标和评价指标（表 14-37）。

表 14-37　黑河绿洲生态农业节水潜力评价指标体系

投入指标	产出指标	中间指标	评价指标
亩均节水改造投入（元/亩）	亩均产量效益（kg/亩）	产量效益系数	节水改造投入的粮食生产分摊系数	单位产量节水改造投入水平（元/kg）
	亩均工程节水量（m³/亩）	工程节水效益系数	节水改造的投入的工程节水分摊系数	单位工程性节水量节水改造投入水平（元/m³）
	亩均资源节水量（m³/亩）	资源节水效益系数	节水改造投入的资源节水分摊系数	单位资源性节水量节水改造投入水平（元/m³）

（1）投入指标

投入指标主要考虑亩均节水改造的投入。根据我国高效节水实施方案有关规定和黑河绿洲实际情况，采用的滴灌投入水平为 1200 元/亩。骨干工程的固定投资折现期限为 20 年。

（2）产出指标

产出指标包括亩均产量效益、亩均工程节水量、亩均资源节水量 3 个指标。

亩均产量效益，即当地主要作物综合产量效益。亩均工程节水量，即不同情景模式下单位面积上的工程节水量，其值等于现状年与情景模式下工程取水量差值再除以灌溉面积。亩均资源节水量，即不同情景模式下单位面积上的资源节水量，其值等于现状年与情景模式下 ET 值之差除以灌溉面积。

（3）中间指标

节水改造投入分摊系数指节水改造投入对粮食产量效益、工程节水效益和资源节水效益的分摊。在不考虑生态环境效益的前提下，效益分摊系数也可理解为节水改造投入在作物产量效益、工程节水效益和资源节水效益三者之前的权重系数。

（4）评价指标

实现农业节水潜力的经济指标主要以单位效益的投入量来评价，分为单位产量节水改造投入、单位工程性节水改造投入和单位资源性节水改造投入 3 个指标。

14.4.2　农业节水经济投入估算与效益评价

1. 评价模型与方法

根据农业节水经济成本分析框架体系结构，以单位节水改造投入、单位作物产量、单位工程节水量和单位资源节水量为主要构成因素建立农业节水经济投入-产出评价模型。根据 SWAT 模型对节水情景的模拟按固定面积比例来设置的特点，评价模型基于两个假设：除节水改造投入外，其他生产要素投入对作物产量和用水效率的影响不变；单因素的投入产出效益系数不随情景设置的变化而改变。因此，评价模型结构为

$$目标函数：\max Z = B_a \sum_{i=1}^{n} o_{ai} + B_{sw} \sum_{i=1}^{n} q_{swi} + B_{sr} \sum_{i=1}^{n} q_{sri}$$

$$约束条件：O_{ai} \times k_{ai} + Q_{swi} \times k_{swi} + k_{sri} \times k_{sri} \leqslant 1200 \tag{14-18}$$

式中，Z 为单位面积上最优经济效益值（元/亩）；O_{ai}、q_{swi}、q_{sri} 分别为 i 灌区单方水产量效益、单位工程节水效益和单位资源节水效益；n 为灌区总数；B_{ai}、B_{swi}、B_{sri} 分别为 i 灌区亩均产量效益、亩均工程节水效益和亩均资源节水效益的效益系数；k_a、k_{sw}、k_{sr} 分别为单位产量成本投入、单位工程节水成本投入和单位资源节水成本投入。采用 LINDO（linear，interactive，and discrete optimizer）工具对获取的 SWAT 模拟情景数据进行线性规划，求得最优解。

2. 投入估算与效益评价

（1）主要参数值确定

在评价模型对农业节水的经济效益与投入进行评价之前，需要确定几个常规参数，包括单位亩均节水改造投入、水利投资固定资产折旧年限、节水改造投入对作物产量效益、工程性节水效益和资源性节水效益的成本分摊系数（权重）。

根据黑河绿洲当地社会经济发展水平和国家对高效节水改造投入相关规定，亩均节水改造投入水平取 1200 元。

结合有关水利投入要素对粮食产量分摊系数研究成果，以及工程性节水和资源性节水量的关系比，三种权重关系为

$$k_a : k_{sw} : k_{sr} = 0.38 : 0.50 : 0.12 \tag{14-19}$$

（2）评价结果

利用 LINDO 对不同情景的节水产出效益与投入水平进行线型规划运算，得出评价结果。节水改造单位产出效益是指单位作物产量、节约单方水量所产生的最优化经济效益。

由于各情景模拟的产量数据不变，因此粮食产量的效益值为 0。本章主要评估了工程性节水和资源性节水的综合效益增加值，具体结果见表 14-38。

单位节水效益投入成本评价结果见表 14-39。其中，实现单方工程性节水潜力年均节水改造投入水平约 0.420 元/m³，实现单方资源性节水潜力年均节水改造投入水平约 1.25 元/m³。

表 14-38　节水改造单位产出效益（分情景）

情景	综合效益增加值
2	0.200
3	0.148
4	0.147
5	0.394
6	0.205
7	0.182

表 14-39　实现理论农业节水潜力单位成本投入（平均水平）

单位粮食增产投入/（元/kg）	单方工程节水投入/（元/m³）	单方资源性节水投入/（元/m³）
0.531	0.420	1.25

（3）黑河绿洲节水改造总投入

评价得出单方节水量成本投入指标后，可根据各模式情景模拟结果计算出实现模拟节水潜力下的节水改造总投入。具体结果见表 14-40 ~ 表 14-45，各灌区节水潜力及工程投入空间分布见图 14-22。

表 14-40　模拟节水潜力下的节水改造总投入（1）

节水情景 2	工程节水量/亿 m³	资源节水量/亿 m³	产量/t	节水投入/万元
平川灌区	0.14	0.06	56 334	1 363
大湖湾灌区	0.08	0.02	63 803	581
板桥灌区	0.13	0.06	61 086	1 355
三清灌区	0.04	0.01	37 223	350
骆驼城灌区	0.04	0.01	29 868	331
大满灌区	0.46	0.14	97 946	3 636
乌江灌区	0.10	0.03	35 964	832
蓼泉灌区	0.08	0.00	42 873	341
鸭暖灌区	0.07	0.00	12 000	349
小屯灌区	0.10	0.01	46 123	571
新坝灌区	0.05	0.01	31 472	342
西干灌区	0.38	0.13	66 378	3 201

节水情景2	工程节水量/亿 m³	资源节水量/亿 m³	产量/t	节水投入/万元
红崖子灌区	0.02	0.00	20 255	111
沙河灌区	0.10	0.02	15 831	710
倪家营灌区	0.08	0.02	20 291	551
甘浚灌区	0.23	0.05	45 334	1 582
上三灌区	0.18	0.04	44 134	1 306
花寨子灌区	0.01	0.00	5 576	30
安阳灌区	0.02	0.00	14 686	97
友联灌区	0.15	0.05	139 238	1 238
盈科灌区	0.28	0.10	77 363	2 393
新华灌区	0.14	0.06	87 568	1 330
六坝灌区	0.05	0.01	50 086	406
罗城灌区	0.03	0.01	39 697	233

表 14-41　模拟节水潜力下的节水改造总投入（2）

节水情景3	工程节水量/亿 m³	资源节水量/亿 m³	产量/t	节水投入/万元
平川灌区	0.19	0.06	56 311	1 582
大湖湾灌区	0.14	0.03	62 416	981
板桥灌区	0.19	0.07	59 526	1 715
三清灌区	0.08	0.01	37 086	522
骆驼城灌区	0.07	0.02	29 660	494
大满灌区	0.66	0.15	97 198	4 709
乌江灌区	0.17	0.04	35 728	1 206
蓼泉灌区	0.13	0.01	40 760	724
鸭暖灌区	0.10	0.00	12 327	456
小屯灌区	0.15	0.03	43 869	935
新坝灌区	0.09	0.01	31 220	546
西干灌区	0.51	0.11	69 419	3 526
红崖子灌区	0.05	0.00	20 190	240
沙河灌区	0.14	0.02	16 796	811
倪家营灌区	0.12	0.02	20 267	754
甘浚灌区	0.32	0.06	44 921	2 141
上三灌区	0.27	0.05	44 246	1 716
花寨子灌区	0.02	0.00	5 561	79
安阳灌区	0.06	0.00	14 662	257

续表

节水情景3	工程节水量/亿 m³	资源节水量/亿 m³	产量/t	节水投入/万元
友联灌区	0.28	0.06	139 246	1 932
盈科灌区	0.41	0.10	77 370	2 957
新华灌区	0.23	0.06	87 707	1 744
六坝灌区	0.10	0.02	50 106	596
罗城灌区	0.08	0.01	39 669	465

表 14-42　模拟节水潜力下的节水改造总投入 (3)

节水情景4	工程节水量/亿 m³	资源节水量/亿 m³	产量/t	节水投入/万元
平川灌区	0.208	0.065	56 010	1 687
大湖湾灌区	0.174	0.040	61 992	1 230
板桥灌区	0.221	0.084	59 780	1 983
三清灌区	0.099	0.020	36 970	666
骆驼城灌区	0.089	0.021	29 196	640
大满灌区	0.747	0.185	95 514	5 453
乌江灌区	0.188	0.049	35 642	1 400
蓼泉灌区	0.150	0.018	40 795	854
鸭暖灌区	0.119	0.010	11 524	632
小屯灌区	0.172	0.028	44 617	1 077
新坝灌区	0.099	0.018	31 363	640
西干灌区	0.578	0.156	65 427	4 373
红崖子灌区	0.058	0.005	19 946	306
沙河灌区	0.163	0.029	15 605	1 050
倪家营灌区	0.142	0.023	20 228	889
甘浚灌区	0.371	0.067	44 822	2 399
上三灌区	0.310	0.029	47 692	1 669
花寨子灌区	0.019	0.000	5 541	84
安阳灌区	0.061	0.001	14 649	263
友联灌区	0.349	0.088	139 225	2 566
盈科灌区	0.439	0.101	77 392	3 104
新华灌区	0.270	0.078	86 558	2 107
六坝灌区	0.133	0.034	50 048	982
罗城灌区	0.095	0.012	40 163	545

表 14-43　模拟节水潜力下的节水改造总投入（4）

节水情景 5	工程节水量/亿 m³	资源节水量/亿 m³	产量/t	节水投入/万元
平川灌区	0.31	0.11	44 579	415
大湖湾灌区	-0.05	0.05	46 957	31
板桥灌区	0.22	0.11	49 381	1 165
三清灌区	-0.03	0.03	27 160	17
骆驼城灌区	-0.02	0.03	21 839	14
大满灌区	0.29	0.02	139 671	5 167
乌江灌区	0.19	0.05	38 684	750
蓼泉灌区	0.14	-0.01	28 871	308
鸭暖灌区	0.00	-0.05	15 098	260
小屯灌区	0.12	0.04	50 556	847
新坝灌区	0.04	0.09	26 714	7
西干灌区	0.51	0.13	70 429	2 137
红崖子灌区	0.16	0.09	11 134	3
沙河灌区	0.04	-0.06	22 674	959
倪家营灌区	0.11	0.05	19 838	744
甘浚灌区	0.31	0.07	46 624	1 172
上三灌区	0.43	0.14	34 422	334
花寨子灌区	0.07	0.03	4 375	38
安阳灌区	0.33	0.12	6 072	59
友联灌区	-0.09	0.13	101 880	60
盈科灌区	0.42	0.09	83 832	1 639
新华灌区	0.18	0.09	100 609	1 464
六坝灌区	0.05	0.06	31 956	5
罗城灌区	0.02	0.00	26 175	23

表 14-44　模拟节水潜力下的节水改造总投入（5）

节水情景 6	工程节水量/亿 m³	资源节水量/亿 m³	产量/t	节水投入/万元
平川灌区	0.36	0.12	45 118	753
大湖湾灌区	0.02	0.05	46 885	307
板桥灌区	0.27	0.11	49 531	1 365
三清灌区	0.01	0.03	27 206	173
骆驼城灌区	0.01	0.03	21 817	145
大满灌区	0.50	0.04	139 137	6 190
乌江灌区	0.25	0.05	38 732	1 027

节水情景6	工程节水量/亿 m³	资源节水量/亿 m³	产量/t	节水投入/万元
蓼泉灌区	0.18	−0.01	28 081	522
鸭暖灌区	0.03	−0.04	14 968	430
小屯灌区	0.17	0.03	52 478	1 024
新坝灌区	0.07	0.09	26 706	159
西干灌区	0.60	0.16	67 861	2 892
红崖子灌区	0.17	0.09	11 130	55
沙河灌区	0.08	−0.04	20 317	1 401
倪家营灌区	0.15	0.05	19 822	893
甘浚灌区	0.37	0.07	46 506	1 512
上三灌区	0.47	0.15	34 345	570
花寨子灌区	0.08	0.03	4 350	69
安阳灌区	0.34	0.12	6 087	103
友联灌区	0.04	0.13	101 980	630
盈科灌区	0.54	0.09	83 914	2 268
新华灌区	0.26	0.10	100 807	1 922
六坝灌区	0.09	0.06	31 933	181
罗城灌区	0.07	0.01	26 255	210

表 14-45 模拟节水潜力下的节水改造总投入 （6）

节水情景7	工程节水量/亿 m³	资源节水量/亿 m³	产量/t	节水投入/万元
平川灌区	0.38	0.12	44 284	866
大湖湾灌区	0.02	0.05	46 812	330
板桥灌区	0.30	0.13	47 961	1 695
三清灌区	0.01	0.03	27 181	183
骆驼城灌区	0.01	0.03	21 777	158
大满灌区	0.57	0.09	136 398	7 174
乌江灌区	0.26	0.06	38 636	1 178
蓼泉灌区	0.18	−0.01	28 771	555
鸭暖灌区	0.04	−0.04	14 105	555
小屯灌区	0.20	0.04	51 354	1 261
新坝灌区	0.07	0.09	26 669	166
西干灌区	0.62	0.17	68 467	3 066
红崖子灌区	0.17	0.09	11 116	58

续表

节水情景7	工程节水量/亿 m³	资源节水量/亿 m³	产量/t	节水投入/万元
沙河灌区	0.11	−0.03	20 141	1 574
倪家营灌区	0.17	0.05	19 797	977
甘浚灌区	0.39	0.09	46 281	1 744
上三灌区	0.48	0.15	34 601	670
花寨子灌区	0.08	0.03	4 279	89
安阳灌区	0.34	0.12	6 037	119
友联灌区	0.05	0.13	101 990	670
盈科灌区	0.57	0.11	84 172	2 574
新华灌区	0.31	0.11	100 124	2 296
六坝灌区	0.09	0.06	31 914	185
罗城灌区	0.07	0.01	26 192	225

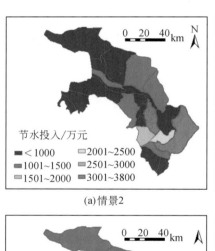

(a)情景2

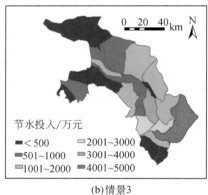

(b)情景3

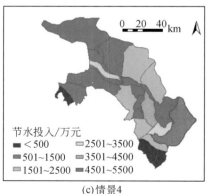

(c)情景4

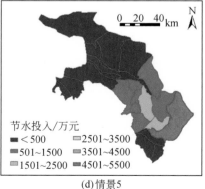

(d)情景5

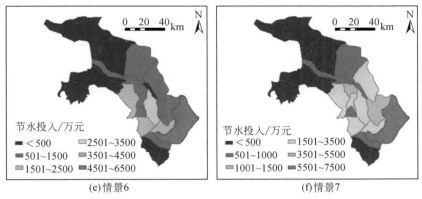

(e)情景6　　　　　　　　　　(f)情景7

图 14-22　节水改造投入空间分布图

14.5　考虑经济社会发展阶段和投入可行性的黑河绿洲节水潜力可实现值

14.5.1　经济社会发展要求及投入可行性分析

"十三五"期间黑河中游绿洲大力发展循环农业,推广高效农田节水灌溉面积 36 万亩。通过大力修建节水工程和水利设施,农业用水条件得到了较大的改善,用水效率逐步提高。干、支、斗三级渠系水利用率由 65% 提高到 69%,田间水利用系数由 0.80 提高到 0.88,灌溉水利用系数由 0.57 提高到 0.61,且未来还会逐步得到改善。以临泽县为例其现状毛灌溉定额为 945mm,随着节水工程的修建和灌溉水利用系数的提高,到 2020 年农田灌溉定额将会进一步减低到 812mm。除此之外,土地流转及高耗水作物种植的逐年减少,也有效地缓解了用水矛盾。

采取亏缺灌溉没有经济层面障碍,但是由于亏缺灌溉对灌溉水源、灌溉人员的素质等有较高的要求,亏缺面积较大时,技术上很难保证灌溉水源,社会上也难以接受烦琐的灌溉方式。根据国家重点基础研究发展计划(973 计划)项目报告,结合黑河中游实际情况,本书拟以种植结构(包括现状种植结构和优化种植结构)、灌溉水利用系数、亏缺面积(基础亏缺 10% 和最大亏缺 40%)为基础,将节水方案分为理论节水方案及可实现节水方案。

14.5.2　节水潜力理论值

理论节水潜力是指黑河中游绿洲最大可能节水潜力。本书分别从现状种植结构和优化种植结构两种情景下进行分析,如表 14-46、表 14-47 所示。

1. 现状种植结构

现状种植结构及节灌率保持不变，将灌溉水利用系数提高到 0.65，亏缺面积发展 40%，中游绿洲农业工程节水量可达到 5.25 亿 m^3，资源节水量可达到 1.16 亿 m^3，年节水投入 36600 万元。

表 14-46 黑河中游绿洲可实现节水潜力分析（1）

种植结构		现状种植结构	
灌溉水利用系数		0.65	
净定额/mm	蔬菜	887	
	特色林果	488	
	油料作物	541	
	马铃薯	767	
亏缺面积占比		不调 60%	调整 40%
			滴灌	地面灌
净定额/mm	玉米	765	347～494	347～675
	小麦	588	—	450
工程节水量/亿 m^3		5.25	
资源节水量/亿 m^3		1.16	
节水投入/万元		36 600	

2. 优化种植结构

调整种植结构，将节灌率增加 20%，同时将灌溉水利用系数提高到 0.65，亏缺面积发展 40%，中游绿洲农业工程节水量可达到 5.5 亿 m^3，资源节水量可达到 1.67 亿 m^3，年节水投入 28366 万元。

表 14-47 黑河中游绿洲可实现节水潜力分析（2）

种植结构		优化结构	
灌溉水利用系数		0.65	
净定额/mm	蔬菜	797	
	特色林果	439	
	油料作物	486	
	马铃薯	689	
亏缺面积占比		不调 60%	调整 40%
			滴灌	地面灌
净定额/mm	玉米	687	347～494	347～675
	小麦	528	—	450

续表

种植结构	优化结构
工程节水量/亿 m³	5.5
资源节水量/亿 m³	1.67
节水投入/万元	28 366

14.5.3　节水潜力可实现值

可实现节水潜力是指黑河中游绿洲通过节水措施基本节水潜力。本书分别从现状种植结构和优化种植结构两种情景下进行分析，如表 14-48、表 14-49 所示。

1. 现状种植结构

在现状种植结构和节灌率前提下，将灌溉水利用系数提高到 0.59，亏缺面积发展10%，中游绿洲农业工程节水量可实现 2.95 亿 m³，资源节水量可实现 0.87 亿 m³，年节水投入 23 241 万元，此节水方案基本满足中游绿洲用水红线要求。

表 14-48　黑河中游绿洲理论节水潜力分析（1）

种植结构		现状种植结构	
灌溉水利用系数		0.59	
净定额/mm	蔬菜	887	
	特色林果	488	
	油料作物	541	
	马铃薯	767	
亏缺面积占比	不调90%	调整10%	
		滴灌	地面灌
净定额/mm	玉米	765	347~494	347~675
	小麦	588	—	450
工程节水量/亿 m³		2.95	
资源节水量/亿 m³		0.87	
节水投入/万元		23 241	

2. 优化种植结构

调整种植结构，将节灌率增加 20%，同时将灌溉水利用系数保持在 0.59，亏缺面积发展10%，中游绿洲农业工程节水量可实现 3.74 亿 m³，资源节水量可实现 1.4 亿 m³，年节水投入 17 619 万元。

表 14-49　黑河中游绿洲理论节水潜力分析（2）

种植结构		优化种植结构	
灌溉水利用系数		0.59	
净定额/mm	蔬菜	797	
	特色林果	439	
	油料作物	486	
	马铃薯	689	
亏缺面积占比		不调90%	调整10%
			滴灌	地面灌
净定额/mm	玉米	687	347～494	347～675
	小麦	528	—	450
工程节水量/亿 m³		3.74	
资源节水量/亿 m³		1.4	
节水投入/万元		17 619	

参 考 文 献

白青华, 王惟晨. 2015. 张掖日光温室最低温度预报模型的主成分回归法构建. 中国农学通报, 31 (32): 223-228.

鲍巨松, 杨成书, 薛吉全, 等. 1991. 不同生育时期水分胁迫对玉米生理特性的影响. 作物学报, 17 (4): 261-266.

操信春, 吴普特, 王玉宝, 等. 2012. 中国灌区水分生产率及其时空差异分析. 农业工程学报, 28 (13): 1~7.

操信春, 吴普特, 王玉宝, 等. 2014. 水分生产率指标的时空差异及相关关系. 水科学进展, 25 (2): 268-274.

陈斌. 2012. 基于大系统递阶优化的交通控制与诱导协同方法研究. 西安: 长安大学博士学位论文.

陈根云, 陈娟, 许大全. 2010. 关于净光合速率和胞间 CO_2 浓度关系的思考. 植物生理学通讯, 46 (1): 64-66.

陈军武, 吴锦奎. 2010. 气候变化对黑河流域典型作物灌溉需水量的影响. 灌溉排水学报, (3): 69-73.

陈雷. 2012. 大力加强农田水利、保障国家粮食安全. 山西水利, (3): 1-2.

陈亮. 2011. 基于区域气候模式和 VIC 模型的黑河流域陆气相互作用研究. 兰州: 兰州大学硕士学位论文.

陈敏建, 王浩, 王芳. 2004. 内陆干旱区水分驱动的生态演变机理. 生态学报, 24 (10): 2108-2114.

陈仁升, 康尔泗, 杨建平, 等. 2003a. 黑河流域山前绿洲水量转化模拟研究. 冰川冻土, 25 (5): 566-573.

陈仁升, 康尔泗, 杨建平, 等. 2003b. 黑河干流中游地区季平均地下水位变化分析. 干旱区资源与环境, 17 (5): 36-43.

陈涛. 2008. 部六省经济发展状况分析——基于 SPSS 主成分分析方法. 湖南工业职业技术学院学报, 8 (4): 29-30.

陈晓宏, 陈永勤, 赖国友. 2002. 东江流域水资源优化配置研究. 自然资源学报, 17 (3): 366-372.

陈亚宁, 陈忠升. 2013. 干旱区绿洲演变与适宜发展规模研究——以塔里木河流域为例. 中国生态农业学报, 21 (1): 134-140.

陈彦, 吕新. 2008. 基于 FCM 的绿洲农田养分管理分区研究. 中国农业科学, 41 (7): 2016-2024.

成晓裕, 王艳华, 李国春, 等. 2013. 三套再分析降水资料在中国区域的对比评估. 气候变化研究进展, 9 (4): 258-265.

程国栋, 等. 2009. 黑河流域水–生态–经济系统综合管理研究. 北京: 科学出版社.

程国栋, 赵传燕. 2006. 西北干旱区生态需水研究. 地球科学进展, 21: 1101-1108.

程国栋, 肖洪浪, 徐中民, 等. 2006. 中国西北内陆河水问题及其应对策略——以黑河流域为例. 冰川冻土, 28 (3): 406-413.

程玉菲, 王根绪, 席海洋, 等. 2007. 近 35 年来黑河干流中游平原区陆面蒸散发的变化研究. 冰川冻土, 2 (3): 406-412.

初征, 郭建平, 赵俊芳. 2017. 东北地区未来气候变化对农业气候资源的影响. 地理学报, 72 (7): 1248-1260.

丛振涛, 姚本智, 倪广恒. 2011. SRA1B 情景下中国主要作物需水预测. 水科学进展, 22 (1): 38-43.

崔保山, 杨志峰. 2002. 湿地生态环境需水量研究. 环境科学学报, 22 (2): 219-224.

代俊峰. 2007. 基于分布式水文模型的灌区水管理研究. 武汉: 武汉大学博士学位论文.

代俊峰，崔远来．2008．灌溉水文学及其研究进展．水科学进展，19（2）：294-300．

邓振镛．2005．高原干旱气候作物生态适应性研究．北京：气象出版社．

丁宏伟，赫明林，曹炳媛，等．2000．黑河中下游水资源开发中出现的环境地质问题．干旱区研究，17（4）：11-16．

丁宏伟，胡兴林，蓝永超，等．2012．黑河流域水资源转化特征及其变化规律．冰川冻土，34（6）：1460-1468．

丁林，成自勇，张芮．2007．有限供水条件下苜蓿灌溉制度优化研究．灌溉排水学报，26（S1）：55-57．

董增川．2008．水资源系统分析．北京：中国水利水电出版社．

段爱旺，孙景生，刘钰，等．2004．北方地区主要农作物灌溉用水定额．北京：中国农业科学技术出版社．

段萌，毛晓敏，许尊秋，等．2018．覆膜和水分亏缺对制种玉米灌浆期气体交换参数及产量的影响．排灌机械工程学报，11（36）：1065-1070．

段萌，杨伟才，毛晓敏．2018．覆膜和水分亏缺对春小麦光合特性影响及模型比较．农业机械学报，49（1）：219-227．

段小红，王化俊，2011．甘肃省粮食综合生产能力不同阶段的影响因素分析．中国农业资源与区划，32（6）：50-55．

樊自立．1996．新疆土地开发对生态与环境的影响及对策研究．北京：气象出版社．

范丽军，符淙斌，陈德亮．2007．统计降尺度法对华北地区未来区域气温变化情景的预估．大气科学，31（5）：887-897．

范伶俐，郭品文，管勇，等．2010．广东蒸发皿蒸发量的变化特征及成因．地理学报，65（7）：863-872．

房丽萍，孟军．2013．化肥施用对中国粮食产量的贡献率分析——基于主成分回归 C-D 生产函数模型的实证研究．中国农学通报，29（17）：156-160．

斐超重，钱开铸，吕京京，等．2010．长江源区蒸散量变化规律及其影响因素．现代地质，24（2）：362-368．

付强，刘银凤，刘东，等．2016a．基于区间多阶段随机规划模型的灌区多水源优化配置．农业工程学报，32（01）：132-139．

付湘，陆帆，胡铁松．2016．利益相关者的水资源配置博弈．水利学报，47（1）：38-43．

盖迎春，李新．2011．黑河流域中游水资源管理决策支持系统设计与实现．冰川冻土，33：190-196．

甘肃省地矿局研究所．1982．河西走廊地下水分布规律及合理开发利用研究．

甘肃省地质调查院．2002．河西走廊地下水勘查报告．

高前兆，李福兴．1990．黑河流域水资源合理开发利用．兰州：甘肃科学技术出版社．

高艳红，陈玉春，吕世华．2004．水分胁迫对绿洲影响的数值模拟．地理科学进展，23：67-73．

高阳．2009．玉米/大豆条带间作群体 PAR 和水分的传输与利用．北京：中国农业科学院博士学位论文．

顾文权，邵东国，黄显峰，等．2008．水资源优化配置多目标风险分析方法研究．水利学报，39（3）：339-345．

关治，陈景良．1990．数值计算方法．北京：清华大学出版社．

郭建平．2015．气候变化对中国农业生产的影响研究进展．应用气象学报，26（1）：1-11．

郭均鹏，李汶华．2008．区间多目标线性规划的模糊求解方法．系统管理学报，17（4）：463-466．

郭明，李新．2006．基于遥感和 GIS 绿洲发育适度规模分析——以酒泉绿洲为例．遥感技术与应用，21（4）：312-316．

郭巧玲．2012．黑河流域生态需水及系统健康评价．北京：中国水利水电出版社．

郭生练，陈炯宏，刘攀，等．2010．水库群联合优化调度研究进展与展望．水科学进展，21：496-502．

郭元裕.2009. 农田水利学. 北京: 中国水利水电出版社.

郭泽忠.2017. 气候变化条件下黑河中游灌区水分生产率评价. 北京: 中国农业大学硕士学位论文.

郭占荣, 刘花台.2005. 西北内陆盆地天然植被的地下水生态埋深. 干旱区资源与环境, 19 (3):
　　157-161.

郝芳华, 程红光, 杨胜天.2006. 非点源污染模型: 理论方法与应用. 北京: 中国环境科学出版社.

郝丽娜, 粟晓玲.2015. 黑河干流中游地区适宜绿洲及耕地规模确定. 农业工程学报, 31 (5): 262-268.

何思为, 南卓铜, 张凌, 等.2015. 用 VIC 模型模拟黑河上游流域水分和能量通量的时空分布. 冰川冻
　　土, 37 (1): 211-225.

何志斌, 赵文智, 方静.2005. 黑河中游地区植被生态需水估算. 生态学报, 25 (4): 705-710.

胡广录, 赵文智.2009. 绿洲灌区小麦水分生产率在不同尺度上的变化. 农业工程学报, 25 (2): 24-30.

胡广录, 赵文智, 武俊霞.2010. 绿洲灌区小麦水分生产率及其影响因素的灰色关联分析. 中国沙漠,
　　30 (2): 369-375.

胡和平, 汤秋鸿, 雷志栋, 等.2004. 干旱区平原绿洲散耗模型水文模型. 水科学进展, 15: 140-145.

胡兴林, 肖洪浪, 蓝永超, 等.2012. 黑河中上游段河道渗漏量计算方法的试验研究. 冰川冻土, 34
　　(2): 460-468.

胡远安, 程声通, 贾海峰.2003. 非点源模型中的水文模拟——以 SWAT 模型在芦溪小流域的应用为例.
　　环境科学研究, 16 (5): 29-32.

胡月明, 张俊平, 薛月菊.2012. 土地资源评价数据挖掘方法与应用. 北京: 科学出版社.

户广勇.2017. 河西走廊玉米小麦分区水肥管理模式研究. 北京: 中国农业大学硕士学位论文.

华丽.2013. "人-自然" 耦合下土壤侵蚀时空演变及其防治区划应用——以湖北省为例. 武汉: 华中农
　　业大学博士学位论文.

黄富祥, 牛海山, 王明星 等.2001. 毛乌素沙地植被覆盖率与风蚀输沙率定量关系. 地理学报, 56 (6):
　　700-710.

黄国如, 武传吕, 刘志雨, 等.2015. 气候变化情景下北江飞来峡水库极端入库洪水预估. 水科学进展,
　　26 (1): 10-19.

黄领梅, 沈冰, 张高锋.2008. 新疆和田绿洲适宜规模的研究. 干旱区资源与环境, 22 (9): 1-4.

黄明斌, 邵明安.1996. 不同有效土壤水势下植物叶水势与蒸腾的关系. 水利学报, (3): 1-6.

黄强, 沈晋.1997. 水库联合调度的多目标多模型及分解协调算法. 系统工程理论与实践, 1: 75-82.

黄子琛, 沈渭寿.2000. 干旱区植物的水分关系与耐旱性. 北京: 中国环境出版社.

霍再林, 史海滨, 陈亚新, 等.2004. 内蒙古地区 ET0 时空变化与相关分析. 农业工程学报, 20 (6):
　　60-63.

季劲钧, 胡玉春.1999. 一个植物冠层物理传输和生理生长过程的多层模式. 气候与环境研究, (2):
　　25-37.

贾宝全, 慈龙骏.2003. 绿洲景观生态研究. 北京: 科学出版社.

贾宏伟, 康绍忠, 张富仓, 等.2006. 石羊河流域平原区土壤入渗特性空间变异的研究. 水科学进展,
　　17 (4): 471-476.

贾仰文, 王浩, 严登华.2006. 黑河流域水循环系统的分布式模拟-模型开发与验证. 水利学报, 5:
　　534-542.

江厚龙, 刘国顺, 杨永锋, 等.2011. 基于 GIS 和多种土壤属性的烟田养分分区管理研究. 土壤, 43 (5):
　　736-745.

姜潮.2008. 基于区间的不确定性优化理论与算法. 长沙: 湖南大学博士学位论文.

姜会飞，温德永，李楠，等．2010．利用正弦分段法模拟气温日变化．气象与减灾研究，33（3）：61-65.

姜瑶．2017．黑河中游绿洲多尺度农业水文过程及用水效率的模拟分析与优化调控研究．北京：中国农业大学博士学位论文．

蒋定生，黄国俊，谢永生．1984．黄土高原土壤入渗能力野外测试．水土保持通报，4（4）：7-9.

蒋昕昊，徐宗学，刘兆飞，等．2011．大气环流模式在长江流域的适用性评价．长江流域资源与环境，31（s1）：51-58.

蒋忆文．2016．DSSAT 模型在黑河流域的适用性评价及节水灌溉应用研究．兰州：兰州大学硕士学位论文．

金君良，陆桂华，吴志勇．2010．VIC 模型在西北干旱半干旱地区的应用研究．水电能源科学，28（1）：12-14.

金晓媚，万力，梁继运．2008．甘肃张掖盆地区域蒸散量变化规律及其影响因素分析．南京大学学报（自然科学版），44：569-574.

金之庆，葛道阔，郑喜莲，等．1996．评价全球气候变化对我国玉米生产的可能影响．作物学报，22（5）：513-524.

康绍忠，蔡焕杰．1996．河西石羊河流域高效农业节水的途径与对策．干旱地区农业研究，14（1）：10-18.

康绍忠，李永杰．1997．21 世纪我国节水农业发展趋势及其对策．农业工程学报，12（4）：1-7.

康绍忠，刘晓明，高新科，等．1992．土壤–植物–大气连续体水分传输的计算机模拟．水利学报，3：1-12.

康绍忠，张富仓，刘晓明．1995．作物叶面蒸腾与棵间蒸发分摊系数的计算方法．水科学进展，6（4）：285-289.

康绍忠，张富仓，梁银丽．1997．玉米生长条件下农田土壤水分动态预报方法的研究．生态学报，17（3）：245-251.

康绍忠，潘英华，石培泽，等．2001．控制性作物根系分区交替灌溉的理论与试验．水利学报，11：80-86.

康绍忠，粟晓玲，沈清林，等．2004．石羊河流域水资源利用与节水农业发展模式的战略思考．水资源与水工程学报，12（4）：1-8.

康绍忠，粟晓玲，杜太生，等．2009．西北旱区流域尺度水资源转化规律及其节水调控模式：以甘肃石羊河流域为例．北京：水利水电出版社．

克雷默 PJ．1989．植物的水分关系．许旭旦等，译．北京：科学出版社．

蓝永超，康尔泗，金会军，等．1999．黑河出山径流量年际变化特征与趋势研究．冰川冻土，21（1）：49-53.

雷波，刘钰，许迪．2011．灌区农业灌溉节水潜力估算理论与方法．农业工程学报，27（1）：10-14.

雷志栋，杨诗秀，谢森传．1988．土壤水动力学．北京：清华大学出版社．

李秉柏．1986．作物的光合生产及实际产量模拟模式的初步分析．中国农业气象，7（4）：1-8.

李栋浩．2014．种植密度对制种玉米生长及耗水特性的影响．北京：中国农业大学硕士学位论文．

李菲菲．2007．黑河上游地区气候变化及水文水资源系统的响应研究．南京：河海大学硕士学位论文．

李桂香，王挺，温进化．2010．水资源优化配置的大系统分解协调模型研究．电脑知识与技术，6（26）：7346-7349.

李海涛．2008．绿洲水资源利用情景模拟与绿洲生态安全——以石羊河流域武威和民勤绿洲为例．北京：北京大学博士学位论文．

李和成，王宇平．2007．一类特殊的非线性双层规划问题及其遗传算法．西安电子科技大学学报，

34（1）：101-105.

李金华，杨晓光，曹诗瑜，等．2009. 甘肃张掖地区不同种植模式需水特征及作物系数分析．江西农业学报，21（4）：17-20.

李靖，周孝德．2009. 叶尔羌河流域水生态承载力研究．西安理工大学学报，25（3）：249-255.

李茉．2017. 基于不确定性分析的农业水土资源多尺度优化配置方法与模型研究．北京：中国农业大学博士学位论文．

李茉，姜瑶，郭萍，等．2017. 考虑不同层次利益主体的灌溉水资源优化配置．农业机械学报，48（05）：199-207.

李群，赵成章，王继伟，等．2017. 张掖湿地芦苇比叶面积和水分利用效率的关系．生态学报，37（15）：4956-4962.

李世明．2002. 河西走廊水资源合理利用与生态环境保护．郑州：黄河水利出版社．

李树岩，余卫东．2017. 河南省不同生态区 CERES-Maize 模型参数确定及精度验证．干旱地区农业研究，35（2）：7-14.

李硕．2013. 气候变化对西北干旱区农业灌溉需水的影响研究．石家庄：河北师范大学硕士学位论文．

李维敏．2014. 滴灌条件下不同覆膜方式对春玉米生理特性及土壤环境的影响．呼和浩特：内蒙古农业大学硕士学位论文．

李炜，黄金花．2016. 区间系统与区间优化模型——理论与应用．南京信息工程大学学报（自然科学版），8（1）：23-33.

李啸虎，杨德刚，夏富强．2015. 干旱区城郊种植业水足迹分析与适宜耕地规模测算——以乌鲁木齐为例．生态学报，35（9）：1-15.

李艳，刘海军，黄冠华．2012. 不同耕作措施对土壤水分和青贮夏玉米水分生产率的影响．农业工程学报，28（14）：91-98.

李艳，史舟，吴次芳，等．2007a. 基于多源数据的盐碱地精确农作管理分区研究．农业工程学报，23（8）：84-89.

李艳，史舟，吴次芳，等．2007b. 基于模糊聚类分析的田间精确管理分区研究．中国农业科学，40（1）：114-122.

李勇，彭少兵，黄见良，等．2013. 叶肉导度的组成、大小及其对环境因素的响应．植物生理学报，49（11）：1143-1154.

李勇，杨晓光，代姝玮，等．2010. 长江中下游地区农业气候资源时空变化特征．应用生态学报，21（11）：2912-2921.

李远华，崔远来．2009. 不同尺度灌溉水高效利用理论与技术．北京：中国水利电力出版社．

李卓亭．2014. 甘肃省东南部农田土壤有机碳时空变化及 DSSAT 模型模拟研究．兰州：兰州大学博士学位论文

孙菽芬．1985. 土壤内水分流动、温度分布及其表面蒸发效应的研究．水利学报，1：70.

凌红波，徐海量，刘新华，等．2012. 新疆克里雅河流域绿洲适宜规模．水科学进展，23（4）：563-568.

刘冰，常学向，李守波．2010. 黑河流域荒漠区降水格局及其脉动特征．生态学报，30（19）：5194-5199.

刘超，卢玲，胡晓利，2011. 数字土壤质地制图方法比较——以里河张掖地区为例，遥感技术与应用，26（2）：177-185.

刘光崧．1996. 土壤理化分析与剖面描述．北京：中国标准出版社．

刘桂林，张落成，张倩．2014. 长三角地区土地利用时空变化对生态系统服务价值的影响．生态学报，34（12）：3311-3319.

刘鹄，赵文智．2007．农业水生产力研究进展．地球科学进展，22（1）：58-65．

刘娇．2014．基于 3S 技术的黑河流域植被生态需水量研究．杨凌：西北农林科技大学硕士学位论文．

刘金鹏．2011．基于生态安全的干旱绿洲水资源优化配置研究——以民勤绿洲为例．西安：西安理工大学博士学位论文．

刘金鹏，费良军，南忠仁，等．2010．基于生态安全的干旱区绿洲生态需水研究．水利学报，41（2）：226-232．

刘路广，崔远来，罗玉峰．2010．基于 Modflow 的灌区地下水管理策略——以柳园口灌区为例．武汉大学学报（工学版），43（1）：25-29．

刘文丰，徐宗学，李发鹏，等．2011．大气环流模式（GCMs）在东南诸河流域的适用性评价．亚热带资源与环境学报，06（4）：13-23．

刘文丰，徐宗学，李发鹏，等．2013．基于秩评分方法定量评估大气环流模式在雅鲁藏布江流域的模拟能力．北京师范大学学报（自然科学版），49（2）：304-311．

刘晓英，林而达．2004．气候变化对华北地区主要作物需水量的影响．水利学报，2：77-82．

刘新民，王振先，唐宗泽，等．1987．荒漠绿洲边缘沙漠化土地整治．干旱区资源与环境，1（1）：98-105．

刘彦随，刘玉，郭丽英．2010．气候变化对中国农业生产的影响及应对策略．中国生态农业学报，18（4）：905-910．

刘钰，Pereira L S．2000．对 FAO 推荐的作物系数计算方法的验证．农业工程学报，16（5）：26-30．

刘祖贵，陈金平，段爱旺，等．2006．不同土壤水分处理对夏玉米叶片光合等生理特性的影响．干旱地区农业研究，1（1）：90-95．

陆卫平．1997．玉米高产群体质量指标及其调控途径．南京：南京农业大学博士学位论文．

罗毅，郭伟．2008．作物模型研究与应用中存在的问题．农业工程学报，24（5）：307-312．

麻雪艳，周广胜．2018．夏玉米叶片气体交换参数对干旱过程的响应．生态学报，38（7）：1-12．

毛晓敏．1998．干旱区绿洲潜水–土壤–植物–大气系统水热传输模拟研究．北京：清华大学博士学位论文．

毛晓敏，雷志栋，杨诗秀，等．1997a．华北地区作物生长期动态耗水规律的数值模拟．中国农村水利水电，（增刊）：86-88．

毛晓敏，杨诗秀，雷志栋，等．1997b．叶尔羌河流域裸地潜水蒸发的数值模拟研究．水科学进展，8（4）：313-320．

毛晓敏，李民，沈言俐，等．1998a．叶尔羌河流域潜水蒸发规律试验分析．干旱区地理，21（3）：44-50．

毛晓敏，杨诗秀，雷志栋．1998b．叶尔羌灌区冬小麦生育期 SPAC 水热传输的模拟研究．水利学报，（7）：35-40．

毛晓敏，雷志栋，尚松浩，等．1999．作物生长条件下潜水蒸发估算的蒸发面下降折算法．灌溉排水，18（2）：26-29．

毛晓敏，尚松浩，雷志栋，等．2001．利用 SPAC 模型对冬小麦蒸散发的研究．水利学报，（8）：7-11．

门旗，李毅，冯广平．2003．地膜覆盖对土壤棵间蒸发影响的研究．灌溉排水学报，22（2）：17-20．

莫淑红，段海妮，沈冰，等．2014．考虑不确定性的区间多阶段随机规划模型研究．水利学报，45（12）：1427-1434．

莫兴国．1997．冠层表面阻力与环境因子关系模型及其在蒸散估算中的应用．地理研究，16（2）：81-88．

倪广恒，李新红，丛振涛．2006．中国参考作物腾发量时空变化特性分析．农业工程学报，22（5）：1-4．

聂振龙．2004．黑河干流中游盆地地下水循环及更新性研究．北京：中国地质科学院博士学位论文．

潘晓华, 邓强辉. 2007. 作物收获指数的研究进展. 江西农业大学学报, 29 (1): 1-5.

蒲金涌, 邓振镛, 姚小英, 等. 2004. 甘肃省胡麻生态气候分析及种植区划. 中国油料作物学报, 26 (3): 37-42.

秦建成. 2007. 土壤适宜性评价方法研究. 重庆: 西南大学博士学位论文.

任庆福, 杨志勇, 李传哲, 等. 2013. 变化环境下作物蒸散研究进展. 地球科学进展, 28: 1227-1238.

阮连法, 郑晓玲. 2013. 基于熵权法的区间多目标决策方法. 统计与决策, 12: 82-84.

尚松浩. 2006. 水资源系统分析方法及应用. 北京: 清华大学出版社.

尚松浩, 雷志栋, 杨诗秀. 2000. 冬小麦田间墒情预报的经验模型. 农业工程学报, (5): 31-33.

尚宗波. 2000. 全球气候变化对沈阳地区春玉米生长的可能影响. 植物学报, (3): 300-305.

邵国庆, 李增嘉, 宁堂原, 等. 2010. 灌溉和尿素类型对玉米水分利用效率的影响. 农业工程学报, 26 (3): 58-63.

沈汉. 1990. 土壤评价中参评因素的选定与分级指标的划分. 华北农学报, 1990 (3): 63-69.

沈汉, 邹国元. 2004. 菜地土壤评价中参评因素的选定与分级指标的划分. 土壤通报, 35 (5): 553-557.

沈秀瑛, 戴俊英, 胡安畅, 等. 1994. 玉米叶片光合速率与光、养分和水分及产量关系的研究. 玉米科学, 2 (3): 56-60.

宋郁东, 樊自立, 雷志栋, 等. 2000. 中国塔里木河水资源与生态问题研究. 乌鲁木齐: 新疆人民出版社.

苏培玺, 杜明武, 赵爱芬, 等. 2002. 荒漠绿洲主要作物及不同种植方式需水规律研究. 干旱地区农业研究, 20 (2): 79-85.

苏为华. 2000. 多指标综合评价理论与方法问题研究. 厦门: 厦门大学博士学位论文.

粟晓玲. 2007. 石羊河流域面向生态的水资源合理配置理论与模型研究. 杨凌: 西北农林科技大学博士学位论文.

粟晓玲, 康绍忠, 石培泽. 2008. 干旱区面向生态的水资源合理配置模型与应用. 水利学报, 39: 1111-1117.

孙景生, 康绍忠. 2000. 我国水资源利用现状与节水灌溉发展战略. 农业工程学报, 16 (2): 1-5.

孙景生, 康绍忠, 蔡焕杰, 等. 2002. 交替隔沟灌溉提高农田水分利用效率的节水机理. 水利学报, 3: 64-68

孙睿, 洪佳华, 曹永华. 1997. 夏玉米光合生产模拟模型初探. 中国农业气象, (2): 22-25.

谭国波, 赵立群, 张丽华, 等. 2010. 玉米拔节期水分胁迫对植株性状、光合生理及产量的影响. 玉米科学, 18 (1): 96-98.

汤奇成. 1989. 塔里木盆地水资源与绿洲建设. 资源科学, 11 (6): 28-34.

唐数红. 2003. 新疆干旱区流域规划几个重大问题的思考. 中国水利, (7): 19-20.

田积莹. 1987. 黄土地区土壤的物理性质与黄土成因的关系. 中国科学院西北水保所集刊, (5): 1-12.

汪嘉杨, 郭倩, 王卓. 2017. 岷沱江流域社会经济的水环境效应评估研究. 环境科学学报, 37 (04): 1564-1572.

王兵. 2002. 绿洲荒漠过渡区水热平衡规律及其耦合模拟研究. 北京: 中国林业科学研究院博士学位论文.

王冲, 邱志平. 2013. 区间多目标线性优化的功效系数求解方法. 北京航空航天大学学报, 39 (7): 907-911.

王根绪, 程国栋. 1998. 近 50 年来黑河流域水文及生态环境的变化. 中国沙漠, 18 (3): 233-238.

王根绪, 程国栋. 2002. 干旱内陆流域生态需水量及其估算: 以黑河流域为例. 中国沙漠, 22 (2): 129-134.

王国华, 赵文智, 刘冰, 等. 2013. 河西走廊荒漠-绿洲蒸散对夏季高温天气响应的初步研究. 干旱区研究, 30（1）: 173-181.

王罕博, 龚道枝, 梅旭荣, 等. 2012. 覆膜和露地旱作春玉米生长与蒸散动态比较. 农业工程学报, 28（22）: 88-94.

王浩. 2013. 水生态文明建设是解决石羊河流域生态问题的必要途径. 中国水利, 5: 19-21.

王会肖, 刘昌明. 2000. 作物水分利用效率内涵及研究进展. 水科学进展, 11（1）: 99-104.

王惠文. 1999. 偏最小二乘回归方法及其应用. 北京: 国防工业出版社.

王建林, 于贵瑞, 王伯伦, 等. 2005. 北方粳稻光合速率、气孔导度对光强和 CO_2 浓度的响应. 植物生态学报, （1）: 20-29.

王建鹏. 2011. 灌区水资源高效利用与面源污染迁移转化规律模拟分析. 武汉: 武汉大学博士学位论文.

王帘里, 孙波, 隋跃宇, 等. 2009. 不同气候和土壤条件下玉米叶片叶绿素相对含量对土壤氮素供应和玉米产量的预测. 植物营养与肥料学报, 15（2）: 327-335.

王伟, 蔡焕杰, 王健, 等. 2009. 水分亏缺对冬小麦株高、叶绿素相对含量及产量的影响. 灌溉排水学报, 28（1）: 41-44.

王西琴, 高伟, 曾勇. 2014. 基于 SD 模型的水生态承载力模拟优化与例证. 系统工程理论与实践, 34（5）: 1352-1360.

王希义, 徐海量, 潘存德, 等. 2015. 塔里木河下游地下水埋深对草本植物地上特征的影响. 生态学杂志, 34（11）: 3057-3064.

王希义, 徐海量, 潘存德 等. 2016. 塔里木河下游优势草本植物与地下水埋深的关系. 中国沙漠, 36（01）: 216-224.

王新瑞. 2012. 基于区间数的不确定优化理论及求解方法研究. 西安: 长安大学硕士学位论文.

王雪梅, 李新, 马明国. 2007. 干旱区内陆河流域人口统计数据的空间化——以黑河流域为例. 干旱区资源与环境, 06: 39-47.

王雪梅, 李新, 马明国. 2011. 黑河流域 2000 年人口格网化数据集. 黑河计划数据管理中心.

王玉宝. 2010. 节水型农业种植结构优化研究——以黑河流域为例. 杨凌: 西北农林科技大学博士学位论文.

王忠静, 王海峰, 雷志栋. 2002. 干旱内陆河区绿洲稳定性分析. 水利学报, 33（5）: 26-30.

韦朝振, 郑伟. 2016. 基于 WebGIS 的河南作物适宜性分析系统的设计与实现. 地矿测绘, 36（1）: 12-15.

韦春玉, 陈锁忠, 李云梅. 2005. 地理建模原理与方法. 北京: 科学出版社.

吴丹, 吴凤平, 陈艳萍. 2012. 流域初始水权配置复合系统双层优化模型. 系统工程理论与实践, 32（1）: 196-202.

吴普特, 赵西宁, 冯浩, 等. 2007. 农业经济用水量与我国农业战略节水潜力. 中国农业科技导报, 9（6）: 13-17.

吴启华, 刘晓斌, 张淑香, 等. 2016. 施用常规磷水平的 80% 可实现玉米高产、磷素高效利用和土壤磷平衡. 植物营养与肥料学报, 22（6）: 1468-1476.

吴擎龙. 1993. 田间腾发条件下水热迁移数值模拟的研究. 北京: 清华大学博士学位论文.

吴擎龙, 雷志栋, 杨诗秀. 1996. 求解 SPAC 系统水热输移的耦合迭代计算方法. 水利学报, （2）: 1-10.

吴志勇, 郭红丽, 金君良, 等. 2010. 气候变化情景下黑河流域极端水文事件的响应. 水电能源科学, 28（2）: 7-9.

仵彦卿, 张应华, 温小虎, 等. 2010. 中国西北黑河流域水文循环与水资源模拟. 北京: 科学出版社.

武德传, 罗红香, 宋泽民, 等.2014. 黔南山地植烟土壤主要养分空间变异和管理分区. 应用生态学报, 25 (6): 1701-1707.

武俊霞, 胡广录.2009. 高台县农作物灌溉水分生产力年际变化. 学术纵横, 226 (8): 116-117.

项国圣.2011. 黑河中游张掖盆地地下水开发风险评价及调控. 兰州: 兰州大学硕士学位论文.

肖庆丽, 黄明斌, 邵明安, 等.2014. 黑河中游绿洲不同质地土壤水分的入渗与再分布. 农业工程学报, 3 (2): 124-131.

谢高地, 甄霖, 鲁春霞, 等. 2008. 生态系统的消费、供给价值化. 资源科学, 30 (1): 93-99.

谢高地, 张彩霞, 张昌顺, 等. 2015. 中国生态系统服务的价值. 资源科学, 37 (9): 1740-1746.

谢光辉, 王晓玉, 韩东倩, 等.2011. 中国非禾谷类大田作物收获指数和秸秆系数. 中国农业大学学报, 16 (1): 9-17.

谢锦.2015. 覆膜条件下制种玉米生长与 SPAC 水热传输的耦合模拟研究. 北京: 中国农业大学硕士学位论文.

谢先红. 2008. 灌区水文变量标度不变性与水循环分布式模拟. 武汉: 武汉大学博士学位论文.

熊喆. 2014. 黑河流域 1980-2010 年 3 公里 6 小时模拟气象强迫数据. 黑河计划数据管理中心.

徐大陆, 丁宏伟, 杨建军, 等. 2009. 河西走廊地下水位的趋势性与持续性分析. 干旱区资源与环境, 23 (7): 52-57.

徐鹏, 高伟, 周丰, 等.2013. 流域社会经济的水环境效应评估新方法及在南四湖的应用. 环境科学学报, 33 (08): 2285-2295.

徐世昌, 戴俊英, 沈秀瑛, 等.1995. 水分胁迫对玉米光合性能及产量的影响. 作物学报, 21 (3): 356-363.

徐万林. 2011. 基于水资源高效利用的农业种植结构优化. 杨凌: 西北农林科技大学硕士学位论文.

徐新良, 杜朝正, 闵稀碧.2012.RS 和 GIS 技术与作物模型结合的研究进展. 安徽农业科学, 40 (16): 9146-9150.

徐中民, 程国栋, 王根绪. 1999. 生态环境损失价值的初步研究——以张掖地区为例. 地球科学进展, 14 (5): 498-504.

徐宗学, 刘浏. 2012. 太湖流域气候变化检测与未来气候变化情景预估. 水利水电科技进展, 32 (1): 1-7.

许大全.2013. 光合作用学. 北京: 科学出版社.

许迪. 2006. 灌溉水文学尺度转换问题研究综述. 水利学报, 37 (2): 141-149.

许迪, 龚时宏, 李益农, 等.2010. 作物水分生产率改善途径与方法研究综述. 水利学报, 41 (6): 631-639.

薛生梁, 刘明春, 张惠玲.2003. 河西走廊玉米生态气候分析与适生种植气候区划. 中国农业气象, 24 (2): 13-16.

荀学义, 胡泽勇, 孙俊, 等.2011. 高原地区 ERA40 与 NCEPI 再分析资料对比分析. 气象科技, 39 (4): 392-400.

严鸿, 管燕萍.2009.BP 神经网络隐层单元数的确定方法及实例. 控制工程, (S2): 100-102.

杨国虎, 李新, 王承莲, 等.2006. 种植密度影响玉米产量及部分产量相关性状的研究. 西北农业学报, 15 (5): 60-64.

杨靖民, 杨靖一, 姜旭, 等.2012. 作物模型研究进展. 吉林农业大学学报, 34 (5): 553-561.

杨玲媛, 王根绪. 2005. 近 20 年来黑河中游张掖盆地地下水动态变化. 冰川冻土, 27 (4): 290-296.

杨绚, 汤绪, 陈葆德, 等. 2013. 气候变暖背景下高温胁迫对中国小麦产量的影响. 地理科学进展,

32（12）：1771-1779.

殷志远，赖安伟，公颖，等．2010. 气象水文耦合中的降尺度方法研究进展．暴雨灾害，29（1）：89-95.

尹海霞，张勃，王亚敏，等．2012. 黑河流域中游地区近43年来农作物需水量的变化趋势分析．资源科学，34（3）：409-417.

袁飞，谢正辉，任立良，等．2005. 气候变化对海河流域水文特性的影响．水利学报，36（3）：274-279.

袁伟．2009. 面向可持续发展的黑河流域水资源合理配置及其评价研究．杭州：浙江大学博士学位论文.

曾丽红，宋开山，张柏，等．2010. 东北地区参考作物蒸散量对主要气象要素的敏感性分析．中国农业气象，30（1）：11-18.

张成才，马涛，董洪涛，等．2013. 基于遗传算法的灌区渠系优化配水模型研究．人民黄河，35（3）：65-67.

张帆，郭萍，李茉．2016. 基于双区间两阶段随机规划的黑河中游主要农作物种植结构优化．中国农业大学学报，21（11）：109-116.

张福．2011. 基于生态环境用水的黑河中游水资源模拟优化配置研究．西安：西安理工大学博士学位论文.

张光斗，钱正英．2000. 中国可持续发展水资源战略研究综合报告．中国水利，（8）：5-17.

张建杰，李福忠，胡克林，等．2009. 太原市农业土壤全氮和有机质的空间分布特征及其影响因素．生态学报，29（6）：3163-3172.

张菊芳．2004. 多元统计方法中的降维与应用．济南：山东大学硕士学位论文.

张芮．2007. 制种玉米膜下调亏滴灌优化灌溉制度及土壤水热高效利用研究．兰州：甘肃农业大学硕士学位论文.

张穗，杨平富，李喆，等．2015. 大型灌区信息化建设与实践．北京：中国水利水电出版社.

张延，任小川，赵英，等．2016. 未来气候变化对关中地区冬小麦耗水和产量的影响模拟．干旱地区农业研究，34（1）：220-228.

张永喆，牛赟，张虎．2016. 黑河中游西墩滩荒漠植物生长对水分变化响应研究．干旱区资源与环境，30（7）：71-77.

张展羽，司涵，冯宝平，等．2014. 缺水灌区农业水土资源优化配置模型．水利学报，45（4）：403-409.

张智韬，刘俊民，陈俊英，等．2010. 基于RS、GIS和蚁群算法的多目标渠系配水优化．农业机械学报，41（11）：72-78.

赵登忠，张万昌，程学军．2012. 基于VIC-3L模型的黑河上游流域径流模拟研究．人民长江，43（8）：38-42.

赵丽雯，吉喜斌．2010. 基于FAO-56双作物系数法估算农田作物蒸腾和土壤蒸发研究——以西北干旱区黑河流域中游绿洲农田为例．中国农业科学，43（19）：4016-4026.

赵天保．2006. NCEP与ERA-40再分析资料的可信度分析与研究．北京：中国科学院大气物理研究所.

赵天宏，沈秀瑛，杨德光，等．2003. 水分胁迫及复水对玉米叶片叶绿素含量和光合作用的影响．杂粮作物，23（1）：33-35.

赵文举．2009. 灌溉渠系配水优化编组模型与算法研究．杨凌：西北农林科技大学博士学位论文.

赵文举，马孝义，张建兴，等．2009. 基于模拟退火遗传算法的渠系配水优化编组模型研究．水力发电学报，（05）：210-214.

赵文智，常学礼．2014. 河西走廊水文过程变化对荒漠绿洲过渡带NDVI的影响．中国科学：地球科学，44（7）：1561-1571.

赵文智，牛最荣，常学礼，等．2010. 基于净初级生产力的荒漠人工绿洲耗水研究．中国科学：地球科学，

40：1431-1438.

郑捷，李光永，韩振中，等．2011．改进的 SWAT 模型在平原灌区的应用．水利学报，42（1）：88-97.

郑丕尧．1992．作物生理学导论．北京：北京农业大学出版社．

周贝贝，张强，孙健，等．2016．偏最小二乘回归在苹果土壤养分与果实品质关系的研究与应用．果树学报，17（1）：362-366.

周昌明．2016．地膜覆盖及种植方式对土壤水氮利用及夏玉米生长、产量的影响．杨凌：西北农林科技大学．

周怀平，杨治平，李红梅，等．2003．施肥和降水年型对旱地玉米产量及水分利用的影响．农业工程学报，19（zl）：151-155.

周剑，李新，王根绪．2009．黑河流域中游地下水时空变异性分析及其对土地利用变化的响应．自然资源学报，24（3）：498-506.

周林飞，高宇龙，高云彪，等．2015．基于生育期划分的芦苇蒸散量气候学计算与分析．沈阳农业大学学报，46（2）：204-212.

朱美玲．2012．干旱绿洲灌区农业田间高效用水评价指标体系研究——基于田间高效节水灌溉技术应用．节水灌溉，11：58-60+63.

Abbaspour K C, Yang J, Maximov I, et al. 2007. Modelling hydrology and water quality in the pre-alpine/alpine Thur watershed using SWAT. J Hydrol, 333 (2-4): 413-430.

Abd EI-Ghani. 1992. Flora and vegetation of Gara oasis, Egypt. Phytocoenologia, 21 (1-2): 1-14.

Abdullaev I, Molden D. 2004. Spatial and temporal variability of water productivity in the Syr Darya Basin, central Asia. Water Resources Research, 40: W08S02.

Adams D C, Gurevitch J, Rosenberg M S. 1997. Resampling tests for meta-analysis of ecological data. Ecology, 78 (5): 1277-1283.

Adams J E, Arkin G F, Ritchie J T. 1976. Influence of row spacing and straw mulch on first stage drying1. Soil Sci Soc Am J, 40 (3): 436-442.

Alexandridis T K, Panagopoulos A, Galanis G, et al. 2014. Combining remotely sensed surface energy fluxes and GIS analysis of groundwater parameters for irrigation system assessment. Irrig Sci, 32 (2): 127-140.

Ali M H, Talukder M S U. 2008. Increasing water productivity in crop production——A synthesis. Agric Water Manage, 95 (11): 1201-1213.

Allen R G, Pereira L S, Raes D, et al. 1998. Crop evapotranspiration. Guidelines for Computing Crop Water Requirements. United Nations Food and Agriculture Organization, Irrigation and Drainage Paper 56. Rome, Italy.

Amorim Borges P D, Barfus K, Weiss H, et al. 2014. Trend analysis and uncertainties of mean surface air temperature, precipitation and extreme indices in CMIP3 GCMs in Distrito Federal, Brazil. Environ Earth Sci, 72 (12): 4817-4833.

Amthor J S. 1989. Respiration and crop productivity. Quarterly Review of Biology, 10 (3): 271-273.

Arnold J G, Muttaih R S, Srinivasan R, et al. 2000. Regional estimation of base flow and groundwater recharge in the Upper Mississippi river basin. J Hydrol, 227 (1): 21-40.

Arnold J G, Srinivasan R, Muttiah R S, et al. 1998. Large area hydrologic modeling and assessment part I: Model development. J Am Water Resour Assoc, 34 (1): 73-89.

Arora R, Arora S R. 2012. An algorithm for solving an integer linear fractional / quadratic bilevel programming problem. Advanced Modeling and Optimization, 14 (1): 57-78.

Arora V K, Singh C B, Sidhu A S, et al. 2011. Irrigation, tillage and mulching effects on soybean yield and water productivity in relation to soil texture. Agr Water Manage, 98 (4): 563-568.

Aubinet M, Grelle A, Ibrom A, et al. 1999. Estimation of the annual net carbon and water exchange of European forests: The Euroflux methodology. Adv Ecol Res, 30: 113-175.

Bagley B G. 1965. A dense packing of hard spheres with five-fold symmetry. Nature, 208 (5011): 674-675.

Bai J, Wang J, Chen X, et al. 2015. Seasonal and inter-annual variations in carbon fluxes and evapotranspiration over cotton field under drip irrigation with plastic mulch in an arid region of Northwest China. J Arid Land, 7: 272-284.

Baird A J, Wilby R L. 2002. 生态水文学: 陆生环境和水生环境植物与水分关系. 赵文智, 王根绪译. 北京: 海洋出版社, 136.

Baldocchi D, Meyers T P. 1988. On using eco-physiological, micrometeorological and biogeochemical theory to evaluate carbon dioxide, water vapor and gaseous deposition fluxes over vegetation. Agric For Meteorol, 90: 1-26.

Bannayan M, Crout N M J, Hoogenboom G. 2003. Application of the CERES-Wheat model for within-season prediction of winter wheat yield in the United Kingdom. Agron J, 95 (1): 114-125.

Bannayan M, Hoogenboom G. 2009. Using pattern recognition for estimating cultivar coefficients of a crop simulation model. Field Crop Res, 111 (3): 290-302.

Bastiaanssen W, Mobin-ud-Din A, Tahir Z. 2003. Upscaling water productivity in irrigated agriculture using remote-sensing and GIS technologies. In: Kijne J W, Barker R, Molden D J. Water productivity in agriculture: Limits and opportunities for improvement, CABI with IWMI, Wallingford, UK, 289-300.

Basunia M A. 2013. Comparison of five commonly used thin-layer moisture transfer models in fitting the re-wetting data of barley. Agricultural Engineering International: CIGR Journal, 15 (4): 228-235.

Belsley D A, Kuh E, Welsch R E. 2005. Regression Diagnostics: Identifying Influential Data and Sources of Collinearity. New Jersey: John Wiley and Sons.

Blum A. 2009. Effective use of water and not water-use efficiency is the target of crop yield improvement under drought stress. Field Crops Research, 112: 119-123.

Bohn T J, Livneh B, Ovler J W, et al. 2013. Global evaluation of MTCLIM and related algorithms for forcing of ecological and hydrological models. Agricultural and Forest Meteorology, 176: 38-49.

Bos M G. 1979. Standards for irrigation efficiencies of ICID. J Irrig Drain Divis, 105 (1): 37-43.

Bouman B A M, Keulen H V, Laar H H V, et al. 1996. The "School of de Wit" crop growth simulation models: A pedigree and historical overview. Agr Syst, 52 (2): 171-198.

Brady N C, Weil R R. 2007. The Nature and Properties of Soils (14th Edition). New Jersey: Pearson Prentice Hall.

Brolsma R J, Bierkens M F P. 2007. Groundwater-soil water-vegetation dynamics in a temperate forest ecosystem along a slope. Water Resour Res, 43: W01414.

Brooks A, Farquhar G D. 1985. Effect of temperature on the CO_2/O_2 specificity of ribulose-1, 5-bisphosphate carboxylase/oxygenase and the rate of respiration in the light: Estimates from gas-exchange measurements on spinach. Planta, 165 (3): 397-406.

Brown R A, Rosenberg N J. 1997. Sensitivity of crop yield and water use to change in a range of climatic factors and CO_2 concentrations: A simulation study applying EPIC to the central USA. Agricultural & Forest Meteorology, 83 (3-4): 171-203.

Budyko M I. 1961. The heat balance of the earth's surface. Soviet Geography, 2 (4): 3-13.

Burt C, Clemmens A, Strelkoff T, et al. 1997. Irrigation performance measures: efficiency and uniformity. Journal of Irrigation and Drainage Engineering, 123: 423-442.

Caemmerer S V, Quick W P, Furbank R T. 2012. The development of C4 rice: Current progress and future challenges. Science, 336: 1671-1672.

Cai X, Thenkabail P S, Biradar C M, et al. 2009. Water productivity mapping using remote sensing data of various resolutions to support "more crop per drop". Journal of Applied Remote Sensing, 3 (1): 033557.

Cai X, Karimi P, Masiyandima M, et al. 2012. The spatial and temporal variation of crop water consumption and the impact on water productivity in the Limpopo River basin. In: Neale C M U, Cosh M H. Remote Sensing and Hydrology. Jackson Hole, Wyoming, USA, September 2010. IAHS-AISH Publication 352.

Caires S A D, Wuddivira M N, Bekele I. 2015. Spatial analysis for management zone delineation in a humid tropic cocoa plantation. Precis Agric, 16 (2): 129-147.

Cambardella C A, Moorman T B, Parkin T B, et al. 1994. Field-scale variability of soil properties in central Iowa soils. Soil Sci Soc Am J, 58 (5): 1501-1511.

Cameron K C, Di H J, Moir J L. 2013. Nitrogen losses from the soil/plant system: A review. Ann Appl Biol, 162 (2): 145-173.

Camillo P J, Gurney R J. 1986. A resistance parameter for bare soil evaporation models. Soil Science, 141 (12): 95-105.

Castaldelli G, Colombani N, Tamburini E, et al. 2018. Soil type and microclimatic conditions as drivers of urea transformation kinetics in maize plots. Catena, 166: 200-208.

Campbell G S, Norman J M. 1977. Introduction to environmental biophysics. Biologia Plantarum, 21 (2): 104-104.

Chang X, Zhao W, Zeng F. 2015. Crop evapotranspiration-based irrigation management during the growing season in the arid region of northwestern China. Environ Monit Assess, 187: 699.

Chen M, Huang G H. 2001. A derivative algorithm for inexact quadratic program- application to environmental decision-making under uncertainty. European Journal of Operational Research, 128 (3): 570-586.

Chen Y, Zhang D, Sun Y, et al. 2005. Water demand management: A case study of the Heihe River Basin in China. Physics and Chemistry of the Earth, 30: 408-419.

Chen S L, Yang W, Huo Z L, et al. 2016. Groundwater simulation for efficient water resources management in Zhangye Oasis, Northwest China. Environmental Earth Sciences, 75 (8): 1-13

Chen Z, Gong C F, Wu J, et al.. 2012. Evaluation of dynamic linkages between evapotranspiration and land-use/land-cover changes with Landsat TM and ETM+ data. International Journal of Remote Sensing, 33: 3834-3849.

Cheng G D, Li X, Zhao W Z, et al. 2014. Integrated study of the water-ecosystem-economy in the Heihe River basin. Nat Sci Rev, 1 (3): 413-428.

Chennamaneni P R, Echambadi R, Hess J D, et al. 2016. Diagnosing harmful collinearity in moderated regressions: A roadmap. Int J Res Mark, 33 (1): 172-182.

Cherkauer K A, Lettenmaier D P. 1999. Hydrologic effects of frozen soils in the upper Mississippi River basin. Journal of Geophysical Research-Atmospheres, 104 (D16): 19599-19610.

Chiew F H S, Kirono D G C, Kent D M, et al. 2010. Comparison of runoff modeled using rainfall from different downscaling methods for historical and future climates. J Hydrol, 387: 10-23.

Choudhary M, Chahar B R. 2007. Rechargelseepage from an array of tectangular channels. Journal of Hydrology, 343 (1): 71-79.

Choudhury B J, Monteith J L. 2010. A four - layer model for the heat budget of homogeneous land surfaces. Quarterly Journal of the Royal Meteorological Society, 114 (480): 373-398.

Chung S O, Horton R. 1987. Soil heat and water flow with a partial surface mulch. Water Resources Research, 23 (12): 2175-2186.

Ciais P H, Reichstein M, Viovy N, et al. 2005. Europe-wide reduction in primary productivity caused by the heat and drought in 2003. Nature, 437 (7058): 529-533.

Clerc M, Kennedy J. 2002. The particle swarm-explosion, stability, and convergence in a multidimensional complex space. IEEE transactions on Evolutionary Computation, 6 (1): 58-73.

Cleugh H A, Leuning R, Mu Q Z, et al. 2007. Regional evaporation estimates from flux tower and MODIS satellite data. Remote Sens. Environ, 106: 285-304.

Cohen S, Ianetz A, Stanhill G. 2002. Evaporative climate changes at Bet Dagan, Israel, 1964-1998. Agric Forest Meteorol, 111: 83-91.

Collatz G J, Ribascarbo M, Berry J A. 1992. Coupled photosynthesis-stomatal conductance model for leaves of C4 plants. Aust J Plant Physiol, 19 (5): 519-538.

Cosby B J, Hornberger G M, Clapp R B, et al. 1984. A statistical exploration of the relationships of soil moisture characteristics to the physical properties of soils. Water Resources Research, 20: 682-690.

Costanza R, De Groot R, Farber S, et al. 1998. The value of the world's ecosystem services and natural capital. Ecological Economics, 25: 3-15.

Daamen C C, Simmonds L P. 1996. Measurement of evaporation from bare soil and its estimation using surface resistance. Water Resources Research, 32 (5): 1393-1402.

Dai Z, Li Y. 2013. A multistage irrigation water allocation model for agricultural land-use planning under uncertainty. Agricultural Water Management, 129: 69-79.

Dantzig G B. 1963. Linear Programming and Extensions. Princeton, N. J.: Princeton University Press.

David S. 2006. Climate change and crop yields: Beyond cassandra. Science, 312: 1889-1890.

De Vries D A. 1963. Thermal properties of soils. In: Van Wijk W R. Physics of Plant Environment. Amsterdam: North-Holland Publishing Company. 210-235.

De Vries D A. 1987. The theory of heat and moisture transfer in porous media revisited. International Journal of heat and mass transfer, 30 (7): 1343-1350.

De Wit C T. 1965. Photosynthesis of Leaf Canopies. Wagenirtgen: Centre for Agricultural Publications and Documentation.

Deardorff J W. 1978. Efficient prediction of ground surface-temperature and moisture, with inclusion of a layer of vegetation. Journal of Geophysical Research-Oceans and Atmospheres, 83 (NC4): 1889-1903.

Dechmi F, Burguete J, Skhiri A. 2012. SWAT application in intensive irrigation systems: Model modification, calibration and validation Journal of Hydrology, 470: 227-238.

Del Pozo A, Pérez P, Morcuende R, et al. 2005. Acclimatory responses of stomatal conductance and photosynthesis to elevated CO_2 and temperature in wheat crops grown at varying levels of N supply in a Mediterranean environment. Plant Science, 169: 908-916.

Dias L C P, Macedo M N, Costa M H, et al. 2015. Effects of land cover change on evapotranspiration and streamflow of small catchments in the Upper Xingu River Basin, Central Brazil. J Hydrol: Reg Stud, 4 (B): 108-122.

Dickinson R E. 1984. Modelling evapotranspiration for three-dimensional global climate models. Washington Dc

American Geophysical Union Geophysical Monograph, 29: 58-72.

Ding R S, Kang S Z, Zhang Y Q, et al. 2013. Partitioning evapotranspiration into soil evaporation and transpiration using a modified dual crop coefficient model in irrigated maize field with ground-mulching. Agric Water Manage, 127: 85-96.

Divakar L, Babel M S, Perret S R, et al. 2011. Optimal allocation of bulk water supplier to competing use sectors based on economic criterion-an application to the Chao Phraya River basin, Thailand. Journal of Hydrology, 40 (1-2): 22-35.

Douglas P H. 1976. The Cobb-Douglas production function once again: Its history, its testing, and some new empirical values. Journal of Political Economy, 84 (5): 903-915.

Droogers P, Kite G. 2001. Simulation modeling at different scales to evaluate the productivity of water. Physics and Chemistry of the Earth, Part B: Hydrology, Oceans and Atmosphere, 26 (11): 877-880.

Du T S, Kang S Z, Zhang J H, et al. 2015. Deficit irrigation and sustainable water-resource strategies in agriculture for China's food security. J Exp Bot, 66 (8): 2253-2269.

Eum H I, Yonas D, Prowes T. 2014. Uncertainty in modelling the hydrologic responses of a large watershed: A case study of the Athabasca River basin, Canada. Hydrological Processes, 28: 4272-4293.

Fan Y, Huang G. 2012. A robust two-stage method for solving interval linear programming problems within an environmental management context. J Environ Inform, 19 (1): 1-9.

Farquhar G D, Caemmerer S V, Berry J A. 1980. A biochemical model of photosynthetic CO_2 assimilation in leaves of C 3 species. Planta, 149 (1): 78-90.

Feng Q, Wei L, Su Y H, et al. 2004. Distribution and evolution of water chemistry in Heihe River basin. Environmental Geology, 45 (7): 947-956.

Feng S, Hu Q, Qian W H. 2004. Quality control of daily meteorological data in China, 1951-2000: A new dataset. International Journal of Climatology, 24 (7): 853-870.

Fisher J B, Tu K P, Baldocchi D D. 2008. Global estimates of the land-atmosphere water flux based on monthly AVHRR and ISLSCPII data, validated at 16 FLUXNET sites. Remote Sens. Environ, 112: 901-919.

Flexas J, Medrano H. 2002. Drought-inhibiton of photosynthesis in C3 plants: Stomatal and non-stomatal limitaions revisited. Ann Bot, 89 (5): 183-189.

Foley A, Kelman I. 2018. EURO-CORDEX regional climate model simulation of precipitation on Scottish islands (1971-2000): Model performance and implications for decision-making in topographically complex regions. International Journal of Climatology, 38 (2): 1087-1095.

Frank A, Manuel P. 2008. Water conservation in irrigation can increase water use. Proceedings of the National Academy of Sciences, 105: 18215-18220.

Fridgen J J, Kitchen N R, Sudduth K A, et al. 2008. Management zone analyst (MZA): Software for subfield management zone delineation. Agr J, 96 (1): 100-108.

Fu B, Burgher I. 2015. Riparian vegetation NDVI dynamics and its relationship with climate, surface water and groundwater. Journal of Arid Environments, 113: 59-68.

Fu G B, Liu Z F, Charles S P, et al. 2013. A score-based method for assessing the performance of GCMs: A case study of southeastern Australia. J Geophys Res Atmos, 118 (10): 4154-4167.

Gaiser T, de Barros I, Sereke F, et al. 2010. Validation and reliability of the EPIC model to simulate maize production in small-holder farming systems in tropical sub-humid West Africa and semi-arid Brazil. Agr Ecosyst Environ, 135 (4): 318-327.

Galindo-Prieto B, Eriksson L, Trygg J. 2014. Variable influence on projection (VIP) for orthogonal projections to latent structures (OPLS). J Chemometr, 28 (8): 623-632.

Gao H, Wei T, Lou I, et al. 2014. Water saving effect on integrated water resource management. Resources, Conservation and Recycling, 93: 50-58.

Gassman P W, Reyes M R, Green C H, et al. 2007. The soil and water assessment tool: historical development, applications, and future research directions. Trans ASABE, 50 (4): 1211-1250.

Geerts S, Raes D, Garcia M, et al. 2009. Simulating yield response of quinoa to water availability with AquaCrop. Agronomy Journal, 101 (3): 499-508.

Geerts S, Raes D. 2009. Deficit irrigation as an on-farm strategy to maximize crop water productivity in dry areas. Agr Water Manage, 96 (9): 1275-1284.

Genuchten M T V. 1980. A closed-form equation for predicting the hydraulic conductivity of unsaturated soils. Soil Science Society of America Journal, 44 (44): 892-898.

German E R. 2000. Regional evaluation of evapotranspiration in the Everglades. US Geological Survey, Virginia.

Ghahraman B, Sepaskhah A. 2004. Linear and non-linear optimization models for allocation of a limited water supply. Irrigation and Drainage, (53): 39-54.

Gleick P H. 1998. Water in Crisis: Paths to sustainable water use. Ecological Applications, 8 (3): 571-579.

Gollan T, Turner N C, Schulze E D. 1985. The responses of stomata and leaf gas exchange to vapour pressure deficits and soil water content. Oecologia, 65 (3): 348-355.

Gosain A K, Rao S, Srinivasan R, et al. 2005. Return-flow assessment for irrigation command in the Palleru River basin using SWAT model. Hydrol Processes: An International Journal, 19 (3): 673-682.

Goyal P K. 2004. Sensitivity of evapotranspiration to global warming: A case study of arid zone of Rajasthan (India). Agric Water Manage, 69: 1-11.

Grassini P, Yang H, Irmak S, et al. 2011. High-yield irrigated maize in the Western U. S. Corn Belt: II. Irrigation management and crop water productivity. Field Crop Res, 120 (1): 133-141.

Griend V A, Van Boxel J H. 1989. Water and surface energy balance model with a multilayer canopy representation for remote sensing purposes. Water Resources Research, 25 (5): 949-971.

Grimson R, montroull N, Saurral, R, et al. 2013. Hydrological modelling of the Ibera Wetlands in southeastern South America. Journal of Hydrology, 503: 47-54

Gui Z, Li M, Guo P. 2017. Simulation-Based inexact fuzzy Semi-Infinite programming method for agricultural cultivated area planning in the Shiyang river basin. Journal of Irrigation and Drainage Engineering, 143 (2): 05016011.

Guo H W, Ling H B, Xu H L, et al. 2016. Study of suitable oasis scales based on water resource availability in an arid region of China: A case study of Hotan River Basin. Environ Earth Sci, 75: 984.

Guo J M, Xue J Q, Blaylock A D, et al. 2017. Film-mulched maize production: response to controlled-release urea fertilization. J Agr Sci: 1-12.

Guo P, Huang G. 2009. Two-stage fuzzy chance-constrained programming: application to water resources management under dual uncertainties. Stochastic Environmental Research Risk Assessment, 23 (3): 349-359.

Guo Q, Feng Q, Li J. 2009. Environmental changes after ecological water conveyance in the lower reaches of Heihe River, northwest China. Environmental Geology, 58 (7): 1387-1396.

Gülser C, Ekberli I, Candemir F, et al. 2016. Spatial variability of soil physical properties in a cultivated field. Eurasian Soil Sci, 5 (3): 192-200.

Habibi D M, Banihabib M F, Nadjafzadeh A, et al. 2016. Multi-objective optimization model for the allocation of water resources in arid regions based on the maximization of socioeconomic efficiency. Water Resources Management, 30: 927-946.

Hanan N P, Prince S D. 1997. Stomatal conductance of west-central supersite vegetation in HAPEX-Sahel: measurements and empirical models. Journal of Hydrology, 188-189: 536-562.

Hansen M C, DeFries R S, Townshend J R G. 2000. Global land cover classification at 1km spatial resolution using a classification tree approach. International Journal of Remote Sensing, 21 (6-7): 1331-1364.

Hao L N, Su X L, Singh V P, et al. 2019. Suitable oasis and cultivated land scales in arid regions based on ecological health. Ecol Indic, 102: 33-42.

Harbaugh A W. 2005. MODFLOW- 2005. The U. S. Geological Survey Modular Ground- Water Model – the Groundwater Flow Process: U. S. Geological Survey Techniques and Methods 6- A16.

Hargreaves G H, Allen R. 2003. History and evaluation of Hargreaves evapotranspiration equation. J Irrig Drain Eng, 129 (1): 53-63.

Hargreaves G H, Samani Z A. 1985. Reference crop evapotranspiration from temperature. Applied Engineering in Agriculture, 1 (2): 96-99.

Hassink J. 1994. Effects of soil texture and grassland management on soil organic C and N and rates of C and N mineralization. Soil Biol Biochem, 26 (9): 1221-1231.

Hatfield J L, Sauer T J, Prueger J H. 2001. Managing soils to achieve greater water use efficiency. Agronomy Journal, 93 (2): 271-280.

Hatfield J L, Boote K J, Kimball B A, et al. 2011. Climate impacts on agriculture: Implications for crop production. Agronomy Journal, 103 (2): 351-370.

Hedges L V, Gurevitch J, Curtis P S. 1999. The meta- analysis of response ratios in experimental ecology. Ecology, 80: 1150 -1156.

Hempel S, Frieler K, Warszawski L, et al. 2013. A trend- preserving bias correction - the ISI- MIP approach. Earth System Dynamics, 4 (2): 219-236.

Heuscher S A, Brandt C C, Jardine P M. 2005. Using soil physical and chemical properties to estimate bulk density. Soil Sci Soc Am J, 69 (1): 51-56.

Hofstra G, Hesketh J D. 2011. The effect of temperature on stomatal aperture in different species. Canadian Journal of Botany, 47 (8): 1307-1310.

Hsiao T C, Steduto P, Fereres E. 2007. A systematic and quantitative approach to improve water use efficiency in agriculture. Irrigation Science, 25: 209-231.

Hu H Y, Ning T Y, Li Z J, et al. 2013. Coupling effects of urea types and subsoiling on nitrogen-water use and yield of different varieties of maize in northern China. Field Crop Res, 142 (1): 85-94.

Hu L T, Chen C X, Jiao J J, Wang Z J. 2007. Simulated groundwater interaction with rivers and springs in the Heihe River basin. Hydrological Processes, 21: 2794-2806.

Hu S J, Song Y D, Tian C Y, et al. 2007. Suitable scale of Weigan River plain oasis. Science in China (Series D), 50: 56-64.

Hu Z, Wei C, Yao L, et al. 2016. A multi-objective optimization model with conditional value-at-risk constraints for water allocation equality. Journal of Hydrology, 542: 330-342.

Huang C L, Jou Y, Cho H. 2016. A new multicollinearity diagnostic for generalized linear models. J Appl Stat, 43 (11): 2029-2043.

Huang G H. 1998. A hybrid inexact-stochastic water management model. European Journal of Operational Research,

107（1）：135-158.

Huang G H，Baeta B W，Patry G G. 1992. A grey linear programming approach for municipal solid waste management planning under uncertainty. Civil Engineering Systems，9（4）：319-335.

Huang T M，Pang Z H. 2010. Changes in groundwater induced by water diversion in the lower Tarim River，Xinjiang Uygur，NW China：Evidence from environmental isotopes and water chemistry. Journal of Hydrology，387（3-4）：188-201.

Huo A，Dang J，Song J，Chen X，Mao H. 2016. Simulation modeling for water governance in basins based on surface water and groundwater. Agricultural Water Management，174：22-29.

Hwang C，Yoon K. 1981. Multiple attribute decision Making：Methods and applications. Heidelberg：Springer-Verlage.

Hyung-Il E，Yonas D，Prowse T. 2014. Uncertainty in modelling the hydrologic responses of a large watershed：A case study of the Athabasca River basin，Canada. Hydrological Processes，28（14）：4272-4293.

Igbadun H E，Salim B A，Andrew K P R，et al. 2008. Effects of deficit irrigation scheduling on yields and soil water balance of irrigated maize. Irrigation Science，27：11-23.

IPCC. 2013. Climate change 2013：The physical science basis. In：Sttocker T F，Qin D，Plattner G- K，et al. Contribution of Working Group I to the Fifth Assessment Report of the Intergovernmental Panel on Climate Change. Cambridge：Cambridge University Press.

IPCC. 2014. Intergovernmental Panel on Climate Change，5th Assessment Report：Climate Change 2014. Synthesis Report，World Meteorological Organization.

Isaaks E H，Srivastava R M. 1989. An Introduction to Applied Geostatistics. New York：Oxford University Press.

JasechkoS ，Sharp Z D，Gibson J J，et al. 2013. Terrestrial water fluxes dominated by transpiration. Nature，496：347-350.

Jaynes E T. 1957. Information theory and statistical mechanics II. Physical Review，108（2）：171-190.

Jägermeyr J，Gerten D，Heinke J，et al. 2015. Water savings potentials of irrigation systems：global simulation of processes and linkages. Hydrology and Earth System Sciences，19（7）：3073-3091.

Ji X B，Kang E S，Chen R S，et al. 2006. The impact of the development of water resources on environment in arid inland river basins of Hexi region，Northwestern China. Environmental Geology，50（6）：793-801.

Jiang J，Feng S Y，Ma J J，et al. 2016. Irrigation management for spring maize grown on saline soil based on SWAP model. Field Crop Res，196：85-97.

Jiang Y，Xu X，Huang Q Z，et al. 2016. Optimization regional irrigation water use by integrating a two-level optimization model and an agro-hydrological model. Agricultural Water Management，178：76-88.

Jiang Y，Xu X，Huang Q Z，et al. 2015. Assessment of irrigation performance and water productivity in irrigated areas of the middle Heihe River basin using a distributed agro- hydrological model. Agricultural Water Management，147：67-81.

Jie C，Brissette F P，Poulin A，et al. 2011. Overall uncertainty study of the hydrological impacts of climate change for a Canadian watershed. Water Resources Research，47（12）：1-16.

Jonathan A，Ruth D，Gregory P. 2005. Global consequences of land use. Science，309：570-574.

Jones C A. 1986. CERES-Maize：A Simulation Model of Maize Growth and Development. College Station：Texas A&M University Press.

Jones J W，He J，Boote K J，et al. 2011. Estimating DSSAT cropping system cultivar-specific parameters using Bayesian techniques. In：Ahuja L R，Ma L. Methods of Introducing System Models into Agricultural

Research. Madison: American Society of Agronomy.

Jones J W, Hoogenboom G, Porter C H, et al. 2003. The DSSAT cropping system model. European J Agr, 18 (3-4): 235-265.

Jones P G, Thornton P K. 2003. The potential impacts of climate change on maize production in Africa and Latin America in 2055. Global Environ Chang, 13 (1): 51-59.

Jung M, Reichstein M, Ciais P, et al. 2010. Recent decline in the global land evapotranspiration trend due to limited moisture supply. Nature, 467: 951-954.

Kamphake L J, Hannah S A, Cohen J M. 1967. Automated analysis for nitrate by hydrazine reduction. Water Res, 1 (3): 205-216.

Kang M S, Park S W, Lee J J, et al. 2006. Applying SWAT for TMDL programs to a small watershed containing rice paddy fields. Agr Water Manage, 79 (1): 72-92.

Kang S, Zhang F, Hu X, et al. 2002. Benefits of CO_2 enrichment on crop plants are modified by soil water status. Plant and Soil, 238: 69-77.

Kang S Z, Su X L, Tong L, et al. 2008. A warning from an ancient oasis: intensive human activities are leading to potential ecological and social catastrophe. International Journal of Sustainable Development & World Ecology, 15: 440-447.

Kang S Z, Hao X M, Du T S, et al. 2017. Improving agricultural water productivity to ensure food security in China under changing environment: From research to practice. Agric Water Manage, 179: 5-17.

Kannan N, Santhi C, Arnold J G. 2008. Development of an automated procedure for estimation of the spatial variation of runoff in large river basins. J Hydrol, 359 (1-2): 1-15.

Kanooni A, Monem M J. 2014. Integrated stepwise approach for optimal water allocation in irrigation canals. Irrigation and Drainage, 63 (1): 12-21.

Karandish F, Shahnazari A. 2016. Soil Temperature and maize nitrogen uptake improvement under partial root-zone drying irrigation. Pedosphere, 26 (6): 872-886.

Keenan T F, Hollinger D Y, Bohrer G, et al. 2013. Increase in forest water-use efficiency as atmospheric carbon dioxide concentrations rise. Nature, 499: 324-327.

Keller A, Seckler D W, Keller J. 1996. Integrated Water Resource Systems: Theory and Policy Implications. Research Report, IWMI, Colombo, Sri Lanka.

Kennedy J. 2011. Particle swarm optimization. In: Claude Sammut, Geoffrey I. Web Encyclopedia of Machine Learning. Boston: Springer.

Khalili M, Van Thanh V N. 2017. An efficient statistical approach to multi-site downscaling of daily precipitation series in the context of climate change. Climate Dynamics, 49 (7-8): 2261-2278.

Kima J, Vermaa S B. 1991. Modeling canopy stomatal conductance in a temperate grassland ecosystem. Agricultural & Forest Meteorology, 55 (1-2): 149-166.

Kiptala J K, Mohamed Y, Mul M L. 2013. Mapping evapotranspiration trends using MODIS and SEBAL model in a data scarce and heterogeneous landscape in Eastern Africa. Water Resources Research, 49: 8495-8510.

Krause P, Boyle D P, Bäse F. 2005. Comparison of different efficiency criteria for hydrological model assessment. Adv Geosci, 5: 89-97.

Krysanova V, Wohlfeil D I, Becker A. 1998. Development and test of a spatially distributed hydrological/water quality model for mesoscale watersheds. Ecological Modelling, 106: 261-289.

Kudo R, Yoshida T, Masumoto T. 2017. Uncertainty analysis of impacts of climate change on snow processes:

Case study of interactions of GCM uncertainty and an impact model. Journal of Hydrology, 548: 196-207.

Lachhwani K. 2012. Fuzzy goal programming approach to multi objective quadratic programming problem. Proceedings of the National Academy of Sciences, India Section A: Physical Sciences, 82 (4): 317-322.

Laio F, Porporato A, Ridolfi L, et al. 2001. Plants in water controlled ecosystems: Active role in hydrologic processes and response to water stress. II. Probabilistic soil moisture dynamics. Adv. Water Resour, 24: 707-723.

Lamm F R, Trooien T P. 2003. Subsurface drip irrigation for corn production: A review of 10 years of research in Kansas. Irrig Sci, 22 (34): 195-200.

Leakey A D B, Uribelarrea M, Ainsworth E A, et al. 2006. Photosynthesis, productivity, and yield of maize are not affected by open-air elevation of CO_2 concentration in the absence of drought. Plant Physiology, 140: 779-790.

Legates D R, McCabe Jr G J. 1999. Evaluating the use of "goodness-of-fit" measures in hydrologic and hydroclimatic model validation. Water Resour Res, 35 (1): 233-241.

Legg B J, Long I F. 1975. Turbulent diffusion within a wheat canopy: II. Results and interpretation. Quarterly Journal of the Royal Meteorological Society, 101: 611-628.

Leggett M, Diaz-Zorita M, Koivunen M, et al. 2017. Soybean response to inoculation with *Bradyrhizobium japonicum* in the United States and Argentina. Agr J, 109 (3): 1031-1038.

Lei H M, Yang D W, Cai J F, et al. 2013. Long-term variability of the carbon balance in a large irrigated area along the lower Yellow River from 1984 to 2006. Sci China Earth Sci, 56 (4): 671-683.

Lei Y, Li X Q, Ling H B. 2014. Model for calculating suitable scales of oases in a continental river basin located in an extremely arid region, China. Environ Earth Sci, 73 (2): 571-580.

Leuning R, Kelliher F M, Pury D G G D, et al. 1995. Leaf nitrogen, photosynthesis, conductance and transpiration: Scaling from leaves to canopies. Plant Cell and Environment, 18 (10): 1183-1200.

Li D F, Shao M A. 2014. Soil organic carbon and influencing factors in different landscapes in an arid region of northwestern China. Catena, 116: 95-104.

Li G, Zhang F M, Jing Y S, et al. 2017. Response of evapotranspiration to changes in land use and land cover and climate in china during 2001-2013. Sci Total Environ, 596-597: 256-265.

Li J, Mao X M, Li M. 2017. Modeling hydrological processes in oasis of Heihe River basin by landscape unit-based conceptual models integrated with FEFLOW and GIS. Agricultural Water Management, 179: 338-351.

Li M, Guo P. 2015. A coupled random fuzzy two-stage programming model for crop area optimization—A case study of the middle Heihe River basin, China. Agricultural Water Management, 155: 53-66.

Li S B, Zhao W Z. 2010. Satellite-based actual evapotranspiration estimation in the middle reach of the Heihe River basin using the SEBAL method. Hydrological Processes, 24: 3337-3344.

Li S X, Wang Z H, Li S Q, et al. 2013. Effect of plastic sheet mulch, wheat straw mulch, and maize growth on water loss by evaporation in dryland areas of China. Agricultural Water Management, 116 (2): 39-49.

Li W, Tian X. 2008. Numerical solution method for general interval quadratic programming. Applied Mathematics and Computation, 202: 589-595.

Li W, Li Y P, Li C H, et al. 2010. An inexact two-stage water management model for planning agricultural irrigation under uncertainty. Agricultural Water Management, 97: 1905-1914.

Li W, Wang B, Xie Y, et al. 2015. An inexact mixed risk-aversion two-stage stochastic programming model for water resources management under uncertainty. Environmental Science and Pollution Research, 22: 2964-2975.

Li X, Parrott L. 2016. An improved genetic algorithm for spatial optimization of multi-objective and multi-site land use allocation. Computers, Environment and Urban Systems, 59: 184-194.

Li X L, Zhang X T, Niu J, et al. 2016. Irrigation water productivity is more influenced by agronomic practice factors than by climatic factors in Hexi Corridor, Northwest China. Sci Rep, 6: 37931. DOI: 10.1038/srep37971.

Li X J, Kang S Z, Zhang X T, et al. 2018. Deficit irrigation provokes more pronounced responses of maize photosynthesis and water productivity to elevated CO_2. Agric Water Manage, 195: 71-83.

Li Y P, Huang G H, Nie S L. 2006. An interval-parameter multi-stage stochastic programming model for water resources management under uncertainty. Advances in Water Resources, 29: 776-789.

Li Z, Liu W Z, Zhang X C, et al. 2009. Impacts of land use change and climate variability on hydrology in an agricultural catchment on the loess plateau of china. J Hydrol, 377 (1-2): 35-42.

Liang X, Lettenmaier D P, Wood E F, et al. 1994. A simple hydrologically based model of land surface water and energy fluxes for general circulation models. Journal of Geophysical Research: Atmospheres, 99 (D7): 14415-14428.

Liang X, Wood E F, Lettenmaier D P. 1996. Surface soil moisture parameterization of the VIC-2L model: Evaluation and modification. Global and Planetary Change, 13 (1-4): 195-206.

Lin C C, Zhu T C, Liu L, et al. 2010. Influences of major nutrient elements on Pb accumulation of two crops from a Pb-contaminated soil. J Hazard Mater, 174 (1-3): 202-208.

Lin J D, Sun S F. 1983. A Study of moisture and heat transport in soil and the effect of surface resistance to evaporation. Journal of Hydraulic Engineering, 7 (6): 1-8.

Ling H B, Xu H L, Fu J Y, et al. 2013. Suitable oasis scale in a typical continental river basin in an arid region of china: A case study of the Manas River Basin. Quat Int, 286: 116-125.

Linker R, Ioslovich I, Sylaios G, et al. 2016. Optimal model-based deficit irrigation scheduling using AquaCrop: A simulation study with cotton, potato and tomato. Agricultural Water Management, 163: 236-243.

Liu B, Zhao W, Chang X, et al. 2010. Water requirements and stability of oasis ecosystem in arid region, China. Environmental Earth Sciences, 59: 1235-1244.

Liu H L, Yang J Y, Tan C S, et al. 2011. Simulating water content, crop yield and nitrate-N loss under free and controlled tile drainage with subsurface irrigation using the DSSAT model. Agr Water Manage, 98 (6): 1105-1111.

Liu L, Guo Z, Huang G. 2018. Evaluation of water productivity under climate change in irrigated areas of the arid Northwest China using an assemble statistical downscaling method and an agro-hydrological model. Proc. IAHS, 379: 393-402.

Liu L, Xu Z X, Reynard N, S, et al. 2013. Hydrological analysis for water level projections in Taihu Lake, China. Journal of Flood Risk Management, 6 (1): 14-22.

Liu S, Crossman N D, Nolan M. 2013. Bringing ecosystem services into integrated water resources management. Journal of Environmental Management, 129: 92-102.

Liu S, Wang R. 2007. A numerical solution method to interval quadratic programming. Applied Mathematics and Computation, 189 (2): 1274-1281.

Liu S, Xiong J, Wu B. 2011. ETWatch: a method of multi-resolution ET data fusion. Journal of Remote Sensing, 15 (2): 255-269.

Liu S, Yang J Y, Zhang X Y, et al. 2013. Modelling crop yield, soil water content and soil temperature for a soybean-maize rotation under conventional and conservation tillage systems in Northeast China. Agr Water Manage, 123 (10): 32-44.

Liu X, Shen Y. 2018. Quantification of the impacts of climate change and human agricultural activities on oasis water requirements in an arid region: A case study of the Heihe River basin, China. Earth System Dynamics, 9: 211-225.

Liu X, Wang S F, Xue H, et al. 2015. Simulating crop evapotranspiration response under different planting scenarios by modified SWAT model in an irrigation district, Northwest China. PLoS ONE, 10 (10): e0139839.

Liu X, Zhang X T, Tang Q, et al. 2014. Effects of surface wind speed decline on modeled hydrological conditions in China. Hydrology and Earth System Sciences, 18 (8): 2803-2813.

Liu X, Shen Y. 2017. Water requirements of the oasis in the middle Heihe River Basin, China: Trends and causes. Earth System Dynamics: 1-23.

Liu Y, Song W, Deng X. 2017. Spatiotemporal patterns of crop irrigation water requirements in the Heihe River Basin, China. Water, 9: 616.

Liu Y, Yuan M, He J, et al. 2014. Regional land-use allocation with a spatially explicit genetic algorithm. Landscape and Ecological Engineering, 11 (1): 209-219.

Loeve R, Dong B, Molden D, et al. 2004. Issues of scale in water productivity in the Zhanghe irrigation system: Implications for irrigation in the basin context. Paddy Water Environ, 2 (4): 227-236.

Lohmann D, Raschke E, Nijssen B, et al. 1998. Regional scale hydrology: I. Formulation of the VIC-2L model coupled to a routing model. International Association of Scientific Hydrology. Bulletin, 43 (1): 131-141.

Lu H W, Huang G H, Li Y P, et al. 2009. A two-step infinite fuzzy linear programming method in determination of optimal allocation strategies in agricultural irrigation systems. Water Resources Management, 23: 2249-2269.

Luo Y, He C, Sophocleous M, et al. 2008. Assessment of crop growth and soil water modules in SWAT2000 using extensive field experiment data in an irrigation district of the Yellow River Basin. J Hydrol, 352 (1): 139-156.

López-Mata E, Orengo-Valverde J J, Tarjuelo J M, et al. 2016. Development of a direct-solution algorithm for determining the optimal crop planning of farms using deficit irrigation. Agricultural Water Management, 171: 173-187.

Ma J Z, Wang X S, Edmunds W M. 2005. The characteristics of ground-water resources and their changes under the impacts of human activity in the arid northwest China-a case study of the Shiyang River Basin. Journal of Arid Environents, 61: 227-295.

Ma M G, Ran Y H, Chao Z H, et al. 2011. Measurement data of the hydrological sections in the middle Heihe River Basin. Heihe Plan Science Data Center, doi: 10.3972/heihe.017.2013.db.

Madani K. 2010. Game theory and water resources. Journal of Hydrology, 381: 225-238.

Madsen H. 2000. Automatic calibration of a conceptual rainfall-runoff model using multiple objectives. Journal of Hydrology, 235 (3): 276-288.

Mahfouf J F, Noilhan J. 1991. Comparative study of various formulations of evaporation from bare soil using in situ data. Journal of Applied Meteorology, 30: 1354-1365.

Maier H R, Dandy G C. 2000. Application of artificial neural networks to forecasting of surface water quality variables: Issues, applications and challenges. In: Artifical Neural Networks in Hydrology. Netherlands: Springer.

Mainuddin M, Kirby M. 2009. Spatial and temporal trends of water productivity in the lower Mekong River Basin. Agricultural Water Management, 96 (11): 1567-1578.

Maleki F, Kazemi, H, Siahmarguee A, et al. 2017. Development of a land use suitability model for saffron (Crocus sativus L.) cultivation by multi-criteria evaluation and spatial analysis. Ecological Engineering, 106: 140-153.

Mao X M, Shang S H, Lei Z D, et al. 2001. Study on evapotranspiration of winter wheat using SPAC model. Journal of Hydraulic Engineering, 32 (8): 7-12.

Martin J, Markus R, Philippe C et al. 2010. Recent decline in the global land evapotranspiration trend due to limited moisture supply. Nature, 467: 951-954.

Mateos L, López-Cortijo I, Sagardoy J A. 2002. SIMIS: the FAO decision support system for irrigation scheme management. Agricultural Water Management, 6 (3): 193-206.

Mcmaster G S, Wilhelm W W. 1997. Growing degree-days: One equation, two interpretations. Agricultural & Forest Meteorology, 87 (4): 291-300.

Mermoud A, Tamini T, Yacouba H. 2005. Impacts of different irrigation schedules on the water balance components of an onion crop in a semi-arid zone. Agricultural Water Management, 77 (1-3): 282-295.

Mi L, Xiao H, Zhang J, Yin Z, et al. 2016. Evolution of the groundwater system under the impacts of human activities in middle reaches of Heihe River Basin (Northwest China) from 1985 to 2013. Hydrogeology Journal, 24 (4): 971-986.

Mianabadi, H, Mostert E, Zarghami M, et al. 2014. A new bankruptcy method for conflict resolution in water resources allocation. J Environ Manage, 144: 152-159.

Midi H, Sarkar S K, Rana S. 2010. Collinearity diagnostics of binary logistic regression model. J Interdiscipl Math, 13 (3): 253-267.

Molden D. 1997. Accounting for Water Use and Productivity. International Water Management Institute, Colombo, Sri Lanka.

Molden D, Murray-Rust H, Sakthivadivel R, et al. 2003. A water-productivity framework for understanding and action. In: Kijne J W, Barker R, Molden D. Water Productivity in Agriculture: Limits and Opportunities for Improvement. Colombo: CABI Publishing.

Molden D, Oweis T, Steduto P, et al. 2010. Improving agricultural water productivity: Between optimism and caution. Agric Water Manage, 97 (4): 528-535.

Monteith J L. 1965a Evaporation and environment. Symp Soc Exp Biol, 19: 205-234.

Monteith J L. 1965b. Light distribution and photosynthesis in field crops. Annals of Botany, 29 (1): 17-37.

Monteith J L. 1972. Solar radiation and productivity in tropical ecosystems. Journal of Applied Ecology, 9 (3): 747-766.

Morgan D R, Eheart J W, Valocchi A J. 1993. Aquifer remediation design under uncertainty using a new chance constrained programming technique. Water Resources Research, 29 (3): 551-568.

Moriasi D N, Arnold J G, Van Liew M W, et al. 2007. Model evaluation guidelines for systematic quantification of accuracy in watershed simulations. Transactions of the ASABE, 50 (3): 885-900.

Mualem Y. 1976. A new model for predicting the hydraulic conductivity of unsaturated porous media. Water Resource Research, 12: 513-522.

Mujumdar P, Ramesh T. 1997. Real-time reservoir operation for irrigation. Water Resources Research, 33: 1157-1164.

Muthuwatta L P, Ahmad M, Bos M G, et al. 2010. Assessment of water availability and consumption in the

Karkheh river Basin, Iran-using remote sensing and geo-statistics. Water Resour Manag, 24 (3): 459-484.

Nalder I A, Wein R W. 1998. Spatial interpolation of climatic normals: test of a new method in the Canadian boreal forest. Agricultural and Forest Meteorology, 92 (4): 211-225.

Neitsch S L, Arnold J G, Kiniry J R, et al. 2002. Soil and Water Assessment Tool. Theoretical Documentation: Version 2000, TWRITR-191. Texas Water Resources Institute, College Station, Tex.

Neitsch S L, Arnold J G, Kiniry J R, et al. 2005. Soil and Water Assessment Tool. Theoretical Documentation: Version 2005. Grassland, Soil and Water Research Laboratory, Agricultural Research Service and Blackland Research Center: Texas Agricultural Experiment Station, Temple, Tex.

Neitsch S L, Arnold J G, Kiniry J R, et al. 2011. Soil and Water Assessment Tool Theoretical Documentation Version 2009. Texas Water Resources Institute, 126-127.

Niu J, Chen J, Sun L Q. 2015. Exploration of drought evolution using numerical simulations over the Xijiang (West River) basin in South China. Journal of Hydrology, 526: 68-77.

Niu J, Chen J. 2014. Terrestrial hydrological responses to precipitation variability in Southwest China with emphasis on drought. International Association of Scientific Hydrology. Bulletin, 59 (2): 325-335.

Niu J, Sivakumar B, Chen J. 2013. Impacts of increased CO_2 on the hydrologic response over the Xijiang (West River) basin, South China. J Hydrol, 505: 218-227.

Noilhan J, Planton S. 1989. A simple parameterization of land surface processes for meteorological models. Monthly Weather Review, 117 (3): 536-549.

Nouri H, Mason R J, Moradi, N. 2017. Land suitability evaluation for changing spatial organization inUrmia County towards conservation of Urmia Lake. Applied Geography, 81: 1-12.

Ogink-Hendriks M J. 1995. Modelling surface conductance and transpiration of an oak forest in the Netherlands. Agricultural & Forest Meteorology, 74 (1): 99-118.

Okkan U. 2015. Assessing the effects of climate change on monthly precipitation: Proposing of a downscaling strategy through a case study in Turkey. KSCE J Civ Eng, 19 (4): 1150-1156.

Olchev A, Ibrom A, Priess J, et al. 2008. Effects of land-use changes on evapotranspiration of tropical rain forest margin area in Central Sulawesi (Indonesia): Modelling study with a regional SVAT model. Ecol Model, 212 (1-2): 131-137.

Olsen S R. 1954. Estimation of Available Phosphorus in Soils by Extraction with Sodium Bicarbonate. United States Department of Agriculture, Washington.

Osman M S, Abo-Sinna M A, Amer A H, et al. 2004. A multi-level non-linear multi-objective decision-making under fuzziness. Applied Mathematics and Computation, 153 (1): 239-252.

Oweis T Y. 2012. Improving Agricultural Water Productivity: A Viable Response to Water Scarcity in the Dry Areas.

Panagopoulos Y, Makropoulos C, Gkiokas A, et al. 2014. Assessing the cost-effectiveness of irrigation water management practices in water stressed agricultural catchments: The case of Pinios. Agric Water Manage, 139: 31-42.

Passioura J. 2006. Increasing crop productivity when water is scarce—From breeding to field management. Agricultural Water Management, 80 (1): 176-196.

Paw U K T. 1987. Mathematical analysis of the operative temperature and energy budget. Journal of Thermal Biology, 12 (3): 227-233.

Peng D Z, Xu Z X. 2010. Simulating the impact of climate change on streamflow in the Tarim River basin by using a modified semi-distributed monthly water balance model. Hydrological Processes, 24: 209-216.

Penman H L. 1948. Natural evaporation from open water, bare soil and grass. Proceedings of the Royal Society of Landon, in Series A. Math Phys Sci , 193: 120-145.

Phakamas N, Jintrawet A, Patanothai A, et al. 2013. Estimation of solar radiation based on air temperature and application with the DSSAT v4. 5 peanut and rice simulation models in Thailand. Agr Forest Meteorol, 180 (19): 182-193.

Philip J R. 1966. Plant water relations: Some physical aspects. Annual Review of Plant Physiology, 17: 245-268.

Phogat V, Malik R S, Kumar S. 2009. Modeling the effect of canal bed elevation on seepage and water table rise in a sand filled with loamy soil. Irrigation Science, 27: 191-200.

Piao S L, Ciais P, Huang Y, et al. 2010. The impacts of climate change on water resources and agriculture in China. Nature, 467: 43-51.

Priestley C H B, Taylor R J. 1972. On the assessment of surface heat flux and evaporation using large scale parameters. Monthly Weather Review, 100: 81-92.

Pury D G G D, Farquhar G D. 1997. Simple scaling of photosynthesis from leaves to canopies without the errors of big-leaf models. Plant Cell and Environment, 20 (5): 537-557.

Qian T, Dai A, Trenberth K E, et al. 2006. Simulation of global land surface conditions from 1948-2004, Part I: Forcing data and evaluation. J Hydrometeorol, 7 (5): 953-975.

Qin D. 2012. Determination of groundwater recharge regime and flowpath in the Lower Heihe River basin in an arid area of Northwest China by using environmental tracers: Implications for vegetation degradation in the Ejina Oasis. Applied Geochemistry, 27 (6): 1133-1145.

Qin J, Ding Y J, Wu J K, et al. 2013. Understanding the impact of mountain landscapes on water balance in the upper Heihe River watershed in northwestern China. Journal of Arid Land, 5 (3): 366-383.

Qin S J, Li S E, Kang S Z, et al. 2016. Can the drip irrigation under film mulch reduce crop evapotranspiration and save water under the sufficient irrigation condition? Agric Water Manage, 177: 128-137.

Rawls W J, Ahuja L R, Brakensiek D L. 1993. Infiltration and soil water movement. In: Maidment D R. Handbook of Hydrology. New York: McGraw-Hill.

Reddy J, Wilamowski B, Sharmasarakar F. 1999. Optimal scheduling of irrigation for lateral canals. ICID, 48 (3): 1-12.

Reichstein M, Tenhunen J D, Roupsard O, et al. 2002. Severe drought effects on ecosystem CO_2 and H_2O fluxes at three Mediterranean evergreen sites: revision of current hypotheses. Global Change Biology, 8: 999-1017.

Reynolds C A, Jackson T J, Rawls W J. 2000. Estimating soil water-holding capacities by linking the Food and Agriculture Organization soil map of the world with global pedon databases and continuous pedotransfer functions. Water Resources Research, 36 (12): 3653-3662.

Richard M, Jae E, Kathy H, et al. 2010. The next generation of scenarios for climate change research and assessment. Nature, 463 (7282): 747-756.

Robertson G P. 1987. Geostatistics in ecology: Interpolating with known variance. Ecology: 744-748.

Rockafellar R, Uryasev S. 2000. Optimization of conditional value-at-risk. Journal of Risk, 2 (3): 21-41.

Roozbahani R, Abbasi B, Schreider S, et al. 2014. A multi-objective approach for transboundary river water allocation. Water Resources Management, 28: 5447-5463.

Rosenberg M S, Adams D C, Gurevitch J. 2000. MetaWin: Statistical Software for Meta-analysis. Sinauer Associates, Sunderland, Massachusetts, USA.

Rossi R E, Mulla D J, Journel A G, et al. 1992. Geostatistical tools for modeling and interpreting ecological spatial dependence. Ecol Monogr, 62 (2): 277-314.

Ryżak M, Bieganowski A. 2011. Methodological aspects of determining soil particle-size distribution using the laser diffraction method. J Plant Nutr Soil Sci, 174 (4): 624-633.

Santhi N V, Pundarikanthan. 2000. A new planning model for canal scheduling of rotational irrigation. Agricultural Water Management, 43 (3): 327-343.

Sarker R, Ray T. 2009. An improved evolutionary algorithm for solving multi-objective crop planning models. Computers and Electronics in Agriculture, 68 (2): 191-199.

Schoups G, Hopmans J, Young C, et al. 2005. Sustainability of irrigated agriculture in the San Joaquin Valley, California. Proceedings of the National Academy of Sciences, 102: 15352-15356.

Schröder J J, Smit A L, Cordell D, et al. 2011. Improved phosphorus use efficiency in agriculture: A key requirement for its sustainable use. Chemosphere, 84 (6): 822-831.

Seckler D, Molden D, Sakthivadivel R. 2003. The concept of efficiency in water resources management and policy. In: Kijne J W, Barker R, Molden D J. Water productivity in agriculture: Limits and opportunities for improvement, CABI with IWMI, Wallingford, UK, 37-52.

Seifi A, Hipel K W. 2001. Interior-point method for reservoir operation with stochastic inflows. Journal of Water Resources Planning and Management, 127: 48-57.

Sellers P J, Bounoua L, Collatz G J. 1996. Comparison of radiative and physiological effects of doubled atmospheric CO_2 on climate. Science, 271 (5254): 1402-1406.

Serrat-Capdevila A, Russell S, Shuttleworth W. 2011. Estimating evapotranspiration under warmer climates: Insights from a semi-arid riparian system. J Hydrol, 399 (1-2): 1-11.

Shi Y F, Shen Y P, Kang E S, et al. 2007. Recent and future climate change in northwest china. Clim Change, 80 (3-4): 379-393.

Shi Z H, Ai L, Li X, et al. 2013. Partial least-squares regression for linking land-cover patterns to soil erosion and sediment yield in watersheds. J Hydrol, 498: 165-176.

Shuttleworth W J. 1993. Evaporation. In: Maidment D R. Handbook of Hydrology. New York: McGraw-Hill.

Shuttleworth W J. 2007. Putting the "vap" into evaporation. Hydrol Earth Syst Sc, 11 (1): 210-244.

Sinclair T R, Seligman N G. 1996. Crop modeling: from infancy to maturity. Agron J, 88 (5): 698-704.

Singh K A, Singh K S, Pandey K A, et al. 2012. Effects of drip irrigation and polythene mulch on productivity and quality of strawberry (Fragaria ananassa). HortFlora Res Spectrum, 1 (2): 131-134.

Singh R, Kroes J G, Van Dam J C, et al. 2006. Distributed ecohydrological modelling to evaluate the performance of irrigation system in Sirsa district, India: Current water management and its productivity. Journal of Hydrology, 329: 692-713.

Soler C M T, Sentelhas P C, Hoogenboom G. 2007. Application of the CSM-CERES-Maize model for planting date evaluation and yield forecasting for maize grown off-season in a subtropical environment. Eur J Agron, 27 (2-4): 165-177.

Sophocleous M. 2004. Groundwater recharge. In: Silveira L, Wohnlich S, Usunoff E J. Encyclopedia of Life Support Systems (EOLSS), Developed under the Auspices of the UNESCO. Oxford: Eolss Publishers.

Stigter C J, Goudriaan J, Bottemanne F A, et al. 1977. Experimental evaluation of a crop climate simulation model for indian corn (zea mays l.). Agricultural Meteorology, 18 (3): 163-186.

Stocker T, Plattner G K, Dahe Q. 2014. IPCC climate change 2013: The Physical Science Basis- Findings and Lessons Learned.

Su X, Li J, Sing V P. 2014. Optimal allocation of agricultural water resources based on virtual water subdivision in Shiyang River Basin. Water Resources Management, 28: 2243-2257.

Su Z B, Yacob A, Wen J, et al. 2003. Assessing relative soil moisture with remote sensing data: Theory, experimental validation and application to drought monitoring over the North China Plain. Phys Chem Earth, 28 (1-3): 89-101.

Sumner D M, Jacobs J M. 2005. Utility of Penman – Monteith, Priestley-Taylor, reference evapotranspiration, and pan evaporation methods to estimate pasture evapotranspiration. J Hydrol, 308: 81-104.

Sun C, Ren L. 2014. Assessing crop yield and crop water productivity and optimizing irrigation scheduling of winter wheat and summer maize in the Haihe plain using SWAT model. Hydrol Process, 28: 2478-2498.

Sun Q H, Miao C Y, Duan Q Y. 2015. Projected changes in temperature and precipitation in ten river basins over China in 21st century. Int J Climatol, 35 (6): 1125-1141.

Suryavanshi A R, Reddy J M. 1986. Optimal operation schedule of irrigation distribution systems. Agricultural Water Management, 11 (1): 23-30.

Tan Q, Zhang S, Li R. 2017. Optimal use of agricultural water and land resources through reconfiguring crop planting structure under socioeconomic and ecological objectives. Water, 9 (7): 488.

Tang J, Niu X, Wang S, et al. 2016. Statistical downscaling and dynamical downscaling of regional climate in China: Present climate evaluations and future climate projections. Journal of Geophysical Research Atmospheres, 121 (5): 2110-2129.

Tang Q H, Peterson S, Cuenca R H, et al. 2009. Satellite-based near-real-time estimation of irrigated crop water consumption. J Geophys Res, 114: D05114.

Tao F L, Zhang Z. 2013. Climate change, wheat productivity and water use in the North China Plain: A new super-ensemble-based probabilistic projection. Agric For Meteorol, 170: 146-165.

Terink W, Immerzeel W W, Droogers P. 2013. Climate change projections of precipitation and reference evapotranspiration for the Middle East and Northern Africa until 2050. Int J Climatol, 33 (14): 3055-3072.

Thornley J H M. 1998. Dynamic Model of Leaf Photosynthesis with Acclimation to Light and Nitrogen. Annals of Botany, 81 (3): 421-430.

Tilman D, Fargione P, Wolff B, et al. 2001. Forecasting agriculturally driven global environmental change. Science, 292: 281-284.

Troy T J, Wood E F, Sheffield J. 2008. An efficient calibration method for continental-scale land surface modeling. Water Resources Research, 44 (9): W09411.

Tsallis C. 1988. Possible generalization of Boltzmann-Gibbs statistics. Journal of Statistics Physics, 52: 479-487.

Van Genuchten Martinus Th. 1987. A numerical model for water and solute movement in and below the root zone. United States Department of Agriculture Agricultural Research Service US Salinity Laboratory.

Van Griensven A, Meixner T, Grunwald S et al. 2006. A global sensitivity analysis tool for the parameters of multi-variable catchment models. J Hydrol, 324 (1-4): 10-23.

Van Roekel R J, Coulter J A. 2011. Agronomic responses of corn to planting date and plant density. Agron J, 103 (5): 1414-1422.

Vanuytrecht E, Raes D, Willems P. 2014. Global sensitivity analysis of yield output from the water productivity model. Environ Modell Softw, 51: 323-332.

Velpuri N M, Senay G B, Singh R K, et al. 2013. A comprehensive evaluation of two MODIS evapotranspiration products over the conterminous United States: Using point and gridded FLUXNET and water balance ET.

Remote Sens. Environ, 139: 35-49.

Verma S B. 1990. Micrometeorological methods for measuring surface fluxes of mass and energy. Remote Sens Rev, 5: 99-115.

Vetter T, Reinhardt J, Martina Flörke, et al. 2017. Evaluation of sources of uncertainty in projected hydrological changes under climate change in 12 large-scale river basins. Climatic Change, 141 (3): 419-433.

Viets F G. 1966. Increasing water use efficiency by soil management. Plant Environment and Efficient Water Use. Madison.

Villalobos F J, Fereres E. 1990. Evaporation measurements beneath corn, cotton, and sunflower canopies. Agron J, 82 (6): 1153-1159.

Viña A, Gitelson A A. 2005. New developments in the remote estimation of the fraction of absorbed photosynthetically active radiation in crops. Geophys Res Lett, 32 (17): L10473.

Vyas S, Nigam R, Patel N K, et al. 2013. Extracting regional pattern of wheat sowing dates using multispectral and high temporal observations from Indian geostationary satellite. J Indian Soc Remote, 41 (4): 855-864.

Walter M T. 2004. Increasing evapotranspiration from the Conterminous United States. J Hydrometeorol, 5 (3): 405-408.

Wan Z, Zhang K, Xue X, et al. 2015. Water balance-based actual evapotranspiration reconstruction from ground and satellite observations over the conterminous United States. Water Resour Res, 51: 6485-6499.

Wang J F, Bras R L. 2011. A model of evapotranspiration based on the theory of maximum entropy production. Water Resour. Res, 47: W03521.

Wang L, Chen W. 2014. A CMIP5 multimodel projection of future temperature, precipitation, and climatological drought in China. Int J Climatol, 34 (6): 2059-2078.

Wang H, Li A, Jiao C, et al. 2010. Characteristics of strong winds at the Runyang Suspension Bridge based on field tests from 2005 to 2008. Journal of Zhejiang University-SCIENCE A, 11 (7): 465-476.

Wang H J, Chen Y N, Li W H, et al. 2013. Runoff responses to climate change in arid region of northwestern China during 1960-2010. Chin Geogr Sci, 23: 286-300.

Wang P, Yu J J, Sergey P P, et al. 2014. Shallow groundwater dynamics and its driving forces in extremely arid areas: A case study of the lower Heihe River in northwestern China. Hydrological Processes, 28: 1539-1553.

Wang Y, Roderick M L, Shen Y. 2014. Attribution of satellite-observed vegetation trends in a hyper-arid region of the Heihe River basin, Western China. Hydrology and Earth System Sciences, 18 (9): 3499-3509.

Wang R Y, Bowling L C, Cherkauer K A, et al. 2016. Biophysical and hydrological effects of future climate change including trends in CO$_2$, in the St. Joseph River watershed, Eastern Corn Belt. Agric Water Manage, 180: 280-296.

Ward F A, Manuel P V. 2008. Water conservation in irrigation can increase water use. P Natl Acad Sci USA, 105 (47): 18215-18220.

Wardlaw R. 1999. Computer optimisation for better water allocation. Agricultural Water Management, 40 (1): 65-70.

Wardlaw R, Bhaktikul K. 2004. Application of genetic algorithms for irrigation water scheduling. Irrigation and Drainage, 53: 397-414.

Warrick A W, Nielsen D R. 1980. Spatial Variability of Soil Physical Properties in the Field. New York: Academic Press.

Wasson R, Nanninga P. 1986. Estimating wind transport of sand on vegetated surfaces. Earth Surface Processes and

Landforms，11（5）：505-514.

Wegehenkel M，Jochheim H，Kersebaum K C. 2005. The application of simple methods using remote sensing data for the regional validation of a semidistributed hydrological catchment model. Phys Chem Earth，30：575-587.

Wei Z，Zhang B Z，Liu Y，et al. 2018. The application of a modified version of the SWAT model at the daily temporal scale and the hydrological response unit spatial scale：A case study covering an irrigation district in the Hei River Basin. Water，10：1064.

Wen X H，Wu Y Q，Lee L J，et al. 2007. Groundwater flow modeling in the Zhangye basin，northwestern China. Environmental Geology，53：77-84.

Wesseling J G，Feddes R A. 2006. Assessing crop water productivity from field to regional scale. Agr Water Manage，86（1-2）：30-39.

White C J，Tanton T W，Rycroft D W. 2014. The impact of climate change on the water resources of the Amu Darya basin in central Asia. Water Resources Management，28（15）：5267-5281.

Wilby R L，Dawson C W，Barrow E M. 2002. SDSM—a decision support tool for the assessment of regional climate change impacts. Environmental Modelling & Software，17（2）：145-157.

Wilby R L，Harris I. 2006. A framework for assessing uncertainties in climate change impacts：Low-flow scenarios for the River Thames，UK. Water Resour Res，420（2）：563-575.

Willardson L S，Boels D，Smedema L K. 1997. Reuse of drainage water from irrigated areas. Irrigation & Drainage Systems，11（3）：215-239.

Willmott C J，Robeson S M，Matsuura K，et al. 2015. Assessment of three dimensionless measures of model performance. Environ Model Softw，73：167-174.

Wold S. 1995. PLS for multivariate linear modeling. Chemometric Methods in Molecular Design，2：195.

Wold S，Sjöström M，Eriksson L. 2001. PLS-regression：A basic tool of chemometrics. Chemometr Intell Lab，58（2）：109-130.

Woodward F I，Smith T M. 1994. Global photosynthesis and stomatal conductance：Modelling the controls by soil and climate. Advances in Botanical Research，20：1-20.

Wu B F，Zhu W W，Yan N N，et al. 2016. An improved method for deriving daily evapotranspiration estimates from satellite estimates on cloud-free days. IEEE J-STARS，9（4）：1323-1330.

Wu B F，Yan N N，Xiong J，et al. 2012. Validation of ETWatch using field measurements at diverse landscapes：A case study in Hai Basin of China. Journal of Hydrology，436：67-80.

Wu B，Zheng Y，Tian Y，et al. 2014. Systematic assessment of the uncertainty in integrated surface water-groundwater modeling based on the probabilistic collocation method. Water Resources Research，50（7）：5848-5865.

Wu L，Cui Z，Chen X，et al. 2015. Change in phosphorus requirement with increasing grain yield for Chinese maize production. Field Crop Res，180：216-220.

Wu X J，Zhou J，Wang H J，et al. 2015. Evaluation of irrigation water use efficiency using remote sensing in the middle reach of the Heihe river，in the semi-arid Northwestern China. Hydrol Process，29：2243-2257.

Wu X，Zheng Y，Zhang J，et al. 2017. Investigating hydrochemical groundwater processes in an inland agricultural area with limited data：A Clustering Approach. Water，9（9）：723.

Wu Y P，Liu S G，Abdul-Aziz O I. 2012. Hydrological effects of the increased CO_2 and climate change in the Upper Mississippi River basin using a modified SWAT. Clim Change，110：977-1003.

Wu Y，Huang F，Zhang C，et al. 2016. Effects of different mulching patterns on soil moisture，temperature，and maize yield in a semi-arid region of the Loess Plateau, China. Arid Soil Research & Rehabilitation, 30 (4): 490-504.

Xiao J, Zhou Y, Zhang L. 2015. Contributions of natural and human factors to increases in vegetation productivity in China. Ecosphere, 6 (11): 1-20.

Xie Z H, Fengge S, Xu L, et al. 2003. Applications of a surface runoff model with Horton and Dunne runoff for VIC. Advances in Atmospheric Sciences, 20 (2): 165-172.

Xie Z H, Liu Q, Yuan F, et al. 2004. Macro-scale land hydrological model hased on 50km×50km grids system. Journal of Hydraulic Engineering, 5: 76-82.

Xie Z H, Di Z H, Luo Z D, et al. 2012. A quasi-three-dimensional variably saturated groundwater flow model for climate modeling. Journal of Hydrometeorology, 13 (1): 27-46.

Xu C H, Xu Y. 2012. The projection of temperature and precipitation over China under RCP scenarios using a CMIP5 multi-model ensemble. Atmospheric and Oceanic Science Letters, 5 (6): 527-533.

Xu H Q, Tian Z, He X G, et al. 2019. Future increases in irrigation water requirement challenge the water-food nexus in the northeast farming region of China. Agric Water Manage, 213: 594-604.

Xu X, Huang G H, Sun C, et al. 2013. Assessing the effects of water table depth on water use, soil salinity and wheat yield: Searching for a target depth for irrigated areas in the upper Yellow River basin. Agricultural Water Management, 125: 46-60.

Yan N, Wu B. 2014. Integrated spatial-temporal analysis of crop water productivity of winter wheat in Hai Basin. Agricultural Water Management, 133: 24-33.

Yang R. 2012. Estimation of maize evapotranspiration and yield under different deficit irrigation on a sandy farmland in Northwest China. Afr J Agr Res, 7 (33): 4698-4707.

Yang Y M, Yang Y H, Liu D L, et al. 2014. Regional water balance based on remotely sensed evapotranspiration and irrigation: An assessment of the Haihe Plain, China. Remote Sens, 6 (3): 2514-2533.

Yao L, Feng S, Mao X, et al. 2012. Coupled effects of canal lining and multi-layered soil structure on canal seepage and soil water dynamics. Journal of Hydrology, 430-431: 91-102.

Yao Y Y, Zheng C M, Liu J, et al. 2015. Conceptual and numerical models for groundwater flow in an arid inland river basin. Hydrological Processes, 29 (6): 1480-1492.

You L, Wood S. 2006. An entropy approach to spatial disaggregation of agricultural production. Agricultural Systems, 90 (1-3): 329-347.

Zarghami M, Safari N, Szidarovszky F, et al. 2015. Nonlinear Interval Parameter Programming Combined with Co-operative Games: A Tool for Addressing Uncertainty in Water Allocation Using Water Diplomacy Framework. Water Resource Manage, 29: 4285-4303.

Zhang C, Guo P. 2017. A generalized fuzzy credibility-constrained linear fractional programming approach for optimal irrigation water allocation under uncertainty. Journal of Hydrology, 553: 735-749.

Zhang P, Xu M. 2011. The view from the county: China's regional inequalities of socio-economic development. Annals of Economics and Finance, 12 (1): 183-198.

Zhang A J, Zheng C M, Wang S, et al. 2015. Analysis of streamflow variations in the heihe river basin, northwest china: Trends, abrupt changes, driving factors and ecological influences. J Hydrol: Reg Stud, 3 (C): 106-124.

Zhang A J, Liu W B, Yin Z L, et al. 2016. How will climate change affect the water availability in the Heihe river basin, northwest China? J Hydrometeorol, 17 (5): 1517-1542.

Zhang F, Tan Q, Zhang C, et al. 2017. A regional water optimal allocation model based on the Cobb-Douglas production function under multiple uncertainties. Water, 9 (12): 923.

Zhang F, Guo S, Ren C, et al. 2018a. Integrated IMO-TSP and AHP method for regional water allocation under uncertainty. Journal of Water Resources Planning and Management, 144 (040180256).

Zhang F, Zhang C, Yan Z, et al. 2018b. An interval nonlinear multiobjective programming model with fuzzy-interval credibility constraint for crop monthly water allocation. Agricultural Water Management, 209: 123-133.

Zhang L, Nan Z T, Xu Y, et al. 2016. Hydrological impacts of land use change and climate variability in the headwater region of the Heihe River Basin, Northwest China. Plos One, 11 (6): e0158394.

Zhang X, Zhang L, He C, et al. 2014. Quantifying the impacts of land use/land cover change on groundwater depletion in Northwestern China—A case study of the Dunhuang oasis. Agricultural Water Management, 146: 270-279.

Zhang X S, Srinivasan R, Van Liew M. 2010. On the use of multi-algorithm, genetically adaptive multi-objective method for multi-site calibration of the SWAT model. Hydrol Process, 24 (8): 955-969.

Zhang Y, Zhao W, He J, et al. 2016. Energy exchange and evapotranspiration over irrigated seed maize agroecosystems in a desert-oasis region, northwest China. Agric for Meteorol, 223: 48-59.

Zhao D Z, Zhang W C. 2005. Rainfall-runoff simulation using the VIC-3L model over the Heihe River Mountainous Basin, China. IEEE International Symposium on Geoscience and Remote Sensing (IGARSS): 4391-4394.

Zhao J, Liu C Y, Lu Y, et al. 2012. Pattern of the spatial and temporal distribution for regional evapotranspiration in Gannan grassland based on MODIS data. 7th International Conference on System of Systems Engineering, 760-764.

Zhao L, Ji X. 2010. Quantification of transpiration and evaporation over agricultural field using the FAO-56 dual crop coefficient approach—A case study of the maize field in an oasis in the middle stream of the Heihe River Basin in Northwest China. Scientia Agricultura Sinica, 43 (19): 4016-4026.

Zhao L, Zhao W. 2014. Water balance and migration for maize in an oasis farmland of northwest China. Chin Sci Bull, 59 (34): 4829-4837.

Zhao R F, Chen Y N, Shi P J, et al. 2013. Land use and land cover change and driving mechanism in the arid inland river basin: A case study of Tarim River, Xinjiang, China. Environmental Earth Sciences, 68 (2): 591-604.

Zhao W, Cheng G. 2001. Review of several problems on the study of eco-hydrological processes in arid zones. Chinese Science Bulletin, 46 (22): 1851-1857.

Zhao W, Liu B, Zhang Z. 2010. Water requirements of maize in the middle Heihe River basin, China. Agric Water Manage, 97: 215-223.

Zhao W, Chang X, Chang X, et al. 2018. Estimating water consumption based on meta-analysis and MODIS data for an oasis region in northwestern China. Agric Water Manage, 208: 478-489.

Zheng J, Li G Y, Han Z Z, et al. 2010. Hydrological cycle simulation of an irrigation district based on a SWAT model. Math and Comput Model, 51 (11-12): 1312-1318.

Zhong B, Ma P, Nie A, et al. 2014. Land cover mapping using time series HJ-1/CCD data. ScienceChina Earth Sciences, 57 (8): 1790-1799.

Zhong B, Yang A, Nie A, et al. 2015. Finer resolution land-cover mapping using multiple classifiers and multisource remotely sensed data in the Heihe river basin. Journal of Selected Topics in Applied Earth

Observations and Remote Sensing, 7: 1-20.

Zhou J, Hu B X, Cheng G D, et al. 2011. Development of a three-dimensional watershed modelling system for water cycle in the middle part of the Heihe Rivershed, in the west of China. Hydrological Processes, 25: 1964-1978.

Zhou T W, Wu P T, Sun S K, et al. 2017. Impact of future climate change on regional crop water requirement—A case study of Hetao irrigation district, China. Water, 9 (6): 429.

Zhu G F, Su Y H, Feng Q. 2008. The hydrochemical characteristics and evolution of groundwater and surface water in the Heihe River basin, northwest China. Hydrogeology Journal, 16 (1): 167-182.

Zhu H, Huang W, Huang G H. 2014. Planning of regional energy systems: an inexact mixed-integer fractional programming model. Applied Energy, 113: 500-514.

Zhu J T, Yu J J, Wang P, et al. 2013. Distribution patterns of groundwater-dependent vegetation species diversity and their relationship to groundwater attributes in northwestern China. Ecohydrology, 6: 191-200.

Zhu Y H, Wu Y Q, Drake S. 2004. A survey: Obstacles and strategies for the development of ground-water resources in arid inland river basins of Western China. Journal of Arid Environments, 59 (2): 351-367.

Zoebl D. 2006. Is water productivity a useful concept in agricultural water management. Agricultural Water Management, 84 (3): 265-273.

Zou M Z, Niu J, Kang S Z, et al. 2017. The contribution of human agricultural activities to increasing evapotranspiration is significantly greater than climate change effect over Heihe agricultural region. Sci Rep, 7: 8805.

Zou M Z, Kang S Z, Niu J, et al. 2018. A new technique to estimate regional irrigation water demand and driving factor effects using an improved SWAT model with LMDI factor decomposition in an arid basin. J Clean Prod, 185: 814-828.

Zwart S J, Bastiaanssen W G M. 2004. Review of measured crop water productivity values for irrigated wheat, rice, cotton and maize. Agricultural Water Management, 69 (2): 115-133.

索　引

A

AquaCrop 模型　512

B

波文比法　86
不同层次利益主体　446

C

CropSPAC 水热传输模拟模型　175

D

DSSAT 模型　278
单位净生产力耗水量–净生产量–NDVI 法　89
地下水埋深反演　238
地下水位变化　29
地下水位反演　235
地下水运动模型　221，223
多重共线性诊断　274
多级灌溉渠系优化配水　456
多情景分析　14
多因素协同作用　1，11

F

分布式作物耗水模型　378

G

高效用水调控　1，2，8，14
根系吸水限制函数　89
工程节水潜力　511
贡献率　15，62
灌溉水生产力　249
灌溉水生产力的提升途径　289
灌区分布与农业用水　38

灌区时空优化配水　487
灌区优化配水效应评估　502
归一化植被指数　305

H

河流水运动模型　221
黑河流域　1
黑河水转化多过程耦合模型　221

J

节水潜力可实现值　559
节水潜力理论值　559
节水效应分析　523

K

可利用水资源量　296
空间聚类分析　289
空间优化　369

L

绿洲防护体系　112
绿洲来水变化　53
绿洲农业耗水　85
绿洲圈层结构理论　321
绿洲生态耗水量　111
绿洲需水量　16，17
绿洲最大耗水量　91，105
绿洲最适耗水量　91，105
绿洲最小耗水量　91，102

M

Meta 分析　101
Meta 分析–土地利用–土壤性质–NDVI 法89

N

农区非饱和带水分运动模型	221
农田管理措施	271
农田水量平衡法	86
农业发展	25
农业节水经济投入	552
农业气象条件	33
农业水效率	1，2，3
农业水转化多过程耦合机理	1
农业需水	118

P

PLS-CD 生产函数模型	259

Q

气候变化	1，2，3，6
气孔导度模型	193
气体动力学方法	87
驱动因素分析	254
渠系动态优化配水	467
渠系输配水转化模型	221
渠系条件	434

R

RCP 情景	15，62
人类活动情景	15，75

S

SWAT 模型	10，61
生态服务价值	306
生态恢复情景	242，248
生态健康	328
生态系统健康指标体系	402
生态需水	123
生态植被耗水过程模型	221
适度农业规模	318
水均衡要素	239，240，241

水热平衡理论 329

水热平衡理论	329
水碳耦合观测试验	140
水资源开发利用	27

T

Tsallis entropy 原理	312
田间尺度水碳耦合模拟模型	200
统计降尺度模型	40
土壤特性	267
土壤资料	34

V

VIC 模型	47

W

未来气候变化情景	40
未来气候情景	134
未来种植结构情景	134
涡度相关法	86

Y

优化配水方案	1，7，23
元胞自动机	383

Z

张掖绿洲面积	99
张掖绿洲种植结构	99
蒸散	61
植被系数	124
秩评分方法	40
种植结构优化	358
资源节水潜力	511
组合权重	352
最小交叉信息熵	369
作物生长模拟模型	183
作物适宜性	353
作物系数法	87
作物系统	36